Sergio **Fabbri** Mara **Masini**

Enrico **Baccaglini** Marco **Dall'Agata** Elisabetta **Tocco**

PHOENOMENA LS2

corso di fisica

per il secondo biennio dei
licei scientifici
licei scientifici delle scienze applicate

SOCIETÀ EDITRICE INTERNAZIONALE - TORINO

Coordinamento editoriale: Anna Maria Battaglini
Progetto editoriale e redazione: Claudia Marchis
Coordinamento tecnico: Michele Pomponio
Progetto grafico: Studio Balbo-Gozzelino
Impaginazione: LIV - Cascine Vica (TO)
Coordinamento tecnico iconografia: Mario Macchiorlatti
Disegni: Matilde Rivetti
Copertina: Piergiuseppe Anselmo

Progetto didattico e struttura del testo: S. Fabbri e M. Masini
Esercizi: E. Baccaglini, M. Dall'Agata, E. Tocco, M. Castellino
Esercizi in inglese: E. Baccaglini, E. Tocco
Revisione didattica: L. Borello

07166

Prima edizione: 2012

Ristampa
2 3 4 5 6 7 8 9 10
2014 2015 2016

Bona S.p.A. - Torino

Indice

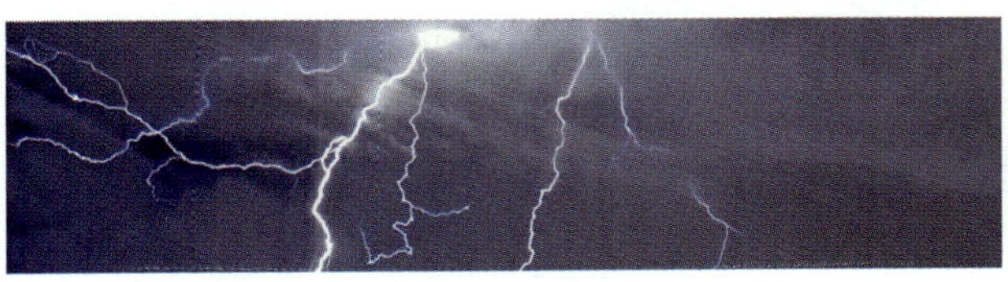

6 Elettrostatica, 551

Le onde

UNITÀ 12 Moto armonico

ON LINE
VIRTUAL LAB
Moto armonico e circolare uniforme

12.1 Oscillazioni armoniche

Osserviamo nella vita quotidiana tanti tipi di movimento che si ripetono regolarmente con le stesse caratteristiche: la vibrazione della corda di una chitarra, l'andirivieni di una sferetta appesa a una molla, le oscillazioni della tavoletta di un trampolino elastico quando il tuffatore si lancia. Le caratteristiche dei moti di andata e ritorno dipendono dal tipo di forza, detta di **richiamo**, che ne è la causa. Il caso più semplice è quello in cui la forza di richiamo è direttamente proporzionale allo spostamento.
La forza elastica, causa delle oscillazioni del trampolino utilizzato dai tuffatori, è proprio di questo tipo.

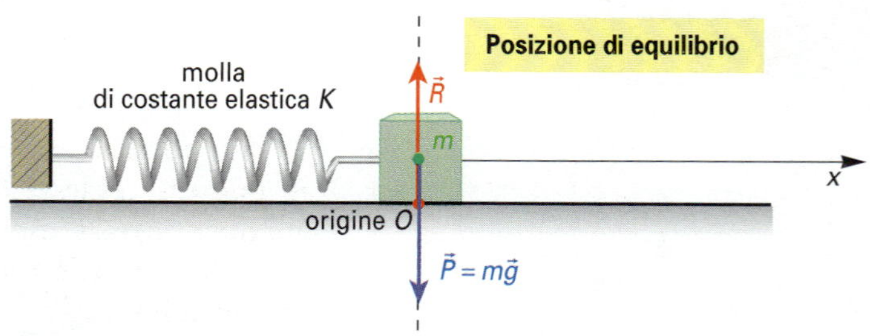

Supponiamo di avere un blocco di massa m attaccato a una molla caratterizzata dalla costante elastica K. Se ipotizziamo di essere in assenza di attrito le forze agenti, peso $\vec{P}$ e reazione vincolare $\vec{R}$, sono equilibrate.

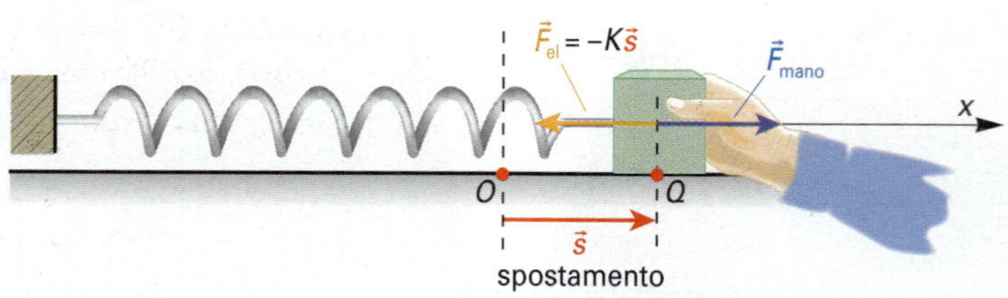

Spostiamo la massa m dalla posizione di equilibrio fino a farle raggiungere la posizione individuata da Q. Su di essa agisce una forza di richiamo elastica che segue la legge di Hooke: $\vec{F}_{el} = -K \cdot \vec{s}$.
Il segno negativo sta a indicare che i vettori $\vec{F}$ ed $\vec{s}$ hanno verso opposto.

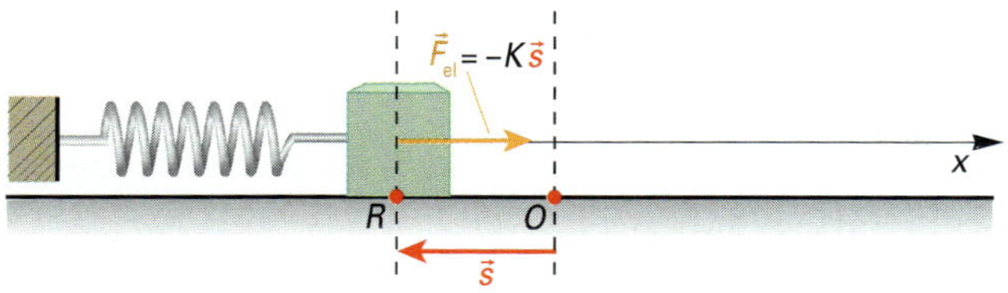

Lasciamo il sistema libero di oscillare. Il blocco torna indietro, supera la posizione di equilibrio iniziale *O* e raggiunge la posizione *R* simmetrica di *Q* rispetto a *O*. Il moto di andirivieni tra *Q* ed *R* è un esempio di moto armonico.

Una massa *m* soggetta a una forza direttamente proporzionale al suo spostamento dalla posizione di equilibrio, ma di verso opposto, si muove di **moto armonico**.

moto armonico

12.2 Equazione oraria e grafico del moto armonico

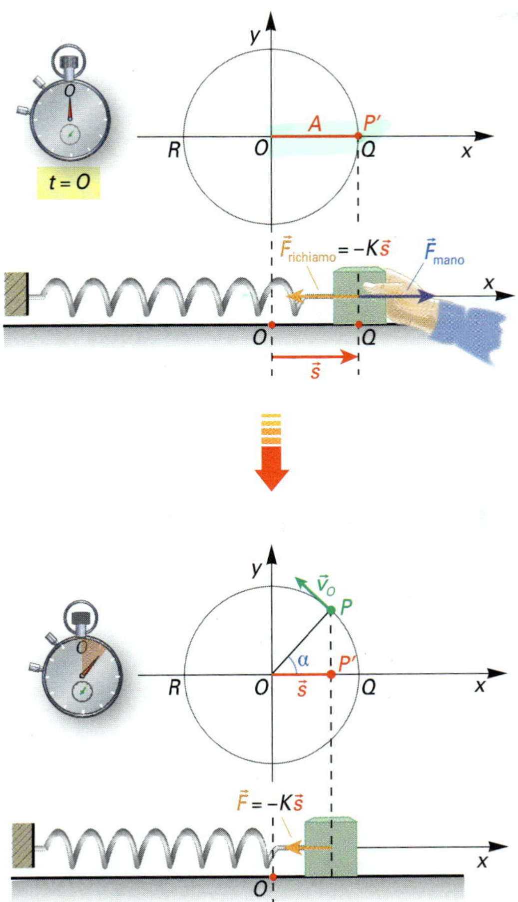

Riprendiamo in esame il blocco che si trova in *Q* e studiamo a partire da questo istante ($t = 0$) il moto della sua proiezione *P′* sul diametro di una circonferenza.
OP′ si definisce **ampiezza** del moto e si indica con *A*.

L'**ampiezza** ***A*** è la massima distanza dalla posizione di equilibrio.

ampiezza

Essendo una lunghezza, *A* si misura nel SI in metri (m).

P′, che si muove di moto armonico tra *Q* ed *R*, può essere descritto come la proiezione sul diametro *QR* di un punto *P* che si muove sulla circonferenza di moto uniforme con velocità $\vec{v}_0$.

Il **moto armonico** viene ottenuto proiettando sul diametro la posizione di un punto che si muove di moto circolare uniforme.

Mentre *P* percorre la circonferenza, *P′* sul diametro effettua un moto di andirivieni. Si parla di **oscillazione completa** o **ciclo** quando il punto va da *Q* a *R* e torna in *Q*.

Il moto armonico di *P′* è periodico, cioè ripete le stesse caratteristiche dopo uguali intervalli di tempo.

Il **periodo** *T* è il tempo impiegato per compiere un'oscillazione completa.

periodo

Trattandosi di un tempo, l'unità di misura di *T* nel SI è il secondo (s).

Un'altra grandezza importante per lo studio del moto armonico è la *frequenza*, che ci informa sul numero di oscillazioni complete effettuate in un intervallo di tempo unitario.

frequenza

La **frequenza** è il rapporto tra il numero di oscillazioni complete effettuate in un intervallo di tempo e l'intervallo di tempo impiegato.

$$\text{frequenza} = \frac{\text{numero di oscillazioni complete compiute}}{\text{intervallo di tempo impiegato}}$$

$$f = \frac{1}{T}$$

L'unità di misura della frequenza si chiama **hertz** (Hz) ed è pari a $\frac{1}{\text{s}}$. La sua equazione dimensionale è $[\text{t}]^{-1}$.

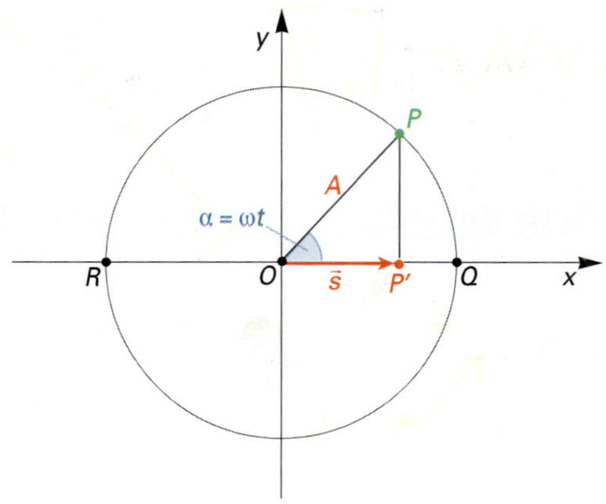

Dato che il moto armonico di P' si svolge su una retta, possiamo tralasciare la notazione vettoriale.

In un moto circolare uniforme la velocità angolare ω di P è data da:

$$\omega = \frac{\Delta\alpha}{\Delta t} = \frac{\alpha - \alpha_0}{t - t_0}$$

e ponendo $\alpha_0 = 0$, e $t_0 = 0$ si ha:

$$\omega = \frac{\alpha}{t} \Rightarrow \alpha = \omega \cdot t \qquad [1]$$

L'equazione oraria del moto armonico di P' (per la definizione di coseno) è data da:

$$OP' = OP \cos\alpha$$

equazione oraria

$$s = A \cos\omega t \qquad [2]$$

dove ω si chiama *pulsazione* e ωt è la *fase*.

pulsazione

La **pulsazione** ω del moto armonico corrisponde alla velocità angolare $\omega = \frac{2\pi}{T}$ del moto circolare uniforme.

La pulsazione è una grandezza strettamente correlata alla frequenza. Infatti:

$$\omega = \frac{2\pi}{T} = 2\pi f$$

L'unità di misura di ω nel SI è **rad/s** e l'equazione dimensionale è $[\text{t}]^{-1}$.

fase

La **fase** ωt del moto armonico corrisponde all'angolo α descritto da P nel moto circolare uniforme.

Si tratta di una grandezza adimensionale e si misura in **radianti** (rad).

Rappresentiamo graficamente l'equazione oraria $s = A\cos\omega t$. Dato che P e P' hanno lo stesso periodo T, possiamo ricavarlo dalla definizione di velocità angolare:

$$\omega = \frac{\Delta\alpha}{\Delta t} = \frac{2\pi}{T} \Rightarrow T = \frac{2\pi}{\omega}$$

Dividiamo il periodo T in 4 intervalli uguali e, al variare del tempo, otteniamo i corrispondenti spostamenti di P'.
Il grafico che si ottiene è di tipo *cosinusoidale*.

GRAFICO DI $s = A\cos\omega t$

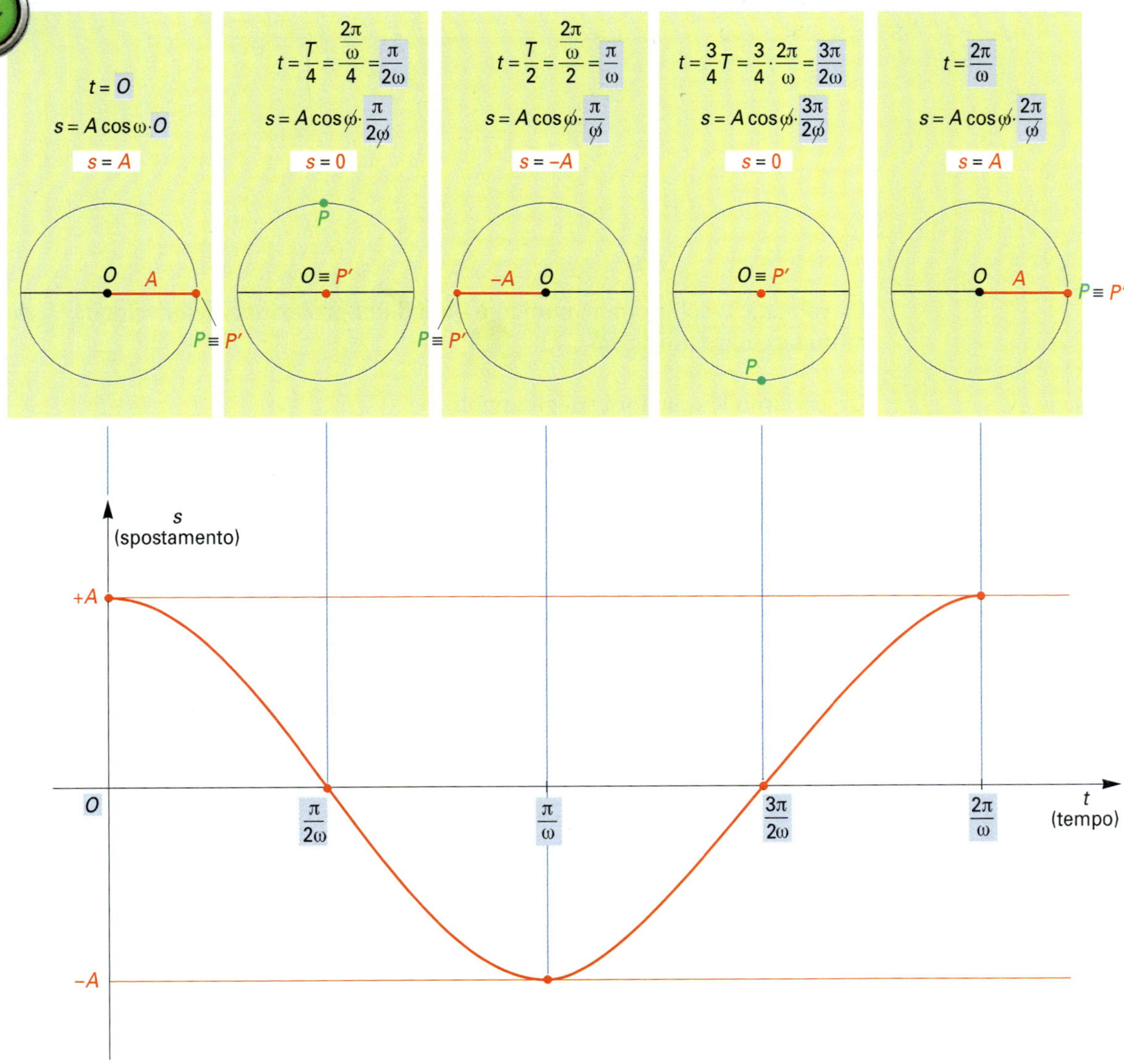

Sintetizziamo le relazioni analizzate fra moto circolare uniforme e moto armonico.

Tabella 1

	OP	$\alpha = \omega t$	ω
Moto circolare uniforme di P	raggio	angolo descritto da P	velocità angolare
Moto armonico di P'	ampiezza	fase	pulsazione

12.3 Velocità del moto armonico

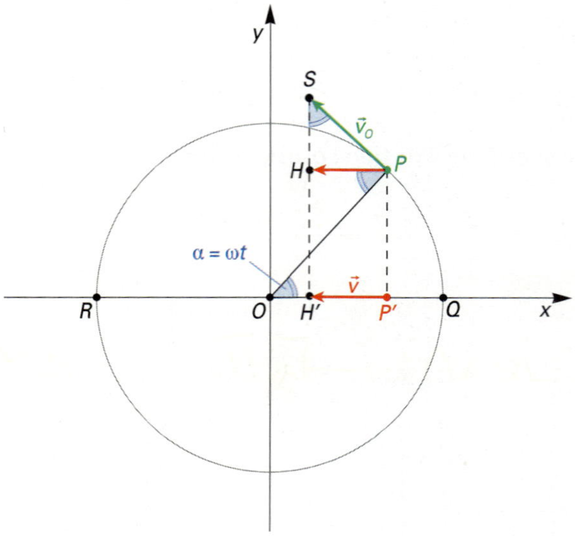

La velocità $\vec{v}$ del moto armonico è data dalla proiezione della velocità $\vec{v}_0$ del moto circolare uniforme.

Osserviamo le relazioni tra gli angoli.

$P'\hat{O}P \cong O\hat{P}H$ angoli alterni interni di rette parallele

$O\hat{P}H \cong P\hat{S}H$ entrambi complementari di $S\hat{P}H$ (raggio $OP \perp$ tangente PS)

$\rightarrow P'\hat{O}P \cong P\hat{S}H$

$P'H' = PH = PS$ sen $P\hat{S}H$ (per la definizione di seno)

cioè:

$$v = v_0 \text{ sen } \omega t$$

In un moto circolare uniforme per $t_0 = 0$ ed $s_0 = 0$ risulta:

$$v_0 = \frac{\Delta s}{\Delta t} = \frac{s - s_0}{t - t_0} = \frac{s}{t} = \frac{2\pi r}{T} \quad [3]$$

quindi:

$$v = \frac{2\pi \cdot r}{T} \text{ sen } \omega t$$

e dalla definizione di velocità angolare $\omega = \frac{2\pi}{T}$ si ha:

$$v = \omega r \text{ sen } \omega t \quad [4]$$

Considerando le seguenti corrispondenze:

ω (velocità angolare) $\Rightarrow$ ω (pulsazione)

$r \Rightarrow A$

e introducendo il segno – (negativo) per tenere conto che la velocità è opposta alla direzione positiva dell'asse x da Q a R (e concorde invece da R a Q quando $\pi < \omega t < 2\pi$, per cui sen $\omega t < 0$), sostituendo nella [4] risulta:

velocità

$$v = -\omega A \text{ sen } \omega t \quad [5]$$

GRAFICO DI $v = -\omega A \,\text{sen}\, \omega t$

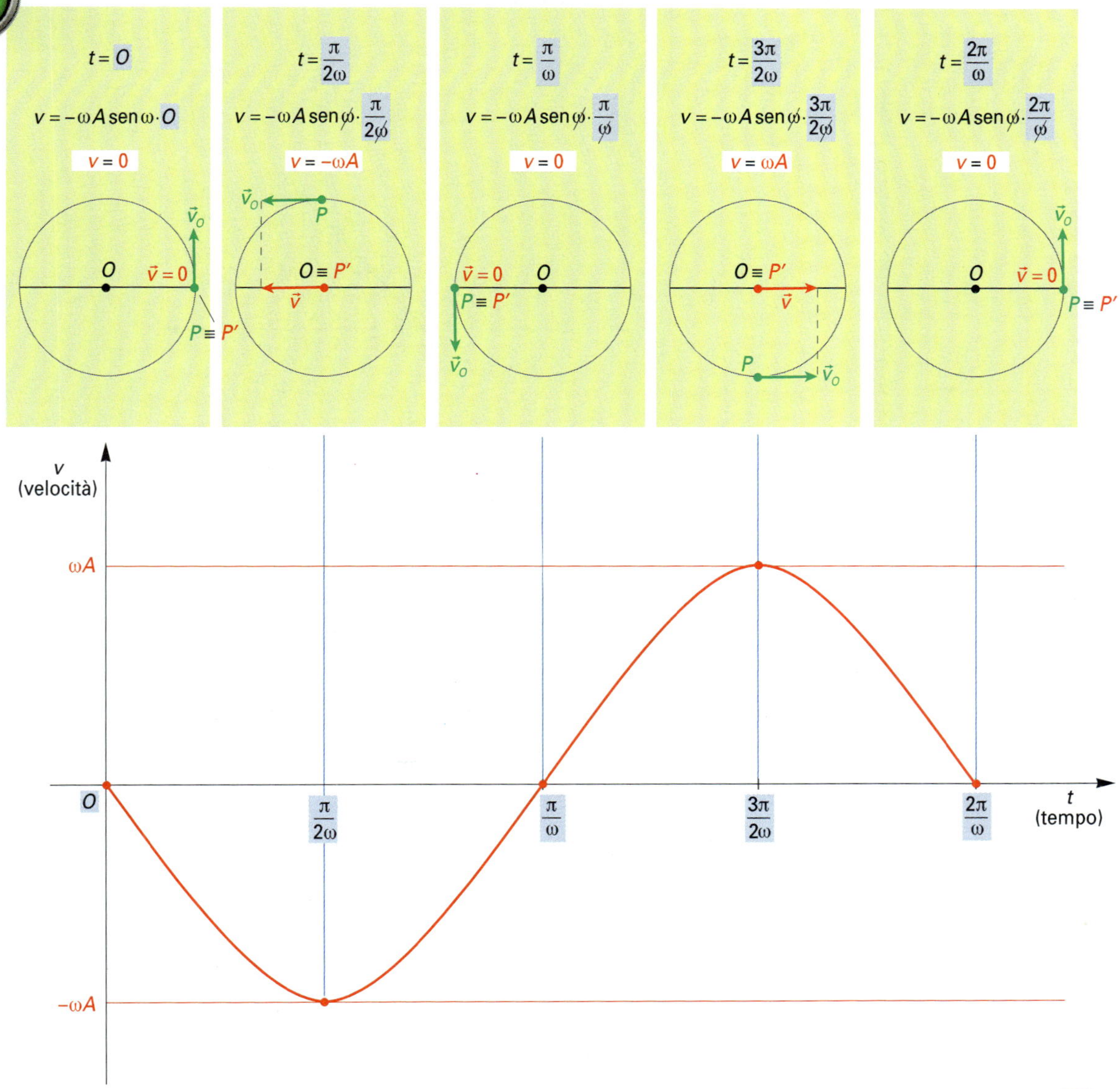

Anche per rappresentare graficamente l'equazione della velocità abbiamo diviso il periodo $T = \frac{2\pi}{\omega}$ in quattro intervalli.

La velocità è **minima** in corrispondenza degli estremi del diametro, cioè per $t = 0$, $t = \frac{\pi}{\omega}$, $t = \frac{2\pi}{\omega}$ dove è nulla.

La velocità è **massima** in corrispondenza del centro della circonferenza, cioè per $t = \frac{\pi}{2\omega}$, $t = \frac{3\pi}{2\omega}$, dove vale in modulo ωA.

esempio

Sapendo che un punto si muove di moto armonico con ampiezza $A = 5{,}0$ cm e periodo $T = 2{,}0$ s, determina la posizione e la velocità del punto dopo 4,8 s.

La legge armonica è:

$$y = A \cos \omega t$$

con $A = 5{,}0$ cm $= 0{,}050$ m e periodo $T = 2$ s. Determiniamo la pulsazione:

$$\omega = \frac{2\pi}{T} = \frac{2\pi}{2} = 3{,}14 \text{ s}^{-1}$$

L'equazione del moto del punto è:

$$y = (0{,}050 \text{ m}) \cos(3{,}14 \cdot t)$$

All'istante $t = 4{,}8$ s la posizione è:

$$y = (0{,}050 \text{ m}) \cos(3{,}14 \cdot 4{,}8) = -0{,}040 \text{ m}$$

e la velocità:

$$v = (-3{,}14 \text{ s}^{-1} \cdot 0{,}050 \text{ m}) \text{sen}(3{,}14 \cdot 4{,}8) = -0{,}093 \text{ m/s}$$

12.4 Accelerazione del moto armonico

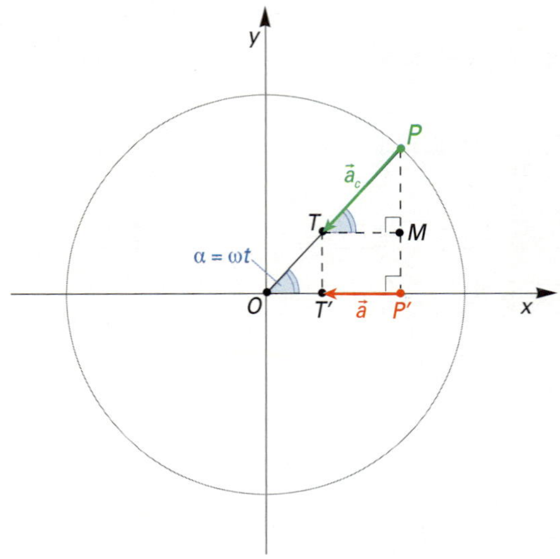

L'accelerazione $\vec{a}$ del moto armonico è data dalla proiezione dell'accelerazione centripeta $\vec{a}_c$ del moto circolare uniforme.
Poiché:

$P'\hat{O}P \cong M\hat{T}P$ angoli corrispondenti di rette parallele

risulta:

$$P'T' = MT = PT \cos M\hat{T}P$$

$$a = a_c \cos \omega t$$

Ma in un moto circolare uniforme:

$$a_c = \frac{v_0^2}{r} = \frac{(\omega r)^2}{r} = \omega^2 r \qquad [6]$$

quindi:

$$a = \omega^2 r \cos \omega t \qquad [7]$$

e poiché esistono le seguenti corrispondenze:

ω (velocità angolare) ⇒ ω (pulsazione)

$r \Rightarrow A$

sostituendo nella [7] si ha (il segno negativo rende conto del fatto che a è negativa nel I e IV quadrante, positiva nel II e III):

accelerazione

$$a = -\omega^2 A \cos \omega t \qquad [8]$$

Ricorda!...

L'accelerazione di un moto armonico è direttamente proporzionale allo spostamento, ma di verso opposto.

Confrontando l'accelerazione [8] con l'equazione oraria [2] si trova:

$$a = -\omega^2 \cdot A \cos \omega t$$

$$a = -\omega^2 \cdot s$$

relazione fondamentale accelerazione-spostamento

$$a = -\omega^2 \cdot s$$

Questa relazione caratterizza un moto armonico semplice.

GRAFICO DI $a = -\omega^2 A \cos \omega t$

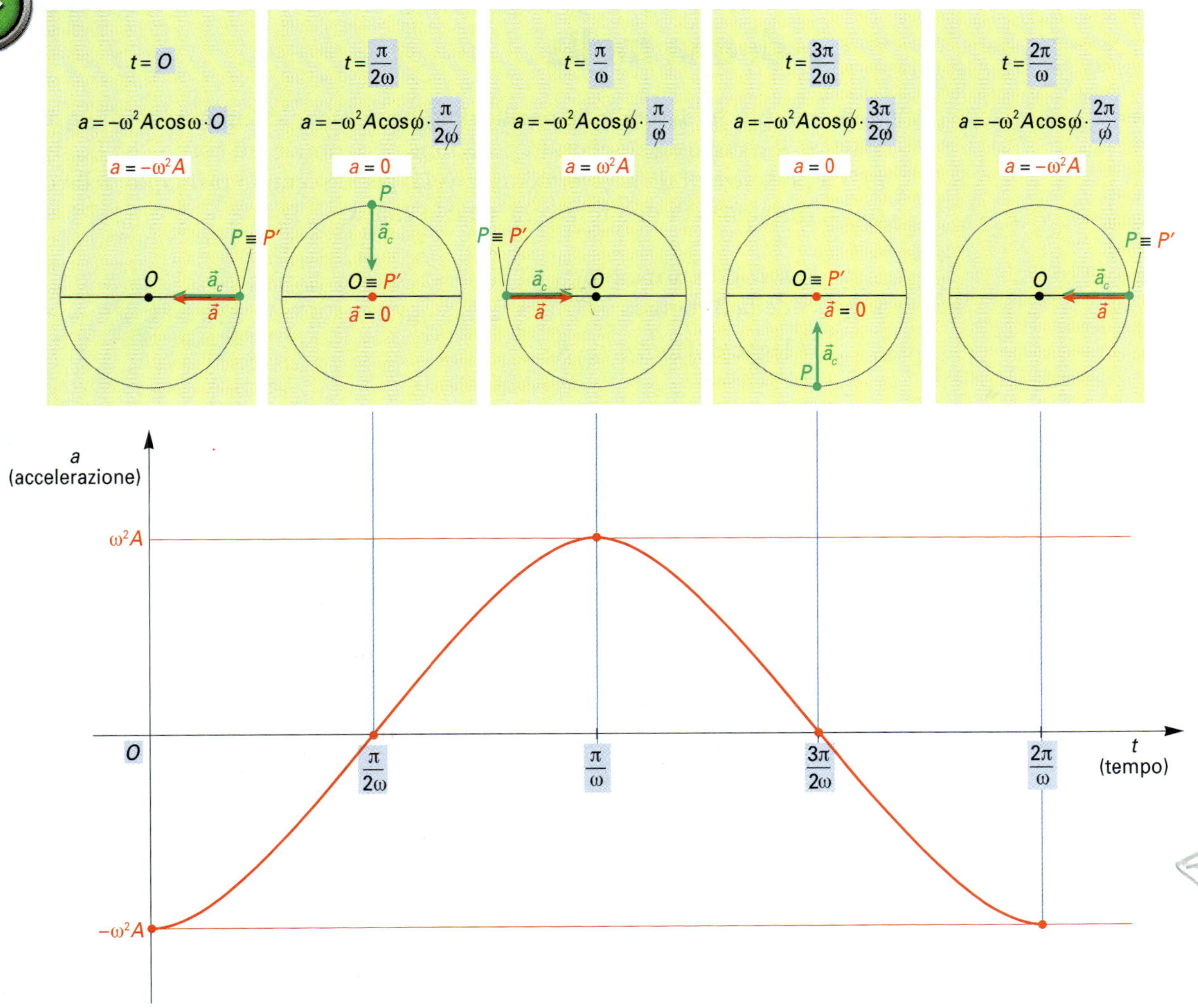

Analogamente ai grafici dell'equazione oraria e della velocità, anche per rappresentare graficamente l'accelerazione dividiamo il periodo $T = \frac{2\pi}{\omega}$ in quattro intervalli.

L'accelerazione è **minima** in corrispondenza del centro della circonferenza, cioè per $t = \frac{\pi}{2\omega}$, $t = \frac{3\pi}{2\omega}$, dove è nulla.

L'accelerazione è **massima** in corrispondenza degli estremi del diametro, cioè per $t = 0$, $t = \frac{\pi}{\omega}$, $t = \frac{2\pi}{\omega}$, dove vale in modulo $\omega^2 A$.

Sintetizziamo in una tabella le grandezze che caratterizzano il moto armonico.

Tabella 2

Tempo $t = \frac{\alpha}{\omega}$	**0**	$\frac{\pi}{2\omega}$	$\frac{\pi}{\omega}$	$\frac{3\pi}{2\omega}$	$\frac{2\pi}{\omega}$
Arco (radianti)	0	$\frac{\pi}{2}$	π	$\frac{3}{2}\pi$	2π
Posizione $s(t) = A \cos \omega t$	A	0	$-A$	0	A
Velocità $v(t) = -\omega A \operatorname{sen} \omega t$	0	$-\omega A$	0	ωA	0
Accelerazione $a(t) = -\omega^2 A \cos \omega t$	$-\omega^2 A$	0	$\omega^2 A$	0	$-\omega^2 A$

Ricorda!...

In un moto armonico si ha:
- velocità nulla agli estremi, massima al centro;
- accelerazione nulla al centro, massima agli estremi.

12.5 Periodo e frequenza del moto armonico di una molla

Vediamo più in dettaglio le oscillazioni armoniche di una molla di costante elastica K a cui è agganciato in posizione orizzontale un corpo che ha massa m. La presenza di un'accelerazione rivela, per il secondo principio della dinamica, l'esistenza di una forza che ne è la causa.

$$\vec{F} = \begin{cases} \text{secondo principio della dinamica} & m\vec{a} \\ \text{legge di Hooke} & -K\vec{s} \end{cases} \longrightarrow m\vec{a} = -K\vec{s} \quad \Rightarrow \quad \vec{a} = -\frac{K}{m}\vec{s} \qquad [9]$$

Dato che accelerazione, forza e spostamento sono paralleli, possiamo considerare solo i moduli dei vettori. In un moto armonico la relazione fondamentale tra accelerazione e spostamento è:

$$a = -\omega^2 s$$

per cui sostituendo nella [9] si ha:

$$-\omega^2 s = -\frac{K}{m}s$$

Estraendo la radice si ottiene facilmente la pulsazione.

pulsazione

$$\omega = \sqrt{\frac{K}{m}} \qquad [10]$$

Ricordando che il periodo è:

$$T = \frac{2\pi}{\omega}$$

inserendo la [10] si trova:

$$T = \frac{2\pi}{\sqrt{\frac{K}{m}}}$$

periodo

$$T = 2\pi\sqrt{\frac{m}{K}} \qquad [11]$$

In un moto armonico il periodo di oscillazione dipende solo dalla massa del corpo oscillante e dalla costante elastica K della molla a cui il corpo è fissato. Non dipende, invece, dallo spostamento rispetto alla posizione di equilibrio.

Dalla definizione di frequenza:

$$f = \frac{1}{T}$$

in base alla [11] si ottiene:

$$f = \frac{1}{2\pi \cdot \sqrt{\frac{m}{K}}}$$

frequenza

$$f = \frac{1}{2\pi}\sqrt{\frac{K}{m}} \qquad [12]$$

Se la costante elastica K aumenta, cioè la molla diviene più rigida, anche la frequenza aumenta, per cui K si chiama **costante di richiamo**. All'aumentare della massa m la frequenza diminuisce perché m rappresenta il termine inerziale che si oppone all'oscillazione.

12.6 Concetto di fase

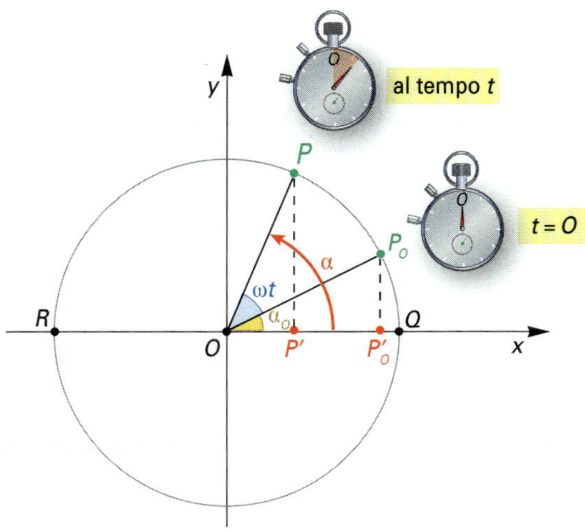

Denotiamo con P'_0 la posizione, al tempo $t = 0$, di un punto che si muove di moto armonico che non coincide con Q. In questo caso per studiare il moto occorre tenere conto dell'angolo:

$$\alpha_0 = Q\hat{O}P_0$$

denominato anche **fase iniziale**.

L'equazione oraria

$$s = A\cos\alpha$$

diventa:

fase iniziale

$$s = A\cos(\omega t + \alpha_0)$$

fase del moto

Confrontiamo:

$s = A\cos(\omega t)$ con fase iniziale $\alpha_0 = 0$ e $s = A\cos\left(\omega t + \frac{\pi}{2}\right) = -A\,\text{sen}\,\omega t$ con fase iniziale $\alpha_0 = \frac{\pi}{2}$

I due moti hanno sfasamento angolare di $\frac{\pi}{2} - 0 = \frac{\pi}{2}$.

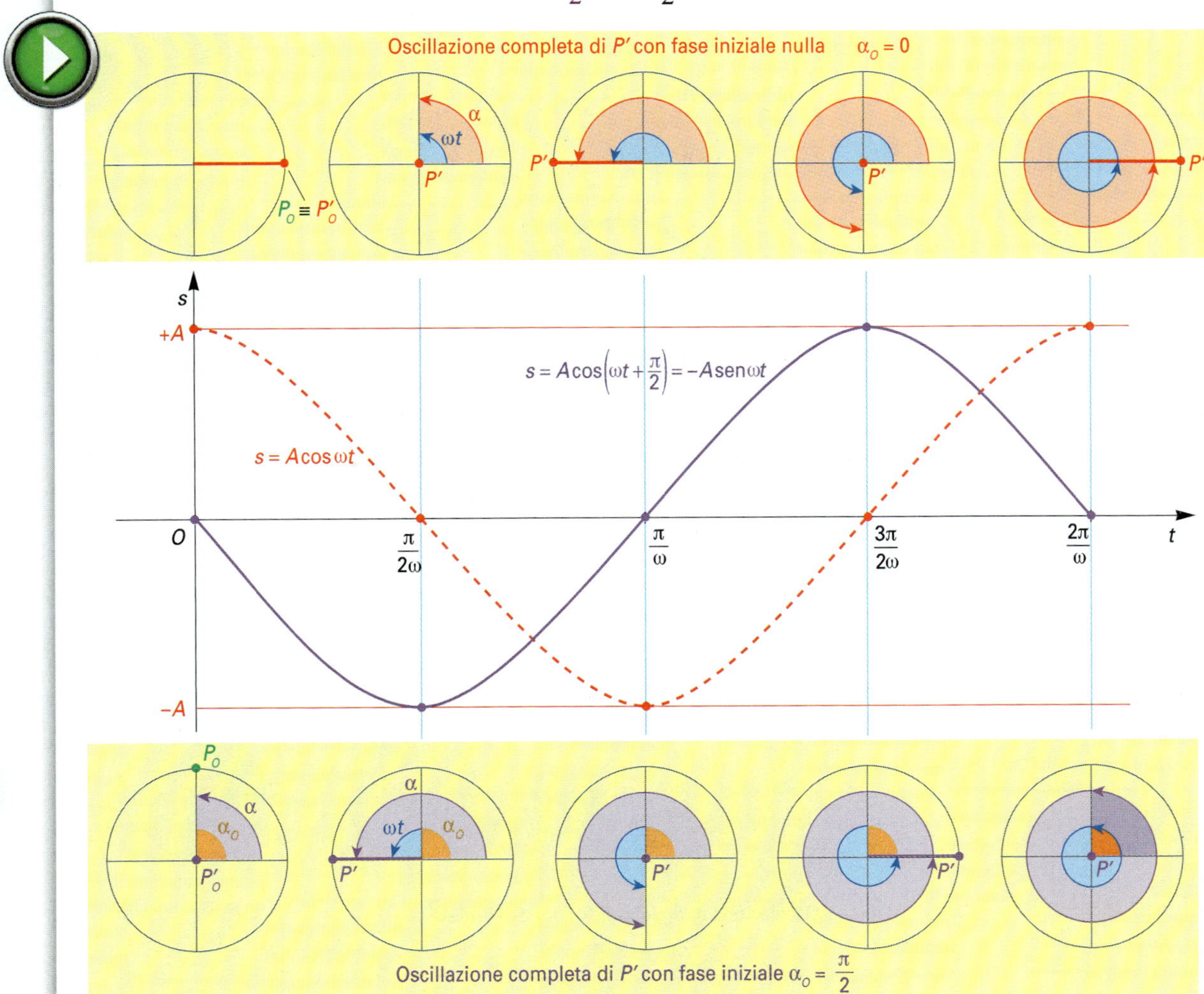

Se confrontiamo le due equazioni precedenti, avendo raccolto nella seconda ω:

$$s = A\cos\omega t \qquad s = A\cos\left[\omega\left(t + \frac{\pi}{2\omega}\right)\right]$$

si vede che i due moti hanno sfasamento temporale di $\frac{\pi}{2\omega} - 0 = \frac{\pi}{2\omega}$ che equivale a $\frac{1}{4}$ del periodo T.

Ricorda!...

Ricordati che:

$$\cos\left(x + \frac{\pi}{2}\right) = -\operatorname{sen} x \qquad \cos(x + \pi) = -\cos x$$

Confrontiamo ora:

$s = A\cos(\omega t)$ con fase iniziale $\alpha_0 = 0$ e $s = A\cos(\omega t + \pi) = -A\cos\omega t$ con fase iniziale $\alpha_0 = \pi$

I due moti hanno sfasamento angolare di $\pi - 0 = \pi$.

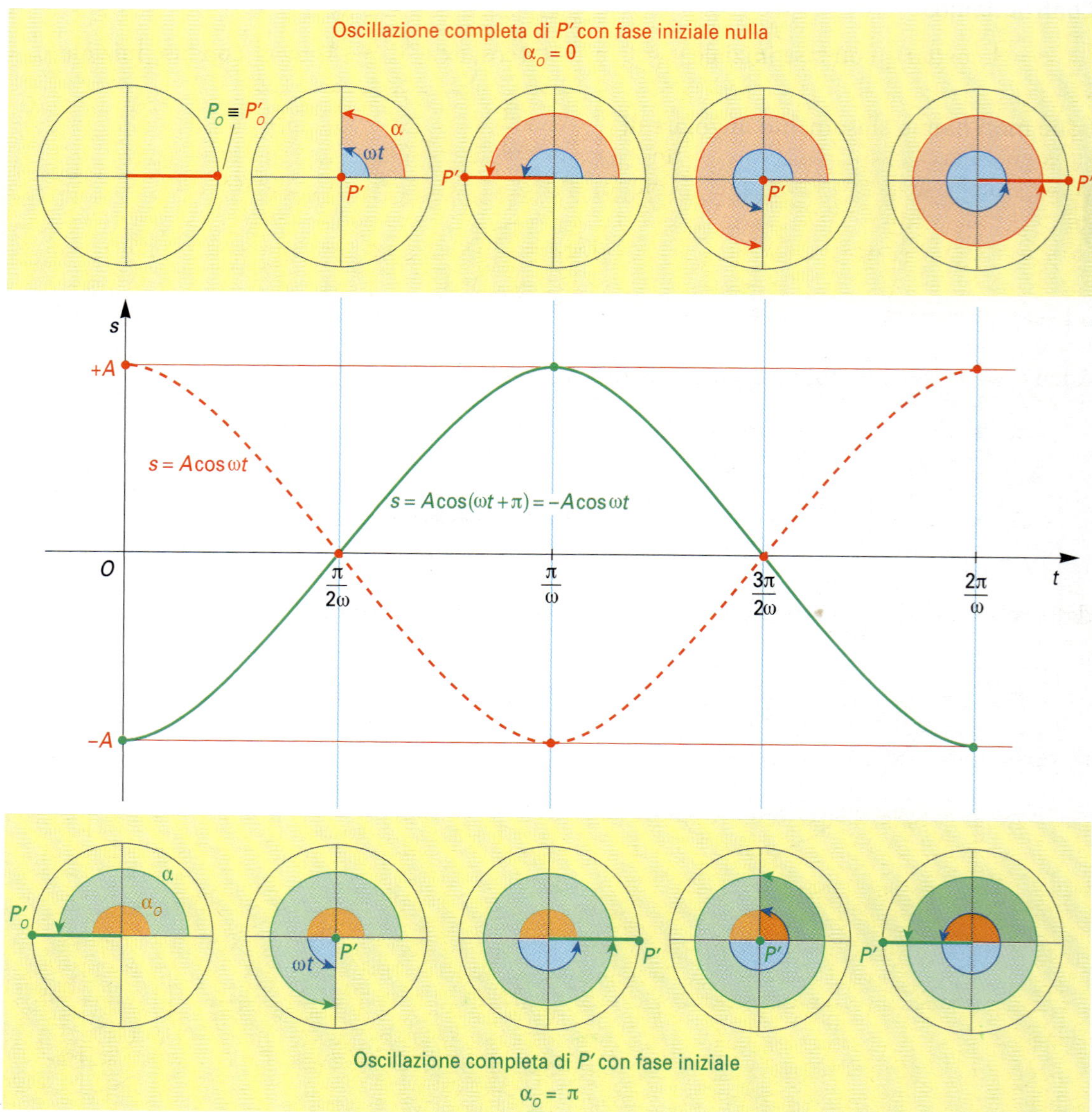

Se confrontiamo le due equazioni, dopo aver raccolto nella seconda ω:

$$s = A\cos\omega t \qquad s = A\cos\left[\omega\left(t + \frac{\pi}{\omega}\right)\right]$$

si vede che i due moti hanno sfasamento temporale di $\frac{\pi}{\omega} - 0 = \frac{\pi}{\omega}$ che equivale alla metà del periodo T. I due grafici, simmetrici rispetto all'asse x, rappresentano moti armonici in **opposizione di fase**.

12.7 Energia

ON LINE
VIRTUAL LAB
Energia di un sistema massa-molla

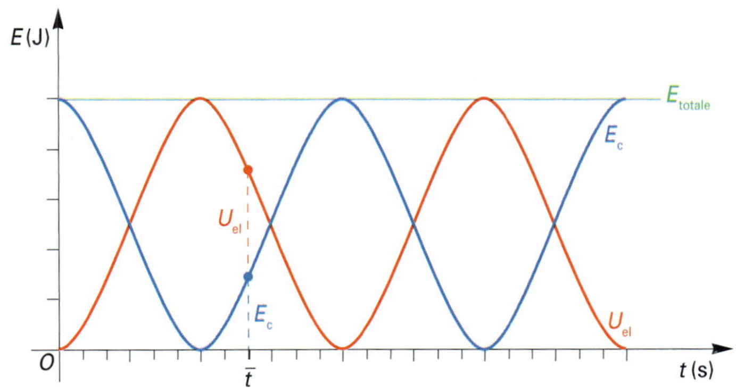

Il sistema massa-molla le cui oscillazioni sono di tipo armonico, è un esempio di **oscillatore armonico**, sempre caratterizzato da due elementi: uno **elastico** (la molla di costante K), legato all'*immagazzinamento di energia potenziale elastica*, e uno **inerziale** (il corpo di massa m) legato all'*accumulazione di energia cinetica*.

Analizziamo l'energia totale del sistema massa-molla.

$E_{tot} = U_{el}$ (energia potenziale) della molla di costante K + E_c (energia cinetica) del corpo di massa m

$$E_{tot} = \frac{1}{2} K s^2 + \frac{1}{2} m v^2$$

dalla relazione $\omega = \sqrt{\frac{K}{m}}$, si ricava $K = m\omega^2$; quindi, dalle equazioni di s e v:

$$E_{tot} = \frac{1}{2} m\omega^2 (A\cos\omega t)^2 + \frac{1}{2} m (-\omega A\,\mathrm{sen}\,\omega t)^2$$

raccogliendo a fattor comune $\frac{1}{2} m\,\omega^2 A^2$:

$$E_{tot} = \frac{1}{2} m\omega^2 A^2 (\cos^2\omega t + \mathrm{sen}^2\omega t)$$

e poiché $\cos^2\omega t + \mathrm{sen}^2\omega t = 1$, risulta:

$$E_{tot} = \frac{1}{2} m\omega^2 A^2$$

L'energia totale di un sistema oscillante massa-molla è:
- costante;
- direttamente proporzionale al quadrato della frequenza (con $\omega = 2\pi f$);
- direttamente proporzionale al quadrato dell'ampiezza.

In sintesi: $E_{tot} = \frac{1}{2} K A^2$

esempio

A una molla orizzontale di costante elastica $K = 80$ N/m è agganciato un blocco di metallo di massa $m = 50$ g, che viene tirato, dalla posizione di equilibrio, per 5,0 cm e successivamente rilasciato.

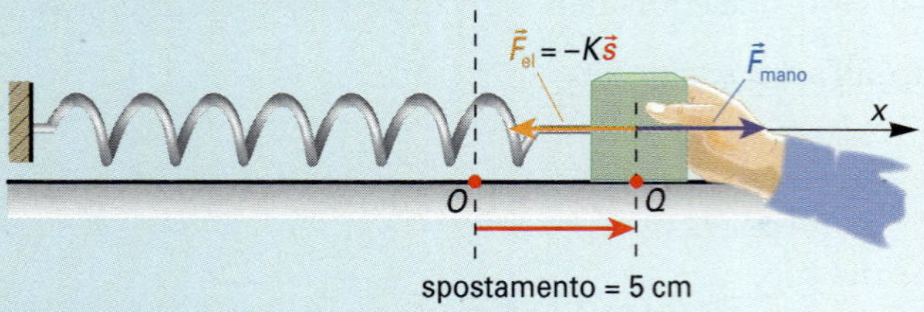

Determinare:

a) il periodo delle oscillazioni;

b) l'energia meccanica totale del sistema, dopo la trazione;

c) la massima velocità con cui si sposta il blocco.

a) Per determinare il periodo e la frequenza, calcoliamo prima la pulsazione:

$$\omega = \sqrt{\frac{K}{m}} = \sqrt{\frac{80}{0{,}05}}\ \text{s}^{-1} = 40\ \text{s}^{-1}$$

Calcoliamo poi il periodo:

$$T = \frac{2\pi}{\omega} = \frac{6{,}28}{40}\ \text{s} = 0{,}16\ \text{s}$$

b) L'energia meccanica del sistema isolato, conoscendo l'ampiezza $A = 5{,}0$ cm $= 0{,}05$ m, è data da:

$$E_{tot} = \frac{1}{2} K\, A^2 = 0{,}5 \cdot 80 \cdot 25 \cdot 10^{-4}\ \text{J} = 0{,}10\ \text{J}$$

c) Utilizziamo il principio di conservazione dell'energia per il sistema isolato:

$$E_{tot} = U + \frac{1}{2} mv^2$$

La velocità massima si raggiunge nel centro delle oscillazioni, quando $U = 0$ per cui si ha:

$$E_{tot} = 0 + \frac{1}{2} mv^2 \quad \Rightarrow \quad \frac{1}{2} mv^2 = \frac{1}{2} K A^2$$

da cui ricaviamo la velocità:

$$v = \sqrt{\frac{K \cdot A^2}{m}} = \sqrt{\frac{80 \cdot 25 \cdot 10^{-4}}{0{,}05}}\ \text{m/s} = 2{,}0\ \text{m/s}$$

ON LINE
VIRTUAL LAB
Il pendolo semplice

12.8 Il pendolo

Equazione del pendolo

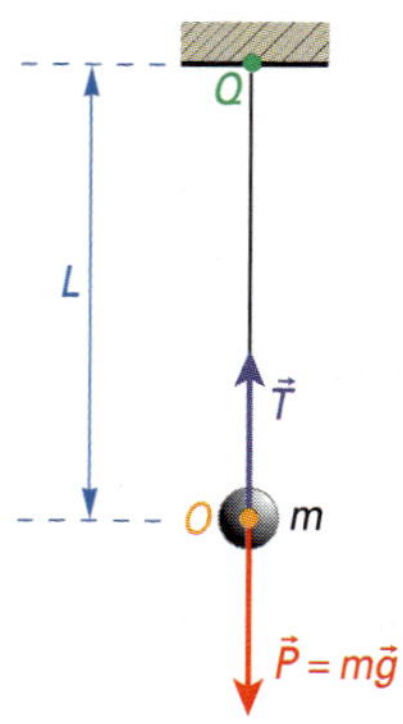

Il **pendolo semplice** è costituito da un corpo di massa m puntiforme appeso a un filo inestensibile di lunghezza L fissato in un punto Q.
Per piccoli angoli di oscillazione si tratta, come il sistema massa-molla, di un oscillatore armonico: il ruolo della forza elastica in questo caso è svolto dalla forza di gravità che agisce tra il corpo di massa m e la Terra.
Nella posizione di equilibrio O, il peso $\vec{P} = m\vec{g}$ e la reazione vincolare del filo (tensione) $\vec{T}$ si equilibrano.

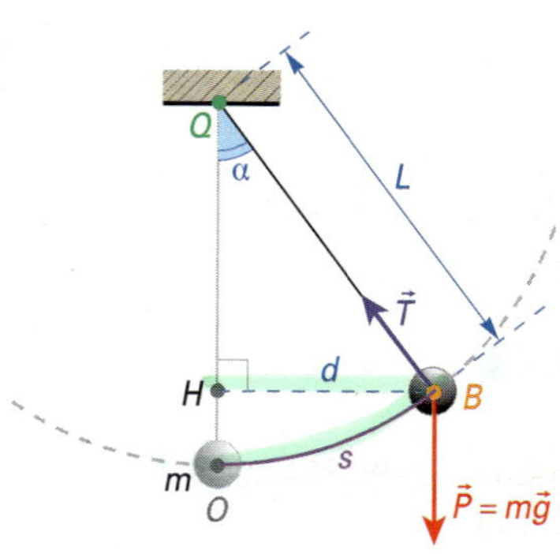

Spostiamo la massa m in una posizione B in modo che l'angolo $O\hat{Q}B = \alpha$. Come detto, ci limitiamo a considerare **piccole oscillazioni**: se si tollera un errore percentuale sul periodo inferiore allo 0,1%, per un angolo $\alpha \leq 5°$ risulta corretta la seguente approssimazione:

$$\underset{s}{\text{arco } OB} \cong \underset{d}{\text{segmento } BH}$$

(Si fa presente che se l'angolo risulta di circa 20°, l'errore percentuale sul periodo è comunque minore dell'1%.)

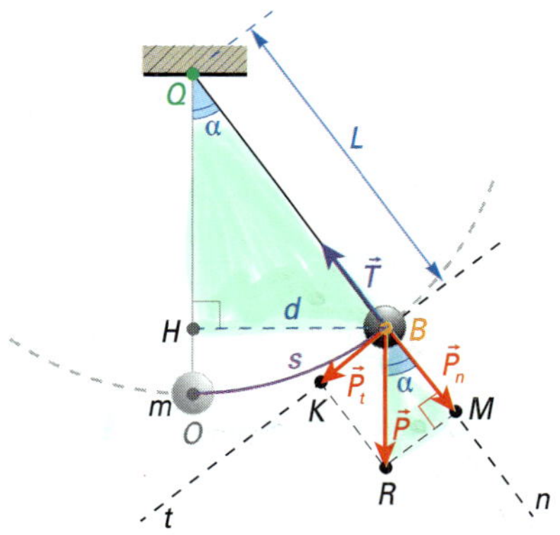

Scomponiamo $\vec{P}$ secondo due direzioni: una individuata dalla retta t, tangente in B all'arco OB, l'altra data dalla retta $n \perp t$ e quindi coincidente con la direzione del filo.
Vediamo come ottenere $\vec{P}_t$ e $\vec{P}_n$.

I triangoli HQB e RBM (P, P_n, P_t) sono simili. Infatti:

$B\hat{H}Q \cong B\hat{M}R$	perché entrambi retti	per il primo criterio di similitudine	I due triangoli sono simili, cioè hanno i lati in proporzione e gli angoli ordinatamente congruenti
$H\hat{Q}B \cong R\hat{B}M$	perché angoli corrispondenti formati dalle parallele QH e BR tagliate da QM		

Tenendo conto che i lati opposti ad angoli congruenti sono in proporzione si ha:

$$QB : BH = BR : MR$$
$$L : d = P : P_t$$

La componente della forza peso che determina il moto è P_t, mentre la componente P_n non ha alcun effetto perché è annullata dalla reazione vincolare esercitata dal filo:

$$P_t = P \cdot \frac{d}{L}$$

ipotizzando piccole oscillazioni $d \cong s$:

$$P_t = -\frac{mg}{L} s$$

il segno indica che la forza P_t ha verso opposto a quello dello spostamento s

per il secondo principio della dinamica si ha:

$$m\, a_t = -\frac{mg}{L} s$$

in cui possiamo semplificare la massa m e ottenere l'accelerazione tangenziale a_t che agisce sul pendolo.

$$a_t = -\frac{g}{L} s \qquad [13]$$

accelerazione

La relazione tra accelerazione e spostamento è proprio quella che caratterizza i moti armonici: il moto del pendolo per piccole oscillazioni è quindi un moto armonico in cui la forza peso produce la forza di richiamo. Pertanto si ha, indicando per semplicità $a_t = a$:

$a =$
- relazione caratterizzante il moto armonico: $-\omega^2 s$
- per la [13]: $-\frac{g}{L} s$

$$-\omega^2 s = -\frac{g}{L} s$$
$$\omega^2 = \frac{g}{L}$$
$$\omega = \sqrt{\frac{g}{L}} \qquad [14]$$

Ma in un moto armonico il periodo è dato da:

$$T = \frac{2\pi}{\omega}$$

Sostituendo al posto di ω la [14] troviamo il periodo del pendolo.

periodo

$$T = 2\pi\sqrt{\frac{L}{g}} \quad [15]$$

Il periodo del pendolo, nel caso di piccole oscillazioni, **non** dipende:

- dalla massa m;
- dall'ampiezza delle oscillazioni
  (isocronismo delle piccole oscillazioni osservato per la prima volta da Galileo Galilei).

ON LINE

Accelerazione del pendolo. Dimostrazione in forma trigonometrica

ON LINE VIRTUAL LAB
Oscillazioni smorzate

12.9 Moto oscillatorio smorzato e forzato

La bambina è stata spinta e all'inizio l'oscillazione è molto ampia; tuttavia, se cessano gli interventi esterni e la piccola sta ferma, lentamente ma inesorabilmente il movimento diminuisce di ampiezza fino a cessare.
Come in qualsiasi sistema oscillante reale, il sistema *altalena* cede nel tempo parte della sua energia complessiva all'ambiente esterno sotto forma di calore, a causa degli attriti. Per questo l'ampiezza delle oscillazioni, in assenza di interventi, tende a diminuire. In tal caso si parla di **oscillazioni smorzate**.

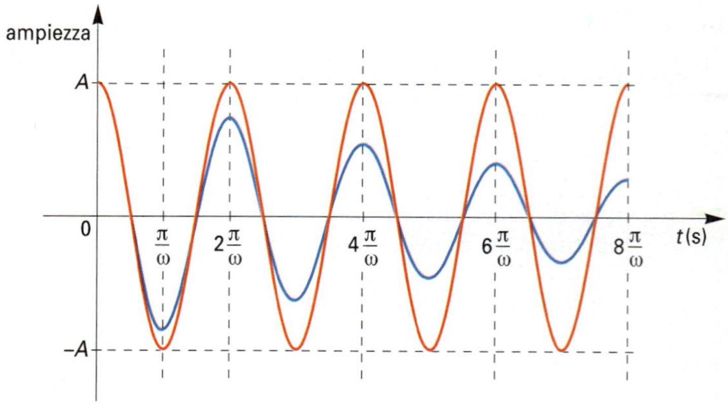

In figura è disegnata in rosso l'equazione $y = A\cos\omega t$ che rappresenta l'oscillazione di una molla di ampiezza iniziale A nell'ipotesi in cui non sia presente alcun tipo di smorzamento.
In blu è rappresentato il caso in cui le oscillazioni della molla siano smorzate, per cui il moto non è periodico. L'equazione è del tipo $y = A(t)\cos\omega t$ perché in questo caso l'ampiezza $A(t)$ non è costante ma diminuisce al variare del tempo.

Supponiamo di agire in assenza di attrito. Se l'adulto sposta l'altalena dalla posizione di equilibrio e la lascia andare, il sistema oscillante si muove liberamente e ha una propria frequenza f_0.
Se l'uomo decide di spingere ritmicamente l'altalena, la forza con cui l'uomo agisce ha a sua volta una frequenza f. In questo caso si hanno delle **oscillazioni forzate** la cui ampiezza dipende da numerose variabili, tendendo ad aumentare man mano che la differenza tra le due frequenze f_0 ed f diminuisce.

Quando la frequenza della forza esterna f approssima la frequenza naturale del sistema f_0 l'ampiezza delle oscillazioni raggiunge il valore massimo. Si ha in tal caso il fenomeno della **risonanza**, le cui conseguenze possono essere anche catastrofiche.
Una struttura meccanica (per esempio un grattacielo o un ponte) ha una o più frequenze naturali, per cui è importante evitare che la costruzione venga sollecitata da forze esterne che abbiano una frequenza vicina a quelle naturali: infatti, le oscillazioni potrebbero raggiungere un'ampiezza tale da compromettere la stabilità dell'intera struttura.
È proprio quello che accadde in California nel 1989 in occasione di un terremoto di magnitudo 7,1: a causa della particolare natura del terreno di quella zona, la frequenza delle onde sismiche entrò in risonanza con una frequenza naturale dell'autostrada. L'ampiezza delle oscillazioni causò il crollo di una carreggiata sopraelevata sulla strada sottostante.

FLASH

Pesarsi con... le onde: la bilancia inerziale

Un astronauta a bordo di uno shuttle in orbita attorno alla Terra si trova in condizioni di microgravità, per cui può galleggiare liberamente nell'abitacolo. Tuttavia, è un errore comune quello di pensare che il suo peso – inteso come forza gravitazionale attrattiva che il nostro pianeta esercita su di lui – sia... svanito a causa della grande distanza. In realtà tale peso non è affatto scomparso ma, sia pure ridotto, viene equilibrato dalla forza centrifuga che agisce in direzione opposta, dato che lo shuttle, per restare in orbita e non cadere, deve muoversi di moto circolare con una ben precisa velocità tangenziale. Ma come fa allora l'astronauta a "pesarsi" per controllare il proprio stato fisico?

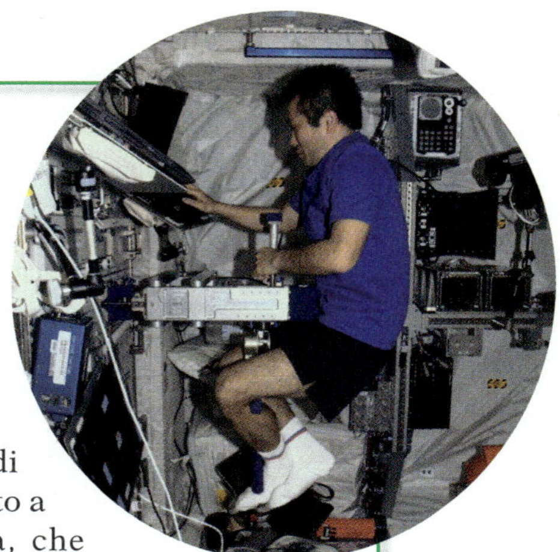

Non potendo ovviamente ricorrere alla normale bilancia, deve utilizzare uno strumento diverso chiamato **bilancia inerziale**. Si tratta di una sorta di seggiolino, agganciato a una struttura fissa, che può oscillare avanti e indietro grazie a delle molle che hanno una data costante elastica K.
Dalla misurazione della frequenza di oscillazione si risale alla massa della persona seduta, grazie alla relazione $f = \frac{1}{2\pi}\sqrt{\frac{K}{m}}$, dove m è la massa totale, comprendente anche quella nota del dispositivo.

IDEE e PERSONAGGI

Il pendolo di Foucault

Leon Foucault (1819-1868), brillante sperimentatore, fornì la spiegazione di un fenomeno già noto da tempo: il piano di oscillazione di un pendolo non è costante, bensì ruota in senso orario attorno alla verticale. Nel 1851 egli eseguì a Parigi un famoso esperimento utilizzando un pendolo costituito da una sfera di 28 kg appesa nel Pantheon tramite un cavo lungo 67 m.

Sulla sfera era disposta una punta che lasciava delle tracce nella sabbia di cui era coperta la base.

Se la Terra fosse stata un sistema di riferimento inerziale, il piano di oscillazione del pendolo sarebbe dovuto rimanere inalterato, invece durante l'esperimento lentamente cambiava direzione. La rotazione del piano di oscillazione del pendolo in senso orario richiedeva 31 ore, 47 minuti e 40 secondi.

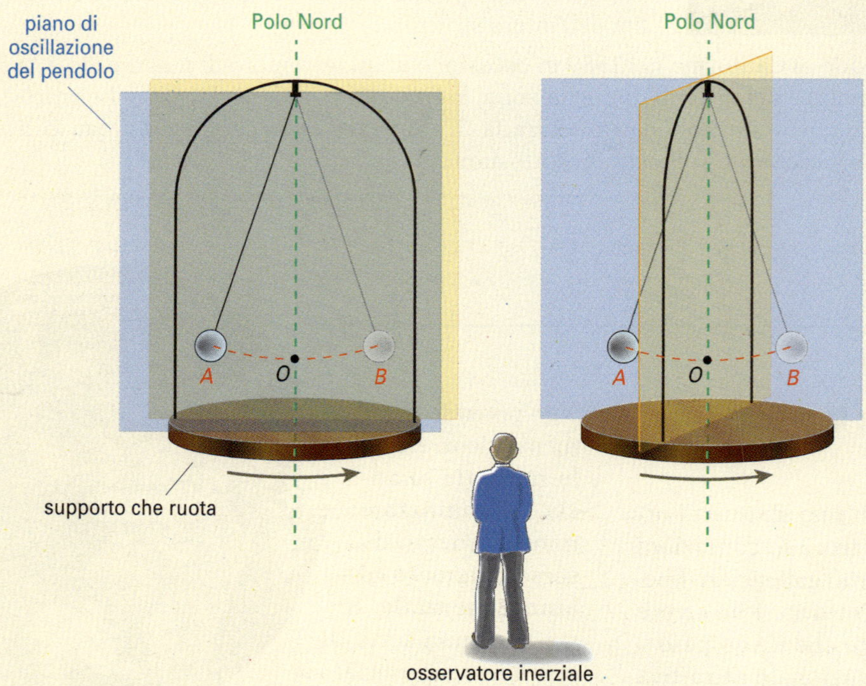

Per capirne le ragioni immaginiamo un esperimento **ideale** che si svolga al Polo Nord in un sistema perfettamente inerziale. Appendiamo il pendolo a un supporto che possa ruotare intorno alla verticale con direzione coincidente con quella dell'asse terrestre. Mettiamo in movimento il pendolo e poi facciamo ruotare il supporto. Dato che l'attrito nel punto di sospensione del pendolo non è significativo, il supporto non trascina nella propria rotazione il pendolo.

Un **osservatore inerziale** che si trova fuori dalla piattaforma (ignoriamo per ora la rotazione della Terra) descrive il fenomeno dicendo: "Il pendolo oscilla sempre da A a B e quindi il piano di oscillazione è invariante, ma la piattaforma ruota e quindi modifica la propria posizione rispetto al pendolo".

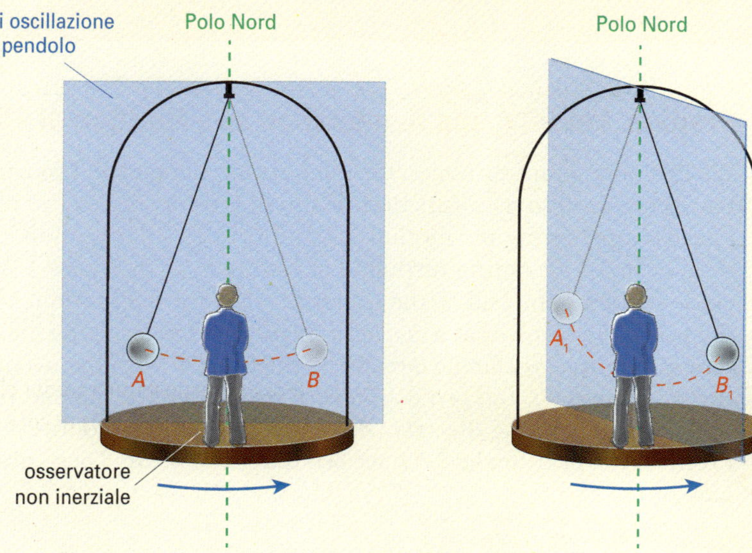

Un osservatore **non inerziale** posizionato sulla piattaforma ruotante direbbe invece: "Io sono fermo e inizialmente il pendolo oscilla da A a B; dopo un po' di tempo la situazione è cambiata e ora il pendolo oscilla da A_1 a B_1. Quindi il piano di oscillazione del pendolo si sta modificando, perché il punto di inizio dell'oscillazione è diventato A_1 cioè si allontana da me che sono fermo e sta ruotando in senso orario".

Questa è proprio la situazione in cui si trovava Foucault quando eseguì l'esperimento. La piattaforma ruotante era... la Terra!

Rimane da capire perché la durata della rotazione del piano di oscillazione del pendolo a Parigi non fosse esattamente, come succede al Polo Nord, 23 ore 56 minuti e 4 secondi, vale a dire il tempo che la Terra impiega a compiere una rotazione completa attorno al proprio asse.

La situazione risulta più complessa di quella del pendolo al Polo Nord, perché gli effetti della rotazione terrestre variano al variare della latitudine e quindi, per spiegare la differente durata del fenomeno, diventa indispensabile ricorrere alla forza di Coriolis: $\vec{F}_{Cor} = -2\, m\vec{\omega} \times \vec{v}$ con $\vec{\omega}$ velocità angolare del sistema ruotante e $\vec{v}$ velocità del corpo di massa m in movimento rispetto al sistema stesso. Si tratta di una forza apparente che viene introdotta dall'osservatore non inerziale per rimanere in accordo con i principi della dinamica. Tale forza agisce sempre perpendicolarmente allo spostamento, è proporzionale alla velocità della massa m in movimento e permette di tener conto degli effetti della latitudine sul moto dei corpi. La forza di Coriolis nell'emisfero Nord agisce a destra rispetto al verso di $\vec{v}$.

Nel nostro caso, durante una semioscillazione del pendolo a partire da O, la forza di Coriolis lo devia verso destra rispetto alla direzione del moto, per cui esso, invece di andare in A, si sposta in A_1, ma nella successiva semioscillazione la velocità cambia di segno, di conseguenza si inverte anche la forza di Coriolis che quindi sposta il punto d'arrivo dell'oscillazione sempre in senso orario. In questo modo gli effetti delle due deviazioni che si hanno durante un'oscillazione completa si sommano e complessivamente il pendolo inizia l'oscillazione successiva con il piano di rotazione leggermente spostato di un angolo α in senso orario per un osservatore terrestre. Di conseguenza, dato che anche il piano di oscillazione ruota in senso orario, il tempo di una rotazione completa risulta incrementato in confronto al Polo Nord.

L'ampiezza dell'angolo α è correlata alla latitudine ed è alla base delle diverse durate delle rotazioni del piano di oscillazione del pendolo a seconda della latitudine. Rimane da osservare che se poniamo il pendolo all'**equatore** abbiamo che il supporto non ruota attorno alla verticale e quindi non vi è nessuna rotazione apparente del piano del pendolo: in accordo con il fatto che la forza di Coriolis è nulla all'equatore.

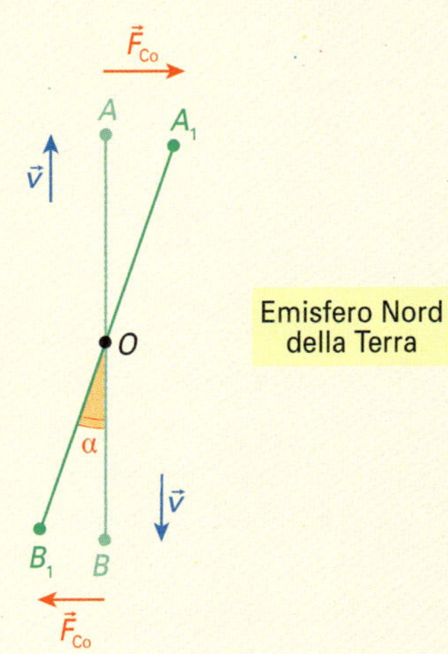

Waves

SCIENTIFIC ENGLISH

CLIL

Position, Velocity, and Acceleration as a Function of Time

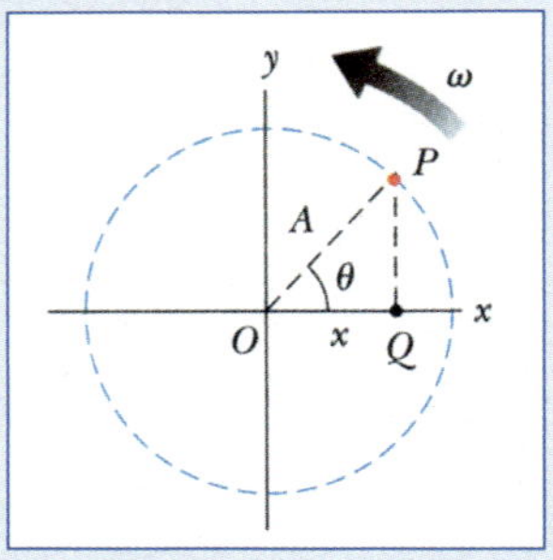

Figure 1
A reference circle. As the ball at P rotates in a circle with uniform angular speed, its projection Q along the x-axis moves with simple harmonic motion.

We can obtain an expression for the position of an object moving with simple harmonic motion as a function of time by returning to the relationship between simple harmonic motion and uniform circular motion. Consider a ball on the rim of a rotating turntable of radius A, as in Figure 1. We refer to the circle made by the ball as the *reference circle* for the motion. We assume that the turntable revolves at a *constant* angular speed ω. As the ball rotates on the reference circle, the angle θ made by the line OP with the x-axis changes with time. Meanwhile, the projection of P on the x-axis, labeled point Q, moves back and forth along the axis with simple harmonic motion.

From the right triangle OPQ, we see that $\cos\theta = x/A$. Therefore, the x-coordinate of the ball is

$$x = A\cos\theta$$

Because the ball rotates with constant angular speed, it follows that $\theta = \omega t$, so we have

$$x = A\cos(\omega t) \qquad [1]$$

In one complete revolution, the ball rotates through an angle of 2π rad in a time equal to the period T. In other words, the motion repeats itself every T seconds. Therefore,

$$\omega = \frac{\Delta\theta}{\Delta t} = \frac{2\pi}{T} = 2\pi f \qquad [2]$$

where f is the frequency of the motion. The angular speed of the ball as it moves around the reference circle is the same as the angular frequency of the projected simple harmonic motion. Consequently, Equation 1 can be written

$$x = A\cos(2\pi f t) \qquad [3a]$$

This cosine function represents the position of an object moving with simple harmonic motion as a function of time, and is graphed in Figure 2a. Because the cosine function varies between 1 and – 1, x varies between A and $-A$. The shape of the graph is called *sinusoidal*.

Figures 2b and 2c represent curves for velocity and acceleration as a function of time.

To find the equation for the velocity, use equations $v = \pm\sqrt{\frac{k}{m}(A^2 - x^2)}$ and [3a] together with the identity $\cos^2\theta + \sin^2\theta = 1$, obtaining

$$v = -A\omega\sin(2\pi f t) \qquad [3b]$$

were we have used the fact that $\omega = \sqrt{k/m}$. The ± sign is no longer needed, because sine can take both positive and negative values. Deriving an expression for the acceleration involves substituting Equation [3a] into Equation $a = -\frac{k}{m}x$, Newton's second law for springs:

$$a = -A\omega^2\cos(2\pi f t) \qquad [3c]$$

The detailed steps of these derivations are left as an exercise for the student. Notice that when the displacement x is at a maximum, at $x = A$ or $x = -A$, the velocity is zero, and when x is zero, the magnitude of the velocity is a maximum. Further, when $x = +A$, its most positive value, the acceleration is a maximum but in the negative x-direction, and when x is at its most negative position, $x = -A$, the acceleration has its maximum value in the positive x-direction. These facts are consistent with our earlier discussion of the points at which v and a reach their maximum, minimum, and zero values.

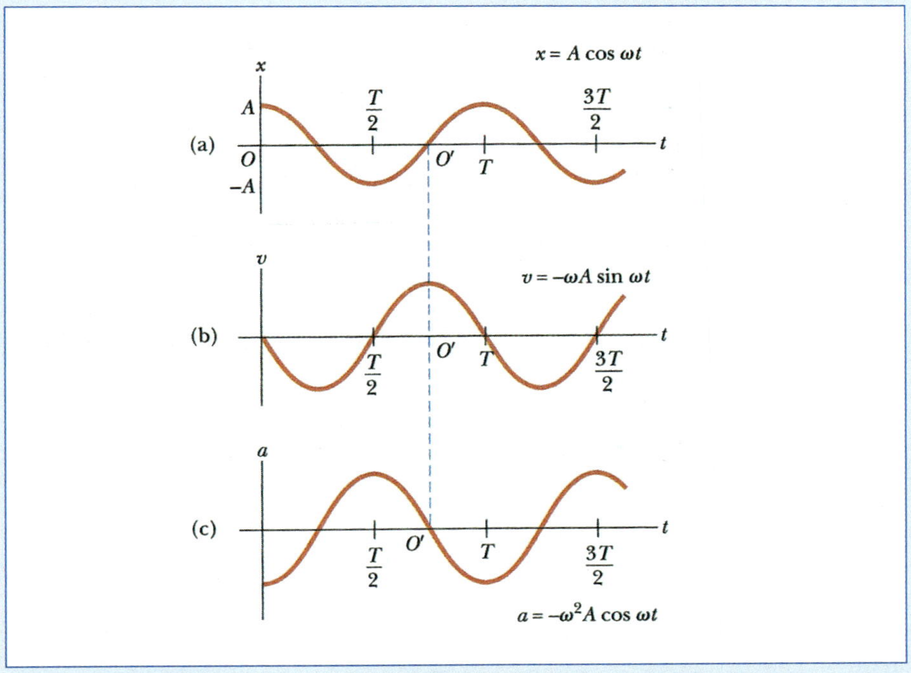

Figure 2
(a) Displacement, (b) velocity, and (c) acceleration versus time for an object moving with simple harmonic motion under the initial conditions $x_0 = A$ and $v_0 = 0$ at $t = 0$.

The maximum values of the position, velocity, and acceleration are always equal to the magnitude of the expression in front of the trigonometric function in each equation, because the largest value of either cosine or sine is 1.

Figure 3 illustrates one experimental arrangement that demonstrates the sinusoidal nature of simple harmonic motion. An object connected to a spring has a marking pen attached to it. While the object vibrates vertically, a sheet of paper is moved horizontally with constant speed. The pen traces out a sinusoidal pattern.

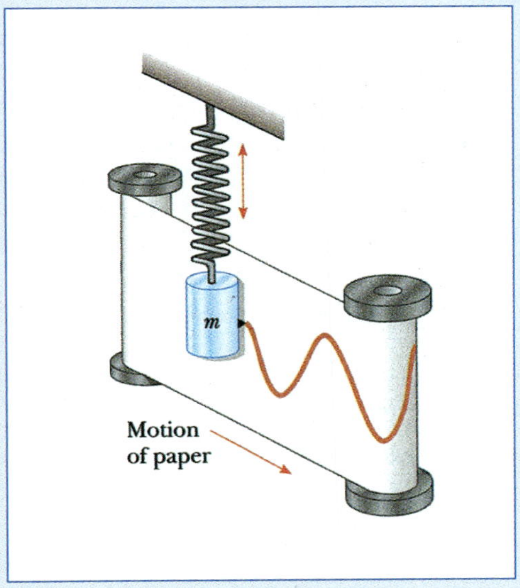

Figure 3
An experimental apparatus for demonstrating simple harmonic motion.
A pen attached to the oscillating object traces out a sinusoidal wave on the moving chart paper.

Quick Quiz

If the amplitude of a system moving in simple harmonic motion is doubled, which of the following quantities *doesn't* change? (a) total energy, (b) maximum speed, (c) maximum acceleration, (d) period.

from SERWAY/VUILLE, *Essentials of College Physics*, © 2007

IN SINTESI

Oscillazioni armoniche

- Una massa m soggetta a una forza elastica $\vec{F} = -K \cdot \vec{s}$ si muove di **moto armonico**.
- Il moto armonico può essere descritto come il moto della proiezione sul diametro di un punto che si muove di moto circolare uniforme.
- L'**equazione oraria** del moto armonico è: $s = A \cos \omega t$ (dove ω è la pulsazione data da $\omega = \frac{2\pi}{T} = 2\pi f$).
- La **velocità del moto armonico** è data da: $v = -\omega A \operatorname{sen} \omega t$; è massima al centro dell'oscillazione ed è nulla agli estremi del diametro.
- L'**accelerazione del moto armonico** è data da: $a = -\omega^2 \cdot A \cos \omega t$; è massima agli estremi del diametro e nulla al centro dell'oscillazione.
- La **relazione fondamentale tra accelerazione e spostamento** che caratterizza un moto armonico è:
$$a = -\omega^2 \cdot s$$
- Le **principali grandezze** che caratterizzano il moto armonico nel caso molla-massa sono:

	Definizione	Formule	Unità di misura
Ampiezza A	Massima distanza dalla posizione di equilibrio		m
Periodo T	Tempo impiegato per compiere una oscillazione completa	$T = 2\pi\sqrt{\frac{m}{K}}$	s
Frequenza f	Numero di oscillazioni complete compiute nell'unità di tempo	$f = \frac{1}{2\pi}\sqrt{\frac{K}{m}}$	Hz
Pulsazione ω	Grandezza strettamente correlata alla frequenza	$\omega = \sqrt{\frac{K}{m}}$	rad/s
Fase ωt	Angolo descritto dal punto che si muove di moto circolare uniforme		rad

- Se al tempo $t = 0$ il punto P' non coincide con l'estremo destro del diametro Q allora l'equazione oraria assume la forma: $s = A \cos(\omega t + \alpha_0)$ dove $\alpha_0 = Q\hat{O}P_0$ si dice **fase iniziale** e $\omega t + \alpha_0$ si dice **fase del moto**.
- L'**energia totale** di un sistema massa-molla è costante e vale: $E_{tot} = \frac{1}{2}Ks^2 + \frac{1}{2}mv^2 = \frac{1}{2}KA^2$.

Il pendolo

- Il **pendolo semplice** è costituito da un corpo di massa m puntiforme appeso a un filo inestensibile di lunghezza L fissato in un punto Q.
- Per piccole oscillazioni l'**accelerazione** è data da:
$$a_t = -\frac{g}{L}s$$
- Il **periodo** del pendolo semplice è:
$$T = 2\pi\sqrt{\frac{L}{g}}$$
in cui si nota che le piccole oscillazioni non dipendono dalla massa e dall'ampiezza (**isocronismo**). Il moto oscillatorio si definisce **smorzato** quando l'ampiezza delle oscillazioni tende a diminuire. Il moto oscillatorio si definisce **forzato** se in un sistema che ha una frequenza naturale f_0 si interviene con una forza esterna di frequenza f. Si ha il fenomeno della **risonanza** quando i valori delle due frequenze tendono a coincidere.

STRUMENTI DI CONSOLIDAMENTO E VERIFICA

Completa le frasi

1 Spostando dalla posizione di equilibrio un corpo di massa m attaccato a una molla, su di esso agisce una .... che tende a riportare la massa nella sua .... Indicando con K la costante elastica della molla, l'espressione analitica di tale forza è $\vec{F}$ = ... dove con s si indica lo .... I vettori $\vec{F}$ ed $\vec{s}$ hanno .... opposto. Lasciando la massa libera di muoversi si evidenzia un moto di tipo ....

2 La pulsazione di un moto armonico è data dall'espressione analitica ω = ... ed è .... proporzionale al periodo. All'aumentare della frequenza, la pulsazione .... in quanto pulsazione e frequenza sono .... proporzionali. Nel SI, la pulsazione si misura in .... mentre la frequenza si misura in ....

3 La legge oraria di un moto armonico è s = ... , l'equazione della velocità è .... , l'accelerazione è ....

4 Nel moto armonico di un punto che oscilla su un diametro di una circonferenza la velocità è .... agli estremi ed è .... al centro; invece, l'.............................. è nulla al centro e massima ....

5 Il periodo del moto armonico di una molla di costante elastica K a cui è agganciato in posizione orizzontale una massa m, ... all'aumentare della massa e .... all'aumentare della costante elastica. Se la costante elastica aumenta, la frequenza ....

6 L'energia totale di un sistema massa-molla è data dall'espressione analitica E_{tot} =.............................. dove con K si indica .... espressa in .... e con A si indica .... misurata in ....

7 L'accelerazione di una massa appesa a un pendolo semplice è .... proporzionale alla lunghezza del filo e .... proporzionale allo spostamento rispetto alla posizione di equilibrio. Questa relazione vale sotto l'ipotesi di ....

8 Il periodo di un pendolo semplice dipende dalla .... del filo e dal valore dell'.................................... .... Nel caso di piccole oscillazioni, il periodo non dipende dalla .... appesa al filo e dall'ampiezza delle oscillazioni. Quest'ultimo fenomeno viene definito .... delle piccole oscillazioni.

Test a scelta multipla

1 **La posizione all'istante $t = 0{,}5$ s della particella il cui moto è descritto dall'equazione oraria $s = (0{,}1\ \text{m}) \cos[(2\ \text{s}^{-1}) \cdot t]$ è:**

- **A** 540 mm
- **B** 54 mm
- **C** −50 mm
- **D** −1 m

2 **La posizione all'istante $t = 12$ s della particella il cui moto è descritto dall'equazione oraria $s = (0{,}2\ \text{m}) \cos[(3\ \text{s}^{-1}) \cdot t]$ è:**

- **A** − 25,6 mm
- **B** 25,6 mm
- **C** 0,256 m
- **D** − 0,256 m

3 **La posizione all'istante $t = 100$ ms della particella il cui moto è descritto dall'equazione oraria $s = (0{,}2\ \text{m}) \cos[(3\ \text{s}^{-1}) \cdot t]$ è:**

- **A** − 0,191 m
- **B** 191 mm
- **C** 0,191 m
- **D** 0,02 mm

4 **La frequenza con cui oscilla una particella la cui equazione oraria è $s = (0{,}2\,\text{m}) \cos\left[\left(\frac{5}{3}\pi s^{-1}\right) \cdot t\right]$ vale:**

- **A** 0,19 Hz
- **B** 0,83 Hz
- **C** 1,2 Hz
- **D** 5,2 Hz

5 Il periodo di oscillazione relativo all'equazione oraria $s = (1{,}2\ \text{m})\cos[(0{,}3\ \text{s}^{-1})\cdot t]$ vale:

A $4{,}0 \cdot 10^{-2}$ s
B 0,15 s
C 6,7 s
D 21 s

6 Nell'equazione del moto armonico $s = (2\ \text{cm})\cos(3t)$:

A la frequenza è pari a 3 Hz
B il periodo è pari a 3 s
C la fase è pari a $3t$
D all'aumentare di t (per ogni t), aumenta s

7 In un moto armonico di frequenza 0,3 Hz la pulsazione vale:

A 1,9 s
B 21 s^{-1}
C 1,9 s^{-1}
D 21 s

8 In un moto armonico di pulsazione 10 rad/s, la frequenza vale:

A 1,6 Hz
B 1,6 s
C 62,8 s
D 62,8 Hz

9 Un moto periodico è sempre armonico. Un moto armonico è sempre periodico.
Le due precedenti affermazioni sono rispettivamente:

A vera, vera
B vera, falsa
C falsa, vera
D falsa, falsa

10 In un moto armonico:

A la velocità è costante
B la pulsazione è costante
C la velocità e la pulsazione sono costanti
D la velocità non dipende dalla pulsazione

11 In un moto armonico di ampiezza 2,0 cm e frequenza 5,0 Hz, il modulo della velocità massima è:

A 0,63 m/s
B 6,3 cm/s
C 6,3 m/s
D 63 m/s

12 In un moto armonico di equazione $s = A\cos(\omega t)$, con ampiezza 20 cm e velocità massima 1,8 m/s, la velocità all'istante $t = 0{,}3$ s è:

A −1,8 m/s
B + 0,77 m/s
C + 4,3 m/s
D − 0,77 m/s

13 Se in un moto armonico l'ampiezza delle oscillazioni raddoppia e la frequenza si dimezza, allora la velocità massima:

A raddoppia
B si dimezza
C rimane uguale
D non si può stabilire

14 Se in un moto armonico il periodo si dimezza e l'ampiezza delle oscillazioni si dimezza, allora la velocità massima:

A raddoppia
B si dimezza
C rimane uguale
D non si può stabilire

15 In un moto armonico, la velocità massima è:

A direttamente proporzionale al tempo
B inversamente proporzionale alla pulsazione
C inversamente proporzionale all'ampiezza del moto
D inversamente proporzionale al periodo del moto

16 Nel moto armonico, l'accelerazione è direttamente proporzionale:

A al tempo
B alla frequenza
C allo spostamento
D alla velocità

17 Il moto descritto dall'equazione oraria $s = (0{,}8\ \text{m})\cos[(1{,}5\ \text{s}^{-1})\cdot t]$ ha massima accelerazione in modulo pari a:

A 0,8 ms^{-2}
B 1,2 ms^{-2}
C 1,8 ms^{-2}
D 2,3 ms^{-2}

18 Dimezzando la frequenza delle oscillazioni in un moto armonico, a parità di ampiezza, l'accelerazione massima:

A raddoppia
B si dimezza
C rimane uguale
D diventa un quarto

19 Nel moto armonico di una molla di costante elastica K a cui è agganciata in posizione orizzontale una massa m, il periodo non dipende:

A dallo spostamento dalla posizione di equilibrio
B dalla costante elastica K
C dalla massa m
D dalla pulsazione ω

20 In un moto armonico di una molla di costante elastica K a cui è agganciata in posizione orizzontale una massa m, al crescere di K:

A aumenta il periodo
B aumenta la frequenza
C diminuisce la pulsazione
D aumenta l'ampiezza delle oscillazioni

21 In un moto armonico di una molla di costante elastica K a cui è agganciata in posizione orizzontale una massa m, i vettori di accelerazione e spostamento rispetto alla posizione di equilibrio:

- A sono sempre concordi
- B sono sempre discordi
- C possono essere concordi e discordi
- D sono sempre non nulli

22 La pulsazione di un moto armonico di una molla di costante elastica 20 N/cm a cui è agganciata in posizione orizzontale una massa $m = 200$ g è:

- A 10 000 rad/s
- B 100 rad/s
- C 15,9 rad/s
- D 0,32 rad/s

23 La costante elastica di una molla a cui è agganciata in posizione orizzontale una massa pari a 20 g che oscilla con frequenza pari a 2 Hz è:

- A 0,2 N/m
- B 1 N/m
- C 1,6 N/m
- D 3,2 N/m

24 Una molla di costante elastica 30 N/mm a cui è agganciata in posizione orizzontale una massa oscilla con periodo di 2 ms. La massa è pari a:

- A 3000 kg
- B 300 kg
- C 3 kg
- D 3 g

25 L'energia totale di un sistema massa-molla rispetto alla pulsazione del moto è:

- A direttamente proporzionale
- B direttamente proporzionale al quadrato
- C inversamente proporzionale
- D inversamente proporzionale al quadrato

26 L'energia totale di un sistema massa-molla:

- A dipende solo dalla massa e dall'ampiezza dell'oscillazione
- B dipende dalla massa e dall'ampiezza dell'oscillazione
- C non dipende dalla massa
- D è funzione del tempo

27 L'energia cinetica di un sistema massa-molla:

- A è nulla quando lo spostamento dalla posizione di equilibrio è nullo
- B è massima quando lo spostamento dalla posizione di equilibrio è massimo
- C è nulla quando lo spostamento dalla posizione di equilibrio è massimo
- D è sempre non nulla

28 L'energia potenziale di un sistema massa-molla:

- A è massima a metà del periodo del moto
- B è nulla a metà del periodo del moto
- C dipende solo dalla costante elastica della molla
- D assume solo una volta il valore massimo nell'arco di un periodo

29 L'ampiezza del moto di una molla di costante elastica 30 N/mm a cui è agganciata in posizione orizzontale una massa è 2 cm.
L'energia totale è:

- A 6 J
- B $6 \cdot 10^{-3}$ J
- C 60 kJ
- D 30 kJ

30 Una massa collegata a una molla di costante elastica 3 N/m oscilla orizzontalmente. La sua energia totale è pari a 20 J. L'ampiezza del moto vale:

- A 17,7 m
- B 2,4 m
- C 3,7 m
- D $8{,}1 \cdot 10^{-6}$ m

31 Il periodo di oscillazione di un pendolo di lunghezza 1 m che compie piccole oscillazioni è:

- A 1 s
- B 2 s se subisce un'accelerazione di gravità pari a 9,81 m/s^2
- C 2 s ovunque si trovi
- D funzione della massa appesa

32 Dato un pendolo che compie piccole oscillazioni, se la lunghezza del filo raddoppia e l'accelerazione di gravità si dimezza, il suo periodo:

- A raddoppia
- B si dimezza
- C rimane costante
- D dipende dalla massa appesa

33 Una molla a cui è agganciata in posizione orizzontale una massa di 400 g oscilla con frequenza di 20 Hz.
La costante elastica della molla vale:

- A 38 N/m
- B 0,6 N/m
- C 1,9 N/mm
- D $6{,}3 \cdot 10^3$ N/m

34 La frequenza di oscillazione di un pendolo semplice che compie piccole oscillazioni:

- A diminuisce all'aumentare della lunghezza del filo
- B diminuisce all'aumentare della massa appesa
- C dipende solo dal valore dell'accelerazione di gravità
- D è indipendente dalla lunghezza del filo

35 La frequenza di un pendolo di lunghezza 20 cm che compie piccole oscillazioni è:

A 1,1 Hz
B 2,2 Hz
C 7,8 Hz
D 11 Hz

36 La lunghezza del filo di un pendolo semplice che compie piccole oscillazioni:

A è direttamente proporzionale alla pulsazione
B è indipendente dal periodo di oscillazione
C è direttamente proporzionale al quadrato della frequenza
D è inversamente proporzionale al quadrato della pulsazione

37 La lunghezza di un pendolo che compie piccole oscillazioni di periodo 2 s è:

A 0,99 cm
B 0,99 m
C 0,06 m
D 0,12 m

38 La lunghezza di un pendolo che compie piccole oscillazioni con la frequenza di 0,3 Hz è:

A 1,7 m
B 2,8 m
C 5,2 m
D 17 m

39 La lunghezza di un pendolo che compie piccole oscillazioni con frequenza pari a 5 Hz è:

A 1 cm
B 2 cm
C 1 m
D 0,5 cm

40 La lunghezza del filo al quale è appesa la massa di un pendolo aumenta con la temperatura, di conseguenza, un orologio a pendolo:

A rallenta all'aumentare della temperatura
B rallenta al diminuire della temperatura
C rallenta o diminuisce in base alla massa appesa
D non risente di variazioni di temperatura

41 Se raddoppiamo l'ampiezza delle piccole oscillazioni di un pendolo, il periodo:

A raddoppia
B si dimezza
C è lo stesso
D non si può stabilire, dipende dalla lunghezza del pendolo

42 Se a un pendolo che oscilla sostituiamo la massa con una più piccola, la frequenza delle oscillazioni:

A aumenta
B diminuisce
C è la stessa
D non si può stabilire, dipende dalla lunghezza del pendolo

43 L'accelerazione di gravità sulla Luna è circa 1/6 di quella terrestre.
Il rapporto f_L/f_T tra la frequenza con cui oscilla un pendolo sulla Luna e quella che si ha sulla Terra, è:

A 0,17
B 0,41
C 2,4
D 6,0

Esercizi

12.2 Equazione oraria e grafico del moto armonico

1 L'ampiezza di un moto armonico è 2 cm e il periodo è 1 s. Scrivi l'equazione oraria del moto. Quanto vale l'ampiezza dell'oscillazione con t = 200 ms?
Rappresenta graficamente l'equazione del moto nel piano tempo-ampiezza.

[(2 cm)cos(2πt); 6,2 mm]

2 Un moto armonico ha frequenza 20 Hz e ampiezza 1 m. Scrivi l'equazione oraria del moto. Quanto vale l'ampiezza dell'oscillazione con t = 9 ms? Rappresenta graficamente l'equazione del moto nel piano tempo-ampiezza utilizzando un'opportuna scala.

[(1 m)cos(40πt); 0,43 m]

3 Determina frequenza, periodo, ampiezza, pulsazione di un moto armonico di equazione $s = (0,4\text{ m})\cos\left[\left(\frac{2}{3}\pi s^{-1}\right)t\right]$.

[0,33 Hz; 3,0 s; 0,4 m; 2,1 s^{-1}]

4 Determina frequenza, periodo, ampiezza, pulsazione di un moto armonico di equazione $s = (0{,}8\ \text{m})\cos[(3\pi\ \text{s}^{-1})t]$.

[1,5 Hz; 0,7 s; 0,8 m; 3π rad/s]

Esercizio svolto

5 È dato un moto armonico con equazione $s = (2\ \text{m})\cos[(3\ \text{s}^{-1})\ t]$. Qual è il minore tra i valori di t positivi per cui si ha $s = 1$ m?

[0,35 s]

Trattandosi di un moto periodico, si avranno infiniti valori di t per i quali si ha $s = 1$ m.
Per trovare i valori positivi sostituiamo nell'espressione del moto $s = 1$ m:

$$s = (2\ \text{m})\cos[(3\ \text{s}^{-1})t]$$

$$1 = 2\cos(3t)$$

da cui:

$$\cos(3t) = 0{,}5$$

Quest'ultima espressione permette di ricavare:

$$t = \arccos(0{,}5)/3 = 0{,}35\ \text{s}$$

Per comprendere meglio le caratteristiche del moto, determiniamo il periodo T osservando che:

$$\omega t = 3$$

per $t = 1$ s $\omega = 3$, da cui:

$$\frac{2\pi}{T} = 3$$

Si ha quindi $T = 2{,}1$ s.
Dato che il periodo è $T = 2{,}1$ s, a partire da 0,35 s e ogni 2,1 s $s = 1$ m.

6 È dato un moto armonico con equazione $s = (3\ \text{m})\cos[(2\ \text{s}^{-1})\ t]$. Qual è il più piccolo valore di t positivo per cui si ha $s = -2$ m?

[1,15 s]

7 È dato un moto armonico con equazione:

$$s = (2\ \text{cm})\cos[(\pi\ \text{s}^{-1})t]$$

Determina frequenza, periodo, ampiezza, pulsazione. Qual è il più piccolo valore di t positivo per cui si ha $s = -1$ mm? Quanto vale lo spostamento per $t = 0{,}2$ s?

[0,5 Hz; 2 s; 2 cm; π rad/s; 0,52 s; 16 mm]

8 ***ENGLISH*** The position of a particle is given by:

$$x = (5\ \text{cm})\cos(5\pi t)$$

What is the frequency, the period and the amplitude of the particle's motion? What are the two times in a period that the particle is at its equilibrium position?

[2.5 Hz; 0,4 s; 5 cm; 0.1 s; 0.3 s]

9 ***ENGLISH*** The position of a particle is given by:

$$x = (2\ \text{m})\cos(12\pi t)$$

What is the frequency, the period and the amplitude of the particle's motion? What are the two times in a period that the particle is at its equilibrium position?

[1.9 Hz; 0.52 s; 2 m; 0.13 s; 0.39 s]

12.3 Velocità del moto armonico

10 Dal grafico che descrive la legge oraria di un moto armonico cui è soggetto un corpo di massa 2,5 kg, tra gli istanti $t = 0$ s e $t = 1{,}2$ s, deduci:

a) l'ampiezza;
b) gli istanti in cui si ha massima velocità;
c) gli istanti in cui la velocità è nulla;
d) la massima velocità in modulo;
e) la massima intensità della forza agente sul corpo.

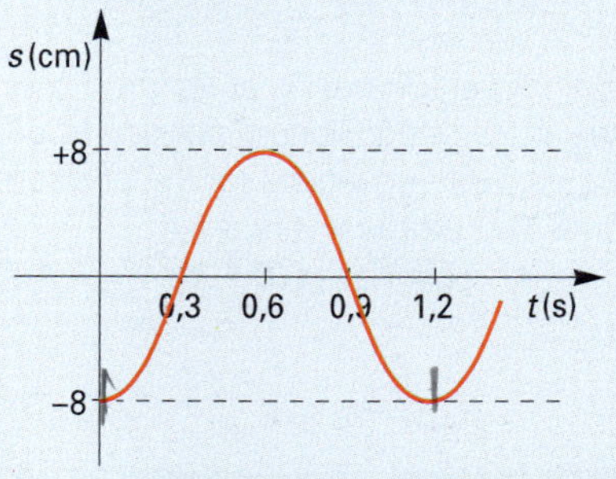

[*a*) 8 cm; *b*) 0,3 s, 0,9 s; *c*) 0 s, 0,6 s, 1,2 s; *d*) 0,42 m/s; *e*) 5,5 N]

Esercizio svolto

11 Un piccolo oggetto oscilla con moto armonico secondo la legge $s = A\cos(\omega t)$, con un'ampiezza di 5,0 cm e un periodo di 2,0 s. Determina in quali posizioni, nel primo periodo di oscillazioni, il modulo della velocità è metà della velocità massima.

[±4,3 cm rispetto al centro di oscillazione]

Nel moto descritto essendo il periodo $T = 2{,}0$ s la pulsazione vale:

$$\omega = \frac{2\pi}{T} = \frac{2\pi}{2}\ \text{rad/s} = \pi\ \text{rad/s}$$

La velocità nel moto armonico è data da $v = -\omega A\ \text{sen}(\omega t)$ e la velocità massima in modulo si ha quando $\text{sen}(\omega t) = 1$, e quindi $v_{max} = \omega A$.
La relazione tra le velocità è:

$$v = \frac{1}{2}\ v_{max}$$

$$\downarrow \qquad \downarrow$$

$$\omega A \text{sen}\ \omega t = \frac{1}{2}\ \omega A$$

semplificando:

$$\text{sen}\ \omega t = \frac{1}{2}$$

e risolvendo l'equazione, si ha:

$$\omega t = \frac{\pi}{6}\text{rad} \quad \text{oppure} \quad \omega t = \frac{5}{6}\pi\ \text{rad}$$

Per $\omega t = \frac{\pi}{6}$ rad si ha $s = A\cos(\omega t) = (5{,}0\ \text{cm})\cos\left(\frac{\pi}{6}\right) = 4{,}3\ \text{cm}$

Per $\omega t = \frac{5}{6}\pi$ rad si ha $s = A\cos(\omega t) = (5{,}0\ \text{cm})\cos\left(\frac{5}{6}\pi\right) = -4{,}3\ \text{cm}$

12 Le oscillazioni armoniche di una massa hanno un'ampiezza di 4,0 cm e un periodo di 2,0 s. Determina in quali posizioni, nel primo periodo di oscillazione, il modulo della velocità è un terzo di quello della velocità massima.

[±3,8 cm]

13 Le oscillazioni armoniche di una massa hanno un'ampiezza di 2,0 cm e una frequenza di 4 Hz. Determina in quali posizioni e in quali intervalli di tempo il modulo della velocità è un quarto di quello della velocità massima nel primo periodo di oscillazione. [±20 mm; 10 ms; 135 ms]

14 *ENGLISH* The position of a particle is given by $x = (5\text{ cm})\cos(3\pi t)$. What is the maximum speed? What is the correspondent position and time in a period? [0.15 m/s; $x = 0$ for $t_1 = 0.5$ s and $t_2 = 1.6$ s]

15 *ENGLISH* A particle begins at rest from $x = +12$ m and oscillates about its equilibrium position at $x = 0$ with a period of 16 s. Write equations for the position x versus the time t and the velocity v versus t. [$x = 12\cos(0.39t)$; $v = -4{,}7\,\text{sen}(0.39t)$]

12.4 Accelerazione del moto armonico

16 Calcola periodo, velocità e accelerazione di un moto armonico descritto dall'equazione $s = (20\text{ cm})\cos\left[\left(\frac{\pi}{6}\text{s}^{-1}\right)t\right]$.

$$\left[T = 12\text{ s};\ v = -(0{,}10\text{ m/s})\,\text{sen}\left[\left(\frac{\pi}{6}\text{s}^{-1}\right)t\right];\ a = -(5{,}5\cdot10^{-2}\text{ m/s})\cos\left[\left(\frac{\pi}{6}\text{s}^{-1}\right)t\right]\right]$$

17 Calcola periodo, frequenza, velocità e accelerazione di un moto armonico descritto dall'equazione $s = (50\text{ cm})\cos\left[\left(\frac{\pi}{4}\text{s}^{-1}\right)t\right]$.

$$\left[T = 8\text{ s};\ f = 125\text{ mHz};\ v = -(0{,}4\text{ m/s})\,\text{sen}\left[\left(\frac{\pi}{4}\text{s}^{-1}\right)t\right];\ a = -(0{,}3\text{ m/s}^2)\cos\left[\left(\frac{\pi}{4}\text{s}^{-1}\right)t\right]\right]$$

18 È dato un moto armonico semplice con ampiezza 30 cm e frequenza 2 Hz.
Quanto vale il modulo dell'accelerazione in un punto che dista 6 cm dalla posizione di equilibrio? A quale istante di tempo si ha il primo passaggio per tale punto? [9,5 m/s²; 0,11 s]

19 Si ha un moto armonico di ampiezza 1 m e periodo 2 s. Calcola il valore dell'accelerazione massima e in quale istante di tempo all'interno di un periodo viene raggiunta. [9,87 m/s²; in $t = 1$ s cioè a metà periodo]

20 Un oggetto oscilla con moto armonico, a una frequenza di 0,4 Hz e con un'ampiezza di 20 cm.
Calcola la massima velocità, la massima accelerazione e gli istanti in cui queste avvengono, in un intervallo di tempo pari a un periodo. [$v_{max} = 0{,}50$ m/s in $t = 0{,}63$ s e $t = 1{,}9$ s; $a_{max} = 1{,}3$ m/s² in $t = 0$ s, $t = 1{,}3$ s e $t = 2{,}5$ s]

21 Un oggetto oscilla con moto armonico, a una frequenza di 2 Hz e con un'ampiezza di 5 mm.
Calcola la massima velocità, la massima accelerazione e gli istanti in cui queste avvengono, in un intervallo di tempo pari a un periodo. [$v_{max} = 0{,}06$ m/s in $t = 0{,}13$ s e $t = 0{,}38$ s; $a_{max} = 0{,}79$ m/s² in $t = 0$ s, $t = 0{,}25$ s e $t = 0{,}50$ s]

22 *ENGLISH* The position of a particle is given by:

$$x = 5\cos(2t)$$

Find the maximum speed and maximum acceleration of the particle. Find the speed and acceleration of the particle when $x = 2$ m. [10 m/s; 20 m/s²; $v(x = 2\text{ m}) = -9.2$ m/s; $a(x = 2\text{m}) = -8.0$ m/s²]

23 *ENGLISH* What is the maximum acceleration of a particle which position is given by $x = (5\text{ cm})\cos(8\pi t)$? What is the first time after $t = 0$ that the particle has this acceleration? [$a_{max} = 3.2$ m/s² $t = 0.39$ s]

12.5 Periodo e frequenza del moto armonico di una molla

24 A una molla di costante elastica $K = 24$ N/m, disposta orizzontalmente su un piano senza attrito, viene agganciata una massa di 400 g.

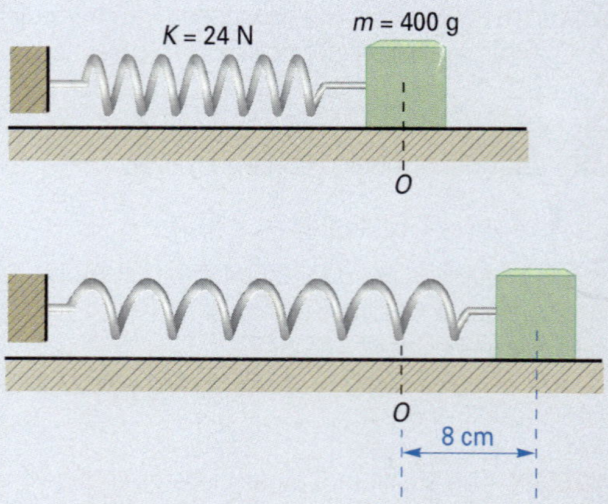

Successivamente la molla viene allungata di 8,0 cm dalla posizione di equilibrio e poi lasciata oscillare.
Calcola le intensità della forza necessaria per produrre l'allungamento e dell'accelerazione al momento in cui viene rilasciata la molla. [1,9 N; 4,8 m/s²]

25 A una molla disposta orizzontalmente, con costante elastica di 32 N/m, viene agganciato un blocco di metallo. Successivamente il blocco viene tirato, applicando una forza di 2,9 N, e quindi inizia a oscillare con frequenza pari a 4,89 Hz. Calcola la massa del blocco e la sua velocità all'istante $t = 1$ s. [34 kg; 1,81 m/s]

26 Una molla disposta orizzontalmente avente costante elastica 12 N/m e al cui estremo libero è attaccata una massa di 40 g, viene fatta oscillare. Calcola il periodo e la frequenza di queste oscillazioni. **[0,36 s; 2,8 Hz]**

27 Calcola la costante elastica di una molla a cui è agganciata una massa $m = 80$ g, che oscilla con una frequenza di 4,0 Hz. **[51 N/m]**

Esercizio svolto

28 Calcola la costante elastica di una molla disposta verticalmente, sapendo che agganciandole una massa di 20 g subisce un allungamento, rispetto alla posizione a riposo, di 8,0 cm. Se la molla viene successivamente estesa ulteriormente, il periodo delle oscillazioni cambia? Quanto vale? **[2,5 N/m; 0,56 s]**

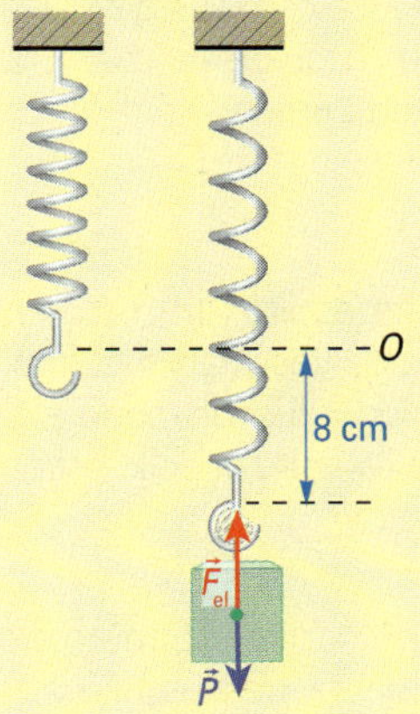

Calcoliamo innanzitutto la costante elastica della molla. Nella condizione di equilibrio, le intensità della forza peso, diretta verso il basso, e della forza elastica di richiamo, diretta verso l'alto, sono uguali:

$$\vec{F}_{el} + \vec{P} = 0$$

$$Ks - mg = 0$$

da cui $Ks = mg$, quindi:

$$K = \frac{mg}{s}$$ con s spostamento dalla posizione di equilibrio

Sostituendo i valori si ottiene:

$$K = \frac{20 \cdot 10^{-3}\ \text{kg} \cdot 9{,}81\ \text{m/s}^2}{8 \cdot 10^{-2}\ \text{m}} = 2{,}5\ \text{N/m}$$

Nelle successive oscillazioni il periodo non cambia perché non dipende dall'allungamento e vale:

$$T = 2\pi\sqrt{\frac{m}{K}} = 2\pi\sqrt{\frac{20 \cdot 10^{-3}\ \text{kg}}{2{,}5\ \text{N/m}}} = 0{,}56\ \text{s}$$

29 Una mountain bike comprime, con la propria massa di 8 kg, quattro molle nelle sospensioni anteriore e posteriore, facendole abbassare ognuna di 1,4 cm.
Calcola di quanto si abbassano quando sale anche il ciclista, di massa 70 kg, supponendo che il peso si distribuisca in uguale modo sulle sospensioni. **[12,2 cm]**

30 A una molla disposta verticalmente, di costante elastica 14 N/m, viene agganciata una massa, che ne produce un allungamento di 6,0 cm. Determina il valore della massa agganciata. **[86 g]**

31 Una molla verticale, cui viene appesa una massa di 50 g, oscilla con una frequenza di 2,0 Hz. Calcola la costante elastica della molla. **[7,9 N/m]**

32 Nella situazione dell'esercizio precedente, determina quanto vale la forza elastica quando la massa appesa si trova a 8,0 cm (verso il basso) dal centro delle oscillazioni. **[1,12 N]**

33 Se a una molla verticale di lunghezza di 20 cm viene appesa una massa di 100 g, questa si allunga di ulteriori 7,0 cm. Calcola la massa di un oggetto, se l'allungamento prodotto è di 12 cm. Sapendo che la molla perde l'elasticità se raggiunge la lunghezza di 35 cm, quanto vale il massimo peso che possiamo misurare? **[17 · 10 g; 2,1 N]**

34 Se agganciamo una massa di 30 g a una molla verticale, ne provochiamo un allungamento di 8 cm. Calcola la massa da appendere alla molla per ottenere un periodo di oscillazione di 0,5 s, quando viene fatta oscillare. **[23 g]**

35 ***ENGLISH*** A 2-kg object oscillates with harmonic motion on a horizontal spring of force constant $K = 50$ N/m. Its maximum speed is 40 cm/s. What is the amplitude of the oscillation? **[8 cm]**

36 ***ENGLISH*** A 3-kg object is attached to a horizontal spring of force constant $K = 1.8$ kN/m. The spring is stretched 2 cm from equilibrium and released. Find the frequency of the motion, the period, the maximum speed, and the maximum acceleration. When does the object first reach its equilibrium position? What is its acceleration at this time? **[$f = 3.90$ Hz; $T = 0.26$ s; $v_{max} = 0.49$ m/s; $a_{max} = 12$ m/s^2; $t_{eq} = 64.1$ ms, $a_{eq} = 0$ m/s^2]**

37 ***ENGLISH*** A 20-kg object is attached to a horizontal spring of force constant $K = 2$ kN/m. The spring is stretched 2 m from equilibrium and released. Find the frequency of the motion, the period, the maximum speed, and the maximum acceleration. When does the object first reach its equilibrium position? **[$f = 1.59$ Hz; $T = 0.63$ s; $v_{max} = 20$ m/s; $a_{max} = 200$ m/s^2; $t_{eq} = 157.08$ ms]**

38 ***ENGLISH*** A 70-kg person steps into a car of mass 3 t, causing it to sink 1 cm on its springs. With what frequency will the car with the person vibrate on the springs? **[0.75 Hz]**

39 ***ENGLISH*** A 10-kg object oscillates on a horizontal spring with an amplitude of 20 cm. Its maximum acceleration is 30 m/s^2. Find the force constant, the frequency, and the period of the motion. **[1.5 kN/m; 1.95 Hz; 0.51s]**

12.6 Concetto di fase

40 Scrivi l'equazione di un moto armonico sapendo che gli estremi delle oscillazioni distano tra loro 60 cm, che la frequenza è di 16 Hz e che, all'istante iniziale, il punto si trova nel centro delle oscillazioni.

$$\left[\text{Ad es. } s=(30\,\text{cm})\cdot\cos\left((32\pi s^{-1})t-\frac{\pi}{2}\right)\right]$$

41 Una lama di un seghetto elettrico compie 3000 oscillazioni al minuto, rappresentabili con un moto armonico avente un'ampiezza di $A = 2$ mm e fase iniziale $\alpha_0 = 0$.
Scrivi l'equazione del moto, calcola il modulo della massima accelerazione e della massima velocità, e la velocità e l'accelerazione della lama alla distanza di 1 mm dal centro delle oscillazioni.

[$s = (2\text{ mm})\cdot\cos((100\pi s^{-1})t)$; $v_{max} = 0{,}63$ m/s; $a_{max} = 197$ m/s²; $v = 0{,}54$ m/s; $a = 99$ m/s²]

42 Considerato il moto circolare uniforme di un punto materiale P che ruota in senso antiorario descrivendo una circonferenza di centro O e raggio 20 cm, e che impiega 10 s a compiere un giro completo, scrivi le equazioni dei moti

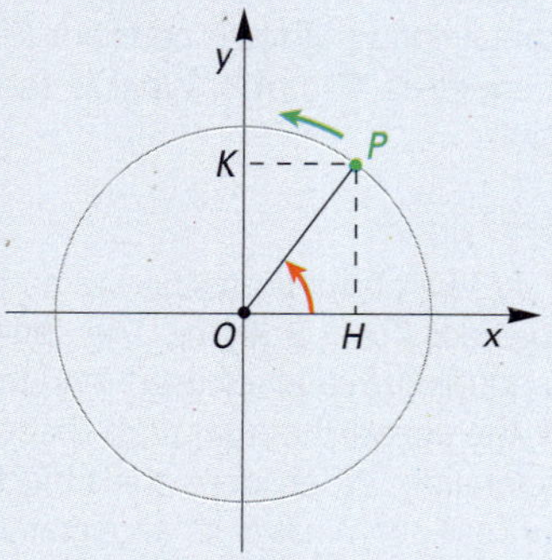

descritti dalle proiezioni di P sugli assi x e y, nei seguenti casi:
a) all'istante $t = 0$ il punto si trova nella posizione (20 cm; 0 cm);
b) all'istante $t = 0$ il punto si trova nel primo quadrante, con ascissa 10 cm.

$$\left[a)\ x=(20\,\text{cm})\cdot\cos\left[\left(\frac{\pi}{5}s^{-1}\right)t\right];\quad y=(20\,\text{cm})\cdot\text{sen}\left[\left(\frac{\pi}{5}s^{-1}\right)t\right]\right.$$
$$\left.b)\ x=(20\,\text{cm})\cdot\cos\left[\left(\frac{\pi}{5}s^{-1}\right)t+\frac{\pi}{3}\right];\quad y=(20\,\text{cm})\cdot\text{sen}\left[\left(\frac{\pi}{5}s^{-1}\right)t+\frac{\pi}{3}\right]\right]$$

43 Noti i due moti armonici delle proiezioni di un punto P che ruota su una circonferenza, centrata nell'origine di un riferimento xOy, $x=(0{,}1\,\text{m})\cdot\cos\left[\left(\frac{\pi}{6}s^{-1}\right)t\right]$ e $y=(0{,}1\,\text{m})\cdot\text{sen}\left[\left(\frac{\pi}{6}s^{-1}\right)t\right]$, verifica che la traiettoria di P è una circonferenza di raggio 0,1 m e calcola la frequenza del corrispondente moto circolare uniforme.

[$8{,}3\cdot10^{-2}$ Hz]

12.7 Energia

44 Un bambino tende l'elastico di una fionda, allungandolo di 20 cm, applicando una forza massima di 18 N.
Calcola quanto lavoro compie durante l'estensione dell'elastico.

[1,8 J]

45 Una forza agisce su un oggetto di massa 40 g agganciato orizzontalmente a una molla di costante elastica 12 N/m, che viene successivamente rilasciato.
Dallo studio del moto sappiamo che in un certo istante l'oggetto si trova a 10 cm dalla sua posizione di equilibrio e ha una velocità di 0,8 m/s. Calcola l'energia totale del sistema, l'ampiezza delle oscillazioni e la massima velocità raggiunta dall'oggetto.

[0,073 J; 11 cm; 1,9 m/s]

46 Un treno di massa complessiva $40\cdot10^3$ kg che si muove alla velocità di 8 km/h, si arresta contro il respingente a molla posto sul binario, comprimendolo di 40 cm. Quanto vale la costante elastica del respingente?

[$1{,}2\cdot10^6$ N/m]

47 Un sistema che oscilla con moto armonico è composto da una molla di massa trascurabile e un blocco di massa 80 g. Sapendo che il periodo di oscillazione è di 0,2 s e l'energia totale è 0,8 J, calcola l'ampiezza delle oscillazioni.

[14 cm]

48 Un sistema che oscilla con moto armonico è composto da una molla di massa trascurabile e un blocco di massa 8 kg. Sapendo che il periodo di oscillazione è di 10 s e l'energia totale è 80 J, calcola l'ampiezza delle oscillazioni e la pulsazione.

[7,1 m; 0,63 rad/s]

49 Un sistema massa-molla oscilla orizzontalmente con frequenza pari a 10 Hz ed energia complessiva pari a 100 J. L'ampiezza delle oscillazioni è 10 cm. Calcola la costante elastica della molla e il valore della massa.

[20 kN/m; 5,1 kg]

50 È dato un moto armonico semplice di ampiezza A di una molla di costante elastica K a cui è agganciata in posizione orizzontale una massa m. In quali istanti nell'arco di un periodo l'energia potenziale elastica è uguale a quella cinetica?

Suggerimento Eguagliare l'espressione analitica dei due tipi di energia, poi semplificare e risolvere l'equazione trigonometrica.

[$t = \pi/4\omega + k\pi/2\omega$, con $K = 0,1,2,3$]

51 *ENGLISH* An object attached to a spring has simple harmonic motion with an amplitude of 4.0 cm. When the object is 2.0 cm from the equilibrium position, what fraction of its total energy is potential energy?

[1/4]

52 *ENGLISH* Find the total energy of a 3-kg object oscillating on a horizontal spring with an amplitude of 10 cm and a frequency of 2.4 Hz.

[3.41 J]

53 ***ENGLISH*** A 3-kg object oscillating on a spring of force constant 2 kN/m has a total energy of 0.9 J. What is the amplitude of the motion? What is the maximum speed? **[3 cm; 0.78 m/s]**

54 ***ENGLISH*** A 3-kg object oscillates on a spring with an amplitude of 8 cm. Its maximum acceleration is 3.50 m/s^2. Find the total energy. **[0.42 J]**

12.8 Il pendolo

55 Calcola la lunghezza di un pendolo semplice che oscilla a livello del mare, con una frequenza $f = 1{,}2$ Hz e la frequenza di un secondo pendolo che ha lunghezza tripla. **[17 cm; 0,69 Hz]**

56 Determina frequenza e pulsazione di un pendolo lungo 40 cm che oscilla a livello del mare. **[0,79 Hz, 4,95 rad/s]**

57 Determina l'accelerazione subìta dalla massa appesa a un pendolo di lunghezza 2 m quando dista 2 cm dalla posizione di equilibrio (utilizza $g = 9{,}81$ m/s^2). **[–0,1 m/s^2]**

58 A quale distanza dalla posizione di equilibrio si trova la massa appesa a un pendolo di lunghezza 20 cm se subisce un'accelerazione di 30 cm/s^2? **[6,1 mm]**

59 Determina l'accelerazione di gravità del luogo in cui si trova un pendolo di lunghezza 1,50 m che compie piccole oscillazioni con un periodo di 2,46 s. **[9,79 m/s^2]**

60 Determina l'accelerazione di gravità del luogo in cui si trova un pendolo di lunghezza 3 m che compie piccole oscillazioni con una frequenza di 0,25 Hz. **[7,4 m/s^2]**

61 Qual è il periodo di oscillazione di un pendolo di lunghezza 40 cm che compie piccole oscillazioni sulla Luna dove l'accelerazione di gravità è circa 1/6 di quella terrestre? **[3,1 s]**

62 ***ENGLISH*** Find the frequency of a simple pendulum with a length of 20 cm at a point where $g = 9.81$ m/s^2. What is its period and the pulse? **[1.11 Hz; 0,89 s; 7 rad/s]**

Problemi

1 È dato un moto armonico semplice con ampiezza A e pulsazione $\omega > 1$ rad/s.
Disegna in un unico piano cartesiano, in funzione del tempo, l'andamento dello spazio, della velocità e dell'accelerazione in un periodo di oscillazione.

2 Una massa di 0,5 kg viene lasciata scivolare su un piano inclinato senza attrito da un'altezza di 80 cm. Giunta nel punto più basso, percorre 40 cm orizzontalmente, fino ad agganciare una molla anch'essa disposta orizzontalmente, di costante elastica di 24 N/m.
Calcola l'energia totale del sistema massa-molla e utilizzala per calcolare la massima compressione della molla rispetto alla posizione di riposo.
Scrivi poi l'equazione del moto armonico del sistema oscillante. **[3,92 J; 57 cm; $s = A\cos(\omega t)$ con $A = 57$ cm, $\omega = 6{,}9$ rad/s]**

3 Una molla orizzontale cui è agganciata una massa m, compie un moto armonico con un periodo di 1,3 s e di ampiezza 8,5 cm su una superficie piana senza attrito.
Se la superficie viene sostituita con un'altra non liscia, calcola quale deve essere il minimo valore del coefficiente di attrito statico K_s affinché non si abbiano oscillazioni quando la molla viene rilasciata. **[$K_s = 0{,}2$]**

4 Le oscillazioni armoniche di una massa collegata a una molla sono descritte nel grafico s-t qui riportato. Dedurre la legge oraria, la posizione della massa negli istanti $t = 1$ s e $t = 8/3$ s, la massima velocità e la massima accelerazione nell'intervallo di tempo tra 0 e 8 secondi.

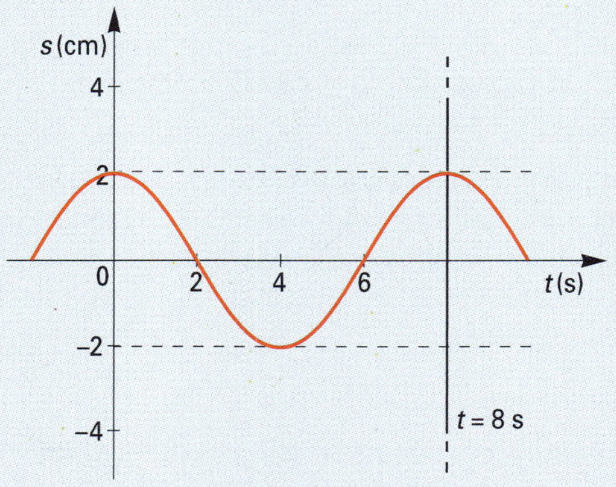

$$\left[s = (0{,}02\,\text{m})\cos\left[\left(\frac{\pi}{4}s^{-1}\right)t\right] \right.$$

Per $t = 1$ s

$$s = (0{,}02\,\text{m})\cos\left[\left(\frac{\pi}{4}s^{-1}\right)\right] = (0{,}02\,\text{m})\frac{\sqrt{2}}{2} = 1{,}4\,\text{cm}$$

Per $t = 8/3s$

$$s = (0{,}02\,\text{m})\cos\left[\left(\frac{\pi}{4}s^{-1}\right)\cdot\frac{8}{3}s\right] = (0{,}02\,\text{m})(-0{,}5) = -1{,}0\,\text{cm}$$

$$v_{max} = \omega A = \left(0{,}02\,\text{m}\,\frac{\pi}{4}s^{-1}\right) = 0{,}016\,\text{m/s}$$

$$\left. a_{max} = \omega^2 A = 0{,}02\,\text{m}\left(\frac{\pi}{4}s^{-1}\right)^2 = 0{,}012\,\text{m/s}^2 \right]$$

5 *È dato un moto armonico semplice di ampiezza A di una* molla di costante elastica K a cui è agganciata in posizione orizzontale una massa m. All'istante iniziale la molla dista A dalla posizione di equilibrio. Disegna nel piano cartesiano (tempo, energia) l'andamento dell'energia elastica e dell'energia cinetica nell'arco di un periodo. In quali istanti l'energia potenziale elastica è nulla?

[$t = \pi/2\omega, 3\pi/2\omega$]

Esercizio svolto

6 Due molle di costanti elastiche K_1 e K_2 sono collegate in serie quando la parte terminale di una è collegata all'estremo iniziale dell'altra.

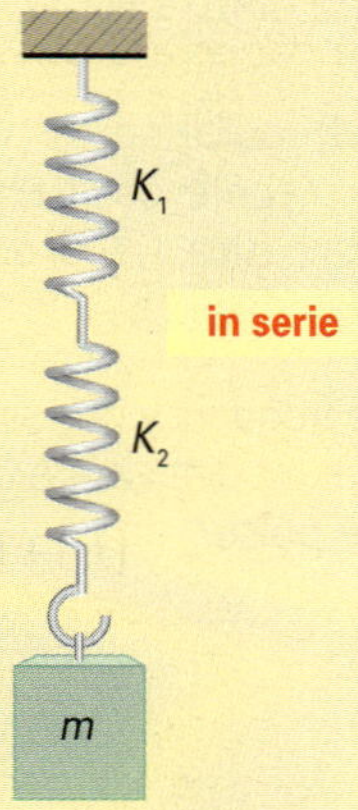

La prima molla è soggetta a una forza di richiamo elastica F_1 e sotto la sua azione si sposta di s_1 dalla posizione di equilibrio. Analogamente per la seconda molla avremo F_2 ed s_2.
Definiamo una molla come *molla equivalente di costante elastica* K_e se sotto l'azione di una forza elastica di richiamo $F = F_1 = F_2$ ha un allungamento $s = s_1 + s_2$.

a) Dimostra che per un sistema di due molle collegate in serie si ha che:

$$\frac{1}{K_e} = \frac{1}{K_1} + \frac{1}{K_2}$$

b) È data una molla di costante elastica $K_1 = 20$ N/m collegata in serie a un'altra molla di costante K_2. Quando viene agganciata alla seconda molla una massa di $m = 30$ g il sistema oscilla con la frequenza di 1,5 Hz. Calcola il valore della costante K_2.

[3,2 N/m]

a) Sul sistema delle due molle collegate in serie oltre alle forze F_1 ed F_2 agisce la forza peso diretta verso il basso, per cui avremo che:

$F_1 = F_2 = -mg$ per la definizione di molla equivalente $F_1 = F_2 = F$

$F = -mg$

Applicando la legge di Hooke si ha per le due molle in serie:

$$F_1 = -K_1 s_1 \quad \Rightarrow \quad s_1 = \frac{F_1}{K_1}$$

ed

$$F_2 = -K_2 s_2 \quad \Rightarrow \quad s_2 = \frac{F_2}{K_2}$$

mentre per la molla equivalente:

$$F = -K_e s \quad \Rightarrow \quad s = \frac{F}{K_e}$$

Poiché l'allungamento totale è:

$$s = s_1 + s_2$$

si ha:

$$\frac{F}{K_e} = \frac{F_1}{K_1} + \frac{F_2}{K_2}$$

da cui semplificando:

$$\frac{1}{K_e} = \frac{1}{K_1} + \frac{1}{K_2}$$

b) Conoscendo il valore della massa appesa $m = 30$ g e la frequenza di oscillazione $f = 1{,}5$ Hz, calcoliamo il valore della costante elastica equivalente K_e:

$$\omega = \sqrt{\frac{K_e}{m}} = 2\pi f$$

$$f = \frac{1}{2\pi}\sqrt{\frac{K_e}{m}}$$

$$f^2 = \frac{1}{4\pi^2}\frac{K_e}{m}$$

$$K_e = 4\pi^2 m f^2$$

Sostituendo i valori:

$$K_e = 4\pi^2 \cdot 0{,}03 \text{ kg} \cdot (1{,}5 \text{ Hz})^2 = 2{,}7 \text{ N/m}$$

Essendo le molle collegate in serie:

$$\frac{1}{K_e} = \frac{1}{K_1} + \frac{1}{K_2}$$

sostituendo:

$$\frac{1}{2{,}7} = \frac{1}{20} + \frac{1}{K_2}$$

$$\frac{1}{K_2} = \frac{1}{2{,}7} - \frac{1}{20} = \frac{17{,}3}{54} \text{ (N/m)}^{-1}$$

da cui:

$$K_2 = \frac{54}{17} \text{ N/m} = 3{,}2 \text{ N/m}$$

7 Due molle di costanti elastiche K_1 e K_2 sono collegate in *parallelo* quando hanno gli estremi in comune, e sotto l'azione di una forza subiscono lo stesso allungamento.

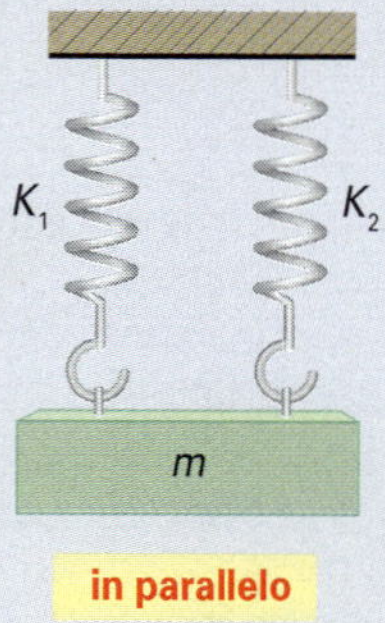

a) Dimostra che la costante elastica equivalente K_e a un sistema di due molle di costanti K_1 e K_2, collegate in parallelo, è $K_e = K_1 + K_2$.
b) Calcola il valore di una massa appesa a un sistema di due molle collegate in parallelo, aventi costanti elastiche $K_1 = 0{,}3$ N/m e $K_2 = 1{,}2$ N/m, sapendo che abbassandola di 20 cm rispetto al punto di equilibrio, durante le oscillazioni il sistema raggiunge la massima velocità di 3,0 m/s.

Suggerimento **Riguarda l'esercizio svolto e tieni conto che in questo caso $s = s_1 = s_2$ mentre per le forze di richiamo elastico si ha che $F =$ ...**

[6,7 g]

8 Un oggetto di massa 2,50 kg, agganciato a una molla orizzontale di costante elastica 60,0 N/m, inizialmente a riposo, viene spinto con una velocità di 1,60 m/s, e poi viene lasciato libero di oscillare.

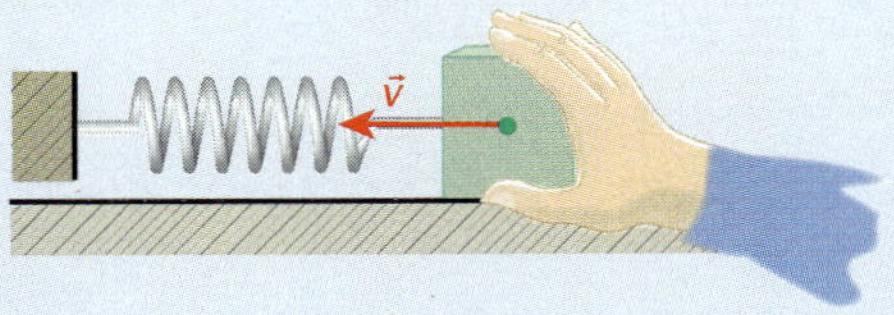

Calcola l'energia cinetica del blocco e l'energia potenziale della molla quando questa è compressa di *a*) 0 cm, *b*) 5 cm, rispetto alla posizione a riposo.
c) Calcola la massima compressione della molla.

[*a*) $E_c = 3{,}20$ J, $E_p = 0$; *b*) $E_c = 3{,}13$ J, $E_p = 0{,}07$ J; *c*) $A = 33$ cm]

9 A una molla orizzontale, che subisce l'allungamento di 4,0 cm quando viene tirata con la forza di 1,0 N, viene agganciata una massa $m = 40$ g, che viene successivamente spinta fino a comprimere la molla per 6,0 cm rispetto alla posizione iniziale di equilibrio. Dopo che la massa viene lasciata libera di oscillare, calcola: *a*) il periodo delle oscillazioni; *b*) la massima velocità raggiunta dalla massa; *c*) la velocità della massa quando si trova a 2 cm dal centro delle oscillazioni.

[*a*) 0,25 s; *b*) 1,5 m/s; *c*) 1,4 m/s]

10 Un pendolo semplice è costituito da un filo di lunghezza 150 cm e una massa di 80,0 g.
La massa viene lasciata da un'altezza di 12,0 cm rispetto alla posizione di equilibrio.

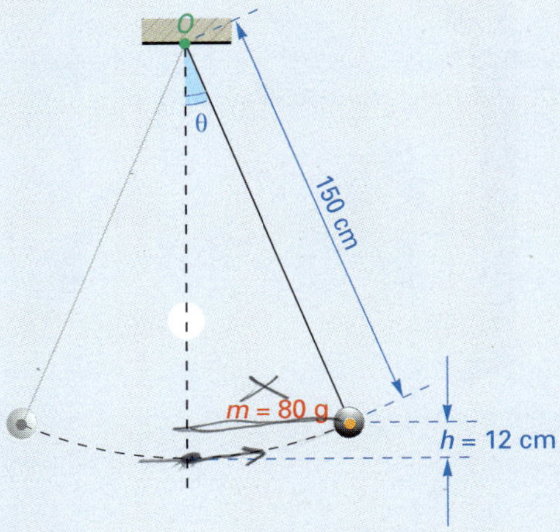

Calcola la massima velocità raggiunta durante le oscillazioni e il valore dell'accelerazione tangenziale quando il pendolo si trova nella posizione iniziale.

Suggerimento **È possibile determinare l'ampiezza del moto del pendolo e la massima velocità utilizzando il principio di conservazione dell'energia...**

[1,53 m/s; 3,83 m/s²]

11 Determina a quale distanza dalla superficie terrestre si trova un pendolo lungo 2 m che compie piccole oscillazioni di periodo 3 s.

[338 km]

12 Qual è il periodo di oscillazione di un pendolo semplice di lunghezza 30 cm che oscilla alla distanza di 36 000 km dal suolo terrestre?

[7,3 s]

13 ***ENGLISH*** Military specifications often call for electronic devices to be able to withstand accelerations of $10\,g = 98.1$ m/s². To make sure that their products meet this specification, manufacturers test them using a shaking table that can vibrate a device at various specified frequencies and amplitudes.
If a device is given a vibration of amplitude 1.5 cm, what should its frequency be in order to test for compliance with the 10 *g* military specification?

[12.9 Hz]

14 ***ENGLISH*** The period of an oscillating particle is 8 s. At $t = 0$, the particle is at rest at $x = A = 10$ cm. *a*) Sketch *x* as a function of *t*. *b*) Find the distance traveled in the first second, in the next second, in the third second and in the fourth second after $t = 0$.

[2.93 cm; 7.07 cm; 7.07 cm; 2.93 cm]

15 ***ENGLISH*** A 0.4-kg block attached to a spring of force constant 12 N/m oscillates with an amplitude of 8 cm. Find the maximum speed of the block, the speed and acceleration of the block when it is at $x = 4$ cm from the equilibrium position, and the time it takes the block to move from $x = 0$ to $x = 4$ cm.

[$v_{max} = 0.438$ m/s; $v(x = 4\text{ cm}) = 0.379$ m/s; $a(x = 4\text{ cm}) = 1.2$ m/s², $t = 0.0956$ s]

16 ***ENGLISH*** A 2.4-kg object is attached to a horizontal spring of force constant $k = 4.5$ kN/m. The spring is stretched 10 cm from equilibrium and released. Find the frequency of the motion, the period, the amplitude, the maximum speed, and the maximum acceleration. When does the object first reach its equilibrium position? What is its acceleration at this time?

[$f = 6.9$ Hz; $T = 0.15$ s; $A = 10$ cm; $v_{max} = 4.3$ m/s; $a_{max} = 187$ m/s²; $t = 36.3$ ms; $a = 0$ m/s²]

TRAINING

1 La figura mostra un oscillatore, di massa m e costante elastica K, che si muove su un piano senza attrito. Le posizioni estreme dell'oscillazione sono x_1 e x_2.
Quale, tra i grafici seguenti rappresenta meglio come varia l'energia totale dell'oscillatore in funzione della posizione x?

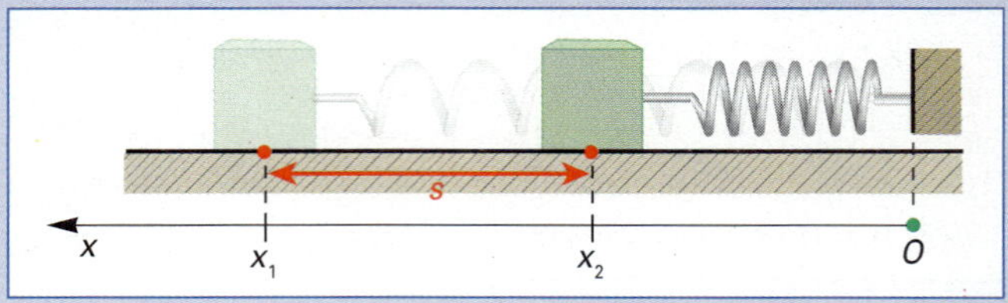

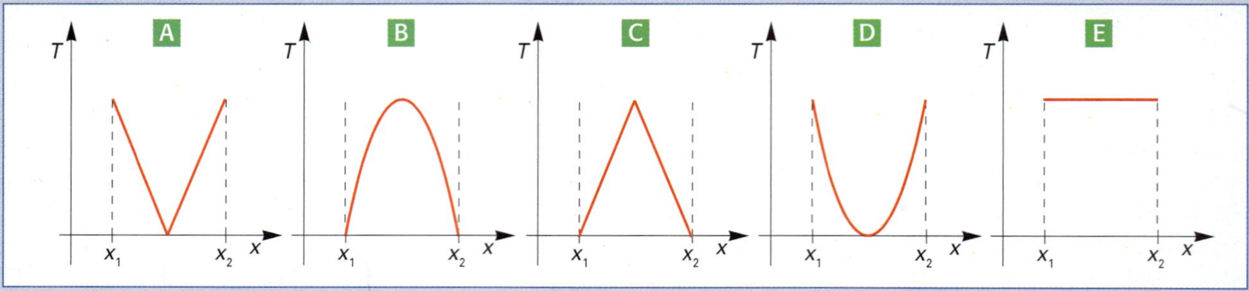

[*Olimpiadi della fisica, Gara di primo livello, 1997*]

2 In quale delle seguenti figure è rappresentata meglio l'accelerazione della massa di un pendolo semplice che si muove dal punto 1 al punto 5?

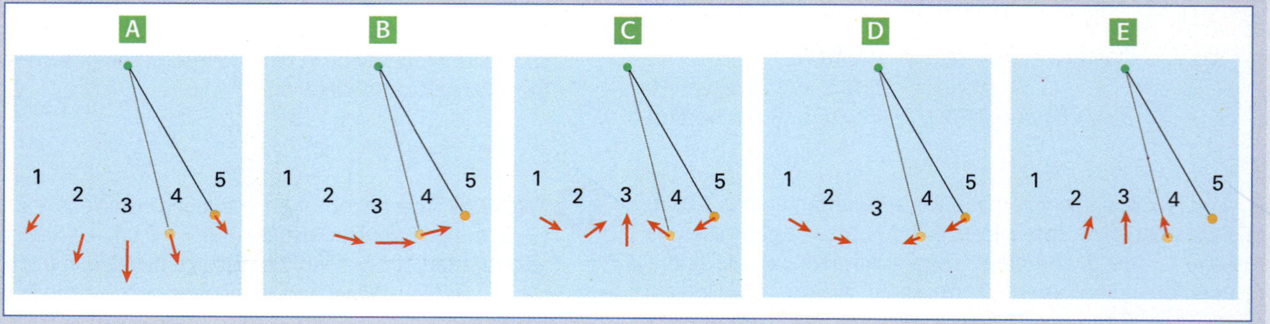

[*Olimpiadi della fisica, Gara di primo livello, 2004*]

3 Per un corpo che si muove di moto armonico semplice, quali delle seguenti affermazioni sono vere in ogni istante?

1. La velocità istantanea è direttamente proporzionale allo spostamento dalla posizione centrale.
2. L'accelerazione del corpo è inversamente proporzionale allo spostamento dalla posizione centrale.
3. La forza di richiamo è direttamente proporzionale allo spostamento dalla posizione centrale.

A Solo la 1 e la 2

B Solo la 1 e la 3

C Solo la 1

D Solo la 2

E Solo la 3

[*Olimpiadi della fisica, Gara di primo livello, 2002*]

4 Qui sotto sono raffigurate quattro successive posizioni di una bambina che si dondola aggrappandosi a una corda appesa a un ramo.
In quale di esse è maggiore la sua energia cinetica?

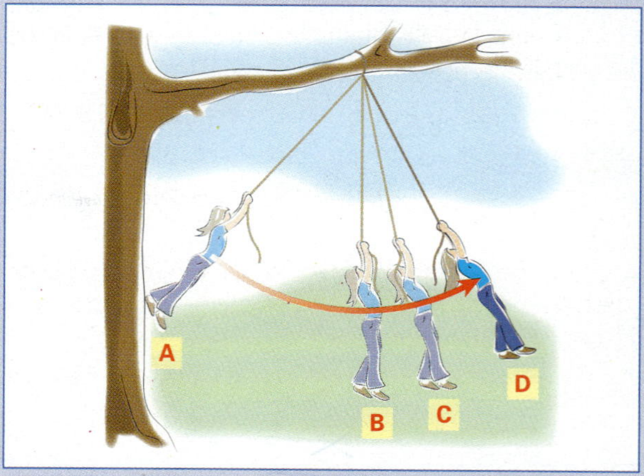

[*Giochi di Anacleto, 2003*]

5 Il periodo di un pendolo semplice è dato da $T = 2\pi\sqrt{\frac{l}{g}}$ dove:

– T è il periodo del pendolo
– l è la lunghezza del pendolo
– g è l'accelerazione di gravità

Si vuol sapere quale o quali fra i grafici seguenti potrebbero essere corretti.

A Tutti e tre
B Solo 1 e 2
C Solo 2 e 3
D Solo 1
E Solo 3

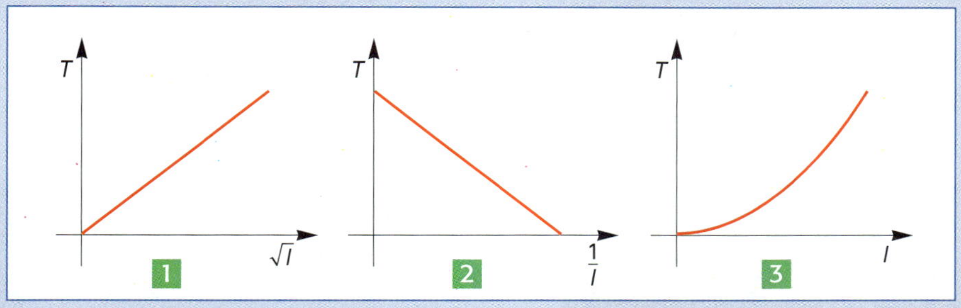

[*Olimpiadi della fisica, Gara di primo livello, 2001*]

6 Una molla, la cui lunghezza a riposo è l_0, viene appesa al soffitto; all'altra estremità viene fissato un corpo che, dopo essere stato tirato e poi abbandonato, comincia a oscillare secondo un moto armonico di periodo T. Il grafico indica come varia nel tempo la sua distanza d dal soffitto.

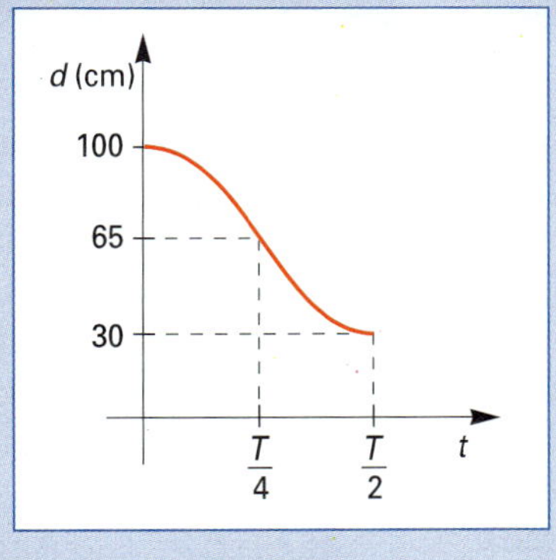

Dal grafico si può ricavare che:

A l'ampiezza del moto armonico è 70 cm
B l'energia cinetica ha un massimo in $t = T/2$
C il modulo della forza di richiamo sul corpo aumenta fra $t = 0$ e $t = T/4$
D il modulo della velocità ha un massimo in $t = T/4$
E il valore di l_0 è 65 cm

[*Olimpiadi della fisica, Gara di primo livello, 2001*]

7 Una molla ha lunghezza a riposo di 50 mm e una costante elastica pari a 400 N/m. Calcola la forza esercitata dalla molla quando la sua lunghezza è pari a 70 mm.

[*Olimpiadi della fisica, Gara di primo livello, 2000*]

8 Due blocchi di identica massa M sono attaccati ciascuno a due molle identiche con costante elastica K, come mostrato nelle figure sottostanti. L'attrito tra i blocchi e la superficie d'appoggio è trascurabile.

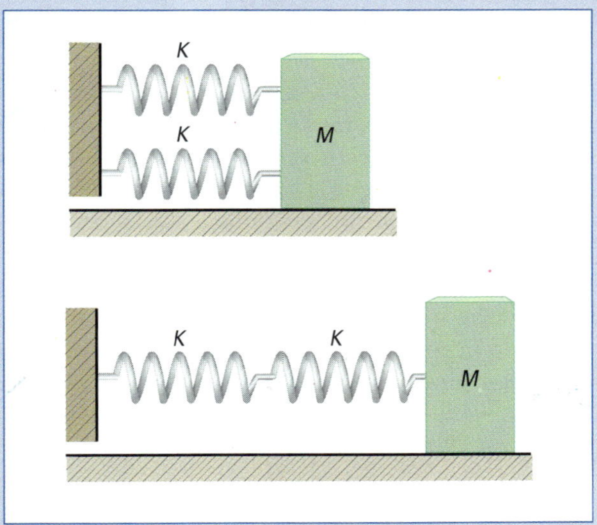

Calcola il rapporto tra il periodo di oscillazione del blocco attaccato alle molle collegate in parallelo e il periodo del blocco attaccato alle molle in serie.

[*Olimpiadi della fisica, Gara di primo livello, 2004*]

UNITÀ 13 Onde meccaniche

13.1 Che cosa sono le onde

Di certo ti sarà capitato di vedere in uno stadio, durante un importante evento sportivo, il suggestivo effetto creato dagli spettatori che si alzano e si siedono in rapida successione, creando la cosiddetta *ola* (*onda* in italiano). Si ha la sensazione visiva di un movimento che si propaga percorrendo in circolo le gradinate, sebbene il singolo spettatore rimanga in realtà al proprio posto.

Un fenomeno simile, anche se non identico, accade quando la superficie liscia di uno specchio d'acqua viene perturbata da un sasso che la colpisce: a partire dal punto in cui cade il sasso, un movimento oscillatorio dell'acqua coinvolge le zone adiacenti. Tuttavia quello che si propaga non sono le particelle di materia, bensì il movimento stesso e quindi, in definitiva, una forma d'energia.

La propagazione delle onde può avvenire anche nel vuoto, come nel caso della luce, in cui le oscillazioni non sono dovute a spostamenti di particelle di materia, bensì a variazioni di campi elettrici e magnetici che si propagano sia in presenza sia in assenza di materia.

Nonostante la complessità del fenomeno che rende non immediata una definizione rigorosa ed esaustiva delle onde, in prima approssimazione possiamo affermare che:

onda

L'**onda** è la propagazione di una perturbazione nello spazio caratterizzata dal trasporto di energia senza però che vi sia trasporto di materia.

ON LINE VIRTUAL LAB
Modello di onda trasversale

13.2 Onde trasversali e longitudinali

In questa unità affronteremo le **onde meccaniche**, che hanno la caratteristica di propagarsi in un mezzo materiale seguendo le leggi della meccanica classica. Le conclusioni a cui giungeremo, però, sono quasi sempre estendibili anche a onde che non richiedono un mezzo di propagazione, come quelle elettromagnetiche.

Onde trasversali

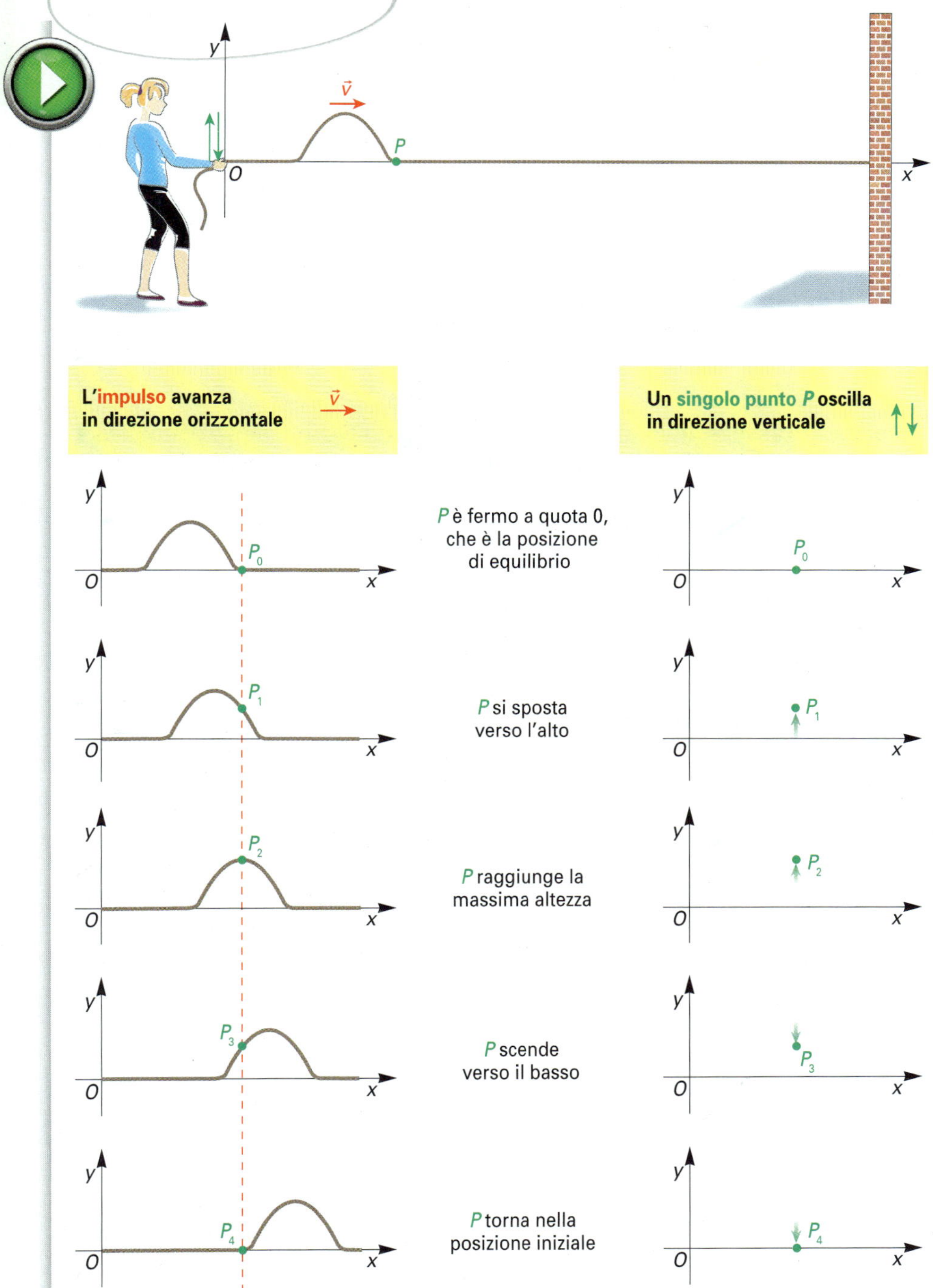

Per iniziare lo studio delle onde consideriamo una corda tesa, molto lunga e fissata a un estremo. Muoviamo l'estremo libero una sola volta in direzione perpendicolare all'asse della fune e poi torniamo nella posizione iniziale. Se potessimo esaminare al rallentatore che cosa accade, vedremmo che il primo tratto di corda viene spostato dalla posizione di equilibrio e che anche l'elemento adiacente, sia pure un istante dopo, comincia a muoversi a causa della tensione tra i due tratti. Lo stesso processo si ripete nelle zone successive, coinvolgendo alla fine tutta la corda. In questo modo la perturbazione elementare, detta **impulso**, avanza lungo la corda in **direzione orizzontale** (**asse *x***) mentre contemporaneamente ogni singolo punto *P* della fune oscilla in **direzione verticale** (**asse *y***).

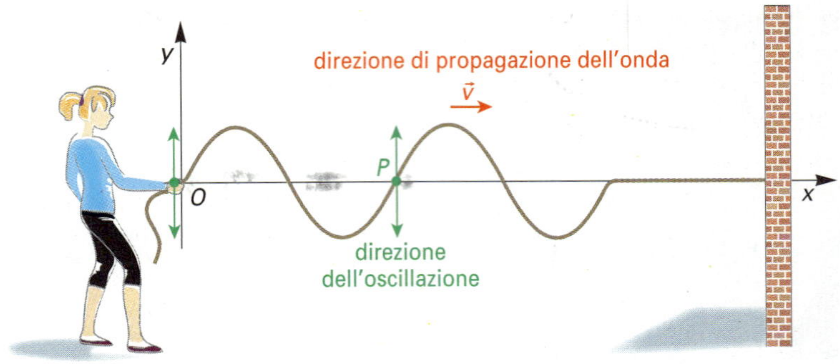

Se continuiamo a sollecitare l'estremo della corda con regolarità in direzione a essa perpendicolare verso l'alto e verso il basso si genera un'onda **trasversale.**

onda trasversale

Un'onda è **trasversale** quando la direzione di oscillazione è perpendicolare alla direzione di propagazione dell'onda.

Esempi di onde trasversali sono quelle che si propagano lungo le corde di una chitarra o di un violino e anche le onde radio e della luce (onde elettromagnetiche).

Onde longitudinali

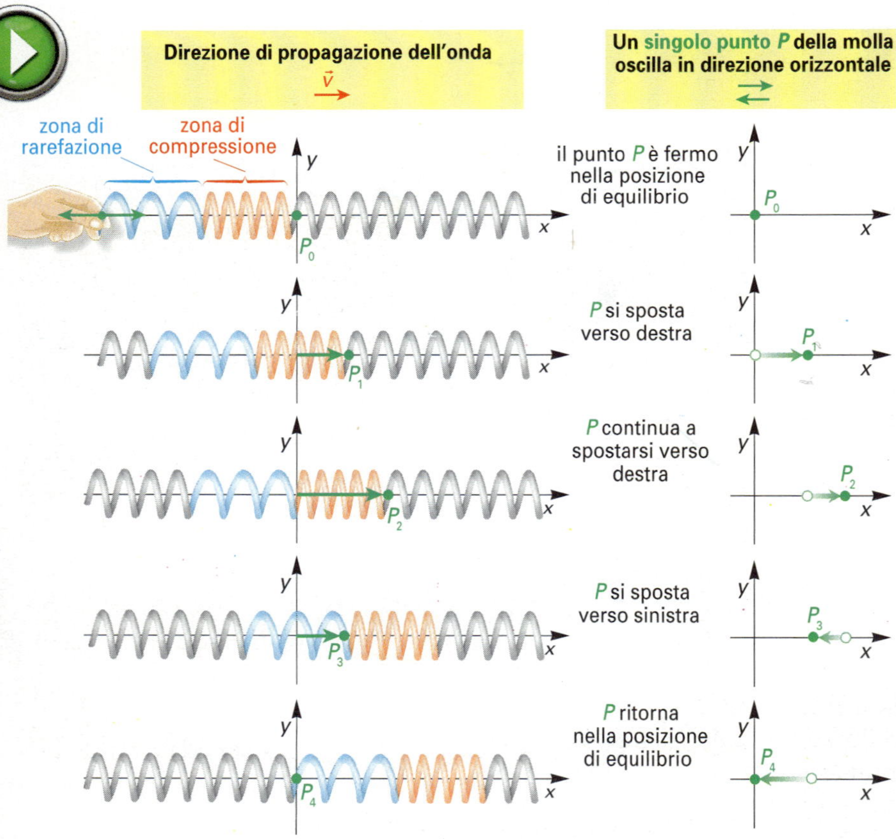

Consideriamo una molla **orizzontale** in posizione di riposo e ne muoviamo una volta l'estremo nel senso della molla, ritornando poi alla posizione di partenza. Il risultato è una **compressione** delle spire, seguita da un'**espansione** delle stesse: anche questa perturbazione elementare di **compressione**/**espansione** viaggia lungo la molla in direzione orizzontale (asse x).
Se concentriamo la nostra attenzione su una singola spira, e quindi sulle particelle del mezzo che la compongono, possiamo rilevare che la compressione è un moto orizzontale di avvicinamento della singola spira a quella immediatamente successiva e l'espansione corrisponde a un moto di allontanamento tra le spire, sempre in senso orizzontale. Pertanto, se il movimento della mano si ripete con regolarità, si genera un'onda che avanza in direzione orizzontale mentre le singole particelle oscillano con un moto di andirivieni nella stessa direzione. Si tratta di un'**onda longitudinale**.

onda longitudinale

Un'onda è **longitudinale** quando la direzione dell'oscillazione coincide con la direzione di propagazione dell'onda.

Quelle sonore sono un esempio di onde longitudinali.

Nei **solidi** le onde possono essere **sia trasversali sia longitudinali**, mentre **nei liquidi e negli aeriformi**, dato che le forze attrattive fra atomi e molecole sono molto deboli, sono possibili solo onde **longitudinali** (o con caratteristiche intermedie come nel caso delle onde del mare).

Ricorda!...

Un'onda longitudinale si propaga solo nei mezzi materiali, mentre un'onda trasversale può propagarsi anche nel vuoto (come accade alle onde elettromagnetiche in generale e, perciò, anche alla luce).

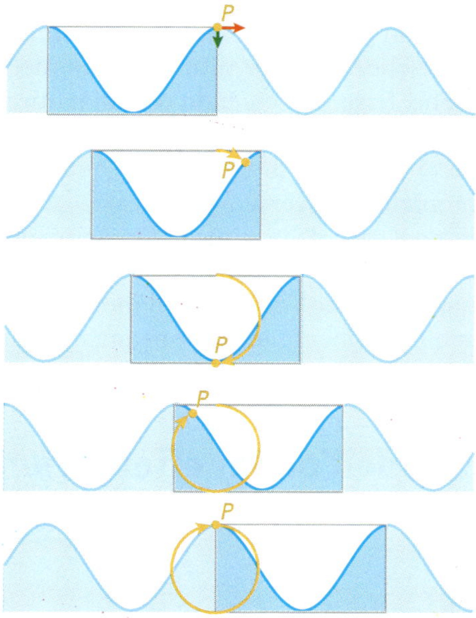

Le onde del mare, in vicinanza della superficie, non sono riconducibili a onde trasversali o longitudinali, in quanto le molecole dell'acqua si muovono contemporaneamente sia in senso verticale sia in senso orizzontale.
Pertanto, si ha una combinazione di caratteristiche **trasversali** e **longitudinali** che causano traiettorie quasi circolari, come si vede dal comportamento del punto P all'avanzare del moto ondoso.

FLASH

Le onde del mare

Perché le onde del mare in presenza di un fondale basso si infrangono spumeggiando contro la riva?

Quando le onde si avvicinano alla terraferma il fondale esercita un certo attrito sulle particelle di acqua degli strati inferiori che hanno via via una maggiore difficoltà a completare la parte inferiore della traiettoria. Tale distorsione provoca un rallentamento dell'onda, per cui essa viene raggiunta dall'onda successiva sino a quando la parte superiore della stessa, diventata instabile, precipita in avanti dando origine alla caratteristica spuma.

Perché un sottomarino in caso di tempesta con moti ondosi rilevanti (un'onda dell'oceano può superare i 18 metri di altezza) si inabissa e trova in profondità acque tranquille?

Man mano che si scende in profondità, le traiettorie tendono a diventare ellittiche e a restringersi, per cui i movimenti ondosi cessano.

ON LINE
VIRTUAL LAB
Composizione di onde armoniche (teorema di Fourier)

13.3 Le caratteristiche fondamentali delle onde armoniche

Le onde sono **periodiche** quando si ripetono con le stesse caratteristiche dopo un ben preciso intervallo di tempo detto **periodo**. Le **onde armoniche**, che sono quelle generate da una sorgente che si muove di moto armonico, sono un caso particolare di onde periodiche. Esse, pur essendo rare in natura, rivestono un ruolo fondamentale perché esiste un teorema, dimostrato da Jean Baptiste Fourier (1786-1830), che ci consente di ricondurre qualsiasi onda periodica alla somma di onde armoniche di diversa frequenza.
Per studiare un'onda armonica riprendiamo il caso della corda e immaginiamo che il moto oscillatorio della mano, che svolge il ruolo di sorgente, sia armonico, per cui tutti i punti investiti dalla perturbazione oscillano di moto armonico. L'onda che si propaga lungo la fune presenta contemporaneamente due aspetti che possono essere visualizzati graficamente in maniera differente.

Rappresentazione temporale dell'onda: effetto *film*

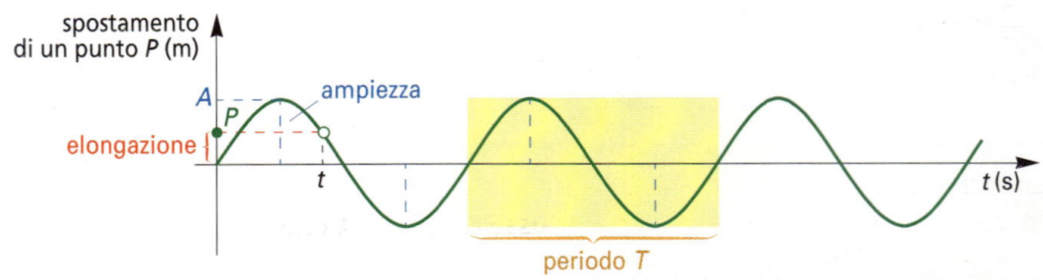

È come se si registrasse un filmato che dura un certo intervallo di tempo durante il quale si tiene fisso l'obiettivo sul punto *P* da esaminare. Allo scorrere del tempo (asse delle *x*) si può individuare la posizione in senso verticale (asse *y*) di un singolo punto dell'onda che sta compiendo oscillazioni armoniche.
Nella figura, in colore giallo è evidenziato un ciclo che corrisponde a un'oscillazione armonica completa del singolo punto attorno alla posizione di equilibrio.

È possibile individuare alcune grandezze fondamentali.

elongazione e ampiezza

L'**elongazione** è lo spostamento di un punto oscillante (investito dalla perturbazione) rispetto alla posizione di equilibrio.

L'**ampiezza** ***A*** dell'onda è l'elongazione massima, cioè il massimo spostamento di un punto oscillante dalla posizione di equilibrio.

L'ampiezza, essendo una distanza, si misura in metri (m) e l'equazione dimensionale è $[A] = [L]$.

periodo

Il **periodo** ***T*** è il tempo necessario affinché un singolo punto di un'onda compia un'oscillazione completa.

Il periodo, essendo un tempo, si misura in secondi (s) e l'equazione dimensionale è $[T] = [t]$. Anche per le onde possiamo definire la frequenza.

frequenza

La **frequenza** ***f*** individua il numero di oscillazioni complete che un punto dell'onda compie in un secondo:

$$f = \frac{1}{T}$$

L'unità di misura della frequenza è l'hertz ($1\ Hz = 1\ s^{-1}$) e l'equazione dimensionale è $[f] = [t]^{-1}$.

Rappresentazione spaziale dell'onda: effetto *foto*

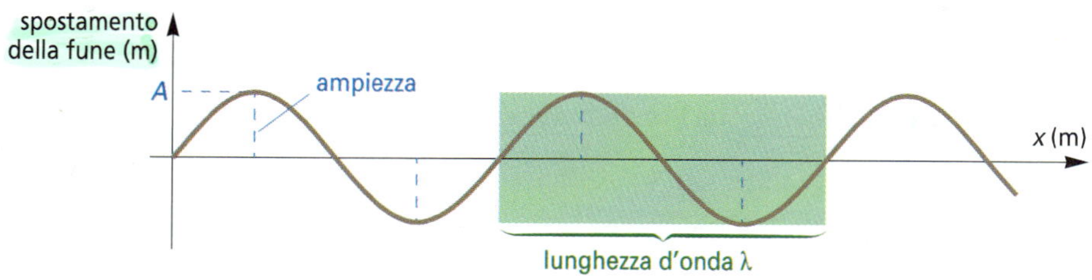

In questo caso è come se si scattasse in un determinato istante t una foto del profilo di tutta la fune, per cui si ottiene la rappresentazione spaziale dell'onda, detta **forma d'onda**.
Sull'asse x si può individuare la distanza dall'origine di un singolo punto della corda investito dalla perturbazione e sull'asse y lo spostamento di tale punto rispetto alla posizione di equilibrio.
In colore verde è rappresentato un ciclo in cui è individuabile l'ampiezza, che corrisponde al massimo spostamento raggiunto dal profilo dell'onda rispetto alla posizione di equilibrio. In questo tipo di rappresentazione si evidenzia una nuova grandezza denominata *lunghezza d'onda*.

La **lunghezza d'onda** λ (lambda) è uguale alla minima distanza dopo la quale l'onda si ripete esattamente con le stesse caratteristiche.

lunghezza d'onda

λ è una distanza, perciò la sua unità di misura nel SI è il metro (m) e l'equazione dimensionale è $[\lambda] = [L]$.

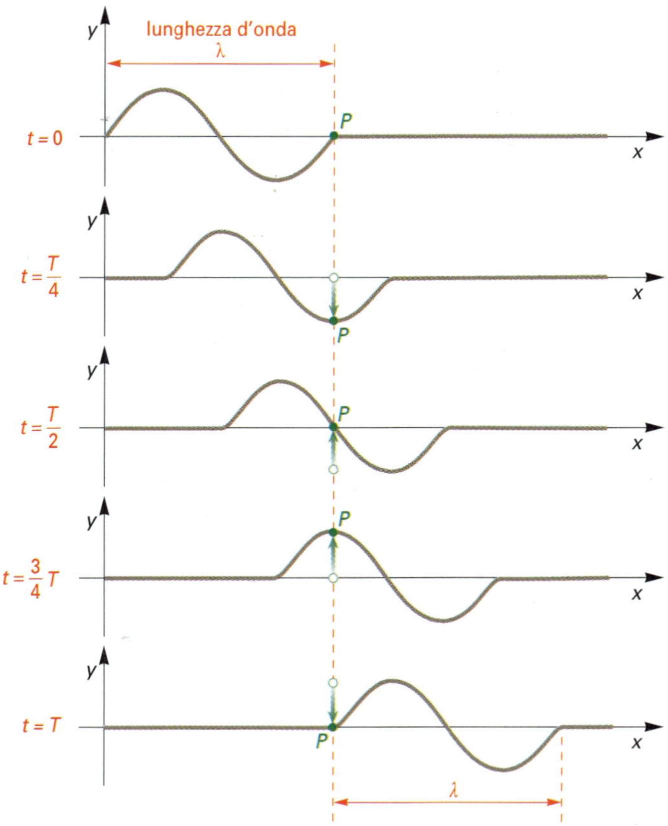

Limitiamoci a una sola perturbazione osservando in istanti successivi $\left(t = 0; \frac{T}{4}; \frac{T}{2}; \frac{3}{4}T; T\right)$ il grafico relativo all'*effetto foto*.
Quando è trascorso un intero periodo T, si può evidenziare che mentre un punto P ha compiuto un'oscillazione completa fino a ritornare alla posizione iniziale, la perturbazione è avanzata di una distanza ben precisa che corrisponde alla lunghezza d'onda.

Il **periodo** T è il tempo impiegato dall'onda per percorrere una distanza uguale alla lunghezza d'onda.

periodo e lunghezza d'onda

13.4 Velocità di propagazione delle onde

A partire dalla definizione della lunghezza d'onda possiamo ricavare la velocità di propagazione dell'onda:

$$v = \frac{\Delta s}{\Delta t} = \frac{\lambda(\text{distanza che l'onda percorre in un periodo } T)}{T} = \lambda \cdot f$$

velocità delle onde

$$v = \lambda \cdot f$$

Nel caso particolare di un'onda trasversale che si propaga lungo una corda tesa, si può determinare la sua velocità tenendo conto della rigidità della corda e della massa per unità di lunghezza. Infatti, man mano che aumenta la rigidità dovuta alla forza $\vec{F}$ con cui si tira la corda, la velocità si incrementa, mentre decresce se aumenta la **densità lineare** μ della massa, cioè la massa per unità di lunghezza:

$$\text{densità lineare} = \frac{\text{massa}}{\text{lunghezza}} \quad \Rightarrow \quad \mu = \frac{m}{l}\left(\frac{\text{kg}}{\text{m}}\right)$$

Complessivamente la velocità di propagazione di un'onda trasversale lungo una corda sottoposta a una tensione di modulo F è data da:

velocità nelle corde tese

$$v = \sqrt{\frac{F}{\mu}}$$

• Nei fluidi => $v = \sqrt{\frac{C}{\rho}}$ DOVE C => MODULO DI COMPRESSIONE DEL MEZZO $C = -\frac{\Delta p}{\frac{\Delta V}{V}}$

esempio

Un'onda trasversale, avente lunghezza d'onda pari a 2,0 m, impiega 1,2 s per attraversare la cima con cui è legata un'imbarcazione; la cima è lunga 12 metri ed è sottoposta a una tensione di 80 N.

a) Determina la massa della cima.
b) Calcola la frequenza.

a) La velocità di propagazione dell'onda trasversale è data da:

$$v = \sqrt{\frac{F}{\mu}} \quad \text{dove } \mu = \frac{m}{l} \text{ è la densità lineare}$$

Elevando al quadrato e ricavando m si ha:

$$v^2 = \frac{F}{\mu} = \frac{Fl}{m} \quad \Rightarrow \quad m = \frac{Fl}{v^2}$$

Sostituendo a v^2 la definizione di velocità $v = \frac{\Delta s}{\Delta t} = \frac{l}{\Delta t}$, risulta:

$$m = \frac{Fl}{\left(\frac{l}{\Delta t}\right)^2} = \frac{Fl(\Delta t)^2}{l^2} = \frac{F(\Delta t)^2}{l} = \frac{80\ \text{N} \cdot (1{,}2\ \text{s})^2}{12\ \text{m}} = 9{,}6\ \text{kg}$$

b) La velocità di propagazione dell'onda è data da:

$$v = \frac{\Delta s}{\Delta t} = \frac{l}{\Delta t} = \frac{12\ \text{m}}{1{,}2\ \text{s}} = 10\ \text{m/s}$$

Essendo $v = \lambda f$, possiamo ricavare la frequenza:

$$f = \frac{v}{\lambda} = \frac{10\ \frac{\text{m}}{\text{s}}}{2{,}0\ \text{m}} = 5{,}0\ \text{Hz}$$

13.5 Equazioni delle onde armoniche

Proviamo a determinare l'equazione di un'onda armonica, cioè una relazione che ci consenta di determinare lo spostamento y del punto investito dalla perturbazione, tenendo contemporaneamente conto sia dell'aspetto temporale (t) sia di quello spaziale (distanza dall'origine x).

$$y = f(x;\, t)$$

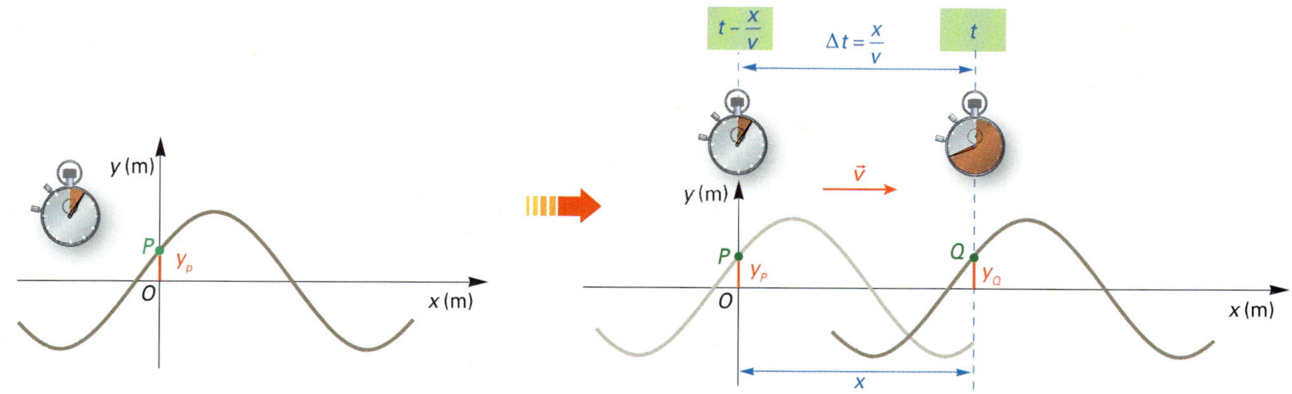

Per semplicità ci riferiremo sempre al caso in cui l'onda si propaga in un mezzo **unidimensionale** come nel caso della fune. Fotografiamo la forma dell'onda (*effetto foto*) in un particolare istante. Fissiamo l'attenzione sullo spostamento (y) del punto P rispetto alla posizione di equilibrio. Se continuiamo a scattare foto, vediamo che mentre la perturbazione si propaga lungo l'asse x, nel frattempo P si muove di moto armonico lungo l'asse y e la sua equazione oraria è:

$$y = A\cos\omega t = A\cos\frac{2\pi}{T}t \qquad [1]$$

Dopo alcune istantanee si presenta una configurazione spaziale in cui il punto Q situato a una distanza x dal punto P è investito dalla stessa perturbazione (y). Se la velocità di propagazione dell'onda è v possiamo dedurre che questa configurazione si ha dopo un intervallo di tempo $\Delta t = \frac{x}{v}$. Quindi, dal punto di vista di Q, la descrizione può essere pensata in questi termini: quando il cronometro segna t lo spostamento (y) è lo stesso che aveva P al tempo $t - \frac{x}{v}$, cioè $t \Rightarrow t - \frac{x}{v}$. L'equazione [1] diventa:

$$y = A\cos\left[\frac{2\pi}{T}\left(t - \frac{x}{v}\right)\right] \qquad [2]$$

Scriviamo la [2] come segue:

$$y = A\cos 2\pi\left(\frac{t}{T} - \frac{x}{vT}\right)$$

essendo $v = \frac{\lambda}{T} \quad \Rightarrow \quad \lambda = vT$

e sostituendo:

$$y = A\cos\left[2\pi\left(\frac{t}{T} - \frac{x}{\lambda}\right)\right] \qquad [3]$$

dal segno si deduce che l'onda è progressiva, cioè avanza nel senso crescente dell'asse x

equazione dell'onda armonica

Se invece l'onda è regressiva, per cui avanza nel senso decrescente dell'asse x, si ha:

$$y = A\cos 2\pi\left(\frac{t}{T} + \frac{x}{\lambda}\right)$$

Eseguendo la moltiplicazione per 2π nell'argomento del coseno nella [3], si trova:

$$y = A\cos\left(2\pi\frac{t}{T} - 2\pi\frac{x}{\lambda}\right)$$

In questa equazione indichiamo con:

$\omega = \frac{2\pi}{T} = 2\pi f$ la **pulsazione** dell'onda (numero di oscillazioni complete presenti in 2π volte l'unità di tempo)

$k = \frac{2\pi}{\lambda}$ il **numero d'onda** (numero di lunghezze d'onda contenute in 2π volte l'unità di lunghezza)

La [3] può essere dunque scritta nella seguente forme:

equazione dell'onda armonica

$$y = A\cos(\omega t - kx) \quad [4]$$

Effetto *film*
oscillazione nel tempo di un singolo punto

Effetto *foto*
profilo complessivo dell'onda in un istante t

Ricordiamo che in un'onda ciò che si propaga non è la materia, bensì lo stato di moto della materia stessa, vale a dire l'energia. Nel caso dell'onda armonica di una corda vibrante di densità lineare μ, l'energia associata a un tratto di corda lungo esattamente quanto la lunghezza d'onda λ è data da:

$$E = \frac{1}{2}\mu\lambda\omega^2 A^2$$

Dunque, E è direttamente proporzionale al quadrato della pulsazione ω (e quindi della frequenza f) e dell'ampiezza A dell'onda.

esempio

Un'onda trasversale che si propaga lungo una corda è descritta dall'equazione:

$$y = 0{,}120 \cdot \cos[(20{,}0 \cdot t - 5{,}00 \cdot x)]$$

Vogliamo determinare, sapendo che tutte le unità di misura sono relative al SI, le seguenti grandezze:

a) ampiezza;

b) pulsazione, periodo e frequenza;

c) lunghezza d'onda;

d) velocità.

a) Dal confronto diretto con l'equazione d'onda, che ha la forma:

$$y = A\cos\left[2\pi\left(\frac{t}{T} - \frac{x}{\lambda}\right)\right]$$

ricaviamo l'ampiezza $A = 0{,}120\ \text{m} = 12{,}0\ \text{cm}$.

b) La pulsazione è $\frac{2\pi}{T} = \omega = 20{,}0\ \text{s}^{-1}$ da cui otteniamo:

– il periodo: $T = \frac{2\pi}{\omega} = 0{,}314\ \text{s}$

– la frequenza: $f = \frac{1}{T} = \frac{1}{0{,}314}\ \text{Hz} \approx 3{,}18\ \text{Hz}$

c) Dal termine dell'equazione $\frac{2\pi}{\lambda} = 5{,}00$ si ricava la lunghezza d'onda:

$$\lambda = \frac{2\pi}{5{,}00} = 1{,}26\ \text{m}$$

d) La velocità è:

$$v = \lambda f = \frac{\lambda}{T} = \frac{1{,}26}{0{,}314}\frac{\text{m}}{\text{s}} \cong 4{,}00\frac{\text{m}}{\text{s}}$$

FLASH

Terremoti e onde

In Giappone nel 2011 è stato registrato un **terremoto** di magnitudo 8,9 della scala Richter che ha provocato uno **tsunami** con onde alte 10 m che si sono abbattute sulla costa con una velocità di 750 km/h causando la morte di migliaia di persone e danni devastanti.
I terremoti sono **vibrazioni** del suolo rapide e violente provocate dall'improvvisa liberazione di **energia meccanica** all'interno della litosfera, l'involucro più esterno e rigido della Terra.
I terremoti si verificano nelle zone della litosfera dove le rocce in profondità sono sottoposte a **pressioni** di notevole intensità. In queste condizioni le rocce si deformano e accumulano energia. Se la forza continua ad agire e l'energia accumulata supera il *limite di elasticità*, il blocco roccioso si spacca e si forma una **faglia**, lungo la quale l'energia accumulata si libera sotto forma di calore e di **onde elastiche**, che si propagano nello spazio in ogni direzione (*onde sferiche*). Il punto di rottura diventa l'**ipocentro** del terremoto.
Le onde elastiche generate da un terremoto sono dette **onde sismiche** e provocano una **deformazione dinamica** dei materiali che attraversano, perché dopo il loro passaggio ogni singolo volume di roccia riacquista la forma originaria.
Le onde sismiche, come tutte le onde elastiche, non provocano un reale spostamento di materia, ma solo una vibrazione delle particelle, che oscillano mantenendo una posizione media costante.
Nell'ipocentro di un terremoto si generano due tipi di onde sismiche:

- le **onde P**, *onde primarie*, si propagano nella crosta a una velocità compresa fra **4** e **8 km/s**. Sono dette **onde di compressione** o **longitudinali**, perché deformano il mezzo nella stessa direzione in cui si propagano, determinando la *compressione* e la *dilatazione* di ogni singolo volume di roccia e la conseguente trasmissione del moto al volume attiguo. Le onde P si propagano nei **solidi**, nei **liquidi** e nei **gas**, ma la loro velocità varia in funzione dello stato fisico e della composizione delle rocce attraversate;
- le **onde S**, *onde secondarie*, si propagano nella crosta a una velocità compresa fra **2,3 e 4,6 km/s**. Sono dette **onde di distorsione** o **onde trasversali**, perché provocano nel mezzo che attraversano oscillazioni perpendicolari alla direzione di propagazione, determinando variazioni di forma, ma non di volume. Le onde S si propagano solo nei **solidi**. Nei fluidi infatti le forze di coesione sono deboli e instabili, perciò le eventuali deformazioni o vibrazioni non si trasmettono da una particella all'altra.

Quando le onde P ed S raggiungono la superficie della Terra, danno origine alle **onde L**, *onde di superficie*, che si propagano con una velocità costante di circa 3,5 km/s su distanze lunghissime (in poche ore possono compiere più volte il giro della Terra). Provocano oscillazioni di varia forma e causano i danni maggiori. Analoghe alle onde L sono le *onde di maremoto* prodotte da un terremoto con ipocentro in mare.

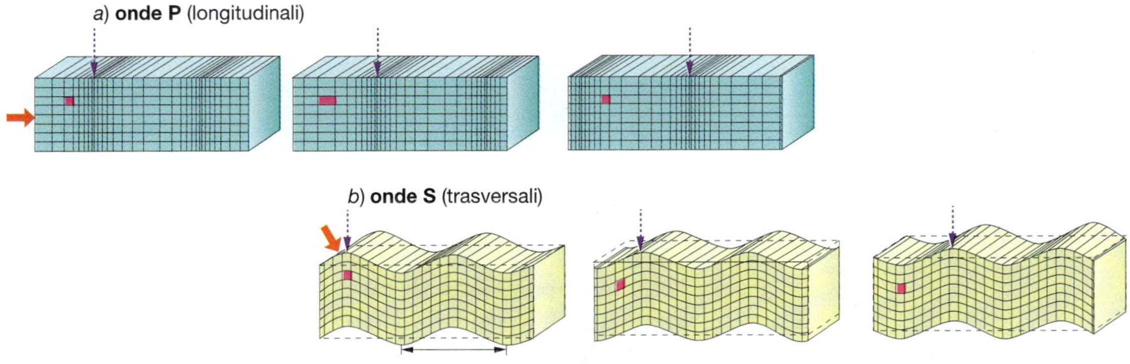

13.6 Fase e opposizione di fase

Grafici e differenze di fase

Se consideriamo la rappresentazione spaziale dell'onda $y = A\cos\left[2\pi\left(\frac{t}{T} - \frac{x}{\lambda}\right)\right]$, si ha che per $t = 0$ e $x = 0$ lo spostamento del singolo punto, dalla posizione di equilibrio (y) coincide con l'ampiezza A. Ma si tratta di un caso particolare. Per generalizzare occorre introdurre nell'equazione un nuovo termine detto *costante di fase* φ. Pertanto, la forma più generale dell'equazione di un'onda è:

$$y = A\cos\left[2\pi\left(\frac{t}{T} - \frac{x}{\lambda}\right) + \varphi\right]$$

costante di fase → φ

fase → $2\pi\left(\frac{t}{T} - \frac{x}{\lambda}\right) + \varphi$

Ricorda!...

La fase, al variare di t e x, determina la distanza dalla posizione di equilibrio raggiunta dall'onda.

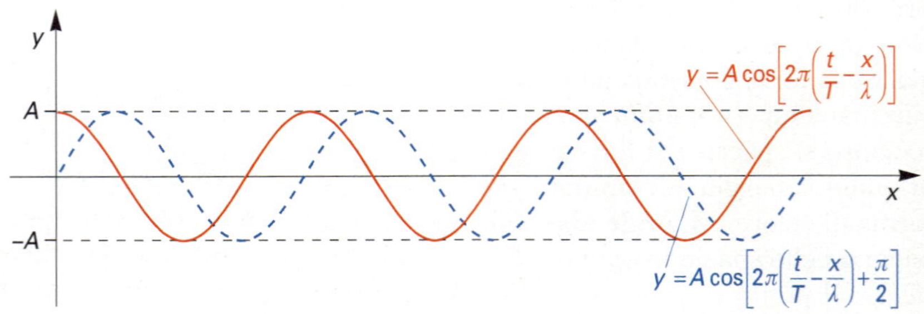

Le due onde hanno una differenza di fase $\frac{\pi}{2} - 0 = \frac{\pi}{2}$, cioè sono sfasate di $\frac{\pi}{2}$.

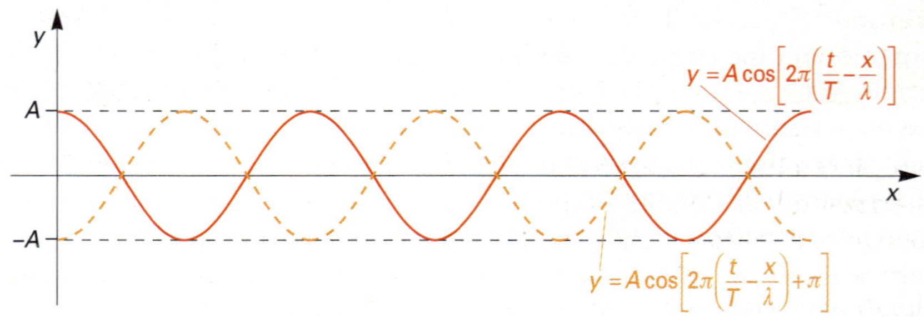

Le due onde hanno una differenza di fase $\pi - 0 = \pi$ cioè sono sfasate di π e vengono dette in **opposizione di fase**.

Ricorda!...

Le onde armoniche si definiscono sinusoidali perché il grafico con un'opportuna scelta della **costante di fase** φ è sempre riconducibile a una sinusoide:

$$y = A\cos\left[2\pi\left(\frac{t}{T} - \frac{x}{\lambda}\right)\right] =$$
$$= A\,\text{sen}\left[2\pi\left(\frac{t}{T} - \frac{x}{\lambda}\right) + \frac{\pi}{2}\right]$$

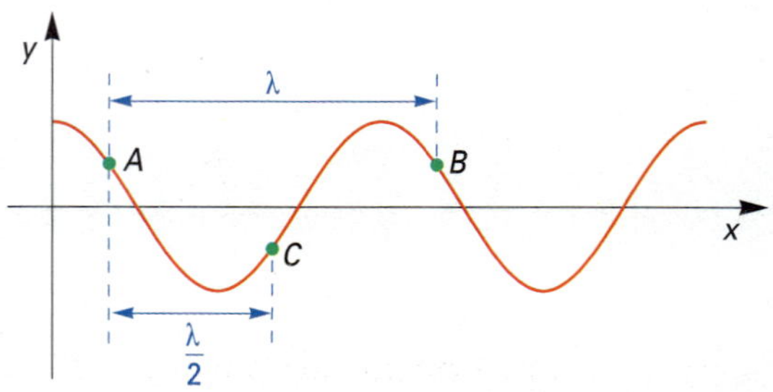

A e B, punti diversi di una stessa onda, in un istante t presentano le stesse caratteristiche cinematiche, vale a dire hanno lo stesso spostamento dalla posizione di equilibrio oltre che la stessa velocità e la stessa accelerazione. I punti A e B si definiscono **in fase**.

A e C invece sono in **opposizione di fase**, perché hanno spostamento, velocità, accelerazione uguali in valore assoluto ma con segno opposto.

Due **punti** sono **in fase** se distano tra loro multipli interi di λ:

$$x_B = x_A + K\lambda \qquad \text{con } K = 0, 1, 2...$$

Due **punti** sono **in opposizione di fase** se distano tra loro multipli dispari di $\frac{\lambda}{2}$:

$$x_C = x_A + (2K+1)\frac{\lambda}{2} \qquad \text{con } K = 0, 1, 2...$$

punti in fase e in opposizione di fase

Dimostrazione matematica della condizione di fase di due punti

ON LINE

13.7 Onde bidimensionali

VIDEO LAB

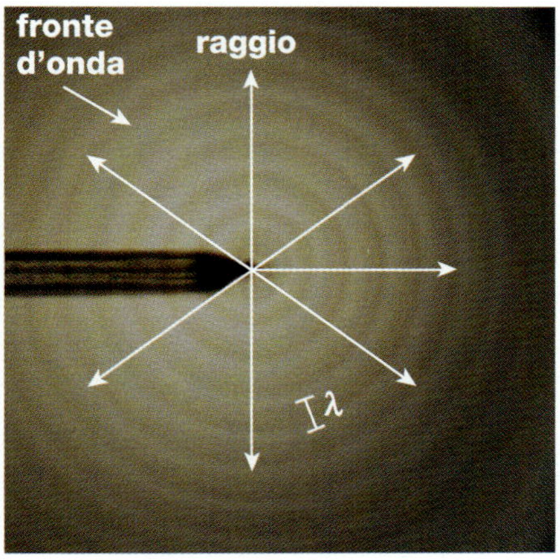

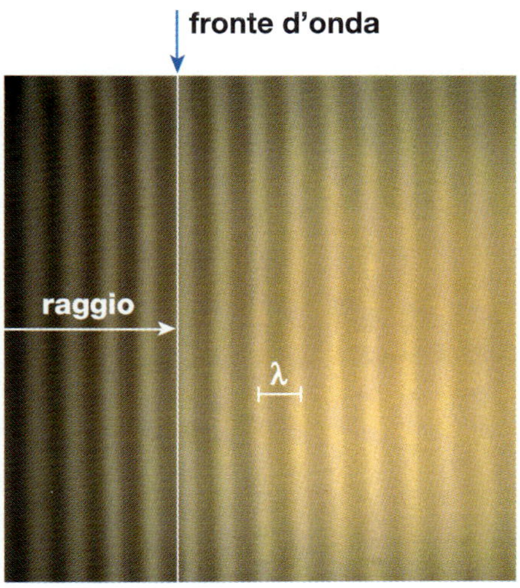

Per studiare alcuni comportamenti caratterizzanti le onde utilizziamo un **ondoscopio**. Si tratta di una vaschetta contenente acqua, sulla cui superficie viene fatta vibrare una punta o una lamina che fungono da sorgenti. Nel primo caso si hanno onde circolari. Esse vengono opportunamente amplificate su uno schermo dove le **creste** delle onde (massimo spostamento dalla posizione d'equilibrio verso l'alto) risultano le zone più luminose, mentre le **gole** (massimo spostamento verso il basso) appaiono scure.

Le onde circolari sono **bidimensionali** perché si propagano su una superficie e formano delle circonferenze di raggio crescente denominate **fronti d'onda**.
La direzione di propagazione è individuata dai raggi.

Se la sorgente è una lamina, si hanno fronti d'onda rettilinei e anche in questo caso le perpendicolari ai fronti d'onda rappresentano i raggi dell'onda.
La distanza tra due creste consecutive costituisce la lunghezza d'onda λ.

Il **fronte d'onda** è l'insieme dei punti che oscillano concordemente in fase.

fronte d'onda

Il **raggio dell'onda** individua la direzione di propagazione dell'onda e risulta sempre perpendicolare al fronte d'onda.

raggio dell'onda

13.8 Principio di Huygens

Lo scienziato olandese Christiaan Huygens (1629-1695), stimolato dagli studi di ottica di Newton, affrontò il problema dell'origine e della natura della luce nel *Traité sur la lumière* del 1678. Tentando di dimostrare la natura ondulatoria della luce, elaborò un principio valido per tutte le onde che costituisce un modello efficace, in quanto consente di costruire, a partire da un qualsiasi fronte d'onda, i successivi fronti d'onda. Precisiamo che la spiegazione matematica completa del principio, la si deve al francese Augustine-Jean Fresnel (1788-1827).

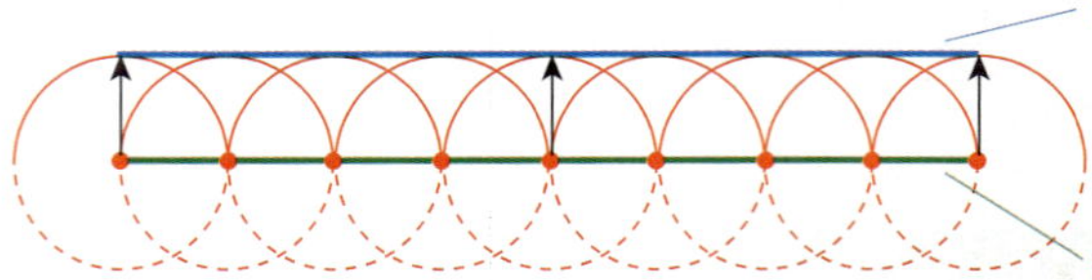

Esaminiamo il caso di onde bidimensionali con fronte d'onda rettilineo. Al tempo t i punti del fronte d'onda possono essere equiparati a sorgenti di onde circolari.
Dopo un intervallo di tempo Δt il nuovo fronte d'onda si ottiene costruendo una retta che sia tangente contemporaneamente a tutte le circonferenze. Il termine tecnico che indica una retta costruita in questo modo è **inviluppo**.

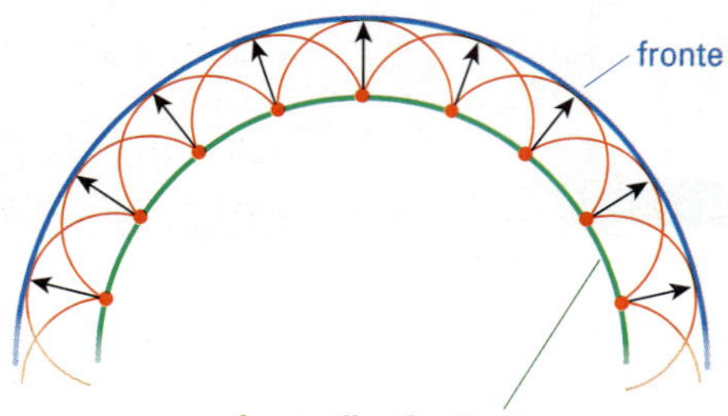

Anche nel caso di onde bidimensionali con fronte d'onda circolare si considerano al tempo t tutti i punti del fronte d'onda che si comportano come sorgenti di onde circolari.
Dopo un intervallo Δt il nuovo fronte d'onda è rappresentato da una circonferenza (inviluppo) che è tangente contemporaneamente a tutte le circonferenze.

principio di Huygens

Ogni punto di un fronte d'onda si comporta come sorgente puntiforme di onde secondarie di uguale frequenza e velocità.
Il nuovo fronte d'onda dopo un intervallo di tempo Δt è dato dall'inviluppo delle onde secondarie.

Può sembrare strano, soprattutto nel primo caso, che sulla base del principio di Huygens onde circolari originino dei fronti rettilinei, ma si tratta di comprendere in modo più approfondito come avviene l'interazione fra le onde.

13.9 Riflessione

Leggi della riflessione

La **riflessione** è il fenomeno che si ha quando le onde, incontrando un ostacolo, tornano indietro nel mezzo di provenienza.

riflessione

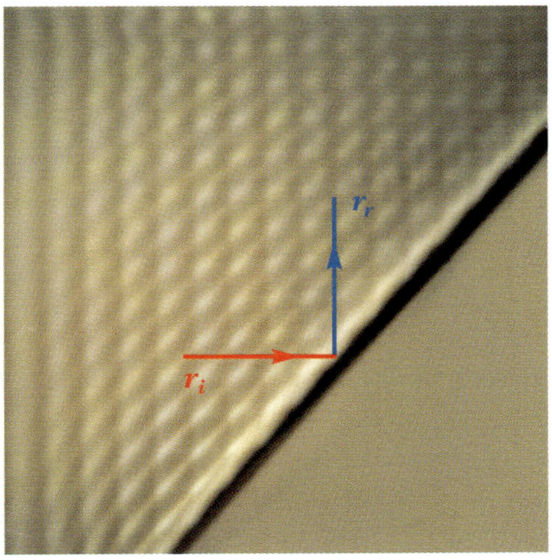

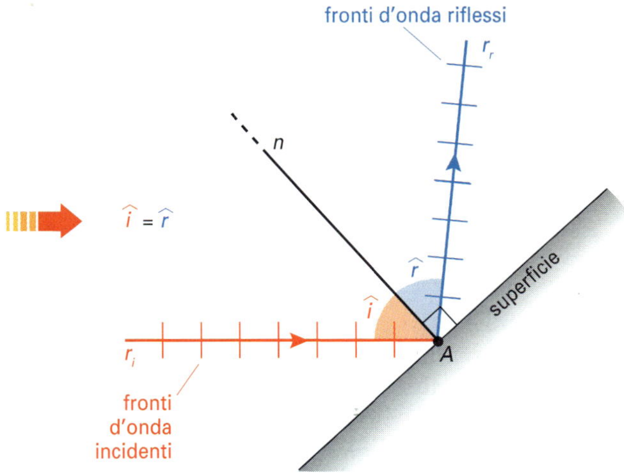

Per osservare la riflessione, dopo aver generato onde rettilinee, immergiamo nella vaschetta una sbarretta posizionata obliquamente rispetto alle onde e che funga da ostacolo. Si formano nel mezzo di provenienza nuovi fronti d'onda in direzione diversa rispetto a quella iniziale.

Tracciamo la normale (o perpendicolare) n in A, punto qualsiasi della superficie di separazione tra i due mezzi. L'angolo di incidenza $\hat{i}$ è formato dal raggio incidente r_i (perpendicolare al fronte d'onda incidente) e dalla retta n; l'angolo di riflessione $\hat{r}$ è formato dal raggio riflesso r_r e da n.

Si verifica sperimentalmente che valgono le seguenti leggi:

Prima legge
Raggio incidente, raggio riflesso e normale alla superficie riflettente nel punto di incidenza sono complanari (cioè appartengono allo stesso piano).

Seconda legge
L'angolo di incidenza è uguale all'angolo di riflessione:

$$\hat{i} = \hat{r}$$

leggi della riflessione

Interpretazione della riflessione tramite il principio di Huygens

ON LINE

ON LINE VIRTUAL LAB
Rifrazione

13.10 Rifrazione

Leggi della rifrazione

rifrazione

La **rifrazione** è il fenomeno che si ha quando le onde, passando da un mezzo di propagazione a un altro, modificano la direzione di propagazione.

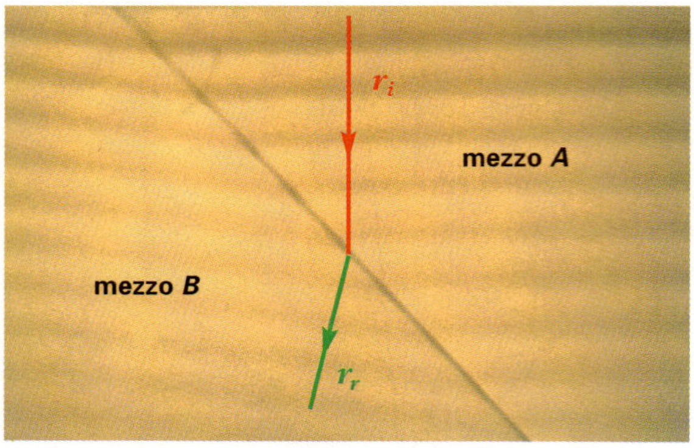

Per osservare la rifrazione si pone sul fondo della vaschetta una lastra in modo che si abbiano due zone con profondità dell'acqua differente. Nel passaggio dal mezzo più profondo (A) a quello meno profondo (B) la lunghezza d'onda λ diminuisce, mentre la frequenza delle onde f **non** cambia perché dipende solo dalla frequenza con cui oscilla la sorgente per cui si avrà:

$$\left.\begin{aligned} v_A &= \lambda_A \cdot f \\ v_B &= \lambda_B \cdot f \end{aligned}\right\} \Rightarrow f = \frac{v_A}{\lambda_A} = \frac{v_B}{\lambda_B} \Rightarrow \frac{v_A}{v_B} = \frac{\lambda_A}{\lambda_B}$$

essendo: $\lambda_A > \lambda_B \Rightarrow v_A > v_B$

La velocità diminuisce nel passaggio dal mezzo A al mezzo B perché aumenta l'attrito con il fondo della vaschetta e l'onda, diventando più lenta, tende a rimanere indietro rispetto a quella che si trova ancora nella zona più profonda. È questa la ragione del cambiamento di direzione delle onde.

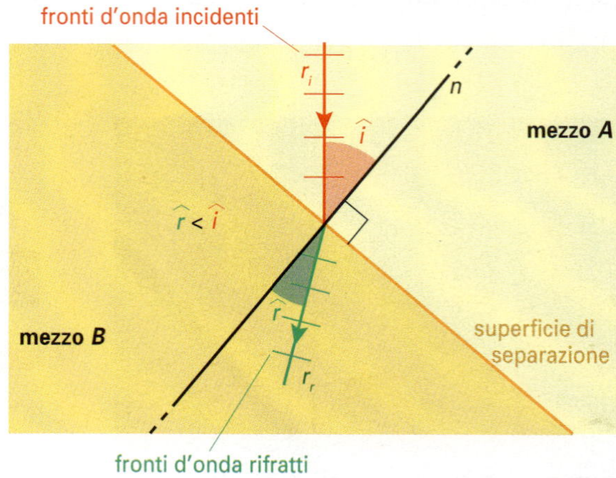

Tracciamo la perpendicolare n alla superficie di separazione in un qualsiasi punto.
Si può verificare che nel passaggio dal mezzo più profondo (A) a quello meno profondo (B) l'angolo d'incidenza $\hat{i}$ (individuato dal raggio incidente e dalla retta n) è maggiore dell'angolo di rifrazione $\hat{r}$ (individuato dal raggio rifratto e da n). Fra i due angoli intercorre una relazione ben precisa, conseguenza del cambiamento di velocità, espressa nelle leggi che regolano questo fenomeno.

leggi della rifrazione

Prima legge
Raggio incidente, raggio rifratto e normale alla superficie di separazione dei due mezzi sono complanari.

Seconda legge
Il rapporto tra il seno dell'angolo di incidenza e il seno dell'angolo di rifrazione è costante e tale costante è uguale al rapporto tra le velocità v_A e v_B con cui l'onda si propaga nei due mezzi.

$$\frac{\text{sen}\,\hat{i}}{\text{sen}\,\hat{r}} = \frac{v_A}{v_B} = \text{costante}$$

Interpretazione della rifrazione tramite il principio di Huygens

ON LINE

13.11 Diffrazione

VIDEO LAB

ON LINE
VIRTUAL LAB
Diffrazione

La **diffrazione** è un cambiamento della forma geometrica del fronte d'onda che si verifica in presenza di una fenditura o di un ostacolo.

diffrazione

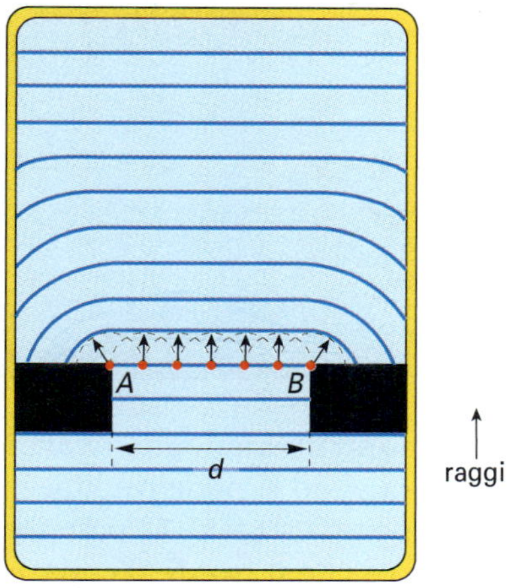

Supponiamo che un'onda rettilinea incontri un ostacolo munito di una fenditura. Se l'apertura è molto maggiore della lunghezza d'onda λ si vede che l'onda rettilinea prosegue invariata tranne che ai bordi dove si incurva. Si tratta del fenomeno della diffrazione, che nell'illustrazione risulta molto limitato.

Applicando il principio di Huygens si ha che ogni punto del fronte d'onda *AB* è assimilabile a una sorgente di onde circolari. L'inviluppo di queste onde secondarie determina un nuovo fronte d'onda rettilineo che però agli estremi assume un andamento circolare.

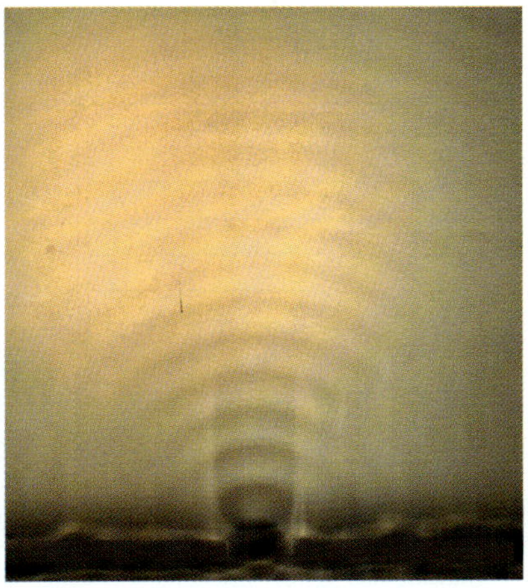

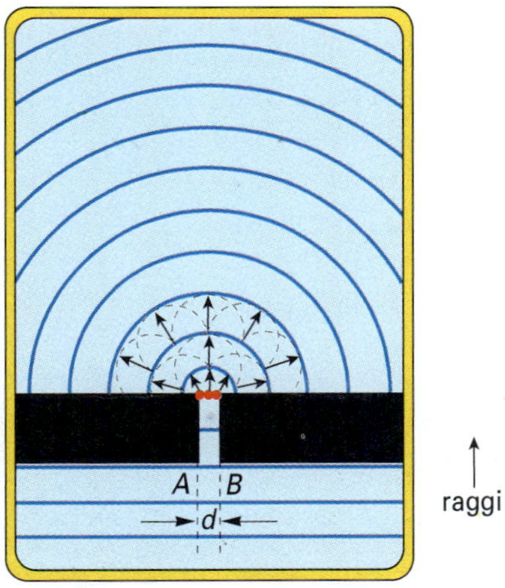

Diminuendo la larghezza d della fenditura, gli effetti della diffrazione aumentano. Quando d ha le dimensioni della lunghezza d'onda ($d \approx \lambda$) si vede che l'incurvamento del fronte d'onda si accentua notevolmente. Il fenomeno raggiunge il massimo effetto quando $d \ll \lambda$ e il fronte d'onda diventa circolare.

Per il principio di Huygens si ha che quando la dimensione d del fronte d'onda *AB* è assimilabile a una sola sorgente puntiforme, allora il nuovo fronte d'onda generato risulta circolare.

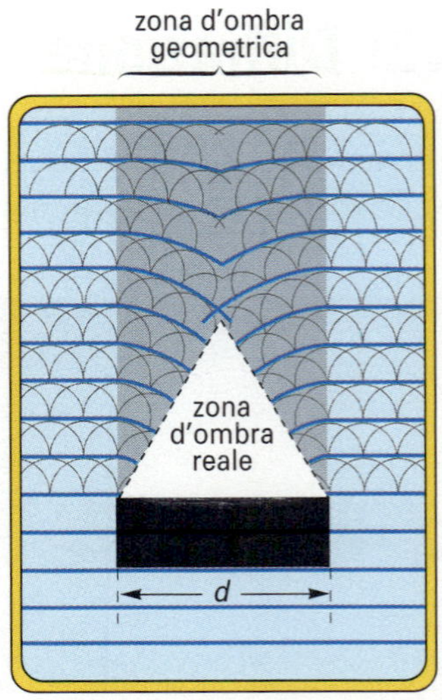

Un fenomeno analogo si verifica anche quando le onde rettilinee incontrano un ostacolo. Ci potremmo aspettare che il fronte d'onda non superi l'ostacolo e quindi al di là di esso si formi in corrispondenza dell'ombra geometrica una zona di acqua non perturbata. In realtà, se l'ostacolo ha dimensione *d* maggiore della lunghezza d'onda λ, si ha una zona d'ombra reale che però risulta inferiore a quella geometrica prevista in quanto a una certa distanza si riforma il fronte d'onda rettilineo.

La spiegazione ce la fornisce il principio di Huygens: quando il fronte d'onda raggiunge le estremità dell'ostacolo, ciascun punto diventa sorgente secondaria che si diffonde in tutte le direzioni consentendo perciò la propagazione dell'onda anche nella zona di ombra geometrica.

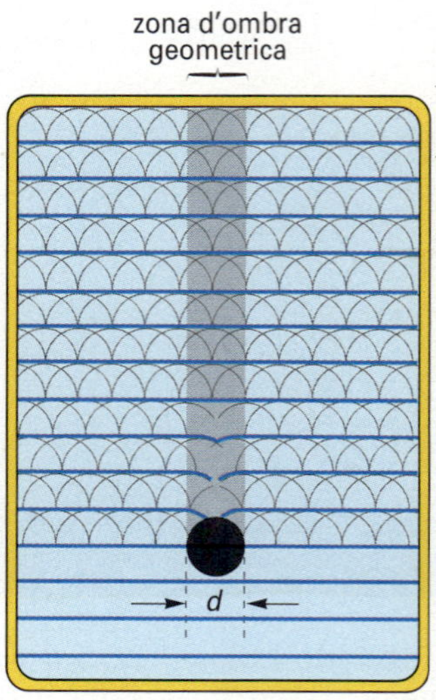

Nel caso in cui l'ostacolo diventi dell'ordine di grandezza della lunghezza d'onda λ o inferiore, le onde lo superano e si riforma subito il fronte d'onda rettilineo, mentre la zona d'ombra reale risulta praticamente nulla.

Anche in questo caso, come nei precedenti, il modello di costruzione dei fronti d'onda successivi individuato dal principio di Huygens si rivela efficace.

13.12 Interferenza

ON LINE
VIRTUAL LAB
Interferenza

Principio di sovrapposizione

Che cosa accade quando le oscillazioni dovute a onde diverse convergono nella stessa regione di spazio? Nella maggior parte dei casi non vi è influenza reciproca tra le onde: la loro composizione segue il **principio di sovrapposizione**.

Se in un punto agiscono contemporaneamente due o più onde, la perturbazione totale è data dalla somma algebrica delle perturbazioni prodotte dalle singole onde.

principio di sovrapposizione

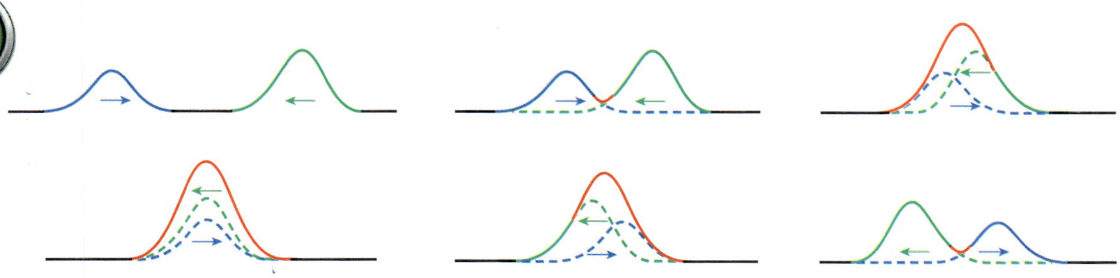

L'interferenza è il fenomeno che si ha quando due o più onde provenienti da sorgenti diverse si sovrappongono nella stessa zona.

interferenza

L'interazione rappresentata nella figura è un'**interferenza di tipo costruttivo** perché gli effetti si sommano e l'ampiezza dell'onda risultante è maggiore di quella delle due onde componenti; quando invece gli effetti sono opposti tra loro allora si ha un'**interferenza di tipo distruttivo**.

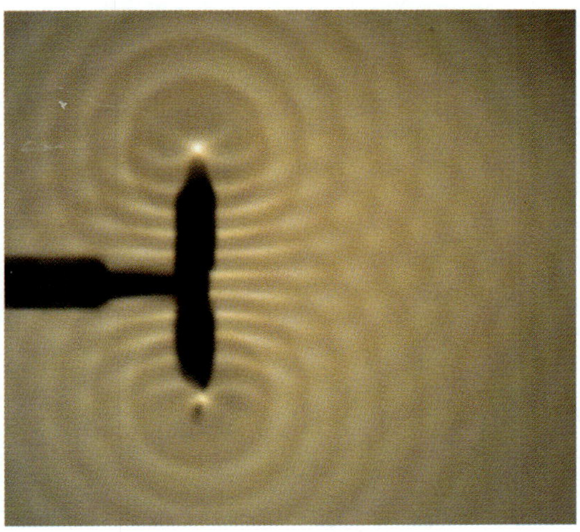

L'interferenza, essendo una diretta conseguenza del principio di sovrapposizione, costituisce un fenomeno piuttosto complesso. Per ora ci limitiamo a studiarlo in una situazione particolare, quella rappresentata nella foto.

Nell'ondoscopio vi sono due sorgenti puntiformi che generano due onde armoniche distinte con le seguenti caratteristiche:

1. le sorgenti vibrano con la stessa frequenza per cui le onde hanno la stessa ω;
2. le sorgenti oscillano in fase (questo significa che generano una cresta o una gola nello stesso istante t);
3. le onde hanno la stessa ampiezza A.

La sovrapposizione delle onde avviene ovunque nella vaschetta, ma noi concentreremo la nostra attenzione sui punti in cui avviene un'interferenza **totalmente costruttiva** (vi giungono contemporaneamente due creste o due gole) o **totalmente distruttiva** (si sommano una cresta e una gola). Tuttavia, dal momento che tratteremo unicamente questi casi, per semplicità ci riferiremo a essi in termini di interferenza costruttiva o distruttiva.

Condizioni di interferenza costruttiva e distruttiva

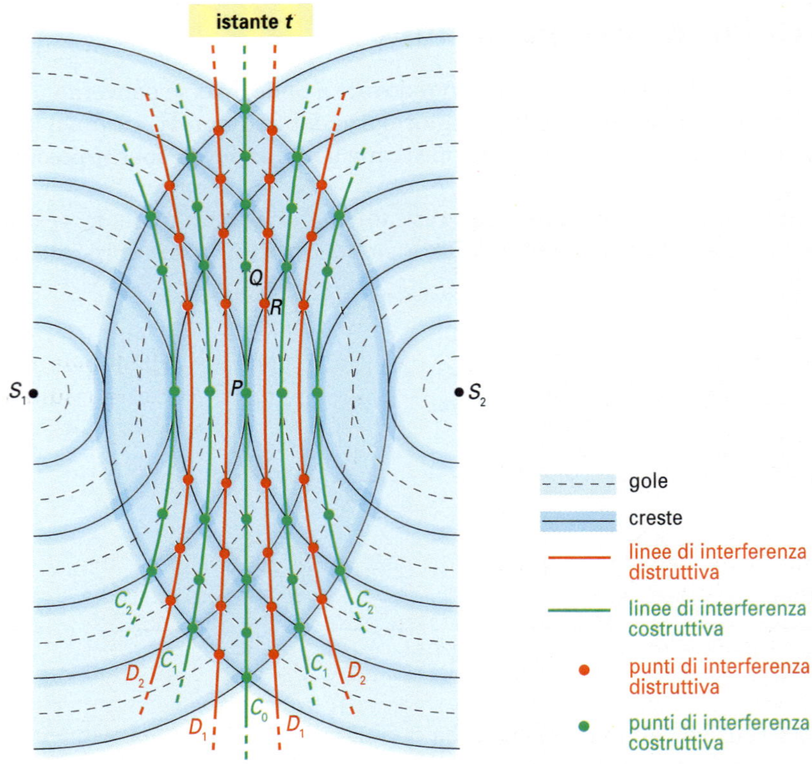

Nello stesso istante t in P passano due creste di ampiezza A che, incontrandosi, rinforzano le rispettive azioni. Si determina così una cresta di ampiezza $2A$ doppia di quella delle componenti.
Anche in Q nello stesso istante si verifica un'interferenza costruttiva, perché si incontrano due gole: l'ampiezza è sempre $2A$, ma lo spostamento avviene verso il basso.

interferenza costruttiva

In un punto si ha **interferenza costruttiva** se in esso giungono contemporaneamente due creste o due gole.

Unendo opportunamente i punti di interferenza costruttiva, chiamati **ventri**, si ottengono delle linee (**verdi** in figura) dette **antinodali**.

Sempre nell'istante t in R arrivano una cresta e una gola che, sovrapponendosi, annullano i rispettivi effetti e, di conseguenza, l'acqua resta ferma. In R si è verificata un'interferenza distruttiva.

interferenza distruttiva

In un punto si ha **interferenza distruttiva** se in esso giungono contemporaneamente una cresta e una gola.

In questo caso congiungendo tra loro i punti di interferenza distruttiva, che prendono il nome di **nodi**, vengono individuate delle linee (**rosse** in figura) dette **nodali**.

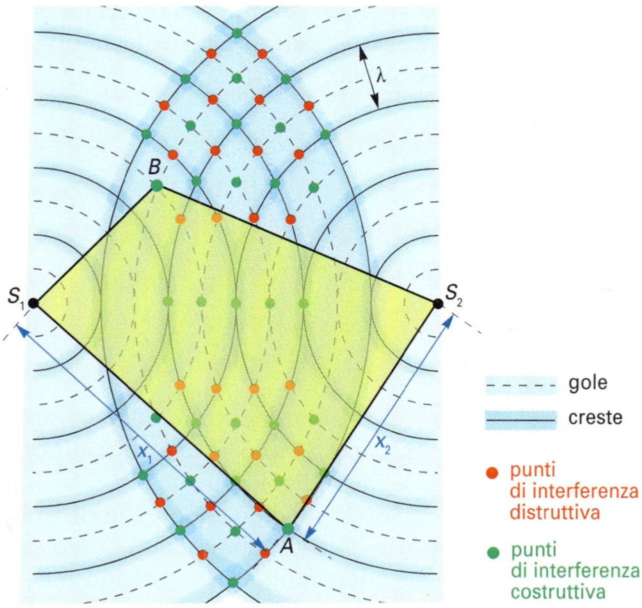

Preso un punto qualsiasi di interferenza costruttiva, per esempio A, indichiamo con x_1 e x_2 le distanze di A dalle sorgenti S_1 ed S_2 e proviamo a calcolare quanto vale la loro differenza:

$$|x_1 - x_2| = |5\lambda - 4\lambda| = \lambda$$

Ripetiamo il calcolo per B, altro punto di interferenza costruttiva:

$$|2{,}5\lambda - 4{,}5\lambda| = 2\lambda$$

I risultati sono entrambi multipli della lunghezza d'onda λ.
Questo risultato è generalizzabile a tutti i punti di interferenza costruttiva.

I punti di interferenza costruttiva sono tali che la differenza in modulo delle loro distanze dalle sorgenti S_1 ed S_2 è uguale a un multiplo intero della lunghezza d'onda:

$$|x_1 - x_2| = K\lambda \qquad \text{con } K = 0, 1, 2...$$

condizioni di interferenza costruttiva

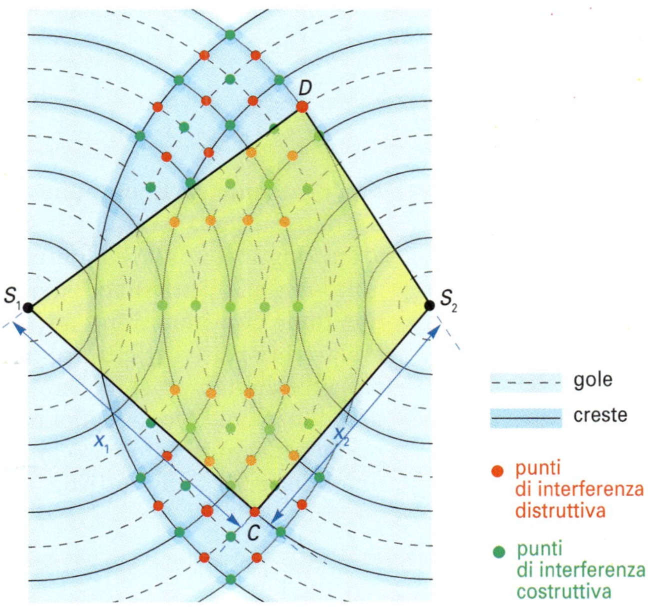

Analogamente, preso un punto qualsiasi di interferenza distruttiva, per esempio C avente distanze x_1 e x_2 dalle sorgenti S_1 ed S_2, proviamo a calcolare quanto vale la differenza di tali distanze:

$$|x_1 - x_2| = |4{,}5\lambda - 4\lambda| = \frac{1}{2}\lambda$$

Ripetiamo il calcolo per D, altro punto di interferenza distruttiva:

$$|3{,}5\lambda - 5\lambda| = \frac{3}{2}\lambda$$

In entrambi i casi si tratta di un multiplo dispari di $\frac{\lambda}{2}$.
Possiamo estendere il risultato a tutti i punti di interferenza distruttiva.

I punti di interferenza distruttiva sono tali che la differenza in modulo delle loro distanze dalle sorgenti S_1 ed S_2 è uguale a un multiplo dispari di metà della lunghezza d'onda.

$$|x_1 - x_2| = (2K + 1)\frac{\lambda}{2} \qquad \text{con } K = 0, 1, 2...$$

condizioni di interferenza distruttiva

Abbiamo analizzato fin qui la configurazione in un istante t, ma in realtà essa si modifica nel tempo. Approfondiamo che cosa accade al variare del tempo in un punto di interferenza costruttiva o distruttiva.

Effetto *film*

Interferenza costruttiva

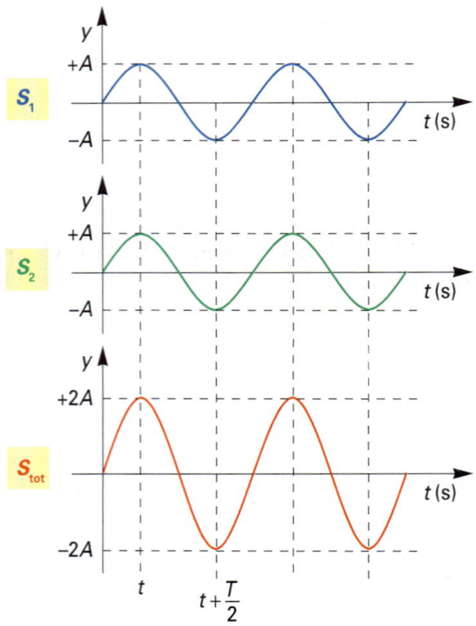

Consideriamo due onde componenti S_1 ed S_2 e la loro risultante che indichiamo con S_{tot}.
Se in un dato istante t in un punto si sovrappongono due creste, allora dopo un intervallo pari a $T/2$ in quel medesimo punto si sovrapporranno due gole: in tutti i casi gli effetti delle due onde si rafforzano e nel punto si ha sempre interferenza costruttiva.

Interferenza distruttiva

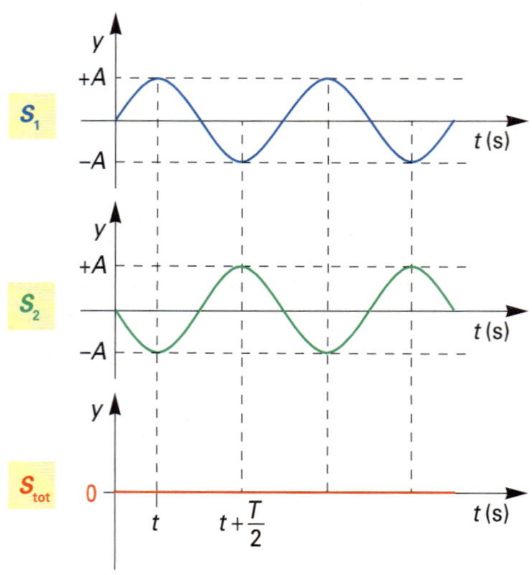

Analogamente, se in un punto in un determinato istante t si sovrappongono una cresta e una gola, negli istanti successivi le due onde continueranno ad annullare i rispettivi effetti e al trascorrere del tempo si ha sempre un nodo in cui l'acqua risulta non perturbata. In questo caso si ha una interferenza distruttiva.

ON LINE

Modello matematico della condizione di interferenza costruttiva e distruttiva

IDEE e PERSONAGGI

L'anagramma di Huygens

Gli incontri

All'uomo di scienza olandese Christiaan Huygens (1629-1695) non mancarono di certo gli stimoli durante l'infanzia. Infatti, i genitori benestanti avevano rapporti con Rembrandt e Spinoza e, più tardi, persino Cartesio era spesso loro ospite. Dopo gli studi a Leida, terminati nel 1655, Huygens andò a più riprese a Parigi, dove ebbe modo di conoscere Pascal e di essere presentato a Luigi XIV.

Nel 1666 venne preso sotto la protezione del famoso ministro francese J.B. Colbert, che qualche anno più tardi gli avrebbe garantito una pensione per consentirgli di lavorare stabilmente in Francia presso l'Accademia Reale delle Scienze. Era stimato anche in Inghilterra, dove ebbe modo di entrare in contatto con gli scienziati di quel Paese e in seguito, nel 1689, di incontrare il più grande di tutti, cioè Newton, il quale lo stimava al punto da chiamarlo *Summus Hugenius.* Grazie al prestigio dello studioso inglese, fu il primo straniero a diventare membro della Royal Society di Londra.

Le scoperte

È molto lungo l'elenco dei contributi che Huygens ha lasciato alla scienza, per cui qui riportiamo solamente i più significativi. Mentre era a Leida mise a punto un telescopio che gli consentì di scoprire l'anello che circonda Saturno e il suo satellite Titano. Nel 1656 costruì il primo orologio a pendolo che sfruttava l'isocronismo delle piccole oscillazioni e, approfondendo l'argomento, pubblicò un'opera intitolata *Horologium oscillatorium*, nella quale trattò in modo completo l'analisi geometrica delle proprietà di linee curve, espresse la teoria matematica del pendolo semplice e composto e i primi teoremi sulla meccanica dei sistemi rigidi. Essendo un ottimo matematico, scrisse il primo trattato sul calcolo delle probabilità. Ma in particolare, i suoi studi più importanti sono quelli sulla natura della luce, campo nel quale un principio fondamentale per il modello ondulatorio della luce porta il suo nome. Probabilmente è merito di Huygens se, dopo di lui, un Paese piccolo come l'Olanda raggiunse e conservò negli anni livelli molto elevati in campo tecnologico e scientifico.

L'anagramma

È divertente notare che, riportando per iscritto la scoperta che riguardava l'anello di Saturno, Huygens la nascose inizialmente tramite un anagramma:

aaaaaaacccccdeeeeeghiiiiiiillllmmnnnnnnnnnooooppqrrstttttuuuuu

Dietro questo curioso elenco di lettere si nascondeva una frase in latino, la lingua con la quale in quel tempo scrivevano gli uomini di cultura. Vale a dire: «annulo cingitur, tenui, plano, nusquam cohaerente, ad eclipticam inclinato» (è circondato da un anello piatto e sottile, che non lo tocca da nessuna parte e che è inclinato rispetto all'eclittica). Era in realtà uno stratagemma molto usato per nascondere le informazioni. L'avevano usato, per esempio, Galileo in una lettera a Keplero oppure Hooke per formulare la sua famosa legge: **cieeenossstuv** stava infatti per «ut tensio sic vis» (come la tensione così la forza).

La personalità

Indubbiamente Christiaan Huygens aveva una forte personalità. Già molto giovane e senza timori reverenziali, ritenne che le idee di Cartesio, pure estremamente valide dal punto di vista filosofico, lo fossero molto meno in termini fisici. Si difese dall'accusa di plagio da parte di Vincenzo Viviani, un discepolo di Galileo, sostenendo di ignorare i lavori di quest'ultimo e sottolineando che, in ogni caso, il suo era il primo orologio a pendolo effettivamente funzionante. Infine, non esitò a criticare un'opera di Newton sull'ottica, cosa che ovviamente scatenò la reazione adirata della più grande autorità scientifica del tempo. In generale, forse proprio grazie alle sue condizioni privilegiate, Huygens manteneva posizioni distanti dal senso comune e dai dogmi imperanti in un'epoca come la sua caratterizzata da grandi tensioni di natura politica e religiosa. Pur essendo protestante, nei giorni conclusivi della sua malattia rifiutò di ricevere assistenza da un pastore della sua stessa fede.

SCIENTIFIC ENGLISH

CLIL

Waves

Frequency, Amplitude, and Wavelength

Figure 1 illustrates a method of producing a continuous wave or a steady stream of pulses on a very long string. One end of the string is connected to a blade that is set vibrating. As the blade oscillates vertically with simple harmonic motion, a traveling wave moving to the right is set up in the string. Figure 1 consists of views of the wave at intervals of one-quarter of a period. Note that **each small segment of the string, such as *P*, oscillates vertically in the *y*-direction with simple harmonic motion**. This must be the case, because each segment follows the simple harmonic motion of the blade. Every segment of the string can therefore be treated as a simple harmonic oscillator vibrating with the same frequency as the blade that drives the string.

The frequencies of the waves studied in this course will range from rather low values for waves on strings and waves on water, to values for sound waves between 20 Hz and 20 000 Hz (recall that 1 Hz = 1 s^{-1}), to much higher frequencies for electromagnetic waves. These waves have different physical sources, but can be described with the same concepts.

The horizontal dashed line in Figure 1 represents the position of the string when no wave is present. The maximum distance the string moves above or below this equilibrium value is called the **amplitude** A of the wave. For the waves we work with, the amplitudes at the crest and the trough will be identical.

Figure 1b illustrates another characteristic of a wave. The horizontal arrows show the distance between two successive points that behave identically. This distance is called the **wavelength** λ (the Greek letter lambda).

We can use these definitions to derive an expression for the speed of a wave. We start with the defining equation for the **wave speed** v:

$$v = \frac{\Delta x}{\Delta t}$$

The wave speed is the speed at which a particular part of the wave – say, a crest – moves through the medium.

A wave advances a distance of one wavelength in a time interval equal to one period of the vibration. Taking $\Delta x = \lambda$ and $\Delta t = T$, we see that

$$v = \frac{\lambda}{T}$$

Checkpoint 1
The speed of light in a vacuum is the same for all frequencies. What happens to the wavelength of light as the frequency increases?

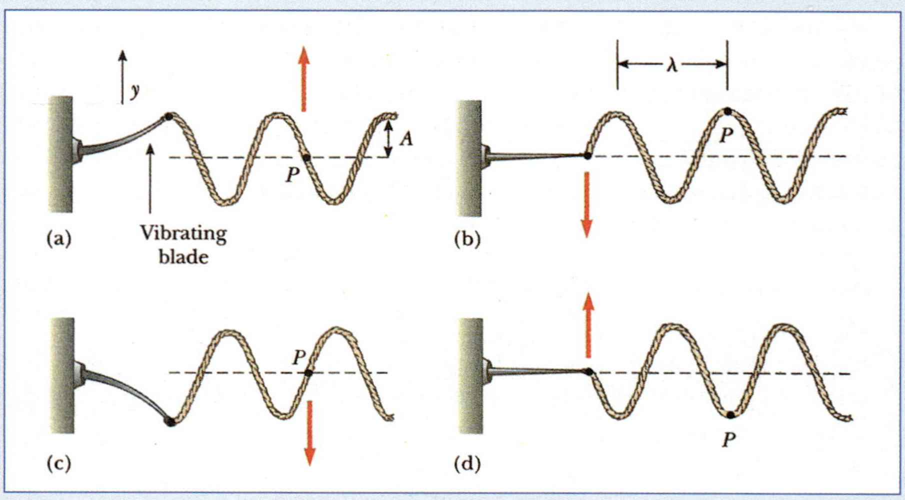

Figure 1
One method for producing traveling waves on a continuous string. The left end of the string is connected to a blade that is set vibrating. Every part of the string, such as point P, oscillates vertically with simple harmonic motion.

Because the frequency is the reciprocal of the period, we have

$$v = f\lambda \qquad [1]$$

wave speed

This important general equation applies to many different types of waves, such as sound waves and electromagnetic waves.

The Speed of Waves on Strings

In this section we focus our attention on the speed of a transverse wave on a stretched string.

For a vibrating string, there are two speeds to consider. One is the speed of the plysical string that vibrates up and down, transverse to the string, in the y-direction. The other is the *wave speed*, which is the rate at which the disturbance propagates along the length of the string in the x-direction. We wish to find an expression for the wave speed.

If a horizontal string under tension is pulled vertically and released, it starts at its maximum displacement, $y = A$, and takes a certain amount of time to go to $y = -A$ and back to A again. This amount of time is the period of the wave, and is the same as the time needed for the wave to advance *horizontally* by one wavelength. Dividing the wavelength by the period of one transverse oscillation gives the wave speed.

For a fixed wavelength, a string under greater tension F has a greater wave speed because the period of vibration is shorter, and the wave advances one wavelength during one period. It also makes sense that a string with greater mass per unit length, μ, vibrates more slowly, leading to a longer period and a slower wave speed. The wave speed is given by

$$v = \sqrt{\frac{F}{\mu}} \qquad [2]$$

Checkpoint 2
True or False: If the tension in a stretched string is doubled, the wave speed is also doubled.

where F is the tension in the string and μ is the mass of the string per unit length, called the *linear density*. From Equation 2, it's clear that a larger tension F results in a larger wave speed, while a larger linear density μ gives a slower wave speed, as expected.

According to Equation 2, the propagation speed of a mechanical wave, such as a wave on a string, depends only on the properties of the string through which the disturbance travels. It doesn't depend on the amplitude of the vibration. This turns out to be generally true of waves in various media.

A proof of Equation 2 requires calculus, but dimensional analysis can easily verify that the expression is dimensionally correct. The dimensions of F are ML/T^2, and the dimensions of μ are M/L. The dimensions of F/μ are therefore L^2/T^2, so those of $\sqrt{F/\mu}$ are L/T, giving the dimensions of speed. No other combination of F and μ is dimensionally correct, so in the case where the tension and mass density are the only relevant physical factors, we have verified Equation 2 up to an overall constant.

APPLICATION
Bass Guitar Strings

According to Equation 2, we can increase the speed of a wave on a stretched string by increasing the tension in the string. Increasing the mass per unit length, on the other hand, decreases the wave speed. These physical facts lie behind the metallic windings on the bass strings of pianos and guitars. The windings increase the mass per unit length, μ, decreasing the wave speed and hence the frequency, resulting in a lower tone. Tuning a string to a desired frequency is a simple matter of changing the tension in the string.

from SERWAY/VUILLE, *Essentials of College Physics*, © 2007

IN SINTESI

Caratteristiche delle onde

- Un'**onda** è la propagazione di una perturbazione caratterizzata dal trasporto di energia senza trasporto di materia.
- Un'**onda** è **trasversale** quando la direzione di oscillazione è perpendicolare alla direzione di propagazione dell'onda; è **longitudinale** quando la direzione di oscillazione coincide con la direzione di propagazione dell'onda.
- **Le principali grandezze** per lo studio di un'onda armonica sono:

Grandezza	Definizione	Unità di misura	Simbolo
Ampiezza	Massimo spostamento di un punto oscillante dalla posizione di equilibrio	m	A
Periodo	Tempo necessario affinché un singolo punto di un'onda compia una oscillazione completa	s	T
Frequenza	Numero di oscillazioni complete che un punto dell'onda compie in un secondo	Hz	f
Lunghezza d'onda	Minima distanza dopo la quale l'onda si ripete con le stesse caratteristiche	m	λ
Velocità	Rapporto tra la lunghezza d'onda e il periodo	m/s	v

- La **velocità di un'onda** in una corda tesa è:

$$v = \sqrt{\frac{F}{\mu}}$$

dove F è la forza a cui è sottoposta la corda e $\mu = \frac{m}{l}\left(\frac{\text{massa}}{\text{lunghezza}}\right)$ è la densità lineare.

Onde armoniche

- L'**equazione di un'onda armonica** è:

$$y = A\cos\left[2\pi\left(\frac{t}{T} - \frac{x}{\lambda}\right)\right]$$

la **pulsazione** dell'onda è data da:

$$\omega = \frac{2\pi}{T} = 2\pi f$$

e il **numero d'onda** è $K = \frac{2\pi}{\lambda}$.

- Un'altra forma dell'equazione dell'onda armonica è $y = A\cos(\omega t - Kx)$.
- L'**energia** complessiva trasportata dall'onda armonica di una corda vibrante è data da:

$$E = \frac{1}{2}\mu\lambda\omega^2 A^2$$

- La forma più generale dell'**equazione dell'onda** è:

$$y = A\cos\left[2\pi\left(\frac{t}{T} - \frac{x}{\lambda}\right) + \varphi\right]$$

dove φ è la costante di fase. L'equazione dell'onda armonica, con un'opportuna scelta di φ, è sempre riconducibile a una sinusoide.

- Due punti di una stessa onda sono in **fase** se distano tra loro multipli interi di λ; sono invece in **opposizione di fase** se distano tra loro multipli dispari di $\frac{\lambda}{2}$.

- Il **fronte d'onda** è l'insieme dei punti che oscillano concordemente in fase.
- Il **raggio dell'onda** è la direzione di propagazione dell'onda e risulta sempre perpendicolare al fronte d'onda.

Propagazione delle onde: riflessione, rifrazione e difrazione

- Il **principio di Huygens** afferma che ogni punto di un fronte d'onda si comporta come sorgente puntiforme di onde secondarie di uguale frequenza e velocità.

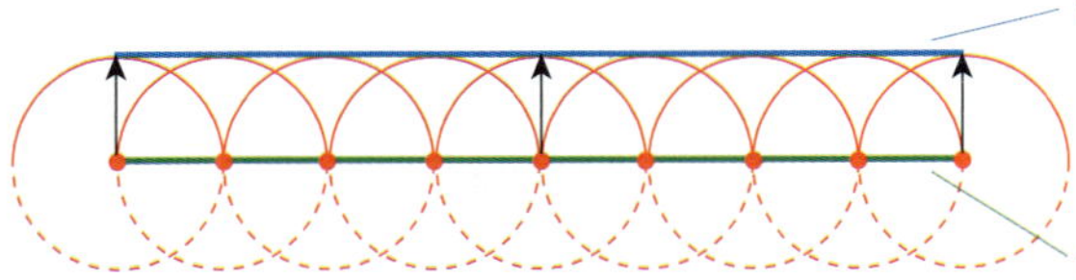

Il nuovo fronte d'onda è l'inviluppo delle onde secondarie.

- Si ha la **riflessione** quando le onde, incontrando un ostacolo, tornano indietro nel mezzo di provenienza.
- Le **leggi della riflessione** sono:
  a) raggio incidente, raggio riflesso e normale alla superficie riflettente nel punto di incidenza sono complanari;
  b) l'angolo di incidenza $\hat{\imath}$ è uguale all'angolo di riflessione $\hat{r}$: $\hat{\imath} = \hat{r}$.
- Si ha la **rifrazione** quando le onde passano da un mezzo di propagazione a un altro con caratteristiche diverse, determinando un cambiamento nella direzione di propagazione
- Le **leggi della rifrazione** sono:
  1. raggio incidente, raggio rifratto e normale alla superficie di separazione dei due mezzi sono complanari;
  2. $\dfrac{\text{sen}\,\hat{\imath}}{\text{sen}\,\hat{r}} = \dfrac{v_A}{v_B} = \text{costante}$.
- La **diffrazione** è un cambiamento della forma geometrica del fronte d'onda che si verifica in presenza di una fenditura o di un ostacolo.

Interferenza

- Il **principio di sovrapposizione** afferma che se in un punto agiscono contemporaneamente due o più onde, la perturbazione totale è data dalla somma algebrica delle perturbazioni prodotte dalle singole onde.
- Si considerino due onde aventi stessa pulsazione ω, stessa ampiezza A, stessa fase.
  1. In un punto si ha **interferenza costruttiva** se in esso giungono contemporaneamente due creste o due gole.
     Un punto di interferenza costruttiva soddisfa la condizione:
     $$|x_1 - x_2| = K\lambda \qquad \text{con } K = 0, 1, 2\ldots$$
     dove x_1 e x_2 rappresentano le distanze dalle sorgenti S_1 ed S_2.
  2. In un punto si ha **interferenza distruttiva** se in esso giungono contemporaneamente una cresta e una gola.
     Un punto di interferenza distruttiva soddisfa la condizione:
     $$|x_1 - x_2| = (2K + 1)\frac{\lambda}{2} \qquad \text{con } K = 0, 1, 2\ldots$$

STRUMENTI DI CONSOLIDAMENTO E VERIFICA

Completa le frasi

1 Un'onda è la .... di una .... nella quale si ha trasporto di .... senza trasporto di ....

2 Nelle onde periodiche i fenomeni si ripetono a intervalli di tempo costanti, ognuno dei quali è detto .... L' .... è il massimo spostamento di un punto del mezzo materiale rispetto alla posizione di equilibrio.

3 La .... dell'onda è il rapporto fra la distanza percorsa in un .... e il periodo. Questa distanza si chiama ....

4 In una corda tesa, la densità μ lineare è direttamente proporzionale alla .... e inversamente proporzionale al quadrato della .... con cui si propaga in essa un'onda ....

5 Il .... d'onda è l'insieme dei punti che oscillano concordemente in .... Per le onde .... la sua direzione di propagazione è perpendicolare al .... dell'onda.

6 Il principio di Huygens afferma che ciascun punto di un .... si comporta come una sorgente .... di onde secondarie di uguale .... e .... La forma in cui evolve il fronte d'onda è data dall' .... delle onde ....

7 La prima legge della riflessione afferma che il raggio .... , il raggio .... e .... appartengono .... La seconda legge della riflessione afferma che l'angolo .... è uguale all'angolo ....

8 La prima legge della rifrazione afferma che il raggio .... , il raggio .... e la .... dei due mezzi sono .... La seconda legge della rifrazione afferma che il .... tra il seno dell'angolo di .... e il seno dell'angolo di .... è pari al rapporto tra .... con cui l'onda si propaga nei due mezzi.

9 La diffrazione è un fenomeno che consiste nel cambiamento della .... del fronte di un'onda e si verifica in presenza di .... o di .... nel mezzo di propagazione. Viene interpretato mediante il principio di .... e e dipende dalle .... della fenditura o dell'............ .

10 Consideriamo un'onda rettilinea con lunghezza d'onda λ che incontra una fenditura di lunghezza d nel mezzo di propagazione. Allora, per effetto della diffrazione:
- se $d >> \lambda$, il fronte d'onda rimane .... tranne che ai bordi dove si .... ;
- se $d = \lambda$, il fronte d'onda inizia a .... ;
- se $d << \lambda$, il fronte d'onda da rettilineo diventa ....

11 Considera un'onda rettilinea con lunghezza d'onda λ che incontra un ostacolo di larghezza d nel mezzo di propagazione. Allora, per effetto della diffrazione:
- se $d > \lambda$, si crea una zona .... reale inferiore a quella .... Questo si verifica perché ciascun punto all'estremità dell'ostacolo, secondo il principio di .... diventa una .... che consente la .... dell'onda anche nelle zone d'ombra geometrica.
- se $d = \lambda$ o $d < \lambda$, le onde .... l'ostacolo e la zona d'ombra reale risulta ....

12 L'interferenza è il fenomeno fisico che si ha quando due .... provenienti da sorgenti diverse .... L'interferenza è di tipo costruttivo se .... dell'onda risultante è .... di quella delle due onde .... Se l'ampiezza dell'onda risultante è .... di quella delle due onde .... si ha interferenza distruttiva.

Test a scelta multipla

1 **Le onde sono perturbazioni in cui viene trasportata:**

A solo materia
B solo energia
C materia ed energia
D né materia, né energia

2 **Le onde trasversali:**

A si propagano in due direzioni tra loro perpendicolari
B trasportano materia in direzione perpendicolare a quella di propagazione
C si propagano nei mezzi solidi
D si propagano solo negli aeriformi

3 **Quali fra questi fenomeni sono onde trasversali:**

A le onde del mare in vicinanza della costa
B le onde che si propagano a causa della compressione di una molla
C le onde sonore
D le onde che si propagano lungo una corda che vibra

4 **Quale tra le seguenti affermazioni riguardanti le onde longitudinali è errata?**

A Si propagano solo negli aeriformi
B Si possono avere solo nella materia
C Si propagano nei mezzi solidi
D Le particelle materiali oscillano nella stessa direzione della propagazione dell'onda

5 **Quali fra questi fenomeni sono onde longitudinali?**

A Le onde radio
B Le onde superficiali del mare
C Le onde elettromagnetiche
D Le onde generate dalla compressione di una molla

6 **Le onde necessitano di un mezzo materiale per la loro propagazione. Questa affermazione è esatta:**

A sempre
B solo per le onde trasversali
C solo per le onde longitudinali
D solo per le onde che si propagano su lunghe distanze

7 **Nella rappresentazione delle onde con "effetto *film*":**

A la lunghezza d'onda è misurata come distanza fra due punti che hanno la stessa ordinata
B il periodo è misurato come il tempo necessario a un punto per compiere un'oscillazione completa
C è immediatamente riconoscibile la forma dell'onda
D non è individuabile l'ampiezza delle oscillazioni

8 **Nella rappresentazione delle onde con "effetto *foto*":**

A la frequenza è data dal numero di massimi che passano in un tempo pari al periodo
B viene descritta l'oscillazione di un punto prefissato
C la lunghezza d'onda è uguale alla distanza dopo la quale l'onda ripete le stesse caratteristiche
D si utilizza un grafico spazio-tempo

9 **Dalla rappresentazione con "effetto *film*" si ricava la forma dell'onda. Dalla rappresentazione con "effetto *foto*" si ricava la posizione di un punto prefissato, in un dato istante.**
Le due precedenti affermazioni sono rispettivamente:

A falsa, falsa
B falsa, vera
C vera, falsa
D vera, vera

10 **Il periodo individua:**

A il tempo necessario affinché un singolo punto P compia un'oscillazione completa
B il tempo che l'onda impiega per esaurire il suo effetto oscillatorio
C il tempo necessario affinché l'onda avanzi di un metro
D il tempo necessario affinché un singolo punto P a partire dalla posizione di equilibrio raggiunga la posizione di massima ampiezza

11 **La lunghezza d'onda è la distanza:**

A percorsa dall'onda in un intervallo di tempo pari al periodo
B percorsa da un singolo punto del mezzo in un intervallo di tempo di un periodo
C tra la prima e l'ultima cresta dell'onda
D percorsa dall'onda in un secondo

12 **Quale fra le seguenti formule individua la velocità di un'onda?**

A $v = f/T$
B $v = \lambda \cdot T$
C $v = T/\lambda$
D $v = \lambda \cdot f$

13 **Un'onda si definisce armonica se:**

A la sua legge di vibrazione è un qualunque tipo di funzione sinusoidale
B la sua legge di vibrazione è un qualunque tipo di funzione periodica
C la frequenza è pari a 1 Hz
D la fase iniziale è nulla

14 **L'equazione di un'onda armonica di periodo T, pulsazione ω e fase iniziale φ può essere scritta come:**

A $y = A\cos[(\omega \cdot t - k \cdot (x + \varphi))]$

B $y = A\cos[(\omega \cdot t - k \cdot x + \varphi \cdot t)]$

C $y = A\cos\left[\left(\frac{2\pi}{T} \cdot t - k \cdot x + \varphi\right)\right]$

D $y = A\cos[(\omega \cdot T - k \cdot x)]$

15 **L'equazione di un'onda armonica di periodo $T = 2$ s e fase iniziale $\varphi = \frac{\pi}{2}$ può essere scritta come:**

A $y = A\cos\left[2t - kx + \frac{\pi}{2}\right]$

B $y = A\cos\left[\pi \cdot t - k \cdot x + \frac{\pi}{2} \cdot t\right]$

C $y = A\,\mathrm{sen}[\pi \cdot t - k \cdot x]$

D $y = A\cos\left[\left(2 \cdot \omega - \frac{\pi}{2} \cdot x\right)\right]$

16 **Un'onda trasversale che si propaga lungo una corda ha frequenza di 2 Hz, lunghezza d'onda pari a 1 m e ampiezza di 20 cm. La sua equazione può essere scritta come:**

A $y = (20\text{ cm})\cos[2\pi(2 \cdot t - x)]$

B $y = (20\text{ cm})\,\mathrm{sen}[(2x - 2t)]$

C $y = (20\text{ cm})\,\mathrm{sen}[(2\pi \cdot t - x)]$

D $y = (20\text{ cm})\,\mathrm{sen}[(\pi \cdot t - 2 \cdot x)]$

17 **Nel fenomeno della riflessione:**

A l'angolo di riflessione è uguale a quello di incidenza, qualunque sia la direzione d'incidenza

B l'ampiezza dell'onda riflessa è sempre maggiore o uguale a quella dell'onda incidente

C l'ostacolo che riflette l'onda non immagazzina sicuramente energia

D l'onda può attraversare l'ostacolo

18 **Un'onda viene riflessa da un ostacolo e l'angolo tra la direzione del raggio incidente e l'ostacolo vale 30°. L'angolo di riflessione vale quindi:**

A 30°

B 60°

C un valore compreso tra 0° e 30°

D un valore che dipende dal mezzo nel quale avviene la propagazione

19 **Nel fenomeno della rifrazione:**

A si ha rifrazione ogni qualvolta un'onda incontra un ostacolo

B il rapporto fra le velocità nei due mezzi dipende dalla velocità nel primo mezzo

C la frequenza dell'onda aumenta all'aumentare della velocità

D la velocità dell'onda può aumentare o diminuire, cambiando mezzo

20 **Se le onde in una vaschetta passano da una zona di acqua più profonda a una zona meno profonda, si ha che:**

A l'angolo di rifrazione è uguale a quello di incidenza

B il raggio rifratto si avvicina alla normale

C il raggio rifratto si allontana dalla normale

D non si ha alcun fenomeno perché il mezzo di propagazione delle onde è sempre lo stesso

21 **Nel fenomeno della rifrazione:**

A le lunghezze d'onda dell'onda incidente e di quella rifratta sono uguali

B la lunghezza d'onda e la frequenza dell'onda rifratta sono diverse da quelle dell'onda incidente

C le frequenze dell'onda incidente e di quella rifratta sono uguali

D non cambia la velocità di propagazione

22 **In un esperimento di laboratorio volto a verificare il fenomeno della rifrazione delle onde si evidenzia che la velocità dell'onda rifratta è il doppio di quella dell'onda incidente. Si può quindi dedurre che:**

A la lunghezza d'onda dell'onda incidente è il doppio di quella rifratta

B la lunghezza d'onda dell'onda rifratta è il doppio di quella incidente

C la frequenza dell'onda rifratta e di quella incidente sono diverse

D l'angolo di incidenza è maggiore dell'angolo di rifrazione

23 **Se un'onda attraversa due mezzi diversi:**

A la frequenza diminuisce se la velocità dell'onda rifratta è maggiore di quella dell'onda riflessa

B può essere in parte riflessa e in parte rifratta

C la lunghezza d'onda rimane costante

D l'angolo di rifrazione dipende dalla velocità dell'onda nel primo mezzo

24 **Il fenomeno della diffrazione:**

A può trasformare un fronte d'onda rettilineo in circolare

B si verifica solo per onde sulla superficie dell'acqua

C si verifica solo quando la dimensione di un ostacolo è più grande della lunghezza d'onda

D non provoca mai un'alterazione del fronte d'onda

25 **Quando un'onda rettilinea con lunghezza d'onda pari a 1 nm incontra sul proprio tragitto un ostacolo di dimensioni pari a 1 m:**

A diventa circolare

B crea una zona d'ombra

C viene totalmente riflessa

D viene totalmente rifratta

26 **Sono date due sorgenti di onde circolari con lunghezza d'onda pari a 2 cm. Un punto *P* dista 2 cm dalla prima sorgente e 5 cm dalla seconda sorgente.**
Nel punto *P* si ha:

A interferenza costruttiva

B interferenza distruttiva

C interferenza costruttiva o distruttiva a seconda della velocità di propagazione

D interferenza costruttiva o distruttiva a seconda del mezzo di propagazione

27 **Sono date due sorgenti di onde circolari con lunghezza d'onda pari a 3 cm. Un punto *P* dista 1 cm dalla prima sorgente e 7 cm dalla seconda sorgente. Nel punto *P* si ha:**

A interferenza costruttiva

B interferenza distruttiva

C interferenza costruttiva o distruttiva a seconda della velocità di propagazione

D interferenza costruttiva o distruttiva a seconda del mezzo di propagazione

28 **Due onde circolari sono emesse da due sorgenti S_1 ed S_2. Ciascuna onda ha una velocità di 3 m/s e una frequenza pari a 3 Hz. In un punto *P* posto a 1 cm di distanza da S_1 e 2 cm di distanza da S_2 si ha:**

A interferenza costruttiva

B interferenza distruttiva

C interferenza

D interferenza costruttiva o distruttiva a seconda del mezzo di propagazione

Esercizi

13.3 Le caratteristiche fondamentali delle onde armoniche

1 Viene impresso a una molla un impulso ondulatorio con un periodo di 0,2 s.

a) Determina la frequenza.

b) Sapendo che l'onda ha un'ampiezza di 1 cm, rappresentala in un grafico tempo (asse *X*) - spostamento del punto (asse *Y*).

c) Con le informazioni in tuo possesso potresti rappresentare l'onda in un grafico spazio (asse *X*) - spostamento della molla (asse *Y*)?

[*a*) 5 Hz]

2 Un'onda ha una frequenza di 100 Hz.

a) Determina il periodo.

b) Sapendo che l'onda ha un'ampiezza di 0,5 cm, rappresentala in un grafico tempo (asse *X*) - spostamento del punto (asse *Y*).

c) Con le informazioni in tuo possesso, potresti rappresentare l'onda in un grafico spazio (asse *X*) - spostamento dell'onda (asse *Y*)?

[*a*) 0,01 s]

3 Un'onda ha frequenza 100 MHz. Determina il periodo. Se il periodo raddoppia, qual è la nuova frequenza?

[10 ns; 50 MHz]

4 Un'onda ha un periodo di 0,05 s. Determina la frequenza. Se la frequenza diventa la metà, qual è il nuovo periodo?

[20 Hz; 0,1 s]

13.4 Velocità di propagazione delle onde

5 Un'onda che si propaga con una velocità di 30 cm/s ha una lunghezza d'onda di 15 mm.

a) Determina il periodo.

b) Sapendo che l'onda ha un'ampiezza di 2 cm, rappresentala in un grafico tempo (asse *X*) - spostamento del punto (asse *Y*).

c) Rappresenta l'onda in un grafico spazio (asse *X*) - spostamento dell'onda (asse *Y*).

[*a*) 0,05 s]

6 Dai seguenti grafici, riguardanti una stessa onda, ricava il periodo, la frequenza, l'ampiezza, la lunghezza d'onda e la velocità.

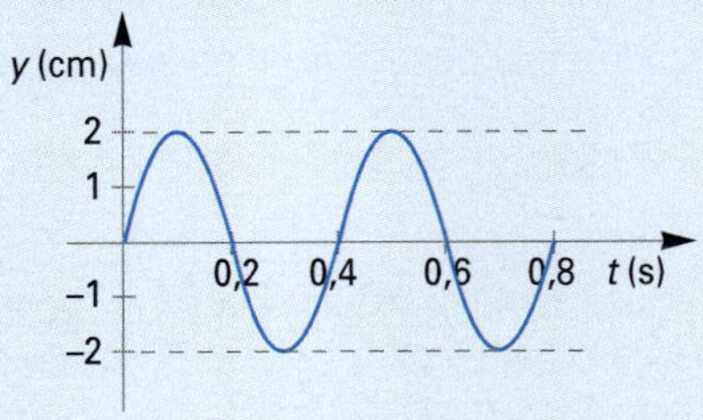

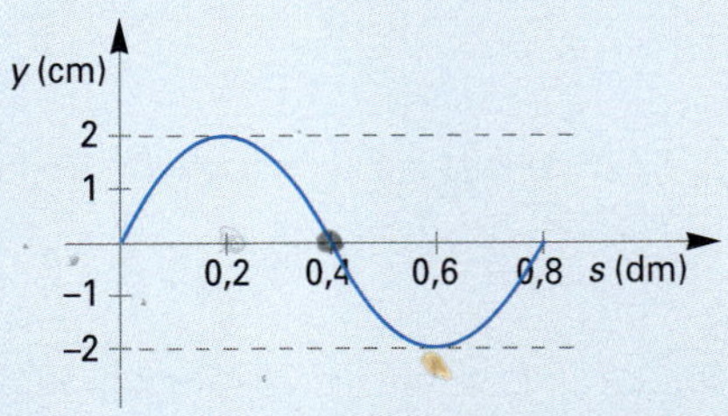

[0,4 s; 2,5 Hz; 2 cm; 0,8 dm; 20 cm/s]

7 È dato il seguente grafico.

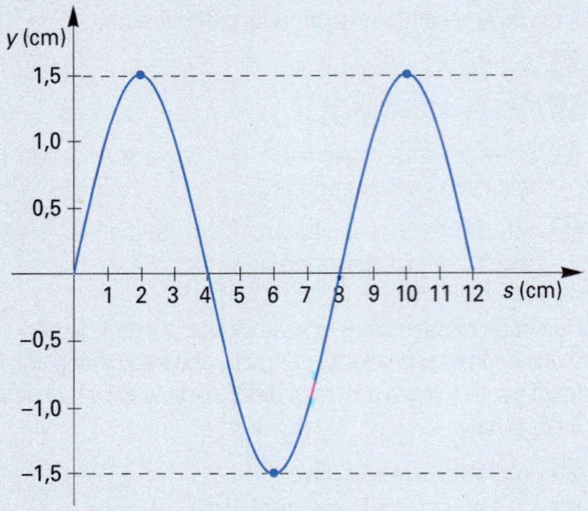

Sapendo che l'onda si propaga alla velocità di 32 cm/s, determina ampiezza, lunghezza d'onda, periodo, frequenza.

[1,5 cm; 8 cm; 0,25 s; 4 Hz]

8 Verifica, con il calcolo dimensionale, la correttezza della relazione $v = \sqrt{\frac{F}{\mu}}$.

9 Verifica che, se v è espressa in m/s ed F in newton, l'unità di misura corretta per la densità lineare μ nell'espressione $v = \sqrt{\frac{F}{\mu}}$ è kg/m.

10 Un'onda con frequenza 20 Hz si propaga alla velocità di 20 m/s. Calcola il periodo e la lunghezza d'onda.

[T = 50 ms; λ = 1 m]

11 Il sistema di telefonia mobile GSM utilizza le frequenze tra 890 MHz e 960 MHz. Calcola il corrispondente intervallo di lunghezze d'onda e il periodo supponendo che le onde si propaghino alla velocità di $3 \cdot 10^8$ m/s.

[λ = [31,3 cm ÷ 33,7 cm]; T = [1,04 ns ÷ 1,12 ns]]

12 La luce visibile ha una frequenza compresa tra 428 THz e 749 THz. Calcola il corrispondente intervallo di lunghezze d'onda e il periodo supponendo che le onde si propaghino alla velocità di $3 \cdot 10^8$ m/s.

[λ = [400 nm ÷ 700 nm]; T = [$1,34 \cdot 10^{-15}$ s ÷ $2,34 \cdot 10^{-15}$ s]]

13 Per le comunicazioni in miniera possono venire utilizzate onde radio ULF con lunghezza d'onda di 200 km. Supponendo che si propaghino alla velocità di $3 \cdot 10^8$ m/s, determina la frequenza.

[f = 1,5 kHz]

14 Un'onda ha un periodo di 2 µs e lunghezza d'onda di 3 cm. Qual è la sua velocità?

[v = 15 000 m/s]

15 Un diapason emette un '*La*' alla frequenza di 440 Hz che si propaga in aria alla velocità di 343 m/s. Calcola la lunghezza d'onda. Dopo quanto tempo dall'emissione la nota viene percepita da un ascoltatore posto a 100 m di distanza dal diapason?

Suggerimento Usa le espressioni del moto rettilineo uniforme.

[λ = 78 cm; t = 292 ms]

16 Un ragazzo, guardando le onde del mare, rileva che tra due creste vi è una distanza di 4 m e che tra la prima cresta e la sesta trascorrono 12 secondi. Determina la frequenza e la velocità delle onde.

[0,42 Hz; 1,7 m/s]

17 Se un'onda si propaga con la velocità di 1,25 m/s e si ha una gola ogni 0,4 s, quanto vale la sua lunghezza d'onda?

[0,5 m]

18 Esaminata la figura e sapendo che la velocità di propagazione delle onde è 86,4 km/h, determinane la frequenza.

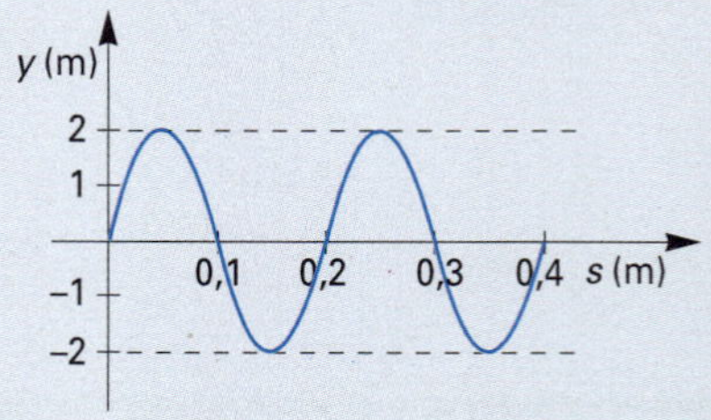

Suggerimento Dopo aver trasformato la velocità in m/s e determinato tramite il grafico il valore della lunghezza d'onda, puoi calcolare...

[120 Hz]

19 Trova la frequenza delle onde rappresentate nel seguente grafico, sapendo che la velocità di propagazione è 194,4 km/h.

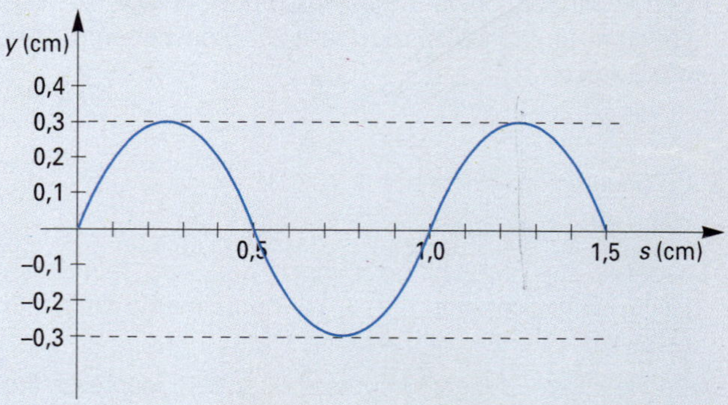

[$5,4 \cdot 10^3$ Hz]

20 Calcola la lunghezza d'onda, la frequenza e il periodo di una perturbazione la cui sorgente compie 100 oscillazioni al minuto, e sapendo che una cresta percorre 10 metri in 4 secondi.

[λ = 1,5 m; f = 1,7 Hz; T = 0,6 s]

21 Calcola la velocità con cui si propaga un'onda su una corda, che ha densità lineare $\mu = 3 \cdot 10^{-3}$ kg/m ed è sottoposta a una tensione $F = 6 \cdot 10^{-5}$ N.

[0,14 m/s]

22 Calcola la tensione a cui è sottoposta una corda di uno strumento musicale, lunga 80 cm e con una massa di 2,0 g, in cui un'onda trasversale si propaga alla velocità di 180 m/s.

[81 N]

23 Qual è la densità lineare di una corda tesa sottoposta a una tensione di 2 N sulla quale si propaga un'onda trasversale alla velocità di 20 m/s?

[5 g/m]

Esercizio svolto

24 Una corda tesa lunga l = 1,8 m è composta da due parti, di cui la prima (dalla parte della mano) ha lunghezza l_1 e densità lineare μ_1 doppie rispetto alla lunghezza l_2 e alla densità lineare μ_2 della seconda (dalla parte del muro). Un'oscillazione prodotta a un'estremità impiega 0,85 s per attraversarla tutta. Calcola le velocità dell'onda nei due tratti della corda.

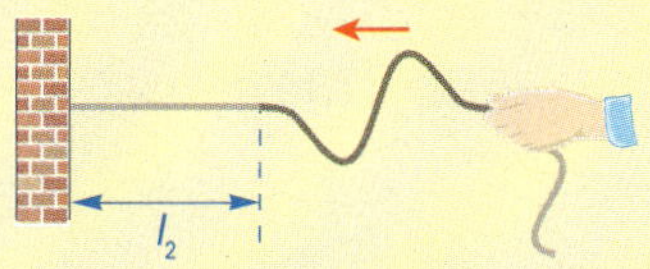

[1,9 m/s; 2,7 m/s]

Calcoliamo innanzitutto le lunghezze dei due tratti di corda. Poiché $l_1 + l_2 = l$ ed $l_1 = 2l_2$ si ha:

$$2l_2 + l_2 = l$$

da cui:

$$3l_2 = l \qquad l_2 = \frac{1}{3} l = 0{,}6\,\text{m} \qquad l_1 = 2l_2 = 1{,}2\,\text{m}$$

La relazione tra le velocità nei due tratti sarà:

$$v_1 = \sqrt{\frac{F}{\mu_1}} = \sqrt{\frac{F}{2\mu_2}} \qquad v_2 = \sqrt{\frac{F}{\mu_2}}$$

per cui:

$$\frac{v_1^2}{v_2^2} = \frac{\dfrac{F}{2\mu_2}}{\dfrac{F}{\mu_2}} = \frac{1}{2}$$

da cui:

$$v_1^2 = \frac{v_2^2}{2} \qquad v_2 = 1{,}41 \cdot v_1$$

Dal tempo totale Δt impiegato si ha:

$$\Delta t = \Delta t_1 + \Delta t_2 = 0{,}85\text{ s}$$

e dalla definizione di velocità:

$$v = \frac{l}{\Delta t} \quad \Rightarrow \quad \Delta t = \frac{l}{v}$$

per cui sostituendo si ha:

$$\frac{l}{v} = \frac{l_1}{v_1} + \frac{l_2}{v_2} = 0{,}85\text{ s}$$

$$\frac{1{,}2\,\text{m}}{v_1} + \frac{0{,}6\,\text{m}}{v_2} = \frac{1{,}2\,\text{m}}{v_1} + \frac{0{,}6\,\text{m}}{1{,}41 \cdot v_1} = 0{,}85\text{ s}$$

si ottiene:

$$v_1 = 1{,}9\,\text{m/s} \qquad v_2 = 1{,}41 \cdot 1{,}9\,\text{m/s} = 2{,}7\,\text{m/s}$$

25 Una corda tesa lunga 21 m è composta da due parti, di cui la prima ha lunghezza doppia e densità lineare tripla dell'altra. Un'oscillazione prodotta a un'estremità impiega 2 s per attraversarla tutta.
Calcola le velocità dell'onda nei due tratti della corda.

[v_1 = 9,0 m/s; v_2 = 15,6 m/s]

26 Calcola il diametro di una corda di chitarra sottoposta a una tensione di 100 N, in cui un'onda trasversale si propaga con una velocità di 80 m/s, sapendo che il materiale di cui è costituita ha una densità di 3300 kg/m^3.

[2,5 mm]

27 Le onde su una corda elastica tesa viaggiano alla velocità di 20 m/s. Di quale fattore dovrebbe essere cambiata la tensione per ottenere onde con velocità tripla?

[9]

28 In un ondoscopio una piccola punta, vibrando, genera onde sulla superficie dell'acqua in modo che la distanza fra la zona chiara e quella scura sia di 2,4 cm; le onde si propagano a una velocità di 0,4 m/s.
Calcola la frequenza con cui oscilla la punta.

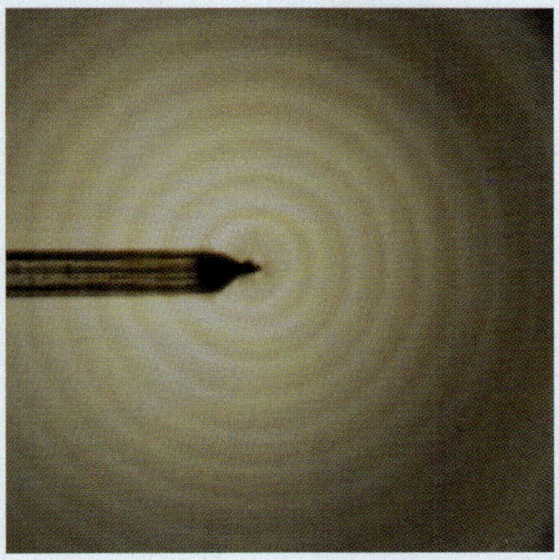

[8,3 Hz]

29 Una formula approssimata per la velocità di un'onda che si propaga sulla superficie dell'acqua, in presenza di piccola profondità, è $v = \sqrt{gh}$ dove h è la profondità e g l'accelerazione di gravità. Calcola la profondità dell'acqua se l'onda si propaga con una velocità di 1,3 m/s.

[17 cm]

30 Calcola la massa di una fune, lunga 14 metri e sottoposta a una tensione di 40 N, sapendo che un'onda trasversale impiega 1,6 s per attraversarla.

[7,3 kg]

31 Una corda avente una massa di 4 kg è mantenuta tesa con una tensione alle estremità di 80 N. Una perturbazione generata a un capo la attraversa in 2 s. Calcola la lunghezza della corda e la velocità di propagazione della perturbazione.

[80 m; 40 m/s]

32 ***ENGLISH*** A 10 m wire with a mass of 1 kg is attached to a boat. It takes 500 ms for the wave to go from one end of the wire to the other. What is the tension of the wire and its linear mass? [$T = 40$ N; $\mu = 0.1$ kg/m]

33 ***ENGLISH*** A steel wire 7 m long has a mass of 100 g. It is under a tension of 900 N. What is the speed of a transverse wave pulse on this wire? [$v = 251$ m/s]

34 ***ENGLISH*** A wave pulse propagates along a wire in the positive x direction at 20 m/s. What will the pulse velocity be if we (*a*) double the length of the wire but keep the tension and mass per unit length constant? (*b*) double the tension while holding the length and mass per unit length constant? (*c*) double the mass per unit length while holding the other variables constant? [*a*) 28.3 m/s; *b*) 28.3 m/s; *c*) 14.1 m/s]

13.5 Equazioni delle onde armoniche

35 L'equazione:

$$y = (8{,}0 \text{ cm}) \cos(25 \cdot t - 8{,}0 \cdot x)$$

descrive la propagazione di un'onda su una fune.

a) Calcola ampiezza, periodo, lunghezza d'onda, frequenza, pulsazione, velocità dell'onda.

b) Sapendo che la tensione ai capi della fune è di 5,0 N e che la fune è lunga 2,0 m, calcola la massa della corda.

[*a*) $A = 8{,}0$ cm; $T = 0{,}25$ s; $\lambda = 0{,}79$ m; $f = 4{,}0$ Hz; $\omega = 25$ rad/s; $v = 3{,}2$ m/s; *b*) $m = 0{,}98$ kg]

36 L'equazione $y = (4{,}0 \text{ cm}) \cos(12 \cdot t - 4{,}0 \cdot x)$ descrive la propagazione di un'onda su una fune.

a) Calcola ampiezza, periodo, lunghezza d'onda, frequenza, pulsazione, velocità dell'onda.

b) Sapendo che la tensione ai capi della fune è di 20 N e che la fune è lunga 1,0 m, calcola la massa della corda.

[*a*) $A = 4{,}0$ cm; $T = 0{,}52$ s; $\lambda = 1{,}6$ m; $f = 1{,}9$ Hz; $\omega = 12$ rad/s; $v = 3{,}1$ m/s; *b*) $m = 2{,}1$ kg]

Esercizio svolto

37 Un'onda armonica si propaga nella direzione positiva del sistema di riferimento con un'ampiezza di 3,0 cm e una lunghezza d'onda di 40 cm. All'istante e nella posizione iniziale lo spostamento del mezzo materiale dalla posizione di equilibrio è pari alla metà dell'ampiezza massima, e la frequenza delle oscillazioni è pari a 0,5 Hz. Scrivi l'equazione d'onda associata.

$$\left[y = (3{,}0 \cdot 10^{-2} \text{ m})\cos\left[(3{,}14 \cdot t - 15{,}7 \cdot x) + \frac{\pi}{3}\right]\right]$$

Abbiamo i seguenti dati:

$$A = 3{,}0 \cdot 10^{-2} \text{ m} \quad \lambda = 0{,}4 \text{ m} \quad f = 0{,}5 \text{ Hz}$$

quindi:

$$T = \frac{1}{f} = \frac{1}{0{,}5 \text{ Hz}} = 2 \text{s}$$

Di conseguenza, l'equazione d'onda che cerchiamo ha la forma:

$$y = A\cos\left[2\pi\left(\frac{t}{T} - \frac{x}{\lambda}\right) + \varphi\right] = (3{,}0 \cdot 10^{-2} \text{m})\cos\left[2\pi\left(\frac{t}{2} - \frac{x}{0{,}4}\right) + \varphi\right] =$$

$$= (3{,}0 \cdot 10^{-2} \text{ m})\cos[(3{,}14 \cdot t - 15{,}7 \cdot x) + \varphi]$$

Possiamo ricavare la costante di fase φ sapendo che all'istante $t = 0$ in $x = 0$, si ha:

$$y = 3{,}0/2 \text{ cm} = 1{,}5 \text{ cm}$$

Dunque:

$$1{,}5 \text{ cm} = 3{,}0 \text{ cm} \cdot \cos\varphi$$

da cui:

$$\cos\varphi = 0{,}5 \quad \Rightarrow \quad \varphi = \frac{\pi}{3} \text{ radianti}$$

L'equazione d'onda completa è quindi:

$$y = (3{,}0 \cdot 10^{-2} \text{ m})\cos\left[(3{,}14 \cdot t - 15{,}7 \cdot x) + \frac{\pi}{3}\right]$$

38 Un corpo, inizialmente in equilibrio in un riferimento xOy, viene spostato verticalmente lungo l'asse y per effetto di un'onda progressiva avente velocità 2,4 m/s. Lo spostamento verticale è descritto dall'equazione oraria:

$$y(t) = (0{,}2 \text{ m}) \cos(3t)$$

Individua la posizione iniziale del corpo e scrivi l'equazione dell'onda.

$$\left[0{,}2 \text{m}; \;\; y(x,t) = (0{,}2 \text{m})\cos\left[3\left(t - \frac{x}{2{,}4}\right)\right]\right]$$

39 Scrivi l'equazione di un'onda armonica progressiva con periodo di 2 s e ampiezza 3 m che viaggia alla velocità di 30 m/s. Considera nulla la fase iniziale. Determina inoltre l'energia complessiva immagazzinata.

$$\left[y(x,t) = (3 \text{m})\cos\left[\pi \cdot t - \frac{\pi \cdot x}{30}\right]; E = 0{,}47 \text{ J}\right]$$

40 Determina la lunghezza d'onda e la velocità di un'onda con ampiezza 20 cm a una frequenza di 20 kHz che trasporta 10 J di energia. [$\lambda = 12{,}6$ mm; $v = 251{,}3$ m/s]

41 Un'onda sull'acqua ha la forma di un'onda armonica con ampiezza 20 cm. L'onda si propaga alla velocità di 5,0 km/h e con un periodo di 2,0 s. Dopo aver scritto l'equazione d'onda, determina l'altezza dell'onda in un punto posto a 20 cm a destra di una cresta dell'onda.

> **Suggerimento** Una cresta si ha ponendo $x = 0$, $t = 0$. Quindi è sufficiente calcolare y(20 cm, 0 s). Ricorda di impostare la calcolatrice in modalità radianti (rad).

[$y(x, t) = (20 \text{ cm}) \cos[\pi \cdot t - 2{,}2x]$; 18 cm]

42 Determina l'unità di misura del rapporto ω/k (dove con ω è indicata la pulsazione e con k il numero d'onda di un'onda armonica). [m/s]

43 ***ENGLISH*** The wave function for a harmonic wave on a string is:

$$y(x, t) = (0.001 \text{ m}) \cos(314t + 62.8\,x)$$

a) In what direction does this wave travel, and what is its speed?
b) Find the wavelength, frequency and period of this wave.

[*a*) The wave travels to the left (regressive wave); $v = 5.0$ m/s; *b*) $\lambda = 0.1$ m; $f = 50$ Hz; $T = 0.02$ s]

44 ***ENGLISH*** A harmonic wave with a frequency of 78 Hz and an amplitude of 0.025 m travels along a string to the right with a speed of 12 m/s. Write a suitable wave function for this wave.

[$0.025 \cos(490t - 41.9x)$]

13.6 Fase e opposizione di fase

45 Quali tra i seguenti grafici rappresentano onde in fase tra loro?

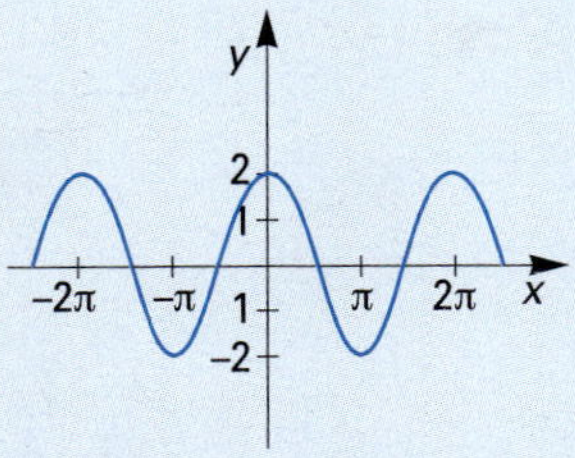

a) $y = 2\cos x$

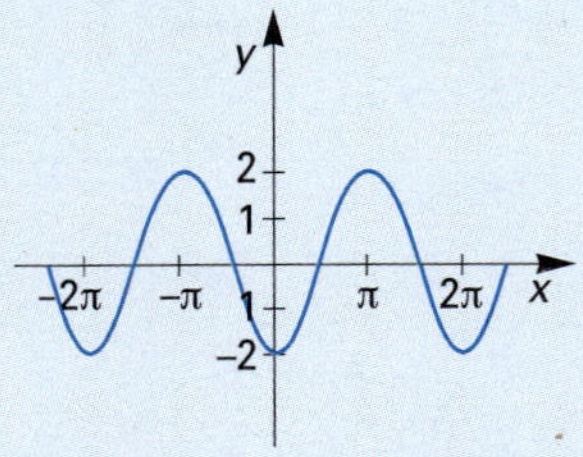

b) $y = 2\cos(x + \pi)$

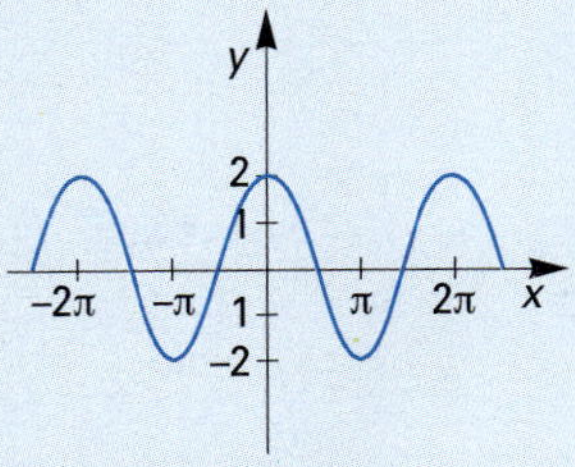

c) $y = 2\cos(x + 2\pi)$

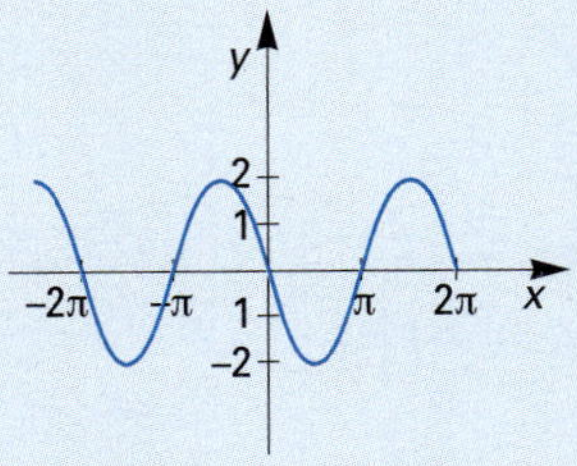

d) $y = 2\cos(x + \pi/2)$

[*a*), *c*)]

46 Disegna il grafico risultante dalla sovrapposizione delle onde *a*) e *c*) dell'esercizio precedente nell'intervallo $[-2\pi, 2\pi]$.

47 Quali tra i grafici dell'esercizio 45 rappresentano onde che sono in opposizione di fase?

[*a*), *b*)]

48 Disegna il grafico risultante dalla sovrapposizione delle onde *a*) e *b*) dell'esercizio 45 nell'intervallo $[-2\pi, 2\pi]$.

13.7 Onde bidimensionali

49 Nel disegno sono rappresentati i fronti d'onda circolari generati da due sorgenti S_1 ed S_2 che vibrano con frequenza f = 2,0 Hz. Utilizzando i grafici, in cui le lunghezze sono espresse in cm, calcola le velocità nei due casi.

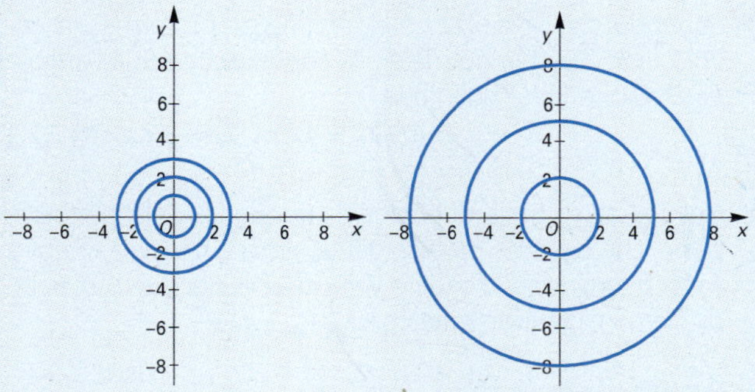

[0,02 m/s; 0,03 m/s]

13.9 Riflessione

50 In una vasca quadrata di lato 5 m sono state generate delle onde. Il raggio incidente nel punto *P* forma un angolo di 45° con la parete *AB* a 1 m di distanza dal vertice *A*.

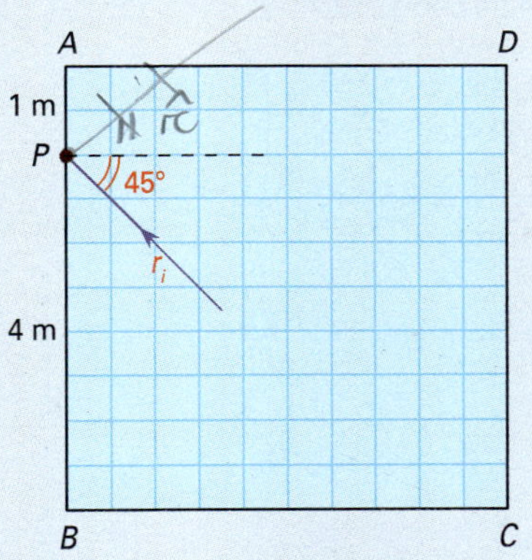

a) Disegna il raggio riflesso. Su quale parete incide?
b) Dopo quante riflessioni il raggio torna a incidere sulla parete *AB*? Disegna la successione dei raggi riflessi.

13.10 Rifrazione

51 In un ondoscopio contenente due zone *A* e *B* a diversa profondità, vengono generate onde rettilinee aventi una velocità $v_A = 1{,}6 \cdot 10^{-2}$ m/s. Sapendo che, passando nella zona *B* la lunghezza d'onda si dimezza, calcola la velocità con cui si propagano nella zona *B*.

[$8 \cdot 10^{-3}$ m/s]

52 In un ondoscopio contenente due zone *A* e *B* a diversa profondità vengono generate onde rettilinee aventi velocità v_A. Sapendo che passando dalla zona *A* alla zona *B* la lunghezza d'onda diventa $\lambda_A/3$ e la nuova velocità v_B è di 3 m/s, calcola v_A.

[9 m/s]

Esercizio svolto

53 In un ondoscopio, le onde rettilinee di superficie generate nel mezzo *A* con una frequenza $f = 30$ Hz e che avanzano con la velocità $v_A = 1{,}2$ m/s, entrano in una zona *B* in cui la velocità diviene $v_B = 0{,}9$ m/s.

a) Calcola la lunghezza d'onda nella zona *A* e della zona *B*.

b) Sapendo che la direzione di propagazione forma un angolo di 45° con la normale alla superficie, calcola l'angolo di rifrazione fra le due zone.

[*a*) $\lambda_A = 4$ cm, $\lambda_B = 3$ cm; *b*) 32°]

a) Nel passaggio tra le due zone, la frequenza della perturbazione, che dipende dalla sorgente, rimane invariata, mentre variano lunghezza d'onda e velocità che, nei due mezzi, indichiamo rispettivamente con λ_A, v_A, λ_B, v_B.

Possiamo calcolare:

$$\lambda_A = \frac{v_A}{f} = \frac{1{,}2\,\text{m/s}}{30\,\text{Hz}} = 0{,}04\,\text{m}$$

Poiché per la legge della rifrazione $\frac{v_A}{v_B} = \frac{\lambda_A}{\lambda_B}$, si ha:

$$\lambda_B = \frac{\lambda_A \cdot v_B}{v_A} = \frac{0{,}04\,\text{m} \cdot 0{,}9\,\text{m/s}}{1{,}2\,\text{m/s}} = 0{,}03\,\text{m}$$

b) La legge di rifrazione è:

$$\frac{\text{sen}\,\hat{\imath}}{\text{sen}\,\hat{r}} = \frac{v_A}{v_B}$$

Essendo l'angolo di incidenza $\hat{\imath} = 45°$, per cui $\text{sen}\,\hat{\imath} = 0{,}707$, calcoliamo:

$$\text{sen}\,\hat{r} = \frac{v_B}{v_A}\text{sen}\,\hat{\imath} = \frac{0{,}9\,\text{m/s}}{1{,}2\,\text{m/s}}0{,}707 = 0{,}53$$

e quindi $\hat{r} = \text{sen}^{-1}(0{,}53) = 32°$.

54 In un ondoscopio, le onde rettilinee di superficie generate nel mezzo *A* con una frequenza $f = 100$ Hz e che avanzano con la velocità $v_A = 2{,}0$ m/s, entrano in una zona *B* in cui la velocità si riduce dell'80% (cioè la nuova velocità è un quinto di quella iniziale).
Calcola la lunghezza d'onda nel mezzo *A* e nel mezzo *B*. Sapendo che la direzione di propagazione forma un angolo di 30° con la normale alla superficie, calcola l'angolo di rifrazione fra le due zone.

[$\lambda_A = 2{,}0$ cm; $\lambda_B = 4$ mm; 5,7°]

55 In un ondoscopio, le onde rettilinee di superficie generate nel mezzo *A* con un periodo di 2 ms e che avanzano con la velocità $v_A = 4$ m/s, entrano in una zona *B* in cui la velocità raddoppia.
Calcola la lunghezza d'onda nel mezzo *A* e nel mezzo *B*. Sapendo che la direzione di propagazione forma un angolo di 15° con la normale alla superficie, calcola l'angolo di rifrazione fra le due zone.

[$\lambda_A = 8$ mm; $\lambda_B = 16$ mm; 31,2°]

13.12 Interferenza

56 Determina l'onda risultante dalla sovrapposizione delle seguenti onde:

a)

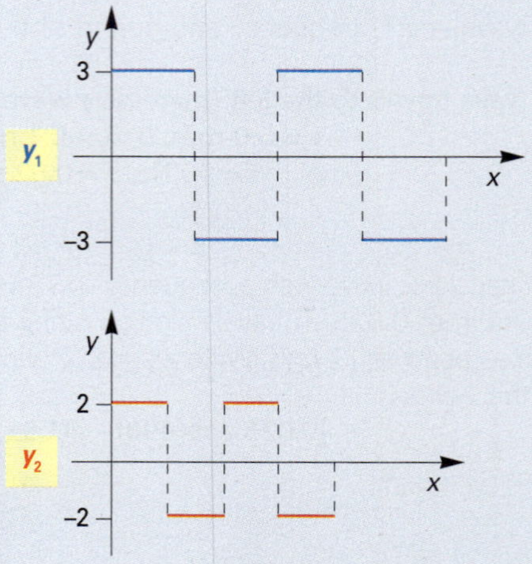

b)

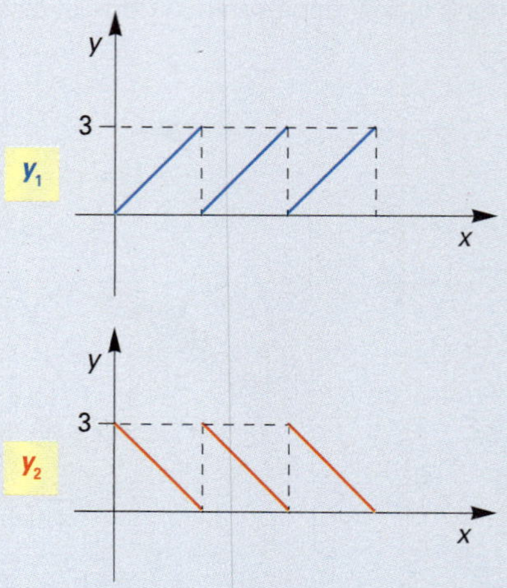

57 Determina l'onda risultante dalla sovrapposizione delle seguenti onde:

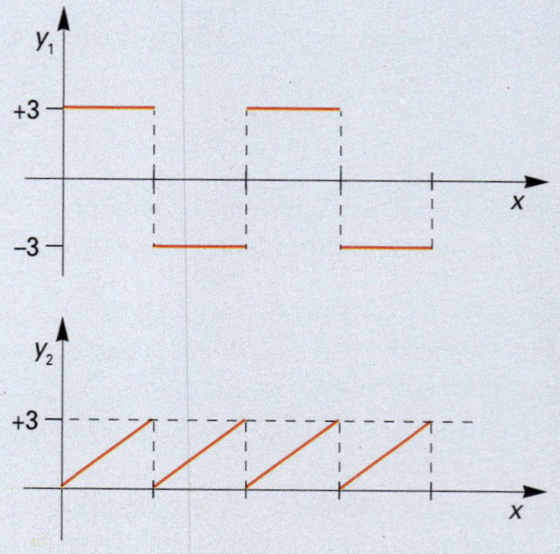

58 Disegna, utilizzando il principio di sovrapposizione, l'onda risultante in P, in cui giungono contemporaneamente le creste delle due onde.

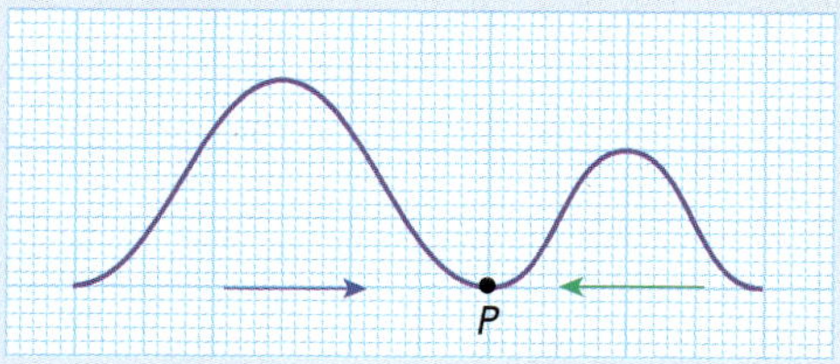

59 In figura sono dati i due grafici relativi alle oscillazioni di un punto P a causa delle onde generate da due sorgenti S_1 ed S_2.
Determina graficamente il risultato dell'interferenza.

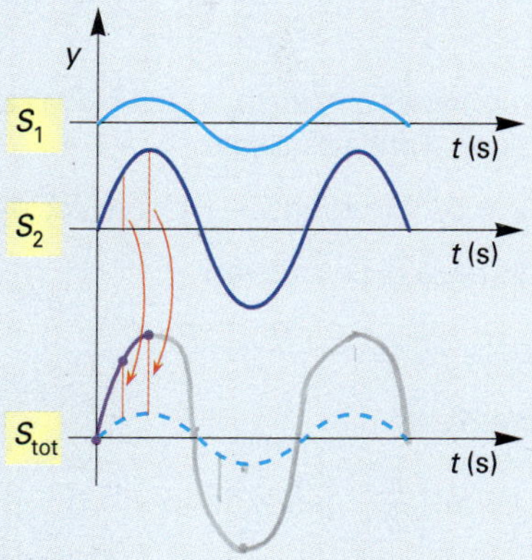

60 Osserva la figura relativa a due sorgenti che vibrano con la stessa lunghezza d'onda e la stessa frequenza.

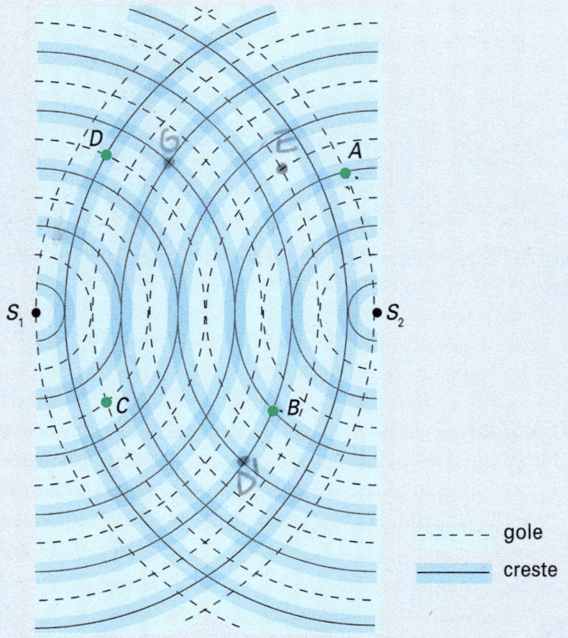

a) In relazione ai punti A, B, C, D, stabilisci se si tratta di punti di interferenza costruttiva o distruttiva.

b) Individua nel grafico altri tre punti di interferenza costruttiva e altri tre di interferenza distruttiva.

61 Due sorgenti distanti l'una dall'altra 4 cm originano delle onde circolari la cui lunghezza d'onda vale 1 cm. Nell'ipotesi che le due sorgenti vibrino simultaneamente producendo onde uguali, disegna sul quaderno, dopo aver tracciato i fronti d'onda, i punti di interferenza costruttiva e quelli di interferenza distruttiva.

Suggerimento **È preferibile colorare i punti delle creste e delle gole con colori differenti...**

62 ***ENGLISH*** Two rectangular wave pulses are traveling at 2 μ/s in opposite directions along a string. At $t = 0$ s, the two pulses are as shown in Figure. Sketch the wave functions for $t = 1$, 2, and 3 s.

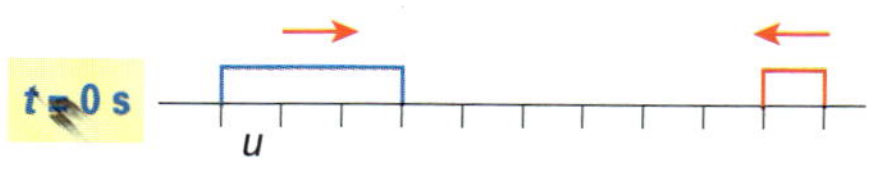

63 ***ENGLISH*** Two rectangular wave pulses are traveling 2 μ/s in opposite directions along a string. At $t = 0$, the two pulses are as shown in Figure. Sketch the wave functions for $t = 1$, 2, and 3 s.

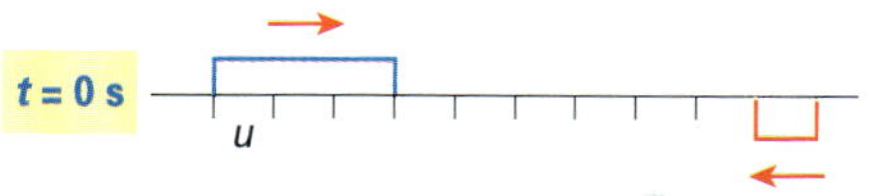

64 Da due alberi che si affacciano con i loro rami su un lago cadono simultaneamente, a una distanza di 40 cm l'uno dall'altro, due piccoli frutti che generano onde sulla superficie. La lunghezza d'onda prodotta misura 20 cm. Calcola a quale distanza dai punti di caduta dei frutti, lungo AB, si generano interferenza costruttiva e distruttiva.

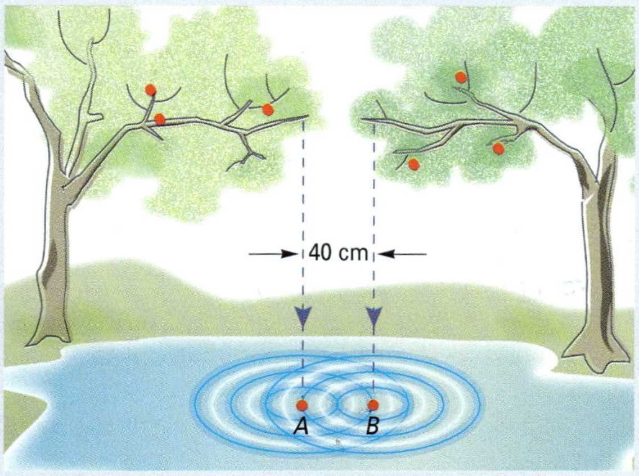

[interferenza costruttiva si ha in punti che distano da A (o da B) 10 cm, 20 cm, 30 cm; interferenza distruttiva si ha in punti che distano da A (o da B) 5 cm, 15 cm, 25 cm, 35 cm]

65 Due sorgenti identiche S_1 ed S_2 sono poste sulla superficie di un ondoscopio e distano tra loro 4 cm. Le sorgenti emettono onde circolari con $\lambda = 2$ cm. Sia P il punto della retta passante per S_1 e perpendicolare al segmento S_1S_2 in cui si trova un massimo di interferenza costruttiva per $k = 1$. Calcola la distanza tra P ed S_1.

[$d = 3$ cm]

Problemi

1 Scrivi l'equazione dell'onda armonica progressiva avente le seguenti caratteristiche: ampiezza 20 cm, velocità 3,0 m/s, periodo 0,20 s, sapendo inoltre che al tempo $t = 0$ la posizione del punto materiale in cui l'onda viene generata vale −10 cm rispetto al centro delle oscillazioni.

$$\left[y = (20\,\text{cm})\cos\left[2\pi\left(\frac{t}{0{,}2} - \frac{x}{0{,}6}\right) + \frac{\pi}{3}\right]\right]$$

2 Una corda, fissata a un estremo, è mantenuta in tensione con un piccolo blocco, come illustrato in figura; su di essa viene prodotta un'onda trasversale, mediante vibrazioni a una frequenza di 50 Hz. Successivamente il blocco viene completamente immerso in acqua e, per ottenere la precedente lunghezza d'onda, occorre utilizzare una frequenza di 46 Hz. Calcola la densità del blocco.

Suggerimento La tensione è data dal peso del blocco; inoltre, essendo la lunghezza d'onda uguale nei due casi, possiamo calcolare il rapporto tra le frequenze, che dipende solo dalle densità del blocco e dell'acqua...

[$6{,}5 \cdot 10^3$ kg/m³]

3 Due sorgenti d'onda a distanza di 20 m, generano onde che viaggiano una verso l'altra con velocità di 10 m/s. Entrambe le onde hanno ampiezza massima di 5 cm. Un'onda ha frequenza di 5 Hz mentre l'altra ha frequenza di 8 Hz. Determina l'ampiezza dell'onda risultante nel punto medio del segmento congiungente le due sorgenti dopo 1,1 s dall'emissione delle onde.

Suggerimento Scrivi entrambe le equazioni delle onde e sostituisci i valori di x e t dati dal testo per trovare l'ampiezza delle singole onde.

[$A = -3{,}45$ cm]

4 Un'onda trasversale che si propaga su una corda è descritta dall'equazione:

$$y = 0{,}4 \cdot \cos[2\pi(10 \cdot t - x)]$$

con il tempo espresso in secondi e le lunghezze in metri.

a) Stabilisci se l'onda è progressiva o regressiva e calcolane ampiezza, lunghezza d'onda, periodo, frequenza, velocità.

b) Qual è l'elongazione corrispondente alla posizione $x = 80$ cm all'istante $t = 0{,}2$ s?

c) Disegna il grafico della forma dell'onda in corrispondenza dell'istante $t_1 = 0$ s tra le posizioni $x_1 = 0$ m e $x_1 = 1$ m.

[*a*) Progressiva, $A = 40$ cm, $\lambda = 1$ m, $T = 0{,}1$ s, $f = 10$ Hz, $v = 10$ m/s; *b*) 0,125 m; c) $y = 0{,}4 \cdot \cos(2\pi x)$]

5 Considera due onde di equazione $y_1 = A\cos(\omega t + \pi/3)$ e $y_2 = A\cos(\omega t + \pi/6)$ con $A = 1$ cm, $\omega = 1$ rad/s.

a) Disegna nel piano cartesiano il grafico *y-t* di ciascuna onda.

b) Scrivi l'equazione dell'onda ottenuta dalla loro sovrapposizione.

$$\left[y = 2 \cdot 1{,}0\,\text{cm} \cdot \cos\left(\frac{\pi}{12}\right)\cos\left[t + \frac{\pi}{4}\right]\right]$$

Esercizio svolto

6 Due onde trasversali sono descritte nel SI dalle equazioni:

$$y_1 = 5{,}0 \cdot \cos[2\pi(3t - x)] \qquad y_2 = 5{,}0 \cdot \cos\left[2\pi(3t - x) + \frac{\pi}{2}\right]$$

Calcola l'espressione dell'onda risultante dalla loro sovrapposizione.

Le onde hanno la stessa ampiezza, sommando l'elongazione si ottiene l'equazione d'onda risultante:

$$y = y_1 + y_2 = 5{,}0 \cdot \{\cos[2\pi(3t - x)] + \cos[2\pi(3t - x + 0{,}25)]\}$$

Utilizzando la formula di prostaferesi:

$$\cos p + \cos q = 2\cos\frac{p+q}{2}\cos\frac{p-q}{2}$$

si ottiene l'espressione:

$$y = 2 \cdot 5{,}0 \cdot \cos\left(\frac{\pi}{4}\right)\cos[2\pi(3t - x + 0{,}125)]$$

in cui l'ampiezza vale:

$$A = 2 \cdot 5{,}0 \cdot \cos\left(\frac{\pi}{4}\right) = 7{,}1\ \text{m}$$

e la costante di fase vale:

$$\varphi = 2\pi \cdot 0{,}125 = \frac{\pi}{4}\ \text{rad}$$

7 Due onde trasversali sono descritte nel SI dalle equazioni:

$$y = 2{,}0 \cdot \cos[2\pi(t - x)] \quad y_2 = 2{,}0 \cdot \cos\left[2\pi(t - x) + \frac{2}{3}\pi\right]$$

Calcola l'espressione dell'onda risultante dalla loro sovrapposizione.

$$\left[y = 2 \cdot 2{,}0 \cdot \cos\left(\frac{\pi}{3}\right)\cos\left[2\pi(t - x) + \frac{\pi}{3}\right]\right]$$

8 ***ENGLISH*** Two waves having the same frequency, wavelength, and amplitude are traveling in the same direction. If they differ in phase by $\pi/2$ and each has an amplitude of 0.05 m, what is the amplitude of the resultant wave?

[$A = 7.07$ cm]

9 Tre onde si sovrappongono e danno luogo alla perturbazione descritta da $y = 2\cos t + 2\cos \pi t + \cos 2t$.
Determina la frequenza e l'ampiezza di ciascuna onda componente e rappresenta nel piano cartesiano *y-t* l'onda risultante.

[$A_1 = 2$ m; $f_1 = 0{,}16$ Hz; $A_2 = 2$ m; $f_2 = 0{,}5$ Hz; $A_3 = 1$ m; $f_3 = 0{,}32$ Hz]

10 Le onde marine di superficie che provengono dal largo, entrano con un fronte d'onda rettilineo in un bacino artificiale profondo 30 cm, inclinate di 45° rispetto alla linea di costa. Tali onde subiscono una riduzione del 20% della loro velocità.

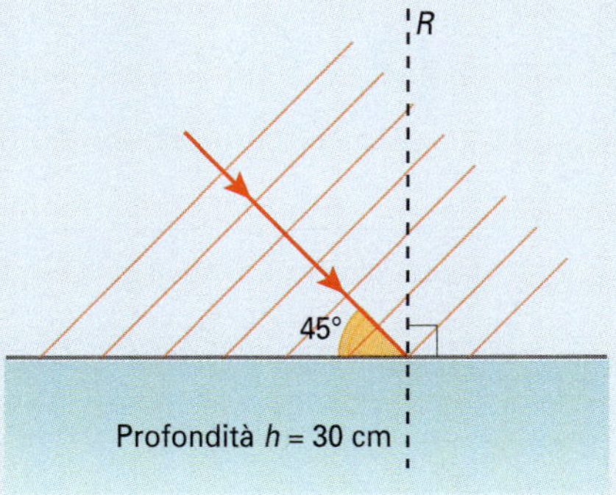

Sapendo che un'espressione approssimata per la velocità delle onde di superficie, in presenza di piccola profondità, è $v = \sqrt{gh}$ dove h è la profondità e g l'accelerazione di gravità, calcola:

a) la velocità con cui le onde entrano nel bacino;

b) la nuova direzione;

c) la distanza fra due creste successive rifratte, supponendo che il tempo che intercorre nel loro passaggio sia di 4,0 secondi.

[*a*) 1,72 m/s; *b*) 34°; 5,52 m]

11 ***ENGLISH*** With a compass, draw circular arcs representing wave crests originating from each of two point sources a distance $d = 6$ cm apart. The wavelength of each source is $\lambda = 1$ cm. Connect the intersections corresponding to points of constant path difference, and label the path difference for each line.

TRAINING

1 Il disegno in figura mostra due impulsi, ciascuno di lunghezza l, che si muovono lungo una corda uno verso l'altro alla stessa velocità.

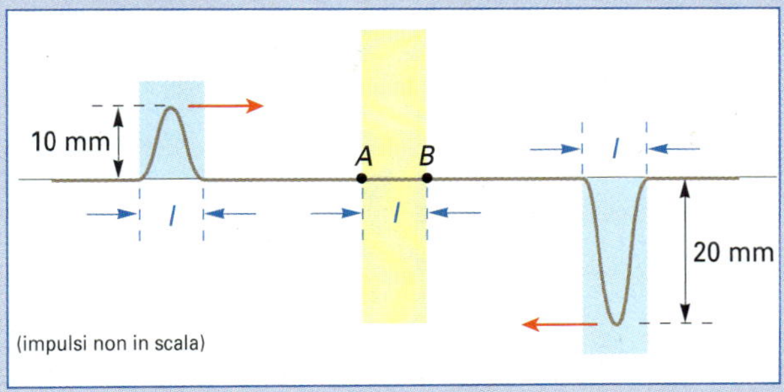

Quale disegno rappresenta meglio la forma della corda quando entrambi gli impulsi raggiungono il tratto AB?

A

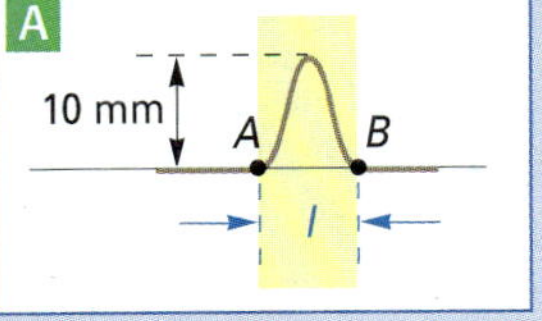

B

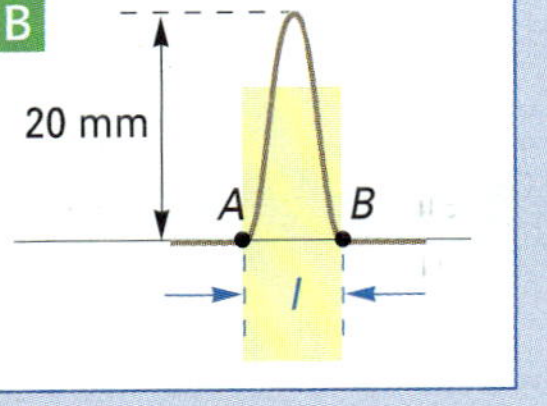

C

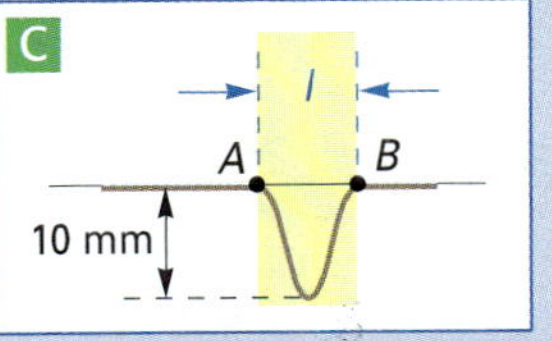

D

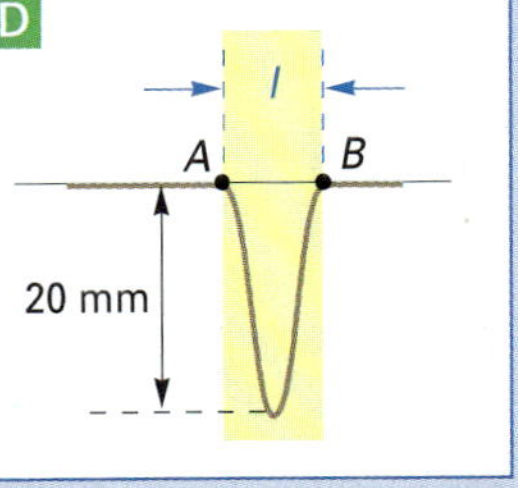

E

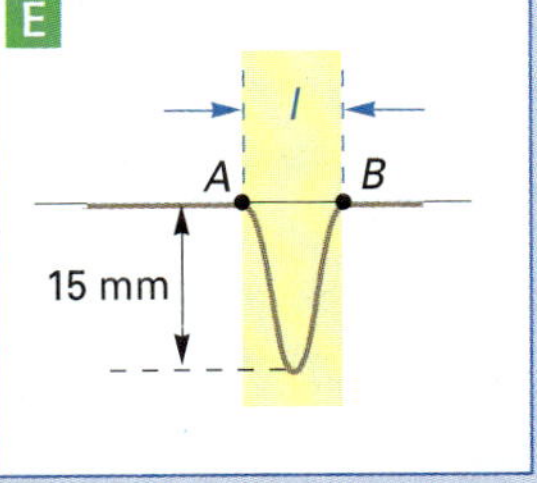

[Olimpiadi della fisica, Gara di primo livello, 2006]

2 Onde di lunghezza d'onda 2,8 cm passano attraverso due strette fessure G_1 e G_2 di una barriera di alluminio. Il punto P, molto lontano dalla barriera, dista 11,2 cm in più da una fessura rispetto all'altra.

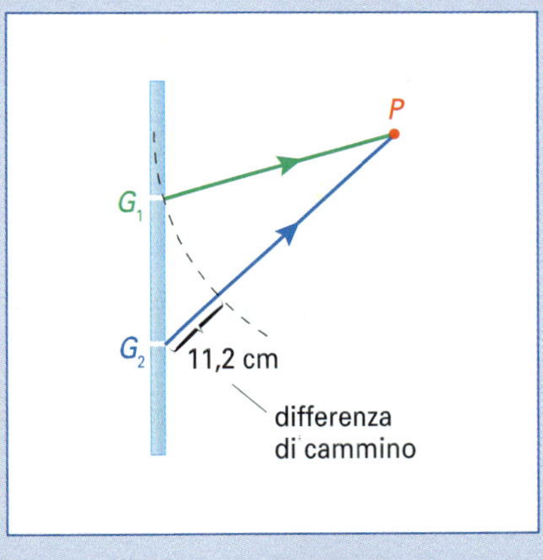

Quale o quali delle seguenti affermazioni sulla perturbazione che arriva in P da G_2 sono corrette?

1) Arriva in fase con la perturbazione proveniente da G_1.

2) Si combina costruttivamente con la perturbazione proveniente da G_1.

3) Ha percorso un numero intero di lunghezze d'onda in più rispetto alla perturbazione proveniente da G_1.

A Tutte e tre

B Solo la 1 e la 2

C Solo la 2 e la 3

D Solo la 1

E Solo la 3

[Olimpiadi della fisica, Gara di primo livello, 2001]

3 In un certo mezzo si propagano, nella stessa direzione, due impulsi che a un certo punto si sovrappongono. In quell'istante si ottiene l'impulso mostrato in figura, dovuto alla loro sovrapposizione.

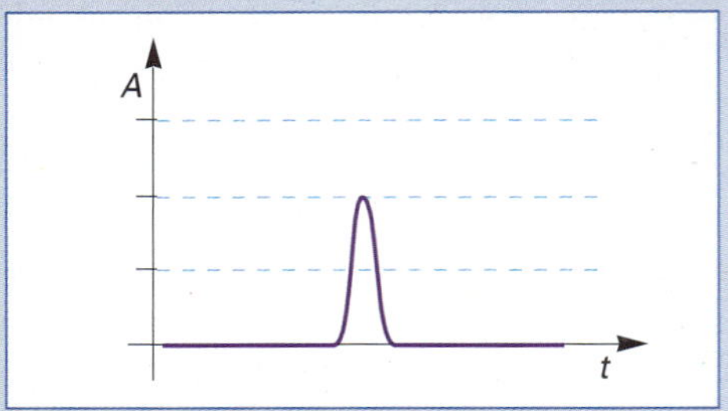

Fra i seguenti, quali possono essere gli impulsi iniziali?

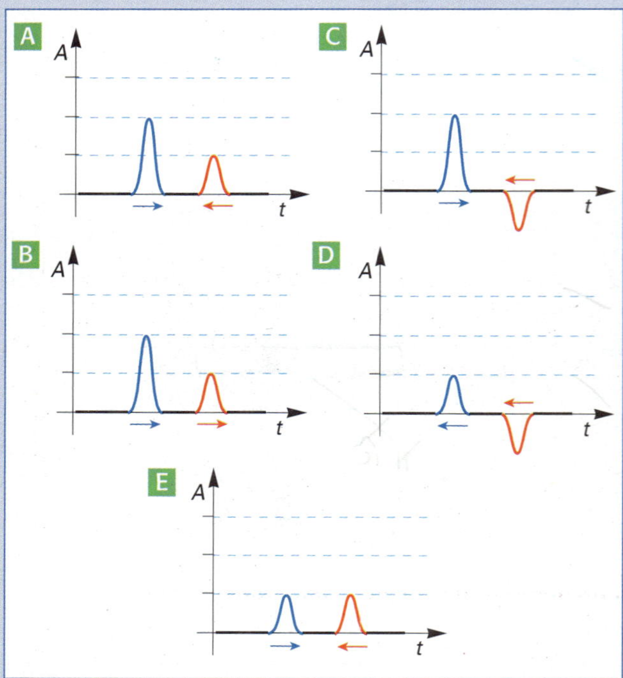

[*Olimpiadi della fisica, Gara di primo livello, 2005*]

4 La figura rappresenta due sorgenti, *A* e *B*, di un ondoscopio. Che fenomeno si osserva nel punto *P*?

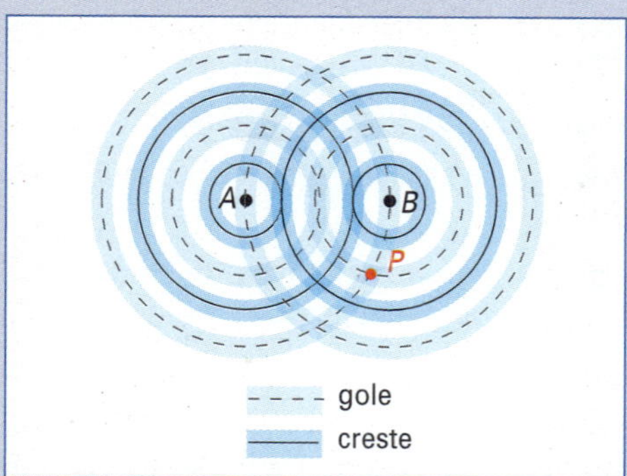

A Interferenza distruttiva
B Interferenza costruttiva
C Riflessione
D Rifrazione
E Diffrazione

[*Olimpiadi della fisica, Gara di primo livello, 2006*]

5 Il disegno schematizza un'onda d'acqua che si propaga alla velocità di 1 ms^{-1} e mette in moto un tappo che compie 8 oscillazioni in 4 s. Qual è la lunghezza d'onda?

A 0,25 m
B 0,5 m
C 1 m
D 2 m
E 4 m

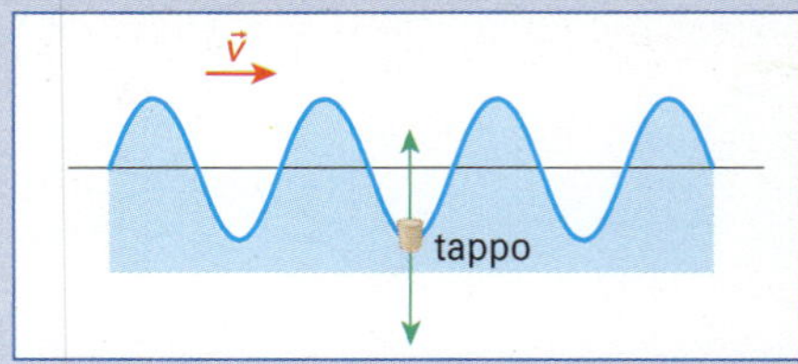

[*Olimpiadi della fisica, Gara di primo livello, 2006*]

6 Una sorgente di onde nel punto *O* emette onde aventi lunghezza d'onda di 28 mm. L'onda si riflette su una superficie metallica perfettamente conduttrice, cosicché l'onda riflessa è in opposizione di fase rispetto a quella incidente, e dà luogo al fenomeno di interferenza. Nel punto *X* in figura, che dista da *O* 400 mm, si osserva un'interferenza costruttiva. Quale di questi valori potrebbe corrispondere alla lunghezza del percorso *OYX*?

A 421 mm
B 428 mm
C 442 mm
D 456 mm
E 463 mm

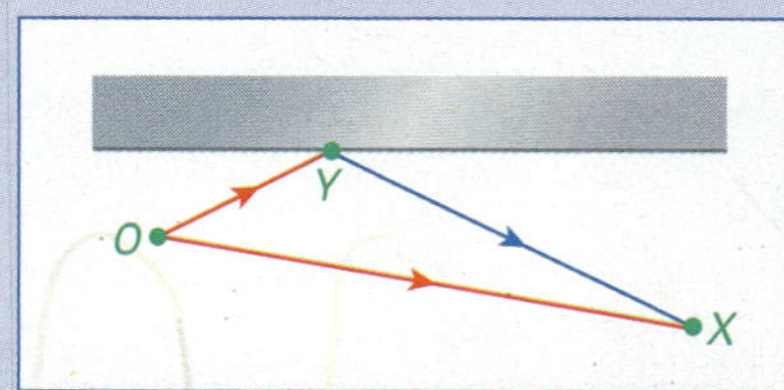

[*Olimpiadi della fisica, Gara di primo livello, 2010*]

7 Il grafico mostra come varia nel tempo lo spostamento verticale di una briciola che galleggia in un acquario leggermente increspato dal passaggio di un'onda, rispetto alla superficie dell'acqua ferma.

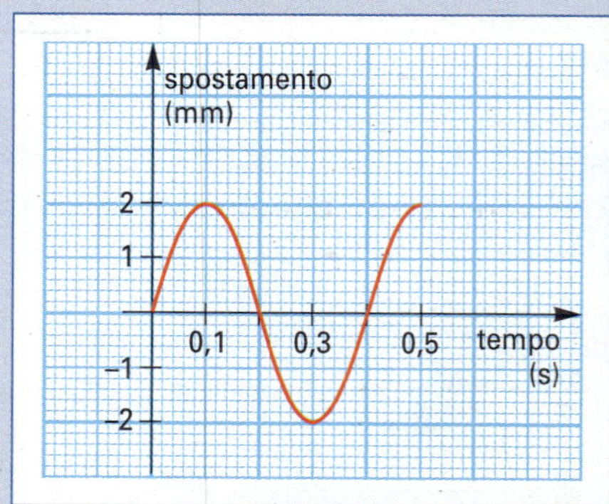

Quale delle seguenti combinazioni di dati riferiti all'onda è corretta?

	Ampiezza (mm)	Periodo (s)	Frequenza (Hz)
A	2	0,2	0,4
B	2	0,2	5,0
C	2	0,4	2,5
D	4	0,4	0,8
E	4	0,4	2,5

[*Olimpiadi della fisica, Gara di primo livello, 2009*]

UNITÀ 14 Il suono

14.1 Che cos'è il suono

$V = 331 + 0,6\,t\,(°C)$

ON LINE
VIRTUAL LAB
Onde longitudinali

Le onde sonore

Una persona che parla, il cellulare che squilla, il rombo di un aereo in partenza... Dalla musica più dolce al rumore più assordante la nostra giornata è ricca di *suoni*. Questo termine nella vita quotidiana sottintende un fenomeno complesso che comprende la produzione delle onde sonore, la loro propagazione, la ricezione, per concludersi con l'elaborazione da parte del cervello di una serie di stimoli di natura chimica ed elettrica.

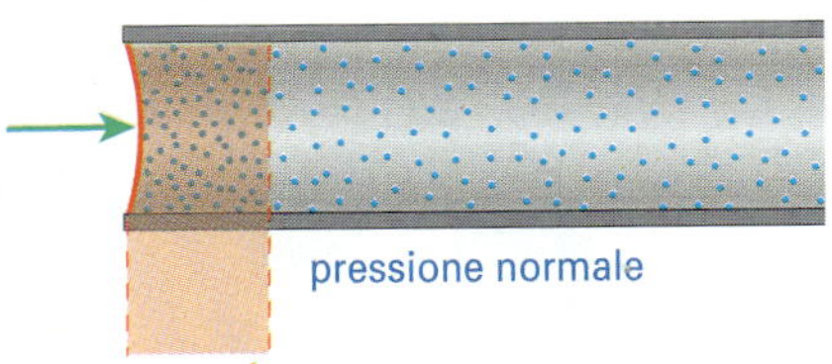

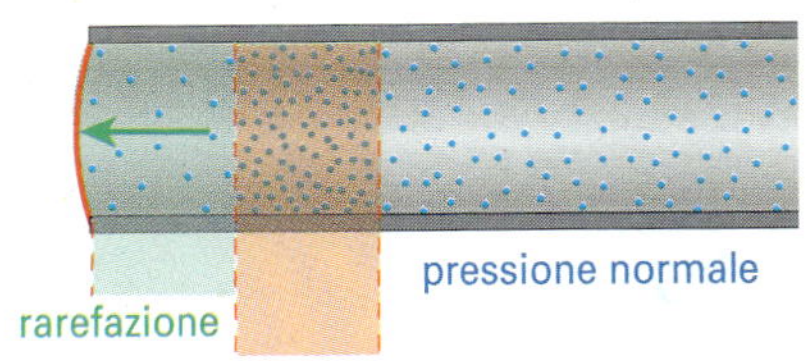

Per capire come si genera un'onda sonora nell'aria, immaginiamo una situazione molto semplificata in cui un tubo è delimitato a un estremo da una membrana elastica. Se spingiamo la membrana, che svolge il ruolo di sorgente, nelle immediate vicinanze si determina una zona, detta **compressione,** in cui si ha un lieve aumento della pressione dell'aria. La zona di compressione poi si allontana dalla membrana.

Nel frattempo la membrana torna indietro determinando una regione d'aria, detta **rarefazione,** in cui si ha una lieve diminuzione della pressione la quale, analogamente alla zona di compressione, tende ad allontanarsi dalla sorgente.
Ovviamente, la separazione tra compressione e rarefazione non è così netta come rappresentato in modo schematico in figura.

ON LINE
VIRTUAL LAB
Onde longitudinali di pressione

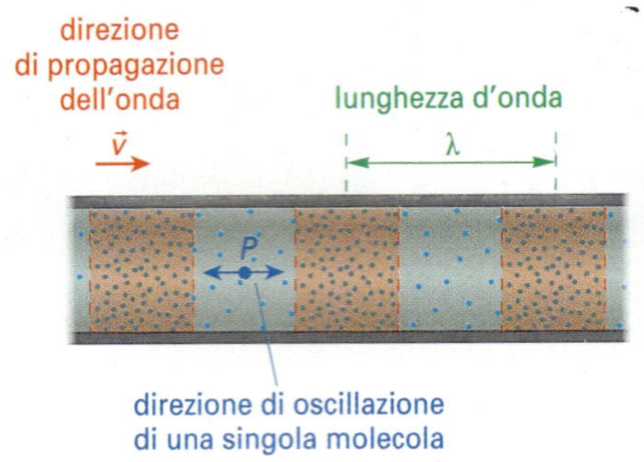

Se la membrana continua a vibrare, si genera un'alternanza di compressioni e rarefazioni che si propagano in direzione orizzontale, cioè la stessa direzione in cui avvengono le oscillazioni della singola molecola rispetto alla posizione di equilibrio. Si tratta di un'onda longitudinale che prende il nome di **onda sonora** (o **acustica**).

onda sonora

L'**onda sonora** è un'onda meccanica longitudinale che si propaga in un mezzo materiale.

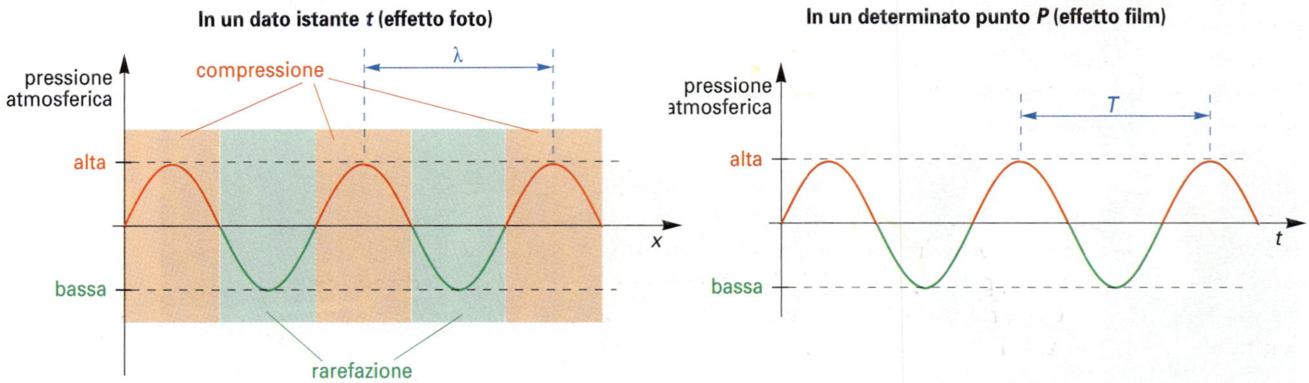

Nel grafico a sinistra sono rappresentati, in un determinato istante t, al variare della distanza, i cambiamenti della pressione rispetto alla pressione atmosferica ($1{,}013 \cdot 10^5$ Pa). Quando si ha una compressione, la pressione è leggermente superiore a quella atmosferica; viceversa, alla rarefazione corrisponde una pressione lievemente minore. L'orecchio umano è sensibile a piccole variazioni di pressione: per esempio, nel caso di una conversazione l'aumento massimo della pressione rispetto a quella atmosferica è dell'ordine di $3 \cdot 10^{-2}$ Pa. Il grafico a destra rappresenta in un determinato punto P la variazione della pressione allo scorrere del tempo. Tale variazione è strettamente correlata all'ampiezza di oscillazione delle particelle d'aria attorno alla posizione di equilibrio. Man mano che essa aumenta, aumenta anche l'ampiezza dell'oscillazione.

FLASH

Suonando la chitarra...

Quando un chitarrista pizzica le corde, le molecole vibrano in direzione trasversale rispetto a quella della propagazione della perturbazione lungo la corda. Possiamo affermare anche in questo caso che le onde sonore sono longitudinali?

Le corde, tese al di sopra della tavola armonica, inducono in questa vibrazioni di tipo sussultorio che si traducono in oscillazioni delle molecole dell'aria. Queste oscillazioni, tuttavia, hanno la stessa direzione della propagazione delle onde, per cui è corretto affermare che si tratta di onde longitudinali.

tavola
armonica

La velocità delle onde sonore

Tabella 1

Mezzo	t (°C)	Velocità del suono (m/s)
aria	0	331
aria	20	343
acqua	20	1480
piombo	20	1230
rame	20	3750
ferro	20	5130
acciaio	20	5960
granito	20	6000

La velocità delle onde sonore è strettamente connessa con le caratteristiche del mezzo di propagazione.
Una scena classica dei primi film western era quella dell'indiano che appoggiava l'orecchio al terreno per percepire l'arrivo di cavalli al galoppo. In effetti la velocità del suono aumenta passando dai gas ai liquidi e ai solidi: man mano che diminuiscono le distanze intermolecolari l'oscillazione si trasferisce più rapidamente da una molecola all'altra e, quindi, aumenta la velocità di propagazione della perturbazione.
Per esempio, alla temperatura di 20 °C e al livello del mare, il suono si muove nell'aria a 343 m/s (che corrisponde quindi alla velocità che hanno le onde sonore quando colpiscono le nostre orecchie), mentre nell'acciaio la velocità è di 5960 m/s, vale a dire 17 volte maggiore! Anche la temperatura dell'aria incide sulla propagazione del suono, in quanto l'aumento delle vibrazioni molecolari ne facilita la propagazione.

14.2 Le caratteristiche dei suoni

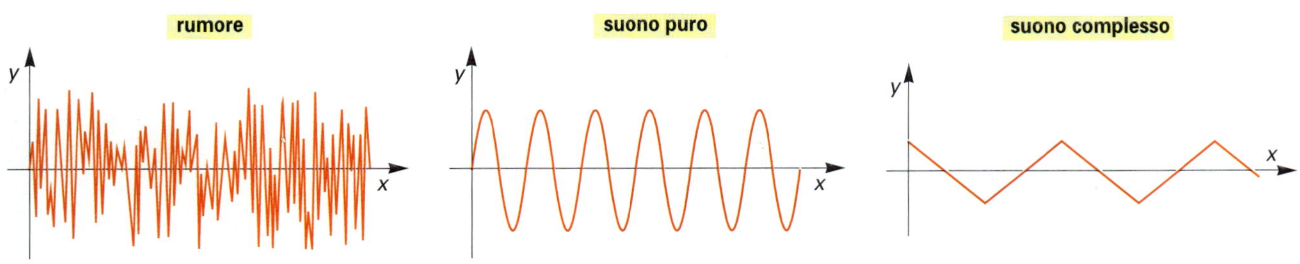

Finora abbiamo fatto genericamente riferimento alle onde sonore, ma di solito si parla propriamente di **suono** quando le onde sono **periodiche** e di **rumore** se manca tale caratteristica.
Un suono a sua volta è detto **puro** se la posizione delle particelle che oscillano nel mezzo segue una legge sinusoidale, altrimenti si chiama **complesso**.

Vi è una stretta relazione fra gli aspetti fisici (*oggettivi*) delle onde sonore e le sensazioni (*soggettive*) che le stesse suscitano in noi quando le riceviamo ed elaboriamo.
Introduciamo perciò i concetti di *altezza*, di *livello di intensità sonora* e di *timbro*, legati agli effetti sensoriali, e ne approfondiamo le cause fisiche.

ON LINE VIRTUAL LAB
Frequenza e ampiezza delle onde

L'altezza

Effetto sensoriale	Causa fisica	Rappresentazione grafica
L'**altezza** permette di distinguere i suoni **gravi** (voce di un uomo adulto) da quelli **acuti** (voce di un bambino).	Se aumenta la **frequenza**, le variazioni di pressione dell'aria in un singolo punto *P* investito dall'onda sonora si susseguono nel tempo con maggiore rapidità, quindi l'altezza aumenta e percepiamo un suono più acuto.	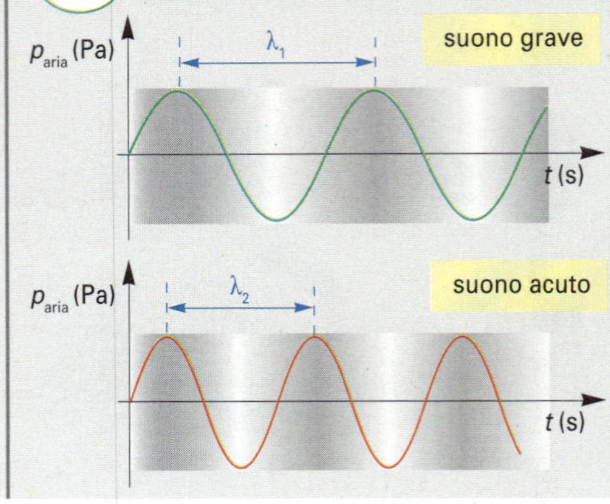

FLASH

Le suonerie dei cellulari

Alcuni cellulari mettono a disposizione delle suonerie udibili solo dai ragazzi e non dagli adulti. Infatti, un adolescente è in grado di percepire onde sonore comprese fra 20 Hz e 20 000 Hz (20 kHz), ma poi con gli anni la capacità di percepire i suoni, soprattutto quelli più acuti, tende a diminuire (sia pure con effetti variabili da soggetto a soggetto). Mediamente un anziano non percepisce suoni che hanno frequenze superiori a 12 kHz.
Gli intervalli di udibilità degli animali sono diversi da quelli umani: il cane percepisce fino a 45 kHz, mentre il gatto raggiunge i 70 kHz.

infrasuoni e ultrasuoni

Onde con frequenza inferiore a 20 Hz si chiamano **infrasuoni,** quelle superiori a 20 000 Hz (20 kHz) **ultrasuoni**.

Gli infrasuoni in natura possono essere prodotti da fenomeni quali il vento, i terremoti, le eruzioni vulcaniche; anche un condizionatore o un aereo possono esserne la causa. Sono in corso esperimenti sugli effetti che hanno sull'uomo, perché sembrano in grado di indurre lievi malesseri quali nausea, mal di testa e una sensazione di disagio. Gli elefanti comunicano tramite infrasuoni di 15 Hz che riescono a percorrere 5-6 km. Ancora più efficaci sono gli infrasuoni delle balene che, propagandosi nell'acqua, viaggiano più velocemente e vengono smorzati di meno rispetto all'aria, per cui risultano udibili da altre balene a distanze persino di migliaia di km.

FLASH

Vedere con... gli ultrasuoni

I pipistrelli producono continuamente ultrasuoni e, ricevendo il riflesso dei segnali da loro emessi, sono in grado di individuare ostacoli e prede (**ecolocazione**). L'uomo ha imitato questo meccanismo nel **sonar** (*sound navigation and ranging*) che consente per esempio di individuare relitti, scogliere o banchi di pesci in acque profonde basandosi sull'intervallo di tempo Δt che intercorre fra l'emissione del segnale e la ricezione di quello riflesso.

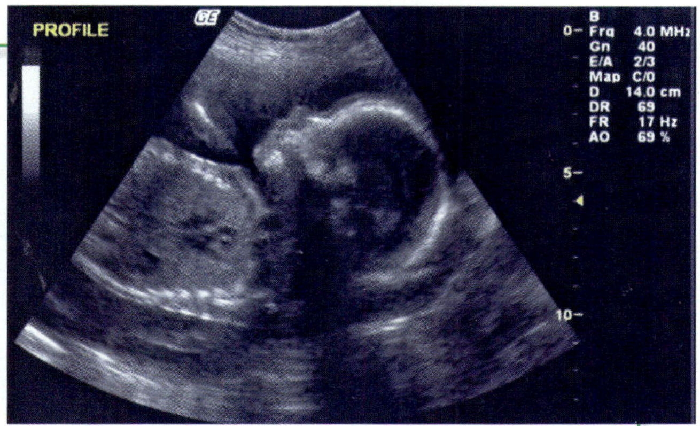

Un'altra applicazione importante si ha in medicina con l'**ecografia**, che permette di ottenere immagini del feto nel grembo materno e più in generale la visualizzazione di organi interni quali il fegato o il cuore. In questo caso si utilizzano le riflessioni che si hanno quando gli impulsi sonori colpiscono la superficie di separazione di tessuti con caratteristiche di densità diverse. Per stabilire la frequenza degli ultrasuoni da utilizzare è necessario tenere presente che si possono identificare solo quelle parti anatomiche che hanno dimensioni maggiori o uguali alla lunghezza d'onda prescelta. Per cui, se si vogliono analizzare formazioni di dimensioni uguali o superiori a 0,15 mm (che perciò è il valore massimo di λ), tenendo conto che la velocità del suono attraverso l'organismo è di 1540 m/s, la frequenza degli ultrasuoni deve essere $f = \frac{v}{\lambda} = \frac{1540}{0{,}15 \cdot 10^{-3}} \approx 10^7$ Hz, indicata di solito come 10 MHz. Quando occorre raffinare l'indagine si deve aumentare la frequenza.

Il livello di intensità sonora

Effetto sensoriale	Causa fisica	Rappresentazione grafica
Il **livello di intensità sonora** (nel linguaggio quotidiano il **volume**) permette di distinguere i suoni **deboli** (sussurro) da quelli **forti** (urlo).	Se cresce l'**intensità sonora** aumenta l'**energia** trasportata dall'onda sonora. Di conseguenza aumenta l'ampiezza delle vibrazioni, correlata alle variazioni di pressione che determinano l'onda sonora.	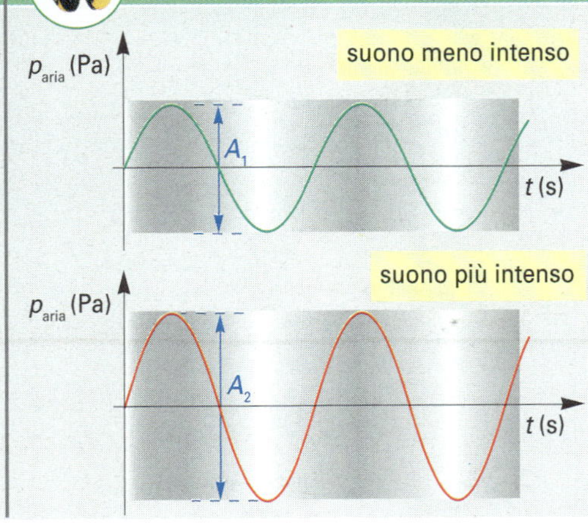

Per valutare l'energia trasportata dall'onda sonora (tramite un'opportuna grandezza) bisogna tenere presente sia l'energia trasmessa dalla sorgente sia il fatto che, allontanandosi da essa, l'energia diminuisce perché si distribuisce su superfici di estensione via via crescente.

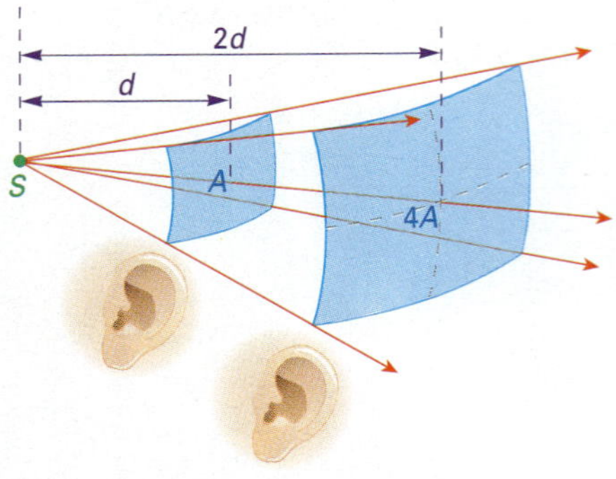

L'intensità sonora ci informa sull'energia che nell'intervallo di tempo di 1 s attraversa una superficie unitaria opportunamente posizionata.

L'**intensità sonora *I*** è il rapporto tra l'energia emessa dalla sorgente e il prodotto tra l'estensione della superficie S attraversata dall'energia sonora e l'intervallo di tempo Δt. La superficie deve essere posizionata perpendicolarmente alla direzione di propagazione dell'onda.

$$I = \frac{\Delta E}{S \cdot \Delta t}$$

intensità sonora

Per la definizione di potenza $P = \frac{\Delta E}{\Delta t}$ si ha:

$$I = \frac{P}{S}$$

Se la sorgente è uniforme, dato che i fronti d'onda sono superfici sferiche di raggio crescente, si può scrivere:

$$I = \frac{P}{4\pi r^2}$$

L'intensità sonora si misura in W/m^2. Dal punto di vista dimensionale abbiamo: $I = \frac{[L]^2[t]^{-3}[M]}{[L]^2} = [t]^{-3}[M]$.

Si deve distinguere tra causa oggettiva, l'**intensità sonora**, ed effetto soggettivo, il **livello di intensità sonora**, cioè la sensazione uditiva dell'ascoltatore legata anche a caratteristiche personali, denominata comunemente con il termine *volume*.

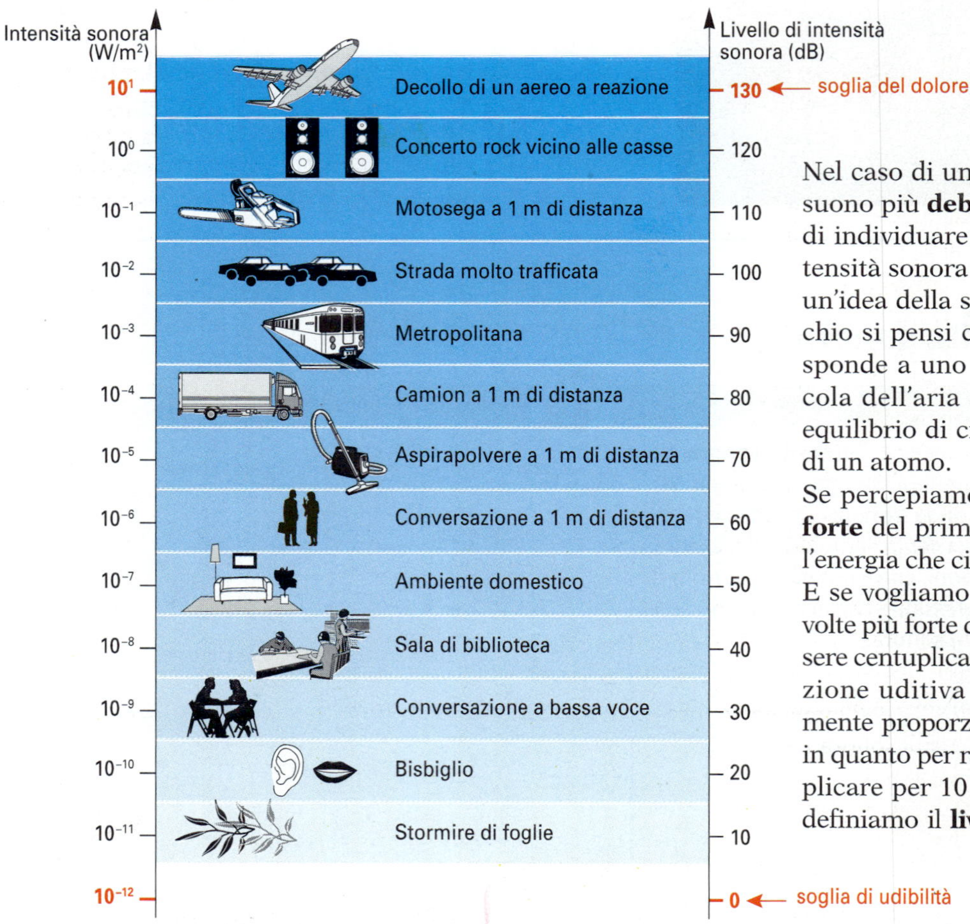

Nel caso di una frequenza di 1000 Hz il suono più **debole** che l'uomo è in grado di individuare è caratterizzato da un'intensità sonora $I_0 = 10^{-12}$ W/m^2. Per avere un'idea della sensibilità del nostro orecchio si pensi che questa intensità corrisponde a uno spostamento della molecola dell'aria attorno alla posizione di equilibrio di circa un decimo del raggio di un atomo.

Se percepiamo un suono due volte più **forte** del primo, abbiamo che $I_1 = 10\ I_0$: l'energia che ci investe è cioè decuplicata. E se vogliamo sentire un suono quattro volte più forte del primo, l'energia deve essere centuplicata. In altri termini la sensazione uditiva percepita non è direttamente proporzionale all'intensità sonora, in quanto per raddoppiarla occorre moltiplicare per 10 l'intensità. Per misurarla definiamo il **livello di intensità sonora**.

$$L_s = 10 \log_{10}\left(\frac{I}{I_0}\right)$$

livello di intensità sonora

$I_0 = 10^{-12}$ W/m^2 rappresenta la minima intensità sonora percettibile, detta **soglia di udibilità**.

Nel SI il livello di intensità sonora si misura in **decibel** (dB), grandezza adimensionale che deriva il nome da Alexander Graham Bell (1847-1922), ritenuto uno degli inventori del telefono. La minima variazione di volume che l'orecchio umano riesce a percepire è pari a 1 decibel.

FLASH

Ascoltare un concerto rock

Per capire meglio la relazione tra causa fisica e livello di intensità sonora, possiamo rilevare che quando si passa dai 110 dB di un concerto rock (seguito non a ridosso del palco...) ai 120 dB di un martello pneumatico ascoltato a 1 m di distanza, l'incremento di 10 dB equivale per l'ascoltatore a una sensazione di raddoppio del volume rispetto al suono iniziale, ma l'intensità sonora che ne è la causa risulta invece moltiplicata per 10.

Per questa ragione le onde sonore possono provocare seri danni al nostro organismo.
È facile comprendere che l'energia associata a un livello di intensità sonora di 160 dB è talmente elevata da poter causare la rottura del timpano e che l'esposizione a 200 dB potrebbe risultare addirittura mortale!

esempio

Un fronte d'onda piano, di superficie pari a 2,0 m^2, generato con un'intensità di 80 dB, avanza e viene completamente assorbito da un pannello in un intervallo di tempo di 15 s. Calcoliamo quanta energia viene assorbita dal pannello.

Dalla formula relativa al livello dell'intensità sonora L_s possiamo ricavare l'intensità sonora I:

$$L_s = 10 \log_{10}\left(\frac{I}{I_0}\right)$$

sostituendo il valore di L_s si ha:

$$80 = 10 \log_{10}\left(\frac{I}{I_0}\right)$$

e in base alla definizione di logaritmo:

$$\frac{I}{I_0} = 10^8 \quad \text{ovvero} \quad I = 10^8\, I_0$$

Poiché, $I_0 = 10^{-12}\,\frac{\text{W}}{\text{m}^2}$, risulta:

$$I = 10^8 \cdot 10^{-12} = 10^{-4}\,\frac{\text{W}}{\text{m}^2}$$

e dalla formula dell'intensità sonora:

$$I = \frac{\Delta E}{S \cdot \Delta t} \quad \Rightarrow \quad \Delta E = I \cdot S \cdot \Delta t$$

Quindi, sostituendo i dati:

$$\Delta E = 10^{-4}\,\frac{\text{W}}{\text{m}^2} \cdot 2{,}0\ \text{m}^2 \cdot 15\ \text{s} = 3{,}0 \cdot 10^{-3}\ \text{J}$$

Il timbro

Effetto sensoriale	Causa fisica	Rappresentazione grafica
Il **timbro** permette di distinguere, a parità di altre caratteristiche, il Do di un violino da quello di un flauto e rende inconfondibile qualsiasi voce umana.	La **forma della funzione d'onda**, per onde aventi frequenza e ampiezza uguali, può cambiare causando una variazione del timbro percepito.	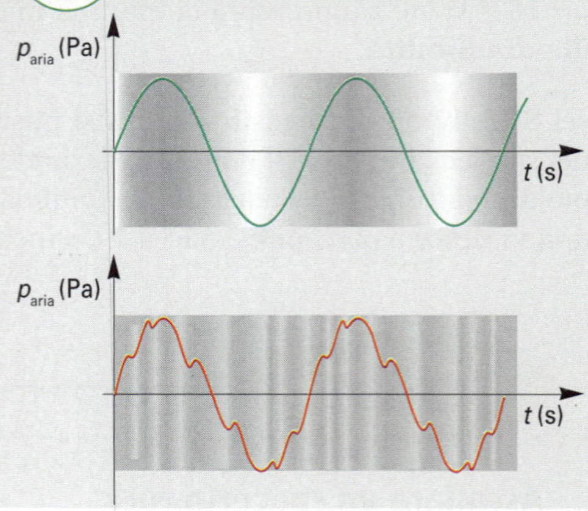

ON LINE
VIRTUAL LAB
Il teorema di Fourier

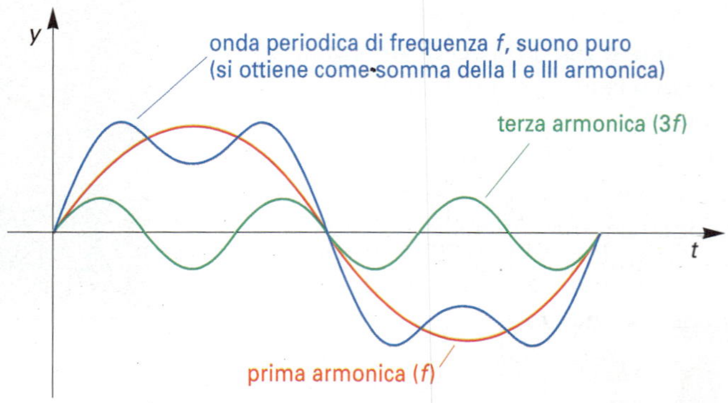

Raramente una sorgente naturale emette un suono puro. Considerando però un'onda periodica di frequenza f si può pensare, per il **teorema di Fourier**, di scomporla nella somma di onde armoniche semplici, cioè di suoni puri sinusoidali le cui frequenze sono multiple secondo numeri interi della frequenza f. Fra i suoni puri la componente con la frequenza minore è detta **fondamentale** o **prima armonica**, mentre le componenti con frequenze maggiori, dette **armoniche superiori**, contribuiscono con le loro diverse ampiezze e relazioni di fase a determinare il timbro.

14.3 La propagazione delle onde sonore

Quando un'onda sonora si propaga, il primo fenomeno a cui è soggetta è l'**assorbimento**, che avviene a causa dell'attrito presente nel mezzo di propagazione e che smorza le oscillazioni dei punti interessati dall'onda: l'energia si trasforma in calore.
L'aria è un buon conduttore del suono, soprattutto per frequenze non molto elevate. Se si assiste all'aperto da una certa distanza all'esibizione di un gruppo musicale, si sentono meglio i suoni più bassi, mentre i piatti della batteria, che producono suoni su frequenze elevate, diventano meno percettibili.
Anche queste onde vengono influenzate dalle caratteristiche dell'ambiente in cui si propagano, per cui sono soggette a fenomeni di riflessione, rifrazione, diffrazione e interferenza.

La riflessione: eco e rimbombo

ON LINE
VIRTUAL LAB
Riflessione

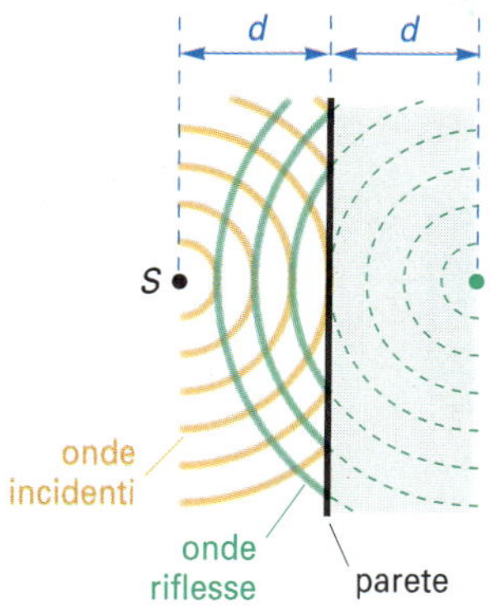

Può capitare, emettendo una sillaba in un ambiente grande e vuoto, di sentirla ripetere chiaramente, come se fossa stata pronunciata da qualcun altro: si tratta di una conseguenza della riflessione delle onde. Quando emettiamo un suono, le onde si propagano in tutte le direzioni. Se raggiungono un ostacolo, come per esempio una parete di dimensioni molto maggiori della lunghezza d'onda, vengono riflesse sino a noi come se dietro l'ostacolo vi fosse una sorgente virtuale *S'*. È il fenomeno dell'**eco**, che si verifica però a condizione che il tempo che trascorre fra l'emissione del suono e l'arrivo dell'onda riflessa sia almeno 1/10 s, in quanto il nostro orecchio percepisce due suoni come distinti solo se risultano opportunamente distanziati.

Per calcolare la distanza *d* fra sorgente e ostacolo necessaria affinché si verifichi l'eco, dobbiamo tenere presente che il suono si muove di moto rettilineo uniforme:

$$s = v_{\text{suono}}\, t$$

$$2d = 343\,\frac{1}{10} = 34{,}3\ \text{m}$$

$$d = \frac{34{,}3}{2} = 17{,}15\ \text{m} \cong 17\ \text{m}$$

Pertanto, se la parete dista almeno 17 m si ha l'eco, per cui il suono viene percepito ben distinto rispetto a quello iniziale. Invece, per le distanze inferiori a 17 m, l'orecchio non riesce più a distinguere tra sillaba originaria e riflessa, per cui si ha una sensazione di sovrapposizione confusa tra di esse nota come **rimbombo**.

Rifrazione e diffrazione

Se lo strato dell'aria vicino al suolo è significativamente più freddo di quello soprastante, passando da un mezzo più denso a uno meno denso, le onde subiscono rifrazione, poiché aumenta la loro velocità e cambia la direzione di propagazione. Grazie a questo fenomeno, che si può verificare verso sera in vicinanza di uno specchio d'acqua, i suoni possono essere sentiti da una persona che, in condizioni consuete, non li avrebbe percepiti in quanto troppo distante.

Quando la porta dell'aula è aperta possiamo sentire, anche se in modo un po' confuso, la conversazione di persone che si trovano nel corridoio e non siamo in grado di vedere. Infatti, le onde sonore a cui l'orecchio umano è sensibile hanno una lunghezza d'onda compresa tra 1,7 cm (suoni molto acuti) e 17 m (suoni molto gravi) per cui le dimensioni dell'apertura *d* consentono alla maggior parte delle onde sonore di superare la porta incurvandosi: per il principio di Huygens le molecole d'aria diventano sorgenti secondarie e il nuovo fronte d'onda è l'inviluppo delle onde secondarie. Inoltre, mentre il suono si propaga nell'aula, avvengono anche fenomeni di interferenza costruttiva e distruttiva, di conseguenza l'intensità del suono all'interno dell'aula non è omogeneo (come si può verificare collocandosi in posizioni diverse).

ON LINE
VIRTUAL LAB
Interferenza delle onde

L'interferenza

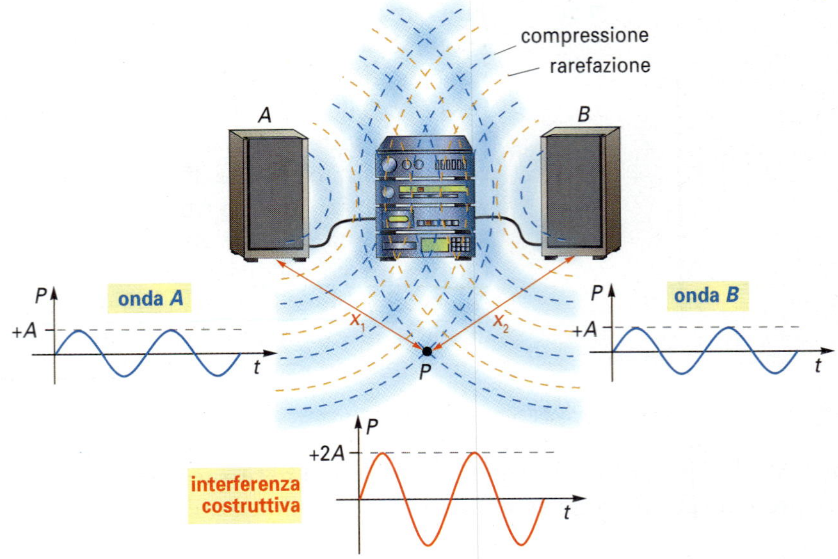

Anche le onde sonore sono soggette a fenomeni di interferenza costruttiva e distruttiva. Immaginiamo di avere in una stanza un impianto per la diffusione della musica con due altoparlanti come sorgenti di onde sonore in fase con la stessa pulsazione ω e la stessa ampiezza A. Il punto P si trova alla stessa distanza dalle due sorgenti ($x_1 = x_2$) e soddisfa la condizione di interferenza costruttiva $|x_1 - x_2| = K \cdot \lambda$ nel caso particolare $K = 0$. Un osservatore posto in P viene investito nello stesso istante t da una compressione proveniente da A e una da B, per cui complessivamente è investito da un'onda di ampiezza $2A$ e quindi percepisce un suono più intenso di quello emesso dal singolo altoparlante.

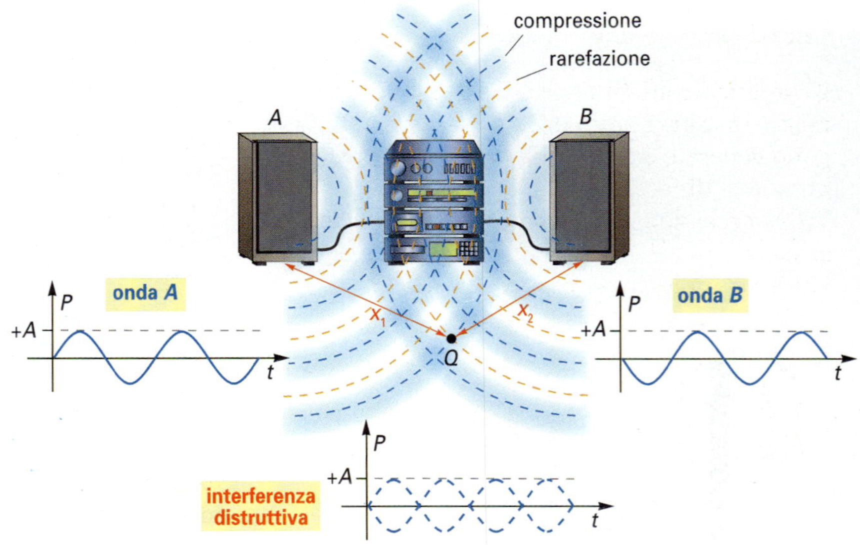

Mantenendo la situazione inalterata, l'osservatore si posiziona in Q dove è verificata la condizione di interferenza distruttiva $|x_1 - x_2| = (2K + 1) \cdot \frac{\lambda}{2}$ nel caso particolare $K = 0$. Infatti, in Q la differenza delle distanze dalle sorgenti è pari in modulo a mezza lunghezza d'onda. In questo caso nell'istante in cui da A giunge una compressione, da B giunge una rarefazione e, per il principio di sovrapposizione, si ha una compensazione: la pressione dell'aria risulta costante e non si avverte alcun suono.

esempio

Due sorgenti S_1 ed S_2 che distano 7,0 metri l'una dall'altra emettono in fase due onde sonore, alla stessa frequenza di 83 Hz propagantisi alla velocità di 332 m/s.
Individuiamo in quali posizioni, lungo la congiungente le sorgenti sonore, si verifica interferenza distruttiva.

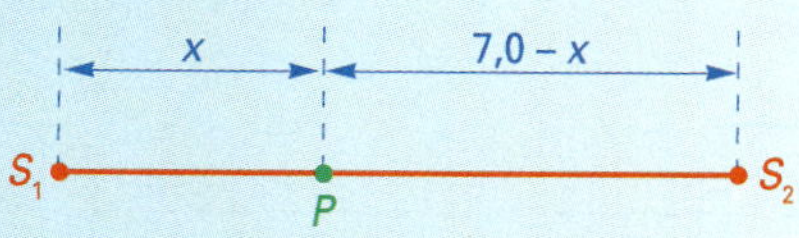

La lunghezza d'onda vale:

$$\lambda = \frac{v}{f} = \frac{332\ \text{m/s}}{83\ \text{Hz}} = 4{,}0\ \text{m}$$

La condizione di interferenza distruttiva è:

$$|x_1 - x_2| = (2K+1)\cdot\frac{\lambda}{2}$$

$$|x - (7{,}0 - x)| = (2K+1)\cdot 2{,}0$$

$$K \in \mathbf{N}$$

Per $K = 0$ abbiamo:

$$|2x - 7{,}0| = (2\cdot 0 + 1)\cdot 2{,}0 = 2{,}0$$

- 1° caso: per $x > 3{,}5$ si ha $2x - 7{,}0 = 2{,}0$ da cui $x = 4{,}5$ m (soluzione accettabile);
- 2° caso: per $x < 3{,}5$ si ha $-2x + 7{,}0 = 2{,}0$ da cui $x = 2{,}5$ m (soluzione accettabile).

Per $K = 1$ l'equazione diventa:

$$|2x - 7{,}0| = (2\cdot 1 + 1)\cdot 2{,}0 = 6{,}0$$

- 1° caso: per $x > 3{,}5$ risulta $2x - 7{,}0 = 6{,}0$ da cui $x = 6{,}5$ m (soluzione accettabile);
- 2° caso: per $x < 3{,}5$ risulta $-2x + 7{,}0 = 6{,}0$ da cui $x = 0{,}5$ m (soluzione accettabile).

Per $K > 1$ non si hanno posizioni comprese fra le sorgenti S_1 ed S_2.

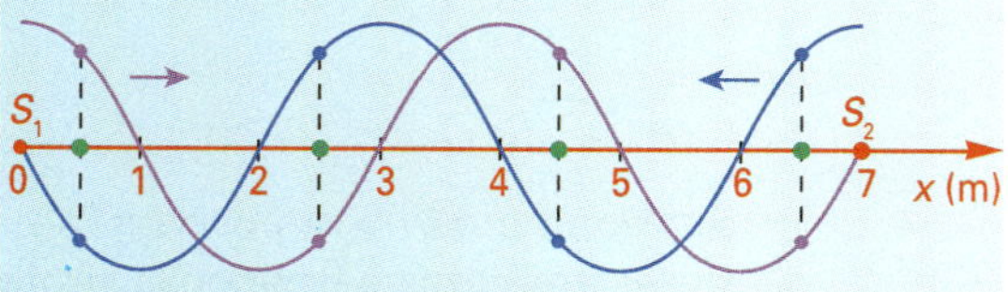

FLASH

Cuffie antirumore

Un'applicazione interessante dell'interferenza distruttiva si ha nelle cuffie antirumore. Un apposito microfono registra le onde provenienti dall'esterno, quindi vengono generate e diffuse da un altoparlante che si trova nelle cuffie delle onde in opposizione di fase.
Tra le onde dovute al rumore esterno e quelle così prodotte si ha un'interferenza distruttiva.
L'esito complessivo è perciò... il silenzio.

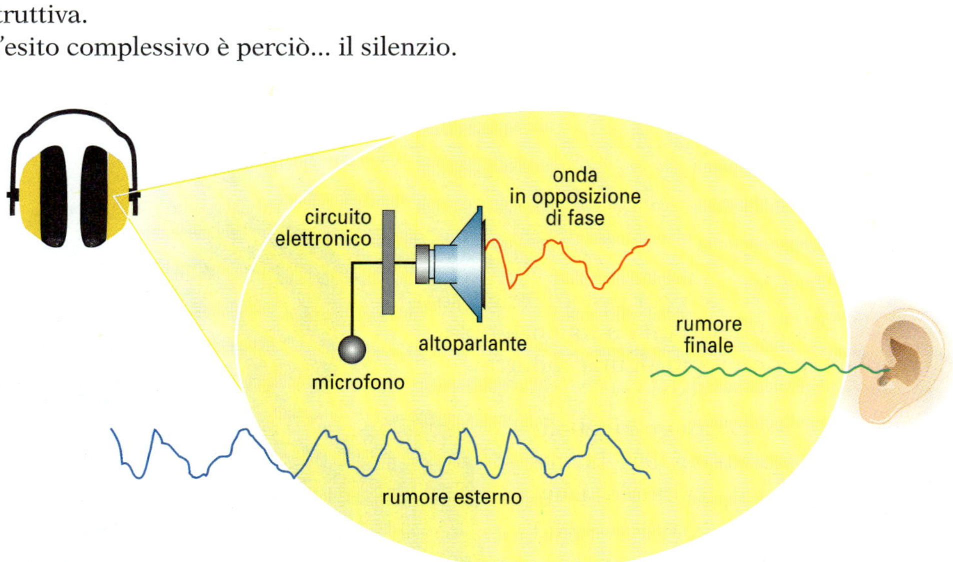

ON LINE VIRTUAL LAB
Battimenti

14.4 I battimenti

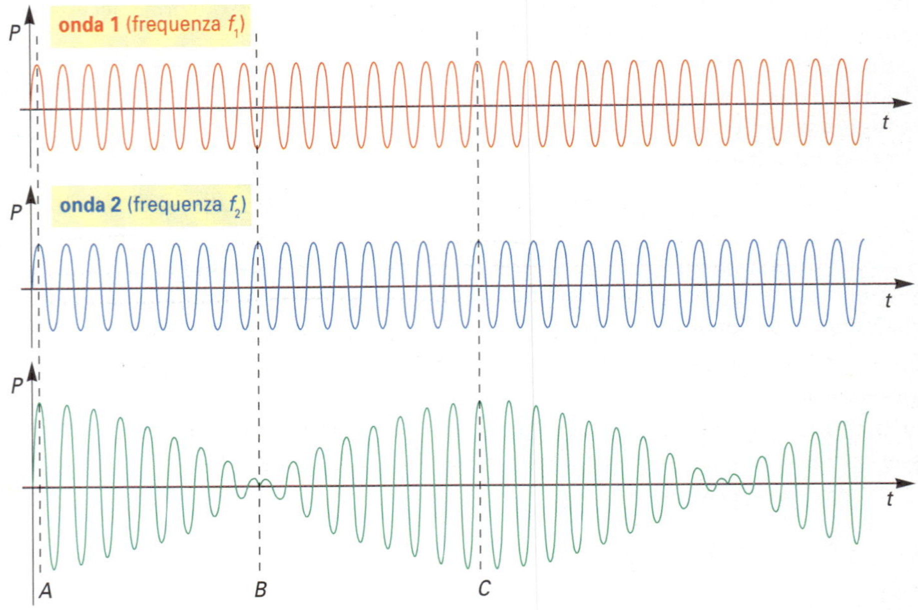

Supponiamo che ci pervengano contemporaneamente due onde sonore con la stessa ampiezza e frequenza simile (f_1 leggermente maggiore di f_2). In questo caso si percepisce un unico suono di intensità variabile nel tempo perché l'ampiezza, come si vede nel grafico risultante dalla sovrapposizione delle due onde, varia con regolarità da un valore massimo a uno nullo. La frequenza f del suono percepito è pari alla media delle frequenze delle due onde sonore, cioè $f = \frac{f_1 + f_2}{2}$.

battimenti

Quando nella stessa regione di spazio interferiscono onde di frequenza non molto diversa si ha il fenomeno dei **battimenti**.

- In A le due onde sono quasi sovrapponibili per cui si ha interferenza costruttiva.
- In B, a causa della lieve differenza di frequenza, si ha una gola dell'onda 1 e una cresta dell'onda 2 e l'interferenza è distruttiva.
- In C l'interferenza è nuovamente costruttiva.

Nell'unità di tempo il livello di intensità sonora aumenta e diminuisce più volte. Il numero di volte che ciò accade si chiama **frequenza dei battimenti** ed è pari alla differenza in valore assoluto: $|f_1 - f_2|$.

FLASH

Accordatura degli strumenti

Il fenomeno dei battimenti viene sfruttato per accordare gli strumenti: mentre un diapason sta emettendo una frequenza nota, si sollecita la corda da regolare, per esempio, di una chitarra o di un violino.
Sino a quando si avvertono intensificazioni e indebolimenti periodici del suono si continua a regolare la tensione della corda, allungandola o accorciandola. L'accordatura è perfetta quando si avverte un unico suono continuo.

La condizione matematica dei battimenti

ON LINE

14.5 L'effetto Doppler

ON LINE
VIRTUAL LAB
Effetto Doppler

Assistendo a un corteo strombazzante di automobili, in occasione di un festeggiamento di carattere sportivo o di un matrimonio, è facile notare che percepiamo il suono di uno stesso clacson in modo diverso a seconda che l'auto in questione si avvicini oppure si allontani da noi. Si tratta di un fenomeno la cui spiegazione è dovuta al fisico austriaco Johann Christian J. Doppler (1803-1853) e si verifica ogni volta che vi è un moto relativo tra una sorgente di onde e l'osservatore.
Analizziamo due casi particolari ipotizzando sempre che la sorgente e l'osservatore si muovano solo lungo la retta che li congiunge.

Osservatore fermo e sorgente in movimento

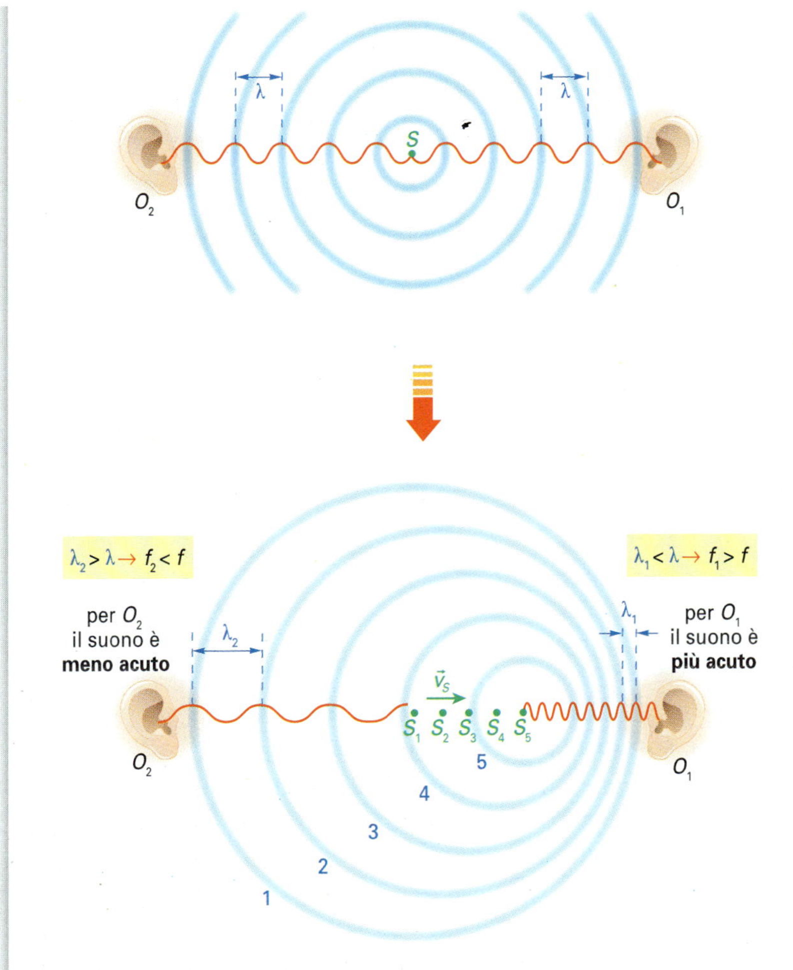

Per calcolare le velocità, assumendo per ipotesi che non vi sia vento, consideriamo come sistema di riferimento quello solidale con la Terra. Quando la sorgente S e l'osservatore sono fermi, possiamo dire che la lunghezza d'onda λ di un'onda sonora di frequenza f e velocità di propagazione v_{suono} è data da:

$$\lambda = \frac{v_{\text{suono}}}{f}$$

Nel caso in cui la sorgente S si muove con velocità v_S verso l'osservatore O_1, i fronti d'onda si infittiscono davanti alla sorgente, per cui le lunghezze d'onda diminuiscono e le frequenze aumentano: l'osservatore percepisce un suono più acuto.
Il processo opposto si verifica in O_2 posto dietro la sorgente, dove i fronti d'onda si diradano e il suono diventa più grave.

Nell'ipotesi che l'osservatore sia fermo, occorre distinguere tra l'**avvicinamento** della sorgente e il suo **allontanamento**.

• **Osservatore fermo e sorgente in avvicinamento**

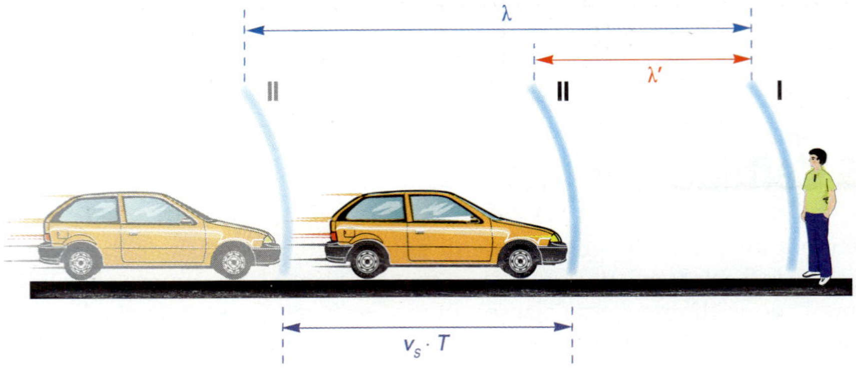

L'automobilista sta suonando in modo continuativo il clacson dell'auto. Sappiamo che la lunghezza d'onda del suono è la distanza minima tra due strati di compressione (o rarefazione) dell'aria. Chiamiamo I e II due fronti d'onda consecutivi corrispondenti a zone di compressione.
Supponiamo che l'osservatore, immobile, abbia percepito in questo istante l'arrivo del fronte d'onda I. Dopo un intervello di tempo pari al periodo T, arriva al suo orecchio anche il fronte d'onda II; però, se la sorgente sonora si avvicina con velocità v_S, nell'intervallo di tempo T essa ha nel frattempo percorso il tratto $v_S \cdot T$. Di conseguenza per l'osservatore la distanza tra I e II non è più λ bensì λ':

$$\lambda' = \lambda - v_S \cdot T$$

ma $\lambda = \frac{v_{suono}}{f}$ e $T = \frac{1}{f}$ quindi $\lambda' = \frac{v_{suono}}{f} - v_S \frac{1}{f}$

Dalla relazione precedente abbiamo che la lunghezza d'onda λ' percepita dall'osservatore è diminuita:

$$\lambda' = \frac{v_{suono} - v_S}{f} < \lambda$$

Essendo la velocità del suono inalterata, la frequenza f' risulta maggiore di f:

$$f' = \frac{v_{suono}}{\lambda'} = \frac{v_{suono}}{\frac{v_{suono} - v_S}{f}}$$

In sintesi abbiamo:

osservatore fermo e sorgente in avvicinamento

$$f' = \left(\frac{v_{suono}}{v_{suono} - v_S}\right) f$$

dove $f' > f$ e il suono è più acuto.

• **Osservatore fermo e sorgente in allontanamento**

Analogamente, quando la sorgente si allontana dall'osservatore con velocità v_S si ha l'effetto inverso e la lunghezza d'onda aumenta:

$$\lambda' = \frac{v_{suono} + v_S}{f} > \lambda$$

Di conseguenza la frequenza f' diminuisce.

osservatore fermo e sorgente in allontanamento

$$f' = \left(\frac{v_{suono}}{v_{suono} + v_S}\right) f$$

dove $f' < f$ e il suono è più grave.

Sorgente ferma e osservatore in movimento

In questo caso, in cui a essere immobile è la sorgente, occorrerà distinguere tra l'**avvicinamento** dell'osservatore e il suo **allontanamento**.

• **Sorgente ferma e osservatore in avvicinamento**

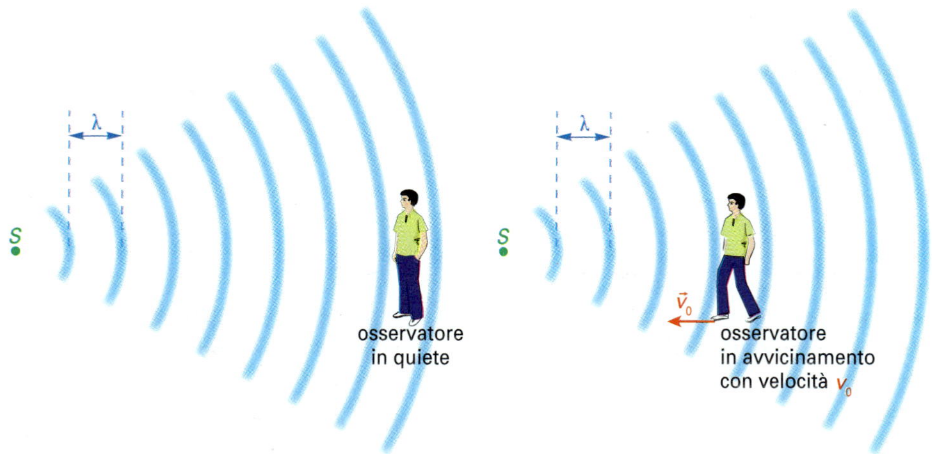

Abbiamo già visto che se la sorgente e l'osservatore sono fermi la frequenza è data da:

$$f = \frac{v_{\text{suono}}}{\lambda}$$

Se la sorgente S rimane ferma, un osservatore in avvicinamento percepisce un suono più acuto perché, a causa della sua velocità v_0, riceve nello stesso intervallo di tempo Δt un maggior numero di fronti d'onda, per cui la frequenza aumenta. Infatti, per l'osservatore il suono emesso dalla sorgente ha velocità $v' = v_{\text{suono}} + v_0$.
La frequenza f' che egli percepisce è data allora da:

$$f' = \frac{v'}{\lambda} = \frac{v_{\text{suono}} + v_0}{\lambda}$$

perciò:

$$f' = \frac{v_{\text{suono}} + v_0}{\dfrac{v_{\text{suono}}}{f}}$$

La relazione diventa:

$$f' = \left(\frac{v_{\text{suono}} + v_0}{v_{\text{suono}}}\right) f$$

dove $f' > f$ e il suono è più acuto.

sorgente ferma e osservatore in avvicinamento

• **Sorgente ferma e osservatore in allontanamento**

Se al contrario l'osservatore si allontana dalla sorgente con velocità v_0, si percepisce un suono con frequenza minore.

$$f' = \left(\frac{v_{\text{suono}} - v_0}{v_{\text{suono}}}\right) f$$

dove $f' < f$ e il suono è più grave.

sorgente ferma e osservatore in allontanamento

ON LINE VIRTUAL LAB
Effetto Doppler: caso generale

Generalizzando, quando vi è un moto relativo tra sorgente e osservatore, dato che possono essere entrambi in movimento, lungo la loro congiungente si ha:

effetto Doppler (caso generale)

$$f' = \left(\frac{v_{suono} \pm v_0}{v_{suono} \mp v_S}\right) f$$

dove $+v_0$ o $-v_S$ valgono per l'avvicinamento reciproco e $-v_0$ o $+v_S$ per l'allontanamento reciproco tra sorgente e osservatore.

esempio

Durante un inseguimento in autostrada un'auto della polizia, mentre sta andando alla velocità di 180 km/h, attiva una sirena alla frequenza di 900 Hz.

a) Qual è la frequenza che un'automobilista fermo a una stazione di servizio percepisce durante le fasi di avvicinamento e di allontanamento?

b) Qual è la frequenza percepita dalla macchina inseguita, che sta fuggendo a 162 km/h?

c) Tale frequenza si modifica man man che la polizia le si avvicina?

a) L'auto della polizia (sorgente in movimento) emette una frequenza $f = 900$ Hz a una velocità:

$$v_S = 180 \text{ km/h} = 50 \text{ m/s}$$

Con la sorgente in **avvicinamento** la frequenza percepita da un osservatore fermo è:

$$f' = \left(\frac{v_{suono}}{v_{suono} - v_S}\right) \cdot f = \left(\frac{332}{332 - 50}\right) \cdot 900 \text{ Hz} = 1060 \text{ Hz}$$

Con la sorgente in **allontanamento** la frequenza udita da un osservatore fermo è:

$$f' = \left(\frac{v_{suono}}{v_{suono} + v_S}\right) \cdot f = \left(\frac{332}{332 + 50}\right) \cdot 900 \text{ Hz} = 782 \text{ Hz}$$

b) Sorgente (macchina della polizia) e osservatore (macchina inseguita) sono entrambi in movimento rispetto a un sistema di riferimento terrestre. La velocità dell'osservatore è data da:

$$v_0 = 162 \text{ km/h} = 45 \text{ m/s}$$

Per determinare la frequenza rilevata dalla macchina inseguita occorre tenere conto che l'osservatore O si **allontana** dalla sorgente S (– al numeratore) e che la sorgente S si **avvicina** all'osservatore O (– al denominatore):

$$f' = \left(\frac{v_{suono} - v_0}{v_{suono} - v_S}\right) \cdot f = \left(\frac{332 - 45}{332 - 50}\right) \cdot 900 \text{ Hz} = 916 \text{ Hz}$$

c) No, perché la frequenza dipende dalle velocità relative dell'osservatore e della sorgente e non dalla distanza tra di essi.

FLASH

Applicazioni dell'effetto Doppler in medicina e... sulla strada

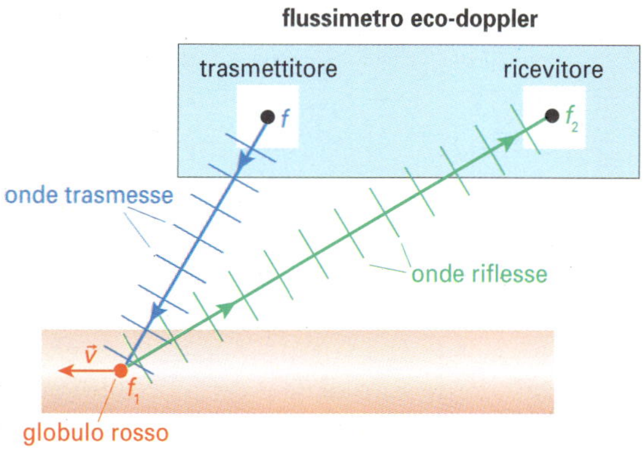

In medicina esistono diversi apparecchi che sfruttano l'effetto Doppler. Il **flussimetro eco-Doppler** serve a misurare la velocità del flusso sanguigno. È composto da una sorgente di onde che in una prima fase emette ultrasuoni a una frequenza f i quali investono un globulo rosso (ricevitore) in allontanamento, per cui la frequenza diminuisce e diventa f_1. In una seconda fase il globulo rosso svolge il ruolo di sorgente in allontanamento e rinvia l'onda riflessa al ricevitore fermo che registra una frequenza f_2 ulteriormente diminuita. L'intervallo tra la frequenza iniziale f e quella finale f_2 dipende dalla velocità delle particelle del sangue, per cui si può risalire alla velocità del flusso, che appare sul display. Un'altra applicazione dell'effetto Doppler, utilizzata dalla polizia stradale, permette di individuare la velocità dei veicoli. È un apparecchio formato da un radar che emette delle opportune onde – non di tipo sonoro bensì elettromagnetico (radio-onde) – che colpiscono le auto in movimento e da un elaboratore che permette di visualizzare su un display la velocità. Il principio di funzionamento è lo stesso illustrato per l'eco-Doppler. Se l'auto è in avvicinamento la frequenza finale risulterà maggiore di quella emessa, ma anche in questo caso dalla differenza tra le due frequenze si riesce a calcolare la velocità del mezzo.

Il bang supersonico

ON LINE

14.6 Le onde stazionarie

Muoviamo su e giù con regolarità l'estremità di una corda elastica tesa di lunghezza L, fissata all'altra estremità. Le onde che si generano si propagano lungo la corda fino a raggiungere l'estremo fisso, si riflettono e tornano indietro, interferendo con le onde in arrivo e dando luogo a una forma d'onda finale complessa in continuo cambiamento. Tuttavia, se le oscillazioni a un estremo avvengono a frequenze opportune, si forma una configurazione che appare sotto forma di più fusi e che dura nel tempo. I punti di un fuso vibrano all'unisono, cioè sono in fase, ma hanno un'ampiezza di oscillazione diversa. Si parla in tal caso di **onde stazionarie**.

onda stazionaria

Un'**onda** è **stazionaria** se mantiene la propria configurazione spaziale stabile nel tempo e non vi è propagazione di energia.

Le onde stazionarie si possono ottenere sia pizzicando una corda sia soffiando in una struttura cilindrica cava. In una corda le onde stazionarie possono essere prodotte da una o più frequenze di oscillazione che sono dette **frequenze proprie** o **frequenze di risonanza**.

La corda

ON LINE
VIRTUAL LAB
Onda stazionaria in una corda con estremi fissati

• **Corda con i due estremi fissati**

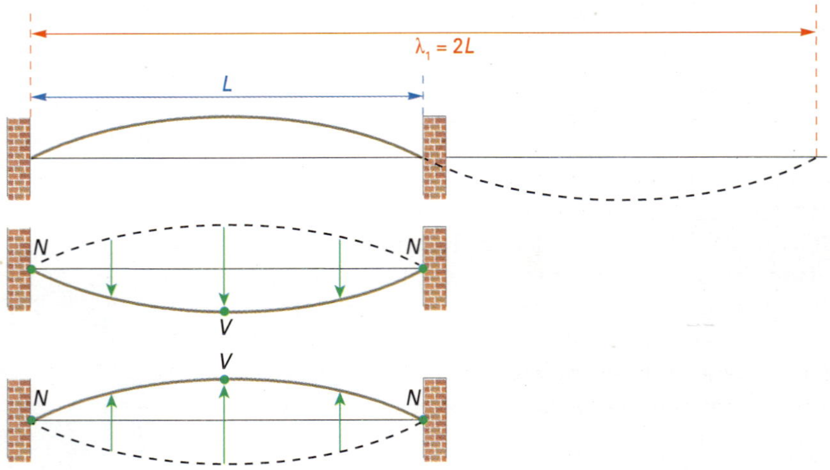

Consideriamo il caso più semplice relativo a una corda lunga L fissata agli estremi (**nodi**). Se la pizzichiamo nel mezzo, a un'opportuna frequenza si ha una riflessione che produce interferenza costruttiva e si formano perciò delle onde stazionarie. Per ottenere questa configurazione occorre che la lunghezza d'onda sia $\lambda_1 = 2L$. Si creano così due nodi fissi agli estremi, che sono i punti in cui le onde interferiscono sempre distruttivamente, e un ventre al centro, in cui le onde interferiscono sempre costruttivamente. Questa modalità di oscillazione si chiama **prima armonica** o **armonica fondamentale**. La frequenza di oscillazione relativa, detta **frequenza fondamentale**, è data da $v = \lambda_1 f_1$ da cui:

$$f_1 = \frac{v}{\lambda_1} = \frac{v}{2L}$$

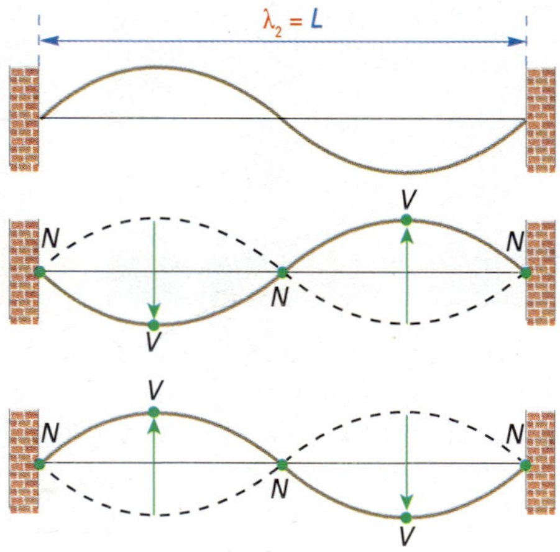

Se $\lambda_2 = L$ si hanno tre nodi (interferenza distruttiva) e due ventri (interferenza costruttiva).
Si tratta della **seconda armonica** a cui corrisponde come frequenza propria:

$$f_2 = \frac{v}{\lambda_2} = \frac{v}{L} = 2\frac{v}{2L} = 2f_1$$

Quando le frequenze sono multiple della prima prendono il nome di frequenze **armoniche**.

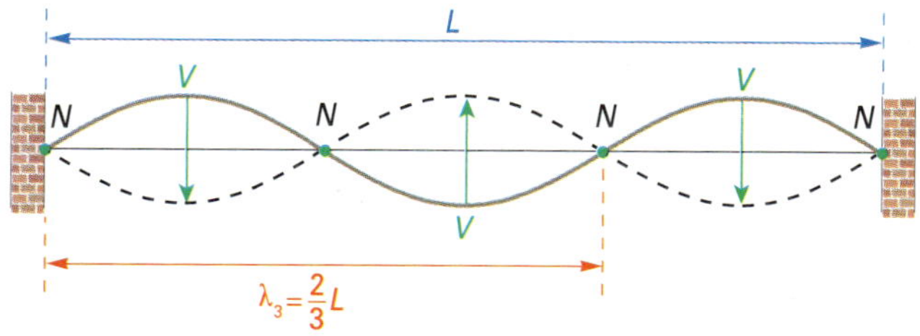

Se $\lambda_3 = \frac{2}{3}L$ si hanno quattro nodi e tre ventri. Si parla allora di **terza armonica** a cui corrisponde come frequenza propria:

$$f_3 = \frac{v}{\lambda_3} = \frac{v}{\frac{2}{3}L} = 3\frac{v}{2L} = 3f_1$$

Generalizzando, ponendo $\lambda_n = \frac{2}{n}L$ $(n = 1, 2, 3...)$, si hanno le diverse modalità di oscillazione a cui corrispondono le frequenze:

$$f_n = n\frac{v}{2L}$$

che prendono il nome di **frequenze armoniche** e sono tutte multiple della frequenza fondamentale $f_1 = \frac{v}{2L}$.

L'insieme delle frequenze costituisce la **serie armonica**.

Lunghezze d'onda

$$\lambda_n = \frac{2}{n}L \quad (n = 1, 2, 3...)$$

Frequenze di risonanza

$$f_n = n\frac{v}{2L} = nf_1 \quad (n = 1, 2, 3...)$$

corda con gli estremi fissati

FLASH

I tasti della chitarra

Quando si suona la chitarra si bloccano con le dita le corde premendo sui tasti disposti sul manico e delimitati dai tastini (o ferretti). In questo modo si cambia la lunghezza della parte della corda che può vibrare e quindi si modifica la relativa frequenza di risonanza.

Man mano che si accorcia la corda aumenta la frequenza e la nota diventa più acuta (alta).

ON LINE VIRTUAL LAB
Onde stazionarie

• **Corda con uno o entrambi gli estremi liberi**

Si possono avere le onde stazionarie anche quando è libero uno degli estremi o lo sono tutti e due.

Corda con un estremo libero *Corda con entrambi gli estremi liberi*

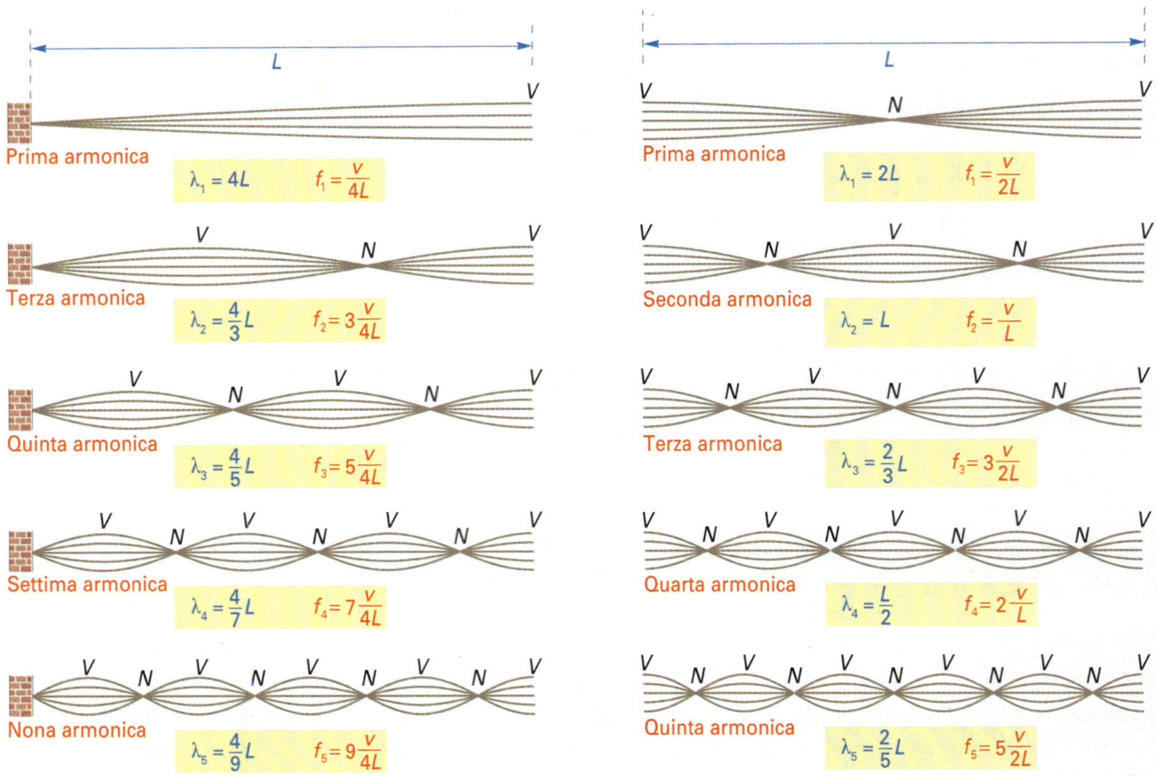

corda con un estremo libero

Lunghezze d'onda $\lambda_n = \dfrac{4}{2n-1}L$ $(n = 1, 2, 3...)$

Frequenze di risonanza $f_n = (2n-1)\dfrac{v}{4L} = (2n-1)f_1$ $(n = 1, 2, 3...)$

In questo caso, oltre alla frequenza fondamentale, appaiono solo le armoniche dispari.

corda con entrambi gli estremi liberi

Lunghezze d'onda $\lambda_n = \dfrac{2}{n}L$ $(n = 1, 2, 3...)$

Frequenze di risonanza $f_n = n\dfrac{v}{2L} = nf_1$ $(n = 1, 2, 3...)$

La situazione ha delle analogie con quella relativa al caso in cui entrambi gli estremi sono fissi, ma agli estremi compaiono sempre due ventri. Sono presenti tutte le armoniche.

I tubi

• **Tubo con le estremità aperte**

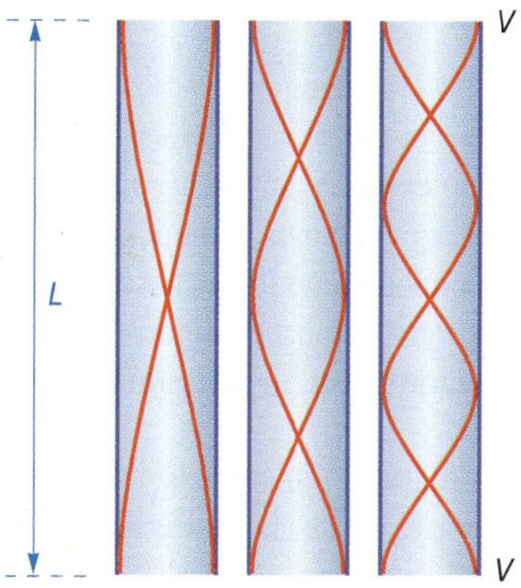

Nel caso di una canna d'organo aperta agli estremi si possono formare delle onde stazionarie e gli estremi costituiscono due ventri.

Lunghezze d'onda	$\lambda_n = \frac{2}{n} L$	$(n = 1, 2, 3...)$
Frequenze di risonanza	$f_n = n \frac{v}{2L} = n f_1$	$(n = 1, 2, 3...)$

tubo con estremità aperte

La scelta della lunghezza iniziale della canna determina **la frequenza dominante** o **fondamentale**. In tutti gli strumenti a fiato con le estremità simmetriche come il flauto, ma anche il sassofono o la tromba, il musicista soffiando genera onde stazionarie in un tubo aperto che hanno un andamento simile a quello della corda con i due estremi fissati. La lunghezza effettiva del tubo (e di conseguenza della colonna d'aria che vibra) viene regolata dall'esecutore chiudendo o aprendo dei fori che si trovano lungo la canna o, in alternativa, agendo su tubi scorrevoli.

• **Tubo chiuso a una estremità**

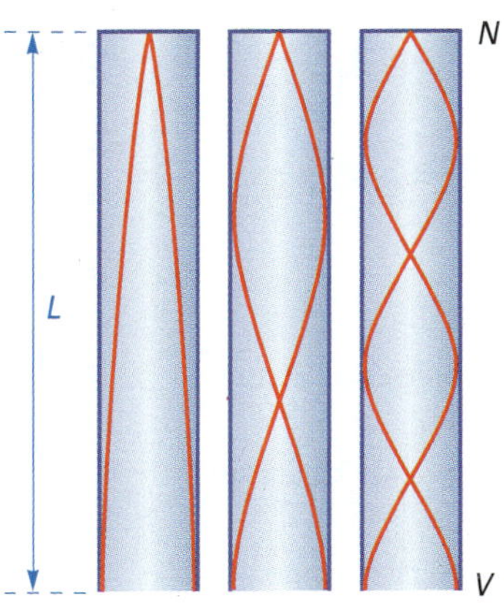

Lunghezze d'onda

$$\lambda_n = \frac{4}{2n-1} L \qquad (n = 1, 2, 3...)$$

Frequenze di risonanza

$$f_n = (2n-1) \frac{v}{4L} = (2n-1) f_1 \qquad (n = 1, 2, 3...)$$

tubo chiuso a una estremità

Possiamo notare che le armoniche successive a quella fondamentale corrispondono agli indici dispari; quindi, sono presenti solo le armoniche dispari. Gli strumenti che presentano un'asimmetria, cioè un'imboccatura chiusa come per il clarinetto, l'oboe o il fagotto, all'estremo chiuso hanno un nodo, mentre all'imboccatura presentano un ventre.

Gli strumenti e le scale musicali

ON LINE

IDEE e PERSONAGGI

Mahler e il muro del suono

A **Gustav Malher** (1860-1911), compositore austriaco di origine boema, piaceva quello che in musica viene chiamato **fortissimo**, riferendosi a un suono particolarmente intenso eseguito nell'orchestra dagli strumenti a fiato. Tant'è vero che una sinfonia del famoso compositore, la n. 6 detta "Tragica", si apre proprio con un fortissimo in tonalità maggiore, per poi passare subito dopo a un *pianissimo* in tonalità minore. Se il suono diventa ancora più forte si parla addirittura di **fortississimo**! Ma di che cosa si tratta realmente?

Già nel 1995 un gruppo di scienziati dell'Università di Eindhoven in Olanda aveva ipotizzato che uno strumento come il trombone potesse emettere durante un *fortissimo* un'onda d'urto con velocità leggermente superiore alla velocità del suono nell'aria. La previsione di basava su un modello matematico che prendeva in considerazione la grande pressione con cui l'aria viene immessa nel trombone all'imboccatura ma, soprattutto, la particolare forma di quest'ultima. Infatti, in altri strumenti a fiato questo fenomeno non si verifica.

Questo tipo di effetto è stato inizialmente studiato in relazione al caso di una sorgente che si muove nell'aria a una velocità v_S maggiore di quella del suono v_{suono}, per cui mentre la sorgente va da S a S', la perturbazione relativa al mezzo arriva solo da S a S_1.

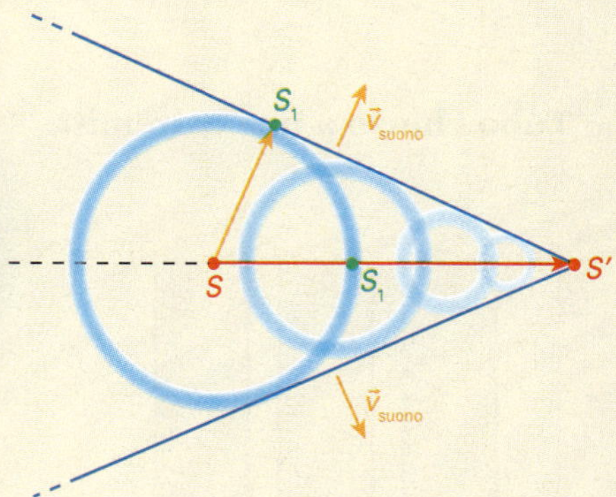

Si produce così un'onda d'urto (***shock wave*** in inglese), data dall'inviluppo delle diverse circonferenze, accompagnata dal noto *bang supersonico*.

La sua visualizzazione è possibile grazie a una tecnica che prende il nome di *schlieren photography*, basata sul cambiamento dell'indice di rifrazione dell'aria dovuto alla variazione della sua densità.

Adoperando questa metodologia, recentemente alcuni scienziati giapponesi della Tohoku University hanno potuto filmare l'onda d'urto dell'aria in uscita dal trombone, trovando che la sua velocità è di circa l'uno per cento più alta di quella del suono.

Un'altra tecnica per "vedere" il suono è stata messa a punto all'Università di Cardiff. Attraverso l'uso dell'olografia i ricercatori sono riusciti a visualizzare le vibrazioni della cassa della chitarra (da cui poi ha origine il suono). In tal modo sono state messe in evidenza persino vibrazioni inferiori al milionesimo di metro!

SCIENTIFIC ENGLISH

CLIL

Sound

The Doppler Effect

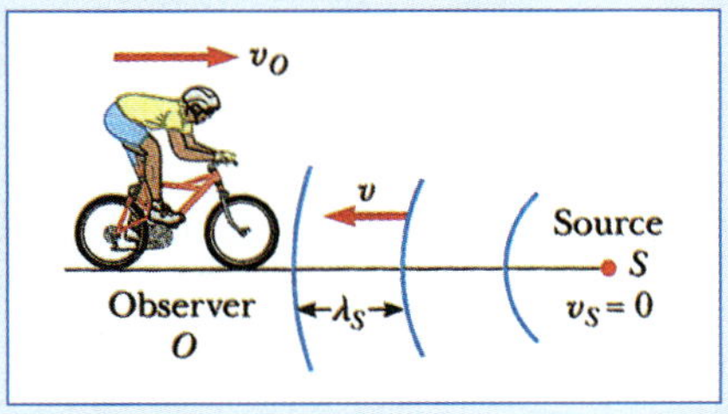

Figure 1
An observer moving with a speed v_O *toward* a stationary point source (S) hears a frequency f_O that is *greater* than the source frequency f_S.

If a car or truck is moving while its horn is blowing, the frequency of the sound you hear is higher as the vehicle approaches you and lower as it moves away from you. This is one example of the *Doppler effect*, named for the Austrian physicist Christian Doppler (1803-1853), who discovered it. The same effect is heard if you're on a motorcycle and the horn is stationary: the frequency is higher as you approach the source and lower as you move away.

Although the Doppler effect is most often associated with sound, it's common to all waves, including light.

In deriving the Doppler effect, we assume that the air is stationary and that all speed measurements are made relative to this stationary medium. The speed v_O is the speed of the observer, v_S is the speed of the source, and v is the speed of sound.

Case 1: The Observer Is Moving Relative to a Stationary Source
In Figure 1 an observer is moving with a speed of v_O toward the source (considered a point source), which is at rest ($v_S = 0$).

We take the frequency of the source to be f_S, the wavelength of the source to be λ_S, and the speed of sound in air to be v. If both observer and source are stationary, the observer detects f_S wave fronts per second. (That is, when $v_O = 0$ and $v_S = 0$, the observed frequency f_O equals the source frequency f_S). When moving toward the source, the observer moves a distance of $v_O t$ in t seconds. During this interval, **the observer detects an additional number of wave fronts**. The number of extra wave fronts is equal to the distance traveled, $v_O t$, divided by the wavelength λ_S:

$$\text{Additional wave fronts detected} = \frac{v_O t}{\lambda_S}$$

Divide this equation by the time t to get the number of additional wave fronts detected *per second*, v_O/λ_S. Hence, the frequency heard by the observer is *increased* to

$$f_O = f_S + \frac{v_O}{\lambda_S}$$

Substituting $\lambda_S = v/f_S$ into this expression for f_O we obtain

$$f_O = f_S\left(\frac{v + v_O}{v}\right) \qquad [1]$$

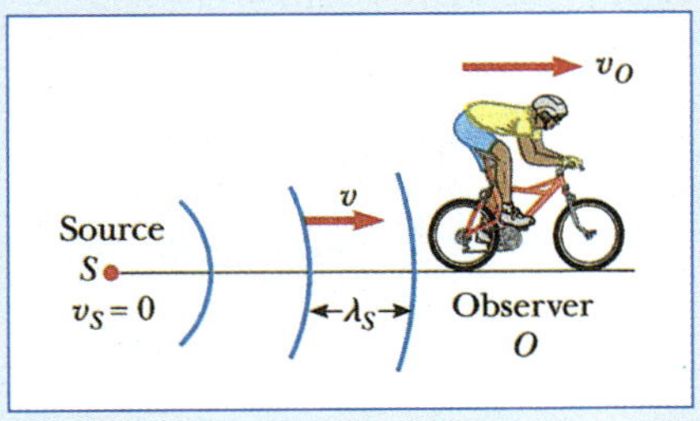

Figure 2
An observer moving with a speed of v_O *away* from a stationary source hears a frequency f_O that is *lower* than the source frequency f_S.

When the observer is *moving away* from a stationary source (Fig. 2), the observed frequency decreases. A derivation yields the same result as Equation 1, but with $v - v_O$ in the numerator. Therefore, when the observer is moving away from the source, substitute $-v_O$ for v_O in Equation 1.

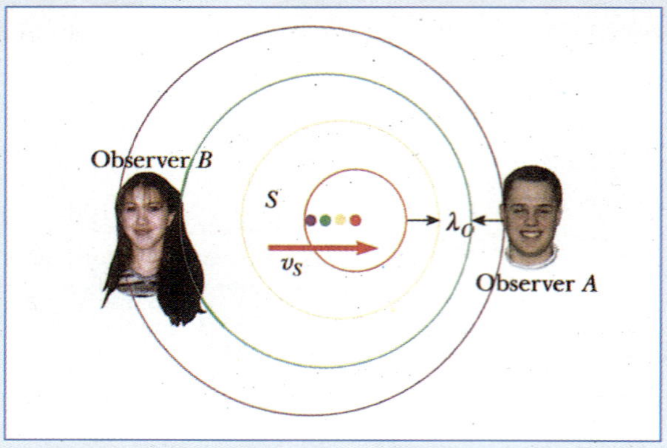

Figure 3
A source S moving with speed v_S toward stationary observer A and away from stationary observer B. Observer A hears an *increased* frequency, and observer B hears a *decreased* frequency.

Case 2: The Source Is Moving Relative to a Stationary Observer
Now consider a source moving toward an observer at rest, as in Figure 3. Here, the wave fronts passing observer A are closer together because the source is moving in the direction of the outgoing wave. As a result, the wavelength λ_O measured by observer A is shorter than the wavelength λ_S of the source at rest. During each vibration, which lasts for an interval T (the period), the source moves a distance $v_S T = v_S/f_S$ and **the wavelength is shortened by that amount.**

The observed wavelength is therefore given by

$$\lambda_O = \lambda_S - \frac{v_S}{f_S}$$

Because $\lambda_S = v/f_S$, the frequency observed by A is

$$f_O = \frac{v}{\lambda_O} = \frac{v}{\lambda_S - \dfrac{v_S}{f_S}} = \frac{v}{\dfrac{v}{f_S} - \dfrac{v_S}{f_S}}$$

or

$$f_O = f_S\left(\frac{v}{v - v_S}\right) \qquad [2]$$

TIP1 Doppler Effect Doesn't Depend on Distance ▶
The sound from a source approaching at constant speed will increase in intensity, but the observed (elevated) frequency will remain unchanged. The Doppler effect doesn't depend on distance.

As expected, **the observed frequency increases when the source is moving toward the observer**. When the source is *moving away* from an observer at rest, the minus sign in the denominator must be replaced with a plus sign, so the factor becomes $(v + v_S)$.

General Case
When both the source and the observer are in motion relative to Earth, Equations 1 and 2 can be combined to give

Doppler shift equation – observer and source in motion

$$f_O = f_S\left(\frac{v + v_O}{v - v_S}\right) \qquad [3]$$

In this expression, the signs for the values substituted for v_O and v_S depend on the direction of the velocity. When the observer moves *toward* the source, a *positive* speed is substituted for v_O; when the observer moves *away from* the source, a *negative* speed is substituted for v_O. Similarly, a *positive* speed is substituted for v_S when the source moves *toward* the observer, a *negative* speed when the source moves away from the observer.

Choosing incorrect signs is the most common mistake made in working a Doppler effect problem. The following rules may be helpful: The word *toward* is associated with an *increase* in the observed frequency; the words *away from* are associated with a *decrease* in the observed frequency.

IN SINTESI

Onde sonore

- L'**onda sonora** è un'onda meccanica longitudinale che si propaga in un mezzo. La *velocità delle onde sonore* dipende dal mezzo di propagazione e dalla temperatura: nell'aria a 20 °C è di 343 m/s.
- Il suono è caratterizzato dalla periodicità, che invece manca nei rumori. Un **suono** è **puro** se l'onda segue una legge sinusoidale, altrimenti si chiama **complesso**.
- L'**altezza** di un suono (effetto sensoriale) dipende dalla **frequenza** (causa oggettiva). Gli **infrasuoni** hanno frequenza inferiore a 20 Hz, gli **ultrasuoni** superiore a 20 000 Hz.
- Il **livello di intensità sonora** (il "volume" nel linguaggio quotidiano) di un suono dipende dall'**intensità** (che è correlata all'ampiezza delle vibrazioni delle particelle attorno alla posizione di equilibrio).
- L'**intensità sonora** $I = \dfrac{\Delta E}{S \cdot \Delta t}$ è data dal rapporto tra l'energia emessa dalla sorgente e il prodotto tra l'estensione della superficie attraversata e l'intervallo di tempo. La superficie deve essere posizionata perpendicolarmente alla direzione di propagazione dell'onda. L'intensità sonora si misura in W/m^2.
- Il **livello di intensità sonora** quantifica la percezione soggettiva ed è definito come $L_S = 10 \log_{10}\left(\dfrac{I}{I_0}\right)$ dove $I_0 = 10^{-12}\ W/m^2$ rappresenta la **soglia di udibilità**. L'unità di misura di L_S è il **decibel**.
- Il **timbro** di un suono dipende dalla forma della funzione dell'onda al variare del tempo.
- Per il teorema di Fourier un'onda periodica di frequenza f si può scomporre nella somma di onde sinusoidali (**armoniche**) le cui frequenze sono multiple secondo numeri interi di f.
- Le onde sonore durante la propagazione possono subire fenomeni di *assorbimento*, *riflessione* (**eco** e **rimbombo**), *rifrazione*, *diffrazione* e *interferenza*.
- Si hanno i **battimenti** quando nella stessa regione di spazio interferiscono nel tempo due onde di frequenza simile. La frequenza dei battimenti è pari alla differenza delle frequenze delle due onde che li generano.

Effetto Doppler

- L'**effetto Doppler** si verifica ogni volta che vi è un moto relativo tra sorgente e osservatore.
  - *Osservatore fermo e sorgente in movimento con velocità* v_S:

    $$f' = \left(\frac{v_{suono}}{v_{suono} \mp v_S}\right) f$$

    Il segno – al denominatore indica l'avvicinamento della sorgente all'osservatore e il + l'allontanamento.
  - *Sorgente ferma e osservatore in movimento con velocità* v_0:

    $$f' = \left(\frac{v_{suono} \pm v_0}{v_{suono}}\right) f$$

    Il segno + al numeratore indica l'avvicinamento dell'osservatore alla sorgente e il segno – l'allontanamento da essa.
  - Nel caso in cui *sorgente e osservatore si muovono entrambi nel sistema di riferimento terrestre*, rispettivamente con velocità v_S e v_0, allora vale la seguente formula generale:

    $$f' = \left(\frac{v_{suono} \pm v_0}{v_{suono} \mp v_S}\right) f$$

    dove i segni al numeratore riguardano i movimenti dell'osservatore che si avvicina (+) o si allontana (–) dalla sorgente e i segni al denominatore riguardano la sorgente che si avvicina (–) o si allontana (+) dall'osservatore.
- Un'**onda** è **stazionaria** quando la sua configurazione spaziale è stabile nel tempo e non si ha propagazione d'energia.

STRUMENTI DI CONSOLIDAMENTO E VERIFICA

Completa le frasi

1 L'onda sonora è un'onda .... che si propaga in un ....

2 La velocità di propagazione del suono dipende dal .... nel quale si trovano la .... e l'ascoltatore. La velocità del suono in aria è .... rispetto alla velocità in acqua. Inoltre, più la temperatura dell'aria diminuisce, più il suono si propaga ....

3 L'altezza di un suono dipende dalla .... dell'onda in quanto, se quest'ultima aumenta, il suono è percepito in modo più .... Il livello di intensità sonora è correlato alla .... trasportata dell'onda. All'aumentare dell'intensità sonora, il suono è percepito sempre più .... Infine, il timbro dipende dalla .... dell'onda sonora.

4 L'intensità sonora è il rapporto tra .... emessa dalla sorgente e il prodotto tra .... e l'estensione della .... attraversata dall'onda. L'unità di misura dell'intensità sonora è il ....

5 Il livello di intensità sonora è 10 volte il .... del rapporto tra .... e la .... di udibilità. Quest'ultima vale .... e rappresenta la minima intensità sonora percettibile. L'unità di misura del livello di intensità sonora è il ....

6 L'assorbimento delle onde sonore è causato dall'............ del mezzo di propagazione. Questo fenomeno provoca lo .... delle oscillazioni e l'energia trasportata dall'onda si trasforma in .... Inoltre, il suono, essendo una particolare onda, subisce fenomeni di riflessione, ... , ... e ....

7 L'eco è il fenomeno fisico dovuto alla .... delle onde sonore. È percepito dall'orecchio umano se il tempo fra l'emissione del suono da parte dell'uomo e l'arrivo dell'............ è maggiore di .... secondo. Se il tempo è .... si parla di rimbombo.

8 I battimenti sono un fenomeno fisico dovuto all'............ nella stessa .... di due onde sonore con .... simile. Questo fenomeno si manifesta con una periodica variazione dell'............ che ha frequenza pari alla .... delle .... delle due singole onde.

9 L'effetto Doppler è un fenomeno fisico che si verifica ogni volta che vi è un .... tra la sorgente di un'onda sonora e .... Se l'ascoltatore è fermo e la sorgente si avvicina, la frequenza percepita sarà .... della frequenza reale della sorgente. Di conseguenza, la lunghezza d'onda sarà ....

10 Un'onda si dice stazionaria se mantiene stabile nel tempo la propria .... e non vi è propagazione di .... In una corda con gli estremi fissati le onde stazionarie sono prodotte da frequenze di oscillazione dette frequenze di .... La più piccola frequenza di risonanza è detta .... e si ottiene dalla relazione $f =$ .... dove con v si indica .... e con L ....

Test a scelta multipla

1 Un'onda sonora:

A si propaga nel vuoto
B si propaga nell'aria con velocità maggiore rispetto all'acqua
C è causata da compressioni e rarefazioni di un mezzo materiale
D è trasversale

2 Un'onda sonora si propaga:

A longitudinalmente soltanto nel vuoto
B trasversalmente soltanto nei mezzi materiali
C longitudinalmente nei mezzi materiali ma non nel vuoto
D longitudinalmente sia nei mezzi materiali sia nel vuoto

3 Per captare i suoni, l'orecchio umano è in grado di percepire piccole variazioni di:

A pressione
B temperatura
C volume
D distanza tra orecchio e sorgente sonora

4 La velocità di propagazione delle onde sonore:

A non dipende dal mezzo
B aumenta passando dallo stato solido allo stato liquido
C non dipende dalla temperatura
D diminuisce passando dallo stato liquido allo stato gassoso

5 La velocità di propagazione delle onde sonore dipende:

A dalla temperatura del mezzo in cui si propaga
B dall'ampiezza delle onde
C dalla frequenza con cui oscilla la sorgente
D dalla forma delle onde

6 Solitamente, riferendosi ai termini suono e rumore possiamo dire che:

A sono equivalenti
B si parla di suono quando le onde sono sinusoidali
C si parla di suono quando le oscillazioni del mezzo sono periodiche
D si parla di suono quando la percezione è gradevole

7 La frequenza di un suono determina a livello sensoriale:

A la gradevolezza
B l'altezza
C il timbro
D il livello di intensità sonora

8 La lunghezza d'onda di un infrasuono nell'aria a 20 °C è:

A minore di 20 hz
B minore di 17 mm
C uguale a quella nel vuoto
D maggiore di 17 m

9 L'intensità sonora, a una certa distanza dalla sorgente che emette un'onda sferica è:

A direttamente proporzionale alla distanza
B inversamente proporzionale al quadrato della distanza
C inversamente proporzionale alla distanza
D direttamente proporzionale al quadrato della distanza

10 In un'aula il livello di intensità sonora raddoppia se l'intensità sonora:

A decuplica
B raddoppia
C quadruplica
D si dimezza

11 Una sorgente sonora emette un'onda sferica. Siano I_1 l'intensità sonora a distanza r e I_2 quella a distanza $2r$. Si ha:

A $I_2 = \frac{1}{2} I_1$
B $I_2 = \frac{1}{4} I_1$
C $I_2 = I_1$
D $I_2 = \frac{1}{16} I_1$

12 La minima variazione di volume che l'orecchio umano riesce a percepire è pari a:

A 1 dB
B 1 W
C 1 W/m^2
D $2 \cdot 10^{-12}$ W/m^2

13 Se l'intensità sonora di una sorgente è il doppio della soglia di udibilità, il livello di intensità sonora è pari a:

A 0 dB
B circa 2 dB
C circa 3 dB
D 10 dB

14 Se il livello di intensità sonora di una sorgente è pari a 0 dB:

A l'orecchio umano non percepisce alcun suono
B l'intensità sonora percepita è pari alla soglia di udibilità
C l'intensità sonora è minore della soglia di udibilità
D la sorgente non emette alcun segnale

15 La nota musicale *Do* emessa da un violino si differenzia sicuramente da quella emessa da una chitarra a causa:

A della diversa frequenza
B del diverso timbro
C della diversa intensità
D della diversa altezza

16 Il timbro di un suono dipende:

A dalla lunghezza d'onda
B dalla frequenza
C dall'ampiezza
D da nessuno dei precedenti

17 Uno strumento musicale emette un *La* sul palcoscenico di un teatro.
La parete in fondo alla sala riflette totalmente il suono mentre le altre, pavimento e soffitto compresi, lo assorbono totalmente. La parete dista 50 m dal palcoscenico. Dopo quanto tempo dall'emissione del suono, il musicista percepirà la prima onda riflessa?

A il musicista non percepisce l'onda riflessa
B circa 300 ms
C circa 150 ms
D circa 600 ms

18 La rifrazione di un'onda sonora:

A causa l'effetto di rimbombo
B è in accordo con il principio di Huygens
C causa l'effetto di eco
D non è fisicamente possibile a causa della bassa velocità del suono

19 Una fenditura di dimensione 80 cm posta in un muro provoca la diffrazione di:

A un ultrasuono
B un suono puro alla frequenza di 20 kHz
C un *La* alla frequenza di 440 Hz
D tutti i suoni udibili dall'uomo

20 Sono date due sorgenti di onde sonore che emettono un suono puro di frequenza 686 Hz. Le sorgenti sono poste in aria alla temperatura di 20 °C. Un punto *P* dista 2 m dalla prima sorgente e 4,5 m dalla seconda sorgente. Nel punto *P* si ha:

A interferenza costruttiva
B interferenza distruttiva
C interferenza costruttiva o distruttiva a seconda dell'intensità dei due suoni
D interferenza costruttiva o distruttiva a seconda della velocità di propagazione

21 Sono date due sorgenti di onde sonore che emettono un suono puro di frequenza 1372 Hz. Le sorgenti sono poste in aria alla temperatura di 20 °C. Un punto *P* dista 2 m dalla prima sorgente e 10 m dalla seconda sorgente. Nel punto *P* si ha:

A interferenza costruttiva
B interferenza distruttiva
C interferenza costruttiva o distruttiva a seconda della velocità di propagazione
D interferenza costruttiva o distruttiva a seconda dell'intensità dei due suoni

22 Nel punto equidistante fra due sorgenti di onde sonore si ha sempre interferenza costruttiva. Se in un punto *P* di interferenza costruttiva pervengono due onde sonore con la stessa pulsazione ω e ampiezza *A*, un osservatore posto in *P* percepisce un suono d'intensità costante.
Le due precedenti affermazioni sono rispettivamente:

A vera, vera
B vera, falsa
C falsa, vera
D falsa, falsa

23 Il fenomeno dei battimenti:

A si ha ogni volta che due onde interferiscono
B è un fenomeno fisico legato alla riflessione delle onde sonore
C si evidenzia quando due onde con lunghezza d'onda simile interferiscono
D dipende in prima approssimazione dall'intensità sonora delle sorgenti

24 Una chitarra emette un *La* alla frequenza di 440 Hz e un'altra, leggermente scordata, lo emette alla frequenza di 439,5 Hz. La frequenza dei battimenti è:

A 2 Hz
B 0,5 Hz
C nulla
D 1 Hz

25 Si producono battimenti in seguito alla sovrapposizione di due onde sonore pure solo se:

A le loro ampiezze e le loro frequenze sono uguali
B le loro ampiezze sono le stesse e le loro frequenze sono leggermente diverse
C sia le loro frequenze sia le loro ampiezze sono leggermente diverse
D le loro frequenze sono le stesse e le loro ampiezze differiscono leggermente

26 Dati un ascoltatore fermo e una sorgente sonora in avvicinamento all'osservatore, per effetto Doppler si ha che:

A l'osservatore percepisce un suono a una frequenza minore di quella effettiva
B la lunghezza d'onda dell'onda sonora risulta maggiore di quella effettiva
C l'osservatore percepisce un suono più acuto di quello reale
D la sorgente emette un suono con intensità crescente

27 **Se una sorgente sonora e un ascoltatore viaggiano entrambe alla stessa velocità:**

A la frequenza percepita dall'ascoltatore è pari all'effettiva frequenza emessa dalla sorgente

B la frequenza percepita può essere maggiore di quella effettiva

C la lunghezza d'onda dell'onda percepita è sicuramente uguale a quella dell'onda emessa

D l'effetto Doppler è sicuramente nullo

28 **Una sorgente sonora alla temperatura di 20 °C emette un suono puro alla frequenza di 440 Hz. Se un ascoltatore si avvicina alla velocità di 4 m/s allora:**

A la frequenza percepita è di circa 445 Hz

B la frequenza percepita è di circa 435 Hz

C la lunghezza d'onda percepita è di 9 mm

D la frequenza d'onda percepita dipende solo dalla distanza tra sorgente e ascoltatore

29 **La frequenza di un clacson è 500 Hz. Quale frequenza viene percepita da un ascoltatore se l'autovettura e l'ascoltatore sono fermi ma il vento soffia contro l'ascoltatore?**

A 500 Hz

B maggiore di 500 Hz

C minore di 500 Hz

D maggiore o minore di 500 in base alla velocità del vento

30 **La prima armonica di una corda lunga 50 cm fissata a entrambe le estremità è di 440 Hz. La velocità di propagazione dell'onda è:**

A 44 000 m/s

B 220 m/s

C 440 m/s

D 0,22 m/s

31 **La terza armonica di una corda lunga 40 cm fissata a entrambe le estremità è di 1200 Hz. La velocità di propagazione dell'onda è:**

A 960 m/s

B 320 m/s

C 160 m/s

D 100 m/s

Esercizi

14.1 Che cos'è il suono

1 Esaminati i grafici riportati in figura, stabilisci (motivando le risposte) quali dei due suoni è più acuto e, a parità di distanza dalla sorgente, quale ha l'intensità maggiore.

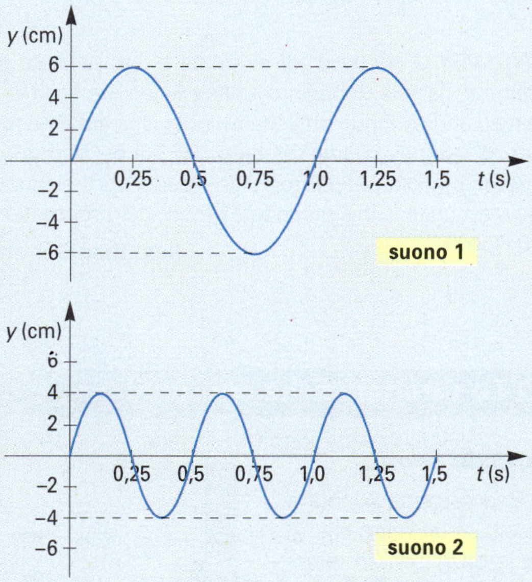

[1 Hz; 2 Hz; 6 cm; 4 cm]

2 I due grafici in figura rappresentano due onde sonore.

a) Determina il periodo e la frequenza di entrambi.

b) Qual è il più acuto dei due suoni?

c) Qual è il suono che (a parità di distanza dalla sorgente) risulta più intenso?

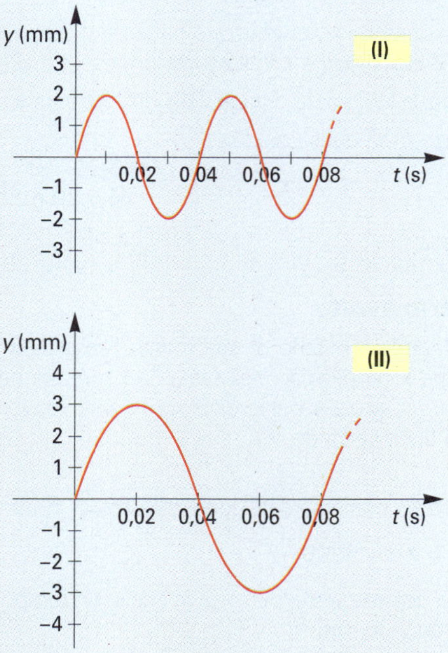

[a) 0,04 s, 25 Hz; ...]

3 Determina le lunghezze d'onda corrispondenti ai valori limite delle frequenze delle onde sonore udibili dall'uomo.

[17 mm; 17 m]

4 Determina le lunghezze d'onda delle note musicali tra il *Do* 262 Hz e il *Do* 523 Hz considerando la velocità del suono in aria a 20 °C.

[1,3 m; 1,2 m; ... 0,7 m]

5 Calcola la lunghezza d'onda di un'onda sonora che, con una frequenza di 380 Hz, si propaga nell'aria alla velocità di 320 m/s. Se la frequenza diminuisce, che cosa succede alla lunghezza d'onda? Se la temperatura dell'aria aumenta, come varia la velocità del suono? **[84,2 cm; aumenta; aumenta]**

6 Una nota musicale si propaga nell'aria a 0 °C con una lunghezza d'onda di 75,1 cm. Quale frequenza ha tale nota? **[440 Hz (è la nota *La*)]**

7 Calcola a quale velocità si propaga in un mezzo un'onda sonora di lunghezza 70 cm e frequenza 440 Hz. **[308 m/s]**

8 Durante uno spettacolo pirotecnico, uno spettatore percepisce il botto 1,5 s dopo aver visto l'effetto luminoso del fuoco d'artifizio in cielo.
Supponendo che la temperatura dell'aria sia di 20 °C, a quale distanza dall'osservatore è esploso il fuoco? **[514,5 m]**

9 Viene sparato un colpo di pistola. Un ragazzo si trova a 700 m di distanza e una signora a 1 km. Con quale ritardo, rispetto al ragazzo percepisce il suono la signora? **[0,875 s]**

10 Con uno strumento musicale emettiamo la nota musicale *Do* a una frequenza di 264 Hz.

a) Calcola il periodo e la lunghezza d'onda.

b) Quale sarebbe la lunghezza d'onda se si propagasse in un mezzo con velocità 4 volte superiore rispetto all'aria?

c) Calcola la lunghezza d'onda della nota *Mi* in aria, che ha frequenza $\frac{5}{4}$ di quella del *Do*.

[*a*) $3{,}79 \cdot 10^{-3}$ s; 1,29 m; *b*) 5,20 m; *c*) 1,03 m]

Esercizio svolto

11 Colpendo il binario di una rotaia d'acciaio, si genera un suono che si propaga sia nell'aria a 343 m/s, sia nell'acciaio a 5960 m/s. Calcola a quale distanza i suoni vengono uditi intervallati di un secondo. **[364 m]**

La distanza s percorsa dal suono nella rotaia in un tempo t è:

$$s = v \cdot t = 5960 \cdot t$$

La stessa distanza viene percorsa in aria in un tempo $(t + 1)$ secondi e dunque sarà:

$$s = v \cdot (t + 1) = 343 \cdot (t + 1)$$

Uguagliamo le due espressioni:

$$5960\,t = 343\,t + 343$$

da cui:

$$t = \frac{343}{5960 - 343}\,\text{s} = 0{,}061\,\text{s}$$

La distanza percorsa dal suono nell'aria sarà perciò:

$$s = 343\,\text{m/s} \cdot 1{,}061\,\text{s} = 364\,\text{m}$$

12 Da una barca (a livello della superficie del mare) parte un segnale acustico di lunghezza d'onda 18,5 cm per un sottomarino che si trova sul fondo a 450 m di profondità.

a) Qual è la frequenza del segnale?

b) Dopo quanto tempo il sottomarino lo sente?

[*a*) 8000 Hz; *b*) 0,30 s]

13 Un'onda sonora si propaga dall'estremità di una sbarra di piombo e ha una lunghezza d'onda di 25 cm.

a) Qual è la frequenza del suono?

b) Se un ascoltatore ha posizionato l'orecchio in corrispondenza dell'altra estremità della sbarra e sente il suono dopo 0,1 s, qual è la lunghezza della sbarra?

[*a*) 4920 Hz; *b*) 123 m]

14 Percuotendo una conduttura metallica, contenente acqua, a una certa distanza i suoni giungono intervallati di 0,2 s. Calcola la distanza utilizzando come velocità di propagazione nell'acqua 1480 m/s e nella parte metallica 5960 m/s. **[394 m]**

15 ***ENGLISH*** Middle D (the italian note RE) on the musical scale has a frequency of 294 Hz. What is the wavelength of this note in air? *b*) The frequency of the D an octave above middle D is twice that of middle D. What is the wavelength of this note in air? **[*a*) 1.2 m; *b*) 0.6 m]**

16 ***ENGLISH*** If a sound wave in air (20 °C) has frequency 1700 Hz, what is its wavelength? What would the wavelength of the same sound waves be in a metal where their speed was 5100 m/s? **[20 cm; 3 m]**

17 ***ENGLISH*** A method for estimating the distance to a lightning flash is to begin counting when the flash is observed and continue until the thunder is heard. The number of seconds counted is then divided by 3 to get the distance in kilometers from the listener to the thunder. How accurate is this procedure? (consider propagation in 20 °C air) **[less than 3% error]**

14.2 Le caratteristiche dei suoni

Esercizio svolto

18 Una sorgente sonora è collocata su un muro che riflette le onde sonore generate.
Se la potenza emessa è di 3,00 W, calcola a quale distanza l'intensità sonora è di 1,00 mW/m^2. **[21,8 m]**

Sappiamo che $I = \frac{P}{S}$. Il fronte d'onda è una semisfera di area $S = \frac{1}{2}(4\pi r^2)$ per cui:

$$I = \frac{P}{S} = \frac{P}{2\pi r^2}$$

Ricaviamo la distanza:

$$r^2 = \frac{P}{2\pi \cdot I} = \frac{3{,}00\ \text{W}}{2\pi \cdot 10^{-3}\ \text{W/m}^2}$$

e quindi $r = \sqrt{477}\ \text{m} = 21{,}8\ \text{m}$

19 Una sorgente sonora è collocata al centro di una stanza ed emette onde sonore sferiche. Se la potenza emessa è di 10,0 W, calcola a quale distanza l'intensità sonora è di 9,0 mW/m^2.
[9,4 m]

20 Una sorgente di onde sonore sferiche ha una potenza di 100 W. Qual è l'intensità sonora alla distanza di 30 m?
[8,8 mW/m^2]

Esercizio svolto

21 Il livello di intensità sonora emesso da una persona che conversa animatamente è di 70 dB, calcola il livello totale in dB raggiunto durante un dibattito televisivo in cui tutti gli 8 partecipanti presenti parlano contemporaneamente. **[79 dB]**

Il livello di intensità sonora è dato da:

$$L_s = 10 \log_{10}\left(\frac{I}{I_0}\right) \quad (I_0 \text{ soglia di udibilità})$$

Sostituendo i dati del problema si ha che per una singola persona:

$$70 = 10 \log_{10}\left(\frac{I}{10^{-12}}\right) \Rightarrow 7 = \log_{10}\left(\frac{I}{10^{-12}}\right)$$

per la definizione di logaritmo:

$$10^7 = \frac{I}{10^{-12}}$$

da cui si ha $I = 10^{-5}\ \text{W/m}^2$ che è l'intensità sonora di una singola persona. Pertanto l'intensità sonora raggiunta dagli 8 partecipanti è $I = 8 \cdot 10^{-5}\ \text{W/m}^2$. Riapplicando l'espressione del livello di intensità sonora si ha:

$$L_s = 10 \log_{10}\left(\frac{8 \cdot 10^{-5}}{10^{-12}}\right)$$

da cui si ottiene $L_s = 79$ dB.

Lo stesso risultato si può ottenere applicando l'espressione del livello di intensità sonora (indicando con I l'intensità sonora della singola persona) e successivamente la proprietà del logaritmo di un prodotto $\log(a \cdot b) = \log(a) + \log(b)$:

$$L_s = 10 \log_{10}\left(8 \cdot \frac{I}{I_0}\right) = 10\left[\log_{10}(8) + \log_{10}\left(\frac{I}{I_0}\right)\right] =$$
$$= 10\,[\log_{10}(8) + \log_{10} I - \log_{10} I_0] =$$
$$= 10\,[\log_{10} 8 + \log_{10} 10^{-5} - \log_{10} 10^{-12}] =$$
$$= 10\,[\log_{10} 8 - 5 + 12] = 9\ \text{dB} + 70\ \text{dB} = 79\ \text{dB}$$

22 In una sala, il livello di intensità sonora di dieci persone che parlano contemporaneamente è pari a 90 dB e tutte le persone emettono la stessa intensità sonora. Qual è il livello di intensità sonora se una persona smette di parlare? **[89,5 dB]**

23 Dimostra che, qualunque sia l'intensità sonora di una sorgente, se ne aggiungiamo un'altra a essa equivalente il livello di intensità sonora aumenta di 3 dB.

24 In un cantiere edile dove vengono effettuati degli scavi, ogni macchinario in funzione raggiunge un livello di intensità sonora pari a 120 dB. Calcola il numero di macchine che, se messe contemporaneamente in funzione, porterebbero a raggiungere la soglia del dolore (130 dB).
[10]

25 Un dispositivo emette un suono con fronte d'onda piano, avente una superficie di 4,0 cm^2. L'intensità sonora è di 100 dB e un secondo dispositivo lo assorbe completamente. Calcola quanta energia viene assorbita in 5 minuti di funzionamento.

Suggerimento **Vedere l'esempio svolto del par. 14.2.**

[1,2 mJ]

26 Un dispositivo emette un suono con fronte d'onda piano, avente una superficie di 3 m^2. L'intensità sonora è di 30 dB e un secondo dispositivo lo assorbe completamente. Calcola quanta energia viene assorbita in 1 ora di funzionamento.
[1,08 · 10^{-5} J]

27 ***ENGLISH*** A loudspeaker at a concert generates a pure sound wave with intensity 10^{-2} W/m^2 at 20 m. Assume that the sound spreads its energy uniformly in all directions. What is the total acoustic power output of the speaker? At what distance will the intensity be at the pain threshold of 1 W/m^2? What is the intensity at 30 m?
[50.3 W; d = 2.0 m; 4.4 mW/m^2]

28 ***ENGLISH*** What is the intensity level of a sound wave of intensity 10^{-10} W/m^2, and of another sound wave with intensity 10^{-2} W/m^2? **[20 dB; 100 dB]**

29 ***ENGLISH*** Find the intensity of a sound wave of intensity level of 10 dB and 3 dB. **[10^{-11} W/m^2; $2 \cdot 10^{-12}$ W/m^2]**

30 ***ENGLISH*** Everyone at a party is talking equally loudly. If only one person were talking, the sound level would be 70 dB. Find the sound level when all 50 people are talking.
[87 dB]

14.3 La propagazione delle onde sonore

31 Entrando in un grande palazzo vuoto, ci accorgiamo che le parole che pronunciamo vengono riflesse dalle pareti, che si trovano a 20 m di fronte a noi. Dopo quanto tempo dall'aver parlato udiamo i suoni riflessi? Si tratta di eco o rimbombo, e perché?
[0,12 s; eco, perché il tempo di arrivo del suono riflesso è maggiore di un decimo di secondo e può essere percepito dall'orecchio umano]

32 Il rumore prodotto da un sasso lanciato in un pozzo arriva all'ascoltatore dopo un intervallo di tempo dall'impatto sull'acqua pari a 35 millesimi di secondo. Dopo aver trovato la sua altezza stabilisci, motivando la risposta, se in quel pozzo si avrebbe il fenomeno dell'eco oppure quello del rimbombo. [12 m; ...]

33 Uno strumento detto sonar emette ultrasuoni per valutare la profondità del fondo marino. Sapendo che l'onda riflessa giunge dopo 4,8 s e che gli ultrasuoni in acqua hanno una velocità di circa 1500 m/s, calcola la profondità del fondo marino. [3600 m]

34 Il sonar di un sottomarino in immersione invia degli ultrasuoni che hanno in acqua una velocità di circa 1500 m/s. Sapendo che la parte immersa di un iceberg si trova a 4,8 km di distanza, dopo quanto tempo giungeranno i segnali riflessi? [6,4 s]

35 A quale distanza da una parete perfettamente riflettente si deve trovare una sorgente sonora affinché si percepisca l'eco dopo 600 ms dall'emissione del suono? [102,9 m]

36 Una sorgente sonora dista 100 metri da una parete perfettamente riflettente. Dopo quanto tempo dall'emissione del suono si sente l'eco se la temperatura dell'aria è 0 °C? E se la temperatura dell'aria è 20 °C? [604 ms; 583 ms]

37 Due sorgenti sonore sono a distanza di 5,0 m ed emettono un suono a una frequenza di 170 Hz e a una velocità di 340 m/s. Determina quali posizioni, interne alla congiungente le due sorgenti, sono interessate all'interferenza distruttiva.

Suggerimento Vedere l'esempio svolto del par. 14.3.

[Nei punti che distano 1 m, 2 m, 3 m, 4 m dall'una o l'altra]

38 Due sorgenti sonore sono a distanza di 4,0 m ed emettono un suono a una frequenza di 680 Hz e a una velocità di 340 m/s. Determina se nel punto che dista 2,5 m da una delle due sorgenti si ha interferenza costruttiva o distruttiva. [costruttiva]

Esercizio svolto

39 Le due casse acustiche *A* e *B* di un impianto stereofonico sono posizionate in una grande sala a una distanza *d* tra loro. Un ragazzo si trova a 16,0 m di fronte a una di esse, come nel disegno. Se le casse emettono un suono in fase alla frequenza di 500 Hz, calcola qual è la minima distanza *d* in corrispondenza alla quale il ragazzo non sente il suono.

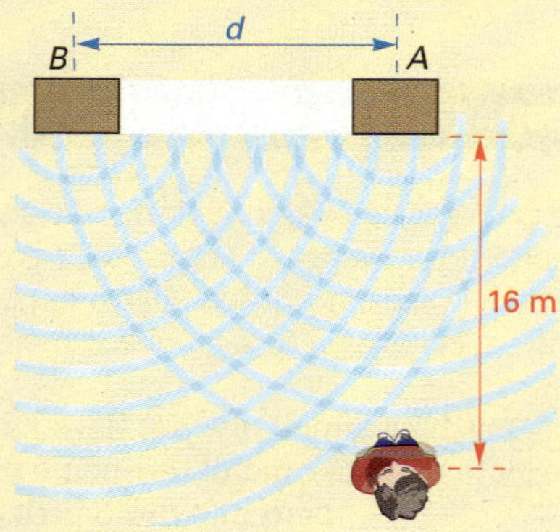

[3,16 m]

Ricaviamo innanzitutto la lunghezza d'onda del suono:

$$\lambda = \frac{v}{f} = \frac{343\ \text{m/s}}{500\ \text{s}^{-1}} = 0{,}686\ \text{m}$$

L'assenza di suono equivale a ricercare l'interferenza distruttiva; per questo, indicando con x_1 la distanza del ragazzo dalla sorgente *A* e con x_2 la distanza dalla *B*, deve essere:

$$|x_2 - x_1| = x_2 - x_1 = (2K+1)\frac{\lambda}{2}$$

e per $K = 0$ si ha $\frac{\lambda}{2} = 0{,}343$ m.

Pertanto $x_2 = x_1 + 0{,}343$ m $= 16{,}3$ m. Applicando il teorema di Pitagora si ha:

$$d = \sqrt{x_2^2 - x_1^2} = \sqrt{266 - 256}\ \text{m} = 3{,}16\ \text{m}$$

40 Nelle stesse condizioni dell'esercizio precedente, calcola per quale minima distanza fra le casse acustiche l'intensità percepita del suono da parte del ragazzo è massima. [4,78 m]

41 ***ENGLISH*** Two loudspeakers are separated by a distance of 6 m. A listener sits directly in front of one speaker at a distance of 8 m so that the two speakers and the listener form a right triangle. Find the two lowest frequencies for which the path difference from the speakers to the listener is an odd number of half-wavelengths. [85 Hz; 255 Hz]

42 ***ENGLISH*** A sonar echo returns to a submarine 1 s after being emitted. What is the distance to the object creating the echo? If the submarine sonar system can measure time differences with a precision of 10 ms, what is the smallest distance that it can detect? [740 m; 7.4 m]

14.4 I battimenti

Esercizio svolto

43 Prima di un concerto, si provvede all'accordatura di una chitarra. Il *La* fornito da un'altra chitarra già accordata a 440 Hz provoca, quando sovrapposto al *La* della chitarra da accordare, un battimento di frequenza 2 Hz.

a) Indica qual è la frequenza del *La* della chitarra ancora da accordare.

b) Calcola inoltre la frequenza del suono risultante dalla sovrapposizione delle due note.

[*a*) 442 Hz; 438 Hz; *b*) 441 Hz; 439 Hz]

a) Siano f_1 la frequenza del *La* della chitarra da accordare ed $f_2 = 440$ Hz il *La* della chitarra già accordata.
La frequenza dei battimenti è data da:

$$|f_1 - f_2| = 2\ \text{Hz} \begin{cases} f_1 - 440\ \text{Hz} = 2\ \text{Hz} \Rightarrow f_1 = 442\ \text{Hz} \\ -f_1 + 440\ \text{Hz} = 2\ \text{Hz} \Rightarrow f_1 = 438\ \text{Hz} \end{cases}$$

b) La frequenza *f* percepita dalla sovrapposizione dei due *La* è:

$$f = \frac{f_1 + f_2}{2}$$

Se $f_1 = 442$ Hz si ha che $f = \frac{(442 + 440)}{2} = 441$ Hz.

Questo significa che se si percepisce un suono leggermente più acuto, è necessario allentare la corda della chitarra da accordare.
Se $f_1 = 438$ Hz si ha che $f = \frac{(438 + 440)}{2} = 439$ Hz ed è quindi necessario tendere ulteriormente la corda della chitarra.

44 Si sovrappongono due suoni puri rispettivamente a 490 Hz e 494 Hz. Calcola la frequenza del suono ottenuto e la frequenza dei battimenti. [492 Hz; 4 Hz]

45 Dato un suono puro della frequenza di 1 kHz, si vogliono ottenere battimenti della frequenza di 2 Hz e un suono risultante alla frequenza di 1001 Hz. Quale deve essere la frequenza del suono da sovrapporre al primo? [1002 Hz]

46 ***ENGLISH*** Two tuning forks have frequencies of 400 and 403 Hz. If the forks are vibrating at the same time, what is the beat frequency? [3 Hz]

47 ***ENGLISH*** When a violin string is played simultaneously with a tuning fork of frequency 440 Hz, beats are heard at the rate of 4 per second. When the tension in the string is increased slightly, the beat frequency decreases. What was the initial frequency of the violin string? [436 Hz]

14.5 L'effetto Doppler

48 Un treno, avvicinandosi a una stazione alla velocità di 115,2 km/h, emette un fischio con una frequenza di 600 Hz. Determina la lunghezza d'onda e la frequenza: *a*) per un uomo che aspetta fermo in stazione; *b*) per un passeggero che si trova sul treno. [*a*) 52 cm; 661 Hz; *b*) 57 cm; 600 Hz]

49 Una sorgente sonora che si muove alla velocità di 216 km/h emette onde di frequenza 800 Hz.

a) Determina lunghezza d'onda e frequenza per un ricevitore rispetto a cui la sorgente sia in avvicinamento.

b) Determina lunghezza d'onda e frequenza per un ricevitore rispetto a cui la sorgente sia in allontanamento.
[*a*) 0,35 m; 970 Hz; *b*) 0,50 m; 681 Hz]

50 Durante i festeggiamenti per una vittoria in una partita di calcio, un'automobile procede alla velocità di 64,8 km/h e il clacson emette un suono di frequenza 720 Hz.

a) Qual è la lunghezza d'onda e la frequenza per una persona sul marciapiede rispetto a cui la macchina si sta avvicinando?

b) Qual è la lunghezza d'onda e la frequenza per una persona sul marciapiede rispetto a cui la macchina si sta allontanando? [*a*) 0,45 m; 760 Hz; *b*) 0,50 m; 684 Hz]

51 Il rombo di un aereo in fase di avvicinamento all'aeroporto ha una frequenza di 15 000 Hz. Sapendo che sta viaggiando alla velocità di 900 km/h, determina la frequenza del suono rispetto alla torre di controllo. [55,3 kHz]

52 Un autovelox emette onde di frequenza di 50 000 Hz. Se il limite di velocità è di 120 km/h, qual è la frequenza massima consentita delle onde riflesse per le auto in avvicinamento, affinché rispettino tale limite?

Suggerimento **Imponi alla velocità il valore limite per trovare la lunghezza d'onda che arriva all'autovelox, dopodiché per calcolare la frequenza...**

[$55,4 \cdot 10^3$ Hz]

53 Calcola la velocità in km/h con cui ci avviciniamo a una sirena se il suono, emesso a una frequenza di 400 Hz, viene udito con la frequenza di 431 Hz. [89 km/h]

54 Determina la frequenza con cui viene udito il segnale acustico di un treno che si avvicina, con una velocità di 100 km/h, al luogo in cui siamo fermi, nei due casi:

a) prima che il treno arrivi,

b) dopo il passaggio,

sapendo che la frequenza del segnale emesso dal treno è di 480 Hz. [522 Hz; 444 Hz]

55 Mentre viaggiamo in automobile a 54 km/h lungo una strada parallela alla ferrovia, incrociamo un treno che si avvicina mentre emette un fischio alla frequenza di 500 Hz, che noi udiamo come avente una frequenza di 563 Hz. Determina con quale velocità, in km/h, sta viaggiando il treno. [90 km/h]

56 Due auto A_1 e A_2 si incrociano lungo una strada provenendo da direzioni opposte, quando A_2 sta suonando il clacson. La velocità di A_1 è 72 km/h, mentre quella di A_2 è 90 km/h. La frequenza del suono è 300 Hz. Calcola le frequenze percepite dai passeggeri delle due automobili, sia in avvicinamento sia in allontanamento. [Per i passeggeri di A_1 è sempre la stessa; per quelli di A_2: 342 Hz; 263 Hz]

57 ***ENGLISH*** A source emits sounds of frequency 200 Hz that travel through air at 340 m/s. The source moves with a speed of 90 m/s toward a stationary listener. Find the frequency heard by the listener and the wavelength. [272 Hz; 1.25 m]

58 ***ENGLISH*** A source emits sounds of frequency 200 Hz that travel through air at 340 m/s. The source moves away from a stationary listener at 80 m/s. Find the wavelength of the sound waves between the source and the listener. Find the frequency heard by the listener. [2.1 m; 162 Hz]

14.6 Le onde stazionarie

59 Calcola la frequenza della seconda armonica di una corda lunga 3 m fissata a entrambe le estremità se la velocità di propagazione di un'onda nella corda è pari a 1320 m/s. [440 Hz]

60 La terza armonica di una corda fissata a entrambe le estremità è pari a 880 Hz e la velocità di propagazione dell'onda è pari a 440 m/s. Calcola la lunghezza della corda. [75 cm]

61 In un tubo lungo 2 m chiuso a un'estremità la frequenza dell'armonica fondamentale è di 200 Hz. Calcola la velocità di propagazione dell'onda nel tubo. **[1600 m/s]**

62 È data una corda di lunghezza pari a 70 cm con densità lineare pari a $4 \cdot 10^{-3}$ kg/m sulla quale agisce una tensione di 400 N. La corda è fissata ad entrambi gli estremi. Calcola la prima armonica di vibrazione della corda.

> **Suggerimento** Ricorda che la velocità di propagazione di un'onda è legata alla tensione F dalla relazione $v = \sqrt{\dfrac{F}{\mu}}$ dove con μ si indica la densità lineare della corda.

[226 Hz]

63 ***ENGLISH*** One end of a string 14 m long is moved up and down with armonic motion at a frequency of 70 Hz. The waves reach the other end of the string in 2 s. Find the wavelength of the waves on the string. **[10 cm]**

64 ***ENGLISH*** A string fixed at both ends is 4 m long. It resonates in its second harmonic at a frequency of 80 Hz. What is the speed of transverse waves on the string? **[320 m/s]**

Problemi

Esercizio svolto

1 Calcola la profondità del pozzo in cui, lasciando cadere un sasso, senti il tonfo dopo 2,4 s.

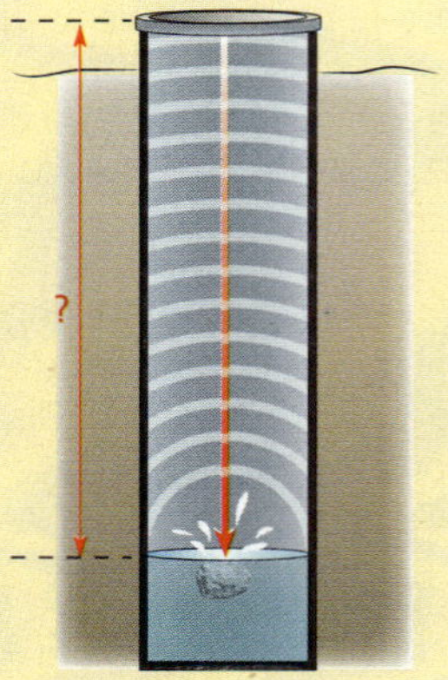

[27,4 m]

Indicando la profondità del pozzo con h, il tempo che intercorre tra il momento in cui lasciamo cadere il sasso e quello in cui udiamo il tonfo, sarà dato da:

$$t = t_1 + t_2 = 2{,}4\ \text{s}$$

essendo t_1 il tempo impiegato nella caduta del sasso e t_2 quello necessario al suono del tonfo per percorrere il pozzo, risalendolo. Possiamo calcolare la profondità come:

$$h = \frac{1}{2} g t_1^2$$

e anche:

$$h = v_{suono} \cdot t_2$$

Uguagliando le due espressioni e sostituendo:

$$g = 9{,}81\ \text{m/s}^2 \qquad v_{suono} = 343\ \text{m/s} \qquad t_1 = 2{,}4\ \text{s} - t_2$$

si ottiene l'equazione $4{,}9\, t_1^2 + 343\, t_1 - 823 = 0$ che dà come risultato:

$$t_1 = \frac{-343 \pm 365}{9{,}8}\ \text{s}$$

in cui il valore accettabile è $t_1 = 2{,}32$ s e quindi $t_2 = 0{,}08$ s. La profondità è: $h = 343\ \text{m/s} \cdot 0{,}08\ \text{s} = 27{,}4$ m.

Calcola il tempo che passa tra l'istante in cui lasci cadere un sasso in un pozzo profondo 18 m e il momento in cui senti il rumore del tonfo. **[1,97 s]**

Esercizio svolto

3 Durante una gara sportiva, un fallo fischiato dall'arbitro viene udito, da due spettatori che si trovano da pari opposte del campo di gioco, con le intensità di 72 dB per uno e di 57 dB per l'altro. Calcola il rapporto fra le distanze dei due spettatori dall'arbitro.

[5,62]

Indichiamo con L_{SA} ed L_{SB} i livelli di intensità sonora percepiti dai due spettatori che chiamiamo A e B e con I_A e I_B le corrispondenti intensità sonore. Per lo spettatore A sarà:

$$L_{SA} = 72 = 10 \cdot \log_{10} \frac{I_A}{10^{-12}\ \text{W/m}^2}$$

da cui:

$$I_A = 10^{7,2} \cdot 10^{-12}\ \text{W/m}^2 = 10^{-4,8}\ \text{W/m}^2$$

Allo stesso modo per B sarà:

$$L_{SB} = 57 = 10 \cdot \log_{10} \frac{I_B}{10^{-12}\ \text{W/m}^2}$$

da cui: $I_B = 10^{5,7} \cdot 10^{-12}\ \text{W/m}^2 = 10^{-6,3}\ \text{W/m}^2$.

Se P è la potenza del fischio, si ha:

$$I_A = \frac{P}{4\pi r_A^2} \qquad I_B = \frac{P}{4\pi r_B^2}$$

e il rapporto I_A/I_B non dipende da P. Infatti:

$$\frac{I_A}{I_B} = \frac{\dfrac{P}{4\pi r_A^2}}{\dfrac{P}{4\pi r_B^2}} = \frac{r_B^2}{r_A^2}$$

Si ha quindi:

$$\frac{r_B}{r_A} = \sqrt{\frac{10^{-4,8}}{10^{-6,3}}} = \sqrt{10^{1,5}} = 5{,}62$$

La distanza di B è oltre 5 volte maggiore di quella di A.

4 In una partita di baseball due giocatori si trovano a distanze una doppia dell'altra dal battitore.
Il suono della palla colpita viene percepito da quello più lontano con un livello sonoro di 50 dB. Calcola con quale livello sonoro viene udito dal secondo giocatore.
[56 dB]

5 Lungo il sentiero che dal Santuario di Graglia in provincia di Biella conduce al colle di S. Carlo ha luogo il fenomeno acustico dell'eco endecasillabo. Tale fenomeno consiste nella perfetta riproduzione vocale della parola gridata in direzione del Santuario di parole lunghe fino a un massimo di undici sillabe.
Sapendo che con la nostra voce riusciamo a produrre mediamente una sillaba in un decimo di secondo, stima a quale distanza dalla parete riflettente ci si deve trovare per verificare il fenomeno.
[188 m]

6 Una sirena che emette un suono a una frequenza di 320 Hz è posizionata sul bordo di un disco, che ruota attorno al proprio asse, avente un raggio di 80 cm e una frequenza di rotazione di 24 rad/s.
Calcola quali sono la massima e la minima frequenza udite da una persona, che si trova alla stessa altezza della sirena.

[339 Hz; 303 Hz]

7 Durante un inseguimento un'automobile della polizia, sfrecciando a 180 km/h davanti alla stazione di servizio in cui siamo seduti, ha attiva una sirena che emette un suono di frequenza 900 Hz.

a) Qual è la frequenza che percepiamo durante le due fasi di avvicinamento e allontanamento dalla stazione di servizio?

b) Qual è la frequenza percepita dalla macchina inseguita, che sta fuggendo a 162 km/h?

c) Tale frequenza cambia mano a mano che la polizia si avvicina alla macchina?

[*a*) 1054 Hz; 785 Hz; *b*) 915 Hz; *c*) no]

8 Durante un inseguimento l'auto della Polizia aziona una sirena che emette un suono con frequenza di 1200 Hz. Un passante, mentre la macchina gli si avvicina, percepisce un suono con frequenza di 1300 Hz. Qual è la velocità dell'auto?
Supponendo poi che l'auto mantenga la stessa velocità, qual è la frequenza che il passante percepisce durante il suo allontanamento?
[95 km/h; 1114 Hz]

9 Un autovelox emette onde di frequenza 30 000 Hz. Puntato su una macchina in avvicinamento, registra un incremento della frequenza del 5%. Se il limite di velocità è di 70 km/h, l'autista deve essere multato?
[No: 17,2 m/s]

10 Un segnale sonoro ha una frequenza di 238 Hz e una lunghezza d'onda di 6,20 m. Determina la velocità e stabilisci se il mezzo di propagazione è aria oppure acqua.
[$1{,}48 \cdot 10^3$ m/s; acqua]

11 Due treni, un Intercity e un Eurostar, si muovono in versi opposti e stanno per incrociarsi in una stazione nella quale è in attesa il capostazione.
Entrambi i treni emettono un fischio di frequenza 650 Hz. Il capostazione, che è fermo, sente il fischio proveniente dall'Intercity, che si sta avvicinando alla velocità di 80 km/h, con una frequenza inferiore di 20 Hz rispetto a quella che gli giunge dall'Eurostar.
Assumendo per il suono la velocità nell'aria relativa alla temperatura di 20 °C, determina:

a) la frequenza del fischio proveniente dall'Intercity così come lo avverte il capostazione;

b) la velocità con cui il treno Eurostar sta arrivando in stazione.

[695 Hz; 112 km/h]

12 ***ENGLISH*** A man drops a stone from a bridge and hears it strike the water 3 s later. Estimate the distance to the water based on the assumption that the travel time for the sound from the water to reach the man is negligible. Calculate the exact distance considering also the travel time for the sound.
[44.1 m; 40.7 m]

13 ***ENGLISH*** A man drops a stone from a bridge and hears it strike the water 6 s later. Estimate the distance to the water based on the assumption that the travel time for the sound from the water to reach the man is negligible. Calculate the exact distance considering also the travel time for the sound.
[176.6 m; 151.5 m]

14 ***ENGLISH*** A loudspeaker at a rock concert generates 10^{-2} W/m^2 at 20 m at a frequency of 1 kHz. Assume that the speaker spreads its energy uniformly in three dimensions. What is the total acoustic power output of the speaker? At what distance will the intensity be at the pain threshold of 1 W/m^2? What is the intensity at 30 m?
[50.3 W; 2 m; 4.4 mW/m^2]

15 ***ENGLISH*** Two students with vibrating 440-Hz tuning forks walk away from each other with equal speeds. How fast must they walk so that they each hear a frequency of 438 Hz from the other fork?
[2.8 km/h]

TRAINING

1 Un segnale acustico a frequenza ultrasonica di 50 kHz, indirizzato verso un camion che si sta allontanando e diffuso da questo, ritorna indietro e viene ricevuto a una frequenza di 45,9 kHz. Sapendo che il suono nell'aria si propaga a velocità $c = 340$ m/s e nell'ipotesi che gli effetti del vento siano trascurabili, a quale velocità si sta muovendo il camion?

[*Olimpiadi di fisica, Gara di secondo livello, 2011*]

2 Una nota musicale viene prodotta da una corda di una chitarra posta in vibrazione. L'altezza della nota può essere aumentata se, a parità delle altre condizioni, si aumenta:

1. la lunghezza della corda
2. l'ampiezza della vibrazione
3. la tensione della corda

Quale o quali delle precedenti affermazioni sono corrette?

- **A** Tutte e tre
- **B** Solo la 1 e la 2
- **C** Solo la 2 e la 3
- **D** Solo la 1
- **E** Solo la 3

[*Olimpiadi di fisica, Gara di primo livello, 2009*]

3 Una sorgente di onde acustiche di frequenza costante e un osservatore si muovono uno rispetto all'altra. La frequenza dell'onda misurata dall'osservatore cresce uniformemente con il tempo. Questo accade perché rispetto a un certo sistema di riferimento:

- **A** l'osservatore si muove a velocità costante verso la sorgente che è ferma.
- **B** la sorgente si allontana a velocità costante dall'osservatore che è fermo.
- **C** l'osservatore si muove di moto uniformemente accelerato verso la sorgente ferma.
- **D** la sorgente si allontana in moto uniformemente accelerato dall'osservatore fermo.
- **E** l'osservatore percorre, a velocità costante, una circonferenza nel cui centro sta la sorgente.

[*Olimpiadi di fisica, Gara di primo livello, 2007*]

4 La figura mostra due piccoli altoparlanti, S_1 ed S_2, distanti 0,5 m uno dall'altro. Il suono emesso dai due altoparlanti ha la stessa frequenza.

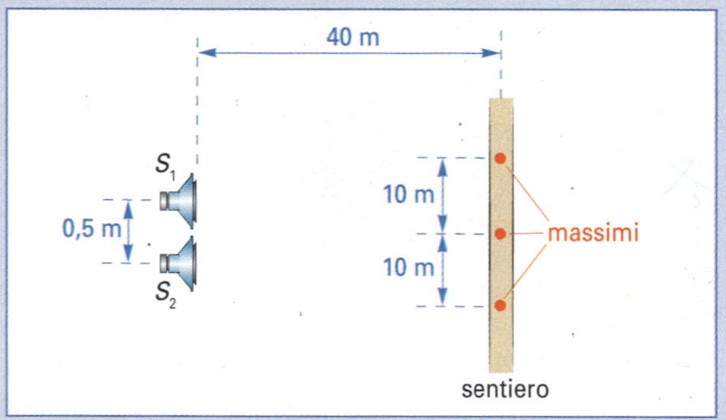

Una persona cammina lungo un sentiero davanti agli altoparlanti a 40 m di distanza e sente tre massimi di intensità sonora a distanza di circa 10 m uno dall'altro, come in figura.
Qual è, approssimativamente, la lunghezza d'onda del suono emesso?

- **A** 2 m
- **B** 1 m
- **C** 0,25 m
- **D** 0,12 m
- **E** 0,063 m

[*Olimpiadi di fisica, Gara di primo livello, 2006*]

5 Due altoparlanti A_1 e A_2, collegati alla medesima uscita di un generatore di segnale, si comportano come sorgenti coerenti di onde sonore, emesse in fase.
Un microfono, collegato a un oscilloscopio, viene usato per rivelare il suono.
Il punto P è posto a uguale distanza da A_1 e A_2; il punto Q dista da A_1 una lunghezza d'onda in più rispetto ad A_2.

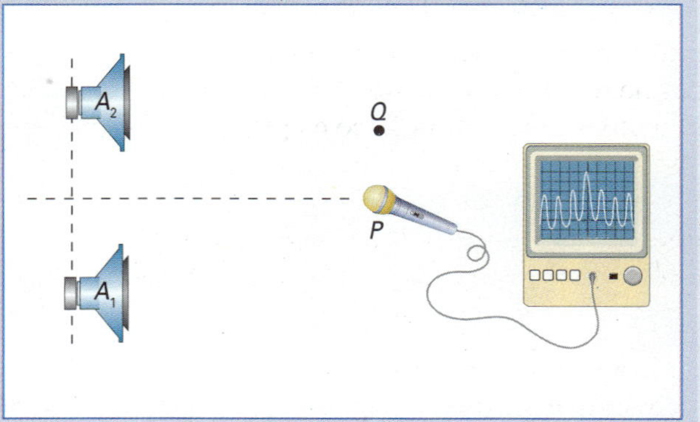

Quale delle seguenti affermazioni descrive meglio il comportamento della traccia dell'oscilloscopio quando il microfono viene lentamente spostato dalla posizione P alla Q?

- **A** L'ampiezza della traccia rimane costante.
- **B** L'ampiezza è minima in P e aumenta fino ad avere un massimo in Q.
- **C** L'ampiezza è massima in P e diminuisce fino ad avere un minimo in Q.
- **D** L'ampiezza ha un minimo in P, aumenta fino a un massimo e poi torna a un minimo in Q.
- **E** L'ampiezza ha un massimo in P, diminuisce fino a un minimo e poi torna a un massimo in Q.

[*Olimpiadi di fisica, Gara di primo livello, 1999*]

UNITÀ 15 La luce

15.1 La natura della luce: modelli interpretativi

Che cosa ci viene in mente, pensando alla luce?

Il Sole che ci consente di vedere i corpi o che ci riscalda in una bella giornata, le stelle e i pianeti del cielo notturno che non finiscono mai di affascinarci. Una fonte di energia che, oltre a mettere in moto il sistema climatico e i processi vitali, attraverso silenziosi e non inquinanti pannelli solari o fotovoltaici può essere utilizzata per produrre calore o energia elettrica.
I colori delle cose o dei quadri nei quali, in definitiva, tutto è giocato sul contrasto tra luce e ombra.
Il laser, le cui applicazioni vanno da oggetti molto semplici, come il comune puntatore, ad altri molto più sofisticati quali quelli utilizzati nella ricerca scientifica e in strumenti tecnici.

Per ora non siamo in grado di rispondere alla domanda: "Che cosa è la luce?". È necessario dapprima approfondire l'elettromagnetismo, ma possiamo cominciare a indagare sulla sua natura a partire dagli aspetti che ci sono già noti.

Il modello corpuscolare

Quello che sappiamo sulla luce è che si propaga in linea retta e che dà luogo ad alcuni importanti fenomeni.

Riflessione: la luce colpisce la superficie di uno specchio d'acqua e torna indietro nel mezzo di provenienza.
Rifrazione: la luce attraversa la superficie di separazione tra due mezzi e prosegue cambiando traiettoria.
Dispersione: la luce bianca viene scomposta nei colori dello spettro.

Fino a quando si era trattato di dare spiegazione solamente a fenomeni quali la **propagazione rettilinea**, la **riflessione**, la **rifrazione** e la **dispersione**, non era sorto alcun problema nel considerare la luce come se fosse costituita da un insieme di particelle che viaggiano in linea retta secondo il modello interpretativo, denominato *corpuscolare*, proposto da Newton.

modello corpuscolare

La luce è un flusso di particelle (corpuscoli) emesse con continuità dalle sorgenti, che si propagano secondo traiettorie rettilinee e che hanno la capacità, raggiungendo l'occhio, di generare la visione.

Il modello ondulatorio

L'esperimento di Young

Newton, ricorrendo al modello corpuscolare, aveva potuto spiegare i principali fenomeni luminosi noti e respingere con argomentazioni brillanti le critiche mosse da Hooke prima e da Huygens dopo, che aveva proposto l'ipotesi che la luce fosse un'onda. Dato che numerosi fenomeni luminosi potevano essere interpretati con efficacia sia con il modello corpuscolare sia con quello ondulatorio, le due interpretazioni sopravvissero fino a tutto il XVIII secolo con alterne vicende.
Solo agli inizi del XIX secolo ci si trovò davanti per la prima volta a un fenomeno che non si riusciva a interpretare utilizzando il modello corpuscolare: il famoso esperimento di Thomas Young (1773-1829).

Facendo passare un fascio di luce proveniente da un'unica sorgente attraverso due fenditure praticate in un corpo opaco, molto vicine e molto strette, si osservò su uno schermo posto al di là del "bersaglio", un'immagine inaspettata: non si formarono due strette strisce di luce in corrispondenza delle fenditure, bensì un alternarsi di zone di luce e di ombra che occupava una zona assai più ampia della larghezza delle singole fenditure.

Questo risultato, sia pure in altri ambiti, non era comunque sconosciuto trattandosi del tipico effetto prodotto dall'interferenza delle onde, ben noto per esempio nel caso del suono: sorprendeva semmai che riguardasse anche la luce.
Il risultato sperimentale di Young, unitamente ad altri di cui parleremo in seguito, indusse perciò a pensare che la luce fosse in realtà un fenomeno ondulatorio anziché corpuscolare.

modello ondulatorio

La luce è una perturbazione che si propaga nello spazio in accordo con le leggi delle onde.

Se la luce è costituita da onde e non da corpuscoli, deve seguire necessariamente una serie di "regole comportamentali" tipiche della categoria in questione, la cui conoscenza è indispensabile per interpretare i fenomeni luminosi sulla base del modello ondulatorio, in particolare il principio di sovrapposizione e il principio di Huygens.

Il principio di sovrapposizione

ON LINE
VIRTUAL LAB
Il principio di sovrapposizione

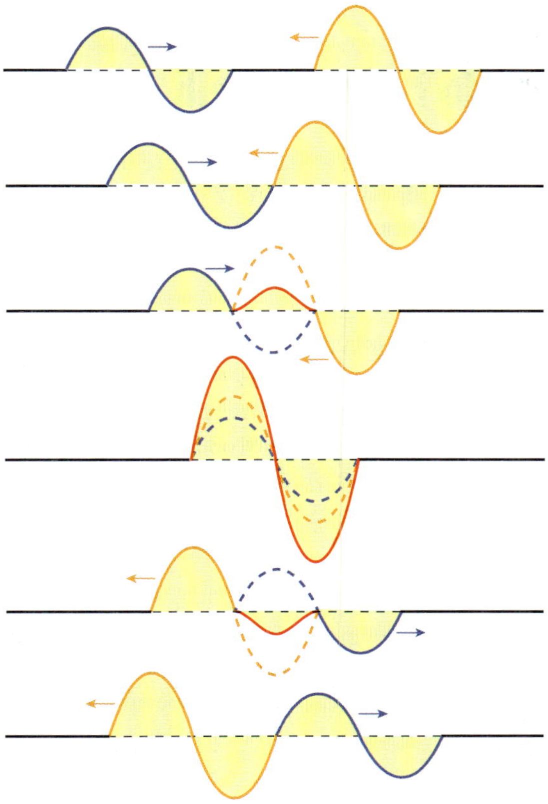

Le due onde (che sono **onde trasversali**) si comportano indipendentemente l'una dall'altra sulla base del *principio di sovrapposizione* e si propagano quindi senza influenzarsi reciprocamente, anche se ovviamente possono sovrapporre i rispettivi effetti. L'esempio classico è quello di due onde che, viaggiando in direzione opposta, si incontrano, si sommano e poi proseguono mantenendo invariate ciascuna le proprie caratteristiche (forma, ampiezza ecc.).

Il principio di Huygens

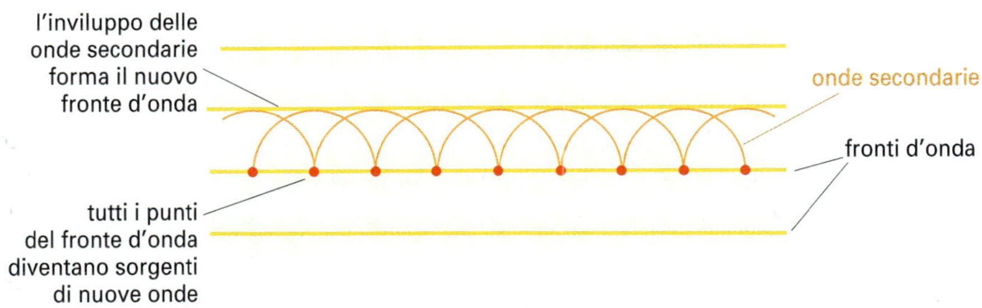

Questo principio stabilisce che le onde si propagano nello spazio in modo tale per cui ogni punto del fronte dell'onda primaria che avanza può essere a sua volta considerato come sorgente della perturbazione. In pratica, ciascun punto è una nuova sorgente da cui partono le onde secondarie in tutte le direzioni e tali onde, sovrapponendosi, danno luogo all'onda vera e propria.

Per comprendere quanto sia stata controversa la questione sulla natura della luce esaminiamo alcuni fenomeni che consentono un'efficace interpretazione sia tramite il modello corpuscolare sia attraverso quello ondulatorio e che, per questa ragione, hanno alimentato a lungo la discussione tra i sostenitori dei due modelli.

ON LINE

15.2 La riflessione secondo i due modelli

15.3 La rifrazione secondo i due modelli

Uno dei motivi per i quali il modello corpuscolare era maggiormente accettato, rispetto a quello ondulatorio, resistendo per più di un secolo dopo la formulazione della sua ipotesi da parte di Newton, era che la spiegazione della rifrazione per la luce sembrava più chiara e accettabile.

Modello corpuscolare

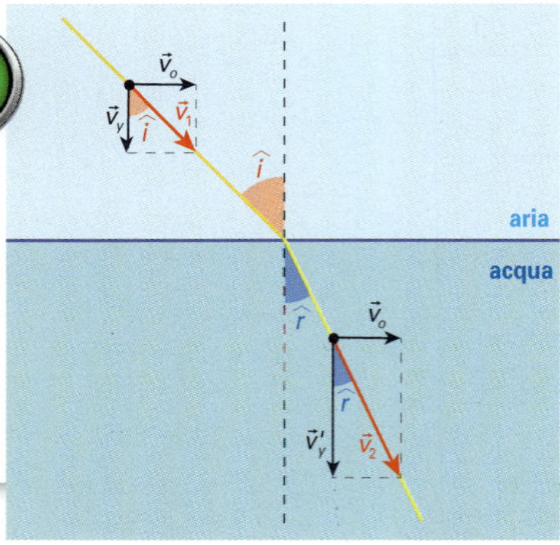

Il raggio di luce incide sulla superficie di separazione tra l'aria e l'acqua.
La velocità ha una componente orizzontale $\vec{v}_0$ e una componente verticale $\vec{v}_y$. Secondo Newton, la maggiore massa dell'acqua comporta una forza attrattiva sui corpuscoli che formano la luce e, dunque, un aumento della componente $\vec{v}_y$, mentre $\vec{v}_0$ resta inalterata.
Di conseguenza, la velocità $\vec{v}_2$ nel mezzo 2 (che è più rifrangente) ha modulo maggiore della velocità $\vec{v}_1$ nel mezzo 1, per cui il raggio si avvicina alla verticale, secondo l'osservazione sperimentale.

In particolare, a partire da $v_0 = v_1 \operatorname{sen}\hat{i}$ e $v_0 = v_2 \operatorname{sen}\hat{r}$ si trova:

$$v_1 \operatorname{sen}\hat{i} = v_2 \operatorname{sen}\hat{r} \quad \text{da cui} \quad v_2 = v_1 \frac{\operatorname{sen}\hat{i}}{\operatorname{sen}\hat{r}}$$

Essendo $\frac{\operatorname{sen}\hat{i}}{\operatorname{sen}\hat{r}} = n_{12}$ l'**indice di rifrazione relativo**, possiamo sostituire e otteniamo:

$$v_2 = n_{12} v_1$$

in accordo con la legge della rifrazione.
Nel caso di passaggio aria-acqua, l'indice di rifrazione n_{12} è 1,33. Questo significa che:

$$v_2 = 1{,}33\ v_1$$

Ne segue che nell'acqua la luce dovrebbe avere una velocità maggiore rispetto all'aria.

Modello ondulatorio

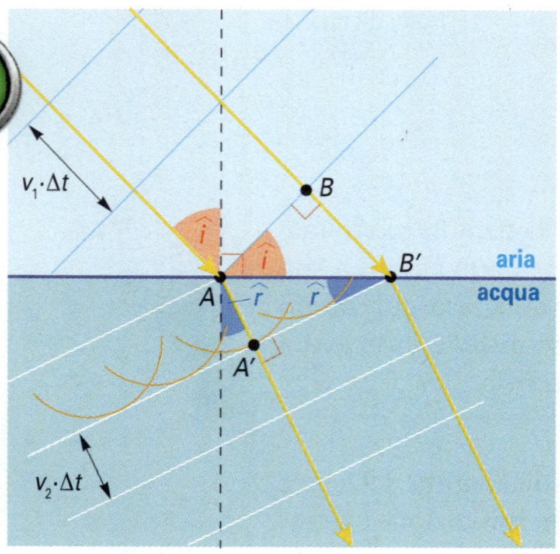

Dal momento che il raggio, passando dall'aria all'acqua si avvicina alla verticale – è ciò che si osserva sperimentalmente – questo vuol dire che il tratto AA' percorso in acqua deve essere minore del tratto BB' percorso nel medesimo intervallo di tempo da un altro punto B dell'onda che si trova sullo stesso fronte di A: dunque, secondo questo modello, l'onda entrando in un mezzo più rifrangente rallenta. Per il principio di Huygens, ogni punto del fronte d'onda AB arrivando sulla superficie genera delle onde secondarie le quali, con il loro inviluppo, danno luogo al nuovo fronte, dato dal segmento $A'B'$, che con la superficie orizzontale di separazione fra i due mezzi forma un angolo di rifrazione $\hat{r}$ minore dell'angolo di incidenza $\hat{i}$ formato dal fronte d'onda AB e dalla superficie AB'.

Anche in questo caso, la seconda legge della rifrazione (chiamata anche **legge di Snell**) è valida. Infatti:

$$v_1 \cdot \Delta t = BB' \qquad \text{e} \qquad v_2 \cdot \Delta t = AA'$$

facendo il rapporto:

$$\frac{v_1}{v_2} = \frac{BB'}{AA'}$$

ma dal primo teorema sui triangoli rettangoli applicato ai triangoli ABB' e $A'AB'$ si ha:

$$BB' = AB' \operatorname{sen}\hat{\imath} \qquad \text{e} \qquad AA' = AB' \operatorname{sen}\hat{r}$$

per cui:

$$\frac{v_1}{v_2} = \frac{BB'}{AA'} = \frac{AB' \operatorname{sen}\hat{\imath}}{AB' \operatorname{sen}\hat{r}}$$

e quindi semplificando:

$$\frac{v_1}{v_2} = \frac{\operatorname{sen}\hat{\imath}}{\operatorname{sen}\hat{r}}$$

che corrisponde proprio alla seconda legge della rifrazione. Essendo però $\frac{\operatorname{sen}\hat{\imath}}{\operatorname{sen}\hat{r}} = n_{12}$ (**indice di rifrazione relativo**), si ricava in questo caso che:

$$\frac{v_1}{v_2} = n_{12}$$

da cui si ottiene:

$$v_2 = \frac{v_1}{n_{12}}$$

Di conseguenza, secondo il modello ondulatorio, passando dall'aria all'acqua si ha che $v_2 = \frac{v_1}{1{,}33}$ cioè la velocità della luce dovrebbe diminuire di 1,33 volte: esattamente il contrario di quanto ipotizzato in base al modello corpuscolare. A causa della discordanza, la determinazione della velocità della luce nei diversi mezzi assunse il ruolo di esperimento cruciale.
Nel 1850 J.B. Léon Foucault (1819-1868) e Armand H.L. Fizeau (1819-1896) riuscirono a misurare la velocità della luce nell'acqua e trovarono che era inferiore rispetto all'aria, confermando quindi l'idea ondulatoria sostenuta in quel periodo da Young e Augustin Jean Fresnel (1788-1827). Tale modello si affermò e sembrò prevalere definitivamente quando J.C. Maxwell (1831-1879) elaborò la teoria elettromagnetica ipotizzando, fra l'altro, che la luce fosse un'onda di natura elettromagnetica, ipotesi presto confermata dagli esperimenti di H.R. Hertz (1857-1894). La storia dei modelli della luce sembrava essersi conclusa così con il trionfo definitivo del modello ondulatorio e invece, agli inizi del XX secolo, Einstein (1879-1955) e la nascita della meccanica quantistica aprirono nuovi scenari.
Oggi i due modelli coesistono in quanto vi sono fenomeni ottici interpretabili con la teoria ondulatoria e altri che, invece, evidenziano la natura corpuscolare della luce.

Ricorda!...

Nel corso della rifrazione tra il vuoto e un mezzo qualsiasi, si introduce l'**indice di rifrazione assoluto** (n) del mezzo considerato:

$$n = \frac{c}{v}$$

(c è la velocità della luce nel vuoto).
Vale pertanto la relazione:

$$n_{12} = \frac{v_1}{v_2} \cdot \frac{c}{c} = \frac{c/v_2}{c/v_1} = \frac{n_2}{n_1}$$

con n_1 indice di rifrazione assoluto del primo mezzo ed n_2 indice di rifrazione assoluto del secondo mezzo.

La velocità della luce

ON LINE

ON LINE
VIRTUAL LAB
La polarizzazione

15.4 La polarizzazione

Nella complessa storia del confronto fra i due modelli, un ruolo importante fu assunto dalla **polarizzazione**, in quanto il modello ondulatorio non riusciva a darne una spiegazione plausibile, per cui venne a trovarsi in una situazione di forte svantaggio.
Studiamo questo fenomeno cercando prima di tutto di capire che cos'è un raggio di luce. Un raggio è costituito da vari milioni di onde elementari prodotte da altrettante sorgenti che, di conseguenza, sono distribuite nello spazio secondo direzioni casuali: costituiscono cioè una radiazione *incoerente*. In particolare un fascio luminoso bianco contiene tutti i colori a ognuno dei quali corrisponde una lunghezza d'onda e una frequenza differenti.

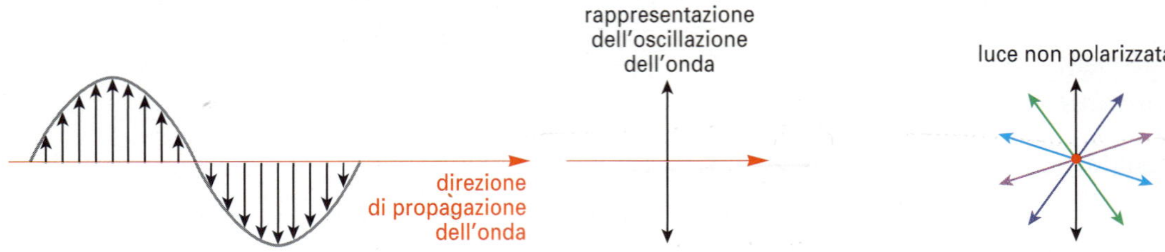

Per schematizzare una singola onda luminosa rappresentiamo la sua oscillazione, che avviene sempre nello stesso piano, mediante un segmentino con due frecce agli estremi.

Dato che un fascio luminoso è in genere incoerente, cioè è composto da tante onde distribuite disordinatamente, per rappresentarlo visto di fronte (cioè secondo la direzione di propagazione) lo schematizziamo disegnando le oscillazioni delle diverse onde che lo compongono.

polarizzazione

Quando un raggio luminoso è formato esclusivamente da onde che hanno lo stesso orientamento, cioè oscillano nello stesso piano, allora si dice che la luce è **polarizzata**.

Esistono dei cristalli trasparenti che, avendo caratteristiche diverse a seconda della direzione spaziale (poiché le forze di legame cambiano con la direzione), possono fare passare solo quelle componenti della luce parallele a una particolare direzione, che prende il nome di **asse ottico**.

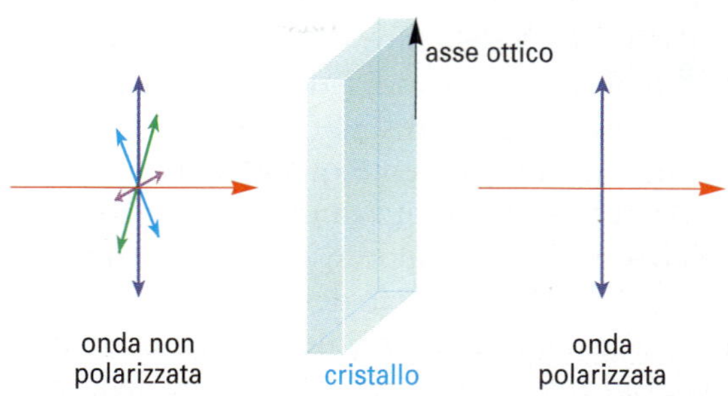

Un raggio di luce incide su un cristallo perpendicolarmente alla superficie che contiene l'asse ottico. Il raggio che ha attraversato il cristallo risulta polarizzato, cioè presenta unicamente le onde che oscillano nella direzione dell'asse ottico del cristallo. Si comporta in questo modo la *tormalina* oppure un materiale il cui nome commerciale è diventato un nome comune: il *polaroid*.

Quando la superficie del cristallo non è né parallela né perpendicolare all'asse ottico, allora se su di essa incide un raggio di luce non polarizzata, si ha in certe condizioni il fenomeno della **birifrangenza**.

La birifrangenza

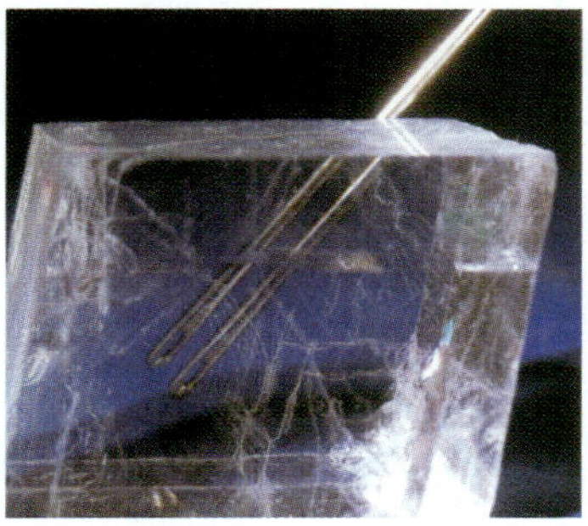

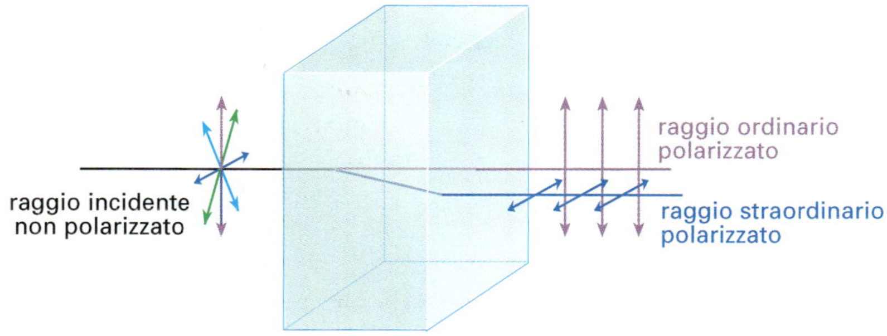

Il raggio incide sulla superficie del cristallo (per esempio lo spato d'Islanda) e viene rifratto al suo interno seguendo la *seconda legge della rifrazione* (o legge di Snell). Qui, per semplicità il raggio incidente non polarizzato è perpendicolare alla superficie. Il raggio rifratto (detto *raggio ordinario*) conserva la stessa direzione ed emergendo dal cristallo risulta polarizzato. Ma, circostanza assai insolita, si forma un secondo raggio (detto *raggio straordinario*) il quale non ubbidisce alla legge di Snell, esce dal cristallo parallelamente al raggio ordinario e risulta polarizzato perpendicolarmente rispetto a esso.

Huygens non riuscì a giustificare questo comportamento secondo il modello ondulatorio, in quanto credeva che la luce, come il suono, fosse costituita da onde longitudinali. Invece, la birifrangenza può essere motivata se, come in effetti è, le onde luminose sono considerate trasversali.

FLASH

Fotografie più nitide

La polarizzazione della luce viene utilizzata per ottenere vetri antiriflesso e nei monitor TV a cristalli liquidi. Vediamo come possono venire usati i filtri per polarizzare la luce.
La luce non polarizzata di un fascio luminoso incide su un primo filtro, detto *polarizzatore*, il quale ha un ben preciso asse ottico.
Dunque all'uscita da questo primo filtro, la luce risulta polarizzata in quanto ha una sola direzione di oscillazione, coincidente con l'asse ottico del filtro. Se poi questa luce viene fatta passare attraverso un secondo filtro, detto *analizzatore*, la sua intensità si modifica al cambiare dell'angolo α formato dagli assi ottici dei due filtri: è massima quando $\alpha = 0°$, mentre diventa zero se $\alpha = 90°$.

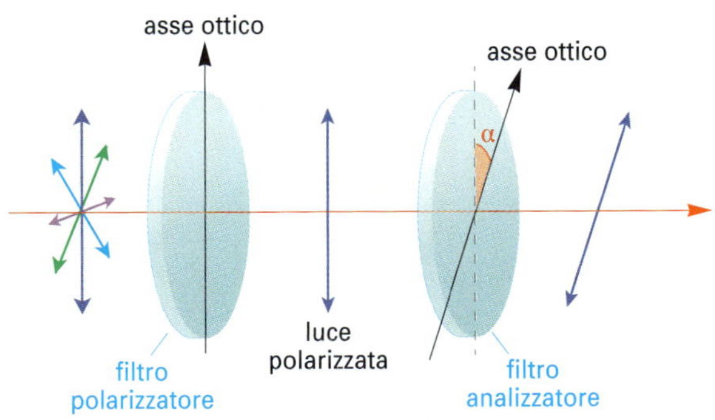

15.5 L'interferenza

ON LINE
VIRTUAL LAB
L'interferenza

L'interferenza è il fenomeno che ha luogo quando si sovrappongono le onde luminose che arrivano da due punti che si trovano a una certa distanza tra loro, anche nell'eventualità che tali punti appartengano allo stesso fronte d'onda (per il principio di Huygens essi sono comunque due sorgenti di onde secondarie). Affinché l'interferenza sia la più chiara possibile le due onde devono:

- avere la stessa lunghezza d'onda e la stessa frequenza;
- essere in fase (e tale situazione non deve modificarsi nel tempo);
- avere la stessa ampiezza;
- avere la stessa direzione di polarizzazione.

Evidentemente la cosa migliore è che le due onde provengano dalla medesima sorgente.

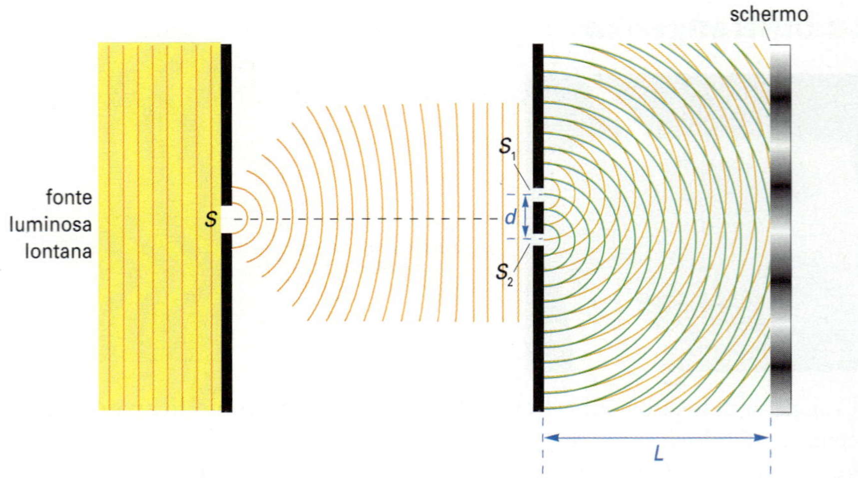

La luce proviene da molto lontano e i fronti d'onda sono costituiti da piani paralleli. Attraversando un foro molto piccolo si crea, per il principio di Huygens, una sorgente puntiforme S da cui si propagano le onde in tutte le direzioni (i fronti d'onda sono ora delle superfici sferiche concentriche). Se si dispongono altri due fori S_1 ed S_2 equidistanti rispetto a S, si ottengono due sorgenti le cui onde rispettano tutte le condizioni necessarie per una buona interferenza.
Sullo schermo posto a una certa distanza da S_1 ed S_2 si formano, simmetricamente a partire dal centro, delle zone alternate di interferenza costruttiva (parti chiare) e distruttiva (parti scure), chiamate **frange di interferenza**.

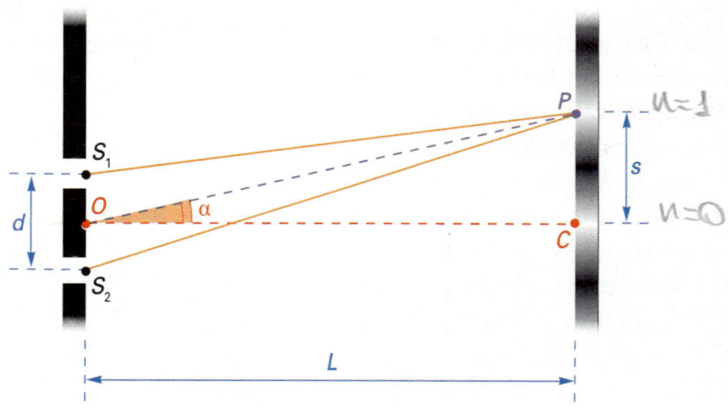

Vediamo in dettaglio in che modo si genera questa alternanza tra le zone chiare e quelle scure. Si mette uno schermo molto lontano (L) dalle sorgenti S_1 ed S_2. La distanza tra le due sorgenti è d, mentre s è la distanza del centro P della prima frangia luminosa rispetto al punto centrale C. Sia d sia s devono essere molto più piccoli di L per fare in modo che:

- i raggi che arrivano in un dato punto dello schermo possano essere considerati paralleli tra loro ($PS_1 \parallel PO \parallel PS_2$);
- la differenza di percorso tra i due raggi PS_1 e PS_2 sia molto piccola;
- gli angoli α tra i raggi e le parallele all'asse centrale OC siano molto piccoli e praticamente uguali fra loro.

Trattandosi di onde si ha un'interferenza costruttiva (zona luminosa) nei punti P dello schermo in cui la differenza in modulo tra i cammini PS_2 e PS_1 è uguale a zero (come accade nel punto centrale C) oppure alla lunghezza d'onda λ (come accade in P) o, più in generale, a un suo multiplo:

$$|PS_2 - PS_1| = 0,\ \lambda,\ 2\lambda,\ 3\lambda,\ \ldots = K\lambda \qquad (K = 0, 1, 2, \ldots)$$

Si ha al contrario un'interferenza distruttiva (zona buia) quando la differenza $|PS_1 - PS_2|$ è uguale a $\lambda/2$ o a un suo multiplo dispari (perché in questo caso a un massimo di un'onda corrisponde un minimo dell'altra):

$$|PS_2 - PS_1| = \frac{1}{2}\lambda,\ \frac{3}{2}\lambda,\ \frac{5}{2}\lambda,\ \ldots = (2K+1)\frac{\lambda}{2} \qquad (K = 0, 1, 2, \ldots)$$

Espressione goniometrica della condizione di interferenza

sen α = k λ/d

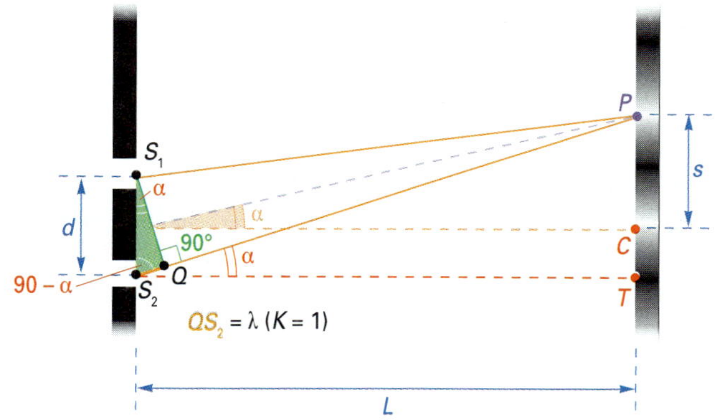

Sia P un punto di interferenza costruttiva. Per comodità facciamo riferimento al caso particolare $K = 1$. Mandando da S_1 la perpendicolare al segmento PS_2 si ottiene il punto Q e, per angoli α molto piccoli, si ha:

$$|PS_2 - PS_1| = QS_2$$

Dato che P è un punto di interferenza costruttiva vale la relazione (nel caso generale):

$$|PS_2 - PS_1| = K\lambda$$

e quindi:

$$QS_2 = K\lambda$$

Tracciando la perpendicolare S_2T allo schermo, si ottiene un angolo $T\hat{S}_2Q$ di ampiezza α complementare dell'angolo $S_1\hat{S}_2Q = 90° - \alpha$. Nel triangolo rettangolo S_2S_1Q l'angolo $S_2\widehat{S_1}Q$ è complementare di $90° - \alpha$ e quindi uguale ad α. Pertanto, per il primo teorema sui triangoli rettangoli, si ha $QS_2 = S_1S_2 \operatorname{sen}\alpha$, ovvero:

$$K\lambda = d \operatorname{sen}\alpha$$

da cui:

$$\operatorname{sen}\alpha = K\frac{\lambda}{d}$$

$$\operatorname{sen}\alpha = K\frac{\lambda}{d} \qquad (K = 0, 1, 2, \ldots)$$

condizione di interferenza costruttiva

K costituisce il *numero d'ordine* della frangia.

Analogamente, considerando che avviene l'interferenza distruttiva quando la differenza di cammino è un multiplo dispari di $\lambda/2$, si trova agevolmente quale deve essere la condizione per l'interferenza distruttiva (frange scure):

$$\operatorname{sen}\alpha = (2K+1)\frac{\lambda}{2d} \qquad (K = 0, 1, 2, \ldots)$$

condizione di interferenza distruttiva

ON LINE
VIRTUAL LAB
Esperimento di Young

La lunghezza d'onda della luce

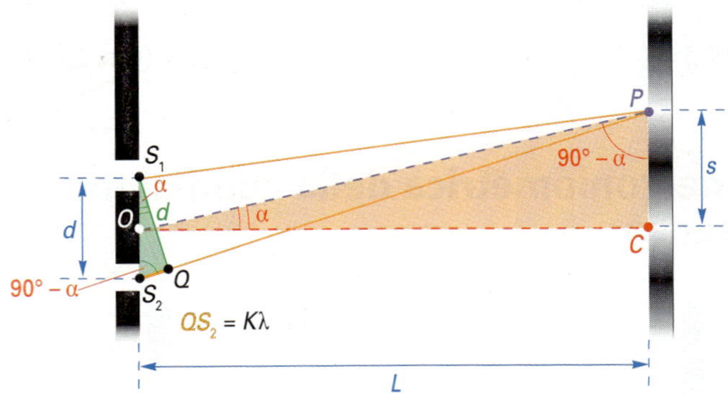

Con lo stesso dispositivo con cui abbiamo studiato l'interferenza si può rilevare anche la lunghezza d'onda del raggio luminoso incidente. Si tratta del noto **esperimento di Young**, nel quale si può usare come fascio luminoso quello monocromatico rosso di un comune laser. Infatti, si nota che nelle ipotesi assunte si può effettuare l'approssimazione $S_1Q \cong S_1S_2 = d$, mentre nel caso in cui si abbia un'interferenza costruttiva è $QS_2 = K\lambda$. I triangoli PCO ed S_1S_2Q sono simili, per cui vale la seguente relazione:

$$PC : CO = QS_2 : S_1Q \quad \Rightarrow \quad PC : CO = QS_2 : S_1S_2$$

cioè:

$$s : L = (K \cdot \lambda) : d$$

da cui si ricava λ:

$$\lambda = \frac{sd}{KL}$$

Come si vede, basta sapere il valore di L e d, scegliere il numero d'ordine della frangia (per esempio $K = 1$) e misurare s per poter determinare la lunghezza d'onda λ del raggio di luce. Nel caso del rosso si trova un valore compreso tra $6{,}4 \cdot 10^{-7}$ m e $7{,}0 \cdot 10^{-7}$ m.

Nella tabella che segue è riportato lo **spettro visibile**, vale a dire l'insieme dei colori con le rispettive frequenze e lunghezze d'onda che formano la luce bianca.

Tabella 1

colore	$f(\cdot 10^{14}$ Hz)	$\lambda(\cdot 10^{-7}$ m)
rosso	4,3 ÷ 4,7	7,0 ÷ 6,4
arancione	4,7 ÷ 5,0	6,4 ÷ 6,0
giallo	5,0 ÷ 5,3	6,0 ÷ 5,7
verde	5,3 ÷ 6,1	5,7 ÷ 4,9
blu	6,1 ÷ 6,7	4,9 ÷ 4,5
indaco	6,7 ÷ 7,1	4,5 ÷ 4,2
violetto	7,1 ÷ 7,5	4,2 ÷ 4,0

Dato che ogni colore ha una propria caratteristica lunghezza d'onda, ne consegue che ciascuno dei colori darà luogo alle proprie frange di interferenza, per cui si avrà, utilizzando la luce bianca nell'esperimento di Young, una frangia centrale bianca e, lateralmente, la sovrapposizione delle frange degli altri colori.

FLASH

La luce e l'effetto Doppler

Uno degli effetti che caratterizza il comportamento delle onde è l'effetto Doppler, che è ben conosciuto per il suono: se una fonte sonora è in avvicinamento rispetto all'osservatore, il suono tende a diventare più acuto; il contrario nell'eventualità di allontanamento.

Lo stesso fenomeno si verifica anche per la luce, visto che quest'ultima è un'onda?

Nonostante non sia qualcosa di comune o quotidiano, certamente l'effetto Doppler riguarda anche la luce ed è molto utile in astronomia. È stato messo in evidenza da Fizeau nel 1848.
In questo caso però, a differenza del suono, dato che l'onda luminosa non ha bisogno di un mezzo per la sua propagazione (mentre il suono necessita dell'aria per potersi propagare), questo effetto dipende unicamente dalla velocità relativa tra la sorgente e l'osservatore. Un'altra differenza importante è che la velocità della luce nel vuoto è costante.
In astronomia, le galassie remote che si allontanano da noi presentano nel colore della luce che emettono uno spostamento verso il rosso chiamato **red shift**. Al contrario, se la sorgente è in avvicinamento, lo spostamento avviene verso il blu (**blue shift**).
Indicando con c la velocità della luce e con v la velocità relativa tra fonte luminosa e osservatore, quando $v << c$ abbiamo che la lunghezza d'onda è:

$$\lambda' = \lambda\left(1 \pm \frac{v}{c}\right)$$

La frequenza invece è data da:

$$f' = f\left(1 \mp \frac{v}{c}\right)$$

Il segno superiore (+ per la λ e − per la f) vale quando la sorgente è in allontanamento: la lunghezza d'onda aumenta mentre la frequenza diminuisce.

Viceversa, il segno sottostante (− per la λ e + per la f) riguarda l'avvicinamento: la lunghezza d'onda diminuisce e aumenta la frequenza.
Quanto maggiore è il *red shift*, tanto maggiore è la velocità relativa, e cioè tanto più lontana è la galassia. Viceversa, il *blue shift* della luce della galassia di Andromeda segnala un suo avvicinamento rispetto al nostro sistema solare.
Osservazioni di questo tipo sono state usate come conferma della teoria dell'espansione dell'universo.

15.6 L'interferenza su pellicole

ON LINE

ON LINE
VIRTUAL LAB
La diffrazione

15.7 La diffrazione

La diffrazione è quel particolare fenomeno per il quale al di là di un ostacolo o di un passaggio di dimensione d sufficientemente piccola, si forma una perturbazione di tipo ondulatorio. È per questo che, per esempio, quando la porta di comunicazione fra due stanze è aperta, sentiamo parlare una persona che si trova nell'ambiente vicino, anche se non la vediamo.

A sua volta la luce subisce la diffrazione quando il fascio luminoso attraversa una sola fenditura di larghezza vicina alla lunghezza d'onda della luce, che può andare dal valore minimo di $4{,}0 \cdot 10^{-7}$ m per il violetto al valore massimo di $7{,}0 \cdot 10^{-7}$ m per il rosso.

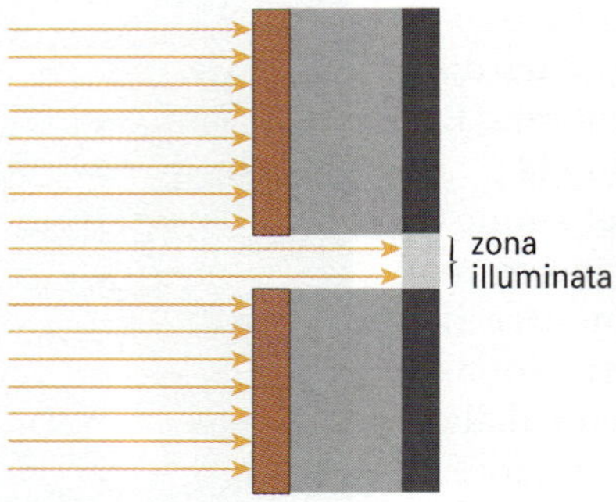

Se la luce avesse un comportamento corpuscolare, sullo schermo si dovrebbe formare una zona illuminata larga all'incirca quanto la fenditura.

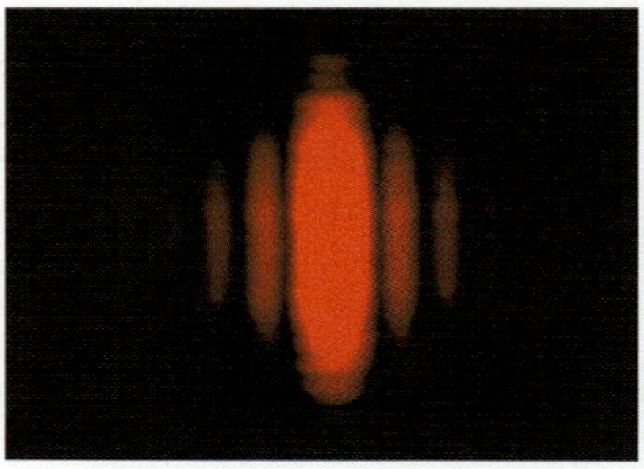

Invece, si formano delle frange analogamente a quanto osservato nell'interferenza fra due raggi coerenti e in fase tra loro.

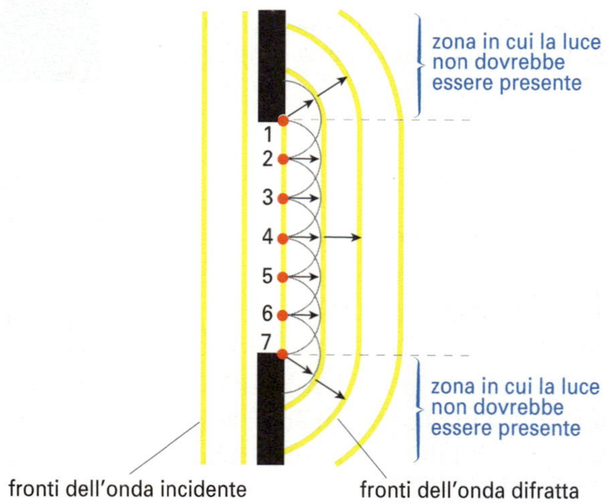

La spiegazione di quello che accade si trova nel principio di Huygens. Infatti, se consideriamo un'onda piana, il cui fronte è parallelo alla fenditura, ogni punto dell'onda che si trova lungo l'apertura è sorgente di onde secondarie. I punti sono infiniti, ma per semplificare la rappresentazione grafica ne consideriamo solo un certo numero. Ognuno di essi dà origine a un'onda che si propaga in tutte le direzioni e ciascuna di queste onde interferisce con le altre. Che cosa succede dunque sullo schermo, posto a una certa distanza di fronte alla fenditura?

Fascia centrale luminosa

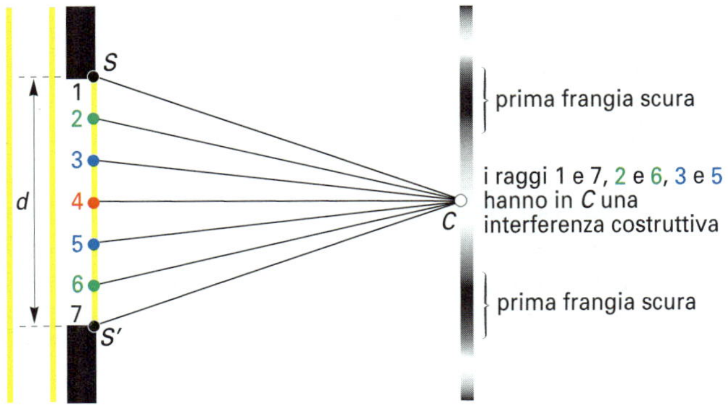

Nel punto dello schermo corrispondente al centro C della fenditura si forma il massimo di intensità luminosa. Il raggio centrale 4 arriva direttamente sullo schermo, mentre quelli provenienti da 1 e 7, da 2 e 6 così come da 3 e 5, dato che compiono rispettivamente lo stesso percorso, hanno nel punto C un'interferenza necessariamente costruttiva, in quanto soddisfano la condizione:

$$|CS - CS'| = K\lambda = 0$$

Prima frangia scura

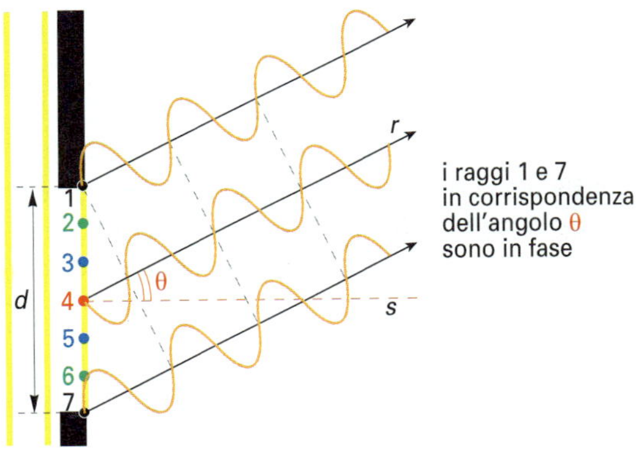

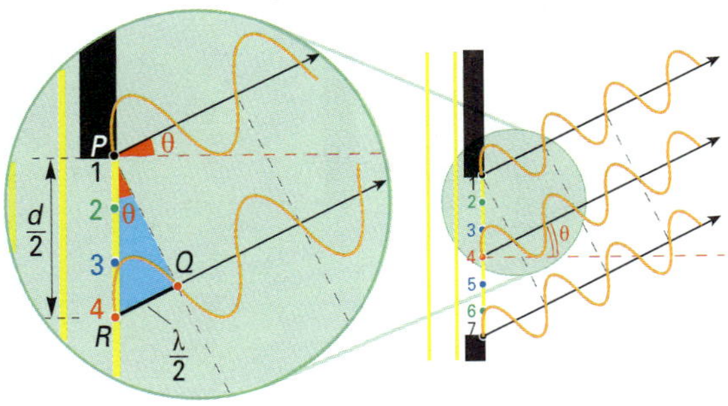

Prendiamo adesso un angolo generico θ formato dalla perpendicolare s alla fenditura e la direzione r di propagazione dell'onda secondaria considerata, e ipotizziamo che la distanza L dello schermo dalla fenditura sia molto maggiore della sua dimensione d, in modo che possiamo assimilare i raggi a rette parallele. Concentriamo la nostra attenzione sui raggi 1 e 7, che si propagano dagli estremi della fenditura, e ipotizziamo che quando giungono sullo schermo ci sia una differenza tra i loro cammini pari a una lunghezza d'onda λ. In tal caso si forma la prima frangia scura di interferenza distruttiva.
Cerchiamo di capirne i motivi.

Immaginiamo di dividere la fenditura a metà e concentriamo la nostra attenzione sulle onde secondarie provenienti da 1 e 4. La differenza dei loro cammini è di $\lambda/2$ e perciò interferiranno distruttivamente. E lo stesso vale per le onde che partono da 2 e 5, da 3 e 6... Cioè, per ogni onda della metà superiore della fenditura ce n'è una della parte inferiore con la quale la differenza di cammino è $\lambda/2$, cosicché tra loro l'interferenza è distruttiva e la frangia di interferenza risulta scura. Per trovare la relazione possiamo fissare la nostra attenzione sul triangolo PQR da cui possiamo ricavare la condizione:

$$\frac{\lambda}{2} = \frac{d}{2}\operatorname{sen}\theta \quad \Rightarrow \quad \operatorname{sen}\theta = \frac{\lambda}{d}$$

Procedendo con un ragionamento analogo, si può trovare la regola in base alla quale nella diffrazione si formano le successive frange scure (interferenza distruttiva). Si dimostra che sen θ deve essere multiplo intero di λ/d, con d che rappresenta la larghezza della fenditura.

frange scure di diffrazione

$$\text{sen}\,\theta = m\frac{\lambda}{d} \qquad (m = 1, 2, 3,...)$$

L'angolo θ ci informa sull'ampiezza della zona coperta dalle figure di interferenza: dalla formula si deduce che a parità di lunghezza d'onda λ, quanto più la fenditura d è piccola, tanto più aumenta sen θ e, quindi, anche l'angolo θ. Se fissiamo la larghezza d della fenditura, l'angolo θ aumenta all'aumentare della lunghezza d'onda λ della luce.

esempio

Vogliamo determinare quante frange scure in una figura di diffrazione si formano a destra o a sinistra rispetto alla frangia centrale di massima intensità. La luce è di colore blu con lunghezza d'onda λ pari a $4{,}75 \cdot 10^{-7}$ m e attraversa una fenditura di larghezza d $1{,}90 \cdot 10^{-6}$ m (corrispondente a 1,90 μm).

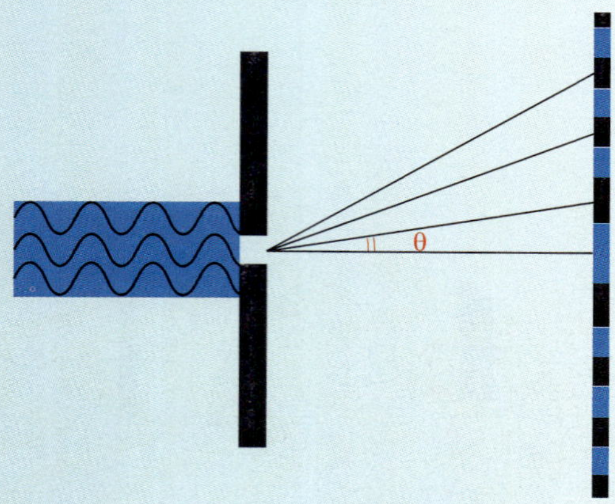

Il numero delle frange è ben definito e dipende dai valori di λ e d.
Per determinarlo, è sufficiente porre l'angolo θ pari a 90° (in modo da considerare tutta la metà superiore dello schermo) nella formula:

$$\text{sen}\,\theta = m\frac{\lambda}{d}$$

ma θ = 90°, quindi sen θ = 1, perciò:

$$1 = m\frac{\lambda}{d}$$

da cui si trova m:

$$m = \frac{d}{\lambda}$$

e sostituendo i dati:

$$m = \frac{1{,}9 \cdot 10^{-6}\ \text{m}}{4{,}75 \cdot 10^{-7}\ \text{m}} = 4$$

Rispetto alla frangia centrale ci sono perciò otto frange scure: quattro da una parte e quattro dall'altra rispetto al centro dello schermo.

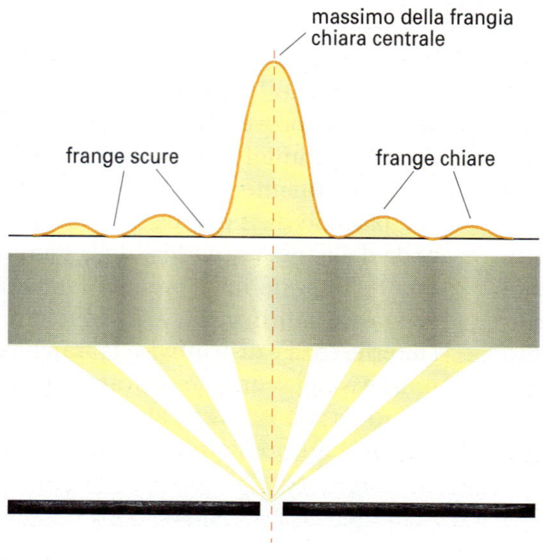

Con considerazioni di una certa complessità e con gli opportuni passaggi matematici, si potrebbe capire come cambia l'intensità luminosa delle frange di diffrazione chiare sullo schermo.
La massima intensità della luce si presenta nella zona centrale per θ = 0, mentre nelle frange laterali si abbassa molto rapidamente allontanandosi dal centro.
Si nota, inoltre, che la frangia luminosa centrale ha una larghezza doppia rispetto a quelle laterali.
In pratica, la maggior parte della luce è concentrata nella banda centrale.

Che cosa accade se la luce colpisce un ostacolo opaco circolare molto piccolo?

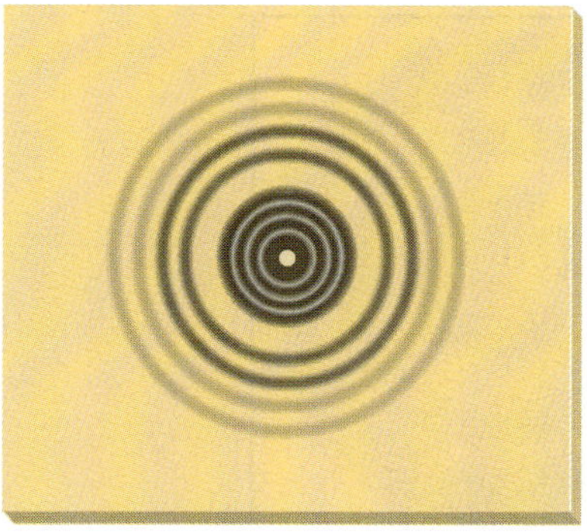

Basandosi sul modello ondulatorio ed estrapolando le conseguenze legate alla diffrazione, al centro dell'ombra prodotta da un disco, essendo uguale il percorso compiuto dai raggi secondari lungo il bordo, si dovrebbe formare un punto luminoso.
Questo fenomeno è del tutto incompatibile con il modello corpuscolare, secondo cui l'ostacolo circolare avrebbe dovuto intercettare i raggi luminosi, dando luogo a un cerchio scuro.

Questa previsione della teoria ondulatoria fu confermata nel 1818, presso l'Accademia di Parigi, da un esperimento che non solo consentì ad Augustin Jean Fresnel (1788-1827) di ottenere il primo premio del concorso a cui partecipava, ma che soprattutto convinse uno scienziato influente come S.D. Poisson (1781-1840), che faceva parte della commissione giudicante, della validità dell'ipotesi ondulatoria sostenuta da Fresnel.

FLASH

I contorni degli oggetti

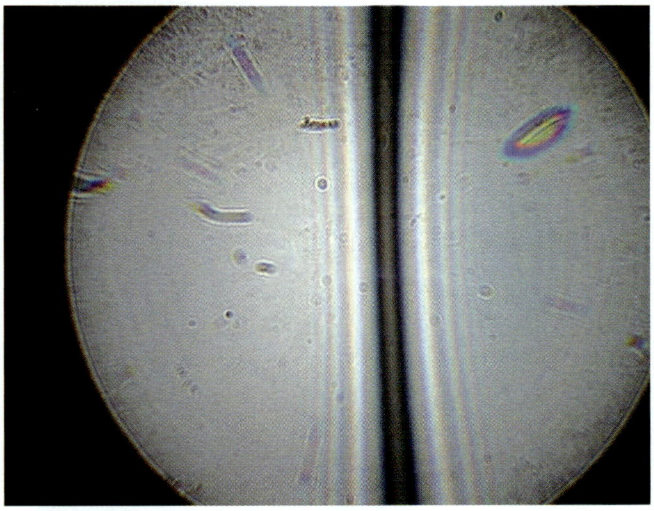

Fresnel ipotizzò che al centro dell'ombra di un piccolo oggetto colpito dalla luce si doveva formare un punto luminoso centrale a causa della natura ondulatoria della luce, cosa che venne confermata sperimentalmente.

Come dovrebbe essere allora il contorno delle ombre degli oggetti opachi, nitido o confuso?

Osserviamo la foto in cui è rappresentato uno spillo, con diametro di 0,5 mm, illuminato da una sorgente puntiforme.
Al centro abbiamo la conferma di quanto ipotizzato da Fresnel, perché si forma una striscia bianca dovuta a interferenza costruttiva.
Per quanto riguarda il contorno, ogni punto dell'oggetto colpito dalla luce, per il principio di Huygens, diventa sorgente di una nuova onda che si propaga in ogni direzione.
Tali onde, ovviamente, a loro volta creano frange di interferenza costruttiva o distruttiva secondo le regole esaminate.
Ai bordi sono ben visibili le frange dovute alla diffrazione che risultano colorate.
Qualora la sorgente luminosa non fosse puntiforme, come accade spesso nella vita quotidiana, le figure di diffrazione si sovrappongono, per cui le ombre hanno contorni sfumati.

15.8 Il potere risolutivo

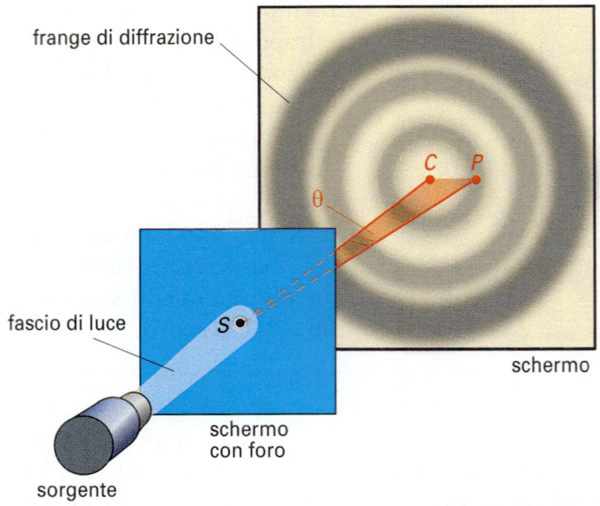

Quando si fa passare la luce attraverso un foro S circolare, anziché attraverso una fenditura rettilinea, si creano delle frange di diffrazione di forma circolare e concentriche rispetto al centro C. La zona maggiormente luminosa è costituita dal disco centrale. Se λ è la lunghezza d'onda della luce e D è il diametro del foro, che deve essere *sufficientemente* piccolo, il punto medio P della prima frangia scura è tale che il segmento SP forma con SC un angolo dato dalla seguente formula:

$$\operatorname{sen}\theta \cong 1{,}22\,\frac{\lambda}{D}$$

Se si hanno due sorgenti di luce puntiformi poste a una certa distanza d_s, ciascuno dei due fasci luminosi passando attraverso un piccolo foro circolare produce la propria figura di diffrazione. Se i due centri luminosi sono molto vicini (per cui d_s è molto piccola), non è possibile distinguere fra loro le due sorgenti, che appaiono come un'unica sorgente.

Le due sorgenti di luce potrebbero essere i fari di un'auto in avvicinamento oppure due stelle e il foro attraverso il quale passano i rispettivi fasci potrebbero essere la pupilla dell'occhio o l'apertura di uno strumento ottico. La condizione in base alla quale si può capire se le due sorgenti sono separate e distinguibili tra loro è il **criterio di Rayleigh**.

criterio di Rayleigh

Due sorgenti puntiformi sono distinguibili tra loro quando il massimo luminoso centrale della figura di diffrazione di una delle due sorgenti cade più lontano del primo minimo scuro delle frange dell'altra sorgente.

Indicando con θ l'angolo tra le due sorgenti e con D il diametro di apertura dell'obiettivo dello strumento (nel caso dell'occhio, il diametro della pupilla), e potendo prendere sen $\theta \cong \theta$ in quanto l'angolo (misurato in radianti) è piccolo, si ha che sulla base del criterio di Rayleigh il valore minimo di θ (**angolo limite di risoluzione** θ_{min}) affinché le due sorgenti vengano percepite come separate è:

$$\theta_{min} \cong 1{,}22\,\frac{\lambda}{D}$$

angolo limite di risoluzione

Come al solito, λ è la lunghezza d'onda della luce incidente. Il potere risolutivo, quindi, nel caso di un telescopio aumenta all'aumentare del diametro D del suo obiettivo.

esempio

Prendiamo in considerazione l'occhio umano: ipotizziamo che il diametro della pupilla sia di 2,0 mm (cioè $2{,}0 \cdot 10^{-3}$ m) e che la lunghezza d'onda della luce sia di $5{,}5 \cdot 10^{-7}$ m (colore giallo). Cerchiamo l'angolo limite di risoluzione per il quale il nostro occhio distingue due oggetti.

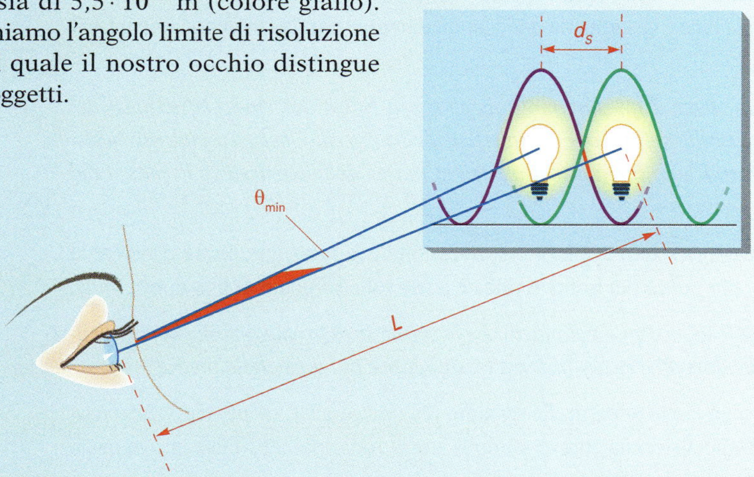

Applichiamo la formula:

$$\theta_{min} \cong 1{,}22\,\frac{\lambda}{D}$$

dove la lunghezza d'onda da considerare è quella relativa al mezzo nel quale si osserva la diffrazione e quindi, per l'occhio umano, si deve utilizzare $\lambda/1{,}36$. Sostituendo i valori troviamo:

$$\theta_{min} \cong 1{,}22\,\frac{5{,}5 \cdot 10^{-7}\ \text{m}}{1{,}36 \cdot 2{,}0 \cdot 10^{-3}\ \text{m}} = 2{,}5 \cdot 10^{-4}\ \text{rad} = 0{,}014°$$

Ovviamente, a parità di distanza fra le due sorgenti, quanto più esse sono lontane dall'osservatore, tanto più è difficile per l'occhio umano vederle fra loro distinte. In particolare, se due sorgenti di luce gialla (che possono essere due lampadine) si trovano a $L = 200$ m dall'occhio, per vederle separate tra di loro ci deve essere una distanza d_S pari almeno a:

$$d_S = L \cdot \tan\theta_{min}$$

ma per θ_{min} piccolo si ha:

$$\tan\theta_{min} \cong \theta_{min}$$

quindi:

$$d_S \cong L \cdot \theta_{min}$$

e sostituendo i dati:

$$d_S \cong 200 \cdot 2{,}5 \cdot 10^{-4} = 0{,}050\ \text{m}$$

La separazione fra le due lampadine deve essere almeno di 5,0 cm.

IDEE e PERSONAGGI

Testimonianze su un imputato sfuggente

I testimoni: *Alhazen, Grimaldi, Galilei, Huygens, Newton, Arago, Young, Fresnel, Foucault, Fizeau*

La luce si propaga in linea retta, esattamente come fanno le particelle: lo dimostra lo studio della formazione delle ombre prodotte dai corpi colpiti dalla luce, così pure le eclissi con le zone di oscurità totale e di penombra.

Il fatto che nella parte buia generata da un corpo opaco si osservano talvolta delle zone illuminate, può essere spiegato solo con la circostanza che la luce è costituta da onde, in quanto quel particolare fenomeno è facilmente osservabile con le onde marine.

Il modello corpuscolare della luce riesce a spiegare molto bene sia la riflessione sia la rifrazione: nel primo caso si ha l'urto elastico tra le particelle della luce e la superficie dello specchio; nel secondo caso la deviazione del raggio è data dalla presenza di una forza attrattiva tra la massa delle particelle e la massa del mezzo più rifrangente.

Anche trattando la luce come onda si riescono a spiegare la riflessione e la rifrazione. Basta ricorrere al principio di Huygens, secondo il quale ogni punto del fronte d'onda è a sua volta sorgente di una nuova onda.

Ma se la luce è fatta di onde, come il suono, qual è il mezzo che le consente di propagarsi? È ridicolo pensare che possa esistere un tale "etere" che dovrebbe essere insieme trasparente e più duro della pietra!

Non è che pensare alla luce come a un fascio di particelle sia tanto più rassicurante. Infatti, dato che è risaputo che i raggi luminosi non si influenzano a vicenda attraversando la stessa zona spaziale, dobbiamo immaginarli come tante frecce che si attraversano senza urtarsi!

Tutti possono vedere che quando la luce colpisce un cristallo di calcite si ha la birifrangenza, per cui si formano due raggi rifratti con diversa direzione. Evidentemente questo è dovuto al fatto che, come dice Newton, i raggi di luce sono caratterizzati dall'avere dei "lati" con caratteristiche fisiche differenti... Come spiegarselo con le onde?

Sì, è vero, la birifrangenza è un problema: ci sono due raggi rifratti che neppure interferiscono tra loro come dovrebbero fare. Ma forse questo perché pensiamo che le onde luminose devono essere per forza longitudinali. Basta immaginarle trasversali... per risolvere tutto.

E allora i colori? Se c'è una cosa che Newton ha spiegato bene è proprio la composizione della luce, introducendo fra l'altro un'idea estremamente innovativa contro chi voleva vedere nella luce bianca una manifestazione di purezza e nel colore, al contrario, una sua degradazione...

A questo punto, allora, parliamo dell'esperimento di Young! Facendo passare due raggi di luce attraverso due fenditure molto vicine e sottili, si vede senza alcun dubbio su uno schermo una successione di frange alterne chiare e scure, che solo l'interferenza può giustificare...

La prova decisiva

Secondo il modello corpuscolare, entrando in un mezzo più rifrangente, la luce, proseguendo con un angolo di rifrazione minore di quello di incidenza, dovrebbe aumentare la velocità a causa dell'aumento della sua componente verticale (rispetto al piano di separazione tra i due mezzi). Per il modello ondulatorio, il raggio rifratto si avvicina alla verticale a causa del rallentamento dell'onda nel passare dal mezzo meno rifrangente a quello che lo è di più. La frequenza resta invariata, ma la lunghezza d'onda diminuisce e così pure la velocità.

Nel 1849 A.H. Louis Fizeau e nel 1850 J.B. Léon Foucault dimostrarono che la velocità della luce nell'acqua (più rifrangente) è minore rispetto alla velocità della luce nell'aria (meno rifrangente). Con questa "sentenza" sembrava avere vinto definitivamente il modello ondulatorio e invece...

SCIENTIFIC ENGLISH

CLIL

Waves

Young's Double-Slit Experiment

Thomas Young first demonstrated interference in light waves from two sources in 1801. Figure 1 is a schematic diagram of the apparatus used in this experiment. (Young used pinholes rather than slits in the original experiments.) Light is incident on a screen containing a narrow slit S_0. The light waves emerging from this slit arrive at a second screen that contains two narrow, parallel slits S_1 and S_2. These slits serve as a pair of coherent light sources because waves emerging from them originate from the same wave front and therefore are always in phase. The light from the two slits produces a visible pattern on screen C consisting of a series of bright and dark parallel bands called **fringes**. When the light from slits S_1 and S_2 arrives at a point on the screen so that constructive interference occurs at that location, a bright fringe appears. When the light from the two slits combines destructively at any location of the screen, a dark fringe results. Figure 2 is a photograph of an interference pattern produced by two coherent vibrating sources in a water tank.

Figure 3 is a schematic diagram of some of the ways in which the two waves can combine at screen C of Figure 1. In Figure 3a, two waves, which leave the two slits in phase, strike the screen at the central point *P*. Because these waves travel equal distances, they arrive in phase at *P*, and as a result, constructive interference occurs there and a bright fringe is observed. In Figure 3b, the two light waves again start in phase, but the upper wave has to travel one wavelength farther to reach point *Q* on the screen. Because the

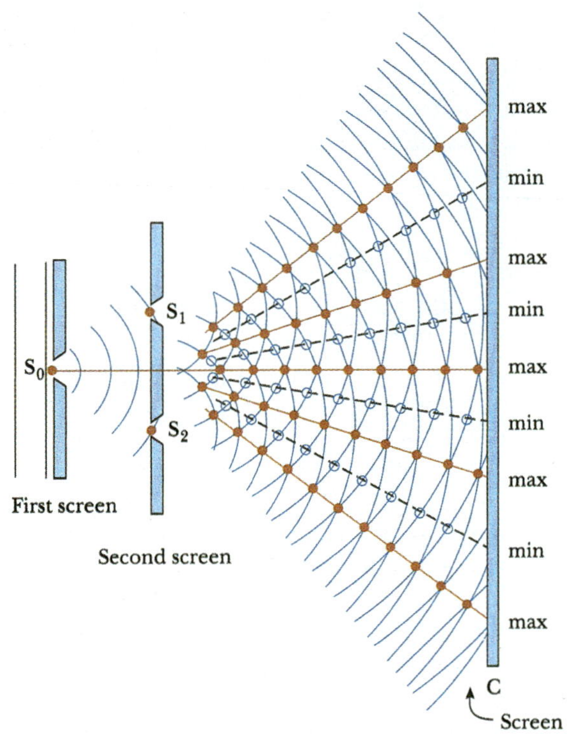

Figure 1
A diagram of Young's double-slit experiment. The narrow slits act as sources of waves. Slits S_1 and S_2 behave as coherent sources that produce an interference pattern on screen C. (The drawing is not to scale.)

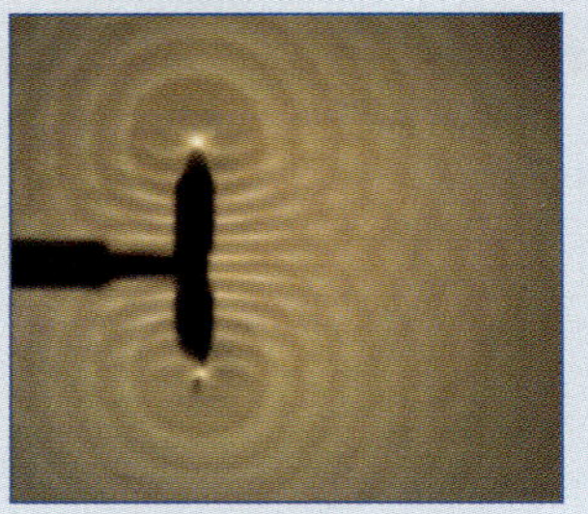

Figure 2
An interference pattern involving water waves is produced by two vibrating sources at the water's surface. The pattern is analogous to that observed in Young's double-slit experiment. Note the regions of constructive and destructive interference.

upper wave falls behind the lower one by exactly one wavelength, the two waves still arrive in phase at Q, so a second bright fringe appears at that location. Now consider point R, midway between P and Q, in Figure 3c. At R, the upper wave has fallen half a wavelength behind the lower wave.
This means that the trough of the bottom wave overlaps the crest of the upper wave, giving rise to destructive interference. As a result, a dark fringe can be observed at R.

We can describe Young's experiment quantitatively with the help of Figure 4. Consider point P on the viewing screen; the screen is positioned a perpendicular distance L from the screen containing slits S_1 and S_2, which are separated by distance d, and r_1 and r_2 are the distance the secondary waves travel from slit to screen. We assume the waves emerging from S_1 and S_2 have the same constant frequency, have the same amplitude, and start out in phase. The light intensity on the screen at P is the result of light from both slits. A wave from the lower slit, however, travels farther than a wave from the upper slit by the amount $d \sin\theta$. This distance is called the **path difference δ** (lower case Greek delta), where

path difference

$$\delta = r_2 - r_1 = d \sin\theta \qquad [1]$$

Equation 1 assumes that the two waves travel in parallel lines, which is approximately true, because L is much greater than d. As noted earlier, the value of this path difference determines whether the two waves are in phase when they arrive at P. If the path difference is either zero or some integral multiple of the wavelength, the two waves are in phase at P and constructive interference results. Therefore, the condition for bright fringes, or **constructive interference**, at P is

condition for constructive interference (two slits)

$$\delta = d \sin\theta_{\text{bright}} = m\lambda \qquad m = 0, \pm 1, \pm 2, \ldots \qquad [2]$$

The number m is called the **order number**. The central bright fringe at $\theta_{\text{bright}} = 0$ ($m = 0$) is called the *zeroth-order maximum*. The first maximum on either side, where $m = \pm 1$, is called the *first-order maximum*, and so forth.

When δ is an odd multiple of $\lambda/2$, the two waves arriving at P are 180° out of phase and give rise to destructive interference. Therefore, the condition for dark fringes, or **destructive interference**, at P is

condition for destructive interference (two slits)

$$\delta = d \sin\theta_{\text{dark}} = \left(m + \frac{1}{2}\right)\lambda \quad m = 0, \pm 1, \pm 2, \ldots \qquad [3]$$

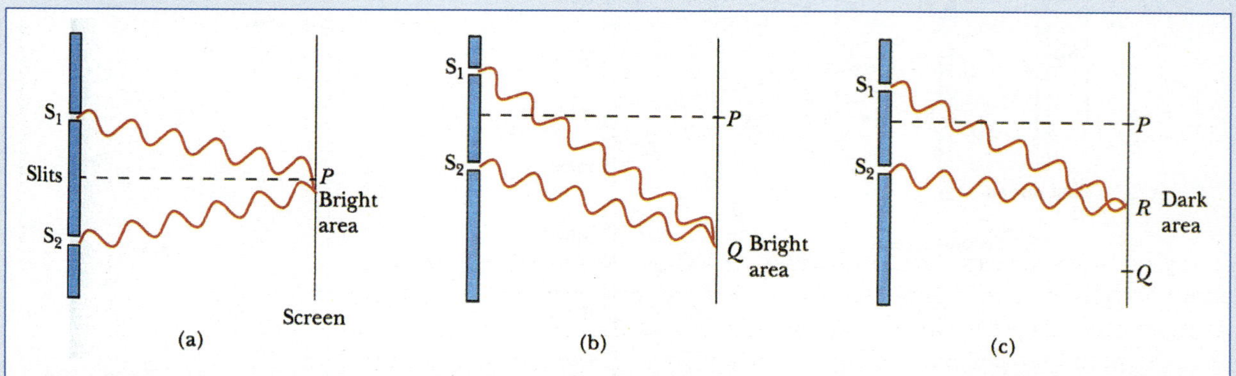

Figure 3 (a) Constructive interference occurs at P when the waves combine. (b) Constructive interference also occurs at Q. (c) Destructive interference occurs at R when the wave from the upper slit falls half a wavelength behind the wave from the lower slit. (These figures are not drawn to scale.)

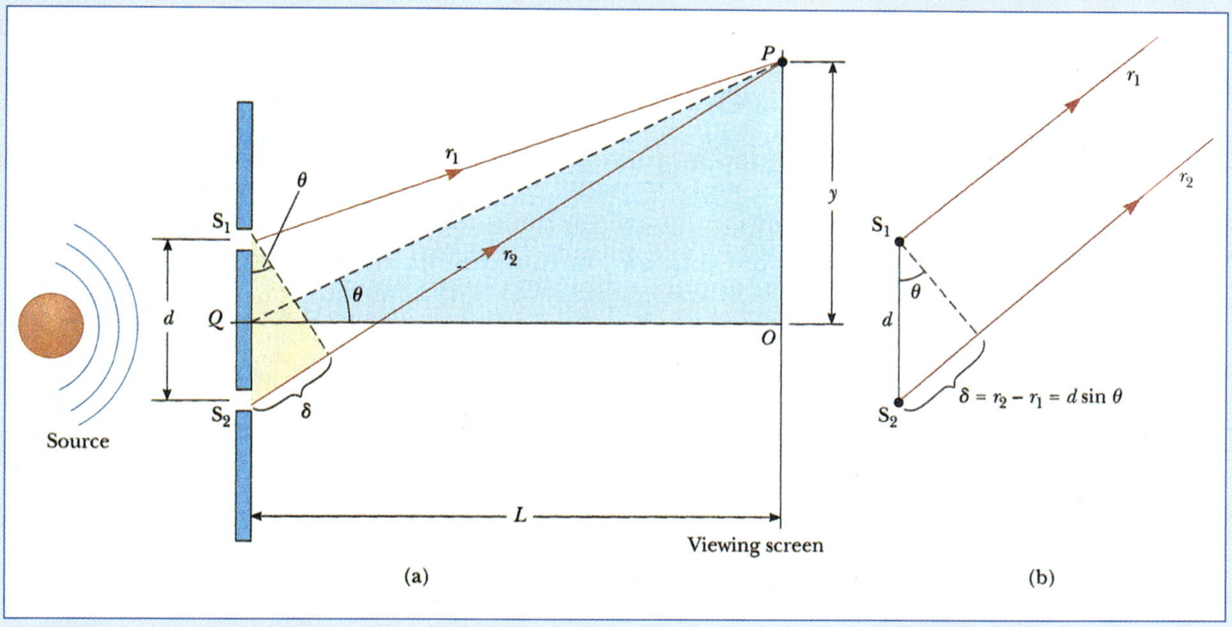

Figure 4
A geometric construction that describes Young's double-slit experiment.
The path difference between the two rays is $\delta = r_2 - r_1 = d \sin \theta$. (This figure is not drawn to scale.)

If $m = 0$ in this equation, the path difference is $\delta = \lambda/2$, which is the condition for the location of the first dark fringe on either side of the central (bright) maximum. Likewise, if $m = 1$, the path difference is $\delta = 3\,\lambda/2$, which is the condition for the second dark fringe on each side, and so forth.

It's useful to obtain expressions for the positions of the bright and dark fringes measured vertically from O to P. In addition to our assumption that $L >> d$, we assume that $d >> \lambda$. These can be valid assumptions because, in practice, L is often on the order of 1 m, d is a fraction of a millimeter, and λ is a fraction of a micrometer for visible light. Under these conditions θ is small, so we can use the approximation $\sin\theta \cong \tan\theta$. Then, from triangle OPQ in Figure 4, we see that

$$y = L \tan\theta \approx L \sin\theta \qquad [4]$$

Solving Equation 2 for $\sin\theta$ and substituting the result into Equation 4, we find that the positions of the *bright fringes*, measured from O, are

$$y_{\text{bright}} = \frac{\lambda L}{d} m \qquad m = 0, \pm 1, \pm 2, \ldots \qquad [5]$$

Using Equations [3] and [4] we find that the *dark fringes* are located at

$$y_{\text{dark}} = \frac{\lambda L}{d}\left(m + \frac{1}{2}\right) \qquad m = 0, \pm 1, \pm 2, \ldots \qquad [6]$$

Young's double-slit experiment provides a method for measuring the wavelength of light. In fact, Young used this technique to do just that. In addition, his experiment gave the wave model of light a great deal of credibility. It was inconceivable that particles of light coming through the slits could cancel each other in a way that would explain the dark fringes.

◀ **TIP 1 Small-Angle Approximation: Size Matters!**
The small-angle approximation $\sin\theta \cong \tan\theta$ is true to three-digit precision only for angles less than about 4°.

Checkpoint
True of False: In the two-slit interference pattern, the bright fringes are equally spaced for small angles.

from SERWAY/VUILLE, *Essentials of College Physics*, © 2007

IN SINTESI

Modello corpuscolare e modello ondulatorio

- Per il **modello corpuscolare** la luce è composta da particelle che si muovono in linea retta. Tuttavia, in seguito a una serie di osservazioni sperimentali, si è imposto il **modello ondulatorio**, per il quale la luce è un fenomeno del tutto analogo a quello delle onde.
- L'**esperimento di Young** consiste nel far passare la luce attraverso due fenditure molto vicine e di larghezza molto piccola; su uno schermo si osservano le tipiche frange prodotte dall'interferenza. Questo significa che le onde luminose si propagano indipendentemente l'una dall'altra seguendo il **principio di sovrapposizione**, talvolta sommando i rispettivi effetti, talvolta annullandosi reciprocamente. La propagazione della luce, inoltre, può essere spiegata sulla base del **principio di Huygens**, per il quale ogni punto del fronte dell'onda è la sorgente di un'onda secondaria che si propaga in tutte le direzioni.
- Il modello corpuscolare motiva la **rifrazione** come un effetto della differente attrazione che le particelle di luce subiscono nel passare da un mezzo rifrangente a un altro. Di conseguenza la luce nella rifrazione da una sostanza meno rifrangente a una più rifrangente (per esempio dall'aria all'acqua) dovrebbe aumentare la propria velocità. Al contrario, applicando la seconda legge della rifrazione (detta anche **legge di Snell**) alla luce considerata come onda, la sua velocità dovrebbe diminuire passando dall'aria all'acqua secondo la relazione:

$$v_2 = \frac{v_1}{n_{12}}$$

dove n_{12} è l'indice di rifrazione relativo.
L'indice di rifrazione assoluto è:

$$n = \frac{c}{v}$$

con c velocità della luce.
Nel 1850 Foucault e Fizeau confermarono la previsione del modello ondulatorio: nell'acqua la velocità della luce è minore rispetto all'aria.

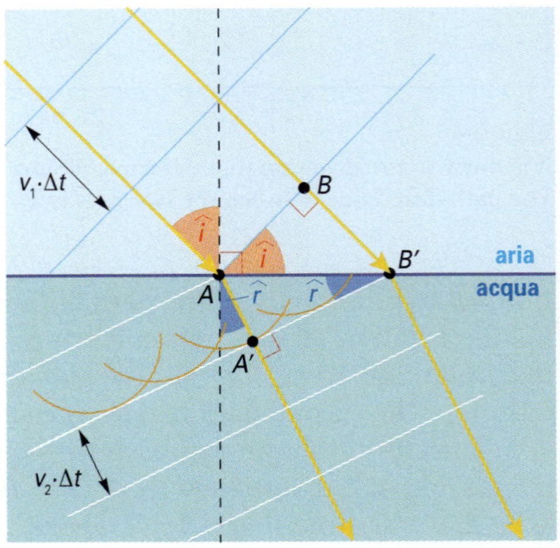

Polarizzazione

- Un raggio di luce è costituito da un'insieme incoerente di onde che oscillano su piani disposti fra loro casualmente. Quando la luce attraversa un cristallo particolare, può passare solamente quella parte di onda luminosa che vibra parallelamente alla direzione dell'**asse ottico** del cristallo: in questo modo la luce subisce un processo di **polarizzazione**. È questo il principio che sfrutta un materiale comunemente usato per le lenti degli occhiali chiamato *polaroid*.
- Attraversando un cristallo come lo *spato d'Islanda*, la luce può subire il fenomeno della **birifrangenza**: entro il cristallo si formano due raggi rifratti, secondo due differenti indici di rifrazione, e solo uno di essi segue la legge di Snell.

Interferenza

- L'**interferenza** è il fenomeno che si ha quando due (o più) onde si propagano nella stessa zona di spazio. Gli effetti delle onde si possono sommare accentuandosi vicendevolmente: in questo caso si ha un'**interferenza costruttiva**; oppure si attenuano o si annullano fra loro, dando luogo a un'**interferenza distruttiva**. Gli effetti dell'interferenza possono essere ben visibili quando le due sorgenti luminose producono onde in fase, con la stessa lunghezza d'onda, la stessa ampiezza e sono polarizzate nella medesima direzione.

Indicando con d la distanza tra le sorgenti, α l'angolo rispetto all'asse centrale e λ la lunghezza d'onda della luce si ha:

– *interferenza costruttiva*:

$$\operatorname{sen}\alpha = K\frac{\lambda}{d}$$

– *interferenza distruttiva*:

$$\operatorname{sen}\alpha = (2K+1)\frac{\lambda}{2d}$$

(in entrambi i casi con $K = 0, 1, 2, ...$).

- Tramite l'**esperimento di Young** è possibile determinare la lunghezza d'onda di un raggio luminoso secondo la formula:

$$\lambda = \frac{sd}{KL}$$

dove s è la distanza sullo schermo dal punto centrale, d è la distanza tra le sorgenti, L è la distanza dello schermo e K è il numero d'ordine della frangia ($K = 1, 2, 3...$).

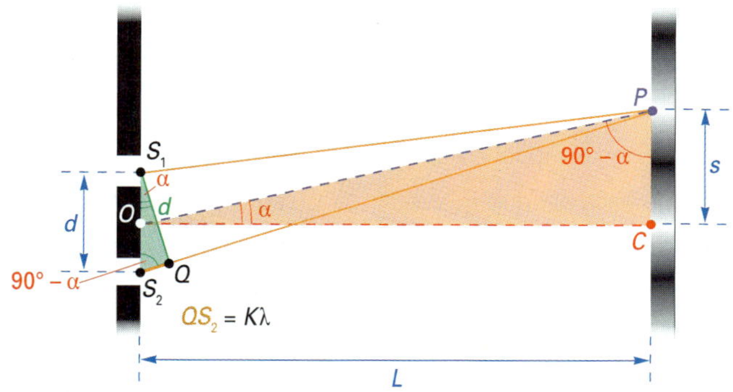

Diffrazione e potere risolutivo

- La **diffrazione** avviene quando un raggio colpisce un ostacolo oppure attraversa una fenditura con le dimensioni dello stesso ordine di grandezza della lunghezza d'onda della luce. È sostanzialmente un fenomeno di *interferenza* tra i vari punti dello stesso fronte d'onda della luce incidente che trova motivazione nel *principio di Huygens*. Se θ è l'angolo preso in considerazione rispetto alla direzione del raggio e d è la larghezza della fenditura, la condizione di formazione delle **frange scure** è la seguente:

$$\operatorname{sen}\theta = m\frac{\lambda}{D}$$

(con $m = 1, 2, 3...$).

- Il **potere risolutivo** è la capacità di uno strumento (o anche dell'occhio) di distinguere tra loro due sorgenti luminose vicine. Il **criterio di Rayleigh** afferma che affinché ciò avvenga bisogna che nella formazione della figura di diffrazione il massimo centrale luminoso della prima cada sulla prima frangia scura della seconda figura o più in là.
Possiamo esprimere l'angolo minimo θ_{min} formato dalle due sorgenti che emettono luce di lunghezza d'onda λ affinché appaiano separate, attraverso la relazione:

$$\theta_{min} \cong 1{,}22\frac{\lambda}{D}$$

in cui D è il diametro dell'obiettivo (o della pupilla).

STRUMENTI DI CONSOLIDAMENTO E VERIFICA

Completa le frasi

1 Secondo il modello corpuscolare proposto da .... la luce è un flusso di .... emesso con .... dalle sorgenti che si propaga secondo traiettorie .... Secondo il modello ondulatorio, invece, la luce è un'............................. e perciò segue il principio di .... e quello di ....

2 La seconda legge della rifrazione afferma che il .... tra il seno dell'angolo di .... e il seno dell'angolo di .... è pari al rapporto tra le .... con cui l'onda si propaga nei due mezzi. Il rapporto tra le due velocità rappresenta l'indice di .... Secondo il modello corpuscolare la velocità della luce nell'acqua è .... rispetto all'aria, secondo il modello .... è il contrario.

3 Un fascio di luce si dice polarizzato se è formato da onde che oscillano nello stesso .... La direzione lungo la quale viene trasmesso il raggio luminoso si chiama .... Alcuni cristalli presentano il fenomeno della .... in cui con un unico raggio incidente ne vengono generati due con polarizzazioni tra loro ....

4 L'interferenza è il fenomeno che ha luogo quando si .... onde che arrivano da .... sorgenti. Nel caso di raggi luminosi, su uno schermo posto a distanza molto .... rispetto alla distanza tra le .... si formano .... di interferenza. Nel caso di due sorgenti, se la .... tra le distanze tra un punto dello schermo e ciascuna sorgente è pari a un multiplo .... della .... allora nel punto si ha ....

5 Nell'esperimento di Young, realizzato utilizzando un fascio di luce monocromatica, la lunghezza d'onda λ è .... proporzionale alla distanza s tra due zone luminose sullo schermo, è .... proporzionale alla distanza L tra lo schermo e il piano delle fenditure, è .... proporzionale alla distanza d tra le fenditure.

6 La diffrazione attraverso una fenditura si spiega con il fenomeno dell'.. utilizzando il principio di .... Le .... scure che corrispondono ai minimi si posizionano sullo schermo con valori degli angoli il cui seno è direttamente proporzionale a multipli della .... e inversamente proporzionale alla .... della fenditura.

7 Per il fenomeno della diffrazione, quando si fa passare la luce attraverso un'apertura circolare di diametro D si creano su uno schermo posto a una certa distanza dall'apertura delle frange di diffrazione di forma .... e .... Il disco centrale è la parte più .... e i punti medi della prima frangia scura seguono la relazione sen $\theta \approx$ ....

8 Il criterio di Rayleigh si basa sul modello .... della luce, affermando che due sorgenti luminose .... sono distinguibili quando il massimo luminoso centrale della figura di diffrazione di una sorgente cade più .... del minimo .... della prima frangia dell'altra .... L'angolo minimo necessario affinché due diverse sorgenti luminose vengano percepite come .... è .... proporzionale alla lunghezza d'onda della sorgente e .... proporzionale al diametro dello strumento utilizzato.

Test a scelta multipla

1 **Quale tra le seguenti affermazioni è esatta:**

- A Newton elaborò il modello corpuscolare che oggi è considerato errato
- B I risultati ottenuti da Foucault e Fizeau sulla velocità della luce contribuirono all'affermazione del modello corpuscolare
- C I sostenitori del modello ondulatorio incontrarono difficoltà a spiegare la birifrangenza
- D L'esperimento di Young può essere effettuato solo con luce monocromatica

2 **La rifrazione si spiega correttamente con il modello ondulatorio della luce e non con quello corpuscolare. Secondo il modello ondulatorio la velocità della luce diminuisce nel passaggio dall'aria all'acqua.**
Le due precedenti affermazioni sono rispettivamente:

- A vera, vera
- B vera, falsa
- C falsa, vera
- D falsa, falsa

3 **In accordo con le leggi della rifrazione, se la luce passa dall'aria all'acqua la sua velocità nell'acqua:**

- A aumenta
- B diminuisce
- C rimane costante
- D dipende dall'angolo di incidenza

4 **Se un raggio di luce passa dal vuoto al diamante con indice di rifrazione assoluto pari a $n = 2{,}417$:**

- A la sua velocità aumenta
- B la sua velocità rimane costante
- C l'angolo di incidenza è minore dell'angolo di rifrazione
- D l'angolo di rifrazione è minore dell'angolo di incidenza

5 **La polarizzazione della luce:**

- A è spiegata facilmente dal modello corpuscolare
- B può essere ottenuta con qualsiasi cristallo
- C avviene nella direzione parallela all'asse ottico del cristallo
- D si manifesta solo con cristalli particolari come lo spato d'Islanda

6 **L'asse ottico di un cristallo:**

- A è sempre perpendicolare alla superficie del cristallo
- B è la direzione parallela al raggio incidente
- C è la direzione perpendicolare al raggio incidente
- D è una particolare direzione lungo la quale passa la luce polarizzata

7 **Se la velocità di propagazione della luce in un mezzo materiale è $6{,}3 \cdot 10^{8}$ km/h, il suo indice di rifrazione assoluto è:**

- A 0,48
- B 1,71
- C 0,58
- D non calcolabile perché la velocità è maggiore di quella della luce

8 **Per ottenere figure nitide di interferenza dovute a raggi luminosi:**

- A si può usare la luce bianca
- B si devono usare raggi di luce coerente e monocromatica
- C è sufficiente usare fronti d'onda paralleli
- D lo schermo che rileva le frange deve essere molto lontano dalla sorgente

9 **L'esperimento di Young:**

- A evidenzia il comportamento corpuscolare della luce
- B è coerente con le ipotesi formulate da Newton sul comportamento della luce
- C evidenzia che la luce non si propaga nel vuoto
- D evidenzia il comportamento ondulatorio della luce

10 **Per aumentare la distanza fra le bande luminose nell'interferometro di Young, possiamo:**

- A utilizzare una luce monocromatica ad alta frequenza (es. violetto)
- B aumentare la distanza fra le fenditure
- C avvicinare lo schermo alle fenditure
- D utilizzare una luce monocromatica con bassa frequenza (es. rosso)

11 **La prima frangia in cui si ha interferenza costruttiva, con un interferometro di Young, utilizzato con luce di lunghezza d'onda $5{,}0 \cdot 10^{-7}$ m e con lo schermo distante 2,00 m dalle fenditure separate tra di loro per 0,36 mm, dista dalla frangia luminosa centrale:**

- A 1,39 mm
- B 2,78 mm
- C 5,56 mm
- D 139 mm

12 **Tramite un interferometro di Young si evidenzia che la prima frangia di interferenza costruttiva prodotta da luce monocromatica si ha a 1,5 mm dalla frangia centrale. Le fenditure distano tra loro 1 mm e lo schermo dista 3 m da esse. La sorgente luminosa è di colore:**

- A rosso (circa 650 nm)
- B verde (circa 500 nm)
- C blu (circa 470 nm)
- D giallo (circa 590 nm)

13 In un interferometro di Young, data una radiazione luminosa monocromatica incidente sulle due fenditure, se il rapporto tra la distanza dallo schermo L e la distanza tra le fenditure d rimane costante man mano che si avvicina lo schermo, allora la distanza tra le diverse frange luminose:

A rimane costante
B diminuisce
C aumenta
D non dipende dalla frequenza della radiazione incidente

14 Nella diffrazione, più la fenditura è piccola, più aumenta l'angolo formato dalle frange scure di interferenza. L'angolo è indipendente dalla distanza dallo schermo.
Le due precedenti affermazioni sono rispettivamente:

A falsa, falsa
B falsa, vera
C vera, falsa
D vera, vera

15 Nel fenomeno della diffrazione, se si vuole mantenere costante l'ampiezza della zona di schermo coperta dalla figura di interferenza (angolo θ) al crescere della dimensione della fenditura è necessario:

A aumentare la frequenza della luce incidente
B diminuire la frequenza della luce incidente
C avvicinare lo schermo
D non è possibile

16 L'ampiezza della fenditura attraverso la quale un fascio di luce di lunghezza d'onda 630 nm produce la seconda frangia scura spostata di 0,003° rispetto al centro vale:

A 2,4 mm
B 2,4 cm
C 1,2 cm
D 5,24 mm

17 L'ampiezza della fenditura attraverso la quale un fascio di luce di lunghezza d'onda 690 nm produce la terza frangia scura spostata di 0,001 rad rispetto al centro vale:

A 2,1 mm
B 11,9 cm
C 3,8 mm
D 1,4 mm

18 Il numero di frange scure che si formano a ogni lato di quella luminosa centrale, con una diffrazione ottenuta con luce verde, avente $\lambda = 500$ nm, attraverso una fenditura di ampiezza $1{,}00 \cdot 10^{-3}$ mm è:

A 1
B 2
C 4
D 20

19 Nel fenomeno della diffrazione, il numero di frange scure che si formano a ogni lato di quella luminosa centrale:

A aumenta all'aumentare della lunghezza d'onda della radiazione incidente
B aumenta all'aumentare della dimensione della fenditura
C dipende solo dalla dimensione della fenditura
D non dipende dal colore della luce incidente

20 Nella diffrazione attraverso un piccolo foro circolare, le prime due frange chiare che si ottengono sono:

A concentriche
B parallele
C separate da un angolo $\theta = 1{,}22\,\dfrac{\lambda}{D}$
D separate da un angolo tale che $\operatorname{sen}\theta = 2\,\dfrac{\lambda}{D}$

21 Nel fenomeno della diffrazione attraverso un piccolo foro circolare, al crescere della frequenza della radiazione incidente:

A cresce il diametro delle frange concentriche
B diminuisce il diametro delle frange concentriche
C aumenta il numero delle frange
D aumenta il diametro del foro

22 L'angolo minore affinché due sorgenti luminose, di lunghezza d'onda $4{,}90 \cdot 10^{-7}$ m e fotografate con un obiettivo di diametro 28,0 mm, vengano percepite come distinte, è:

A $21{,}4 \cdot 10^{-9}$ rad
B $21{,}4 \cdot 10^{-10}$ rad
C $1{,}22 \cdot 10^{-3}$ gradi
D $2{,}14 \cdot 10^{-5}$ gradi

23 Due sorgenti luminose poste a piccola distanza tra loro emettono entrambe luce rossa ($\lambda = 660$ nm) e successivamente entrambe luce blu ($\lambda = 470$ nm). Un occhio umano le osserva a grande distanza. Allora:

A se l'occhio umano le percepisce separate quando emettono luce rossa, le percepirà separate anche quando emettono luce blu
B se l'occhio umano le percepisce separate quando emettono luce blu, le percepirà separate anche quando emettono luce rossa
C indipendentemente dalla distanza, l'occhio le percepisce distinte
D indipendentemente dal colore emesso, l'occhio le percepisce sempre distinte

24 La distanza minima tra due sorgenti luminose che emettono luce rossa con lunghezza d'onda 700 nm e distano da noi 15,0 m, affinché siano distinguibili dal nostro occhio (diametro pupilla 2,00 mm), è:

A 12,8 cm
B 0,47 cm
C 0,70 cm
D 1,28 cm

25 La distanza minima tra due sorgenti luminose che emettono luce con lunghezza d'onda 450 nm e distano da noi 20,0 m, affinché siano distinguibili dal nostro occhio è:

A 4,03 μm
B 0,80 cm
C 0,40 cm
D 2,28 cm

Esercizi

15.1 La natura della luce: modelli interpretativi

Per i seguenti esercizi, utilizzare come velocità della luce nel vuoto il valore $c = 3 \cdot 10^8$ m/s.

1 Sapendo che la lunghezza delle onde luminose di colore azzurro è 450 nm, determina la frequenza. [$6{,}7 \cdot 10^{14}$ Hz]

2 La luce di colore arancione ha una lunghezza d'onda pari a 600 nm. Quanto vale la frequenza? [$5 \cdot 10^{14}$ Hz]

3 La luce di colore violetto ha una frequenza di $7{,}5 \cdot 10^{14}$ Hz. Determina la lunghezza d'onda. [400 nm]

4 Il colore rosso della luce ha una frequenza di $4{,}30 \cdot 10^{14}$ Hz. Quanto vale la lunghezza d'onda? [698 nm]

15.3 La rifrazione secondo i due modelli

5 L'indice di rifrazione del ghiaccio è 1,31. Calcola l'angolo di rifrazione se la luce entra nel ghiaccio con un angolo di incidenza di 10° e di 20°. [7,62°, 15,1°]

6 Nella tabella sono riportati alcuni valori approssimati della velocità di propagazione della luce in vari mezzi.

mezzo	Acqua	Alcol etilico	Vetro crown
velocità (ms^{-1})	$2{,}25 \cdot 10^8$	$2{,}21 \cdot 10^8$	$1{,}98 \cdot 10^8$

a) Calcola l'indice di rifrazione assoluto di acqua, alcol e vetro;
b) calcola l'indice di rifrazione relativo nel passaggio dall'acqua all'alcol. [*a*) 1,33; 1,36; 1,52; *b*) 1,02]

7 Un raggio di luce verde di lunghezza d'onda $570 \cdot 10^{-9}$ m nel vuoto, entrando in un mezzo materiale, cambia la sua velocità a $3{,}8 \cdot 10^6$ m/s.
Calcola la frequenza dell'onda luminosa nel vuoto e nel mezzo, e in questo anche la sua lunghezza d'onda.
[$5{,}3 \cdot 10^{14}$ Hz in entrambi; $7{,}1 \cdot 10^{-9}$ m]

8 ***ENGLISH*** Find the angle of refraction of a beam of light in air that hits a water surface at an angle of incidence of 20°, 30°, 45° and 60°. [14.9°; 22.1°; 32.1°; 40.6°]

9 ***ENGLISH*** What is the speed of light in water and in glass? (Indices of refraction respectively 1.333 and 1.515) [$2{,}25 \cdot 10^8$ m/s; $1{,}98 \cdot 10^8$ m/s]

10 ***ENGLISH*** The index of refraction for glass is 1.66 for light with a wavelength of 400 nm and 1.61 for light with a wavelength of 700 nm. Find the angles of refraction for light of these that are incident on the glass at an angle of 45°. [25°; 26°]

15.5 L'interferenza

11 Determina il colore di un raggio di luce monocromatico che, in un interferometro a due fenditure, produce una distanza di 18,3 mm tra la prima e la terza banda luminosa, oltre quella centrale, su uno schermo distante 4,00 m dalle fenditure, separate tra di loro per 0,28 mm. [λ = 640 nm; arancione]

12 Determina il colore di un raggio di luce monocromatico che, in un interferometro a due fenditure, produce una distanza di 1 cm tra la prima e la seconda banda luminosa su uno schermo distante 3,00 m dalle fenditure, separate tra di loro per 0,12 mm. [λ = 410 nm; violetto]

13 In un interferometro di Young a quale distanza dal piano delle fenditure va posto lo schermo se si vuole ottenere una distanza tra frange luminose di 5 mm utilizzando una luce arancione (630 nm)? La distanza tra le fenditure è di 0,3 mm. [2,4 m]

Esercizio svolto

14 Calcola l'angolo corrispondente alla seconda frangia luminosa, rispetto a quella centrale in un interferometro di Young, realizzato con due fenditure distanti 0,12 mm e in cui viene utilizzata luce rossa di lunghezza d'onda 700 nm.

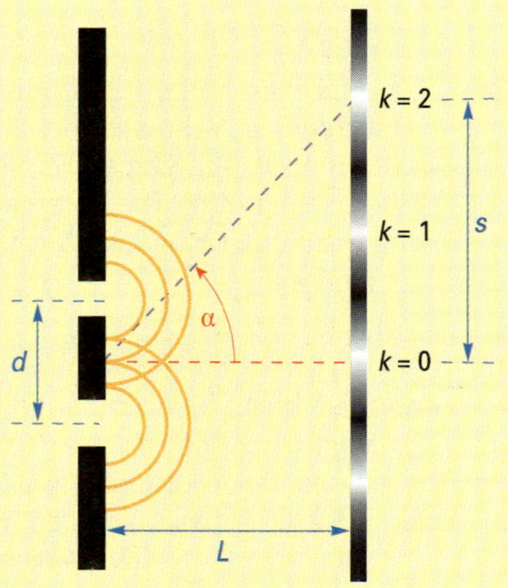

[0,67°]

Suggerimento È necessario accertarsi che la calcolatrice sia impostata in gradi (DEG) per il calcolo della tangente.

Osserviamo che $\frac{s}{L} = \tan\alpha$ per cui sostituendo nella relazione $\lambda = \frac{sd}{KL}$ si ha $\lambda = \tan\alpha \frac{d}{K}$ da cui ricaviamo $\tan\alpha = \frac{K\lambda}{d}$.
Poiché $K = 2$, sostituendo i valori si ottiene:

$$\tan\alpha = \frac{K\lambda}{d} = \frac{2 \cdot 700 \cdot 10^{-9}\ \text{m}}{0{,}12 \cdot 10^{-3}\ \text{m}} = 0{,}008$$

e infine:

$$\alpha = \tan^{-1}(0{,}008) = 0{,}67°$$

15 Calcola l'angolo corrispondente alla terza frangia luminosa, rispetto a quella centrale in un interferometro di Young, realizzato con due fenditure distanti 0,18 mm e in cui viene utilizzata luce gialla di lunghezza d'onda 590 nm. **[0,56°]**

16 In un interferometro di Young in cui le fenditure distano tra loro $8{,}0 \cdot 10^{-3}$ mm, viene utilizzata luce gialla monocromatica di lunghezza d'onda $6{,}0 \cdot 10^{-7}$ m. Calcola l'angolo fra le prime due bande luminose disposte simmetricamente rispetto a quella centrale. **[8,6°]**

17 In un interferometro di Young in cui le fenditure distano tra loro $6{,}0 \cdot 10^{-3}$ mm, viene utilizzata luce blu monocromatica di lunghezza d'onda $4{,}7 \cdot 10^{-7}$ m. Calcola l'angolo fra le seconde due bande luminose disposte simmetricamente rispetto a quella centrale. **[18°]**

18 In un interferometro di Young in cui le fenditure distano tra loro $4{,}0 \cdot 10^{-3}$ mm, viene utilizzata luce verde monocromatica di lunghezza d'onda $5{,}2 \cdot 10^{-7}$ m. Calcola l'angolo fra la prima frangia di interferenza distruttiva a destra e la prima a sinistra rispetto a quella centrale. **[7,5°]**

19 ***ENGLISH*** An interference pattern is produced on a screen when monochromatic light is incident upon two slits that are 50.0 μm apart. The perpendicular distance from the slits to the screen is 7.65 m. The distance between the central and the second-order fringe ($k = 2$) is 16 cm. Evaluate the wavelength of the light. **[$\lambda = 523$ nm]**

20 ***ENGLISH*** An interference pattern is produced on a screen when monochromatic light is incident upon two slits that are 40.0 μm apart. The perpendicular distance from the slits to the screen is 6 m. The distance between the central and the third-order fringe is 30 cm. Evaluate the wavelength of the light. **[$\lambda = 667$ nm]**

21 ***ENGLISH*** Consecutive bright bands on an interference pattern are 9 cm apart when the slits are 10.0 m from the screen. The slit separation distance is 0.050 mm. What is the color of the laser beam adopted as source? **[$\lambda = 450$ nm; blue]**

22 ***ENGLISH*** Young's experiment is performed with light of wavelenth 500 nm. The slits are 1.40 mm apart and the viewing screen is 6.20 m from the slits. How far apart are the bright fringes? **[2.21 mm]**

15.7 La diffrazione

23 Trova l'ampiezza della fenditura attraverso la quale un raggio di luce monocromatico di frequenza $5{,}3 \cdot 10^{14}$ Hz genera una prima banda scura spostata di $4{,}00 \cdot 10^{-3}$ gradi sullo schermo, rispetto alla posizione centrale. **[8,2 mm]**

24 Trova l'ampiezza della fenditura attraverso la quale un raggio di luce con lunghezza d'onda $\lambda = 500$ nm genera la seconda banda scura spostata di $5{,}00 \cdot 10^{-3}$ gradi sullo schermo, rispetto alla posizione centrale. **[1,1 cm]**

25 Un raggio di luce blu di lunghezza d'onda $4{,}8 \cdot 10^{-7}$ m attraversa una fenditura di ampiezza 0,01 mm, creando una figura di diffrazione.
Calcola gli angoli formati con la banda centrale corrispondenti alla prima, seconda e terza frangia scura. **[2,75°; 5,51°; 8,28°]**

26 Un raggio di luce con lunghezza d'onda pari a 600 nm attraversa una fenditura di ampiezza 4,2 μm, creando una figura di diffrazione.
Calcola gli angoli formati con la banda centrale corrispondenti alla prima, seconda e terza frangia scura. Quante frange si formano a ogni lato di quella centrale?

Suggerimento Vedi esempio svolto nel testo.

[8,21°; 16,6°; 25,4°; 7 frange]

27 Calcola la lunghezza d'onda di un raggio di luce monocromatico che, attraversando una fenditura larga 0,14 mm, genera nella figura di diffrazione una seconda banda scura spostata di 8 millesimi di grado rispetto alla banda centrale. **[$9{,}8 \cdot 10^{-9}$ m]**

28 ***ENGLISH*** Light of wavelength 600 nm is incident on a slit having width of 3 mm. Find the angle for which the first and the second dark fringes are formed. **[11.5°; 23.6°]**

29 ***ENGLISH*** The fourth order dark fringe in a single-slit diffraction pattern forms an angle of 0.1° with the central bright fringe. The slit has a width of 1 mm. Assuming that the incident light is monochromatic, calculate the light's approximate wavelength. **[$\lambda = 436$ nm]**

30 ***ENGLISH*** The second order dark fringe in a single-slit diffraction pattern forms an angle of 2° with the central bright fringe. The slit has a width of 30 μm. Assuming that the incident light is monochromatic, calculate the light's approximate wavelength. **[$\lambda = 523$ nm]**

15.8 Il potere risolutivo

31 Stiamo scattando una fotografia agli addobbi natalizi di un paese, che sono costituiti da file di piccole lampadine colorate distanti tra loro 20 cm, con una macchina fotografica il cui obiettivo ha diametro di 10 mm.
Calcola la distanza teorica massima tra noi e le luci perché possano essere risolte distintamente, utilizzando come lunghezza d'onda della luce $4{,}80 \cdot 10^{-7}$ m. **[circa 3,4 km]**

Esercizio svolto

32 Calcola il diametro minimo teorico di un piccolo telescopio che permetta di rilevare distintamente le due componenti di una stella doppia, separate da 0,30 secondi di grado. Utilizza una lunghezza d'onda di $5{,}80 \cdot 10^{-7}$ m. [48,8 cm]

Utilizziamo il criterio di Rayleigh per calcolare il diametro del telescopio e, in particolare, la relazione:

$$\theta_{min} = 1{,}22 \frac{\lambda}{D}$$

Poiché θ_{min} è espresso in radianti, effettuiamo la conversione:

$$\theta_{min} = \frac{\pi}{180°}\theta_{min} = \frac{\pi}{180°}\left(\frac{0{,}3}{3600}\right)^{\circ} = 1{,}45 \cdot 10^{-6} \text{ rad}$$

Il diametro ha il valore:

$$D = 1{,}22\frac{\lambda}{\theta_{min}} = 1{,}22\frac{5{,}80 \cdot 10^{-7} \text{ m}}{1{,}45 \cdot 10^{-6}} = 0{,}488 \text{ m}$$

33 Calcola il diametro minimo teorico di un telescopio che permetta di rilevare distintamente le due componenti di una stella doppia, separate da 5 secondi di grado. Utilizza una lunghezza d'onda di $4{,}80 \cdot 10^{-7}$m. [2,41 cm]

34 Calcola la separazione angolare minima, in secondi di grado, che ci permette di distinguere distintamente due corpi celesti che emettono luce nella banda del giallo dello spettro visibile, con un telescopio di 80 cm di diametro. [0,19″]

35 ***ENGLISH*** Light of wavelength 600 nm is used to view an object under a microscope. If the aperture of the objective has a diameter of 1.2 cm, what is the limiting angle of resolution θ_{min}? If it were possible to use visible light of any wavelength, what would be the maximum limit of resolution for this microscope?
[$6.1 \cdot 10^{-5}$ rad; $4.1 \cdot 10^{-5}$ rad using the lowest visible wavelength $\lambda = 400$ nm]

36 ***ENGLISH*** A telescope has a diameter of 6 m and it is designed to detect 600-nm light. An other telescope has a diameter of 300 m and is designed to detect 0.6-m radio waves. Calculate the minimum angle of resolution for both telescopes. Which of the two has the lowest limiting angle of resolution? [the first telescope]

37 ***ENGLISH*** A human pupil is dilated to a diameter of 5.5 mm and two point sources 3.5 m away are being viewed. How far apart must the sources be if the eye can resolve them? Use $\lambda = 500$ nm as wavelength. [388 μm]

Problemi

1 Una lastra di vetro flint, dello spessore di 10,0 mm e con indice di rifrazione 1,66 viene attraversata da un raggio di luce che incide la superficie con una direzione inclinata di 50° rispetto alla normale. Calcola le due direzioni del raggio nell'attraversamento, verificando con i calcoli che il raggio in uscita ha la stessa direzione di quello in entrata.

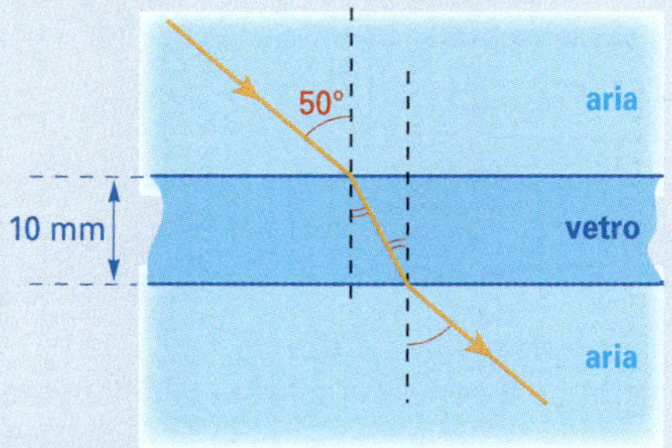

[27,5°]

Esercizio svolto

2 La superficie piana di un cristallo anisotropo è parallela al suo asse ottico. Tale superficie viene colpita da un raggio di luce che forma un angolo di incidenza di 45°. L'indice di rifrazione assoluto del mezzo da cui proviene il raggio incidente (1) è pari a $n_1 = 1$, mentre quelli del raggio ordinario (2) e straordinario (3) nel cristallo valgono rispettivamente $n_2 = 1{,}50$ ed $n_3 = 1{,}61$. Calcola l'ampiezza dell'angolo di separazione tra i due raggi all'interno del cristallo. [2°]

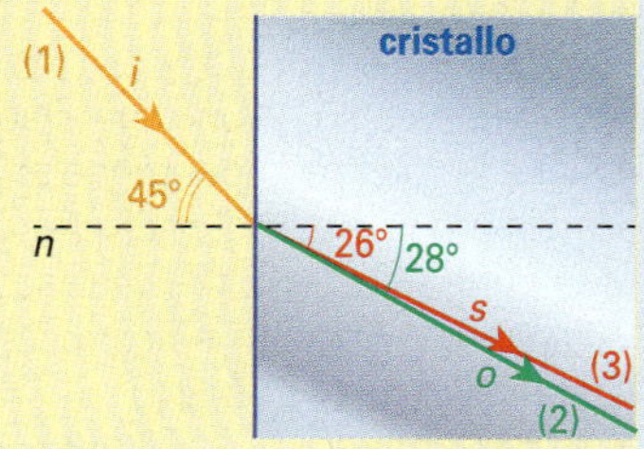

Dalla seconda legge di rifrazione si trova per il raggio ordinario:

$$\frac{\text{sen}\,\hat{i}}{\text{sen}\,\hat{o}} = \frac{v_i}{v_2} = n_{12} = \frac{n_2}{n_1}$$

da cui ricaviamo:

$$\frac{\text{sen}\,\hat{o}}{\text{sen}\,\hat{i}} = \frac{n_1}{n_2} \Rightarrow \text{sen}\,\hat{o} = \frac{n_1}{n_2}\text{sen}\,\hat{i}$$

e sostituendo i valori:

$$\text{sen}\,\hat{o} = \frac{1{,}00}{1{,}50}\text{sen } 45° = 0{,}47 \Rightarrow \hat{o} = \text{sen}^{-1}\, 0{,}47 = 28°$$

Analogamente per il raggio straordinario abbiamo:

$$\frac{\text{sen}\,\hat{i}}{\text{sen}\,\hat{s}} = \frac{v_1}{v_3} = n_{13} = \frac{n_3}{n_1} \Rightarrow \text{sen}\,\hat{s} = \frac{n_1}{n_3}\text{sen}\,\hat{i}$$

$$\text{sen}\,\hat{s} = \frac{1{,}00}{1{,}61}\text{sen } 45° = 0{,}44 \Rightarrow \hat{s} = \text{sen}^{-1}\, 0{,}44 = 26°$$

La differenza tra i due angoli è quindi:

$$\hat{o} - \hat{s} = 28° - 26° = 2°$$

3 Calcola l'ampiezza dell'angolo di separazione in una situazione analoga a quella dell'esercizio precedente, ma con un cristallo di zircone avente indici di rifrazione assoluti del raggio ordinario e straordinario rispettivamente del valore di 1,97 e 1,92 e un raggio incidente inclinato di 30° rispetto alla normale. **[0,4°]**

Esercizio svolto

4 Un'interferenza generata con un fascio di luce blu (lunghezza d'onda $\lambda = 4{,}9 \cdot 10^{-7}$ m), con una doppia fenditura di ampiezza 2,30 mm, crea sullo schermo una figura in cui la sesta banda scura dista 8,52 mm dalla banda centrale.
Calcola la distanza dello schermo dalle fenditure, utilizzando:
a) la condizione di interferenza;
b) la relazione dell'interferometro di Young. **[7,27 m]**

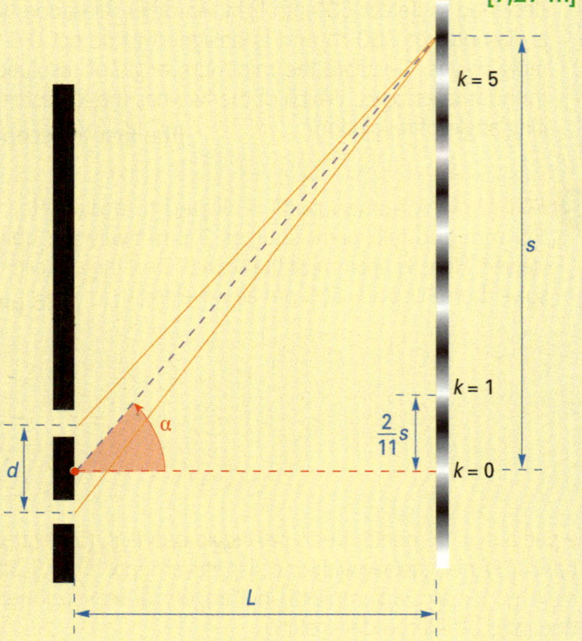

a) La sesta banda scura corrisponde al valore $K = 5$ nella relazione dell'interferenza distruttiva:

$$\operatorname{sen}\alpha = (2K+1)\frac{\lambda}{2d}$$

Poiché α è piccolo, possiamo approssimare $\operatorname{sen}\alpha$ con $\tan\alpha$ e dunque, come si osserva dalla figura:

$$\operatorname{sen}\alpha \cong \tan\alpha = \frac{s}{L} = (2K+1)\frac{\lambda}{2d}$$

Ricaviamo L e sostituiamo i dati noti:

$$L = \frac{2sd}{(2K+1)\lambda} = \frac{2 \cdot 8{,}52 \cdot 10^{-3}\ \text{m} \cdot 2{,}30 \cdot 10^{-3}\ \text{m}}{(2 \cdot 5 + 1) \cdot 4{,}9 \cdot 10^{-7}\ \text{m}} = 7{,}27\ \text{m}$$

b) Per utilizzare la relazione dell'interferometro di Young, calcoliamo innanzitutto la distanza della prima banda chiara, dopo quella centrale. Per l'equidistanza delle bande nella figura di interferenza, questa si trova a una distanza di 2/11 della distanza s. Dunque dalla relazione $\lambda = \frac{sd}{KL}$ ricaviamo L e sostituiamo i valori noti:

$$L = \frac{2}{11}s\frac{d}{\lambda} = \frac{2 \cdot 8{,}52 \cdot 10^{-3}\ \text{m} \cdot 2{,}30 \cdot 10^{-3}\ \text{m}}{11 \cdot 4{,}9 \cdot 10^{-7}\ \text{m}} = 7{,}27\ \text{m}$$

come trovato precedentemente.

5 Un raggio di luce gialla, di lunghezza d'onda $6{,}00 \cdot 10^{-7}$ m, crea una figura di interferenza con una doppia fenditura, su uno schermo che dista 2,80 m, in cui la quarta banda scura dista 5,40 mm dal centro.
Determina, utilizzando la condizione di interferenza e la relazione dell'interferometro di Young, la distanza tra le fenditure. **[1,09 mm]**

Esercizio svolto

6 Un raggio luminoso monocromatico di lunghezza d'onda $4{,}8 \cdot 10^{-7}$ m, attraversando una fenditura, genera le prime due bande scure separate tra loro da un angolo di 5,27°.
Calcola l'ampiezza della fenditura e la distanza dello schermo su cui la prima banda scura si forma a una distanza di 56 cm dal centro. **[0,052 mm; 6,1 m]**

Si tratta di un fenomeno di diffrazione attraverso una fenditura, in cui la posizione delle bande scure sullo schermo è data dalla relazione $\operatorname{sen}\theta = m\frac{\lambda}{d}$ (m = 1, 2, 3...)
In particolare:

$$\operatorname{sen}\theta_1 = \frac{\lambda}{d} \quad \text{e} \quad \operatorname{sen}\theta_2 = 2\frac{\lambda}{d}$$

L'angolo di separazione fra le bande vale 5,27°, ovvero 0,092 rad. Poiché gli angoli sono piccoli, possiamo approssimare $\operatorname{sen}\theta \cong \theta$ e dunque:

$$\operatorname{sen}\theta_2 - \operatorname{sen}\theta_1 \cong \theta_2 - \theta_1 = 2\frac{\lambda}{d} - \frac{\lambda}{d} = \frac{\lambda}{d} = 0{,}092$$

Ricaviamo l'ampiezza della fenditura:

$$d = \frac{\lambda}{\theta_2 - \theta_1} = \frac{4{,}80 \cdot 10^{-7}\ \text{m}}{0{,}092} = 0{,}052\ \text{mm}$$

In corrispondenza della prima banda scura abbiamo un angolo:

$$\theta_1 \cong \operatorname{sen}\theta_1 = \frac{\lambda}{d} = 0{,}092\ \text{rad}$$

Per piccoli valori di θ_1, $\tan\theta_1 \cong \operatorname{sen}\theta_1$ e quindi, avendo indicato con D_1 la distanza della prima banda scura, risulta:

$$L = \frac{D_1}{\tan\theta_1} = \frac{0{,}56\ \text{m}}{0{,}092} = 6{,}1\ \text{m}$$

7 Un fascio di luce di lunghezza d'onda $\lambda = 6{,}0 \cdot 10^{-7}$ m, attraversa una fenditura, e genera una figura di diffrazione in cui l'angolo tra la prima e la seconda banda scura è di 2,83°.
Calcola l'ampiezza della fenditura e la distanza a cui si forma la prima banda rispetto a quella luminosa centrale se lo schermo dista 4,70 m. **[$1{,}22 \cdot 10^{-2}$ mm; 23,2 cm]**

8 Un telescopio ha uno specchio con un diametro D = 22 cm. Qual è la minima separazione angolare tra due stelle che il telescopio è in grado di risolvere? Qual è la distanza minima tra due punti sulla Luna che il telescopio è in grado di distinguere? (utilizza λ = 600 nm e ricorda che la distanza tra la Terra e la Luna è circa 384 000 km). **[$\theta_{min} = 3{,}3 \cdot 10^{-6}$ rad; L = 1,3 km]**

9 Una macchina fotografica ha un diametro di apertura di 14 mm. Se si vuole scattare una foto a una vettura in avvicinamento con i fari accesi, qual è la distanza massima tra il fotografo e la vettura affinché i fari vengano risolti come punti separati? Utilizza $\lambda = 580$ nm e supponi che i fari della vettura siano distanziati di 1,1 m. **[21,8 km]**

10 Sono date due sorgenti luminose distanziate di d_s metri e uno strumento ottico posto a distanza L metri con diametro di apertura D. Scrivi l'espressione analitica di L in funzione di d_s, D e della lunghezza d'onda λ della luce incidente.
Rappresenta successivamente sullo stesso piano cartesiano:

a) L in funzione di λ per $\lambda = 400$ nm e $\lambda = 700$ nm con $d_s = 2$ km e $D = 20$ cm;

b) L in funzione di λ per $\lambda = 400$ nm e $\lambda = 700$ nm con $d_s = 2$ km e $D = 2$ m;

c) L in funzione di λ per $\lambda = 400$ nm e $\lambda = 700$ nm con $d_s = 2$ m e $D = 20$ cm.

Commenta i risultati ottenuti; a quali colori si riferiscono le lunghezze d'onda? Quali scenari possono modellare i valori di d_s e D indicati? **[$L = (d_s \cdot D)/(1{,}22 \cdot \lambda)$]**

11 ***ENGLISH*** Find the slit separation of a double-slit arrangement that produces fringes 0.018 rad apart on a distant screen. Assume 600 nm light. **[33.3 μm]**

12 ***ENGLISH*** How many dark fringes will be produced on either side of central bright fringe if light with $\lambda = 400$ nm is incident on a slit that is 4.8 μm wide? **[12]**

13 ***ENGLISH*** When a monochromatic light source is sent through a 0.6 mm wide slit onto a screen 3 m away, the second dark fringe appears 5.7 mm from the central bright fringe.
Calculate the wavelength of the light. **[$\lambda = 570$ nm]**

TRAINING

1 La figura rappresenta un raggio di luce che dall'aria passa in un liquido.
Sapendo che l'indice di rifrazione dell'aria è, con buona approssimazione, $n_a \approx 1$, quanto vale l'indice di rifrazione del liquido in esame?

A $\dfrac{\text{sen}20°}{\text{sen}40°}$

B $\dfrac{\text{sen}40°}{\text{sen}70°}$

C $\dfrac{\text{sen}50°}{\text{sen}20°}$

D $\dfrac{\text{sen}70°}{\text{sen}40°}$

E $\dfrac{\text{sen}90°}{\text{sen}40°}$

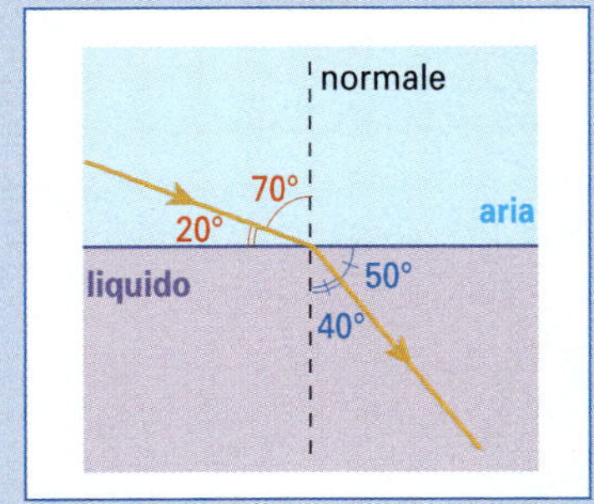

[Olimpiadi della fisica, Gara di primo livello, 2010]

2 Una luce monocromatica incide su una fenditura di larghezza regolabile e produce su uno schermo delle frange di diffrazione la cui intensità ha la distribuzione mostrata nella figura a fianco.
Che cosa accade alla distribuzione di intensità se si riduce la larghezza della fenditura?

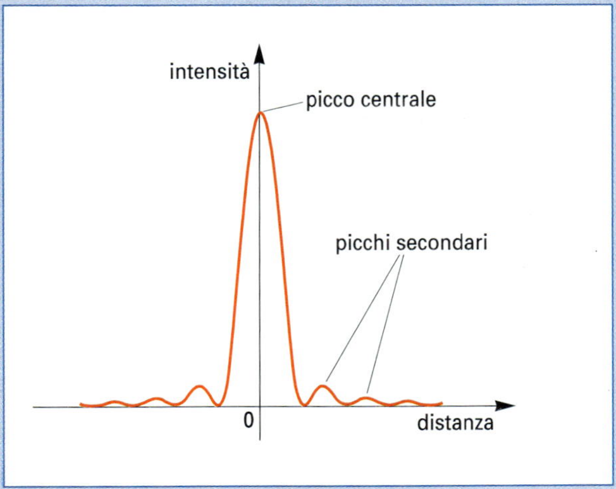

A L'intensità di tutti i picchi diminuisce, la larghezza della distribuzione aumenta.

B L'intensità di tutti i picchi aumenta, la larghezza della distribuzione diminuisce.

C L'intensità del picco centrale aumenta, quella dei massimi secondari diminuisce.

D L'intensità di tutti i picchi diminuisce, la larghezza della distribuzione rimane la stessa.

E L'intensità di tutti i picchi non cambia, la larghezza della distribuzione aumenta.

[Olimpiadi della fisica, Gara di primo livello, 2009]

3 Una radiazione a microonde passa attraverso due fenditure *P* e *Q* di una piastra metallica.
Un sensore di microonde che viene spostato dal punto *R* al punto *S* dello schermo rileva una serie di massimi e minimi di intensità della radiazione, come indicato in figura. La lunghezza d'onda della radiazione è 4 cm.
Quanto vale la differenza di percorso tra *PT* e *QT*?

- **A** 2 cm
- **B** 3 cm
- **C** 4 cm
- **D** 5 cm
- **E** 6 cm

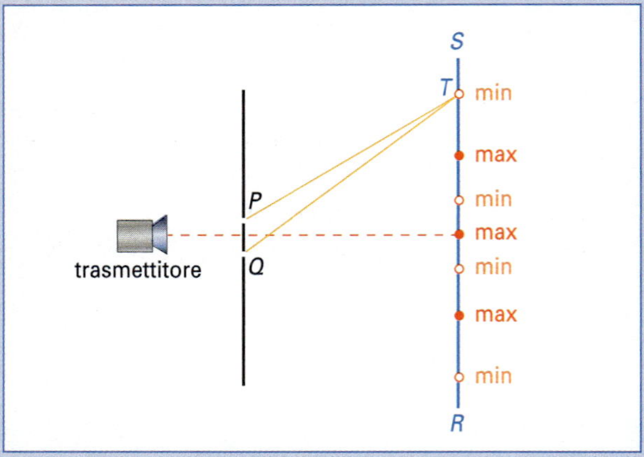

[*Olimpiadi della fisica, Gara di primo livello, 2008*]

4 Un ingegnere, per realizzare una finestra attraverso cui osservare un esperimento, utilizza tre diverse lamine *P*, *Q* ed *R* di materiali plastici trasparenti.
Un raggio di luce attraversa la finestra come mostrato in figura.

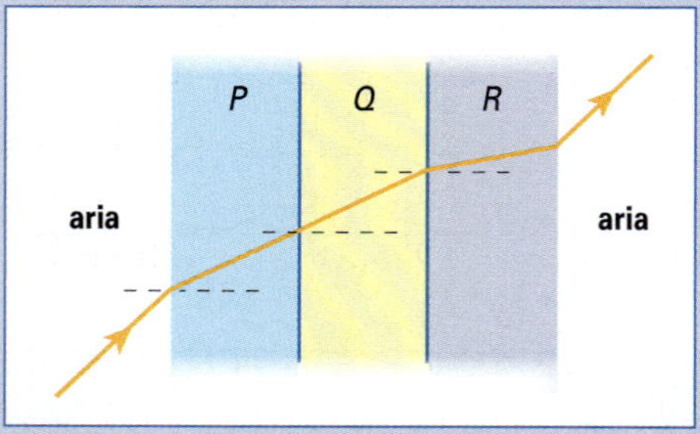

Quali sono i possibili valori dell'indice di rifrazione dei tre materiali plastici?

	P	*Q*	*R*
A	1,5	1,9	2,3
B	1,5	1,5	2,3
C	2,3	2,3	1,5
D	2,3	1,9	1,5
E	1,5	1,5	1,2

[*Olimpiadi della fisica, Gara di primo livello, 2008*]

5 Un raggio di luce monocromatica entra in direzione obliqua in un recipiente pieno d'acqua, che ha un coperchio di vetro molto spesso; il raggio colpisce uno specchio posto sul fondo, viene riflesso indietro ed esce dal recipiente.
Quale dei seguenti disegni rappresenta meglio il percorso descritto dal raggio di luce?

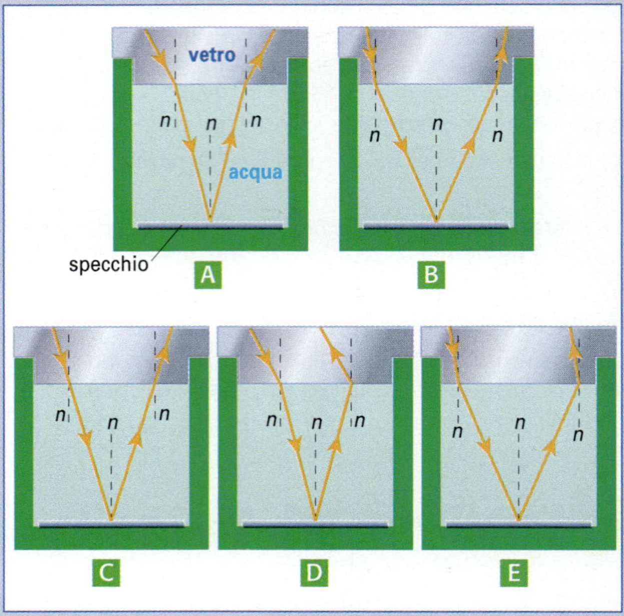

[*Olimpiadi della fisica, Gara di primo livello, 2007*]

6 Una luce avente lunghezza d'onda di 6×10^{-7} m attraversa due strette fenditure ed è raccolta su uno schermo a 2 m di distanza dalle fenditure.
Se la distanza tra le due frange luminose adiacenti è di 3×10^{-2} m, qual è la distanza tra le fenditure?

- **A** 9×10^{-9} m
- **B** 1×10^{-5} m
- **C** 4×10^{-5} m
- **D** 6×10^{-5} m
- **E** $2,5 \times 10^{-4}$ m

[*Olimpiadi della fisica, Gara di primo livello, 2007*]

7 Un fascio di luce incide dall'aria in un blocco di materiale trasparente. L'angolo di incidenza è 49° e quello di rifrazione è 30°.
Qual è la velocità della luce nel materiale trasparente, in $m\,s^{-1}$?

- **A** $1,8 \times 10^8$
- **B** $2,0 \times 10^8$
- **C** $2,3 \times 10^8$
- **D** $3,0 \times 10^8$
- **E** $4,5 \times 10^8$

[*Olimpiadi della fisica, Gara di primo livello, 2005*]

8 Il disegno schematizza un raggio di luce monocromatica che viaggia in acqua e incide sulla superficie di separazione tra l'acqua e il vetro del contenitore.

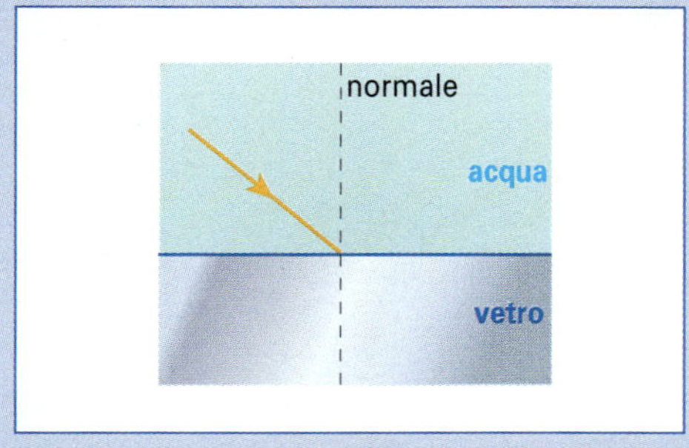

Che cosa accade al raggio di luce nel passaggio dall'acqua al vetro?

A La velocità della luce diminuisce per cui il raggio si avvicina alla normale.

B La velocità della luce diminuisce per cui il raggio si allontana dalla normale.

C La velocità della luce non diminuisce, ma il raggio si avvicina alla normale.

D La velocità della luce aumenta per cui il raggio si avvicina alla normale.

E La velocità della luce aumenta per cui il raggio si allontana dalla normale.

[Olimpiadi della fisica, Gara di primo livello, 2006]

9 La luce emessa da un laser cade su una coppia di fenditure distanti 0,1 mm l'una dall'altra, e su uno schermo distante si osserva un sistema di frange. La separazione fra due frange brillanti consecutive è di 1,0 mm. Se, lasciando tutto il resto inalterato, si applica al laser un duplicatore di frequenza, in modo che la luce emessa abbia frequenza doppia, quale sarà ora la separazione fra le frange?

A 0,25 mm

B 0,5 mm

C 1,0 mm

D 2,0 mm

E 4,0 mm

[Olimpiadi della fisica, Gara di primo livello, 2005]

10 Nel riprodurre l'esperimento di Young con le due fenditure si è usato un fascio di luce bianca.
Quale ci si aspetta fra le osservazioni descritte qui sotto?

A Lo schermo appare illuminato uniformemente.

B Si osserva una frangia centrale nera e frange bianche e nere alternate ai suoi lati.

C Si osserva una frangia centrale bianca e frange bianche e nere alternate ai suoi lati.

D Si osserva una frangia centrale bianca e ai suoi lati frange colorate.

E Si osserva una frangia centrale nera e ai suoi lati frange colorate.

[Olimpiadi della fisica, Gara di primo livello, 2003]

11 La figura mostra un fascio di raggi paralleli di luce bianca diretti verso la faccia *AB* di un prisma trasparente.
Il prisma è fatto di vetro avente indice di rifrazione n_2 ed è immerso in un liquido trasparente di indice n_1.

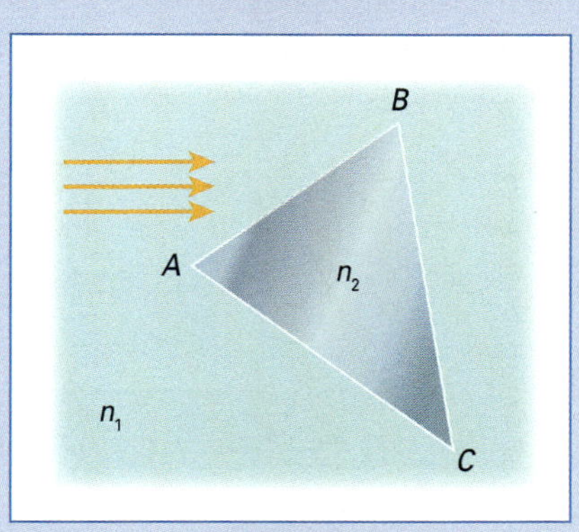

Quali delle seguenti affermazioni sono vere?

1. Se $n_1 > n_2$ la luce bianca potrebbe essere totalmente riflessa dalla faccia *AB* del prisma.
2. Se $n_1 = n_2$ il prisma non è visibile.
3. Se $n_1 < n_2$ la luce bianca viene parzialmente riflessa da *AB*.

A Tutte e tre

B Solo la 1 e la 2

C Solo la 2 e la 3

D Solo la 1 e la 3

E Solo la 2

[Olimpiadi della fisica, Gara di primo livello, 2003]

12 In figura la linea *PQR* rappresenta un sottile fascio di luce monocromatica che passa dal mezzo (1) al mezzo (2). In tale fenomeno si può dire che:

A la frequenza della luce aumenta.

B la frequenza della luce diminuisce.

C la lunghezza d'onda della luce rimane invariata.

D la lunghezza d'onda della luce aumenta.

E la lunghezza d'onda della luce diminuisce.

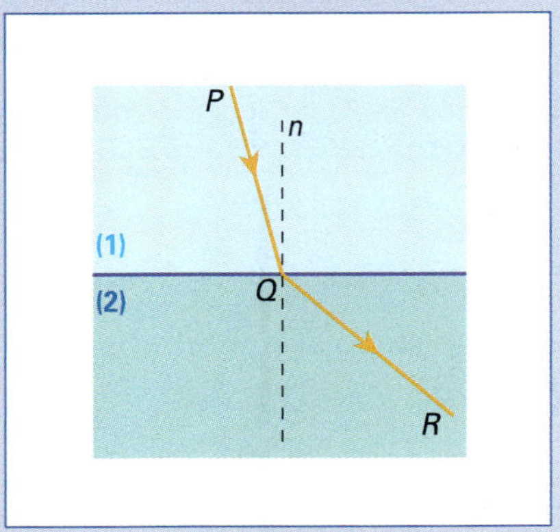

[Olimpiadi della fisica, Gara di primo livello, 2002]

13 Un raggio di luce passa dall'aria al vetro come mostrato in figura.
Qual è la migliore stima della velocità della luce nel vetro?

A $2,00 \times 10^8$ ms^{-1}
B $2,12 \times 10^8$ ms^{-1}
C $3,00 \times 10^8$ ms^{-1}
D $4,24 \times 10^8$ ms^{-1}
E $4,50 \times 10^8$ ms^{-1}

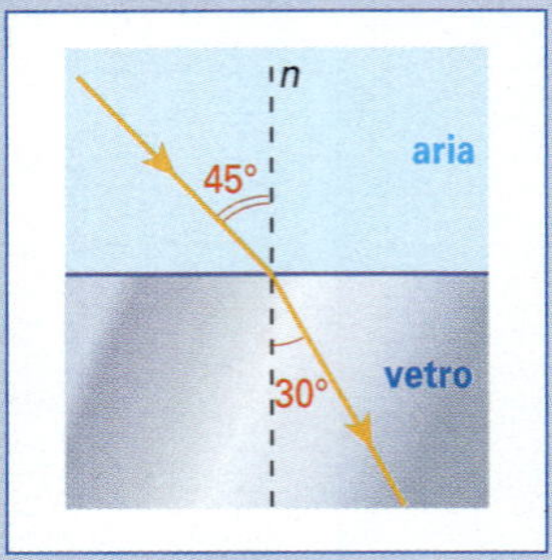

[*Olimpiadi della fisica, Gara di primo livello, 2002*]

14 Microonde di lunghezza d'onda 2,8 cm passano attraverso due strette fessure G_1 e G_2 di una barriera di alluminio. Il punto P molto lontano dalla barriera, dista 11,2 cm in più da una fessura rispetto all'altra.

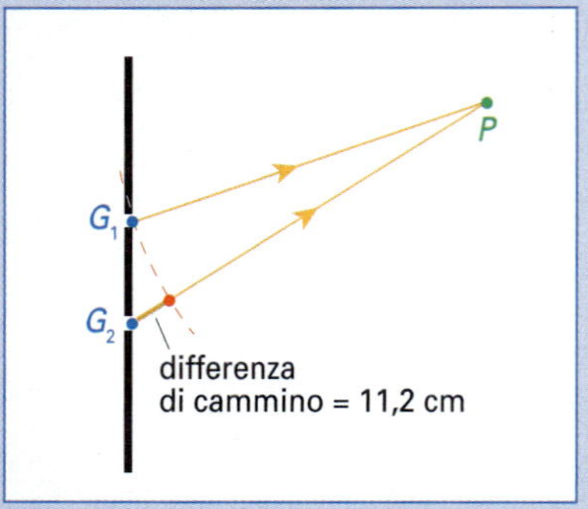

Quale o quali delle seguenti affermazioni sulla radiazione che arriva in P da G_2 sono corrette?

1. Arriva in fase con la radiazione proveniente da G_1.
2. Si combina costruttivamente con la radiazione proveniente da G_1.
3. Ha percorso un numero intero di lunghezze d'onda in più rispetto alla radiazione proveniente da G_1.

A Tutte e tre
B Solo la 1 e la 2
C Solo la 2 e la 3
D Solo la 1
E Solo la 3

[*Olimpiadi della fisica, Gara di primo livello, 2002*]

15 Una sorgente di microonde di lunghezza d'onda λ è posta di fronte a due fenditure, indicate con R ed S in figura.

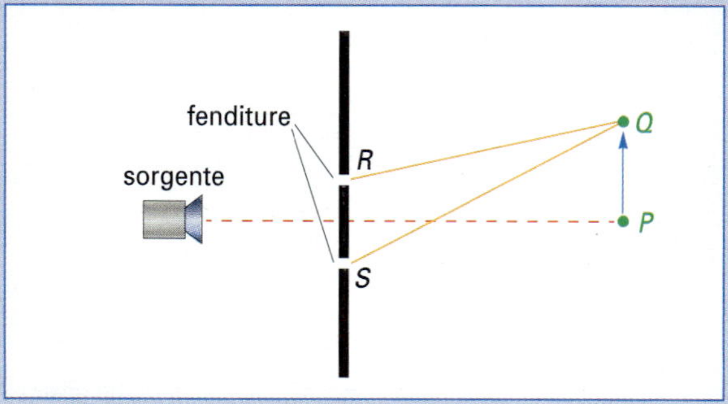

Un rivelatore di microonde registra un massimo di intensità quando si trova nel punto P, per il quale $RP = SP$. Il rivelatore viene quindi spostato e il primo punto in cui si registra un nuovo massimo è Q.
La differenza di cammino $(SQ - RQ)$ vale allora:

A 0
B $\lambda/2$
C λ
D $k\lambda/2$, con k dispari
E $k\lambda$, con k intero

[*Olimpiadi della fisica, Gara di primo livello, 2001*]

16 Quale delle seguenti figure mostra correttamente il percorso di un raggio di luce che dall'aria entra in un prisma di vetro il cui indice di rifrazione vale 1,5 e i cui angoli sono di 45°, 90° e 45°?

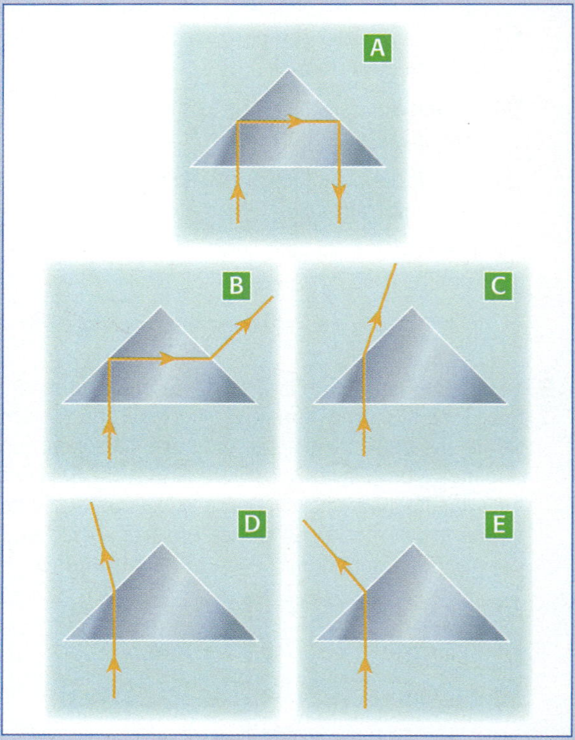

[*Olimpiadi della fisica, Gara di primo livello, 2001*]

17 Il diagramma a fianco mostra un raggio di luce che passa da un mezzo trasparente all'aria.
Qual è l'indice di rifrazione del mezzo trasparente?

A 1,2
B 1,3
C 1,8
D 1,9
E 2,3

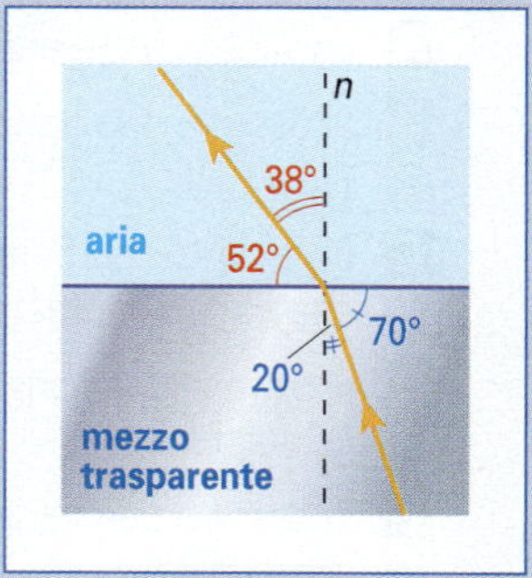

[*Olimpiadi della fisica, Gara di primo livello, 2001*]

18 Quando la luce passa da un mezzo a un altro, con indice di rifrazione diverso, si ha una variazione:

A della frequenza e della velocità.

B della frequenza e della lunghezza d'onda.

C della lunghezza d'onda e della velocità.

D della frequenza, della lunghezza d'onda e della velocità.

E solo della velocità.

[*Olimpiadi della fisica, Gara di primo livello, 2000*]

19 La figura mostra schematicamente un raggio di luce che si propaga attraverso acqua, aria, vetro; i tre mezzi non sono necessariamente posti in questa sequenza.

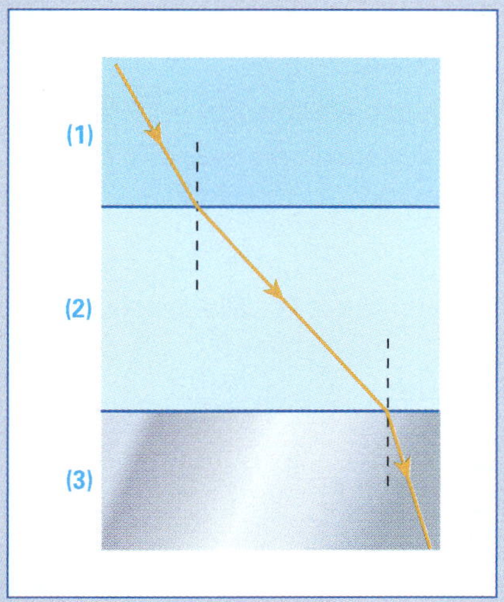

Sapendo che la luce si propaga più velocemente nell'acqua che nel vetro, i tre mezzi (1), (2) e (3) sono nell'ordine:

	(1)	(2)	(3)
A	aria	acqua	vetro
B	acqua	vetro	aria
C	vetro	acqua	aria
D	vetro	aria	acqua
E	acqua	aria	vetro

[*Olimpiadi della fisica, Gara di primo livello, 2000*]

20 Un filtro verde è posto davanti a una sorgente di luce bianca. La luce filtrata passa attraverso una doppia fenditura e viene quindi raccolta su uno schermo, come mostrato in figura.

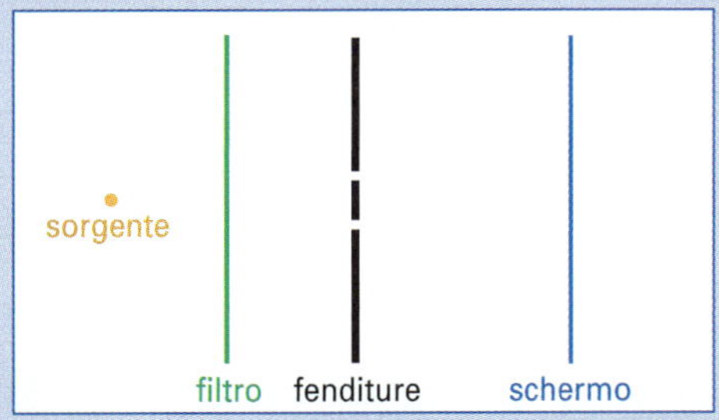

Quale delle seguenti operazioni produce l'effetto di diminuire la distanza tra le frange luminose visibili sullo schermo?
1. Usare un filtro blu invece di quello verde.
2. Usare una coppia di fenditure più distanti tra loro.
3. Usare una lampada più luminosa.

A Soltanto la 1

B Soltanto la 2

C Sia la 1 sia la 2

D Sia la 1 sia la 3

E Sia la 2 sia la 3

[*Olimpiadi della fisica, Gara di primo livello, 1999*]

21 Un raggio di luce monocromatica attraversa tre diversi mezzi trasparenti (1, 2 e 3 in figura) separati da superfici piane e parallele.

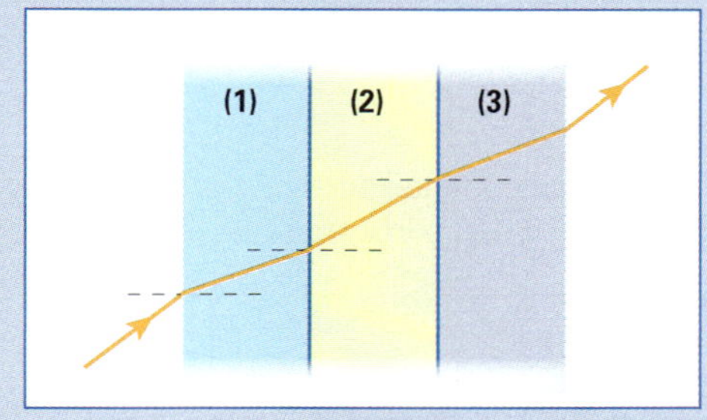

Che cosa si può dire circa la velocità di propagazione della luce nei tre mezzi?

A La figura non è sufficiente per poter dire qualcosa.

B La luce si propaga con la stessa velocità nei tre mezzi.

C La luce si propaga più rapidamente nel mezzo 1.

D La luce si propaga più rapidamente nel mezzo 2.

E La luce si propaga più rapidamente nel mezzo 3.

[*Olimpiadi della fisica, Gara di primo livello, 1998*]

22 La figura rappresenta una doppia fenditura (*P* e *Q*) di fronte a un piano, parallelo a quello delle fenditure, e un'ulteriore fenditura *R* illuminata da una sorgente *S* di luce monocromatica di lunghezza d'onda pari a $6{,}0 \times 10^{-7}$ m.

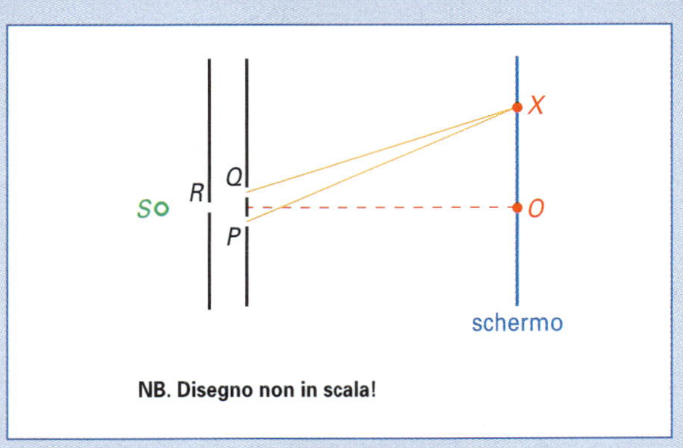

Posto che nel punto O ci sia la frangia luminosa centrale corrispondente a una differenza nulla dei due cammini ottici, e che in X si osservi la terza frangia scura, la differenza PX-QX vale:

A $0{,}9 \times 10^{-6}$ m
B $1{,}2 \times 10^{-6}$ m
C $1{,}5 \times 10^{-6}$ m
D $1{,}8 \times 10^{-6}$ m
E $2{,}1 \times 10^{-6}$ m

[*Olimpiadi della fisica, Gara di primo livello, 1998*]

23 Una luce monocromatica incide perpendicolarmente su un reticolo di diffrazione. Un fascio luminoso emergente dal reticolo è prodotto a un angolo α rispetto alla direzione del raggio incidente. Sul percorso di questo fascio emergente viene posto, perpendicolarmente, un secondo reticolo di diffrazione identico al primo.
Oltre il secondo reticolo, si considerino le direzioni che, rispetto al fascio iniziale, formano un angolo nullo, uguale ad α o uguale a 2 α.

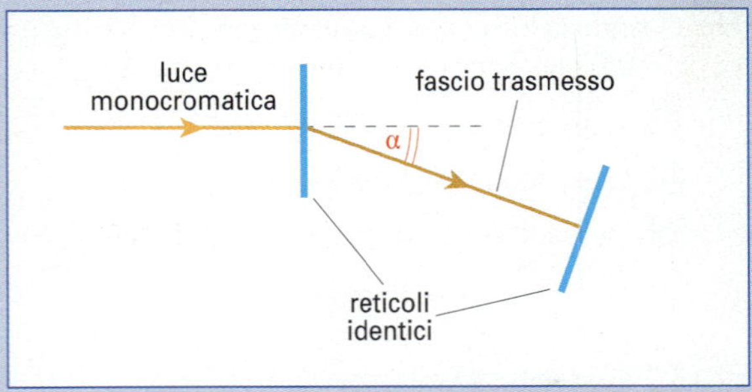

Per quali dei tre angoli indicati si osserva un fascio di luce emergente dal secondo reticolo?

A Per tutti e tre gli angoli.
B Solo per α e 2 α.
C Solo per α.
D Solo per 2 α.
E Per nessuno dei tre angoli.

[*Olimpiadi della fisica, Gara di primo livello, 1997*]

24 Un raggio di luce monocromatica che si propaga in aria incide su una faccia di un blocco (parallelepipedo) di vetro, di indice di rifrazione n = 1,7, come mostrato in figura.

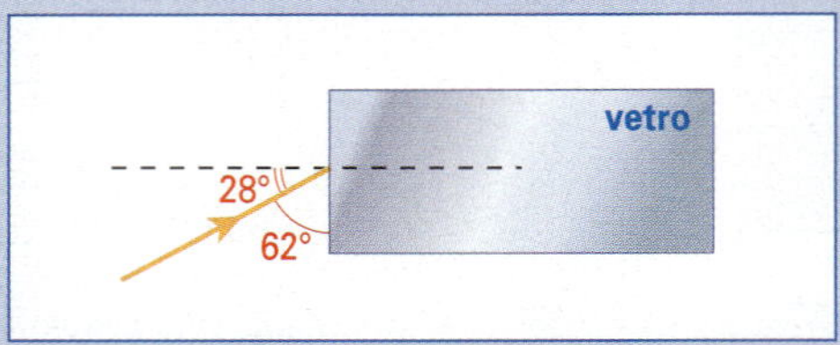

Quale dei seguenti diagrammi mostra correttamente il successivo percorso del raggio?

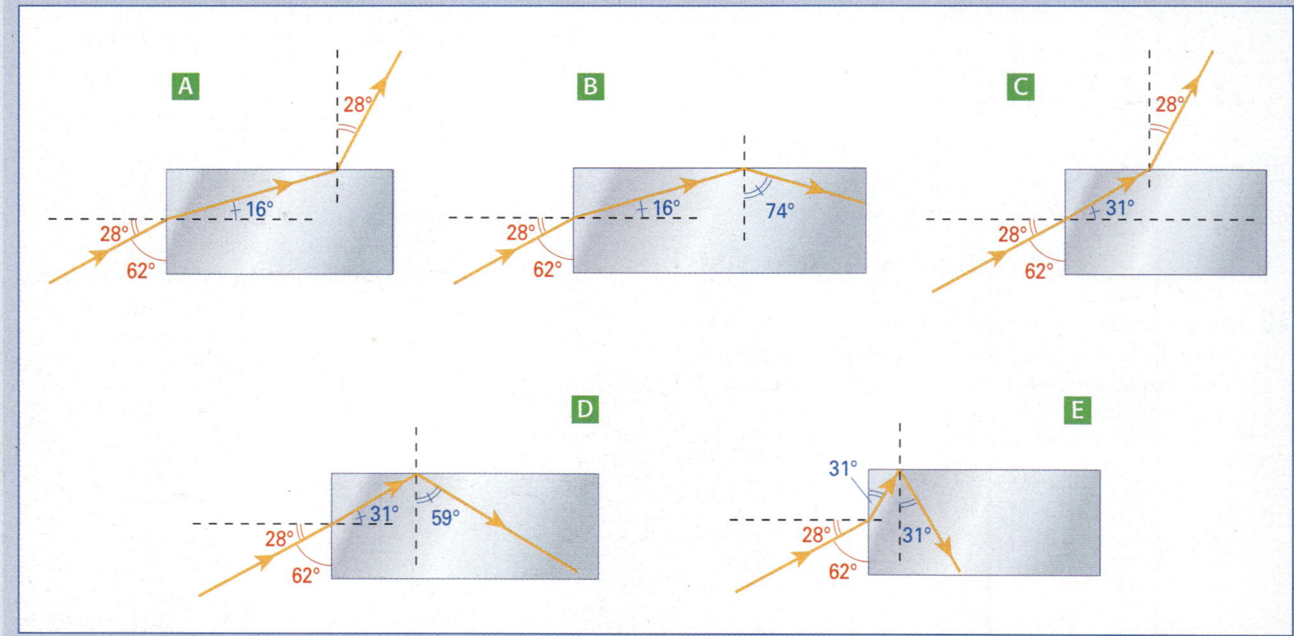

[*Olimpiadi della fisica, Gara di primo livello, 1999*]

Elettrostatica

6

UNITÀ 16

Fenomeni elettrostatici e campi elettrici

ON LINE
VIRTUAL LAB
Fenomeni elettrostatici

16.1 L'elettrizzazione per strofinio

Già gli antichi Greci avevano osservato effetti particolari per i quali strofinando l'ambra, detta *élektron*, questa poteva attirare piume e fili di lana.

Per tale ragione, la causa che è all'origine di questo tipo di fenomeni noi la indichiamo con il termine di **carica elettrica**.

carica elettrica

La **carica elettrica** è una proprietà che i corpi possono acquisire in vari modi (uno di questi è lo strofinio) e che dà luogo a un'interazione tra di essi.

Si osserva facilmente che la plastica attira la carta dopo lo strofinamento. Evidentemente durante questa azione succede *qualcosa* che provoca il manifestarsi di una forza attrattiva tale da vincere il peso dei pezzettini di carta. Prima di cercare di capire perché ciò accada, esaminiamo le caratteristiche dell'**elettrizzazione per strofinio**.

elettrizzazione per strofinio

L'**elettrizzazione per strofinio** è un processo con il quale, attraverso un'azione meccanica di strofinamento, i corpi acquistano una carica elettrica.

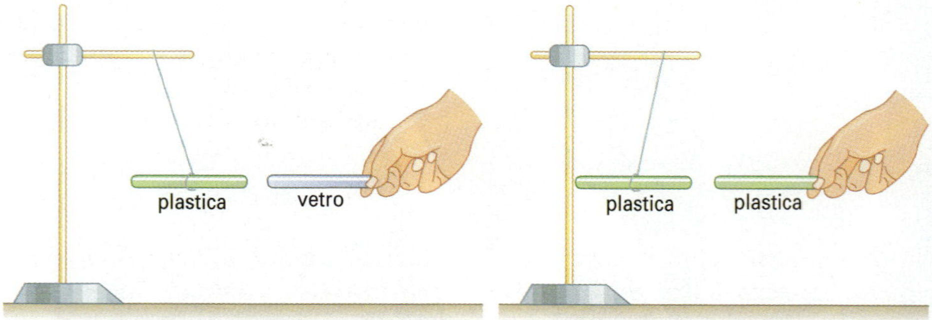

Strofiniamo una bacchetta di plastica con un panno di lana e una di vetro con un tessuto di seta. Se sospendiamo la prima bacchetta tramite dei fili e le avviciniamo la seconda, notiamo tra le due una forza attrattiva.

Viceversa, se avviciniamo alla prima un'altra bacchetta di plastica, pure essa sottoposta a strofinamento con la lana, l'interazione è di repulsione.

Poiché c'è la possibilità che tra i corpi così trattati si manifestino forze sia attrattive sia repulsive, devono allora esistere due diverse modalità di elettrizzazione.
Si dice, perciò, che i corpi possono presentare **carica positiva** (quando si comportano come il vetro) oppure **carica negativa** (quando si comportano come la plastica).

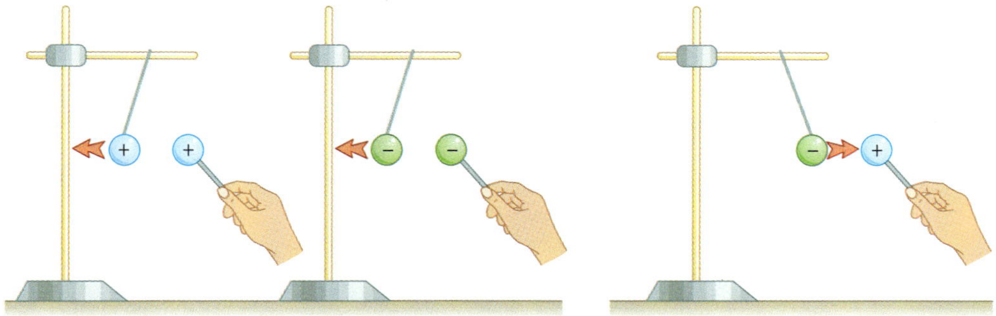

Se due corpi hanno entrambi **carica positiva** oppure entrambi **carica negativa**, cioè cariche dello stesso segno, si respingono; se invece hanno **carica positiva** uno e **carica negativa** l'altro, cioè cariche di segno opposto, allora si attraggono.

segno della carica elettrica

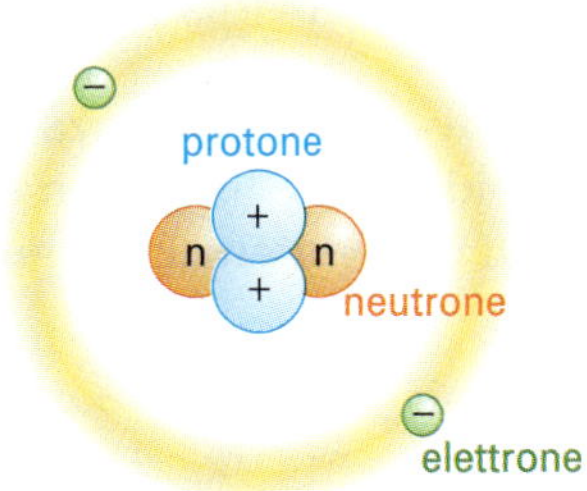

Possiamo allora trovare subito la spiegazione dell'elettricità a livello microscopico, precisando che, in base alle convenzioni stabilite, agli elettroni viene attribuita una carica «negativa» e ai protoni una carica «positiva».

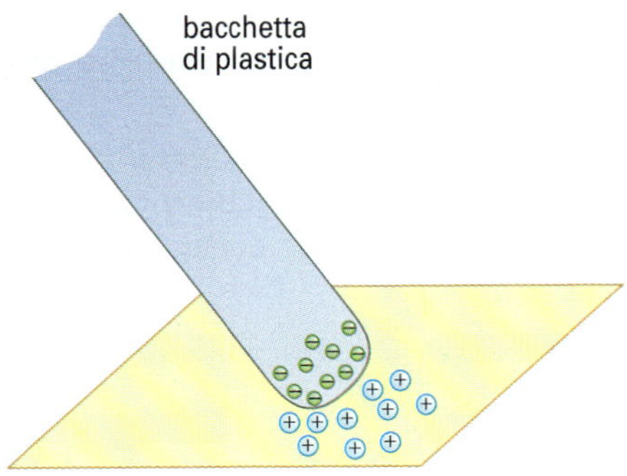

L'azione di strofinamento reciproco tra la bacchetta di plastica e il panno di lana provoca un passaggio di elettroni, appartenenti agli atomi vicini alla superficie.
Gli atomi della lana che perdono elettroni non risultano più elettricamente neutri, perché i protoni sono in numero maggiore rispetto agli elettroni, e diventano conseguentemente **ioni positivi**.

Ricorda!...

Le particelle che si spostano effettivamente sono sempre gli elettroni, per cui in un corpo si può determinare una carica positiva per **carenza di elettroni** oppure una carica negativa per **eccesso di elettroni**.

Gli **ioni positivi** sono atomi nei quali, mancando uno o più elettroni nelle orbite esterne, prevalgono le cariche positive dovute ai protoni del nucleo.

ioni positivi

Riassumendo: gli elettroni passano dalla lana, che per carenza di elettroni e conseguente prevalenza di ioni positivi diventa positiva, alla plastica, la quale per eccesso di elettroni diventa al contrario negativa.

Che cosa accade se si strofina invece una bacchetta di vetro, che diventa positiva, con la seta, che diventa negativa? Evidentemente, questa volta gli elettroni si trasferiscono dalla bacchetta al tessuto.

16.2 I conduttori e gli isolanti

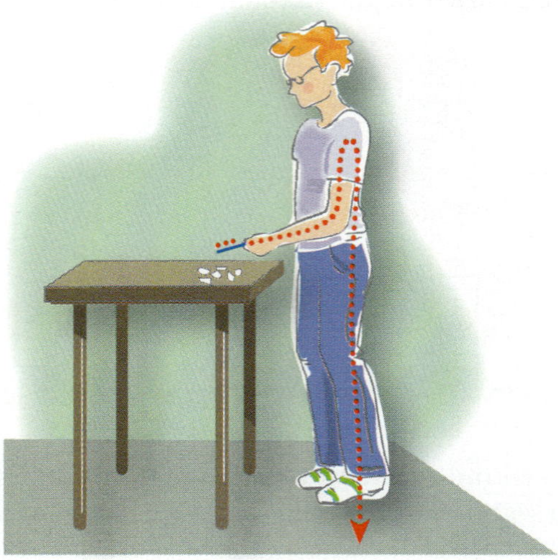

Se strofini una penna che ha la cannuccia metallica e, tenendola con la mano, la avvicini a dei pezzetti di carta, questi non vengono attirati. Infatti nei metalli gli elettroni sono molto più liberi di muoversi rispetto a quanto avviene nella plastica.
Per cui, se la penna ha acquistato una carica negativa, dovuta alla presenza di elettroni in eccesso, si ha che questa carica si sposta rapidamente lungo il metallo e da qui, attraverso il corpo, giunge fino a terra. Di conseguenza, la cannuccia metallica ridiventa neutra.

Se però tieni la penna metallica evitando il contatto diretto con le dita tramite un materiale come la plastica, i pezzettini di carta vengono nuovamente sollevati.
Infatti, la plastica non permette la fuga di elettroni dal metallo che, pertanto, conserva la sua carica complessiva.

conduttori

I **conduttori** sono sostanze nelle quali le cariche elettriche si spostano agevolmente al loro interno.

elettroni di conduzione

Gli elettroni periferici che consentono un rapido spostamento delle cariche elettriche nei conduttori, grazie alla loro libertà di movimento nel reticolo cristallino, prendono il nome di **elettroni di conduzione**.

Al contrario, in altri materiali quali la plastica, il vetro, la porcellana, l'ebanite, le cariche sono immobili e restano là dove sono state introdotte.

isolanti

Gli **isolanti** sono sostanze all'interno delle quali le cariche elettriche non si possono spostare e rimangono fisse.

Le sostanze che hanno un comportamento intermedio fra i conduttori e gli isolanti sono dette **semiconduttori**.

semiconduttori

Tabella 1

Conduttori	Semiconduttori	Isolanti
alluminio	germanio	carta
argento	ossido di titanio	ceramica
oro	selenio	plexiglas
rame	silicio	vetro

Le ragioni dei differenti comportamenti delle sostanze, per quanto riguarda la conduzione, risiedono nella loro struttura atomica.

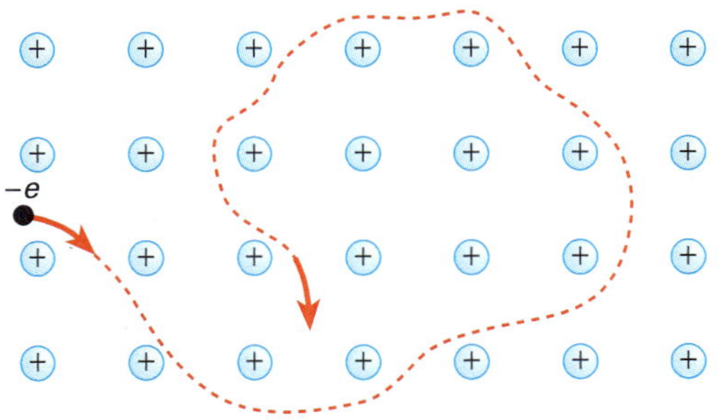

I *conduttori metallici* sono costituiti da atomi che hanno nelle orbite esterne sempre meno di quattro elettroni, i quali si sottraggono facilmente al legame con il singolo atomo e si spostano con grande libertà nel reticolo cristallino dell'intero metallo.

Gli atomi degli *isolanti*, invece, hanno invariabilmente più di quattro elettroni, fortemente impegnati nei legami e non disponibili per la conduzione. Quelli dei *semiconduttori*, infine, ne hanno esattamente quattro con limitate possibilità di spostamento.
Quando sono le cariche negative a spostarsi, tutto appare chiaro, dal momento che il fenomeno è dovuto al moto vero e proprio di entità fisiche, cioè gli elettroni, i quali sono appunto negativi. Ma nei conduttori si muovono con facilità anche le cariche positive. Come può accadere questo, considerato che gli atomi del conduttore, e quindi pure gli ioni positivi, nei solidi sono fissi?

Ricorda!...

Quando si afferma che le cariche positive si sono spostate in un certo verso, vuol dire semplicemente che gli elettroni si sono spostati in verso opposto.

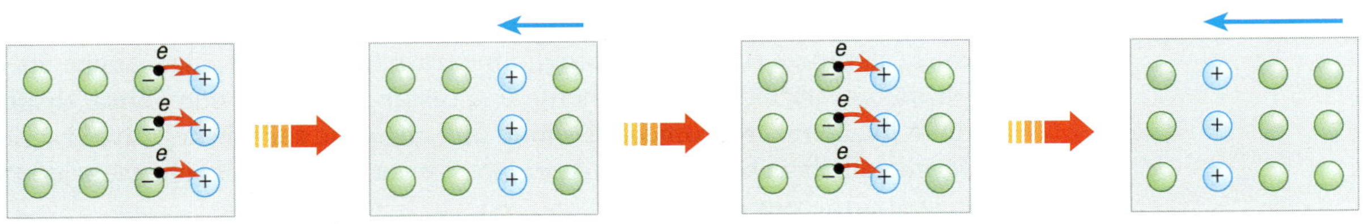

Gli ioni positivi attirano gli elettroni.

Gli atomi adiacenti perdono un elettrone e diventano positivi.

Il meccanismo si ripete per gli atomi successivi.

Continuando, gli ioni positivi che si creano man mano attirano a loro volta altri elettroni, per cui alla fine la carica positiva risulta essersi "mossa" in un verso che è opposto a quello seguito dagli elettroni.

16.3 L'elettrizzazione per contatto e per induzione

Esaminiamo adesso altri modi con i quali è possibile caricare elettricamente un corpo, oltre allo strofinio.

L'**elettroscopio**, uno strumento utilizzato per rilevare la presenza di cariche, è formato da un'asta metallica, posizionata in un contenitore trasparente, alla cui estremità inferiore sono fissate due sottili lamine d'oro, mentre l'estremità superiore è costituita da una sferetta conduttrice.

Se mettiamo una bacchetta neutra, cioè non elettrizzata, a contatto con la sferetta superiore dell'elettroscopio, non succede nulla.
Se strofiniamo la bacchetta di plastica con un panno di lana, caricandola così negativamente, e con essa tocchiamo nuovamente la sferetta, ora le foglioline divergono. Il fatto che la bacchetta sia carica negativamente significa che ha un eccesso di elettroni.
Nel contatto con l'elettroscopio questi elettroni in parte passano nella sferetta. A questo punto entrambi i corpi presentano un eccesso di elettroni, per cui possiedono carica negativa. Poiché la sferetta è collegata alle foglioline tramite l'asta metallica, anche queste ultime si caricano negativamente e si respingono l'una con l'altra, divergendo. A livello macroscopico possiamo dire che delle cariche negative si sono trasferite dalla bacchetta all'elettroscopio: si è verificata quella che viene detta **elettrizzazione per contatto**.

elettrizzazione per contatto

L'**elettrizzazione per contatto** è un processo grazie al quale un corpo diventa carico elettricamente per contatto con un altro corpo che a sua volta presenta già una carica elettrica.

Ovviamente, se la bacchetta fosse stata carica positivamente, anche le foglioline dell'elettroscopio si sarebbero caricate positivamente.

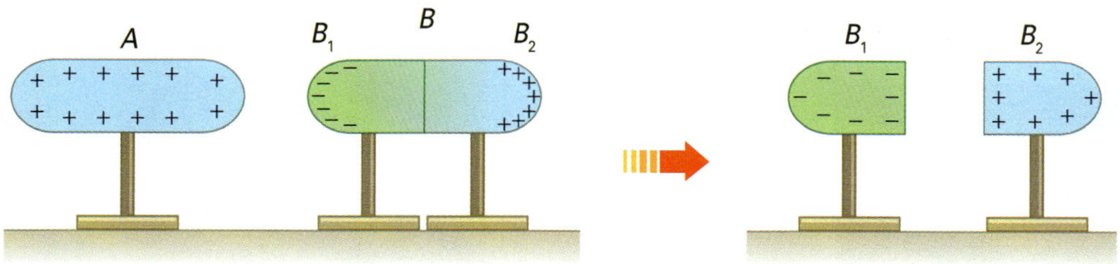

Supponiamo ora di avvicinare un corpo A carico positivamente a un conduttore B neutro (sezionato in due parti B_1 e B_2 mantenute unite) senza toccarlo.

Se separiamo fra loro i due elementi di B, prima di allontanare A, si constata che B_1 ha una carica negativa, mentre B_2 ha una carica positiva. Siamo in presenza di un fenomeno chiamato **elettrizzazione per induzione**.

L'avvicinamento di un corpo carico positivamente a un conduttore neutro ha comportato un effetto di attrazione sugli elettroni dell'altro corpo, che si sono spostati verso la carica positiva. Ovviamente, dalla parte opposta sono rimaste scoperte altrettante cariche positive. Staccando allora fra loro le due parti del conduttore, si isolano definitivamente le cariche di segno opposto.

L'**elettrizzazione per induzione** è un processo nel quale in un conduttore neutro si spostano delle cariche elettriche a causa della presenza di un altro corpo carico posto a una distanza opportuna, *senza contatto*.

elettrizzazione per induzione

Riassumiamo nella tabella che segue le tre modalità di elettrizzazione.

Ricorda!...

L'induzione è un fenomeno di spostamento delle cariche in un conduttore che tuttavia, a differenza dello strofinio e del contatto, non comporta il passaggio di elettroni da un corpo all'altro.

Tabella 2

Tipo di elettrizzazione	Come si carica il corpo
strofinio	scambio di elettroni tra due corpi strofinati l'uno con l'altro: si carica negativamente quello che acquista elettroni, positivamente quello che li perde
contatto	trasferimento di cariche tra due corpi, di cui uno carico elettricamente e l'altro neutro, a causa di un contatto diretto
induzione	spostamento di cariche in un corpo conduttore neutro dovuto all'avvicinamento senza contatto di un corpo carico elettricamente

Una condizione particolarmente importante, che influenza sotto l'aspetto elettrico il realizzarsi dei fenomeni fisici riguardanti un sistema che non può scambiare cariche con l'esterno, è il **principio di conservazione della carica elettrica**, formulato da Benjamin Franklin (1706-1770):

La carica totale di un sistema isolato rimane costante.

principio di conservazione della carica

Esso implica che la somma di tutte le cariche di un sistema al termine di un processo deve essere pari alla carica iniziale. Se, per esempio, il sistema era inizialmente neutro, alla fine del fenomeno avrà comunque un numero di cariche positive uguale a quello delle cariche negative.

La polarizzazione dei dielettrici

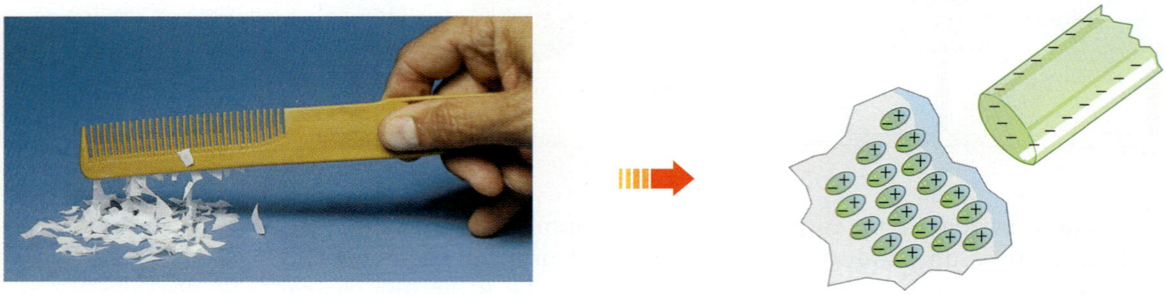

Un pettine di plastica (o qualsiasi altro oggetto di plastica) caricato negativamente solleva dei pezzettini di carta. Non è chiaro perché ci sia una forza attrattiva fra pettine e carta, dal momento che quest'ultima è neutra. Forse saresti propenso a ipotizzare che ci sia di mezzo un fenomeno di induzione... Non può tuttavia trattarsi di questo, perché la carta è un isolante, mentre l'induzione richiede la presenza di elettroni di conduzione liberi di muoversi.

Benché in un materiale isolante (detto comunemente **dielettrico**) le cariche abbiano poche possibilità di spostamento, gli elettroni che ruotano attorno ai nuclei degli atomi vengono comunque respinti da una carica negativa esterna e tendono ad allontanarsi da essa, pur senza riuscire a separarsi dal loro atomo. A loro volta i nuclei, che hanno carica positiva, tendono invece ad avvicinarsi. Questo *orientamento* è sufficiente a far sì che la forza attrattiva fra la carta e gli elettroni negativi del pettine diventi prevalente e riesca, per la leggerezza dei pezzettini di carta, a sollevarli. Tale effetto viene detto **polarizzazione**.

polarizzazione

La **polarizzazione** è un processo nel quale in un dielettrico, pur continuando a restare neutro, si forma una carica sulla sua superficie a causa dell'orientamento delle cariche degli atomi (o delle molecole) sottoposti all'azione di una forza elettrica esterna.

ON LINE

I tipi di polarizzazione

16.4 La legge di Coulomb

Tramite semplici prove qualitative agevolmente replicabili in laboratorio, si può vedere che le cariche si attraggono o si respingono e l'intensità dell'interazione dipende dalla quantità di carica in gioco. Un altro fattore che influenza la reciproca azione tra le cariche elettriche è la distanza che le separa: se si allontanano l'una dall'altra, la forza diminuisce in modo repentino.

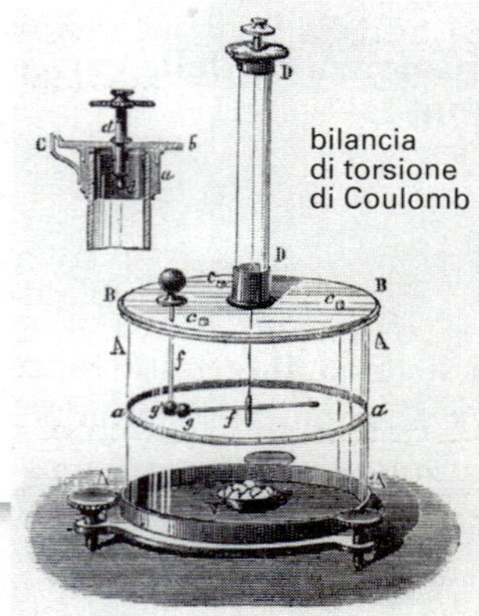

Grazie a una serie di misurazioni molto accurate effettuate su cariche a riposo con una bilancia di torsione, il francese Charles-Augustin de Coulomb (1736-1806) poté sintetizzare e quantificare in una legge i risultati da lui raggiunti.
Valida nel vuoto e nel caso di cariche distribuite su sferette di dimensioni così piccole da poter essere ritenute **puntiformi**, essa prende il nome di **legge di Coulomb**.

$$F = K_0 \cdot \frac{Q_1 \cdot Q_2}{r^2}$$

legge di Coulomb

$F = K_0 \cdot \frac{Q_1 Q_2}{r^2}$

F è il modulo della forza che ciascuna carica elettrica esercita sull'altra, Q_1 e Q_2 sono le due cariche elettriche puntiformi, r è la distanza tra di esse e K_0 è una costante che nel vuoto ha un valore ben preciso.

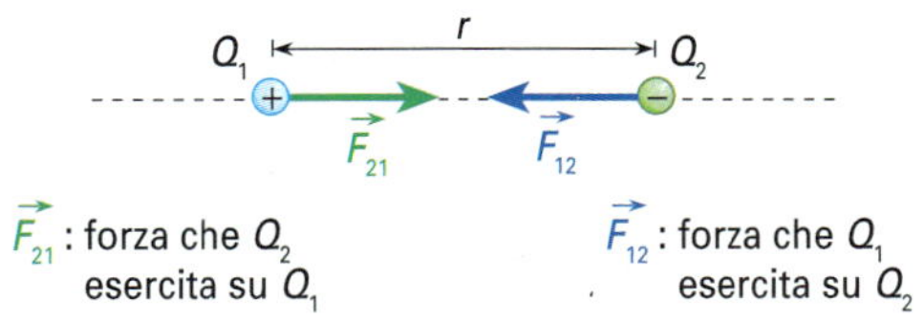

Cariche di segno opposto → forza attrattiva

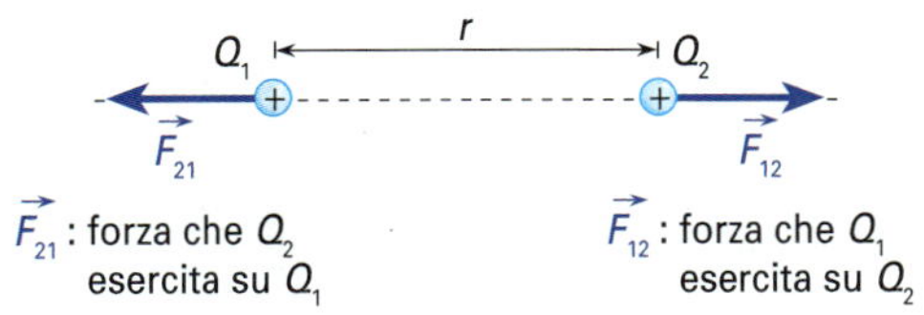

Cariche dello stesso segno → forza repulsiva

La legge di Coulomb afferma che il modulo della forza con la quale interagiscono due cariche elettriche Q_1 e Q_2:

- è direttamente proporzionale al prodotto delle cariche $Q_1 \cdot Q_2$

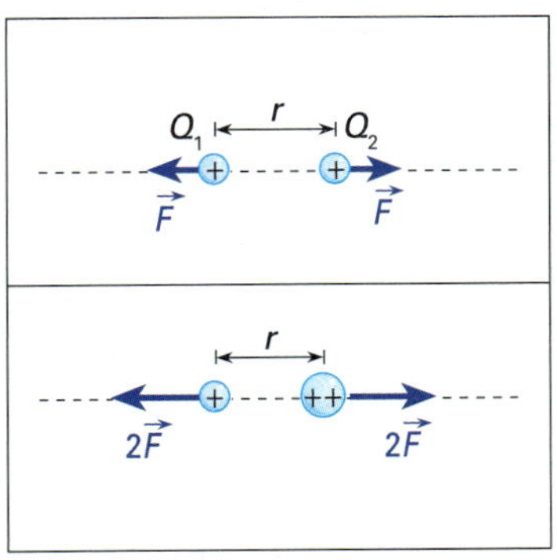

(se una carica raddoppia la forza raddoppia);

- è inversamente proporzionale al quadrato della distanza

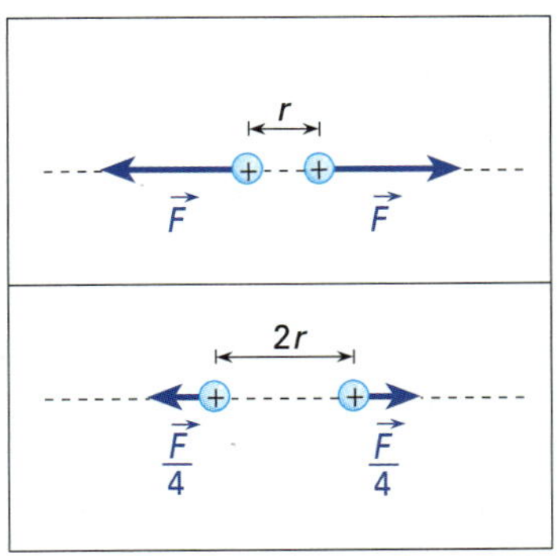

(se la distanza raddoppia la forza diventa $\frac{1}{4}$);

- dipende da una costante K che riflette le caratteristiche del materiale (K_0 nel vuoto)

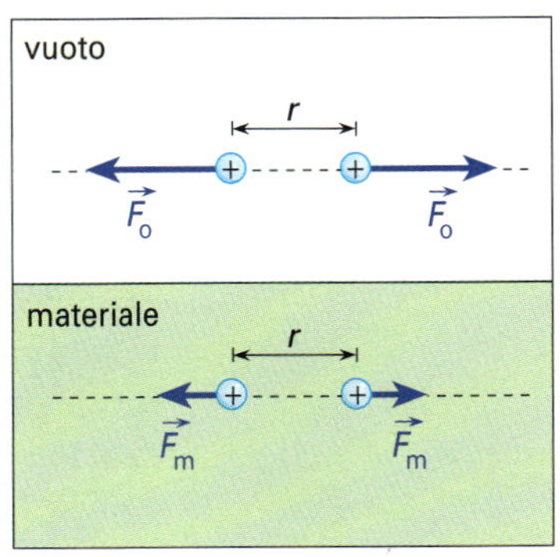

(la forza diminuisce rispetto al vuoto in qualsiasi materiale si pongano le cariche).

L'unità di misura della carica elettrica è il **coulomb** (simbolo **C**).

$1 C = 9 \cdot 10^9 N$

Una carica elettrica vale 1 **coulomb** quando, disposta nel vuoto alla distanza di 1 m da una carica uguale, tra di esse si manifesta una forza pari a $9 \cdot 10^9$ N.

coulomb

Il valore scelto opportunamente per la costante K_0 nel vuoto è $8{,}99 \cdot 10^9 \ \frac{N \cdot m^2}{C^2}$, che per semplicità possiamo prendere pari a $9 \cdot 10^9 \ \frac{N \cdot m^2}{C^2}$.

La quantità di carica corrispondente a 1 coulomb è molto elevata, tant'è vero che su una carica uguale collocata a 1 m di distanza, la forza è 9 000 000 000 N! In effetti, tieni presente come termine di paragone che nelle scariche dei fulmini, che sono dirompenti, vengono trasferite cariche dell'ordine della decina di coulomb.
Se indichiamo la carica dell'elettrone con e (chiamata **carica elementare**), a meno del segno essa vale:

carica elementare

$$e = 1{,}6 \cdot 10^{-19} \ C$$

Per arrivare a un solo coulomb occorrono perciò più di sei miliardi di miliardi di elettroni:

$$\frac{1 \ C}{1{,}6 \cdot 10^{-19} \ C} = 6{,}25 \cdot 10^{18}, \text{ perciò } 1 \ C = 6{,}25 \cdot 10^{18} \ e$$

Ricorda!...

La carica dell'elettrone è un riferimento importante, perché a lungo si è creduto che non fosse possibile suddividerla ulteriormente (la recente teoria dei quark ipotizza invece l'esistenza di particelle con carica frazionaria rispetto a quella dell'elettrone): per questo motivo viene definita *elementare*.

esempio

Si abbiano due cariche positive puntiformi nel vuoto che valgono $2{,}0 \cdot 10^{-4}$ C e $8{,}0 \cdot 10^{-5}$ C. Calcoliamo la forza con cui si respingono, se la distanza fra loro aumenta, passando da 1,0 m a 2,0 m, poi a 3,0 m e infine a 4,0 m.

Applichiamo direttamente la legge di Coulomb per ogni valore di r:

1) $F = K_0 \cdot \frac{Q_1 \cdot Q_2}{r^2} = 9 \cdot 10^9 \cdot \frac{2{,}0 \cdot 10^{-4} \cdot 8{,}0 \cdot 10^{-5}}{(1{,}0)^2} = 144 \ N$

2) $F = K_0 \cdot \frac{Q_1 \cdot Q_2}{r^2} = 9 \cdot 10^9 \cdot \frac{2{,}0 \cdot 10^{-4} \cdot 8{,}0 \cdot 10^{-5}}{(2{,}0)^2} = 36 \ N$

e così via.
Completati i calcoli, si possono riassumere i risultati in una tabella di facile lettura e nel relativo grafico:

Tabella 3

r (m)	F (N)
1,0	144
2,0	36
3,0	16
4,0	9

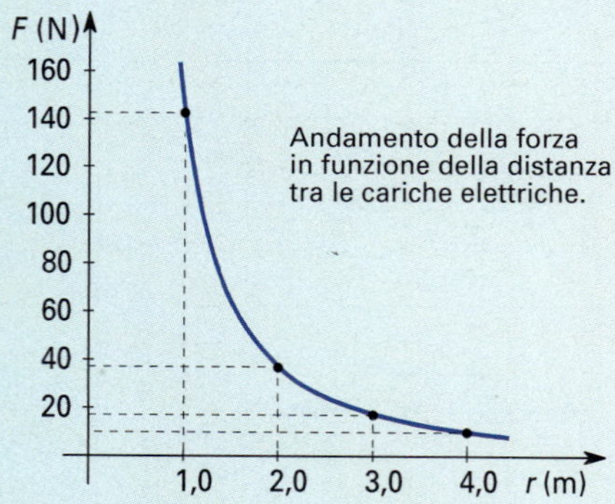

Puoi rilevare che al crescere della distanza tra le cariche, la forza diminuisce molto rapidamente. Se la distanza raddoppia, la forza diventa quattro volte più piccola; se la distanza triplica e quadruplica, la forza diventa rispettivamente nove e sedici volte più piccola.
Si tratta di una proporzionalità *quadratica inversa*, rappresentata dalla curva in figura.

Quando in prossimità di una carica q sono presenti più cariche elettriche puntiformi (Q_1, Q_2, ..., Q_i, ...), allora la forza elettrica totale $\vec{F}$ che agisce su q è data dalla somma vettoriale delle forze $\vec{F_i}$ esercitate su di essa da ogni singola carica Q_i: è questo il **principio di sovrapposizione**.

$$\vec{F} = \vec{F}_1 + \vec{F}_2 + ... + \vec{F}_i + ... = \Sigma_i \vec{F}_i$$ **principio di sovrapposizione**

con $F_i = K_0 \dfrac{Q_i \cdot q}{r_i^2}$.

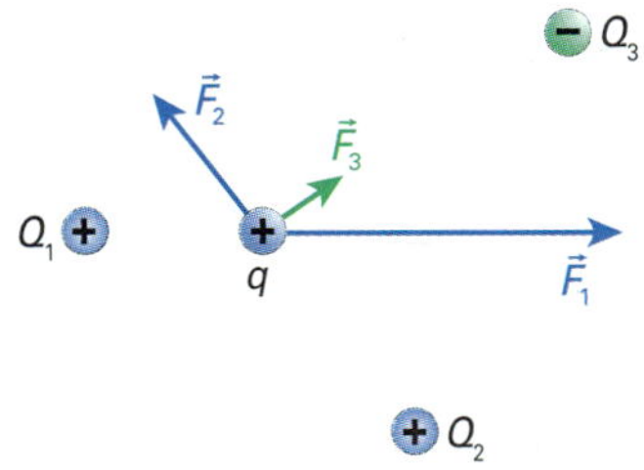

Il principio di sovrapposizione è dovuto al fatto che l'azione per esempio della carica Q_1 su q non è influenzata dalla presenza delle altre cariche Q_2, ..., Q_i, ...

FLASH

La fotocopiatrice

La riproduzione di pagine con la fotocopiatrice avviene grazie all'applicazione dei fenomeni elettrostatici e il processo prende il nome di *xerografia*. La parte fondamentale della fotocopiatrice è costituita da un cilindro di alluminio, un ottimo conduttore, ricoperto con uno strato di selenio fotoconduttore, il quale è isolante al buio, ma diventa conduttore quando viene colpito dalla luce.
Il processo di fotoriproduzione può essere schematizzato in cinque fasi.

1. Il selenio, al buio, viene caricato positivamente. Essendo un isolante, trattiene la carica.
2. La luce viene fatta riflettere sulle parti bianche del documento e poi, mediante un sistema di lenti, è focalizzata sul cilindro. Le zone del selenio colpite dalla luce diventano conduttrici, per cui da lì le cariche fuggono verso il cilindro centrale di alluminio: così tali aree diventano elettricamente neutre. Contemporaneamente, in corrispondenza delle zone scure del documento il selenio, non essendo illuminato, conserva la propria carica positiva. In definitiva, il documento si è trasformato in un insieme di parti neutre e di parti cariche positivamente sul selenio del cilindro.
3. Il toner, costituito da minuscole palline di plastica ricoperte da granellini di carbone, viene caricato negativamente e distribuito in modo omogeneo sul cilindro. Tuttavia, a causa della sua carica, aderisce solamente alle aree di selenio che hanno carica positiva e che corrispondono alle parti scritte.
4. Un foglio di carta viene premuto sul cilindro. Dato che il foglio è stato precedentemente elettrizzato con una carica positiva maggiore di quella del cilindro, il toner negativo che si era depositato sulle aree positive del selenio viene attratto dal foglio e vi si trasferisce.
5. Il foglio di carta, con il toner che vi ha aderito, viene fatto passare attraverso dei rulli riscaldati. Le piccolissime palline di plastica del toner fondono, di modo che il carbone si fissa sul foglio.

La fotocopia è pronta!

La costante dielettrica

Il valore della costante K_0 si modifica se la forza tra le cariche anziché nel vuoto viene misurata nell'acqua, nel vetro o, più in generale, in un mezzo materiale.
In tal caso, mettendo K (che cambia a seconda delle sostanze) al posto di K_0, la legge di Coulomb per un mezzo qualunque diventa:

$$F = K \frac{Q_1 \cdot Q_2}{r^2}$$

Tuttavia, per ragioni legate alla coerenza delle unità di misura relative alle grandezze fisiche scelte per rappresentare i fenomeni elettromagnetici nel loro insieme, si preferisce esprimere K nei termini di un'altra costante, ε, detta **costante dielettrica assoluta** del mezzo:

$$K = \frac{1}{4\pi\varepsilon}$$

La legge di Coulomb può allora essere scritta:

legge di Coulomb in un mezzo

$$F = \frac{1}{4\pi\varepsilon} \frac{Q_1 \cdot Q_2}{r^2}$$

Quanto più è grande la ε tanto minore è la forza tra le cariche. Nel vuoto si avrà:

$$K_0 = \frac{1}{4\pi\varepsilon_0}$$

dove ε_0 è la **costante dielettrica del vuoto**. Il suo valore è $\varepsilon_0 = 8{,}85 \cdot 10^{-12} \frac{C^2}{N \cdot m^2}$, che può essere trovato a partire dal valore della costante $K_0 = 9 \cdot 10^9$ C:

$$\varepsilon_0 = \frac{1}{4\pi K_0} = \frac{1}{4\pi \cdot 9 \cdot 10^9 \frac{N \cdot m^2}{C^2}} = \frac{1}{4\pi \cdot 9 \cdot 10^9} \frac{C^2}{N \cdot m^2} = 8{,}85 \cdot 10^{-12} \frac{C^2}{N \cdot m^2}$$

Per tenere conto del diverso comportamento delle sostanze, si introduce una grandezza chiamata **costante dielettrica relativa** rappresentata dal simbolo ε_r definita da:

costante dielettrica relativa

$$\varepsilon_r = \frac{\varepsilon}{\varepsilon_0}$$

da cui si ricava:

$$\varepsilon = \varepsilon_r \cdot \varepsilon_0$$

La costante dielettrica relativa ε_r è adimensionale (numero puro).

Tabella 4

Sostanza	ε_r	Sostanza	ε_r
aria	1,0006	ambra	2,8
idrogeno	1,00027	carta	2,3
alcol etilico	25	ghiaccio	75
acqua	80	plexiglas	3,4
glicerina	42,5	porcellana	6
petrolio	2,1	silicio	12

La ε_r consente di ricavare per una determinata sostanza la forza F data dalla legge di Coulomb:

$$F = \frac{1}{4\pi\varepsilon_r\varepsilon_0} \cdot \frac{Q_1 Q_2}{r^2}$$

Per capire il significato fisico della costante dielettrica relativa, se indichiamo con F_0 la forza tra le cariche elettriche nel vuoto si può trovare facilmente che essa vale:

$$\varepsilon_r = \frac{F_0}{F}$$

Pertanto:

La **costante dielettrica relativa** ε_r rappresenta il rapporto tra la forza elettrica F_0 agente nel vuoto e la forza F che si ha quando fra le due cariche è interposto un mezzo materiale.

costante dielettrica relativa

Essendo ε_r sempre maggiore di 1, nel mezzo la forza si riduce rispetto al vuoto, in misura tanto maggiore quanto più la sostanza considerata costituisce un buon isolante (dielettrico). Tale effetto è dovuto proprio al fenomeno della polarizzazione: l'orientamento delle cariche all'interno del materiale neutralizza parzialmente le cariche puntiformi che si trovano in esso e, di conseguenza, la forza di Coulomb diminuisce.

16.5 Forze elettriche e forze gravitazionali

ON LINE

16.6 La distribuzione della carica nei conduttori

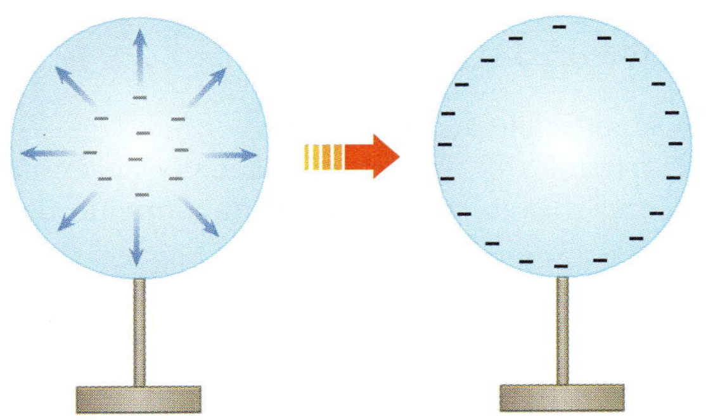

Immaginiamo una sfera metallica dotata di carica negativa, cioè con un eccesso di elettroni che si muovono liberamente al suo interno. Tali elettroni, avendo una carica dello stesso segno, esercitano fra loro un'azione di repulsione e, a causa di ciò, si allontanano il più possibile gli uni dagli altri. Non avendo energia sufficiente per staccarsi dalla sfera, finiscono per distribuirsi nelle posizioni più lontane sulla superficie del conduttore, dove in breve tempo si stabilizzano raggiungendo una situazione di equilibrio. Le cose non cambiano se supponiamo che la sfera sia internamente cava: le cariche elettriche si dispongono sulla superficie esterna. Tieni presente ad esempio che nel rame a 20 °C la distanza interatomica è dell'ordine di $2{,}556 \cdot 10^{-8}$ m; questo vuole dire che anche in uno spessore di un decimo di millimetro ($0{,}1$ mm $= 1 \cdot 10^{-4}$ mm), un elettrone "vede" uno strato costituito da circa:

$$\frac{1 \cdot 10^{-4}}{2{,}556 \cdot 10^{-8}} \cong 3900 \text{ atomi di Cu}$$

Di conseguenza, per l'elettrone, le superfici esterna e interna di una sfera cava pur molto sottile non sono poi così... vicine.

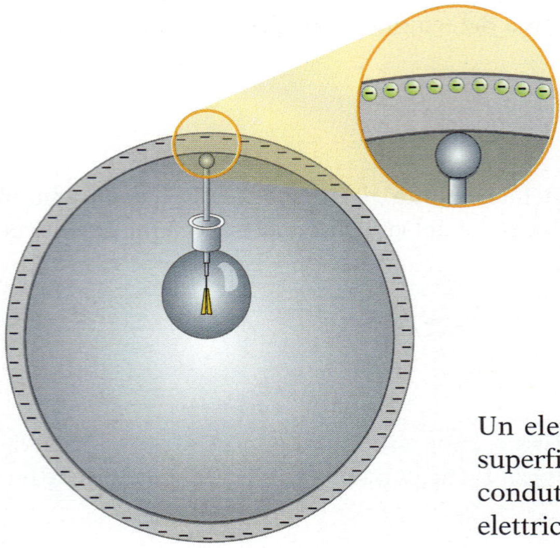

Un elettroscopio a contatto con la superficie interna di una sfera cava conduttrice non rileva alcuna carica elettrica.

È per questo, per non prendere la *scossa*, che la radio, il computer e in generale tutti gli apparecchi che funzionano con l'elettricità hanno un involucro esterno di materiale isolante: in tal modo si evita di entrare in contatto con le cariche elettriche esterne.
Il motivo non è dunque solamente estetico.
La grandezza che ci informa sulla quantità di carica presente sulla superficie unitaria di un conduttore è la **densità superficiale di carica**.

densità superficiale di carica

La **densità superficiale di carica σ** è il rapporto tra la carica elettrica complessiva Q e la superficie S su cui tale carica è distribuita:

$$\sigma = \frac{Q}{S}$$

(σ è la lettera greca «sigma»).
Se vogliamo sapere come si misura σ, procediamo come di consueto:

$$\sigma = \frac{Q}{S} \quad \Rightarrow \quad \frac{\text{carica (misurata in columb)}}{\text{superficie (misurata in metri quadrati)}} \quad \Rightarrow \quad \frac{\text{C}}{\text{m}^2}$$

L'unità di misura della densità superficiale di carica è **C/m²**.
Se la superficie presenta delle irregolarità, in corrispondenza di eventuali punte le cariche elettriche si concentrano con conseguente aumento della densità superficiale di carica.
Proprio a causa del fatto che nei conduttori le cariche elettriche si dispongono sulla superficie, ne consegue che al loro interno, viceversa, non ci sono forze elettriche. Esaminiamo per comodità di analisi una sfera metallica internamente cava.

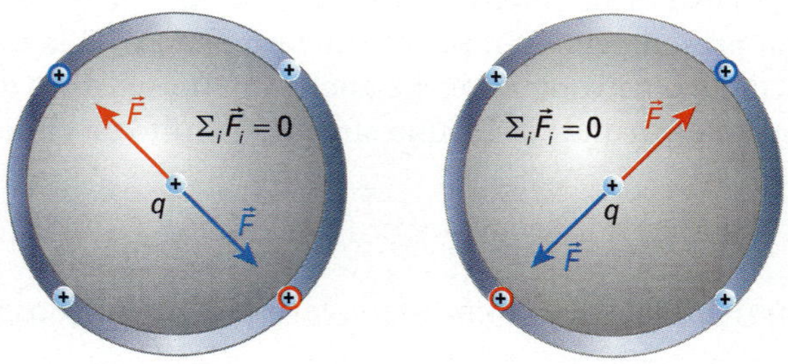

Sulla sua superficie sono distribuite quattro cariche positive uguali, mentre al centro della sfera viene disposta una carica esploratrice q anch'essa positiva. Le forze che agiscono complessivamente sulla carica q si annullano vicendevolmente, per cui la forza complessiva è nulla.

Ma se la carica elettrica q non dovesse trovarsi al centro?

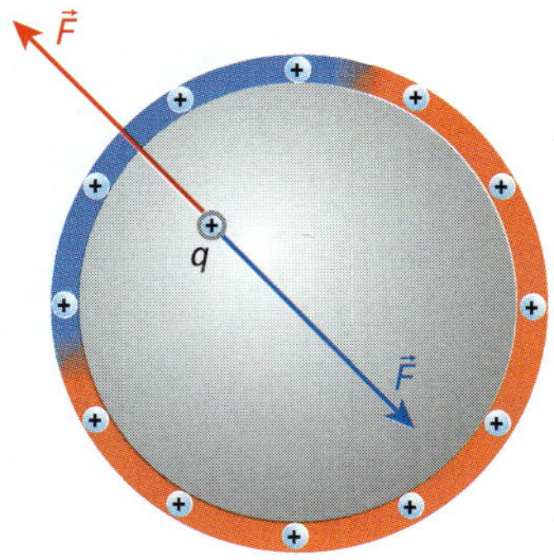

Dato che per la legge di Coulomb la forza dipende dalla distanza r, le cariche più vicine esercitano su q una forza maggiore rispetto alle cariche più lontane, che però sono in numero maggiore.
Effettuando la somma vettoriale, si trova che in ogni caso la forza risultante vale zero: $\vec{F} = \Sigma_i \vec{F}_i = 0$.

Questo è soltanto un ragionamento per così dire intuitivo. Vedremo in seguito una spiegazione più rigorosa (basata sul teorema di Gauss). Per concludere, aggiungiamo che quanto abbiamo detto vale anche per una sfera metallica piena e non necessariamente cava, dato che comunque le cariche in un conduttore si distribuiscono sulla superficie.

Se si vuole isolare un corpo da interazioni di tipo elettrico, basta porlo in una **gabbia di Faraday**, come quella riprodotta in figura: si constata che l'elettrizzazione riguarda soltanto la parte esterna della gabbia, senza produrre effetti dentro di essa, come si vede tramite l'elettroscopio interno nel quale non si manifesta alcuna elettrizzazione.

Nei palazzi moderni, in fase di costruzione viene incorporata nella struttura un'intelaiatura metallica proprio come prevenzione contro le scariche dovute alla caduta dei fulmini.

FLASH

Il fuoco elettrico

Forse non è possibile per noi, abituati a ben altro, immaginare l'effetto che potrebbe provocare assistere ai fenomeni elettrici senza conoscerne bene le cause. Probabilmente si sarebbe indotti a pensare a qualcosa di magico.
Nel corso del 1700, in molte occasioni venivano eseguiti degli esperimenti fisici come se fossero dei veri e propri spettacoli di intrattenimento. Ad esempio, una donna tenuta sospesa ed elettrizzata facendo scoccare una scintilla da un dito riusciva ad accendere l'alcol!
Benjamin Franklin (1706-1790) cominciò a interessarsi di elettricità proprio vedendo dimostrazioni di questo genere. Studiò e approfondì l'argomento al punto che la sua stessa casa divenne un continuo via vai di persone che volevano assistere ai suoi esperimenti. A Franklin si devono la formulazione del principio di conservazione della carica elettrica e l'invenzione del parafulmine, basata sulla caratteristica che hanno le punte di attirare o disperdere velocemente le cariche elettriche o, come lui le chiamava, il **fuoco elettrico**.
Non era insolito il verificarsi di spiacevoli incidenti, dovuti al fatto che al tempo non si era compreso appieno il pericolo derivante dalla enorme quantità di energia che si poteva sviluppare durante le scariche elettriche. Infatti, nel 1753 il fisico G.W. Richmann rimase fulminato a 42 anni in Russia proprio in seguito a un esperimento sul parafulmine.

ON LINE VIRTUAL LAB
Forze tra le cariche elettriche

16.7 Il campo elettrico generato da una carica puntiforme

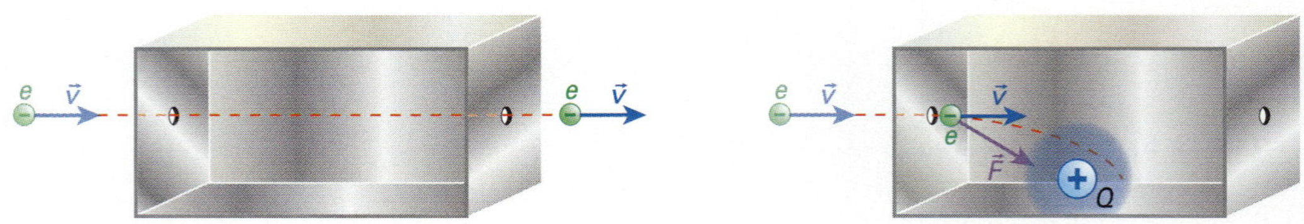

L'elettrone, attraversando un foro, entra in una scatola metallica che scherma lo spazio racchiuso da essa rispetto a eventuali campi elettrici esterni. Se la scatola è vuota, l'elettrone va dritto ed esce dall'altro foro. Che cosa succede se nella scatola è presente già, al momento dell'ingresso dell'elettrone, una carica puntiforme immobile positiva Q? Appena entra dal foro, l'elettrone "vede" la carica Q e risente istantaneamente della forza attrattiva da parte sua.
Ma come è possibile che questa azione a distanza sia *istantanea*, che quindi si propaghi nello spazio con una velocità maggiore di quella della luce? (Tieni conto che in base alle conoscenze attuali, nulla può viaggiare più velocemente della luce...)

Questo tipo di problema, incontrato anche a proposito delle forze gravitazionali, viene superato tramite il concetto di **campo**, che è di estrema importanza.

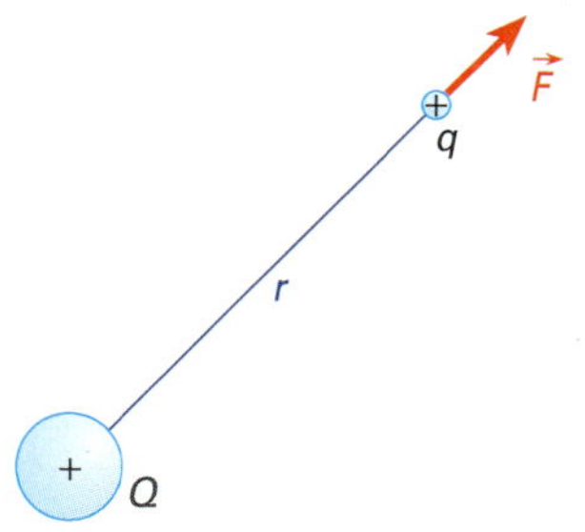

Supponiamo che una carica positiva Q occupi una determinata posizione nello spazio vuoto. Inseriamo nelle sue vicinanze una seconda carica positiva q molto piccola. È evidente che q risente di una modificazione delle condizioni *ambientali* che Q ha causato. Infatti, è facile prevedere in base alla legge di Coulomb che q venga respinta da Q.

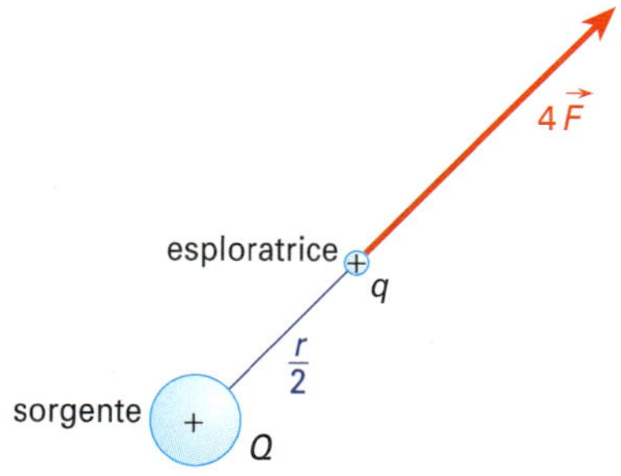

Che cosa cambia, se posizioniamo la carica q più vicina a Q? Anche questa volta vi è repulsione, ma l'intensità della forza è quadruplicata, essendo la distanza diventata la metà. Pertanto, q svolge la funzione di **carica esploratrice** della regione che circonda la **carica sorgente** Q, mettendo in evidenza l'influenza che quest'ultima esercita attorno a sé e che varia a seconda della distanza da essa.

Tali effetti vengono quantificati definendo in ogni punto dello spazio nel quale si trova Q un'opportuna grandezza vettoriale: il **campo elettrico** è l'insieme di questi vettori.

Il **campo** è l'insieme dei valori che un vettore rappresentativo del campo assume in tutti i punti dello spazio attorno alla sorgente.

concetto di campo

Nel nostro caso il vettore viene indicato con $\vec{E}$ (campo elettrico), mentre la sorgente del campo stesso è la carica elettrica Q.

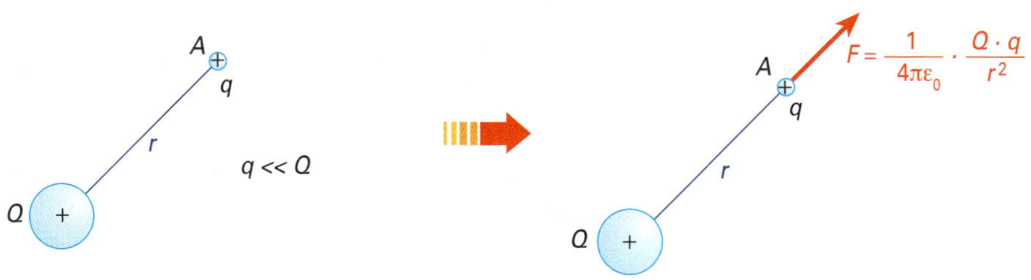

Definiamo in un punto A un **vettore campo elettrico**, che indicheremo con il simbolo $\vec{E}$. Data una carica Q positiva, sorgente del campo, poniamo in A una carica esploratrice q allo scopo di evidenziare gli effetti della presenza di Q e procedere così alla costruzione del vettore campo elettrico nel punto A.

La carica esploratrice q deve avere le seguenti caratteristiche:

- segno positivo;
- intensità molto piccola e comunque trascurabile (in modo da non perturbare le caratteristiche del campo generato da Q). Su q per la legge di Coulomb agisce una forza il cui modulo è $F = \frac{1}{4\pi\varepsilon_0} \frac{Q \cdot q}{r^2}$.

La forza F, come si vede dalla presenza del termine q, è legata al valore della carica esploratrice. Allora, volendo definire una grandezza indipendente dalla particolare carica che entra nel campo elettrico generato da Q, possiamo pensare di dividere la F per la carica esploratrice q:

$$\frac{F}{q} = \frac{\frac{1}{4\pi\varepsilon_0}\frac{Q \cdot \cancel{q}}{r^2}}{\cancel{q}} = \frac{1}{4\pi\varepsilon_0}\frac{Q}{r^2}$$

Così otteniamo una quantità $\left(\frac{1}{4\pi\varepsilon_0}\frac{Q}{r^2}\right)$ che dipende solamente dalla carica Q e dalla distanza r da essa.

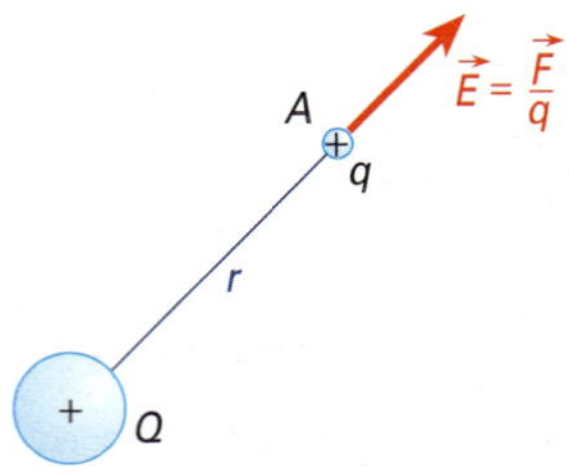

Definiamo il **vettore campo elettrico** $\vec{E}$ come segue:

$$\vec{E} = \frac{\vec{F}}{q}$$

vettore campo elettrico

Ricorda!...

Il modulo di $\vec{E}$ non dipende dalla carica esploratrice q ed è direttamente proporzionale all'intensità di Q e inversamente proporzionale al quadrato della distanza r dalla stessa sorgente.

Le caratteristiche del vettore campo elettrico sono:

- *modulo*: $E = \frac{F}{q} = \frac{1}{4\pi\varepsilon_0}\frac{Q}{r^2}$;
- *direzione*: la retta congiungente la sorgente Q con il punto del campo preso in considerazione;
- *verso*: come quello della forza $\vec{F}$.

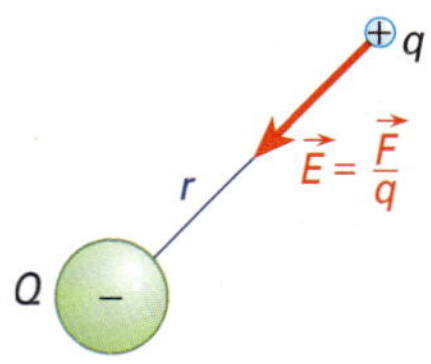

Se la carica generatrice Q è negativa, modulo e direzione di $\vec{E}$ hanno le stesse caratteristiche di prima, ma il verso va da q a Q, in quanto la forza è attrattiva.

In base alla definizione del vettore campo elettrico possiamo affermare che:

campo elettrico

Il **campo elettrico** è l'insieme dei vettori $\vec{E}$ da cui si può determinare la forza $\vec{F}$ che una carica sorgente Q esercita su una carica esploratrice q che viene a trovarsi nelle sue vicinanze.

È chiara l'importanza di introdurre il campo elettrico $\vec{E}$ provocato dalla carica Q a qualunque distanza r da essa. Infatti, la sua conoscenza ci permette di determinare subito quale forza subirebbe una data carica q nel caso si venisse a trovare a distanza r da Q.
Basta infatti moltiplicare $\vec{E}$ per la carica in esame:

$$\vec{F} = q \cdot \vec{E}$$

Per conoscere l'unità di misura del campo elettrico, dalla definizione del suo modulo ricaviamo:

$$E = \frac{F}{q} \quad \Rightarrow \quad \frac{F \text{ (misurata in newton)}}{q \text{ (misurata in colomb)}} \quad \Rightarrow \quad \frac{\text{N}}{\text{C}}$$

L'unità di misura del campo elettrico è **N/C** (newton su coulomb).

unità di misura di *E*

Dato che $\vec{E}$ è definito come rapporto $\vec{F}/q$ si suol dire che il campo elettrico rappresenta la **forza per unità di carica**, perché in effetti quando q vale 1 coulomb, il valore di $\vec{E}$ corrisponde numericamente a quello di $\vec{F}$.

esempio

Una carica puntiforme Q_1 positiva si trova a 1 m di distanza da una carica Q_2 negativa. Il valore della prima carica è di $18 \cdot 10^{-6}$ C, mentre il valore della seconda è di $-2{,}0 \cdot 10^{-6}$ C.
A quale distanza finita da Q_1 si deve posizionare una carica positiva q affinché quest'ultima rimanga ferma?

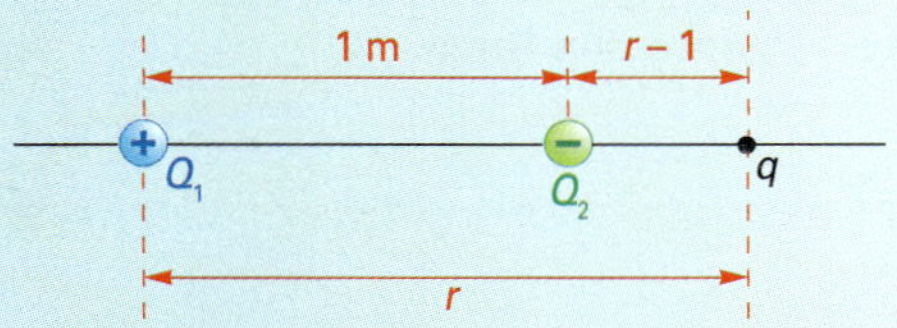

Perché i due campi elettrici $\vec{E}_1$ ed $\vec{E}_2$, generati rispettivamente da Q_1 e da Q_2, si annullino vicendevolmente devono avere stessa direzione, verso opposto e uguale modulo. Di conseguenza la carica q deve trovarsi lungo la congiungente tra le due cariche puntiformi ed esternamente dalla parte di Q_2, che è la carica minore.
Se indichiamo con r la distanza in metri di q da Q_1, la distanza di q da Q_2 sarà $r - 1$. Dalla condizione di equilibrio $\vec{E}_1 + \vec{E}_2 = 0$, sappiamo che devono essere uguali i rispettivi moduli: $E_1 = E_2$. Quindi:

$$\frac{1}{4\pi\varepsilon_0}\frac{Q_1}{r^2} = \frac{1}{4\pi\varepsilon_0}\frac{Q_2}{(r-1)^2}$$

(In questo modo sono già presi in considerazione i segni delle cariche elettriche, delle quali riporteremo in seguito i valori assoluti.)

Dividendo ambo i membri per $\dfrac{1}{4\pi\varepsilon_0}$ si ha:

$$\frac{Q_1}{r^2} = \frac{Q_2}{(r-1)^2}$$

Con le ipotesi $r \neq 0$ ed $r \neq 1$, possiamo scrivere:

$$Q_1(r-1)^2 = Q_2\, r^2 \quad \Rightarrow \quad \frac{Q_1}{Q_2}(r-1)^2 = r^2$$

Dato che $\dfrac{Q_1}{Q_2} = \dfrac{18 \cdot 10^{-6}}{2{,}0 \cdot 10^{-6}} = 9$, la nostra equazione diventa:

$$9(r-1)^2 = r^2 \quad \Rightarrow \quad 8r^2 - 18r + 9 = 0$$

E risolvendo:

$$r = \frac{9 \pm \sqrt{9^2 - 8 \cdot 9}}{8} = \begin{cases} 1{,}50 \text{ m} \\ 0{,}75 \text{ m} \end{cases}$$

La soluzione $r = 0{,}75$ m è da scartare in quanto tra le due cariche il campo elettrico $\vec{E}_1$ è parallelo e concorde a $\vec{E}_2$ per cui non possono equilibrarsi; è fisicamente accettabile, invece, $r = 1{,}50$ m. In conclusione, la carica q deve trovarsi sulla congiungente tra Q_1 e Q_2 a 1,50 m dalla prima e a 0,50 m dalla seconda.

Spesso è preferibile effettuare le sostituzioni numeriche solo alla fine del procedimento di risoluzione, con lo scopo di rendere i passaggi più rapidi e meno intricati. Per esempio, in questo caso potevamo scrivere:

$$\frac{1}{4\pi\varepsilon_0}\frac{Q_1}{r_1^2} = \frac{1}{4\pi\varepsilon_0}\frac{Q_2}{r_2^2} \quad \Rightarrow \quad \frac{Q_1}{r_1^2} = \frac{Q_2}{r_2^2} \quad \Rightarrow \quad \left(\frac{r_1}{r_2}\right)^2 = \frac{Q_1}{Q_2}$$

con la condizione $r_2 \neq 0$.
Dopodiché:

$$\frac{r_1}{r_2} = \pm\sqrt{\frac{Q_1}{Q_2}} = \pm\sqrt{\frac{18 \cdot 10^{-6}}{2{,}0 \cdot 10^{-6}}} = \pm\sqrt{9} = \pm 3$$

Scartando la soluzione -3 e ipotizzando $r_2 \neq 0$ si trova $r_1 = 3r_2$ che, messa a sistema con l'altra condizione $r_1 = 1 + r_2$, fornisce agevolmente $r_1 = 1{,}5$ m.
Per apprezzare meglio i vantaggi di questo approccio, prova a ripetere entrambi i procedimenti nell'eventualità che i valori delle cariche siano:

$$Q_1 = 14 \cdot 10^{-6}\ \text{C} \quad \text{e} \quad Q_2 = 3 \cdot 10^{-6}\ \text{C}$$

VIDEO LAB

16.8 La rappresentazione del campo elettrico

ON LINE VIRTUAL LAB
Cariche elettriche e linee di forza

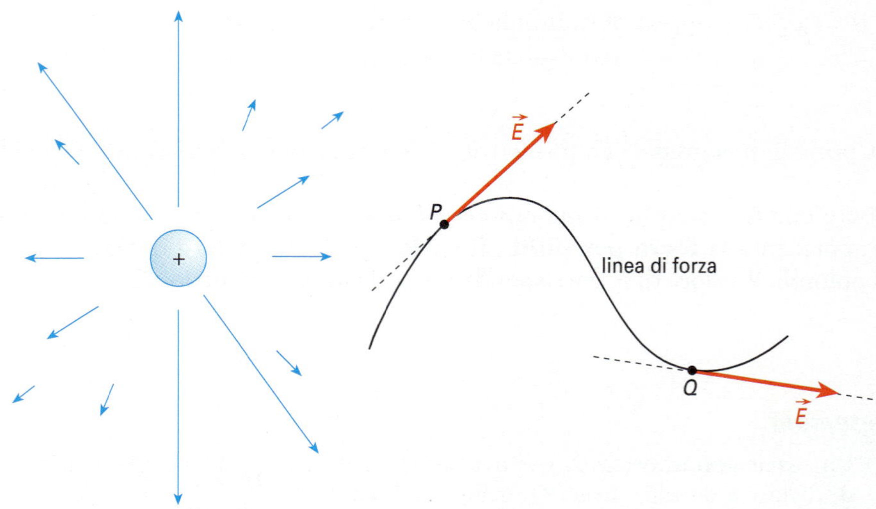

In ogni punto attorno alla sorgente il campo elettrico è individuato da un vettore diverso perché dipende dalla distanza r. Non è quindi possibile rappresentarlo direttamente, dal momento che bisognerebbe disegnare infiniti vettori.

Si ricorre allora a linee particolari dette **linee di forza** o **linee di campo**, caratterizzate dal fatto che qualunque loro punto si prenda (P, Q, ...) il campo elettrico in quel punto è tangente alla linea.

linee di forza

Le **linee di forza** sono delle linee in ogni punto tangenti alla direzione del campo.

Proprietà delle linee di forza

Le linee di forza godono inoltre delle seguenti proprietà:

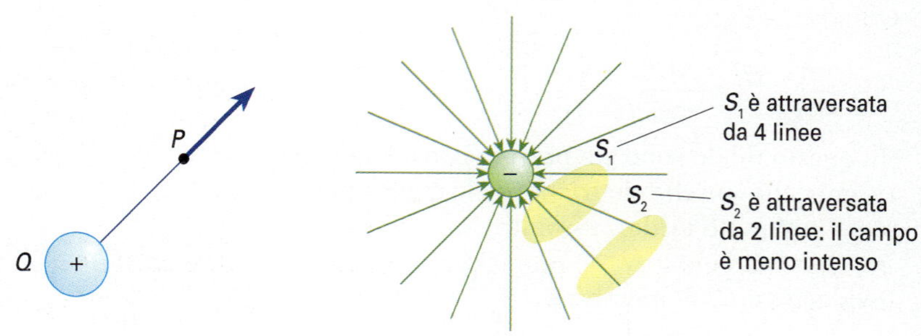

- in ogni punto del campo ne passa una sola;
- escono dalle cariche positive (entrano in quelle negative);
- pur essendo infinite, se ne disegnano in numero limitato seguendo la convenzione che la loro densità è proporzionale all'intensità del campo.

Campo di una carica puntiforme

Se una carica q esploratrice (positiva) viene inserita ferma in un punto del campo creato da una carica puntiforme:

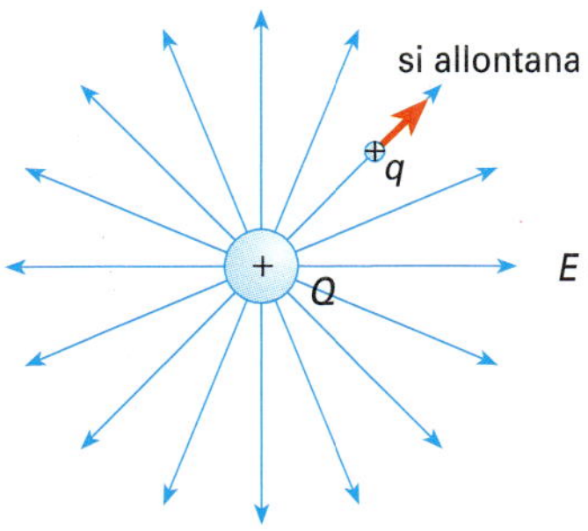

$$E = \frac{1}{4\pi\varepsilon_0} \cdot \frac{Q}{r^2}$$

si allontana da Q...

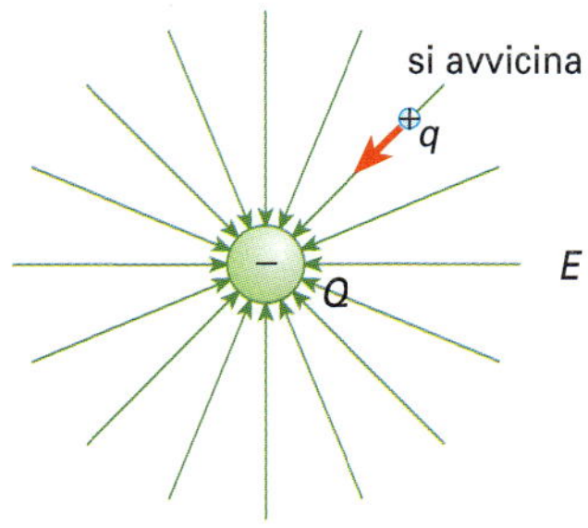

$$E = -\frac{1}{4\pi\varepsilon_0} \cdot \frac{Q}{r^2}$$

... o si avvicina a Q.

Le linee di forza di una carica puntiforme sono disposte radialmente con centro nella carica Q.
La carica esploratrice q si muove lungo la linea di forza nel verso in cui il campo elettrico decresce. Infatti, se Q è positiva, la carica q si allontana; mentre, se Q è negativa, la carica q si avvicina.

Campo di un dipolo elettrico

Vediamo quali sono le caratteristiche delle linee di forza del campo generato da un **dipolo elettrico**, cioè da...

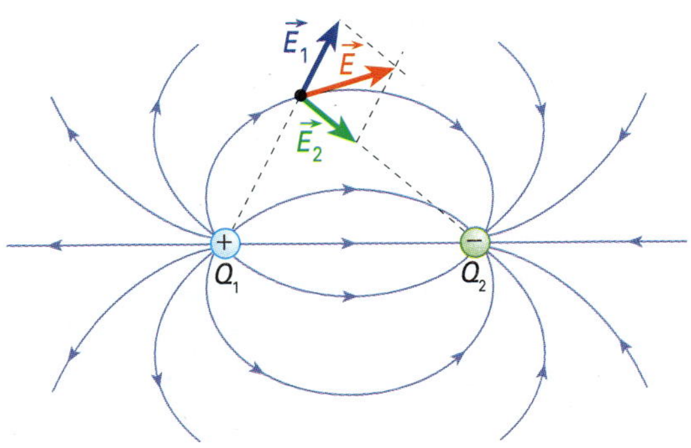

... due cariche uguali come intensità ma di segno opposto.

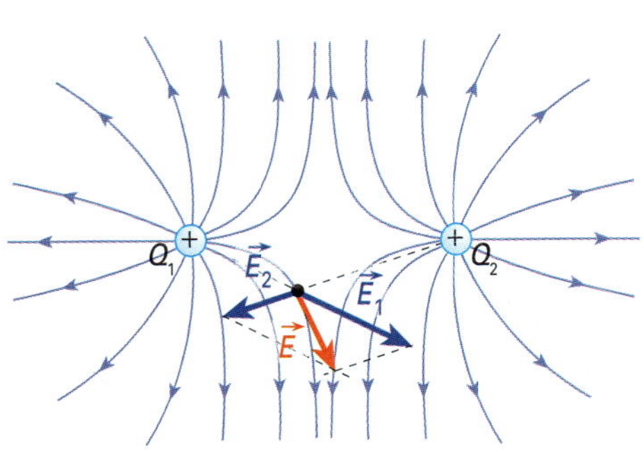

... due cariche uguali sia come intensità, sia come segno.

Una carica esploratrice libera di muoversi si sposta lungo una linea di forza.
$\vec{E}$ è il vettore campo elettrico in P ottenuto sommando i campi delle due cariche Q_1 e Q_2.
Anche per il campo elettrico vale il principio di sovrapposizione:

$$\vec{E} = \vec{E}_1 + \vec{E}_2 + ... + \vec{E}_i + ... = \sum_i \vec{E}_i$$

16.9 Flusso del campo elettrico e teorema di Gauss

Una grandezza utile per comprendere le caratteristiche del campo elettrico è denominata **flusso del campo elettrico**.

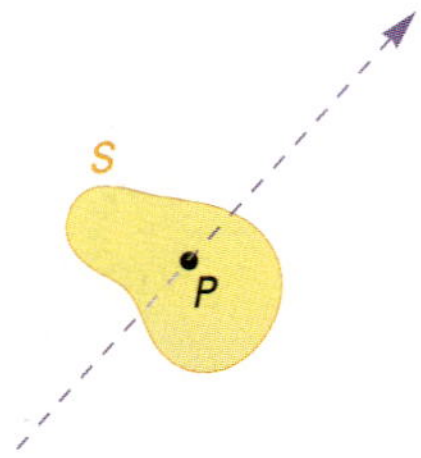

Prendiamo una superficie S e la perpendicolare a essa nel punto P. Su tale perpendicolare individuiamo convenzionalmente come positivo il verso indicato dalla freccia.

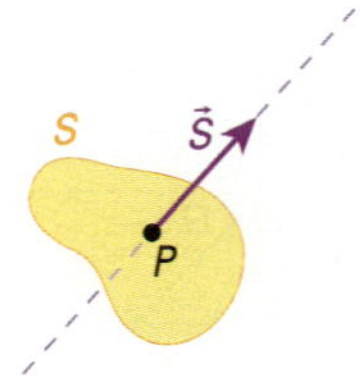

Sulla perpendicolare tracciamo un vettore che abbia come direzione quello della perpendicolare in P a S, verso positivo e modulo pari all'area della superficie S. Tale vettore lo indicheremo con $\vec{S}$.

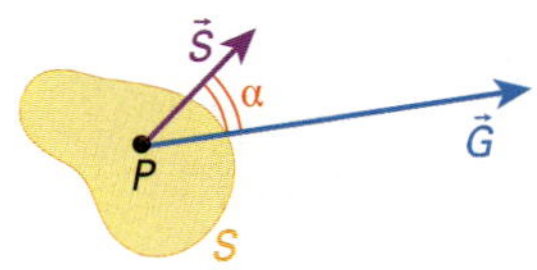

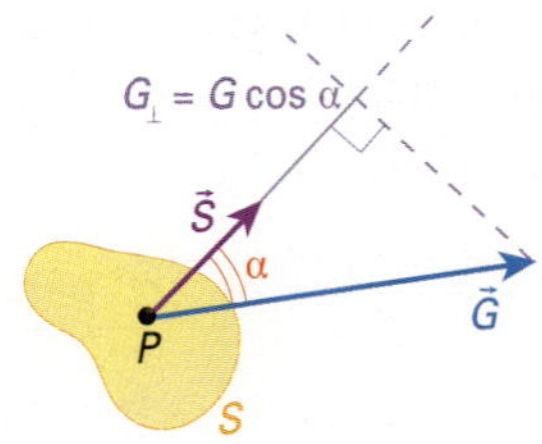

In generale, il flusso di un vettore generico $\vec{G}$ attraverso una superficie S, è il prodotto scalare:

$$\Phi_G = \vec{G} \cdot \vec{S} = G\ S\ \cos\alpha$$

Indicando con $G_\perp$ la componente di $\vec{G}$ secondo la perpendicolare a S nel punto P:

$$G_\perp = G\cos\alpha$$

abbiamo quindi:

$$\Phi_G = G_\perp \cdot S$$

Il flusso Φ_G è una grandezza scalare.

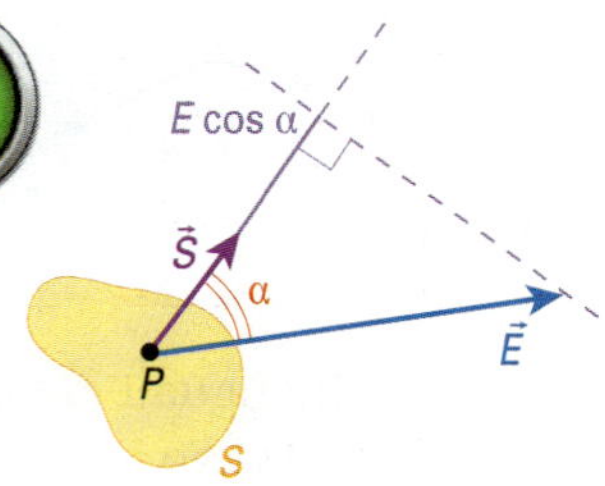

Introduciamo adesso il flusso di campo elettrico Φ_E attraverso una superficie S, sostituendo al posto del vettore generico $\vec{G}$, il campo elettrico $\vec{E}$: otteniamo così una grandezza che ci informa sul modo con il quale $\vec{E}$ attraversa la superficie S.

flusso del campo elettrico

Il flusso Φ_E del campo elettrico è:

$$\Phi_E = \vec{E} \cdot \vec{S}$$

dove $\vec{S}$ è il vettore perpendicolare alla superficie S con modulo pari all'area attraversata.

Il flusso Φ_E del campo elettrico può essere anche scritto come $\Phi_E = E\,S\cos\alpha$ con α angolo tra $\vec{E}$ ed $\vec{S}$. La sua unità di misura è $\frac{\text{N}}{\text{C}}\,\text{m}^2$.

Vediamo alcuni casi particolari.

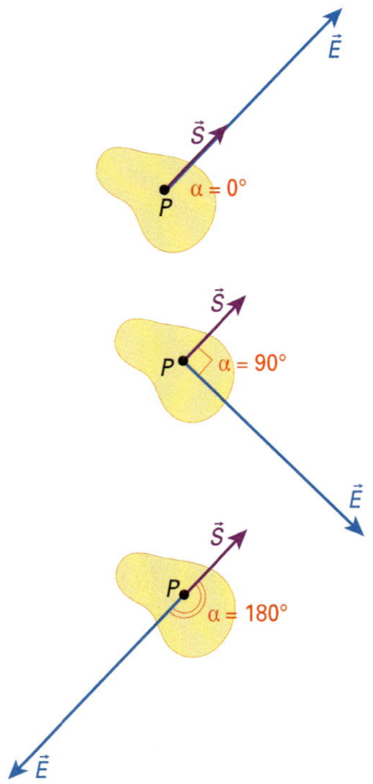

- $\alpha = 0°$, cioè $\vec{E} /\!/ \vec{S}$, abbiamo il valore massimo del flusso:

$$\Phi_E = \vec{E}\cdot\vec{S} = E\cdot S\,\cos 0° = E\cdot S$$
$$\Downarrow$$
$$1$$

- $\alpha = 90°$, per cui $\vec{E} \perp \vec{S}$, il flusso è nullo:

$$\Phi_E = \vec{E}\cdot\vec{S} = E\cdot S\,\cos 90° = 0$$
$$\Downarrow$$
$$0$$

- $\alpha = 180°$, quindi $\vec{E} /\!/ \vec{S}$, ma con versi opposti, si ha il valore minimo:

$$\Phi_E = \vec{E}\cdot\vec{S} = E\cdot S\,\cos 180° = -E\cdot S$$
$$\Downarrow$$
$$-1$$

Che cosa vuol dire concretamente che il flusso del campo elettrico Φ_E attraverso una superficie S sta, per esempio, aumentando?

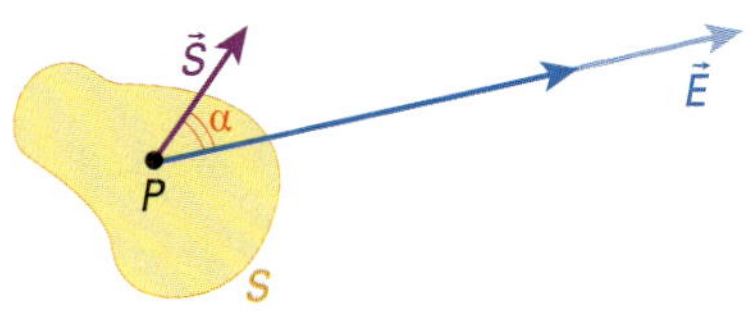

Che se la superficie S è invariante e α è costante, allora il modulo di $\vec{E}$ sta aumentando.

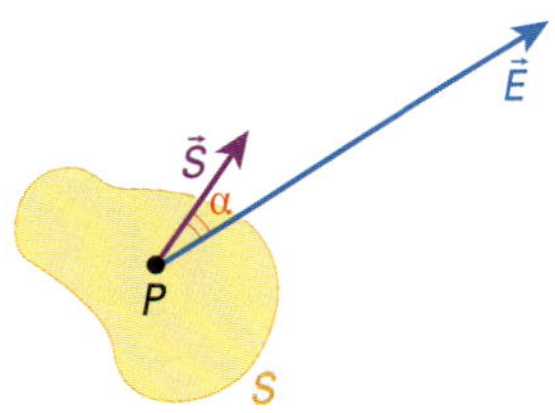

Oppure che se la superficie S è invariante e il modulo di $\vec{E}$ è costante, l'angolo α sta diminuendo.

Vediamo ora l'analisi dimensionale del flusso del campo elettrico $\Phi_E = E\,S$ (ipotizzando $\alpha = 0°$).

Dato che per definizione $E = F/q$, abbiamo:

$F = [\text{L}]\,[\text{t}]^{-2}\,[\text{M}]$ (essendo $F = ma$ con $m = [\text{M}]$ e $a = [\text{L}]\,[\text{t}]^{-2}$)

$q = [\text{I}]\,[\text{t}]$ (essendo [I] l'espressione dimensionale di I, unità di misura dell'intensità di corrente elettrica nel SI)

$S = [\text{L}]^2$

per cui:

$$\Phi_E = E\,S = \frac{F}{q}\,S = \frac{[\text{L}]\,[\text{t}]^{-2}\,[\text{M}]}{[\text{I}]\,[\text{t}]}\,[\text{L}]^2 = [\text{L}]^3\,[\text{t}]^{-3}\,[\text{M}]\,[\text{I}]^{-1}$$

Ricorda!...

Nel SI la grandezza fondamentale dell'elettromagnetismo è l'intensità di corrente elettrica I e non la carica elettrica Q. La relazione tra di esse è:

$$Q = I\cdot\Delta t$$

ON LINE
VIRTUAL LAB
Teorema di Gauss

Il teorema di Gauss

Prendiamo in esame, nel vuoto, una carica puntiforme a riposo Q positiva e una superficie sferica S con centro in Q e raggio r.

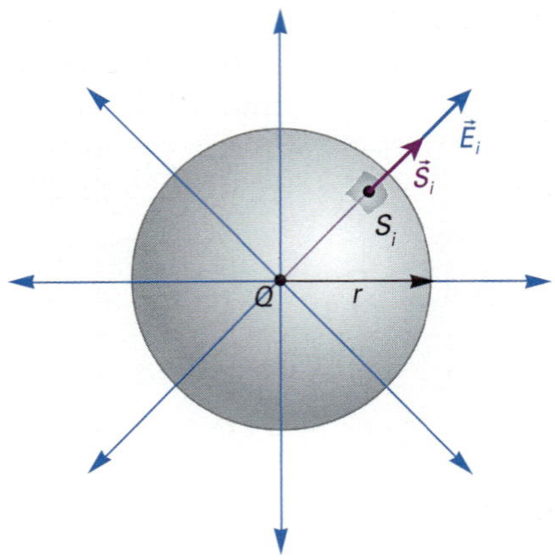

Immaginiamo la superficie della sfera suddivisa in n piccoli settori S_i. Dato che il campo elettrico è radiale rispetto a Q, in tutti questi settori $\vec{E}_i$ risulta parallelo al vettore $\vec{S}_i$ ed è $\alpha = 0°$. Abbiamo perciò che il contributo del flusso attraverso la superficie i-esima è dato da:

$$\Phi_{Ei} = \vec{E}_i \cdot \vec{S}_i = E_i \cdot S_i \underbrace{\cos 0°}_{1} = E_i \cdot S_i \qquad (i = 1, 2, 3, \dots n)$$

Sommando tutti questi contributi, il flusso del campo elettrico attraverso l'intera superficie della sfera è:

$$\Phi_E = \Phi_{E1} + \Phi_{E2} + \dots + \Phi_{En} = \sum_{i=1}^{n} \Phi_{Ei} = \sum_{i=1}^{n} E_i \cdot S_i$$

Tuttavia, essendo r fissato, il valore di E_i è costante in tutti i punti della superficie sferica e lo indichiamo semplicemente come: $E_i = E$. Per cui, portando E fuori dalla sommatoria, possiamo scrivere:

$$\Phi_E = E \sum_{i=1}^{n} S_i$$

Ma $\sum_{i=1}^{n} S_i = S = 4\pi r^2$ è la superficie della sfera, quindi:

$$\Phi_E = E \cdot 4\pi r^2$$

Q è una carica puntiforme e il suo campo elettrico è:

$$E = \frac{1}{4\pi\varepsilon_0} \cdot \frac{Q}{r^2}$$

$$\Phi_E = \frac{1}{4\pi\varepsilon_0} \cdot \frac{Q}{r^2} \cdot 4\pi r^2$$

e semplificando $4\pi r^2$:

$$\Phi_E = \frac{Q}{\varepsilon_0}$$

È possibile dimostrare che questa conclusione è valida per qualunque forma della superficie S e per qualunque distribuzione (quindi non necessariamente concentrata in un punto) di carica al suo interno.

$$\Phi_E = \frac{Q}{\varepsilon_0}$$

teorema di Gauss

Il flusso del campo elettrico nel vuoto attraverso una superficie chiusa S qualunque (detta in genere **superficie gaussiana**) è dato dal rapporto tra la carica complessiva Q racchiusa all'interno di tale superficie e la costante dielettrica del vuoto ε_0.
Nell'eventualità che Q si trovi all'interno di un dielettrico, allora nell'espressione di Φ_E bisogna sostituire ε_0 con la costante dielettrica assoluta $\varepsilon = \varepsilon_r \cdot \varepsilon_0$ del mezzo:

$$\Phi_E = \frac{Q}{\varepsilon}$$

Ricorda!...

In base al teorema di Gauss:
- il flusso del campo elettrico non cambia al variare della superficie chiusa, che può quindi essere più o meno estesa e avere le forme più disparate;
- il flusso dipende da quanta carica Q è presente all'interno di S e non da come è distribuita;
- il flusso cambia a seconda che la carica Q si trovi nel vuoto o in un dielettrico.

16.10 Applicazioni del teorema di Gauss

Prima di analizzare alcune conseguenze del teorema di Gauss, vediamo una caratteristica che riguarda la disposizione del campo elettrico sulla superficie di un conduttore carico.

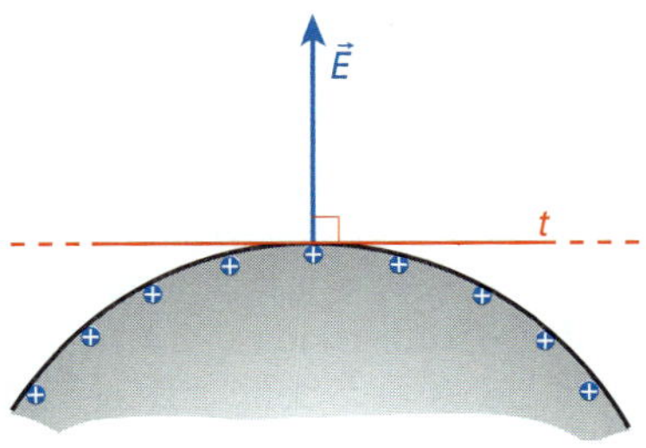

Sulla superficie esterna di un conduttore che presenta una certa carica, **il campo elettrico è, in ogni punto della superficie, perpendicolare alla superficie stessa**.

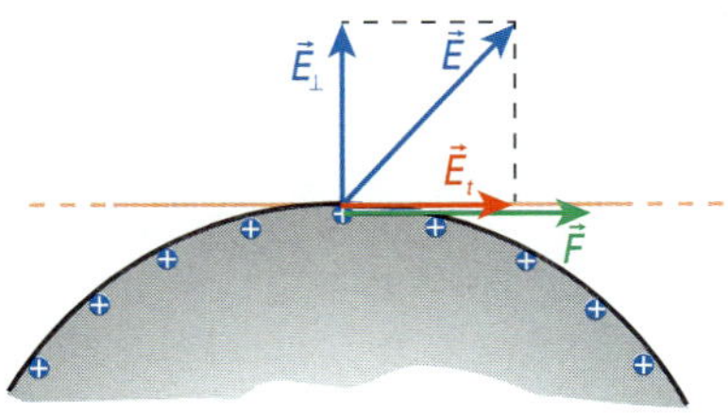

Se $\vec{E}$ non fosse perpendicolare, allora dovrebbe presentare una componente tangenziale $\vec{E}_t$ alla superficie, per cui ci sarebbe sulle cariche una forza, a sua volta diretta tangenzialmente, che le costringerebbe a spostarsi. Invece, sappiamo che sulla superficie del conduttore le cariche sono in equilibrio.

Abbiamo visto, fornendone una spiegazione soltanto intuitiva, che all'interno di un materiale conduttore le forze elettriche hanno una risultante nulla.
Adesso possiamo chiarire meglio questo concetto, dimostrando che effettivamente **all'interno di un conduttore il campo elettrico è nullo**.

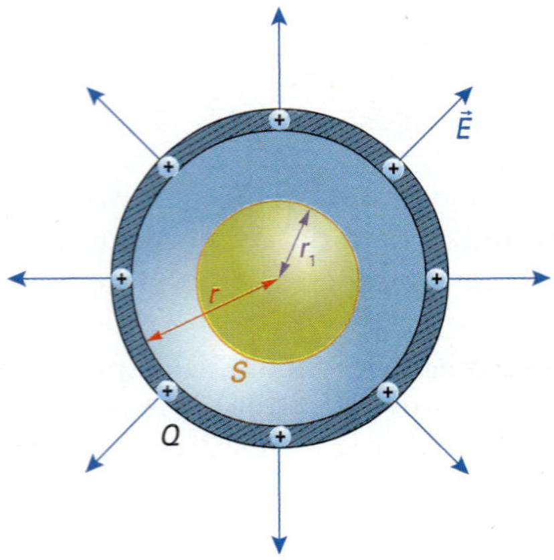

Consideriamo una sfera conduttrice cava di raggio interno r sulla quale è distribuita una certa carica. Immaginiamo dentro di essa una superficie sferica S di raggio $r_1 < r$.
Per il teorema di Gauss, poiché S non racchiude alcuna carica:

$$\Phi_E = \frac{Q}{\varepsilon_0} = 0$$

Dalla definizione di flusso risulta:

$$\Phi_E = \vec{E} \cdot \vec{S} = E \cdot S \cos\alpha$$

Dato che in tutti i punti della superficie $\vec{E} // \vec{S_i} \Rightarrow \alpha = 0°$ e $\cos 0° = 1$, quindi:

$$\Phi_E = E \cdot S$$

che, come visto prima, in questo caso deve essere nullo:

$$\Phi_E = E \cdot S = 0$$

Per cui, essendo $S \neq 0$, si ha che:

$$E = 0$$

Se ne conclude che, avendo S un raggio arbitrario, che può diventare pari al raggio r, il campo elettrico all'interno della sfera conduttrice cava è nullo.

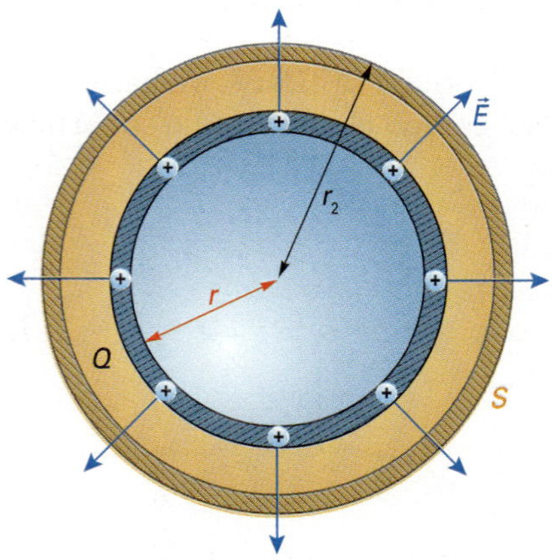

Sempre con riferimento alla stessa sfera cava di raggio interno r su cui è distribuita la carica elettrica, consideriamo ora una superficie sferica S di raggio $r_2 > r$. A causa della simmetria sferica con cui risulta distribuita Q, il campo elettrico è necessariamente radiale (perché deve essere perpendicolare alla superficie in ogni punto) e costante a parità di distanza dal centro (perché sulla superficie sferica di dato raggio r tutti i punti sono nella stessa situazione fisica e tra di essi non possono esserci delle differenze).

Per il teorema di Gauss, dato che S racchiude la carica Q si ha:

$$\Phi_E = \frac{Q}{\varepsilon_0}$$

Suddividendo S in n settori S_i:

$$\Phi_{Ei} = \vec{E_i} \cdot \vec{S_i} = E_i \cdot S_i \cos\alpha$$

$\cos\alpha \Downarrow 1$: $\vec{E_i} // \vec{S_i} \Rightarrow \alpha = 0°$ $\Rightarrow \cos 0° = 1$

Ricordando che il campo elettrico è costante ($E_i = E$):

$$\Phi_E = \sum_{i=1}^{n} \Phi_{Ei} = \sum_{i=1}^{n} E_i S_i = E \sum_{i=1}^{n} S_i = E \cdot 4\pi r^2$$

E_i $\Downarrow$ costante $E_i = E$; $\sum_{i=1}^{n} S_i$ $\Downarrow$ superficie della sfera $S = 4\,\pi r^2$

Uguagliando le due espressioni di Φ_E, si trova:

$$\frac{Q}{\varepsilon_0} = E \cdot 4\pi r^2$$

da cui si ricava E:

$$E = \frac{1}{4\pi\varepsilon_0}\frac{Q}{r^2}$$

Si ricava perciò che **il campo elettrico prodotto dalla carica Q distribuita sulla superficie sferica di un conduttore è, all'esterno della sfera, lo stesso che si avrebbe se tale carica fosse puntiforme e disposta nel centro della sfera**.

Il condensatore

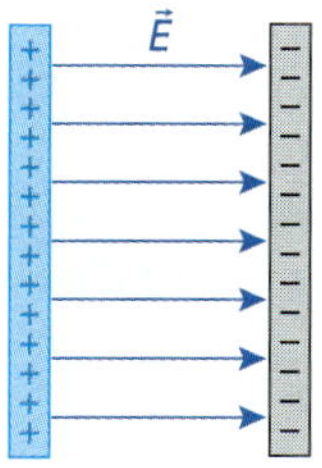

Consideriamo due facce (idealmente di estensione infinita) piane e parallele di materiale conduttore, con carica $+Q$ su una faccia e $-Q$ sull'altra, poste a una certa distanza tra loro. Un simile dispositivo, molto interessante soprattutto per motivi applicativi, prende il nome di **condensatore**, mentre le due superfici conduttrici sono dette **armature**.

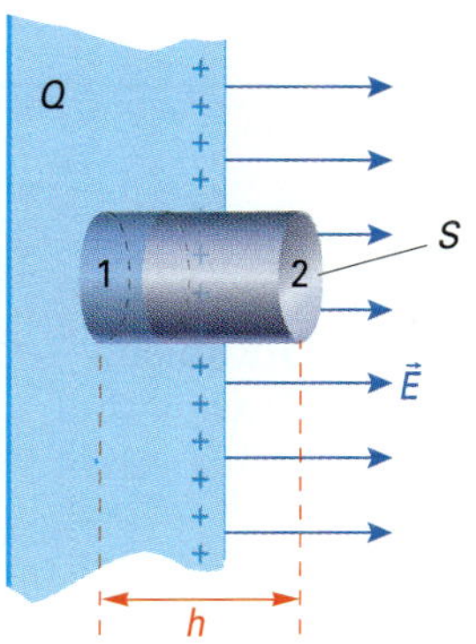

Tramite il teorema di Gauss possiamo quantificare l'entità del campo elettrico in un condensatore.
Come superficie gaussiana per il flusso del campo elettrico, consideriamo un cilindretto di altezza h e superficie di base S. Una delle due basi indicate con (1) si trova all'interno dell'armatura e l'asse è perpendicolare alla superficie dell'armatura.
L'altra base (2) si trova invece nello spazio tra le due armature.

Per il teorema di Gauss, il flusso totale attraverso la superficie del cilindretto è:

$$\Phi_E = \frac{Q}{\varepsilon_0}$$

Calcoliamo i contributi del flusso di $\vec{E}$ attraverso le basi (1) e (2) e la superficie laterale. Il flusso totale è dato da:

$$\Phi_E = \Phi_{E\ \text{Base 1}} + \Phi_{E\ \text{Superficie laterale}} + \Phi_{E\ \text{Base 2}}$$

Poiché all'interno di un conduttore non vi è campo elettrico, $\vec{E} = 0$, abbiamo che:

$$\Phi_{E\ \text{Base1}} = 0$$

Inoltre, poiché $\vec{E} \perp \vec{S}$ e $\alpha = 90°$, si ha:

$$\Phi_{E\ \text{Superficie laterale}} = 0$$

Quindi, dato che adesso $\vec{E} /\!/ \vec{S}$ cioè $\alpha = 0°$:

$$\Phi_{E\ \text{Base 2}} = E \cdot S$$

Per concludere, sommando i tre contributi:

$$\Phi_E = 0 + 0 + E \cdot S = E \cdot S$$

Uguagliando i due risultati di Φ_E:

$$\frac{Q}{\varepsilon_0} = E \cdot S$$

Ricavando E:

$$E = \frac{Q}{S \cdot \varepsilon_0}$$

e tenuto conto che il rapporto $\frac{Q}{S}$ è la densità di carica superficiale σ, risulta:

campo elettrico in un condensatore

$$E = \frac{\sigma}{\varepsilon_0}$$

Dunque, σ/ε_0 è il valore che il campo elettrico E assume in qualsiasi posizione nel condensatore. Infatti, se scegliamo un valore dell'altezza h del cilindretto diversa, per esempio più grande, le considerazioni precedenti non cambiano: il flusso resta immutato e, dato che la superficie S è a sua volta la stessa, il campo elettrico E risulta sempre lo stesso.
In conclusione: **all'interno del condensatore il campo elettrico è costante e uniforme, resta cioè invariato in qualunque posizione tra le due armature**.

FLASH

La stampante ink-jet

La stampante *ink-jet* o *a getto d'inchiostro* funziona utilizzando numerosi principi fisici, tra cui la deviazione che il campo elettrico presente tra le armature di un condensatore carico produce sulla traiettoria delle particelle cariche che lo attraversano.
Con tecniche che variano a seconda dei casi, nella testina della stampante vengono create delle piccolissime goccioline d'inchiostro del diametro di 70 µm, sospinte verso il foglio di carta distante qualche millimetro alla velocità di 20 m/s circa.

Dopo essere uscite dall'ugello della testina, le goccioline vengono colpite dagli elettroni emessi da un opportuno dispositivo e si caricano negativamente. Perciò, quando attraversano la zona tra le armature del condensatore, subiscono una deflessione verso il basso causata dal campo elettrico.

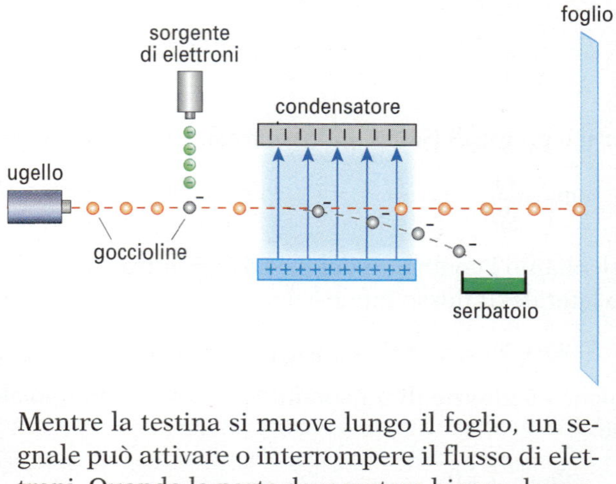

Mentre la testina si muove lungo il foglio, un segnale può attivare o interrompere il flusso di elettroni. Quando la parte deve restare bianca, le goccioline vengono caricate, deviate dal campo elettrico e raccolte nel serbatoio dell'inchiostro; invece, quando devono arrivare sul foglio, il flusso elettronico viene interrotto e le goccioline, prive di carica, non subiscono più la deflessione e si imprimono sulla pagina.

IDEE e PERSONAGGI

Il concetto di "campo"

André-Marie Ampère

L'azione a distanza

Il fisico inglese Newton (1642-1727), occupandosi dell'interazione fra le masse, si pose già nel Seicento il problema di come il Sole riesca ad attirare la Terra. Le forze operavano a distanza nel vuoto oppure richiedevano un mezzo che fosse in grado di trasmetterle? L'azione del Sole sul nostro pianeta, per esempio, è istantanea, e quindi con velocità infinita, viceversa richiede un certo tempo per propagarsi da un corpo all'altro?
Newton alla fine affermò di non essere riuscito a dedurre le ragioni di fondo per cui la gravità ha determinate proprietà e scrisse in relazione a tale questione la famosa frase: «Hypotheses non fingo» (Non invento ipotesi). In altri termini, per coerenza e onestà scientifica rifiutò di avanzare delle ipotesi artificiose, prive cioè di una solida conferma sperimentale, pur di dare una risposta al *rompicapo*.
Tuttavia, lo straordinario successo dei suoi principi convinse i fisici fino all'Ottocento che la meccanica da lui fondata potesse essere considerata come la teoria in grado di interpretare in modo definitivo tutti i fenomeni naturali.
Nell'Ottocento anche il francese Ampère (1775-1836), occupandosi dell'azione fra le cariche elettriche, si pose su una linea analoga a quella di Newton. Tuttavia, in alcuni suoi scritti ricorse al concetto di *fluido* per giustificare l'interazione tra i corpi carichi elettricamente, in quanto per gli scienziati dell'epoca era difficile, anche da un punto di vista psicologico, rinunciare all'idea di un *agente* che fungesse da mediatore per la trasmissione delle forze. Istintivamente il concetto di *azione a distanza* senza intermediari non piaceva: riecheggiava troppo certi effetti magici di cui era intrisa la cultura prescientifica.

Le linee di forza

Nel 1821 l'inglese Faraday (1791-1867) introdusse per la prima volta le *linee di forza*, che all'inizio egli immaginò come linee geometriche utili semplicemente per descrivere tramite il disegno l'azione della forza, ma a cui non attribuiva nessuna concretezza fisica. In un secondo momento, cominciò a pensare che attorno alle cariche vi fosse una reale modificazione dello spazio e che le linee di forza costituissero un modo per rappresentare in termini fisico-matematici tale modificazione.
Nacque così, sia pure a livello soltanto intuitivo, il concetto di *campo*. Lo scozzese Maxwell (1831-1879), uno dei più grandi fisici di tutti i tempi, provvide a matematizzarlo in maniera adeguata e anzi, a partire dal 1860, sviluppò le intuizioni di Faraday, giungendo a esprimere, in quattro equazioni alla cui base vi è l'idea guida di campo, un'eccezionale sintesi dei fenomeni elettromagnetici.
Il concetto di campo comportò un vero e proprio ribaltamento nel modo di vedere la realtà fisica, in quanto mentre le forze nella visione newtoniana sono connesse ai corpi su cui agiscono, il campo può essere invece considerato indipendentemente da qualsiasi corpo – e i suoi effetti, inoltre, si propagano a velocità finita. Così all'inizio del Novecento gli scienziati avevano a disposizione ben due modelli teorici in grado ugualmente di spiegare i fenomeni: da una parte la meccanica di Newton, dall'altra il concetto di campo.

SCIENTIFIC ENGLISH

CLIL

Electric Forces and Electric Fields

The Electric Field

The gravitational force and the electrostatic force are both capable of acting through space, producing an effect even when there isn't any physical contact between the objects involved. Field forces can be discussed in a variety of ways, but an approach developed by Michael Faraday (1791-1867) is the most practical. In this approach, an **electric field** is said to exist in the region of space around a charged object. The electric field exerts an electric force on any other charged object within the field. This differs from the Coulomb's law concept of a force exerted at a distance, in that the force is now exerted by something – the field – that is in the same location as the charged object.

Figure 1 shows an object with a small positive charge q_0 placed near a second object with a much larger positive charge Q.

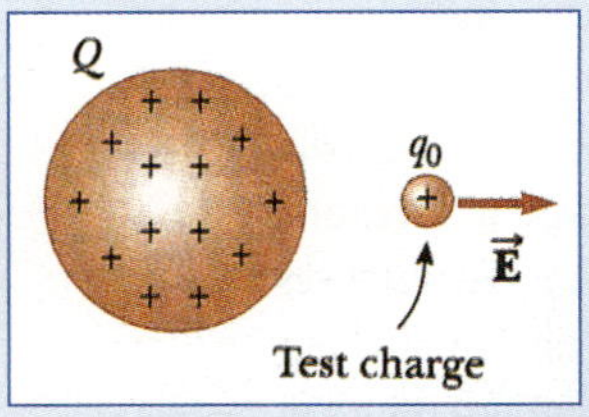

Figure 1
A small object with a positive charge q_0 placed near an object with a larger positive charge Q is subject to an electric field $\vec{\mathbf{E}}$ directed as shown. The magnitude of the electric field at the location of q_0 is defined as the electric force on q_0 divided by the charge q_0.

The electric field $\vec{\mathbf{E}}$ produced by a charge Q at the location of a small "test" charge q_0 is defined as the electric force $\vec{\mathbf{F}}$ exerted by Q on q_0, divided by the test charge q_0:

$$\vec{\mathbf{E}} \equiv \frac{\vec{\mathbf{F}}}{q_0} \qquad [1]$$

SI Unit: newton per coulomb (N/C)

Conceptually and experimentally, the test charge q_0 is required to be very small (arbitrarily small, in fact), so it doesn't cause any significant rearrangement of the charge creating the electric field $\vec{\mathbf{E}}$. Mathematically, however, the size of the test charge makes no difference: the calculation comes out the same, regardless. In view of this, using $q_0 = 1$ C in Equation [1] can be convenient if not rigorous.

When a positive test charge is used, the electric field always has the same direction as the electric force on the test charge. This follows from Equation [1]. Hence in Figure 1, the direction of the electric field is horizontal and to the right. The electric field at point A in Figure 2 is vertical and downward because at that point a positive test charge would be attracted toward the negatively charged sphere.

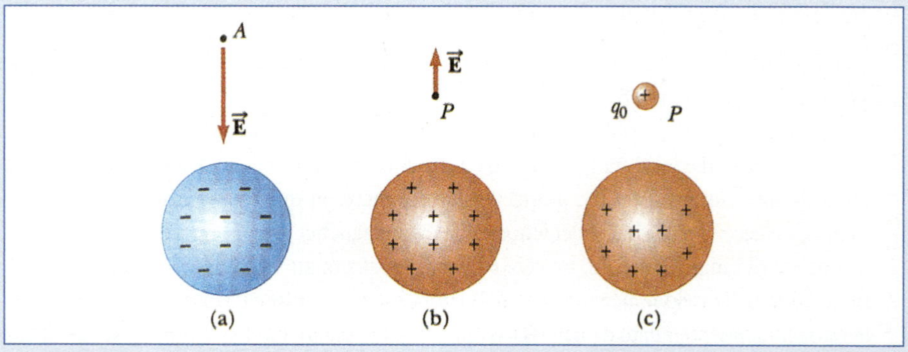

Figure 2 (a) The electric field at A due to the negatively charged sphere is downward, toward the negative charge. (b) The electric field at P due to the positively charged conducting sphere is upward, away from the positive charge. (c) A test charge q_0 placed at P will cause a rearrangement of charge on the sphere, unless q_0 is very small compared with the charge on the sphere.

Once the electric field due to a given arrangement of charges is known at some point, the force on *any* particle with charge q placed at that point can be calculated from a rearrangement of Equation 1:

$$\vec{\mathbf{F}} = q\vec{\mathbf{E}} \quad [2]$$

Here q_0 has been replaced by q, which need not be a mere test charge.

As shown in Figure 3, the direction of $\vec{\mathbf{E}}$ is the direction of the force that acts on a positive test charge q_0 placed in the field. We say that **an electric field exists at a point if a test charge at that point is subject to an electric force there.**

Consider a point charge q located a distance r from a test charge q_0. According to Coulomb's law, the *magnitude* of the electric force of the charge q on the test charge is

$$F = k_e \frac{|q||q_0|}{r^2}$$

Because the magnitude of the electric field at the position of the test charge is defined as $E = F/q_0$, we see that the *magnitude* of the electric field due to the charge q at the position of q_0 is

$$E = k_e \frac{|q|}{r^2} \quad [3]$$

Equation [3] points out an important property of electric fields that makes them useful quantities for describing electrical phenomena. As the equation indicates, an electric field at a given point depends only on the charge q on the object setting up the field and the distance r from that object to a specific point in space. As a result, we can say that an electric field exists at point P in Figure 3 whether or not there is a test charge at P.

The principle of superposition holds when the electric field due to a group of point charges is calculated. We first use Equation 3 to calculate the electric field produced by each charge individually at a point and then add the electric fields together as vectors.

It's also important to exploit any symmetry of the charge distribution. For example, if equal charges are placed at $x = a$ and at $x = -a$, the electric field is zero at the origin, by symmetry. Similarly, if the x-axis has a uniform distribution of positive charge, it can be guessed by symmetry that the electric field points away from the x-axis and is zero parallel to that axis.

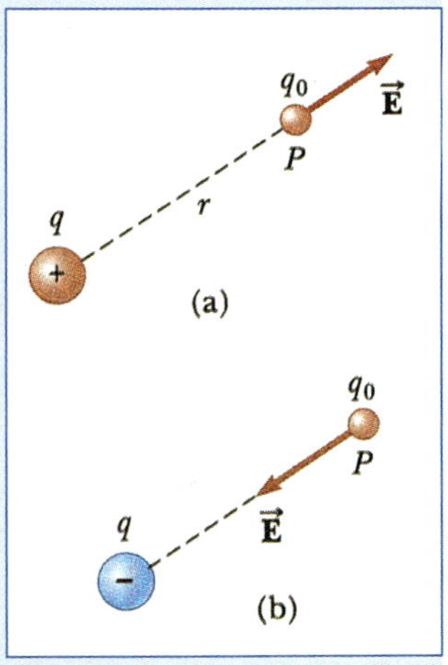

Figure 3
A test charge q_0 at P is a distance r from a point charge q. (a) If q is positive, the electric field at P points radially *outwards* from q. (b) If q is negative, the electric field at P points radially *inwards* toward q.

Checkpoint
True or False: The electric field due to a negative point charge points towards the charge.

Quick Quiz

A test charge of +3 μC is at a point P where the electric field due to other charges is directed to the right and has a magnitude of 4×10^6 N/C. If the test charge is replaced with a charge of −3 μC, the electric field at P (a) has the same magnitude as before, but changes direction, (b) increases in magnitude and changes direction, (c) remains the same, or (d) decreases in magnitude and changes direction.

from SERWAY/VUILLE, *Essentials of College Physics*, © 2007

IN SINTESI

Elettrizzazione per strofinio, contatto, induzione

- La **carica elettrica** è una proprietà che alcuni corpi (come l'ambra, in greco *élektron*) possono presentare in seguito a **strofinio**.
- Un **corpo** può essere **carico negativamente**, che a livello microscopico indica un eccesso di elettroni, oppure **positivamente**, che a livello microscopico indica una perdita di elettroni. Le cariche dello stesso segno si respingono, mentre le cariche di segno opposto si attraggono.
- Gli atomi che perdono uno o più elettroni sono chiamati **ioni positivi**.
- Rispetto al passaggio della corrente elettrica, i materiali possono essere classificati come **conduttori** e **isolanti**.
- I **conduttori**, come per esempio i metalli, consentono lo spostamento delle cariche elettriche (elettroni) al loro interno: sono gli **elettroni di conduzione**. Gli **isolanti**, invece, non consentono il movimento delle cariche elettriche.
- In una situazione intermedia tra i conduttori e gli isolanti, ci sono i **semiconduttori**, che hanno quattro elettroni nell'orbita esterna e sono molto importanti nell'elettronica.
- Oltre che per strofinio, i corpi possono essere elettrizzati **per contatto**, vale a dire tramite un vero e proprio contatto fisico con un altro corpo carico, o **per induzione**, cioè con un semplice avvicinamento senza contatto di un corpo carico.
- Il **principio di conservazione della carica elettrica** afferma che la carica elettrica presente in un certo spazio o in un corpo si può spostare e distribuire diversamente, ma la carica totale resta comunque invariata.
- Nei materiali isolanti, chiamati **dielettrici**, non essendo possibile il movimento delle cariche elettriche, si ha il processo della polarizzazione: le cariche elettriche degli atomi e delle molecole si orientano a causa della presenza di una carica elettrica esterna.

Legge di Coulomb

- La **legge di Coulomb** nel vuoto è espressa dalla formula:

$$F = K_0 \cdot \frac{Q_1 \cdot Q_2}{r^2}$$

  In base a essa l'interazione F tra due cariche elettriche Q_1 e Q_2 distanti tra loro r poste nel vuoto:
  - è direttamente proporzionale al prodotto tra le cariche $Q_1 \cdot Q_2$;
  - è inversamente proporzionale al quadrato della distanza r^2;
  - dipende, attraverso la costante K_0, dal mezzo nel quale si trovano le cariche.
- L'unità di misura della carica elettrica è il **coulomb** (**C**). La carica elettrica elementare, cioè quella dell'elettrone, vale $e = 1{,}6 \cdot 10^{-19}$ C. La costante K_0 (relativa al vuoto) è $9 \cdot 10^9 \dfrac{\text{N} \cdot \text{m}^2}{\text{C}^2}$.
- In base al **principio di sovrapposizione** le cariche elettriche non si influenzano reciprocamente, perciò la forza complessiva su una data carica è data dalla somma vettoriale di tutte le forze che altre cariche presenti esercitano singolarmente su di essa.
- Quando le cariche si trovano **in un mezzo diverso dal vuoto**, la **legge di Coulomb** si scrive:

$$F = \frac{1}{4\pi\varepsilon} \cdot \frac{Q_1 \cdot Q_2}{r^2}$$

  in cui $\varepsilon = \varepsilon_r \cdot \varepsilon_0$ è la **costante dielettrica assoluta** del mezzo in questione, ε_r è la **costante dielettrica relativa** e $\varepsilon_0 = \dfrac{1}{4\pi K_0} = 8{,}85 \cdot 10^{-12} \dfrac{\text{C}^2}{\text{N} \cdot \text{m}^2}$ è quella del vuoto.

Distribuzione della carica nei conduttori

- Nei conduttori, indipendentemente dalla forma, le cariche elettriche si dispongono sempre sulla superficie. Viene allora definita la **densità superficiale di carica** σ il rapporto tra la carica Q presente sulla superficie e l'area S di tale superficie:

  $$\sigma = \frac{Q}{S}$$

  che ha come unità di misura **C/m²**.
- La **gabbia di Faraday** è un dispositivo che serve per proteggersi dalle scariche elettriche e che sfrutta la distribuzione superficiale di carica.

Campo elettrico

- Il **vettore campo elettrico** $\vec{E}$ è definito come rapporto tra la forza $\vec{F}$ e la carica esploratrice positiva q:

  $$\vec{E} = \frac{\vec{F}}{q}$$

  La sua direzione coincide con quella della forza, mentre il verso dipende dal segno della carica Q. L'unità di misura del campo elettrico è **N/C**.
  Il campo elettrico generato da una carica Q nel vuoto ha come modulo:

  $$E = \frac{1}{4\pi\varepsilon_0} \cdot \frac{Q}{r^2}$$

- Il campo elettrico, così come il campo gravitazionale, si rappresenta tramite le **linee di forza**, che sono linee in ogni punto tangenti al campo elettrico in quel punto.

Teorema di Gauss

- Il **flusso** Φ_G di un vettore $\vec{G}$ attraverso una superficie S è dato dal prodotto scalare:

  $$\Phi_G = \vec{G} \cdot \vec{S}$$

  dove $\vec{S}$ è un vettore perpendicolare alla superficie che ha come modulo l'area della superficie S.
  Se al posto di $\vec{G}$ consideriamo $\vec{E}$, abbiamo che il flusso del campo elettrico Φ_E è:

  $$\Phi_E = \vec{E} \cdot \vec{S} = E\,S\cos\alpha$$

  dove α è l'angolo tra $\vec{E}$ ed $\vec{S}$.
- Se Q è una carica elettrica disposta nel vuoto entro una superficie chiusa S, allora per il **teorema di Gauss** si ha:

  $$\Phi_E = \frac{Q}{\varepsilon_0}$$

  In base al teorema di Gauss, Φ_E non cambia anche se cambia la superficie chiusa che viene presa, ma dipende esclusivamente dalla carica Q (e dal fatto che si trovi nel vuoto o in un mezzo materiale).
- In base al teorema di Gauss si può dimostrare che:
  - all'interno di un conduttore, nel quale le cariche si dispongono sulla superficie, il campo elettrico è nullo e, quindi, non ci sono forze elettriche;
  - il campo elettrico generato da una carica elettrica distribuita sulla superficie sferica di un conduttore all'esterno di tale sfera è lo stesso che si avrebbe se la carica fosse puntiforme e posizionata nel centro della sfera;
  - all'interno di un **condensatore** (un componente costituito da due superfici conduttrici disposte parallelamente tra loro dette **armature**), il campo elettrico è uniforme, cioè le sue linee di forza sono parallele ed equidistanti e il modulo E vale:

  $$E = \frac{\sigma}{\varepsilon_0}$$

STRUMENTI DI CONSOLIDAMENTO E VERIFICA

Completa le frasi

1 Cariche dello stesso segno si ...., mentre cariche di segno opposto si ....

2 L'elettrizzazione può avvenire in tre modi:
– ....
– ....
– ....

Durante l'elettrizzazione le particelle che si spostano sono sempre .... ; quindi un corpo carico positivamente ha un eccesso di ....

3 Il conduttore è una sostanza in cui le cariche .... mentre nell'isolante .... Gli atomi dei conduttori metallici hanno nelle orbite esterne meno di .... elettroni, mentre gli isolanti hanno sempre ....

4 La legge di Coulomb afferma che la forza di attrazione o repulsione tra due cariche è .... al prodotto delle cariche e .... al quadrato della loro distanza.

5 L'unità di misura della carica elettrica è il .... definito come ....

6 In un conduttore la carica si distribuisce sulla .... del conduttore e la densità superficiale è definita dalla relazione ....

7 Il vettore campo elettrico generato da una carica Q ha come modulo ...., direzione ...., verso .... L'unità di misura è ....

8 Il campo elettrico si rappresenta mediante .... che hanno la proprietà di avere come .... in ogni loro punto il vettore ....

9 Il flusso del campo elettrico $\vec{E}$ attraverso una superficie S è dato dal .... tra $\vec{E}$ ed $\vec{S}$, dove $\vec{S}$ è il vettore .... alla superficie.

10 Il teorema di Gauss afferma che il flusso nel vuoto del campo elettrico attraverso .... è dato dalla somma delle .... fratto ....

11 Un condensatore è un dispositivo costituito da due superfici parallele dette .... con carica $+Q$ su una .... e .... sull'altra, mentre il campo elettrico all'interno del condensatore è .... e .... e vale ....

Test a scelta multipla

1 L'elettrizzazione per strofinio è un fenomeno causato da:
- A uno spostamento di atomi
- B un orientamento di atomi
- C un orientamento di elettroni
- D uno spostamento di elettroni

2 Gli ioni positivi sono atomi in cui:
- A prevalgono le cariche negative
- B prevalgono le cariche positive
- C mancano uno o più protoni nel nucleo
- D protoni e neutroni sono nello stesso numero

3 Un materiale conduttore è caratterizzato dalla presenza di:
- A cariche elettriche che possono spostarsi
- B elettroni
- C protoni e neutroni che possono spostarsi
- D cariche elettriche

4 Nei semiconduttori gli atomi hanno:
- A più di quattro elettroni
- B meno di quattro elettroni
- C esattamente quattro elettroni
- D più elettroni che protoni

5 **Il rame:**

- **A** è un buon conduttore perché ha elettroni di conduzione che si spostano con facilità
- **B** non è un metallo per cui non viene usato come conduttore
- **C** è un semiconduttore in quanto ha esattamente quattro elettroni nell'orbitale più esterno
- **D** è un isolante perché non ha elettroni di conduzione che si spostano con facilità

6 **L'elettrizzazione per induzione è un fenomeno:**

- **A** di orientamento delle cariche degli atomi a causa della presenza di una carica esterna
- **B** di spostamento di elettroni a causa della presenza di una carica esterna
- **C** che si verifica avvicinando senza contatto due conduttori neutri
- **D** che si ha mettendo a contatto due conduttori carichi

7 **Il principio di conservazione della carica afferma che al termine di un processo la carica finale di un sistema isolato è:**

- **A** sempre minore di quella iniziale
- **B** sempre maggiore di quella iniziale
- **C** uguale a quella iniziale
- **D** sempre il doppio di quella iniziale

8 **Sono date tre sfere identiche conduttrici *A*, *B*, *C*. La sfera *A* è caricata elettricamente con una carica *Q*, *B* e *C* sono neutre. La sfera *A* viene posta a contatto con *B* e poi la *B*, cessato il contatto con la *A*, viene posta a contatto con la *C*. La distribuzione finale di carica nelle tre sfere sarà:**

- **A** $\frac{Q}{2}, \frac{Q}{4}, \frac{Q}{4}$
- **B** $\frac{Q}{3}, \frac{Q}{3}, \frac{Q}{3}$
- **C** $\frac{Q}{2}, \frac{Q}{4}, \frac{Q}{8}$
- **D** $\frac{Q}{2}, \frac{Q}{2}, \frac{Q}{4}$

9 **La polarizzazione è un fenomeno tipico:**

- **A** degli isolanti
- **B** dei conduttori
- **C** dei gas
- **D** dei liquidi

10 **La legge di Coulomb afferma che la forza d'interazione tra due cariche elettriche è:**

- **A** direttamente proporzionale alla distanza tra le due cariche
- **B** direttamente proporzionale al prodotto delle due cariche
- **C** inversamente proporzionale alla distanza tra le due cariche
- **D** inversamente proporzionale al prodotto delle due cariche

11 **Come conseguenza della legge di Coulomb si ha che:**

- **A** aumentando le cariche la forza d'interazione diminuisce
- **B** allontanando le cariche la forza d'interazione aumenta
- **C** avvicinando le cariche la forza d'interazione aumenta
- **D** diminuendo le cariche la forza d'interazione non cambia

12 **Quale delle seguenti affermazioni sull'unità di misura della carica è esatta?**

- **A** Coincide con la carica dell'elettrone
- **B** È quella carica che, posta nell'acqua alla distanza di 1 m da una carica uguale, la respinge con una forza di $9 \cdot 10^9$ N
- **C** È quella carica che, posta nel vuoto alla distanza di 1 m da una carica uguale, la respinge con una forza di 1 N
- **D** Equivale a più di sei miliardi di miliardi di elettroni

13 **La forza di Coulomb e quella gravitazionale sono simili perché:**

- **A** sono direttamente proporzionali al quadrato della distanza
- **B** possono essere entrambe attrattive o repulsive
- **C** agiscono a distanza
- **D** sono inversamente proporzionali alla distanza

14 **Sono date due cariche elettriche q_A e q_B con $q_A = 2q_B$. Esse sono poste a distanza r_A ed r_B con $r_A = \frac{r_B}{2}$ da una carica *Q*. Se indichiamo con F_A ed F_B l'intensità delle forze esercitate da *Q* su q_A e q_B, qual è la relazione tra F_A ed F_B?**

- **A** $F_A = 8\,F_B$
- **B** $F_A = 4\,F_B$
- **C** $F_A = 2\,F_B$
- **D** $F_A = \frac{F_B}{4}$

15 **Sia $F = 36$ N la forza di interazione tra due cariche elettriche poste a una distanza di 18 cm.**
Se allontaniamo le due cariche portandole a una distanza di 54 cm, allora la forza vale:

- **A** 18 N
- **B** 24 N
- **C** 4 N
- **D** 72 N

16 La carica elettrica su un oggetto quale valore potrebbe assumere?

A $3{,}2 \cdot 10^{-18}$ C
B $2{,}4 \cdot 10^{-21}$ C
C $0{,}7 \cdot 10^{-19}$ C
D $1{,}6 \cdot 10^{-20}$ C

17 La costante K_0 si misura nel SI in:

A C
B $N \cdot m^2/C^2$
C $N \cdot C$
D C^2/m^2

18 L'unità di misura della costante dielettrica relativa ε_r è:

A $C^2/N \cdot m^2$
B N/C
C C
D Nessuna, perché è adimensionale (numero puro)

19 Sia $F = 48$ N la forza di interazione tra due cariche elettriche poste nel vuoto. Se le due cariche fossero immerse nel silicio la forza varrebbe:

A 4 N
B 5 N
C 60 N
D 10,8 N

20 La densità superficiale di carica si misura in:

A C
B N
C C/m
D C/m^2

21 Il campo elettrico è:

A l'insieme dei vettori $\vec{E}$ definiti in ogni punto dello spazio che circonda la sorgente Q
B l'insieme dei punti interni alla sorgente Q
C l'insieme degli infiniti punti dello spazio che circonda la sorgente Q
D l'insieme dei vettori $\vec{E}$ definiti sulla superficie della sorgente Q

22 Il modulo del vettore campo elettrico è:

A direttamente proporzionale alla carica esploratrice
B inversamente proporzionale alla distanza
C direttamente proporzionale al quadrato della distanza
D direttamente proporzionale alla carica della sorgente

23 L'unità di misura del campo elettrico nel Sistema Internazionale è:

A C/N
B $kg \cdot m/(s^2 \cdot C)$
C V/C
D $kg \cdot m/(s^2 \cdot C^2)$

24 Le linee di campo elettrico di una carica isolata puntiforme sono:

A le traiettorie seguite dalle cariche elettriche in movimento per effetto di un campo uniforme
B uscenti dalle cariche positive ed entranti in quelle negative
C uscenti dalle cariche negative ed entranti in quelle positive
D rappresentazioni grafiche della corrente elettrica

25 Quale delle seguenti affermazioni sulle linee di forza è errata?

A In ogni punto del campo passa una sola linea di forza
B Il numero delle linee di forza è infinito
C La tangente alla linea di forza in un punto individua la direzione del vettore campo relativo a quel punto
D Le linee di forza sono sempre entranti nella sorgente del campo

26 Quale tra i seguenti disegni può rappresentare le linee di forza di un campo elettrostatico?

A
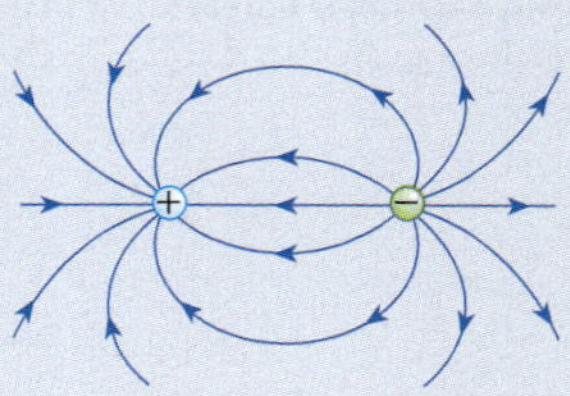

C
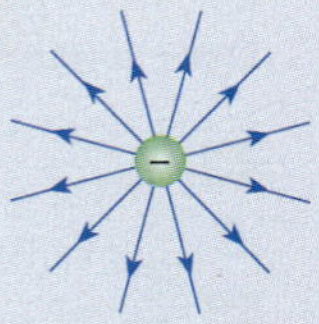

B
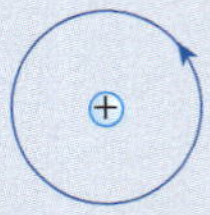

D
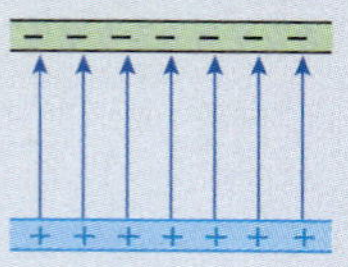

27 Quattro cariche elettriche negative, identiche e puntiformi sono poste ai vertici di un quadrato. Il campo elettrico nel punto medio di un lato è:

A parallelo al lato, diretto verso il basso
B perpendicolare al lato, diretto verso l'esterno del quadrato
C perpendicolare al lato, diretto verso l'interno del quadrato
D nullo

28 Il flusso del campo elettrico $\vec{E}$ attraverso una superficie piana raggiunge il valore massimo quando l'angolo tra $\vec{E}$ ed $\vec{S}$ è:

A 0°
B 60°
C 90°
D 180°

29 Nel vuoto una superficie chiusa contiene le cariche elettriche $q_1 = +3\ nC$ e $q_2 = -2\ nC$. Il flusso del campo elettrico attraverso la superficie è:

A nullo
B $113\ N \cdot m^2/C$
C $339\ N \cdot m^2/C$
D $565\ N \cdot m^2/C$

30 *ENGLISH* Three charges, $+q$, $+Q$ and $-Q$, are placed at the corners of an equilateral triangle, as shown in figure. The net force on charge $+q$ due to the other two charges is:

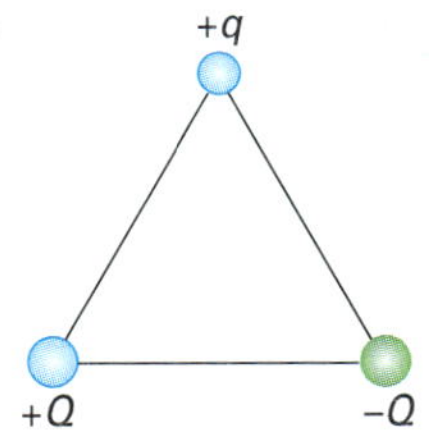

A vertically up
B vertically down
C zero
D horizontal to the right

31 *ENGLISH* A positive charge that is free to move but is at rest in an electric field ***E*** will:

A accelerate in the direction perpendicular to ***E***
B remain at rest
C accelerate in the direction opposite to ***E***
D accelerate in the same direction as ***E***

Esercizi

16.4 La legge di Coulomb

Salvo diverse indicazioni, le cariche devono essere considerate puntiformi e poste nel vuoto.

1 Osserva la figura che rappresenta le forze d'interazione elettrica che agiscono su due cariche puntiformi Q_1 e Q_2 di uguale intensità e dello stesso segno positivo poste alla distanza r.

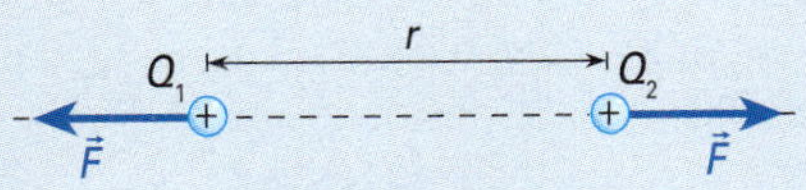

Disegna i vettori che rappresentano la forza d'interazione elettrica nell'ipotesi che:

a) la distanza fra le due cariche sia $2r$ ed entrambe siano positive;
b) la distanza fra le due cariche sia $r/2$ ed entrambe siano positive;
c) la distanza fra le due cariche sia r ed entrambe siano negative;
d) la distanza fra le due cariche sia r, Q_1 sia positiva e Q_2 negativa.

2 Determina la forza di interazione tra due cariche $Q_1 = 2$ C e $Q_2 = 5$ C distanti tra loro 150 cm. **[$4 \cdot 10^{10}$ N]**

3 Determina la forza di interazione tra due cariche $Q_1 = 3{,}2 \cdot 10^{-4}$ C e $Q_1 = 5{,}4 \cdot 10^{-5}$ C distanti tra loro 80 cm. **[243 N]**

4 Una carica $Q_1 = 2 \cdot 10^{-6}$ C esercita su una seconda carica Q_2 posta a 3 cm da essa una forza di intensità pari a $1{,}4 \cdot 10^3$ N. Calcola Q_2. **[$7 \cdot 10^{-5}$ C]**

5 Due cariche uguali di intensità 3 C si respingono con una forza di intensità $4 \cdot 10^{10}$ N. Calcola la loro distanza. **[1,4 m]**

6 Due cariche uguali distanti 30 cm si respingono con una forza di intensità pari a $5{,}3 \cdot 10^7$ N. Determina il valore delle due cariche. **[$2{,}3 \cdot 10^{-2}$ C]**

7 Sapendo che una carica è il doppio di un'altra carica e che a una distanza di 12 dm si attraggono con una forza di $2 \cdot 10^5$ N, calcola l'intensità delle cariche. Dimezzando la carica maggiore, quanto deve valere la distanza tra le due cariche per ottenere la stessa forza di attrazione? **[$4 \cdot 10^{-3}$ C; $8 \cdot 10^{-3}$ C; 8,5 dm]**

8 Due cariche uguali di intensità $8 \cdot 10^{-4}$ C si respingono con una forza di intensità $2{,}5 \cdot 10^2$ N.
Volendo quadruplicare la forza lasciando fissa la distanza, quanto dovrebbe valere l'intensità di ciascuna carica? **[$16 \cdot 10^{-4}$ C]**

9 La forza di attrazione tra due cariche uguali e di segno opposto, poste a una distanza di 30 cm, ha intensità pari a $1 \cdot 10^4$ N. Di quante cariche elementari è costituita ciascuna carica? **[$2 \cdot 10^{15}$]**

10 Due cariche positive $Q_1 = 3 \cdot 10^{-6}$ C e $Q_2 = 6 \cdot 10^{-7}$ C sono poste agli estremi di un segmento lungo 20 cm.
Calcola la forza esercitata complessivamente dalle due cariche su una terza carica negativa di intensità $Q_3 = 5 \cdot 10^{-5}$ C posta nel punto medio del segmento. **[$1{,}1 \cdot 10^2$ N]**

Esercizio svolto

11 Tre cariche positive di uguale intensità $Q = 2{,}0 \cdot 10^{-6}$ C sono poste nei vertici di un triangolo rettangolo isoscele avente i cateti lunghi 8,0 cm.

Calcola la forza esercitata complessivamente dalle cariche in *A* e in *B* sulla carica che si trova in *C* e rappresentala graficamente.

[7,9 N]

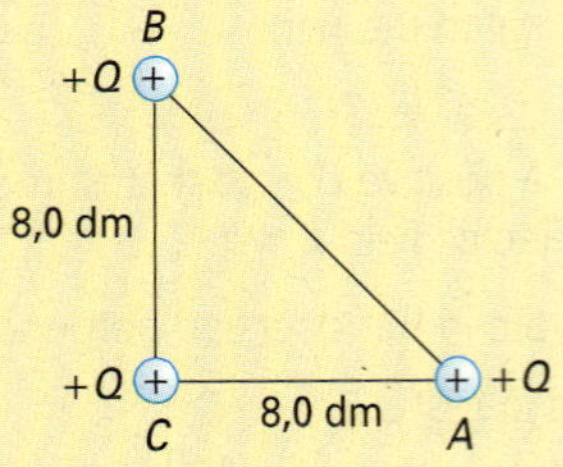

Determiniamo il modulo della forza di *A* su *C* utilizzando la legge di Coloumb:

$$F_{AC} = K_0 \frac{Q_A Q_C}{r^2} = 9 \cdot 10^9 \frac{2{,}0 \cdot 10^{-6} \cdot 2{,}0 \cdot 10^{-6}}{(8{,}0 \cdot 10^{-2})^2} = 5{,}6\,\text{N}$$

$F_{BC} = F_{AC}$ e le forze si rappresentano come nella figura seguente:

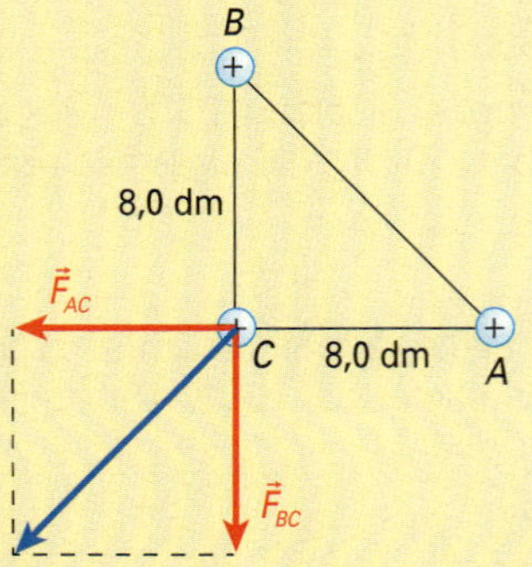

Quindi, applicando la regola del parallelogramma, troviamo *F*, che in questo caso particolare è proprio la diagonale del quadrato di lato F_{AC}:

$$F = \sqrt{(F_{AC})^2 + (F_{BC})^2} = F_{AC} \cdot \sqrt{2} = 7{,}9\,\text{N}$$

12 Tre cariche di uguale intensità $Q = 4{,}6 \cdot 10^{-2}$ C sono poste nei vertici di un triangolo rettangolo isoscele avente i cateti lunghi 2 dm. La carica posta in *C* è di segno opposto rispetto a quelle poste in *A* e in *B*. Determina la forza esercitata sulla carica in *C* complessivamente da quelle in *A* e *B* e rappresentala graficamente.

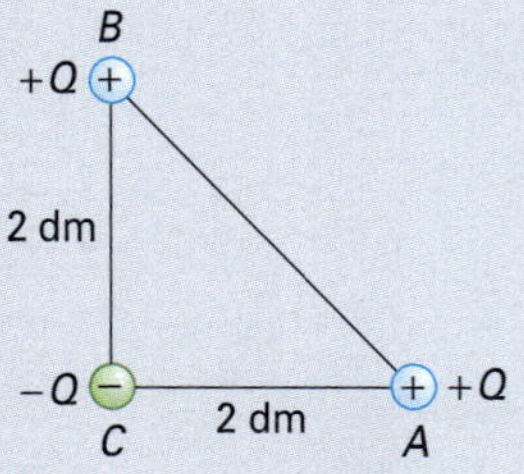

[$67{,}3 \cdot 10^7$ N]

13 Tre cariche di uguale intensità $Q = 7{,}4 \cdot 10^{-4}$ C si trovano nei vertici di un triangolo rettangolo isoscele avente i cateti di 42 cm. La carica in *C* (negativa) è di segno concorde con quella in *B* e discorde con quella in *A*. Calcola la forza totale esercitata sulla carica che si trova in *C* da quelle poste in *A* e *B* e rappresentala graficamente.

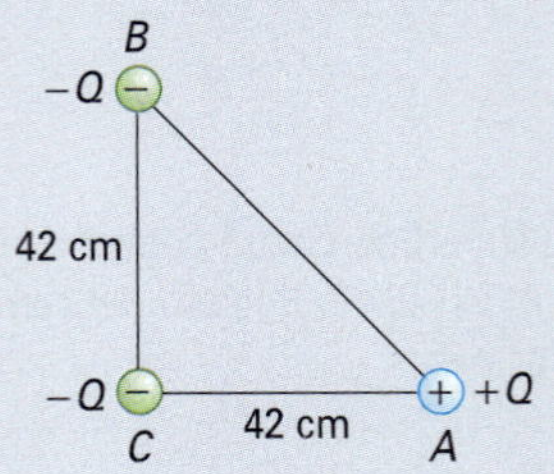

[$3{,}95 \cdot 10^4$ N]

14 Nei vertici di un quadrato *ABCD* di lato $l = 4{,}0$ cm sono poste in successione le cariche $q_A = +2{,}0\ \mu$C, $q_B = -3{,}0\ \mu$C, $q_C = q_A$, $q_D = -q_A$. Calcola direzione, verso e intensità della forza agente sulla carica q_D. [15 N; diretta verso *B*]

15 Lungo l'asse *x* di un sistema di riferimento sono disposte le cariche $q_1 = -3{,}0$ mC, $q_2 = 3{,}0$ mC, $q_3 = -5{,}0$ mC, rispettivamente nelle posizioni $x_1 = 0{,}0$ cm, $x_2 = -2{,}0$ cm, $x_3 = +4{,}0$ cm. Calcola la forza agente su q_1. Dove si dovrebbe trovare q_1 perché la forza risultante su di essa sia nulla?

[$29 \cdot 10^7$ N,
diretta verso il semiasse negativo;
$x = -22{,}6$ cm]

Esercizio svolto

16 In un sistema di riferimento cartesiano *xOy* sono disposte le cariche $q_1 = -3{,}00\ \mu$C, $q_2 = 3{,}00\ \mu$C, $q_3 = -5{,}00\ \mu$C, rispettivamente nell'origine, nella posizione $x_2 = 4{,}00$ cm sull'asse *x*, nella posizione $y_3 = +2{,}00$ cm sull'asse *y*.
Calcola direzione, verso e intensità della forza agente sulla carica q_1.

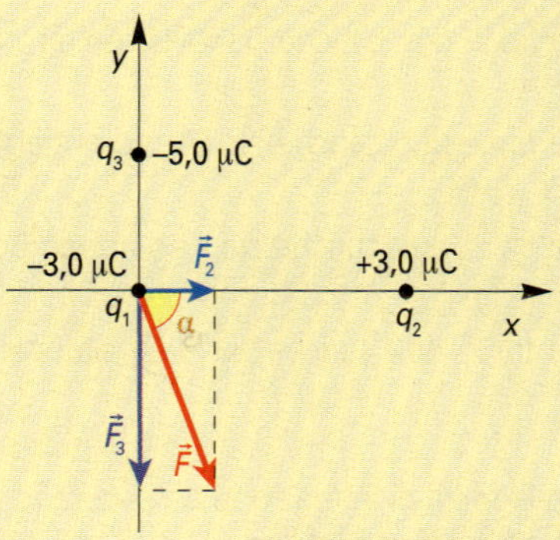

[341 N; −81,5°]

La forza $\vec{F}$ agente sulla carica q_1 posta nell'origine si ottiene come somma vettoriale delle forze $\vec{F}_2$ ed $\vec{F}_3$ che derivano dalla presenza delle cariche q_2 e q_3.
$\vec{F}_2$ $(F_{2x}; 0)$ è diretta lungo l'asse *x*, nella direzione positiva del semiasse, mentre $\vec{F}_3$ $(0; F_{3y})$ è diretta nella direzione negativa dell'asse *y*.

Per la legge di Coulomb abbiamo:

$$F_{2x}=\frac{\left(9\cdot10^{9}\,\frac{\text{Nm}^2}{\text{C}^2}\right)\cdot(3{,}00\cdot10^{-6}\,\text{C})\cdot(3{,}00\cdot10^{-6}\,\text{C})}{(4{,}00\cdot10^{-2}\,\text{m})^2}=50{,}6\,\text{N}$$

$$F_{3y}=\frac{\left(9\cdot10^{9}\,\frac{\text{Nm}^2}{\text{C}^2}\right)\cdot(3{,}00\cdot10^{-6}\,\text{C})\cdot(5{,}00\cdot10^{-6}\,\text{C})}{(2{,}00\cdot10^{-2}\,\text{m})^2}=337\,\text{N}$$

Dunque:

$$\vec{F}_2=(50{,}6\ \text{N};\ 0\ \text{N})$$
$$\vec{F}_3=(0\ \text{N};\ 337\ \text{N})$$
$$\vec{F}=\vec{F}_2+\vec{F}_3=(50{,}6\ \text{N};\ 337\ \text{N})$$

Sarà perciò:

$$F=\sqrt{F_x^2+F_y^2}=\sqrt{50{,}6^2+337^2}=340\,\text{N}$$

Per calcolare direzione e verso ricaviamo l'angolo:

$$\alpha=\tan^{-1}\left(\frac{F_{3y}}{F_{2x}}\right)=\tan^{-1}\left(\frac{337}{50{,}6}\right)=-81{,}5°$$

17 Lungo l'asse x di un sistema di riferimento sono disposte le cariche $q_1=+3{,}0$ mC, $q_2=-2{,}0$ mC, rispettivamente nelle posizioni $x_1=-4{,}0$ cm, $x_2=+6{,}0$ cm.
Calcola le forze che agiscono sulle due cariche.

[$5{,}4\cdot10^6$ N; verso positivo dell'asse x se agente su q_1, negativo se agente su q_2]

18 ***ENGLISH*** Three point charges are on the x axis: $Q_1=-6.0\ \mu$C is at $x=-3.0$ m, $Q_2=4.0\ \mu$C is at the origin, and $Q_3=-6.0\ \mu$C is at $x=3.0$ m. Find the force on Q_1. **[$1.5\cdot10^{-2}$ N]**

19 ***ENGLISH*** Two point charges have a distance equal to 15 cm, and their values are $Q_1=8\cdot10^{-7}$ C and $Q_2=-5\cdot10^{-8}$ C. Compute the force between these two charges. **[$1.6\cdot10^{-2}$ N]**

20 Determina la forza d'interazione tra due cariche $Q_1=3{,}4\cdot10^{-7}$ C e $Q_2=5\cdot10^{-8}$ C poste nel silicio alla distanza di 13 cm. Quanto varrebbe la forza se le cariche fossero immerse nel vuoto? **[$7{,}5\cdot10^{-4}$ N; $9{,}0\cdot10^{-3}$ N]**

21 Determina la forza d'interazione tra due cariche $Q_1=3\cdot10^{-3}$ C e $Q_2=5\cdot10^{-3}$ C poste in acqua alla distanza di 0,075 m. Quanto varrebbe la forza se le cariche fossero immerse nel vuoto? **[$3\cdot10^5$ N; $2{,}4\cdot10^7$ N]**

22 Determina la forza d'interazione tra due cariche $Q_1=3\cdot10^{-3}$ C e $Q_2=5\cdot10^{-3}$ C poste in petrolio alla distanza di 0,075 m. Quanto varrebbe la forza se le cariche fossero nell'alcol etilico? **[$1{,}1\cdot10^7$ N; $9{,}6\cdot10^5$ N]**

23 Due cariche poste nell'alcool etilico si attraggono con una forza di intensità $6\cdot10^{-6}$ N e si trovano a una distanza di 10 cm. Sapendo che una delle due cariche ha intensità $8\cdot10^{-4}$ C, calcola il valore dell'altra carica. **[$2{,}1\cdot10^{-13}$ C]**

24 Calcola a quale distanza devono essere poste nel silicio due cariche uguali e pari a $3\cdot10^{-9}$ C per respingersi con una forza di $3\cdot10^{-3}$ N. Se fossero poste nel vuoto, quale dovrebbe essere la loro distanza? **[1,5 mm; 5,2 mm]**

25 Calcola a quale distanza devono essere poste nell'aria due cariche $Q_1=5\cdot10^{-3}$ C e $Q_2=7\cdot10^{-5}$ C per respingersi con una forza di $5\cdot10^2$ N. **[2,5 m]**

26 Calcola il valore della costante dielettrica del mezzo in cui sono immerse due cariche elettriche $Q_1=3{,}6\cdot10^{-4}$ C e $Q_2=5{,}2\cdot10^{-4}$ C a una distanza di 4 cm, se fra loro agisce una forza di intensità $4\cdot10^5$ N. **[2,6]**

27 Due cariche di 1 C sono poste alla distanza di 1 m. Vengono immerse in due sostanze diverse A e B. Nella sostanza A esercitano una forza di $1{,}2\cdot10^8$ N e nella B una forza di $3{,}6\cdot10^8$ N. Quale delle due sostanze presenta la costante dielettrica relativa maggiore? **[A]**

28 Due cariche positive di 1 C sono poste alla distanza di 1 m. Sappiamo che la sostanza A ha una costante dielettrica relativa maggiore della sostanza B.

a) Se le cariche sono poste nelle due sostanze, in quale delle due è maggiore la forza elettrica?

b) Se le due cariche fossero poste nel vuoto, la forza elettrica sarebbe maggiore o minore di quella che agisce in A o in B?

29 Due cariche, poste nell'aria alla distanza di $7{,}2\cdot10^{-4}$ m, si respingono con una forza di $3\cdot10^{10}$ N. Sapendo che una carica è il triplo dell'altra, determina l'intensità delle due cariche. **[$7{,}59\cdot10^{-4}$ C; $2{,}28\cdot10^{-3}$ C]**

30 Nell'acqua due cariche che distano 1 m esercitano reciprocamente una forza di $2{,}7\cdot10^2$ N. Se una carica è uguale alla metà dell'altra, quanto vale l'intensità delle due cariche? **[$2{,}2\cdot10^{-3}$ C; $1{,}1\cdot10^{-3}$ C]**

31 ***ENGLISH*** Two point charges have a distance equal to 32 dm and their values are $Q_1=3\cdot10^{-6}$ C and $Q_2=5\cdot10^{-7}$ C. Compute the force between these two charges, if they are in the air. **[$1.3\cdot10^{-3}$ N]**

32 ***ENGLISH*** The force between two equals point charges is 5.6×10^{-5} N. Compute the value of the charges, if they are in the water and their distance is 12 cm. **[$8{,}5\cdot10^{-8}$ C]**

16.6 La distribuzione della carica nei conduttori

33 Calcola la densità superficiale di carica di una sfera conduttrice di raggio 0,012 m che presenta una carica di $3{,}24 \cdot 10^{-7}$ C. **[$1{,}8 \cdot 10^{-4}$ C/m²]**

34 Calcola la carica distribuita su una sfera conduttrice di raggio 15 cm, nel caso in cui la sua densità superficiale valga $1{,}8 \cdot 10^{-4}$ C/m². **[$5 \cdot 10^{-5}$ C]**

35 Determina il raggio di una sfera conduttrice sapendo che la sua densità superficiale vale $3 \cdot 10^{-4}$ C/m² e che la carica totale è $3{,}8 \cdot 10^{-4}$ C. **[0,3 m]**

36 Determina il raggio di una sfera conduttrice sapendo che la sua densità superficiale vale $2{,}4 \cdot 10^{-5}$ C/m² e che la carica totale è $5 \cdot 10^{-7}$ C. **[4 cm]**

37 Calcola la carica totale distribuita su una sfera conduttrice di raggio 50 dm, nel caso in cui la sua densità superficiale valga $8{,}7 \cdot 10^{-6}$ C/m². **[$2{,}7 \cdot 10^{-3}$ C]**

38 Sono date 3 sfere metalliche *A*, *B*, *C* di raggio rispettivamente di 2 cm, 4 cm, 6 cm.

a) Se sulle tre sfere si distribuisce la stessa carica di 1 C, quale delle tre presenterà la massima densità superficiale di carica?

b) Se sulla sfera *A* è distribuita una carica di 1 C, quale carica deve distribuirsi su *B* affinché le due sfere presentino la stessa densità superficiale di carica? **[4 C]**

39 Sono date 3 sfere metalliche *A*, *B*, *C* di raggio rispettivamente 1 cm, 2 cm, 4 cm, che presentano tutte la stessa densità superficiale di carica di $4 \cdot 10^{-4}$ C/m².

a) È corretto affermare che su tutte e tre è distribuita la stessa carica? Motiva la risposta.

b) Determina la carica distribuita sulla sfera *A*. **[$5 \cdot 10^{-7}$ C]**

16.7 Il campo elettrico generato da una carica puntiforme

Salvo diverse indicazioni, le cariche devono essere considerate puntiformi e poste nel vuoto.

40 Determina il modulo del campo elettrico generato da una carica puntiforme $Q = 4{,}8 \cdot 10^{-6}$ C a una distanza di 33 m. **[40 N/C]**

41 Determina a quale distanza una carica puntiforme $Q = 2 \cdot 10^{-11}$ C genera un campo elettrico di $4{,}2 \cdot 10^{-3}$ N/C. **[6,5 m]**

42 Calcola a quale distanza deve essere posta una carica di $5{,}6 \cdot 10^{-16}$ C per generare un campo elettrico di intensità $2 \cdot 10^{-5}$ N/C. **[5 dm]**

43 Una carica genera alla distanza di 10 cm un campo elettrico di $7{,}2 \cdot 10^{-4}$ N/C. Calcola il valore della carica. **[$8 \cdot 10^{-16}$ C]**

44 Alla distanza di 5 cm da una carica si ha un campo elettrico di $6{,}5 \cdot 10^{2}$ N/C. Trova il valore della carica. **[$1{,}8 \cdot 10^{-10}$ C]**

45 A una distanza di 1,5 cm da una carica sorgente di $5 \cdot 10^{-5}$ C il modulo del campo elettrico vale $7{,}1 \cdot 10^{8}$ N/C. Determina se la carica è collocata nel vuoto oppure in un mezzo materiale. **[$K = 3{,}2 \cdot 10^{9}$ N·m²/C², quindi...]**

46 Due cariche Q_1 e Q_2, la cui intensità e il cui segno sono riportati in figura, sono poste alla distanza di 1 m l'una dall'altra.

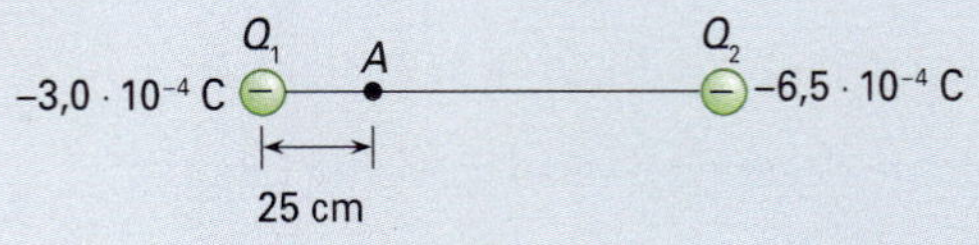

a) Determina il vettore campo elettrico nella posizione *A* che dista 25 cm da Q_1.

b) Quanto deve valere la carica Q_2 affinché il campo elettrico totale sia nullo in *A*? **[*a*) $3{,}28 \cdot 10^{7}$ N/C; *b*) $2{,}7 \cdot 10^{-3}$ C]**

47 Date le cariche, positive e pari a $7{,}2 \cdot 10^{-5}$ C, posizionate nei vertici del quadrato di lato *AB* = 10 cm riportato in figura, trova il vettore campo elettrico nel punto di intersezione delle diagonali *O* dovuto:

a) alla sola carica in *A*;

b) alle cariche in *A* e in *B*;

c) a tutte e quattro le cariche.

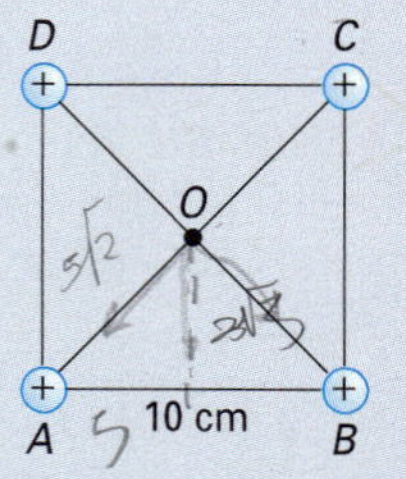

[*a*) $1{,}3 \cdot 10^{8}$ N/C; *b*) $1{,}8 \cdot 10^{8}$ N/C; *c*) 0 N/C]

48 Due cariche di segno opposto Q_1 e Q_2 sono poste ai vertici di un segmento di lunghezza 20 cm, come riportato in figura. Calcola il campo elettrico nel punto medio del segmento.

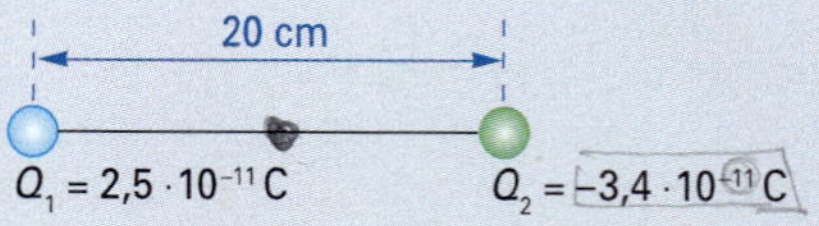

[53,1 N/C]

49 Due cariche Q_1 e Q_2 sono poste ai vertici di un segmento di lunghezza 2 m, come riportato in figura. Calcola in quale punto interno al segmento il campo elettrico è nullo.

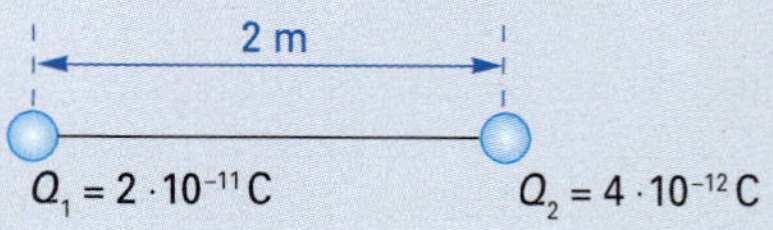

[1,4 m da Q_1]

50 Due cariche $q_1 = +5{,}0$ mC e $q_2 = -2{,}0$ mC sono sull'asse y di un sistema di riferimento XOY, nei punti rispettivamente di ordinata +3,0 cm e −6,0 cm. Calcola il campo elettrico nel punto dell'asse x di ascissa +5,0 cm.

[$1{,}3 \cdot 10^{10}$ N/C; $\alpha = -44°$]

51 Due cariche $q_A = +2{,}0$ mC e $q_B = +4{,}0$ mC sono sull'asse x di un sistema di riferimento, nei punti rispettivamente di ascissa −5,0 cm e +3,0 cm. *a*) Calcola il campo elettrico nell'origine. *b*) Calcola il campo elettrico e la forza che agisce su una carica $q = -3{,}0$ μC nel punto di ascissa $x = -2{,}0$ cm. *c*) Determina in quali posizioni dell'asse x il campo è nullo.

[*a*) $-3{,}3 \cdot 10^{10}$ N/C; *b*) $0{,}56 \cdot 10^{10}$ N/C; $-1{,}7 \cdot 10^{4}$ N; *c*) $x = -1{,}7$ cm]

Esercizio svolto

52 In un sistema di riferimento cartesiano xOy si trovano le cariche $q_1 = +3{,}00$ μC, $q_2 = +1{,}00$ μC, $q_3 = -4{,}00$ μC rispettivamente nelle posizioni $P_1(-1{,}00$ cm; $0{,}00$ cm), $P_2(0{,}00$ cm; $2{,}00$ cm) e $P_3(3{,}00$ cm; $0{,}00$ cm).

a) Calcola intensità, direzione e verso del campo elettrico in un punto che si trova sul semiasse negativo dell'asse y a 2,00 cm di distanza dall'origine.

b) Calcola l'intensità della forza agente su una carica di −5,00 μC posta in tale punto.

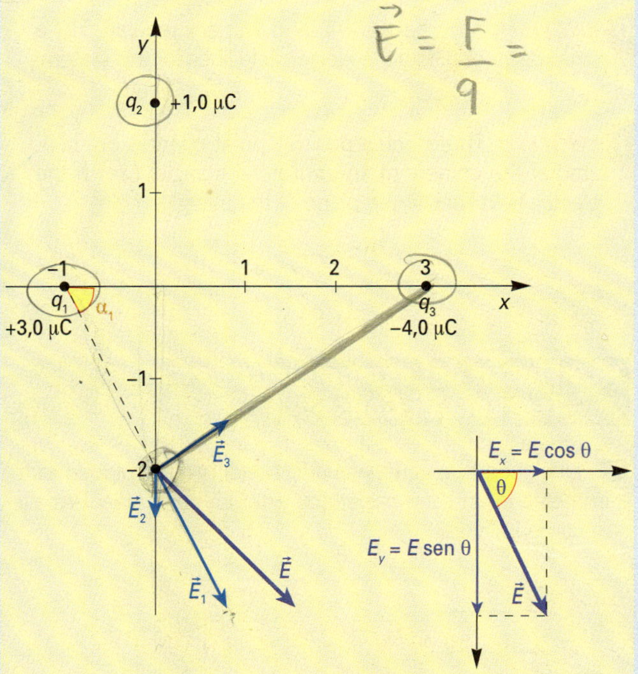

[*a*) $6{,}08 \cdot 10^{7}$ N/C; $\alpha = -39{,}3°$; *b*) $3{,}04 \cdot 10^{2}$ N]

a) Il vettore campo $\vec{E}$ nella posizione richiesta si ottiene come somma vettoriale di $\vec{E}_1$, $\vec{E}_2$ ed $\vec{E}_3$ generati dalle cariche q_1, q_2 e q_3. Determiniamo ad esempio l'intensità di $\vec{E}_1$:

$$E_1 = \frac{K_0 q_1}{r_1^2} = \frac{9 \cdot 10^9 \frac{\text{Nm}^2}{\text{C}^2}\, 3{,}0 \cdot 10^{-6}\ \text{C}}{5{,}0 \cdot 10^{-4}\ \text{m}^2} = 5{,}4 \cdot 10^{7}\ \text{N/C}$$

Osservando la figura, dalla relazione $\alpha_1 = \tan^{-1}\left(\frac{\Delta y}{\Delta x}\right) = \left(\frac{2}{1}\right) = 2$ si ha $\alpha_1 = 63{,}4°$ e dunque:

$$\vec{E}_1 = (E_1 \cos\alpha_1;\ E_1\,\mathrm{sen}\,\alpha_1) =$$
$$= (5{,}4 \cdot 10^7 \cos 63{,}4°;\ 5{,}4 \cdot 10^7\ \mathrm{sen}\ 63{,}4°) =$$
$$= (2{,}41 \cdot 10^7\ \text{N/C};\ -4{,}83 \cdot 10^7\ \text{N/C})$$

Con lo stesso procedimento si ottiene:

$$\vec{E}_2 = (0\ \text{N/C};\ -0{,}56 \cdot 10^7\ \text{N/C})$$

$$\vec{E}_3 = (2{,}30 \cdot 10^7\ \text{N/C};\ 1{,}54 \cdot 10^7\ \text{N/C})$$

Il vettore campo sarà dunque:

$$\vec{E} = \vec{E}_1 + \vec{E}_2 + \vec{E}_3 = (4{,}71 \cdot 10^7\ \text{N/C};\ -3{,}85 \cdot 10^7\ \text{N/C})$$

il cui modulo è:

$$E = \sqrt{E_x^2 + E_y^2} = \sqrt{(4{,}71 \cdot 10^7)^2 + (3{,}85 \cdot 10^7)^2}\ \text{N/C} =$$
$$= 6{,}08 \cdot 10^7\ \text{N/C}$$

Per determinare la direzione e il verso individuiamo l'angolo che $\vec{E}$ forma con l'asse x, che vale:

$$\theta = \tan^{-1}\left(\frac{E_y}{E_x}\right) = \tan^{-1}\left(-\frac{3{,}85}{4{,}71}\right) = -39{,}3°$$

b) L'intensità della forza agente sulla carica è:

$$F = qE = (5 \cdot 10^{-6}\ \text{C}) \cdot (6{,}08 \cdot 10^7\ \text{N/C}) = 3{,}04 \cdot 10^2\ \text{N}$$

53 In un sistema di riferimento cartesiano XOY si trovano le cariche $q_1 = -2{,}00$ μC, $q_2 = +2{,}00$ μC, $q_3 = +3{,}00$ μC rispettivamente nelle posizioni $P_1(-4{,}00$ cm; $0{,}00$ cm), $P_2(0{,}00$ cm; $1{,}00$ cm) e $P_3(0{,}00$ cm; $-3{,}00$ cm).

a) Calcola intensità, direzione e verso del campo elettrico in un punto che si trova sul semiasse positivo dell'asse x a 5,00 cm di distanza dall'origine.

b) Calcola l'intensità della forza agente su una carica di 4,00 μC posta in tale punto.

[*a*) $1{,}17 \cdot 10^{7}$ N/C: $\alpha = 13{,}3°$; *b*) 46,9 N]

54 ***ENGLISH*** A charge of $4 \cdot 10^{-6}$ C is at the origin. What is the magnitude and direction of the electric field on the x axis at $x = 6$ m?

[$1 \cdot 10^{3}$ N/C]

55 ***ENGLISH*** Two charges, each $4 \cdot 10^{-6}$ C, are on the x axis, one at the origin and the other at $x = 8$ m. Find the electric field on the x axis at

a) $x = -2$ m

b) $x = 2$ m

c) $x = 6$ m

d) $x = 10$ m

At what point on the x axis is the electric field zero?

[*a*) $9{,}4 \cdot 10^{3}$ N/C; *b*) $8 \cdot 10^{3}$ N/C; *c*) By symmetry $E(6) = E(2)$; *d*) By symmetry, $E(10) = E(-2)$; *e*) $x = 4$ m]

16.8 La rappresentazione del campo elettrico

56 Osserva la figura che rappresenta le linee di forza di un campo elettrico creato da una sola carica Q.

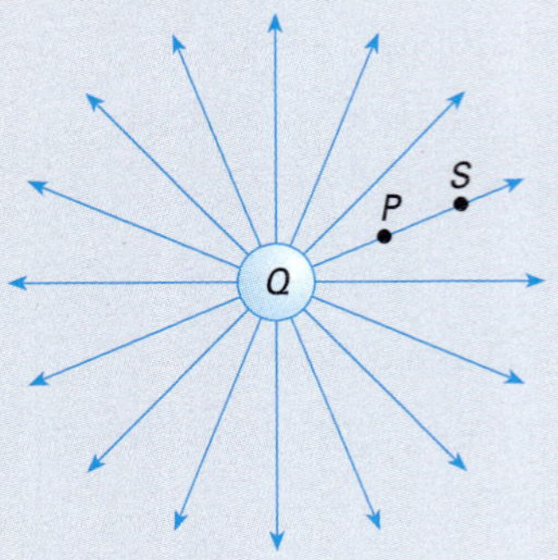

Rispondi alle seguenti domande.

a) Qual è il segno della carica sorgente Q?

b) Vi sono altri punti in cui il vettore campo elettrico ha la stessa intensità che presenta in P?

c) Se si pone una carica positiva in P, essa si muove da P verso S o viceversa?

d) Se si pone una carica negativa in S, essa si muove verso P o verso l'esterno?

57 Osserva la seguente figura.

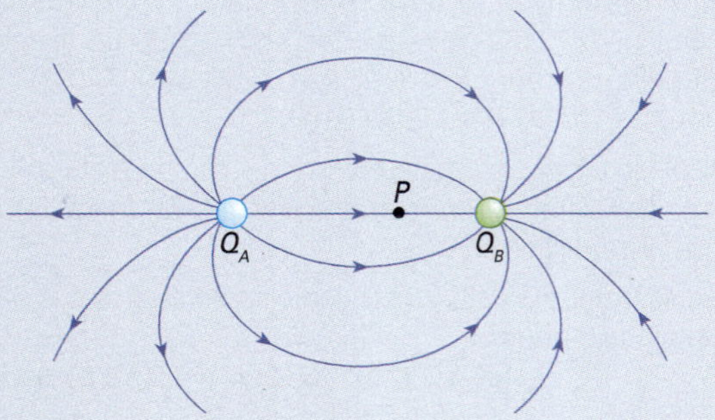

a) Quali sono i segni delle cariche Q_A e Q_B?

b) Supponendo che in P vi sia una carica esploratrice, disegna in quel punto i vettori campo $\vec{E}_A$ ed $\vec{E}_B$ generati rispettivamente da Q_A e Q_B.

c) Disegna in P il vettore risultante $\vec{E}$.

58 Osserva la seguente figura.

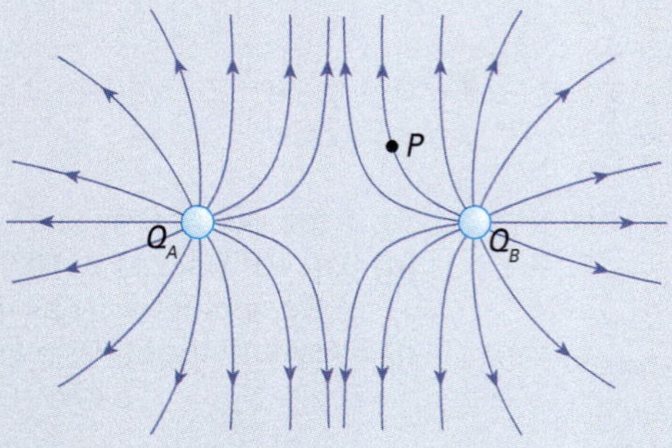

a) Quali sono i segni delle cariche Q_A e Q_B?

b) Supponendo che in P vi sia una carica esploratrice, disegna in quel punto il vettore campo generato da Q_B.

c) Disegna in P il vettore risultante $\vec{E}$ somma dei vettori $\vec{E}_A$ ed $\vec{E}_B$.

d) Una carica esploratrice posta in P come si muoverebbe sotto l'azione delle due cariche?

59 Il disegno rappresenta le linee di forza del campo elettrico generato da due cariche puntiformi.
Che cosa possiamo dedurre sul segno delle cariche e sull'intensità del campo?
Possiamo dedurre il loro valore assoluto?
Possiamo dedurre il loro valore relativo, cioè il loro rapporto, e se sì, quanto vale?

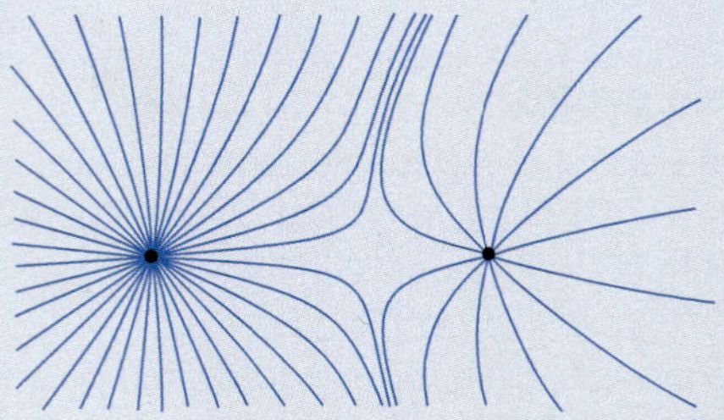

[stesso segno, meno intenso lontano dalle cariche e presso la carica di destra; no; il rapporto tra le cariche è 3]

60 ***ENGLISH*** Two charges $+4q$ and $-3q$ are separated by a small distance. Draw the electric field lines for this system.

61 ***ENGLISH*** Three equal positive point charges are situated at the corners of an equilateral triangle. Sketch the electric field lines in the plane of the triangle.

16.9 Flusso del campo elettrico e teorema di Gauss

62 Una superficie gaussiana a forma di parallelepipedo retto è immersa in un campo elettrico esterno, perpendicolare alle basi come in figura.

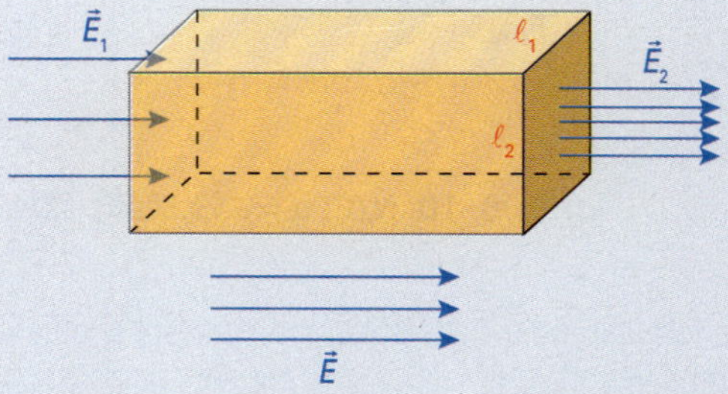

I lati di base misurano 30 cm e 20 cm e a sinistra si misura un campo $E_1 = +6{,}0$ N/C, mentre a destra sia ha $E_2 = +10$ N/C. Calcola la carica contenuta all'interno della superficie. Che cosa si può dire della carica interna se il campo E assume lo stesso valore in prossimità delle basi? **[$+2{,}1 \cdot 10^{-12}$ C; è zero]**

63 Con riferimento all'esercizio precedente, calcola la carica contenuta nella superficie chiusa se i campi misurati all'esterno sono E_1 =+6,0 N/C, E_2 =−10 N/C. [$-8,5 \cdot 10^{-12}$ C]

64 Calcola il flusso, attraverso la superficie indicata in figura, del campo generato dalle cariche q_1 =1,2 mC, q_2 =−0,3 mC, q_3 =−0,5 mC, q_4 =+2,0 mC.

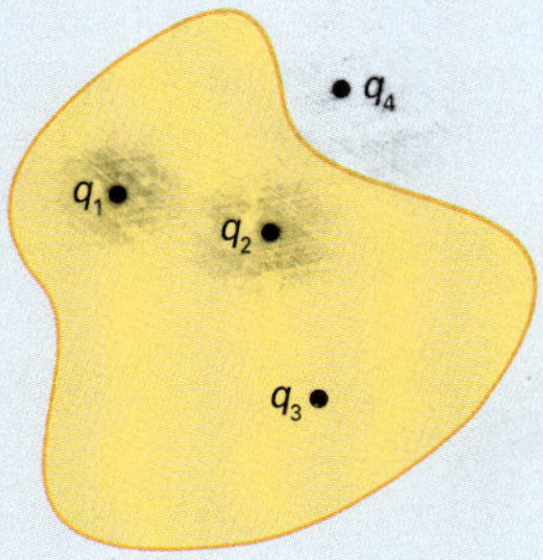

[$45 \cdot 10^6$ N m^2/C]

65 Sapendo che i valori del flusso del campo elettrico attraverso le facce di un tetraedro sono 15 Nm^2/C, −12 Nm^2/C, −8,0 N m^2/C, 13 Nm^2/C, calcola il valore della carica contenuta al suo interno. [$71 \cdot 10^{-12}$ C]

66 Calcola il flusso di un campo elettrico uniforme di intensità $4 \cdot 10^8$ N/C attraverso la superficie delimitata da un filo metallico rettangolare di dimensioni 2 m e 4 m, sapendo che il filo è perpendicolare alla direzione del campo. [$3,2 \cdot 10^9$ Nm^2/C]

67 In riferimento all'esercizio precedente, calcola il flusso se il campo elettrico forma un angolo di 45° con la superficie delimitata dal filo. [$2,3 \cdot 10^9$ Nm^2/C]

68 Un campo elettrico uniforme è perpendicolare a una superficie circolare. L'intensità del campo elettrico è $2,5 \cdot 10^9$ N/C e il raggio del cerchio è 30 cm. Calcola il flusso del campo elettrico attraverso la superficie. [$7,1 \cdot 10^8$ Nm^2/C]

69 Un campo elettrico uniforme è perpendicolare a una superficie circolare. L'intensità del campo elettrico è $4 \cdot 10^{10}$ N/C e il flusso del campo elettrico attraverso la superficie è $4,6 \cdot 10^9$ Nm^2/C. Calcola il raggio della circonferenza. [1,9 dm]

70 Calcola l'intensità del campo elettrico, sapendo che il suo flusso attraverso una superficie circolare di raggio 45 cm e inclinata di 60° rispetto alla direzione del campo è pari a $7,5 \cdot 10^{-4}$ Nm^2/C. [$2,4 \cdot 10^{-3}$ N/C]

71 Determina il flusso elettrico uscente da una superficie sferica contenente tre particelle cariche $Q_1 = 5 \cdot 10^{-6}$ C, $Q_2 = -7 \cdot 10^{-6}$ C, $Q_3 = 3 \cdot 10^{-6}$ C, sapendo che al suo interno c'è il vuoto. [$1,1 \cdot 10^5$ Nm^2/C]

72 Data la distribuzione di cariche rappresentata in figura, con $Q = 5 \cdot 10^{-8}$ C, calcola il flusso del campo elettrico a essa corrispondente, attraverso ognuna delle superfici, supponendo che le cariche siano immerse in un mezzo con $\varepsilon_r = 2,5$.

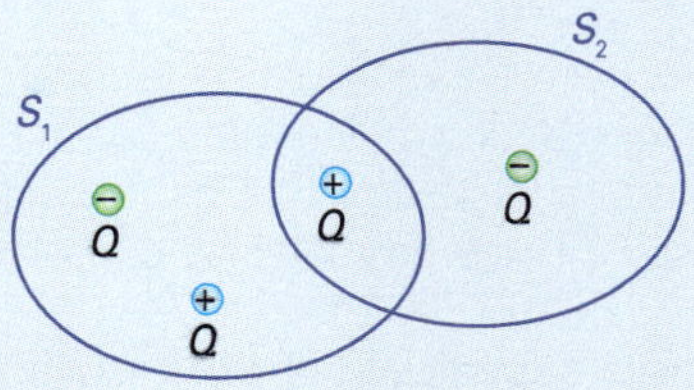

[$\Phi_E(S_1) = 2,3 \cdot 10^3$ Nm^2/C; $\Phi_E(S_2) = 0$]

73 Una carica $Q = 5 \cdot 10^{-8}$ C si trova nel vuoto all'interno di una sfera che ha una superficie di 45 m^2. Calcola il modulo del campo elettrico sulla superficie della sfera. [$1,2 \cdot 10^2$ N/C]

16.10 Applicazioni del teorema di Gauss

Salvo diverse indicazioni, tra le armature dei condensatori c'è il vuoto.

74 Una carica $Q = 1,1 \cdot 10^{-7}$ C è distribuita sulla superficie di una sfera di raggio 30 cm. Quanto vale l'intensità del campo elettrico da essa generato a una distanza di 80 cm dal centro della sfera, se la carica è posta nel vuoto? [$1,5 \cdot 10^3$ N/C]

75 Calcola la carica contenuta all'interno di una sfera sapendo che è posta nel vuoto e che all'esterno della sfera, a una distanza di 3,5 m dal suo centro, essa genera un campo elettrico di intensità pari a $1 \cdot 10^4$ N/C. Quanto varrebbe la carica se la sfera fosse immersa in un dielettrico con $\varepsilon_r = 2,7$? [$1,4 \cdot 10^{-5}$ C; $3,8 \cdot 10^{-5}$ C]

76 Una carica $Q = 3,6 \cdot 10^{-7}$ C è distribuita sulla superficie di una sfera e in un punto P esterno alla sfera genera un campo di intensità $6 \cdot 10^5$ N/C. Calcola la distanza del punto dal centro della sfera. [0,073 m]

77 Un condensatore ha le armature quadrate di lato 45 cm e su di esse presenta una carica di $6 \cdot 10^{-6}$ C. Calcola il campo elettrico all'interno del condensatore. [$3,4 \cdot 10^6$ N/C]

78 Un condensatore ha le armature circolari di raggio 10 mm e il campo elettrico tra le armature è $4,3 \cdot 10^6$ N/C. Calcola la carica di ciascuna armatura. [$1,2 \cdot 10^{-8}$ C]

79 Il campo elettrico all'interno di un condensatore con armature quadrate è pari a $8,2 \cdot 10^4$ N/C e la carica su ciascuna armatura ha modulo pari a $6,5 \cdot 10^{-8}$ C. Calcola il lato delle armature. [3 dm]

80 Il campo elettrico tra le armature di un condensatore è di $1{,}2 \cdot 10^3$ N/C. La superficie delle armature è di 5 m^2 e su di esse è distribuita una carica di $8 \cdot 10^{-8}$ C. Tra le armature c'è il vuoto? **[No]**

81 Sulle armature di un condensatore è distribuita una carica di 1 nC. Ciascuna delle armature ha una superficie pari a 2 cm^2 e tra esse è posto un materiale di costante dielettrica pari a 1,5.
Calcola la densità superficiale di carica sulle armature e il campo elettrico all'interno e all'esterno del condensatore. **[$5 \cdot 10^{-6}$ C/m^2; $3{,}8 \cdot 10^{-5}$ N/C; 0 N/C]**

82 ***ENGLISH*** A disk of radius 2.5 cm carries a uniform surface charge density of $3.6 \cdot 10^{-6}$ C/m^2. Using reasonable approximations, find the electric field on the axis at distances of 3.6 cm. **[$4{,}9 \cdot 10^4$ N/C]**

83 ***ENGLISH*** Two infinite vertical planes of charge are parallel to each other and are separated by a distance $d = 4$ m. Find the electric field to the left of the planes, to the right of the planes, and between the planes when each plane has a uniform surface charge density $\sigma = 3 \cdot 10^{-6}$ C/m^2. **[0 N/C; $3{,}39 \cdot 10^5$ N/C]**

Problemi

1 Date due cariche $Q_1 = 2 \cdot 10^{-6}$ C e Q_2 poste agli estremi di un segmento lungo 40 cm, sia $Q_3 = -3 \cdot 10^{-7}$ C una terza carica posta nel punto medio del segmento. Quanto deve valere Q_2 affinché Q_3 sia in equilibrio? E quanto dovrebbe valere Q_2 se Q_3 si trovasse a 10 cm da Q_1? **[$Q_2 = Q_1$, $1{,}8 \cdot 10^{-5}$ C]**

2 Due cariche uguali di intensità $3 \cdot 10^{-6}$ C sono poste agli estremi di una molla di costante elastica pari a 30 N/m. La lunghezza a riposo della molla è di 25 cm. Calcola l'allungamento della molla. **[4,3 cm]**

3 Una sferetta metallica di 150 g, avente una carica positiva di $2{,}6 \cdot 10^{-8}$ C, viene appesa tramite un filo isolante a una molla verticale che ha una costante elastica di 20 N/m. Si sa, inoltre, che la molla all'equilibrio ha un allungamento di 2,5 cm e che la distanza tra la sferetta e un'altra carica positiva fissa Q, posizionata sotto la molla e allineata con il suo asse, è di 3,5 cm. Calcola il valore della carica Q, trascurando la presenza dell'aria e considerando puntiformi le cariche. **[$5 \cdot 10^{-6}$ C]**

4 Quattro cariche $Q_1 = 5 \cdot 10^{-3}$ C, $Q_2 = 7 \cdot 10^{-5}$ C, $Q_3 = 3 \cdot 10^{-3}$ C e $Q_4 = -7 \cdot 10^{-5}$ C sono disposte ai vertici di un quadrato di lato 12 cm, come riportato in figura. Calcola direzione, verso e forza risultante agente nel centro del quadrato, dove è posta una quinta carica $Q_5 = -4 \cdot 10^{-5}$ C.

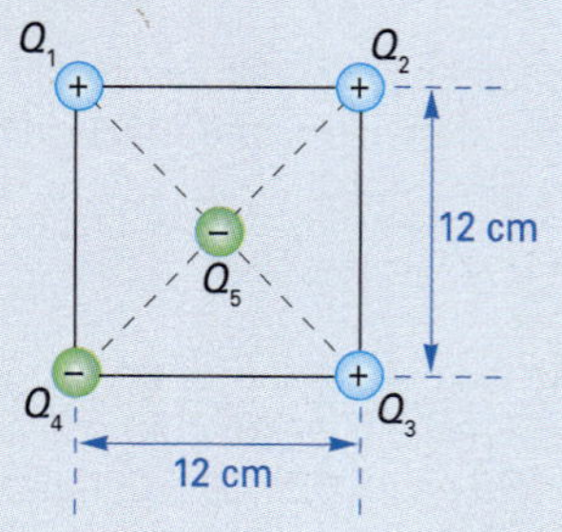

[$1 \cdot 10^5$ N]

5 Tre cariche $Q_1 = 7 \cdot 10^{-7}$ C, $Q_2 = -2 \cdot 10^{-8}$ C e $Q_3 = 2 \cdot 10^{-8}$ C sono disposte ai vertici di un triangolo equilatero di lato 25 cm, come indicato in figura. Calcola direzione, verso e forza risultante agente su Q_1.

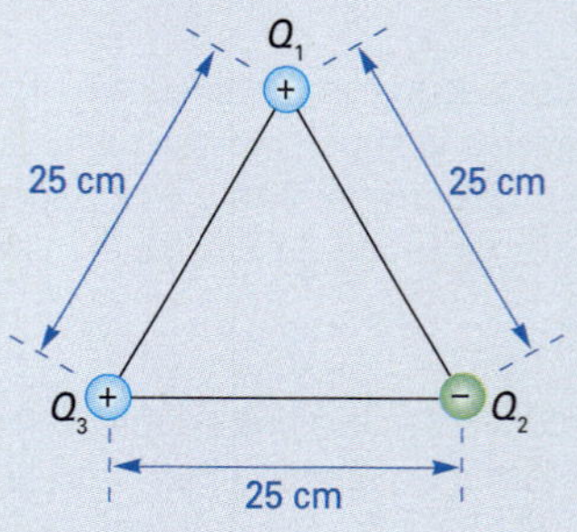

[$2 \cdot 10^{-3}$ N]

6 Cinque cariche positive di valore q sono disposte lungo una circonferenza di raggio r sui vertici di un pentagono a essa inscritto. Al centro della circonferenza c'è una sesta carica Q. Quanto vale la forza risultante su Q? **[0 N]**

7 Le tre cariche $q_1 = 4{,}0$ μC, $q_2 = -2{,}0$ μC, $q_3 = +5{,}0$ μC, si trovano in un sistema di riferimento cartesiano XOY rispettivamente nell'origine, nella posizione $x_2 = 5{,}0$ cm dell'asse x e nel punto (3,0 cm; 2,0 cm).
Calcola direzione, verso e intensità della forza agente sulla carica q_3. **[195 N; con angolo di –1° rispetto al semiasse positivo delle ascisse]**

8 Una sferetta appoggiata su un tavolo possiede una carica $Q_1 = 5 \cdot 10^{-6}$ C e ha massa 140 g. A 15 cm dalla sferetta viene posta una seconda sfera di carica $Q_2 = -3 \cdot 10^{-7}$ C che non è libera di muoversi. Sapendo che il coefficiente di attrito statico tra la prima sferetta e il tavolo è $\mu = 0{,}61$, stabilisci se la prima sferetta si muove. **[No]**

9 Un corpo carico positivamente con carica $8 \cdot 10^{-9}$ C si trova a $5 \cdot 10^{-3}$ mm da un altro corpo a esso uguale. Il valore della forza elettrostatica coincide con quella di attrazione gravitazionale. Determina la massa dei corpi.

[93 kg]

Esercizio svolto

10 Due uguali masse di 10 g sono appese mediante fili di massa trascurabile lunghi 6,0 cm.
Per effetto della forza elettrostatica, si allontanano in modo da formare ciascuna un angolo di 30° rispetto alla verticale nella posizione di equilibrio.
Calcola il valore delle cariche e la tensione del filo.

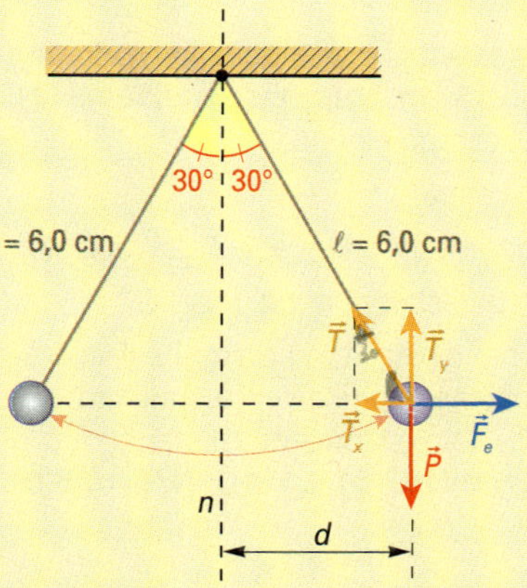

[0,15 μC; 0,11 N]

Nella posizione di equilibrio su ogni massa agiscono la forza peso $\vec{P}$, la forza elettrostatica $\vec{F}_e$ e la tensione del filo $\vec{T}$.
Rispetto a un sistema di riferimento solidale con la massa come in figura, le componenti di tali forze sono $\vec{P} = (0; -mg)$, $\vec{T} = (T_x; T_y)$, $\vec{F}_e = (F_{ex}; 0)$.
Affinché vi sia equilibrio la risultante della forza applicata deve annullarsi, e quindi si impongono le condizioni:

$$\begin{cases} F_{ex} - T_x = 0 \\ -mg + T_y = 0 \end{cases}$$

e osservando che:

$$T_x = T \operatorname{sen} 30° = T_y \cdot \tan 30°$$

e la distanza fra le cariche è:

$$2d = 2 \cdot l \cdot \operatorname{sen} 30° = 6{,}0 \text{ cm}$$

si ha:

$$\begin{cases} T_x = F_{ex} = \dfrac{Kq^2}{r^2} \dfrac{9 \cdot 10^9 \dfrac{\text{Nm}^2}{\text{C}^2} q^2}{(6 \cdot 10^{-2} \text{ m})^2} \\ T_y = 10^{-2} \text{ kg} \cdot 9{,}81 \dfrac{\text{m}}{\text{s}^2} = 0{,}0981 \text{ N} \end{cases}$$

Essendo:

$$T_x = T_y \operatorname{tg} 30° = 0{,}098 \operatorname{tg} 30° = 0{,}0566 \text{ N}$$

si sostiuisce nella prima equazione:

$$0{,}0566 \text{ N} = \frac{9 \cdot 10^9 \dfrac{\text{Nm}^2}{\text{C}^2} q^2}{(6 \cdot 10^{-2} \text{ m})^2}$$

da cui si ricava q:

$$q^2 = 0{,}0226 \cdot 10^{-12} \text{ C}^2$$

$$q = 0{,}15 \cdot 10^{-6} \text{ C} = 0{,}15 \,\mu\text{C}$$

Per determinare la tensione si ha:

$$T = \frac{T_x}{\operatorname{sen} 30°} = \frac{0{,}0566}{0{,}5} = 0{,}11 \text{ N}$$

11 Calcola il valore di due masse uguali, appese a due fili lunghi 8,0 cm, su ognuna delle quali è depositata una carica di $1{,}2 \cdot 10^{-7}$ C, quando il sistema si trova in equilibrio e l'angolo tra i due fili è di 40°.
Calcola anche la tensione del filo.

[12 g; 0,13 N]

12 In un modello atomico di tipo planetario l'atomo di idrogeno è costituito da un protone, attorno al quale ruota un elettrone su un'orbita circolare di raggio $5{,}3 \cdot 10^{-11}$ m. Supponendo valido tale modello, determina quale velocità dovrebbe possedere l'elettrone, su cui agisca la sola forza centripeta di natura elettrica.

[$2{,}18 \cdot 10^6$ m/s]

13 Sono date le cariche puntiformi posizionate nei vertici del quadrato di lato AB = 1 m, con intensità e segni riportati in figura.
Trova modulo, direzione e verso del vettore campo elettrico nel punto di intersezione delle diagonali O e rappresentalo graficamente.

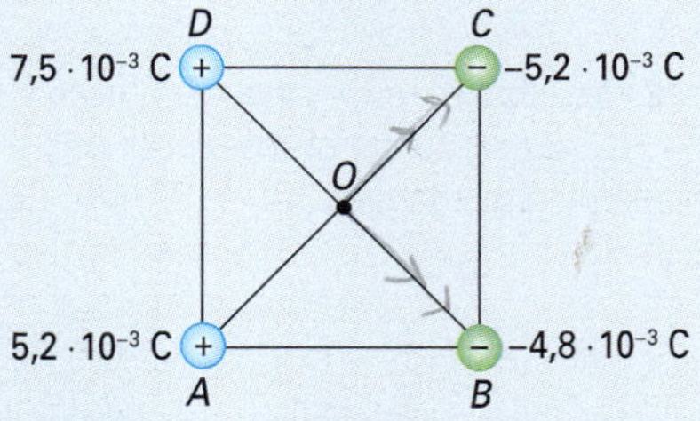

[$2{,}90 \cdot 10^8$ N/C]

14 Tre cariche puntiformi $Q = 4{,}3 \cdot 10^{-7}$ C sono poste nei vertici del triangolo rettangolo isoscele ABC di cateti 20 cm, i cui segni sono riportati in figura.
Trova modulo, direzione e verso del vettore campo elettrico nel punto medio H dell'ipotenusa.

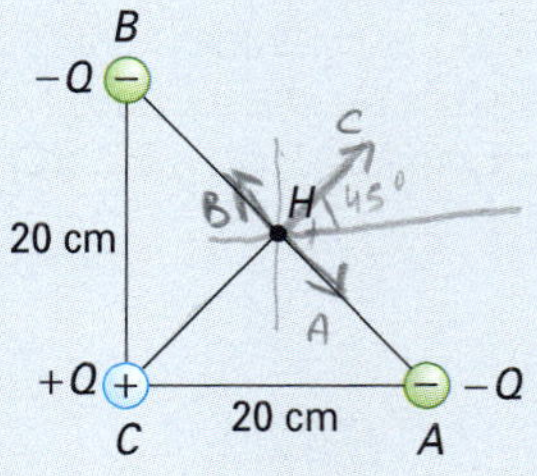

[$1{,}94 \cdot 10^5$ N/C]

15 Sono date le cariche puntiformi rappresentate in figura nei vertici del triangolo rettangolo isoscele ABC di cateti 30 cm, tutte positive e con intensità $Q = 6 \cdot 10^{-6}$ C.

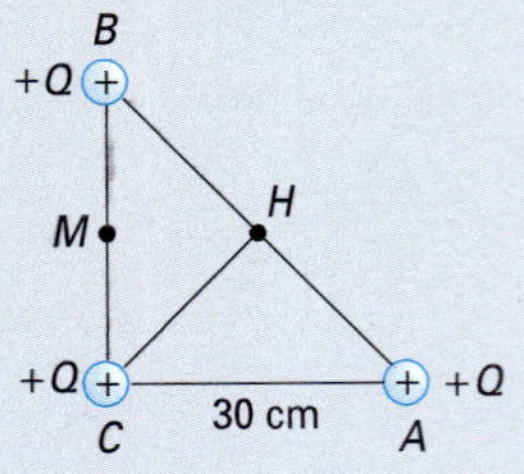

a) Determina modulo, direzione e verso del vettore campo elettrico nel punto medio M del cateto BC e poi rappresentalo graficamente.

b) Determina il vettore campo elettrico nel punto medio H dell'ipotenusa. **[4,8 · 10⁵ N/C; 1,2 · 10⁶ N/C]**

16 Una particella positiva con carica $5 \cdot 10^{-12}$ C è in equilibrio tra le armature di un condensatore, come mostrato in figura. La particella risente della forza di attrazione gravitazionale diretta verso il basso.
Il campo elettrico all'interno del condensatore ha modulo pari a $8 \cdot 10^2$ N/C, calcola la massa della particella.

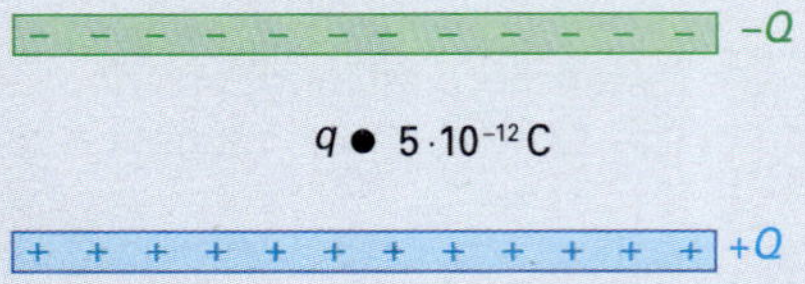

[$4{,}1 \cdot 10^{-10}$ kg]

17 Una particella, inizialmente a riposo, con carica $7{,}2 \cdot 10^{-6}$ C e massa $8{,}5 \cdot 10^{-8}$ kg si muove all'interno di una regione sede di un campo elettrico di intensità $3{,}4 \cdot 10^{-2}$ N/C. Calcola lo spazio percorso in 6 s. **[51,8 m]**

18 Due cariche q_1 e q_2 sono disposte su una circonferenza di centro O e raggio 4,0 cm.
Sono noti $q_1 = +2{,}0$ μC e $q_2 = +5{,}0$ μC, e la loro posizione rispettivamente è (−4,0 cm; 0 cm) e (+4,0 cm; 0 cm). Nel centro si trova una massa puntiforme $m = 2{,}0$ kg, libera di muoversi, su cui è depositata una carica q_3 di −3,0 μC.
Determina:

a) la posizione sulla circonferenza e il valore di una quarta carica positiva q_4 perché la massa m sia in equilibrio;

b) la carica che deve possedere un condensatore piano, con armature di 10^{-2} m² al cui interno sono contenute q_1, q_2, q_3, perché la massa m sia in equilibrio.

[*a*) (−3,74 cm; 1,43 cm); 3,2 μC; *b*) $1{,}6 \cdot 10^{-12}$ C]

19 Una particella con massa $6{,}8 \cdot 10^{-25}$ kg e carica 8,0 μC inizialmente in quiete, viene accelerata da un campo elettrico E uniforme. Calcola l'intensità del campo elettrico sapendo che la particella percorre 1,0 m in un tempo di 65 ns. **[$4{,}0 \cdot 10^{-5}$ N/C]**

20 Una particella di massa $30 \cdot 10^{-20}$ kg e con carica 0,18 μC entra, all'istante $t = 0$ s, con una velocità di $3{,}0 \cdot 10^6$ m/s diretta lungo la direzione positiva dell'asse y, in una zona sede di un campo elettrico uniforme diretto lungo la direzione positiva dell'asse x. Determina l'intensità del campo elettrico in modo che la traiettoria della particella passi per il punto di coordinate (2,0 m; 2,0 m) nel riferimento XOY. **[15 N/C]**

21 Una carica di 8,0 mC è distribuita in modo omogeneo in una sfera di raggio 15 cm. Utilizzando il teorema di Gauss, calcola l'intensità del campo elettrico:

a) nel centro della sfera;

b) a una distanza dal centro pari a 2/3 del raggio;

c) a una distanza pari al doppio del raggio;

d) verifica infine, per quest'ultimo caso, che il valore è uguale a quello che si ottiene con una carica puntiforme dello stesso valore di quella totale, concentrata nel centro della sfera.

[*a*) 0 N/C; *b*) $2{,}1 \cdot 10^9$ N/C; *c*) $8{,}0 \cdot 10^8$ N/C]

22 ***ENGLISH*** Careful measurement of the electric field at the surface of a black box indicates that the net outward flux through the surface of the box is $6 \cdot 10^3$ Nm²/C.
(*a*) What is the net charge inside the box?
(*b*) If the net outward flux through the surface of the box were zero, could you conclude that there were no charges inside the box? Why or why not? **[$5{,}3 \cdot 10^{-14}$ C]**

23 ***ENGLISH*** Two equal charges of $3 \cdot 10^{-6}$ C are on the y axis, one at the origin and the other at $y = 6$ m. A third charge $Q_3 = 2 \cdot 10^{-6}$ C is on the x axis at $x = 8$ m.
Find the force on Q_3. **[$1{,}2 \cdot 10^{-3}$ N]**

24 ***ENGLISH*** An oil drop has a mass of $4 \cdot 10^{-14}$ kg and a net charge of $4{,}8 \cdot 10^{-19}$ C. An upward electric force just balances the downward force of gravity so that the oil drop is stationary.
What is the direction and magnitude of the electric field? **[$8{,}2 \cdot 10^5$ N/C]**

TRAINING

1 Quale figura rappresenta correttamente i versi delle forze F con cui interagiscono due sferette cariche sospese l'una accanto all'altra?

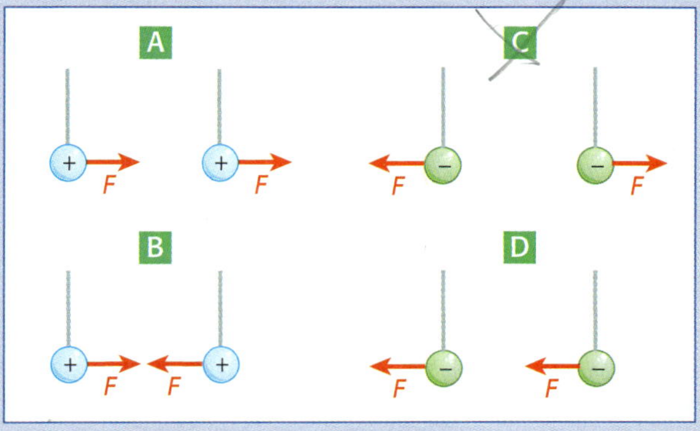

[Giochi di Anacleto, 2001/2002]

2 Due oggetti puntiformi, posti a una certa distanza, sono stati caricati con una carica uguale. Sia F il modulo della forza di repulsione tra i due oggetti. Successivamente metà della carica presente su uno dei due oggetti viene spostata sull'altro e la distanza raddoppiata. Quanto vale adesso la forza di repulsione?

- **A** 0,19 F
- **B** 0,25 F
- **C** 0,75 F
- **D** F, come prima
- **E** 4 F

[Olimpiadi della fisica, Gara di primo livello, 2009]

3 Su due sfere identiche, conduttrici e isolate, vengono depositate due cariche elettriche uguali. Le sfere si trovano a una distanza d grande rispetto al loro diametro e si respingono con una forza F. Una terza sfera conduttrice identica alle due precedenti, ma inizialmente scarica, viene posta in contatto elettrico con la prima sfera e poi con la seconda, quindi viene allontanata definitivamente. Qual è ora l'intensità della forza tra le due sfere?

- **A** $\frac{3}{4}F$
- **B** $\frac{5}{8}F$
- **C** $\frac{1}{2}F$
- **D** $\frac{3}{8}F$
- **E** $\frac{1}{4}F$

[Olimpiadi della fisica, Gara di primo livello, 2006]

4 In figura sono rappresentate due sfere di alluminio identiche, P e Q.
La sfera P possiede una piccola carica elettrica negativa. La sfera Q possiede una carica elettrica negativa maggiore. Che cosa succede quando si mettono a contatto la sfera Q con la sfera P?

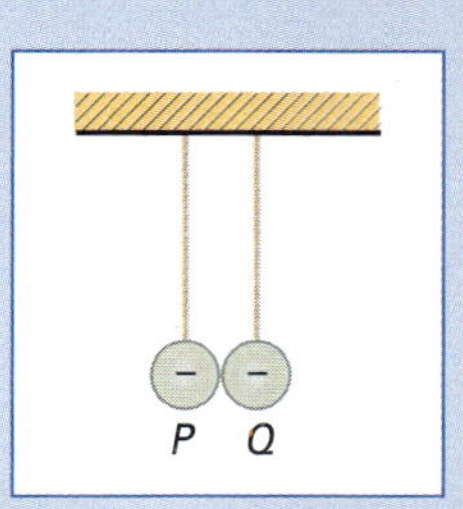

- **A** Dei protoni passano dalla sfera Q alla sfera P.
- **B** Dei protoni passano dalla sfera P alla sfera Q.
- **C** Degli elettroni passano dalla sfera Q alla sfera P.
- **D** Degli elettroni passano dalla sfera P alla sfera Q.

[Giochi di Anacleto, 2010]

5 Cinque cariche positive di valore q sono disposte in modo simmetrico lungo una circonferenza di raggio r. Qual è l'intensità del campo elettrico al centro della circonferenza?

- **A** 0 N/C
- **B** $\frac{Kq}{r^2}$
- **C** $\frac{5\,Kq}{r^2}$
- **D** $\frac{Kq}{r^2}\cos\frac{2\pi}{5}$
- **E** $\frac{5\,Kq}{r^2}\cos\frac{2\pi}{5}$

[Olimpiadi della fisica, Gara di primo livello, 2006]

6 Una superficie piana indefinita, uniformemente carica con densità superficiale σ è intersecata da una superficie sferica di raggio R centrata in un punto a distanza x dal piano, come mostrato in figura. Quanto vale il flusso del campo elettrico attraverso la superficie sferica?

- **A** $\frac{\pi\sigma R^2}{\varepsilon_0}$
- **B** $\frac{2\pi\sigma R^2}{\varepsilon_0}$
- **C** $\frac{\pi\sigma(R-x)^2}{\varepsilon_0}$
- **D** $\frac{\pi\sigma(R^2-x^2)}{\varepsilon_0}$
- **E** $\frac{2\pi\sigma(R^2-x^2)}{\varepsilon_0}$

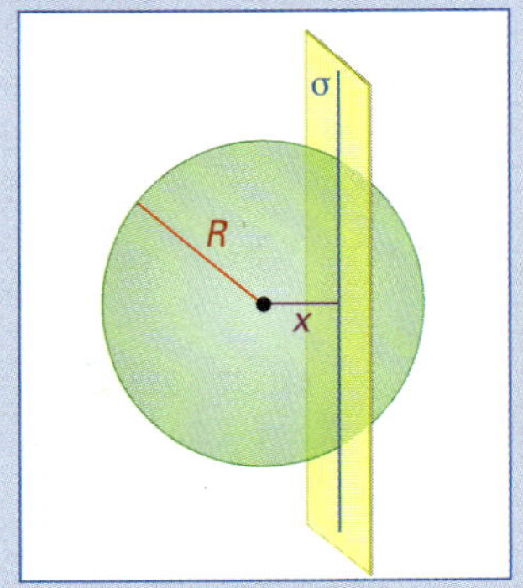

[Olimpiadi della fisica, Gara di primo livello, 2005]

UNITÀ 17 Potenziale elettrico

17.1 La circuitazione e il campo elettrico conservativo

Consideriamo un campo elettrico uniforme, come quello presente per esempio tra le armature di un condensatore a facce piane parallele.

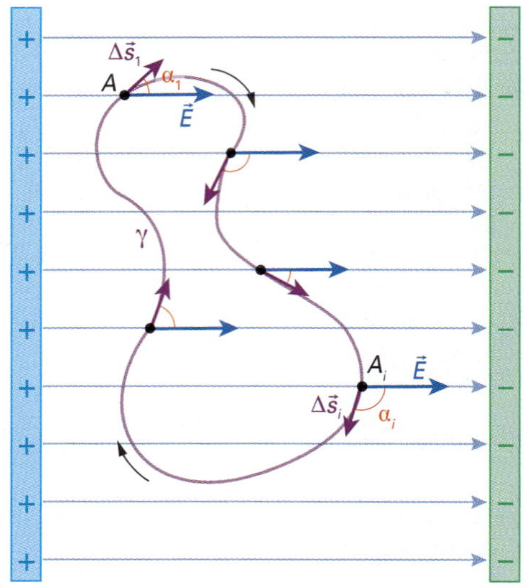

Immaginiamo un percorso chiuso γ che parte dal punto A e, procedendo in senso orario, ritorna in A. Tale percorso è suddiviso in n piccoli spostamenti $\Delta\vec{s}_i$.

Consideriamo in ognuno dei punti A_i il prodotto scalare:

$$\vec{E}_i \cdot \Delta\vec{s}_i = E_i \cdot \Delta s_i \cos\alpha_i$$

dove α_i rappresenta l'angolo compreso tra $\vec{E}_i$ e $\Delta\vec{s}_i$.

circuitazione di $\vec{E}$

La somma di tutti quei contributi lungo la curva chiusa γ prende il nome di **circuitazione di $\vec{E}$ secondo la curva chiusa orientata γ** e viene indicata con il simbolo $\Gamma_\gamma(\vec{E})$:

$$\Gamma_\gamma(\vec{E}) = \sum_{i=1}^{n} \vec{E}_i \cdot \Delta\vec{s}_1$$

Ora scegliamo una curva γ in modo opportuno, ricordando che entro il condensatore il campo elettrico $\vec{E}$ è costante.

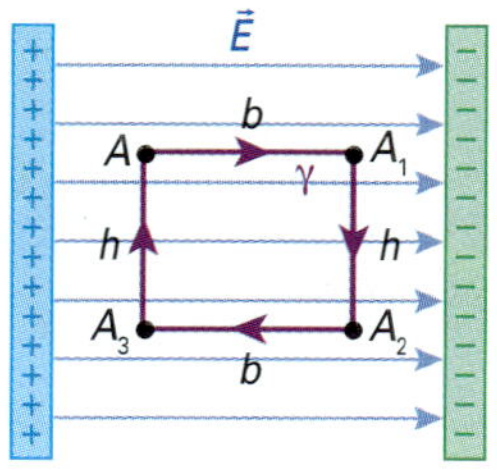

Consideriamo come linea chiusa γ un rettangolo, con due lati perpendicolari alle linee di forza del campo elettrico e due paralleli e calcoliamo la circuitazione $\Gamma_\gamma(\vec{E})$ secondo tale curva.
Il contributo dei tratti A_3A e A_1A_2 è nullo, essendo in entrambi i casi:

$$E \cdot \Delta s \cos\alpha = E \cdot h \cdot \cos 90° = 0$$

Il contributo del tratto AA_1 è:

$$E \cdot \Delta s \cos\alpha = E \cdot b \cdot \cos 0° = E \cdot b$$

mentre quello relativo ad A_2A_3 è dato da:

$$E \cdot \Delta s \cos\alpha = E \cdot b \cdot \cos 180° = -E \cdot b$$

e quindi i due termini si elidono.
Possiamo concludere che la circuitazione $\Gamma_\gamma(\vec{E}) = 0$. Tale ragionamento può essere penalizzato al caso di una curva chiusa qualsiasi.

In generale affermiamo che la circuitazione del campo elettrostatico $\vec{E}$ lungo una qualsiasi linea chiusa γ è nulla.

$$\Gamma_\gamma(\vec{E}) = 0$$

proprietà della circuitazione di $\vec{E}$

Si tratta ora di comprendere quali sono le conseguenze fisiche di questa equazione.
Se moltiplichiamo la circuitazione per q, dove q rappresenta la solita carica esploratrice positiva, abbiamo:

$$q \cdot \Gamma_\gamma(\vec{E}) = q\sum_{i=1}^{n} \vec{E}_i \cdot \Delta\vec{s}_i = \sum_{i=1}^{n} q\vec{E}_i \cdot \Delta\vec{s}_i = \sum_{i=1}^{n} \vec{F}_i \cdot \Delta\vec{s}_i$$

si può portare la q dentro il segno di sommatoria essendo q una quantità costante

dalla definizione del modulo del campo elettrico $\vec{E}_i = \frac{\vec{F}_i}{q}$ si ricava $q\vec{E}_i = \vec{F}_i$

Allora, se $\Gamma_\gamma(\vec{E}) = 0$, questo vuol dire che $\sum_{i=1}^{n} \vec{F}_i \cdot \Delta\vec{s}_i = 0$.

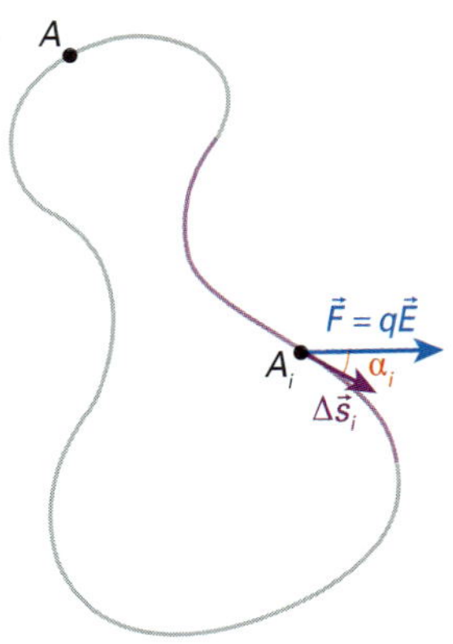

Ma qual è il significato di $\vec{F}_i \cdot \Delta\vec{s}_i$? È il lavoro compiuto dalla forza elettrica agente in A_i relativamente allo spostamento $\Delta\vec{s}_i$. Perciò $\sum_{i=1}^{n} \vec{F}_i \cdot \Delta\vec{s}_i = 0$ sta a indicare che il lavoro totale compiuto per andare da A e ritornare nello stesso punto è nullo.

Dunque, quando la circuitazione del vettore campo elettrico lungo una linea chiusa è nulla, si ha che:

prima conseguenza di $\Gamma_\gamma(\vec{E}) = 0$

$\Gamma_\gamma(\vec{E}) = 0$ comporta che il lavoro totale compiuto dalle forze del campo elettrico per fare effettuare a una carica q un percorso chiuso, è nullo.

Analizziamo ora un'altra notevole implicazione sempre relativa al fatto che $\Gamma_\gamma(\vec{E}) = 0$.

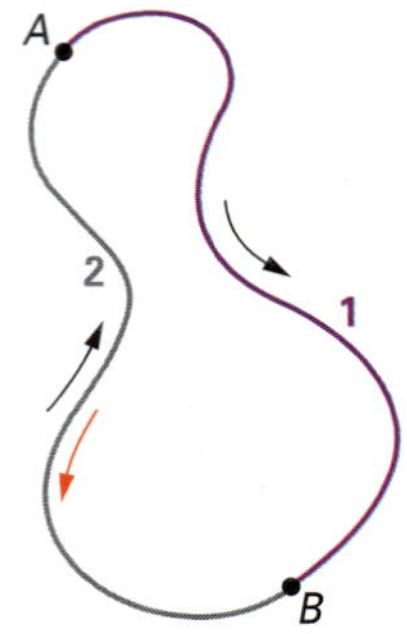

Pensiamo la curva γ come costituita da due parti: da A a B secondo il percorso 1 e da B ad A secondo il percorso 2.
Avremo:

$$\sum_{i=1}^{n} \vec{F}_i \cdot \Delta\vec{s}_i = \sum_{\substack{i \\ A \to B(1)}} \vec{F}_i \cdot \Delta\vec{s}_i + \sum_{\substack{i \\ B \to A(2)}} \vec{F}_i \cdot \Delta\vec{s}_i = 0$$

da cui:

$$\sum_{\substack{i \\ A \to B(1)}} \vec{F}_i \cdot \Delta\vec{s}_i = -\sum_{\substack{i \\ B \to A(2)}} \vec{F}_i \cdot \Delta\vec{s}_i$$

allora, invertendo la direzione del percorso 2 e procedendo da A verso B si ha:

$$-\sum_{\substack{i \\ B \to A(2)}} \vec{F}_i \cdot \Delta\vec{s}_i = \sum_{\substack{i \\ A \to B(2)}} \vec{F}_i \cdot \Delta\vec{s}_i \quad \Rightarrow \quad \sum_{\substack{i \\ A \to B(1)}} \vec{F}_i \cdot \Delta\vec{s}_i = \sum_{\substack{i \\ A \to B(2)}} \vec{F}_i \cdot \Delta\vec{s}_i$$

cioè:

$$L_{A \to B(1)} = L_{A \to B(2)}$$

seconda conseguenza di $\Gamma_\gamma(\vec{E}) = 0$

$\Gamma_\gamma(\vec{E}) = 0$ implica che il lavoro per andare da un punto A a un punto B in un campo di forze elettriche è lo stesso indipendentemente dal percorso scelto per quel dato spostamento fra i punti A e B.

Ripensando al campo gravitazionale, anch'esso godeva di queste stesse proprietà, che caratterizzano in generale i campi conservativi.
Possiamo pertanto affermare che:

Il campo elettrostatico è **conservativo**.

ON LINE VIRTUAL LAB
Energia potenziale elettrica e potenziale

17.2 L'energia potenziale elettrica

Sappiamo dallo studio del campo gravitazionale che quando un campo è conservativo allora si può definire una grandezza che dipende solo dalla posizione, chiamata **energia potenziale U**, in modo tale che il lavoro compiuto dalle forze del campo per andare da A a B si ottiene come differenza tra i valori assunti dalla grandezza U nei due punti A e B:

$$L_{AB} = U_A - U_B$$

Dato che il campo elettrostatico è conservativo, proviamo a determinare una grandezza analoga U che, in questo caso, prenderà il nome di *energia potenziale elettrica*.

Il significato fisico di *U*

Consideriamo nel vuoto una carica esploratrice q positiva all'interno del campo elettrico generato da una sorgente puntiforme Q positiva ferma nella sua posizione.

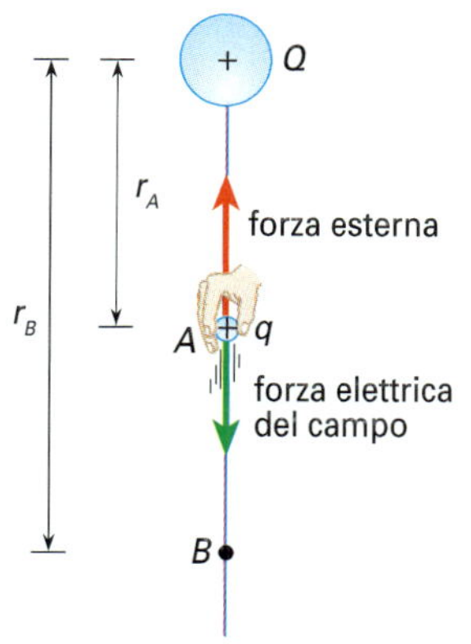

La carica q tende ad allontanarsi da Q in quanto le due cariche hanno lo stesso segno. Supponiamo di avvicinarla con l'impiego di una forza esterna dalla posizione B, distante r_B da Q, alla posizione A, distante r_A con $r_A < r_B$. In questo modo la forza esterna compie un lavoro perché, equilibrando e superando la forza elettrica di tipo repulsivo, determina parallelamente a se stessa lo spostamento di q da B verso A. Contemporaneamente, grazie al lavoro della forza esterna, la carica esploratrice immagazzina energia di posizione, cioè **energia potenziale elettrica**: infatti, se lasciata libera, tenderebbe ad allontanarsi da A sospinta da una forza maggiore di quella di cui risente quando è in B.

L'**energia potenziale elettrica** è una forma di energia che la carica possiede in conseguenza della posizione che occupa all'interno di un campo elettrico.

energia potenziale elettrica

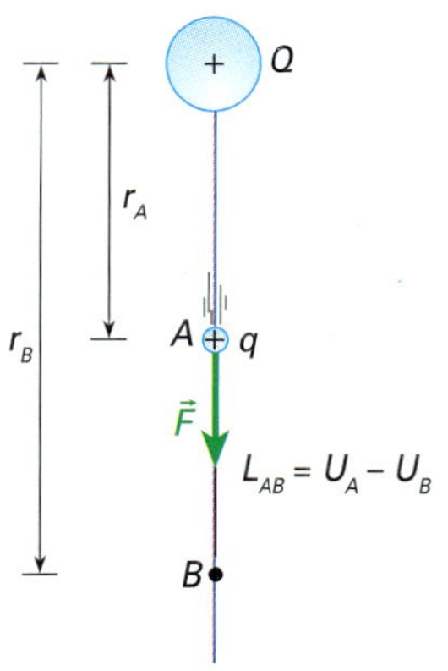

Il lavoro che viene compiuto dalle forze elettriche per riportare da A a B la carica q corrisponde esattamente alla differenza fra l'energia potenziale elettrica posseduta in A e quella in B, cioè alla **variazione** dell'energia potenziale elettrica $\Delta U = U_B - U_A$ cambiata di segno:

$$L_{AB} = -\Delta U = -(U_B - U_A)$$

cioè:

$$L_{AB} = U_A - U_B$$

Ricorda!...

Quando la carica Q generatrice del campo è positiva, allora le forze del campo elettrico nell'allontanare la carica positiva q da A a B compiono un lavoro $L_{AB} = \vec{F} \cdot \vec{s}$ positivo, perché forza e spostamento hanno lo stesso verso. Essendo il campo elettrico conservativo, si ha:

$$L_{AB} = U_A - U_B > 0$$

Segue che la carica positiva q si muove dal punto A con energia potenziale maggiore U_A al punto B con energia potenziale minore U_B.

La formula di *U*

Abbiamo visto il significato fisico della grandezza energia potenziale elettrica U: si tratta ora di trovarne l'espressione analitica.
Dato che $L_{AB} = U_A - U_B$, occorre calcolare il lavoro L_{AB}. Partiamo dalla definizione di lavoro, $L = \vec{F} \cdot \vec{s}$. Adesso, però, c'è la complicazione dovuta al fatto che la forza $\vec{F}$ non è costante con la distanza r. Infatti, come sappiamo, per le cariche puntiformi nel vuoto il suo modulo è $F = \frac{1}{4\pi\varepsilon_0}\frac{Q \cdot q}{r^2}$: chiaramente, al cambiare di r cambia anche F. Come possiamo procedere?

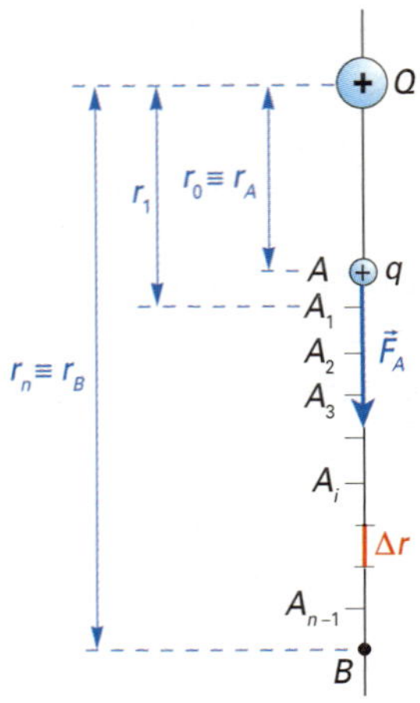

Supponiamo che il percorso da A a B sia suddiviso in n tratti Δr molto piccoli, lungo i quali la forza può essere ritenuta praticamente costante. Quando la carica q si sposta da A ad A_1 il contributo parziale del lavoro L_1 è dato da:

$$L_1 = \frac{1}{4\pi\varepsilon_0}\frac{Q \cdot q}{r_A^2} \cdot \Delta r$$

Analogamente per il tratto A_1A_2 si ha:

$$L_2 = \frac{1}{4\pi\varepsilon_0}\frac{Q \cdot q}{r_1^2} \cdot \Delta r$$

L'n-simo contributo parziale relativo al tratto $A_{n-1}B$ è:

$$L_n = \frac{1}{4\pi\varepsilon_0}\frac{Q \cdot q}{r_{n-1}^2} \cdot \Delta r$$

I vari Δr (uguali) sono gli spostamenti paralleli alla forza.
Si potrebbe dimostrare che sommando L_1, L_2, ... L_n, il lavoro totale diventa, dopo le opportune semplificazioni:

$$L_{AB} = \frac{1}{4\pi\varepsilon_0}\frac{Q \cdot q}{r_A} - \frac{1}{4\pi\varepsilon_0}\frac{Q \cdot q}{r_B}$$

ma trovandoci in un campo conservativo, vale che:

$$L_{AB} = U_A - U_B$$

da cui si ricava:

$$U_A = \frac{1}{4\pi\varepsilon_0}\frac{Q \cdot q}{r_A} \quad \text{e} \quad U_B = \frac{1}{4\pi\varepsilon_0}\frac{Q \cdot q}{r_B}$$

ON LINE **Dimostrazione di** $L_{AB} = \frac{1}{4\pi\varepsilon_0}\frac{Q \cdot q}{r_A} - \frac{1}{4\pi\varepsilon_0}\frac{Q \cdot q}{r_B}$

energia potenziale elettrica in un punto (formula)

L'**energia potenziale elettrica** di una carica q posta in un punto a una distanza r nel vuoto da una sorgente Q, è data da:

$$U = \frac{1}{4\pi\varepsilon_0}\frac{Q \cdot q}{r}$$

Trattandosi di una forma di energia, l'unità di misura dell'energia potenziale elettrica coincide con quella del lavoro, cioè il joule (J).

Qual è il significato dell'energia potenziale elettrica in A? Sappiamo che:

$$L_{AB} = U_A - U_B = \frac{1}{4\pi\varepsilon_0}\frac{Q \cdot q}{r_A} - \frac{1}{4\pi\varepsilon_0}\frac{Q \cdot q}{r_B}$$

Allora, se la carica q andasse dal punto A al punto B posto all'infinito, l'energia potenziale U_B tenderebbe a zero, dato che $r \to \infty$ ed r compare a denominatore. Quindi:

$$L_{A\to\infty} = U_A - U_\infty = U_A - 0 = \frac{1}{4\pi\varepsilon_0}\frac{Q\cdot q}{r_A}$$

L'**energia potenziale in un punto A è il lavoro** che compirebbero le forze elettriche per portare la carica q dal punto A sino all'infinito, dove l'energia potenziale è nulla. Ovvero: è il lavoro che si deve spendere dall'esterno sulla carica q per portarla dall'infinito fino al punto A nel campo elettrico.

energia potenziale elettrica in un punto (definizione)

Ricorda!...

L'energia potenziale elettrica (così come nel caso di quella gravitazionale) è definita in realtà *a meno di una costante*:

$$U = \frac{1}{4\pi\varepsilon_0}\frac{Q\cdot q}{r} + \text{costante}$$

Se $r \to \infty$ il primo termine si annulla e risulta U = costante. Di norma si sceglie di attribuire arbitrariamente a questa costante il valore 0.

17.3 La differenza di potenziale elettrico

La formula che esprime il lavoro compiuto dalle forze elettriche per spostare una carica q fra i punti A e B è data da:

$$L_{AB} = U_A - U_B = \frac{1}{4\pi\varepsilon_0}\frac{Q\cdot q}{r_A} - \frac{1}{4\pi\varepsilon_0}\frac{Q\cdot q}{r_B} = \frac{1}{4\pi\varepsilon_0}Q\,q\left(\frac{1}{r_A} - \frac{1}{r_B}\right)$$

Notiamo che L_{AB} dipende, oltre che dall'intensità della carica Q che determina il campo e dalle posizioni r_A ed r_B occupate in esso rispetto alla stessa sorgente, anche dal valore della carica esploratrice q.

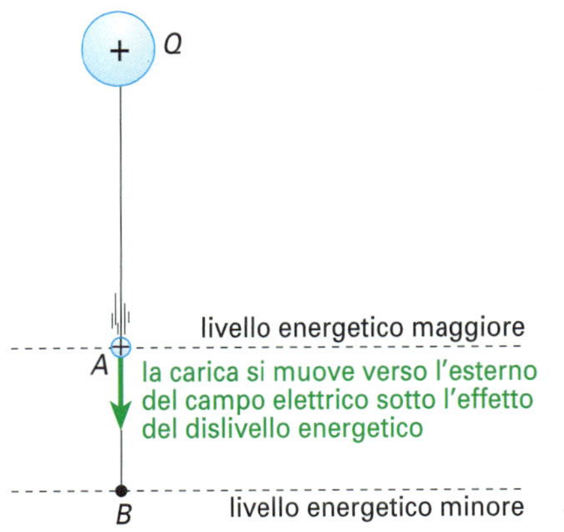

Nasce perciò l'esigenza di introdurre una nuova grandezza scalare che **non dipenda dalla particolare carica** q, ma che caratterizzi in modo più generale il dislivello energetico esistente fra due punti del campo elettrico generato da Q, analogamente a quanto fatto quando si è introdotta la grandezza vettoriale $\vec{E}$ a partire dalla forza $\vec{F}$.

Per raggiungere questo obiettivo consideriamo il lavoro compiuto sull'*unità di carica*, dividendo il lavoro L_{AB} per la carica q:

$$\frac{L_{AB}}{q} = \frac{U_A - U_B}{q} = \frac{U_A}{q} - \frac{U_B}{q} = \frac{\frac{1}{4\pi\varepsilon_0}\frac{Q\cdot q}{r_A} - \frac{1}{4\pi\varepsilon_0}\frac{Q\cdot q}{r_B}}{q} = \frac{1}{4\pi\varepsilon_0}\frac{Q}{r_A} - \frac{1}{4\pi\varepsilon_0}\frac{Q}{r_B} \quad [1]$$

Possiamo quindi introdurre una grandezza, denominata **potenziale elettrico V di una carica puntiforme**, dipendente esclusivamente dalla carica Q che genera il campo elettrico e dalla distanza r da essa.

potenziale elettrico V di una carica puntiforme (formula)

$$V = \frac{U}{q} = \frac{1}{4\pi\varepsilon_0}\frac{Q}{r}$$

Da questa relazione emerge che il potenziale elettrico in un punto corrisponde all'energia potenziale di una carica unitaria (1 C).

potenziale elettrico in un punto (definizione)

Il **potenziale V in un punto A** distante r da una carica puntiforme Q è l'energia potenziale che possiede l'unità di carica che da un punto B posto all'infinito (dove $r \to \infty$ e quindi il potenziale è nullo) viene portata in A.

Per la definizione di potenziale la relazione [1] diventa:

$$\frac{L_{AB}}{q} = \frac{U_A}{q} - \frac{U_B}{q} = V_A - V_B = -(V_B - V_A) = -\Delta V \qquad [2]$$

La grandezza $\Delta V = V_B - V_A$ prende il nome di **differenza di potenziale** (abbreviata in **d.d.p.**) o **tensione**. ΔV quantifica il dislivello energetico di natura elettrica presente fra due punti di un campo elettrico.

differenza di potenziale

La **d.d.p.** (o **tensione**) fra due punti A e B è il rapporto tra il lavoro compiuto dalle forze del campo elettrico per portare una carica q da A a B e la carica stessa:

$$\Delta V = V_B - V_A = -\frac{L_{AB}}{q}$$

Ricorda!...
Dire che:
$$\Delta V = V_B - V_A = -\frac{L_{AB}}{q}$$
equivale ad affermare che:
$$V_A - V_B = \frac{L_{AB}}{q}$$

Il segno negativo indica che il potenziale diminuisce secondo il verso positivo del campo elettrico.
Per completare l'introduzione della nuova grandezza, bisogna individuare l'unità di misura. Dalla definizione si ha:

$$\Delta V = -\frac{L_{AB}}{q} \quad \Rightarrow \quad \frac{\text{J}}{\text{C}}$$

Questa unità di misura si chiama **volt** (**V**) in omaggio a un famoso scienziato italiano, Alessandro Volta (1745-1828), inventore della pila.

volt

$$1\,\text{V} = 1\,\frac{\text{J}}{\text{C}}$$

Tra due punti A e B si ha la differenza di potenziale di **1 volt** quando le forze elettriche compiono il lavoro di 1 joule per spostare da A a B la carica elettrica di 1 coulomb.

L'elettronvolt

Vogliamo spostare un protone o un elettrone (carica negativa $e = 1{,}6 \cdot 10^{-19}$ C) da un punto a un altro di un campo elettrico uniforme, fra i quali vi è una differenza di potenziale di 1 V. Quanto lavoro compiono le forze elettriche per tale spostamento?
Sappiamo che la differenza di potenziale è:

$$\Delta V = -\frac{L_{AB}}{q}$$

ricaviamo il lavoro:

$$L_{AB} = -q \cdot \Delta V$$

e sostituiamo i dati $q = -1{,}6 \cdot 10^{-19}$ C (negativa per l'elettrone) e $\Delta V = 1$ V:

$$L_{AB} = -(-1{,}6 \cdot 10^{-19}\ \text{C}) \cdot 1\ \text{V}$$

moltiplicando e ricordando che $1\ \text{V} = 1\frac{\text{J}}{\text{C}}$ si ha dunque:

$$L_{AB} = 1{,}6 \cdot 10^{-19}\ \text{C} \cdot 1\frac{\text{J}}{\text{C}} = 1{,}6 \cdot 10^{-19}\ \text{J}$$

per cui:

$$L_{AB} = 1{,}6 \cdot 10^{-19}\ \text{J}$$

Si poteva, tuttavia, lasciare indicata la carica e:

$$L_{AB} = -q \cdot \Delta V = -(-1\ e) \cdot 1\ \text{V} = 1\ \text{eV}$$

Quella quantità di lavoro, e quindi di energia, pari a 1 eV (chiamata **elettronvolt**) viene utilizzata spesso per indicare l'energia delle particelle subatomiche o anche delle onde elettromagnetiche.

L'**elettronvolt** è una unità di misura dell'energia. Il suo valore corrisponde a:

$$1\ \text{eV} = 1{,}6 \cdot 10^{-19}\ \text{J}$$

elettronvolt

Per esempio, un fotone di luce verde ha un'energia di un paio di eV, mentre un raggio γ può arrivare a 10^6 eV, cioè 1 MeV (**megaelettronvolt**).

FLASH

L'elettrocardiogramma

Il sistema nervoso dell'uomo si basa sulla trasmissione di segnali elettrici: in questo momento, mentre stai leggendo, gli stimoli esterni ricevuti dalla pagina vengono *tradotti* in impulsi di tipo elettrico e le informazioni inviate tramite i neuroni al cervello per la loro *decifrazione*.

In medicina diversi strumenti diagnostici quali l'*elettrocardiografo* e l'*elettroencefalografo* sfruttano il fatto che fra le diverse parti del corpo umano vi sono delle piccole differenze di potenziale dell'ordine delle decine o centinaia di microvolt (10^{-6} V).

Infatti, le cellule muscolari e nervose per svolgere le loro funzioni biologiche utilizzano atomi e molecole ionizzati (che presentano cioè carica positiva o negativa). In questo modo vengono a determinarsi dei campi elettrici che interessano la superficie del corpo, i quali danno origine a differenze di potenziale rilevabili strumentalmente.

Nell'elettrocardiografia si applicano coppie di elettrodi in punti tra i quali la differenza di potenziale varia in relazione al battito cardiaco. Tale variazione viene registrata per un certo intervallo di tempo tramite un apposito grafico: si ha così l'*E*lettro*C*ardio*G*ramma (abbreviato in *ECG*). Esso è caratterizzato nel caso di un cuore sano da un andamento regolare, per cui il medico dall'analisi dell'*ECG* dei suoi pazienti può riscontrare le eventuali anomalie dovute a disfunzioni cardiache.

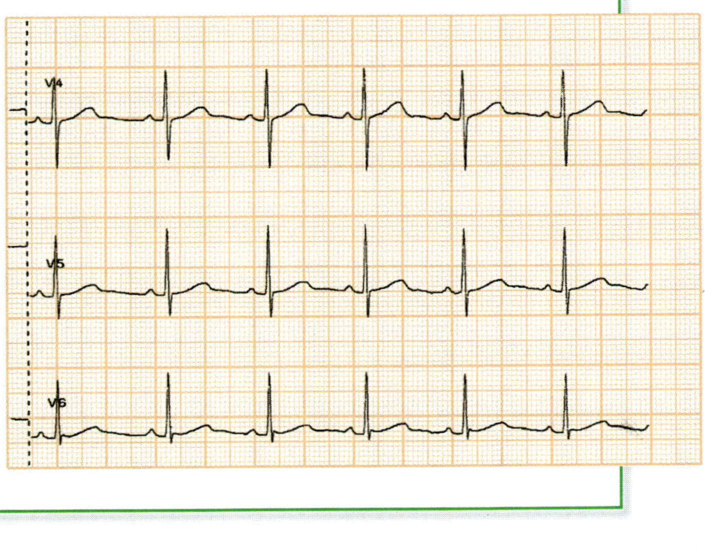

Confronto tra campo gravitazionale e campo elettrico (caso puntiforme)

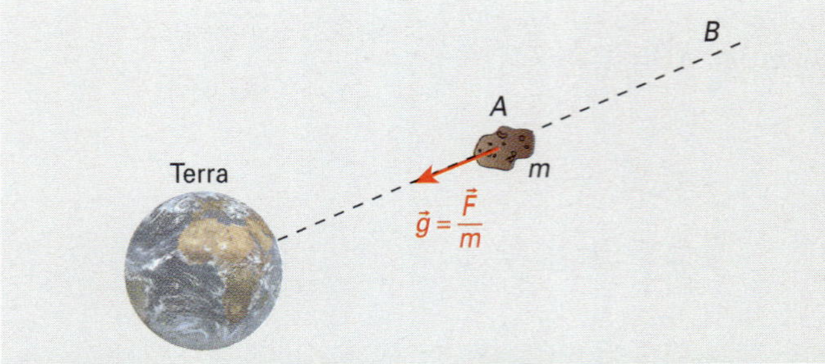

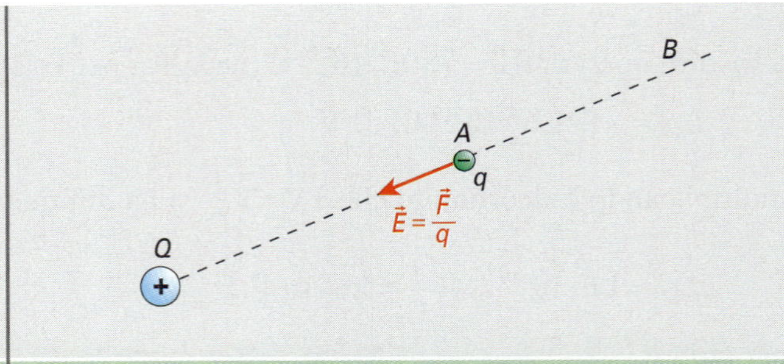

Forza gravitazionale (legge di Newton)

$$F = G\frac{M \cdot m}{r^2}$$

- si esercita su tutti i corpi
- è sempre attrattiva
- non risente del mezzo in cui le masse sono poste
- a parità di distanza è molto minore di quella elettrica

Forza elettrica (legge di Coulomb)

$$F = \frac{1}{4\pi\varepsilon_0}\frac{Q \cdot q}{r^2}$$

- si esercita solo fra corpi carichi elettricamente
- può essere sia attrattiva sia repulsiva
- risente del mezzo in cui le cariche sono poste
- a parità di distanza è molto maggiore di quella gravitazionale

Campo gravitazionale

$$\vec{g} = \frac{\vec{F}}{m} \Rightarrow g = G\frac{M}{r^2}$$

Campo elettrico

$$\vec{E} = \frac{\vec{F}}{q} \Rightarrow E = \frac{1}{4\pi\varepsilon_0} \cdot \frac{Q}{r^2}$$

Lavoro della forza gravitazionale

$$L = GMm\left(\frac{1}{r_B} - \frac{1}{r_A}\right)$$

- Il lavoro compiuto dalla forza di gravità quando una massa m si sposta da A a B dipende solo dalla posizione iniziale e finale e non dalla traiettoria seguita.
- La forza gravitazionale è conservativa.
- Caso particolare: massa m che si sposta da un punto a distanza $r_A = r$ sino all'infinito ($r_B \to \infty$):

$$L = -GMm\frac{1}{r}$$

- Il lavoro di segno negativo indica che la forza gravitazionale essendo sempre attrattiva si oppone all'allontanamento tra le due masse.

Lavoro della forza elettrica

$$L = \frac{1}{4\pi\varepsilon_0}Qq\left(\frac{1}{r_A} - \frac{1}{r_B}\right)$$

- Il lavoro compiuto dalla forza elettrica quando una carica q si sposta da A a B dipende solo dalla posizione iniziale e finale e non dalla traiettoria seguita.
- La forza elettrica è conservativa.
- Caso particolare: carica q che si sposta da un punto a distanza $r_A = r$ sino all'infinito ($r_B \to \infty$):

$$L = \frac{1}{4\pi\varepsilon_0}Qq\frac{1}{r}$$

- Il lavoro è negativo se le cariche hanno segno diverso e indica che la forza elettrica attrattiva si oppone all'allontanamento tra le due cariche.
- Il lavoro è positivo se le cariche hanno lo stesso segno (entrambe positive o entrambe negative) e indica che la forza elettrica repulsiva non si oppone all'allontanamento tra le due cariche.

Energia potenziale gravitazionale

Essendo la forza gravitazionale conservativa, esiste una funzione posizionale U tale che $L = U_A - U_B$. L'espressione di U in un punto P è data da:

$$U(P) = -G \cdot \frac{Mm}{r_P}$$

L'energia potenziale gravitazionale in un punto P esprime il lavoro compiuto dalla forza gravitazionale quando la massa m si sposta dal punto P all'infinito e si annulla per r tendente all'infinito.

Energia potenziale elettrica

Essendo la forza elettrica conservativa esiste una funzione posizionale U tale che $L = U_A - U_B$ e la sua espressione in un punto P è data da:

$$U(P) = \frac{1}{4\pi\varepsilon_0} \cdot \frac{Qq}{r_P}$$

L'energia potenziale elettrica in un punto P esprime il lavoro compiuto dalla forza elettrica quando la carica q si sposta dal punto P all'infinito e si annulla per r tendente all'infinito.

Potenziale gravitazionale

$$V(P) = \frac{U}{m} = -G\frac{M}{r_P}$$

Potenziale elettrico

$$V(P) = \frac{U}{q} = \frac{1}{4\pi\varepsilon_0} \cdot \frac{Q}{r_P}$$

17.4 Superfici equipotenziali

ON LINE VIRTUAL LAB
Superfici equipotenziali

Consideriamo il potenziale di una carica Q puntiforme positiva $V = \frac{1}{4\pi\varepsilon_0}\frac{Q}{r}$.
Man mano che ci si avvicina alla carica, dato che r decresce, V aumenta.

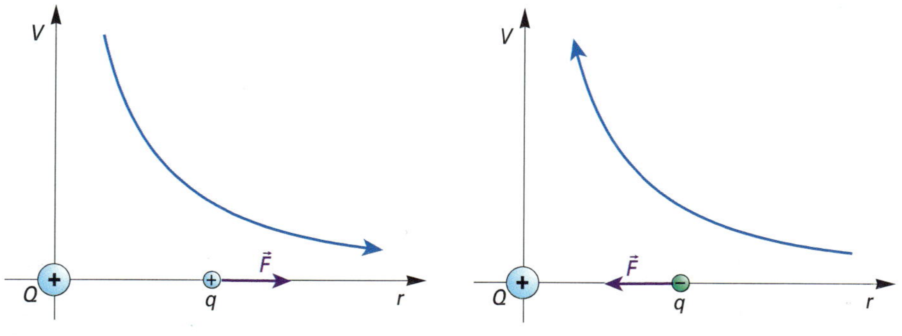

Una carica positiva $+q$ tende, a causa del campo elettrico, ad allontanarsi da Q, cioè si sposta nella direzione secondo la quale il potenziale diminuisce.

Invece, una carica negativa $-q$ tende, in presenza del campo elettrico, ad avvicinarsi a Q, cioè si sposta nella direzione in cui il potenziale aumenta.

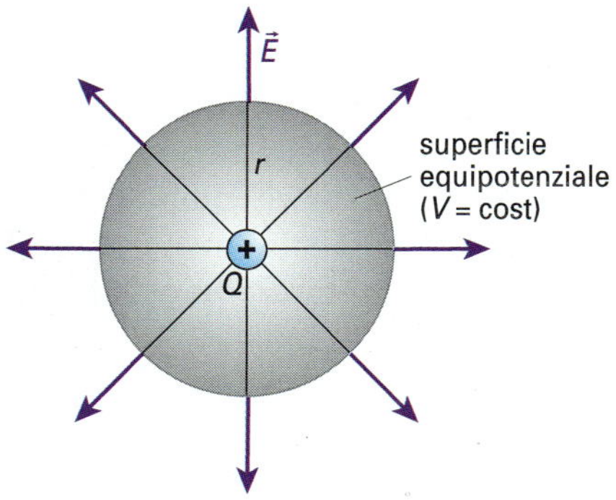

Prendiamo adesso una superficie sferica di raggio r con centro nella carica puntiforme Q.
È chiaro che sulla superficie della sfera, essendo r costante, il valore del potenziale resta invariato.

Una superficie sulla quale il potenziale elettrico è costante prende il nome di **superficie equipotenziale**.

superficie equipotenziale

Nel caso delle cariche puntiformi le superfici equipotenziali sono delle sfere con centro nella carica elettrica.

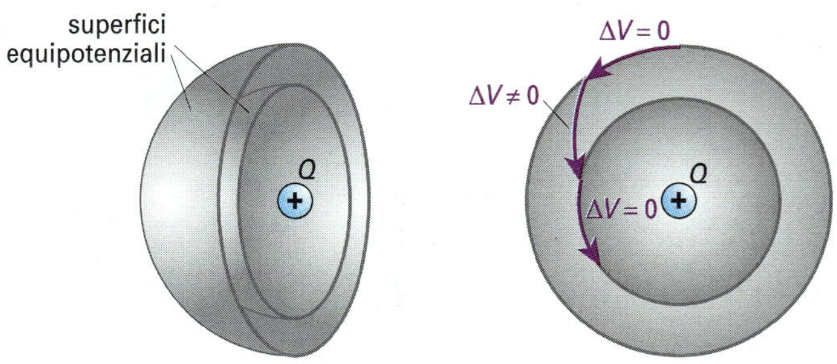

Se ci si sposta lungo una superficie equipotenziale il potenziale non cambia (V = costante), perciò la differenza di potenziale ΔV è nulla:

$$\Delta V = 0$$

Invece, se lo spostamento avviene in maniera tale da passare da una superficie equipotenziale a un'altra, allora la differenza di potenziale è diversa da zero:

$$\Delta V \neq 0$$

Quanto detto vale qualunque sia la distribuzione di carica presente in una determinata regione spaziale e qualunque sia la forma della superficie equipotenziale.

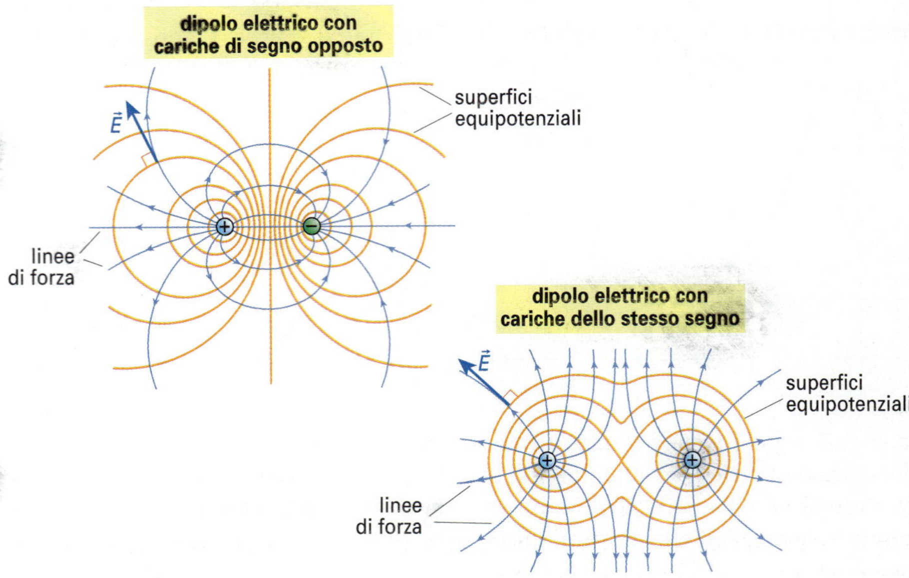

Quando si ha un dipolo elettrico, cioè due cariche puntiformi di uguale intensità (di segno opposto o dello stesso segno), le superfici equipotenziali possono essere visualizzate immaginando di fare ruotare le linee in colore arancione (che giacciono sul piano del foglio) attorno all'asse che va da una carica all'altra: durante la rotazione tali linee descrivono appunto le superfici equipotenziali. Possiamo notare che in questi casi vale la seguente proprietà: in tutti i punti **il campo elettrico $\vec{E}$ è tangente alle linee di forza e perpendicolare alle superfici equipotenziali**.

Ci chiediamo se questa proprietà è generalizzabile. In altri termini, quale relazione esiste tra il campo elettrico e le superfici equipotenziali?

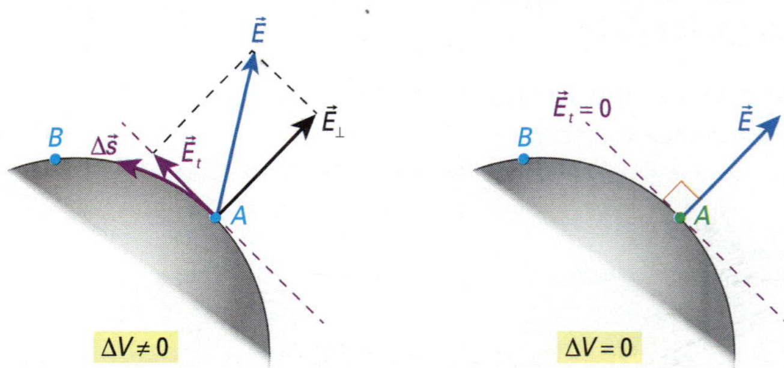

Se il campo elettrico rispetto a una prefissata superficie equipotenziale fosse obliquo, e quindi avesse anche una componente tangenziale $\vec{E}_t$, allora quella superficie non potrebbe essere *equipotenziale*. Infatti, essendo $\vec{E}_t = \frac{\vec{F}_t}{q}$, le forze del campo compirebbero un lavoro L_{AB} determinando uno spostamento delle cariche sulla superficie stessa. Essendo $\Delta V = -\frac{L_{AB}}{q}$, si avrebbe:

$$L_{AB} \neq 0 \quad \Rightarrow \quad \Delta V \neq 0$$

Pertanto, dato che sulla superficie equipotenziale $\Delta V = 0$, è corretto concludere che $\vec{E}$ non può avere una direzione obliqua. In definitiva:

campo elettrico e superficie equipotenziale

Il campo elettrico $\vec{E}$ è perpendicolare a qualunque superficie equipotenziale.

Da quest'ultima proprietà è possibile dedurre che **le superfici dei conduttori sono necessariamente superfici equipotenziali**.

Dato che sulla superficie S di un conduttore le cariche sono in equilibrio, questo implica che $\vec{E}$ risulta a essa perpendicolare, perché altrimenti le cariche si muoverebbero sotto l'azione della componente tangenziale $\vec{E}_t$ del campo elettrico. D'altra parte $\vec{E} \perp S$ è una proprietà che caratterizza le superfici equipotenziali:

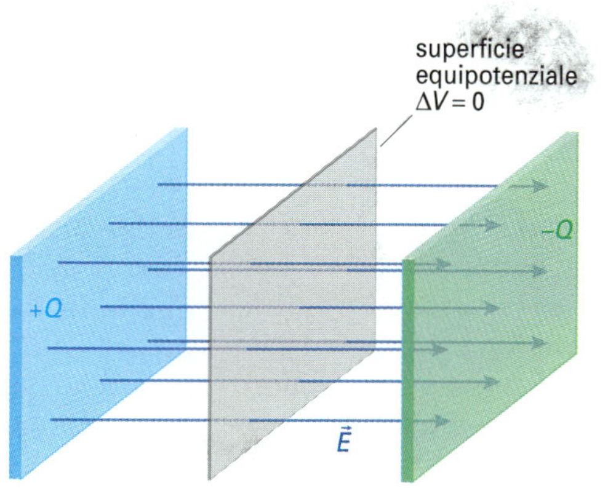

Tra le armature di un condensatore a facce piane parallele, tutte le superfici piane parallele alle due facce conduttrici sono superfici equipotenziali: perché in effetti esse sono in ogni punto perpendicolari alle linee di forza del campo elettrico $\vec{E}$. Com'è ovvio, sono superfici equipotenziali le stesse armature.

Campo elettrico e gradiente di potenziale

Con riguardo al caso semplice del condensatore piano, proviamo a determinare la relazione tra il campo elettrico e il potenziale, ricordando che tra le armature il campo elettrico è uniforme e costante.

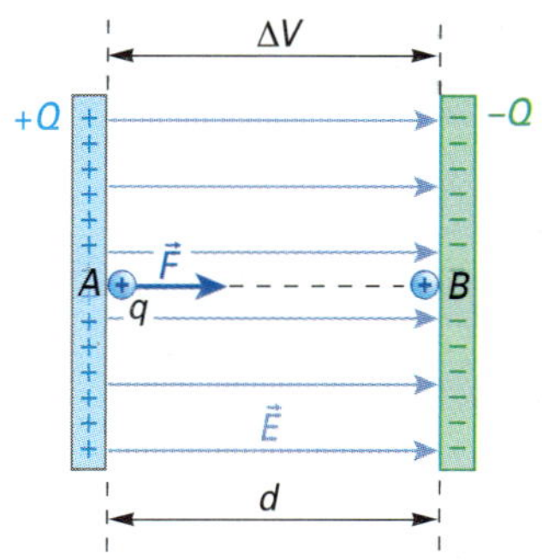

La carica esploratrice q positiva viene portata dall'armatura con carica $+Q$ a quella con carica $-Q$.

Dato che forza e spostamento sono paralleli, indicando con d la distanza tra le armature, allora il lavoro è:

$$L_{AB} = F \cdot d = qE \cdot d$$

Ma dalla definizione di differenza di potenziale si ha $L_{AB} = -q \cdot \Delta V$, in quanto la carica q si muove da un punto a potenziale maggiore (A) a un punto a potenziale minore (B).

Quindi, sostituendo e dividendo ambo i membri per q:

$$L_{AB} = qE \cdot d \quad \Rightarrow \quad -q \cdot \Delta V = qE \cdot d \quad \Rightarrow \quad E = -\frac{\Delta V}{d}$$

$$E = -\frac{\Delta V}{d}$$

campo elettrico in un condensatore

ΔV è la differenza di potenziale tra le armature del condensatore e d la distanza che le separa.

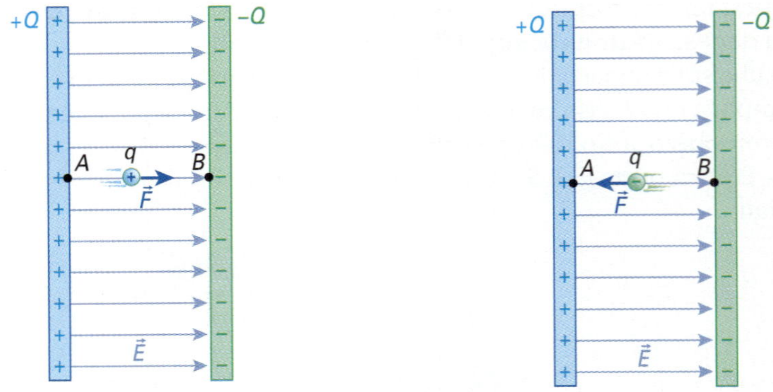

Sotto l'azione del campo $\vec{E}$ la forza elettrica compie un lavoro per portare una carica da un'armatura all'altra. Se la carica q è positiva, essa si muove dall'armatura A a potenziale maggiore (V_A) verso la B a potenziale minore (V_B). In altri termini, il movimento della carica positiva avviene dall'armatura a livello energetico elettrico maggiore (V_A) a quella a livello energetico elettrico minore (V_B).

Se la carica q è negativa, la forza $\vec{F}$ ha il verso opposto a quello di $\vec{E}$ e quindi essa si muove da B verso A. Pertanto le cariche negative si spostano dall'armatura a potenziale minore (V_B) verso quella a potenziale maggiore (V_A).

Ricorda!...

Se la carica q è positiva, si muove da A verso B con $V_A > V_B$; se la carica q è negativa, si muove da B verso A con $V_B < V_A$.

Quando il campo elettrostatico in una certa regione spaziale non è uniforme, possiamo considerare uno spostamento Δs sufficientemente piccolo in modo tale che ΔV sia la d.d.p. tra le due superfici equipotenziali distanti tra loro proprio Δs. In questo caso il modulo del campo elettrico è:

$$E = -\frac{\Delta V}{\Delta s}$$

dove $\frac{\Delta V}{\Delta s}$ è chiamato **gradiente di potenziale elettrico**.

Come unità di misura di E al posto di $\frac{\text{N}}{\text{C}}$ si preferisce usare quella che si ricava dalla formula scritta sopra, di particolare rilevanza fisica:

$$E = -\frac{\Delta V}{\Delta s} \begin{matrix} \rightarrow \\ \rightarrow \end{matrix} \frac{\text{volt}}{\text{metro}} \Rightarrow \frac{\text{V}}{\text{m}}$$

unità di misura del campo elettrico

Si ha un campo elettrico di $1\frac{\text{V}}{\text{m}}$ se tra due punti del campo elettrico distanti tra loro 1 m la differenza di potenziale vale 1 V.

esempio

Per il campo elettrico abbiamo già definito la sua unità di misura come N/Q, in base alla sua definizione $E = F/q$. Ma ovviamente V/m e N/Q devono rappresentare unità di misura tra loro equivalenti. Lo vogliamo verificare effettuando l'analisi dimensionale.

1) $E = -\frac{\Delta V}{\Delta s} \Rightarrow \frac{\text{V}}{\text{m}}$

$$\left.\begin{aligned} \Delta V &= -\frac{L_{AB}}{q} = \frac{[\text{L}]^2[\text{t}]^{-2}[\text{M}]}{[\text{I}][\text{t}]} = [\text{L}]^2[\text{t}]^{-3}[\text{M}][\text{I}]^{-1} \\ \Delta s &= [\text{L}] \end{aligned}\right\} \frac{\Delta V}{\Delta s} = \frac{[\text{L}]^2[\text{t}]^{-3}[\text{M}][\text{I}]^{-1}}{[\text{L}]} = [\text{L}][\text{t}]^{-3}[\text{M}][\text{I}]^{-1}$$

2) $E = \frac{F}{q} \Rightarrow \frac{\text{N}}{\text{C}}$

$$\left.\begin{aligned} F &= [\text{L}][\text{t}]^{-2}[\text{M}] \\ q &= [\text{I}][\text{t}] \end{aligned}\right\} \frac{F}{q} = \frac{[\text{L}][\text{t}]^{-2}[\text{M}]}{[\text{I}][\text{t}]} = [\text{L}][\text{t}]^{-3}[\text{M}][\text{I}]^{-1}$$

Come si può vedere, le dimensioni nei due casi coincidono.

Confronto tra campo gravitazionale e campo elettrico (caso uniforme)

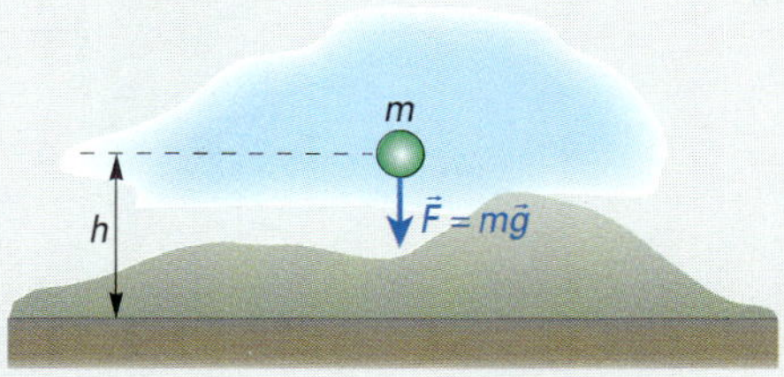

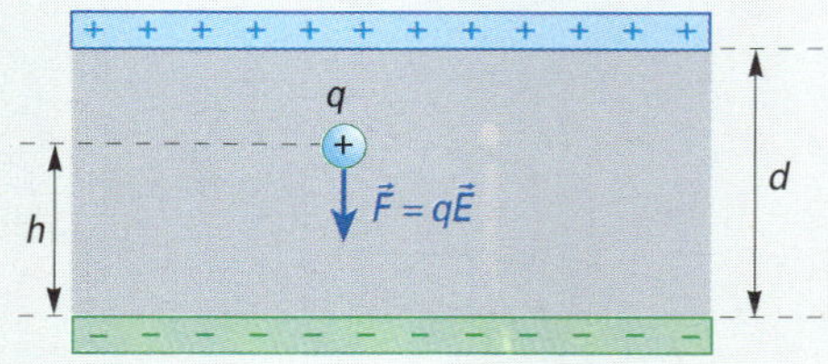

Forza di gravità Forza agente su una massa *m* nella vicinanza della superficie terrestre (forza peso): $\vec{F} = m\vec{g}$	**Forza elettrica** Forza agente su una carica *q* che si trova tra le armature di un condensatore: $\vec{F} = q\vec{E}$
Campo gravitazionale $\vec{g} = \frac{\vec{F}}{m}$	**Campo elettrico** $\vec{E} = \frac{\vec{F}}{q}$
Lavoro della forza gravitazionale Massa *m* che cade da un'altezza *h* rispetto al livello della superficie terrestre: $L = mgh$ • Il lavoro compiuto dalla forza peso quando una massa *m* percorre un dislivello *h* dipende solo dalla posizione iniziale e finale e non dalla particolare traiettoria seguita per spostarsi tra le due posizioni. • La forza peso è conservativa.	**Lavoro della forza elettrica** Carica *q* positiva che si sposta dall'armatura positiva alla negativa: $L = qEd$ • Il lavoro compiuto dalla forza elettrica – quando una carica *q* positiva posta a distanza *d* dall'armatura negativa viene da questa attratta – dipende solo dalla posizione iniziale e finale e non dalla traiettoria. • La forza elettrica è conservativa.
Energia potenziale gravitazionale Massa *m* posta a distanza *h* dalla Terra: $U = mgh$	**Energia potenziale elettrica** Carica positiva *q* posta a distanza $h \leq d$ dall'armatura negativa: $U = qEh$

17.5 I condensatori

VIDEO LAB

ON LINE
VIRTUAL LAB
Condensatore

Soffermiamoci ora più in dettaglio su questo importante componente dei circuiti elettrici, il **condensatore**, in grado di accumulare quantità più o meno grandi di carica, a seconda della differenza di potenziale a cui si trova.

Le applicazioni dei condensatori sono numerose: nelle radio per la sintonizzazione dei canali, nella tastiera del computer, negli amplificatori...

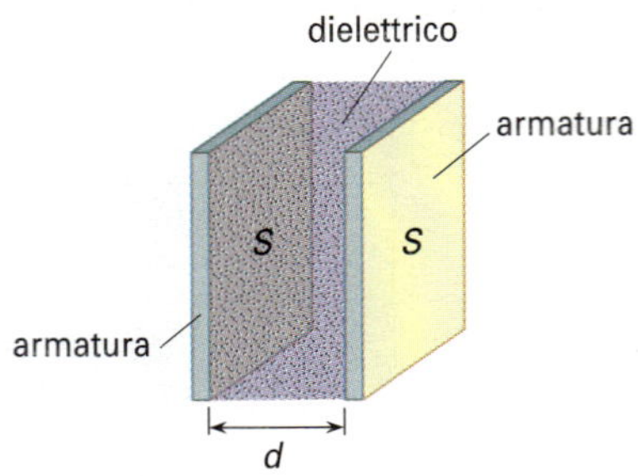

I **condensatori piani** sono costituiti da due armature piane e parallele, di uguale sezione S e poste a distanza d, fra le quali viene interposto un materiale isolante (**dielettrico**).

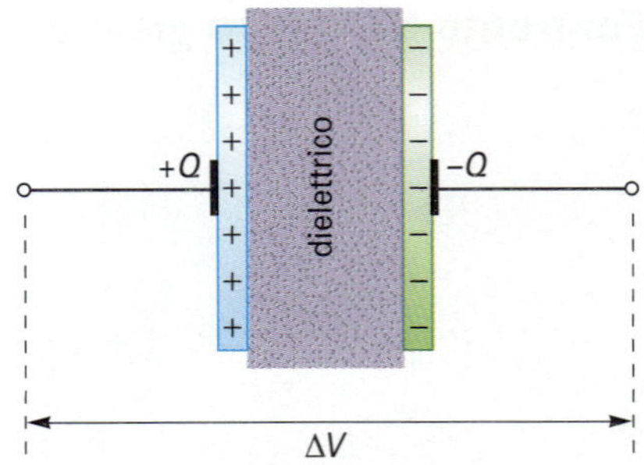

Quando sulle armature del condensatore la quantità di carica accumulatasi aumenta, si osserva che la d.d.p. tra di esse cresce proporzionalmente.

I condensatori non si comportano tutti allo stesso modo, nel senso che con la stessa ΔV in uno si accumula una carica diversa rispetto a un altro. (Applicando tensioni elevate si può avere addirittura l'effetto indesiderato della scarica violenta con danneggiamento del condensatore.)
La **capacità** ci informa sulla quantità di carica che si accumula in un condensatore a seconda della differenza di potenziale a cui viene sottoposto.

capacità

La **capacità** $\boldsymbol{C}$ è definita come il rapporto fra la carica Q presente nelle armature e la differenza di potenziale ΔV:

$$C = \frac{Q}{\Delta V}$$

Precisiamo che quando un condensatore viene caricato con una carica Q, si intende che le due armature presentano entrambe la carica complessiva Q, ma di segno opposto.
Per quanto riguarda l'unità di misura della capacità:

$$C = \frac{Q}{\Delta V} \quad \Rightarrow \quad \frac{\mathrm{C}}{\mathrm{V}}$$

Per il rapporto C/V è stato scelto il nome **farad**, dal cognome di un famoso fisico inglese autodidatta, Michel Faraday (1791-1867). Il simbolo del farad è **F**:

farad

$$1\,\mathrm{F} = 1\,\frac{\mathrm{C}}{\mathrm{V}}$$

Un condensatore ha la capacità di un farad quando con una d.d.p. di 1 volt tra le sue armature, in esse si accumula una carica di 1 coulomb.

Il farad (F) è un'unità di misura alla quale corrisponde una capacità molto grande, per cui spesso si usano i sottomultipli riportati in tabella 1.

Tabella 1

***milli*farad**	***micro*farad**	***nano*farad**	***pico*farad**
mF	**μF**	**nF**	**pF**
10^{-3} F	10^{-6} F	10^{-9} F	10^{-12} F

La capacità del condensatore piano

La capacità del condensatore è legata alle sue caratteristiche fisiche (il dielettrico presente tra le armature) e geometriche (superficie delle armature e distanza reciproca). Vediamo come.

Per il teorema di Gauss sappiamo che il campo elettrico $\vec{E}$ in un condensatore a facce piane parallele è uniforme e il suo modulo è dato dal rapporto tra la densità superficiale di carica σ e la costante dielettrica (ε_0 se c'è il vuoto oppure ε se è presente un dielettrico):

$$E = \frac{\sigma}{\varepsilon} \quad \Rightarrow \quad \sigma = \varepsilon \cdot E$$

ed essendo $\sigma = \frac{Q}{S}$:

$$Q = \sigma \cdot S \quad \Rightarrow \quad Q = \varepsilon E S$$

Da $E = -\frac{\Delta V}{d}$ a meno del segno (non interessandoci la direzione del campo), si ricava $\Delta V = Ed$.
Riprendendo la definizione di capacità $C = Q/\Delta V$, troviamo:

$$C = \frac{Q}{\Delta V} = \frac{\varepsilon E S}{E d}$$

per cui, semplificando:

$$C = \varepsilon \frac{S}{d}$$

capacità del condensatore

$\varepsilon = \varepsilon_r \cdot \varepsilon_0$ è la costante dielettrica che tiene conto del mezzo materiale, S è la superficie delle due armature e d la distanza tra di esse.

Ricavando ε, si trova: $\varepsilon = C \cdot \frac{d}{S}$. Perciò, l'unità di misura della costante dielettrica può essere anche: $\mathrm{F} \cdot \frac{\mathrm{m}}{\mathrm{m}^2} \Rightarrow \frac{\mathrm{F}}{\mathrm{m}}$.

In definitiva, la capacità di un condensatore piano:

- è direttamente proporzionale alla superficie (S):

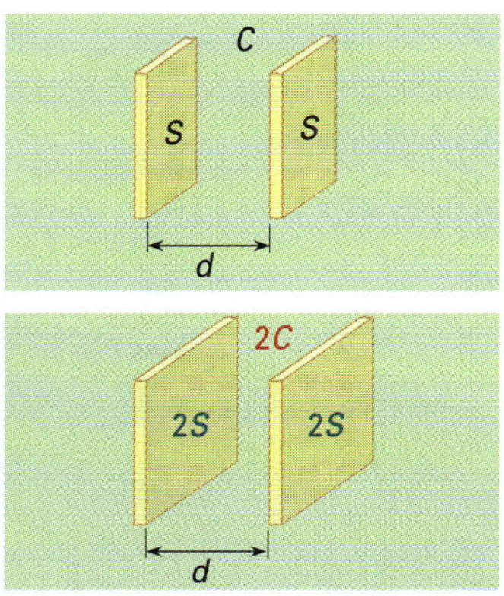

se la superficie raddoppia la capacità raddoppia;

- è inversamente proporzionale alla distanza fra le armature (d):

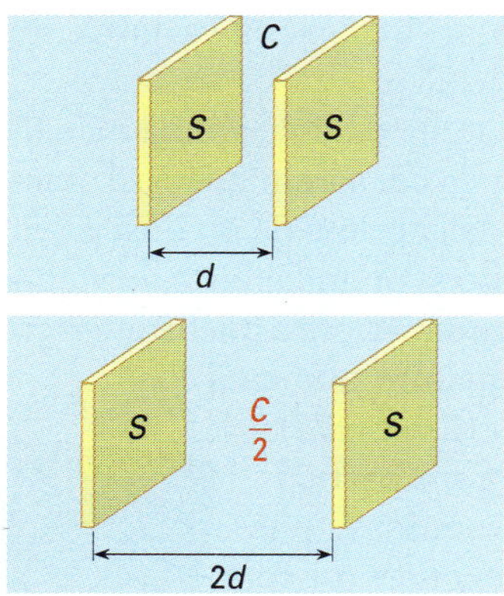

se la distanza raddoppia la capacità si dimezza;

- dipende dal dielettrico interposto (ε):

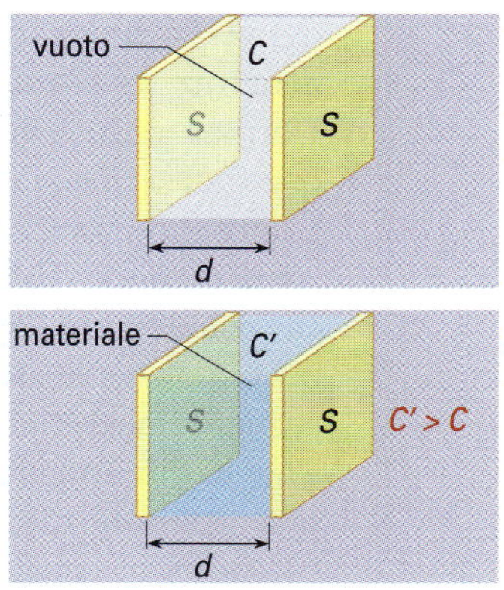

se tra le armature si interpone un dielettrico la capacità aumenta rispetto al vuoto.

Per incrementare la capacità, se si lasciano invariate le dimensioni delle armature e la distanza tra di esse, si mette un dielettrico caratterizzato da una ε (ovvero da una ε_r) più elevata.

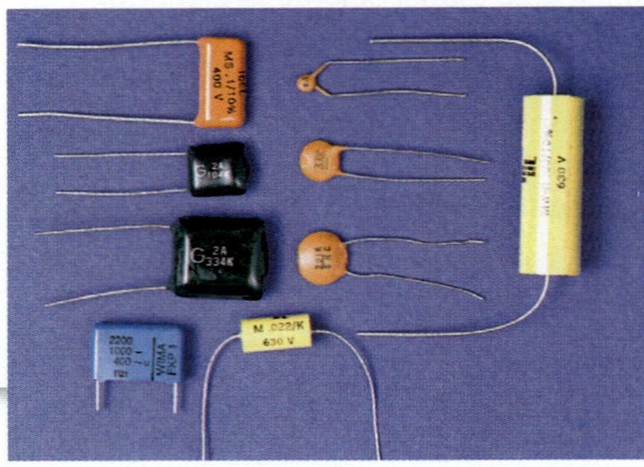

I condensatori possono essere di forme diverse.
Il simbolo elettrico corrispondente è:

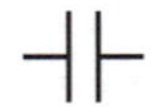

esempio

Le armature di un condensatore piano hanno una superficie pari a 75 cm^2 e distano fra loro 2,5 mm.
Calcoliamo la carica presente sulle armature quando tra di esse viene applicata una tensione di 50 V, nel caso in cui il dielettrico sia carta ($\varepsilon_r = 2{,}3$).

Ricordando la definizione di capacità, che è data da $C = Q/\Delta V$, puoi scrivere:

$$Q = C \cdot \Delta V$$

in cui C lo trovi tramite la relazione:

$$C = \varepsilon \frac{S}{d}$$

vale a dire, essendo $\varepsilon = \varepsilon_r \cdot \varepsilon_0$:

$$C = \varepsilon_r \cdot \varepsilon_0 \frac{S}{d}$$

Tenuto conto che per la carta il valore della costante dielettrica relativa è $\varepsilon_r = 2{,}3$ ed essendo $\varepsilon_0 = 8{,}85 \cdot 10^{-12}$ F/m, sostituendo i dati ottieni:

$$C = 2{,}3 \cdot 8{,}85 \cdot 10^{-12} \cdot \frac{75 \cdot 10^{-4}}{2{,}5 \cdot 10^{-3}} \cong$$

$$\cong 61 \cdot 10^{-12}\ \text{F} = 61\ \text{p}F\ (\textit{pico}\text{farad})$$

Infine, calcoli Q:

$$Q = 61 \cdot 10^{-12} \cdot 50 \cong 3{,}1 \cdot 10^{-9}\ \text{C}$$

FLASH

La tastiera

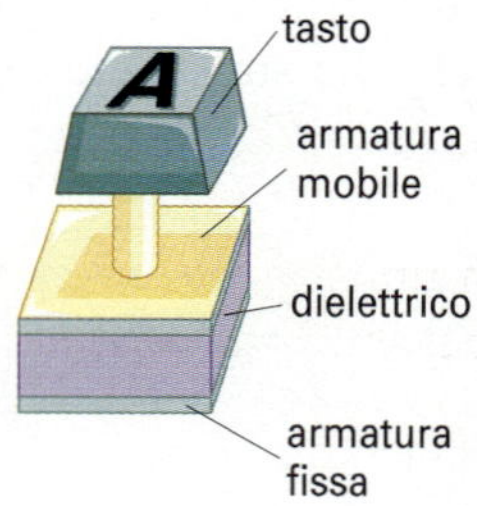

In certi tipi di tastiera, come quelli per computer, i tasti sono dei veri e propri condensatori a capacità variabile, in grado di generare un segnale elettrico.
L'armatura superiore è costituita da una lamina metallica mobile collegata a uno stantuffo, sulla cui sommità è posizionato il tasto. L'altra armatura, separata dalla prima da un dielettrico, è una lamina metallica fissa. Quando si preme il tasto, lo stantuffo causa l'avvicinamento della lamina superiore a quella inferiore: diminuendo la distanza fra le armature, aumenta conseguentemente la capacità ($C = \varepsilon \cdot S/d$).
Tale cambiamento diventa un particolare segnale elettrico associato, per esempio, al carattere *A* secondo un codice prefissato. La presenza del dielettrico è necessaria per fare in modo che la variazione di capacità sia più alta, rendendo il segnale elettrico associato più forte.

L'energia del condensatore

Per concludere, calcoliamo l'energia immagazzinata in un condensatore carico.

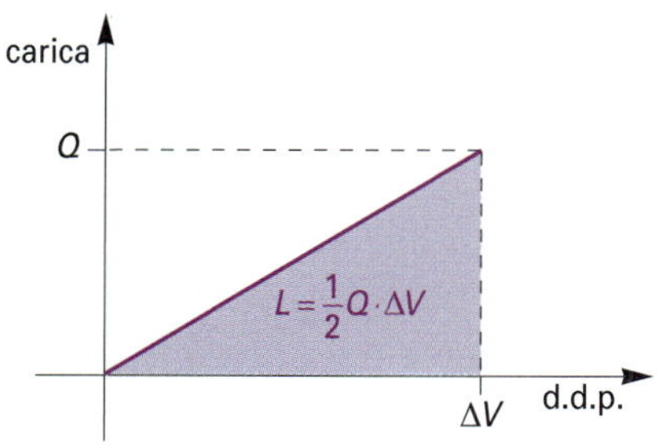

L'energia accumulata in un condensatore corrisponde al lavoro compiuto da una macchina elettrica (*generatore*) per caricarlo. Se come differenza di potenziale consideriamo quella tra le armature e come carica Q quella che si accumula su di esse, abbiamo che il lavoro dovrebbe essere semplicemente $L = Q \cdot \Delta V$, corrispondente nel grafico all'area del rettangolo.

Tuttavia, Q e ΔV nel condensatore crescono proporzionalmente, per cui in realtà il lavoro totale corrisponde all'area del triangolo, cioè alla metà del prodotto $Q \cdot \Delta V$, cioè:

$$L = \frac{1}{2} Q \cdot \Delta V$$

Per definizione di capacità, $C = \dfrac{Q}{\Delta V}$, si ha che $Q = C \cdot \Delta V$. Sostituendo, si trova:

$$L = \frac{1}{2} Q \cdot \Delta V = \frac{1}{2} (C \cdot \Delta V) \cdot \Delta V = \frac{1}{2} C \cdot (\Delta V)^2$$

$$L = \frac{1}{2} C \cdot (\Delta V)^2$$

energia immagazzinata nel condensatore

C è la capacità del condensatore e ΔV è la differenza di potenziale presente tra le sue armature.

17.6 Thomson e Millikan: la carica dell'elettrone

Con un dispositivo molto semplice Joseph J. Thomson (1856-1940) riuscì a misurare il rapporto tra la carica dell'elettrone e la sua massa: e/m_e.

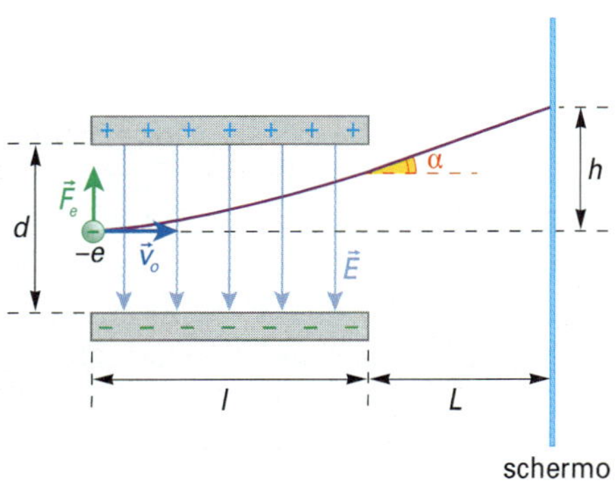

Un elettrone entra in un campo elettrostatico uniforme creato tra le armature piane e parallele di lunghezza l e con una differenza di potenziale pari a ΔV. In direzione perpendicolare alla velocità di ingresso dell'elettrone agisce la forza $\vec{F}_e$ dovuta alla presenza del campo elettrico, che in modulo è $F_e = e \cdot E$. L'elettrone subisce una deflessione e va a colpire lo schermo in un punto ad altezza h rispetto alla direzione iniziale.

Considerato che la forza del campo elettrico modifica solo la componente perpendicolare della velocità (che inizialmente è nulla, in quanto è presente unicamente la componente orizzontale $\vec{v}_0$), si trova che:

$$h = \frac{e}{m_e} \frac{\Delta V}{dv_0^2} l \left(\frac{l}{2} + L \right)$$

ON LINE

Dimostrazione di $h = \frac{e}{m_e} \frac{\Delta V}{dv_0^2} l \left(\frac{l}{2} + L \right)$

Si tratta di quantità tutte misurabili sperimentalmente (compreso il modulo v_0 della velocità di ingresso, facendo ricorso a un opportuno campo magnetico).

Thomson negli ultimi anni del 1800 poté misurare il rapporto e/m_e tra la carica e la massa dell'elettrone, trovando che era mille volte maggiore dell'analogo rapporto per lo ione dell'atomo di idrogeno (tra la carica del protone e la sua massa). Perciò concluse che la massa dell'elettrone doveva essere mille volte inferiore, dato che la carica dell'elettrone e dello ione H^+, a parte il segno, sono uguali. Oggi sappiamo che il valore in questione è circa 1836.

Ma qual è la carica effettiva dell'elettrone? Ci pensò nel 1913 Robert A. Millikan (1868-1953) a determinarla.

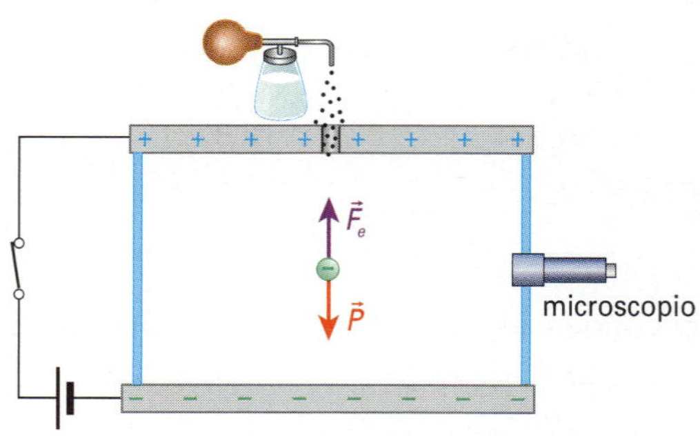

Attraverso un foro praticato sulla piastra superiore, vengono spruzzate delle goccioline d'olio. Tra le due armature è presente un campo elettrico che sappiamo essere uniforme.

Quando capita che una gocciolina rimanga sospesa, questo significa che si equilibrano la forza peso $\vec{P}$, che dipende dalla sua massa m, e la forza elettrica $\vec{F}_e$ diretta verso l'alto (circostanza che si verifica quando la gocciolina è carica negativamente). In modulo:

$$P = F_e$$

Millikan misurò il diametro delle goccioline d'olio in base alla velocità di caduta in aria in assenza di campo elettrico, risalendo così alla loro massa.

Le goccioline si caricavano per strofinio sia positivamente sia negativamente quando venivano spinte all'esterno dalla pompetta. La loro carica poteva essere modificata a piacimento tramite una sorgente di raggi X.

Una volta nota la massa, Millikan poté misurare la carica delle goccioline. Ripetendo l'esperimento numerose volte (lo studio durò all'incirca... tre anni!), trovò che le cariche erano sempre un multiplo di $1{,}5924 \cdot 10^{-19}$ C, valore molto vicino alla carica dell'elettrone assunta oggi, che è $1{,}60217653 \cdot 10^{-19}$ C.

IDEE e PERSONAGGI

L'elettricità dei corpi

La ricetta

"Ci si procura la zampa di una rana recisa in modo tale che il nervo sciatico fuoriesca parzialmente. Si costruiscono due piccolissimi anelli metallici di materiale diverso (per esempio, stagno e argento oppure stagno e ottone) e li si fissa sul nervo a una certa distanza tra di loro. Quindi, si prende un filo conduttore e con esso si mettono in contatto i due anelli. L'inatteso fenomeno che si osserva è una improvvisa contrazione della zampa".

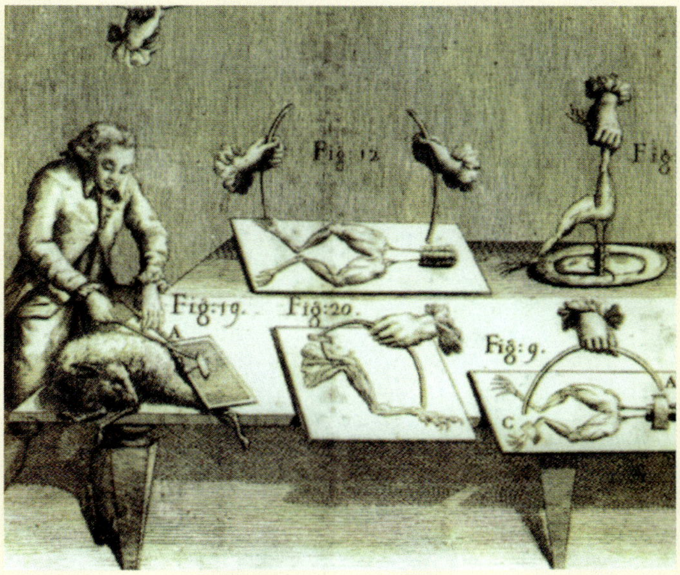

Al di là di una legittima reazione umana di pietà per il malcapitato animale – non dimentichiamo che siamo a cavallo tra il 1700 e il 1800 – quali considerazioni di carattere scientifico si possono trarre relativamente al fatto appena descritto?

La versione di Galvani

Inizialmente la contrazione dei muscoli sembra essere collegata a fenomeni elettrici esterni; in effetti, toccando il nervo con un bisturi, il movimento è più accentuato se nelle vicinanze si sviluppa una qualche scarica elettrica. Tuttavia, con un'accurata serie di esperimenti, si trova che addirittura toccando semplicemente un nervo con un altro nervo, avendo cura di utilizzare bacchette di vetro per le varie azioni e non oggetti metallici... l'effetto è lo stesso! Se ne deve dunque concludere che all'interno del corpo della rana è presente una qualche forma di elettricità.

La versione di Volta

Le parti della rana sono semplicemente dei conduttori e come tali si comportano. Quello che si vede è qualcosa del tutto analogo a un condensatore: una scarica che ha luogo quando si mettono due parti a contatto. Il fatto è che tra i conduttori si creano comunque dei passaggi di corrente, come in modo evidente dimostra il funzionamento della pila. Anche quando sembra che le cose non stiano così e che sia presente un solo materiale, in realtà, o a causa delle impurità o perché sono presenti conduttori di tipo diverso (gli organi dell'animale possono essere considerati conduttori di seconda classe), si tratta comunque di elettricità di contatto e non di elettricità contenuta intrinsecamente nella rana.

La disputa

In base alle conoscenze dell'epoca (fine XVIII secolo) entrambe le posizioni hanno una loro attendibilità. A tutti gli effetti, non c'è ancora nessun risultato sperimentale che possa definitivamente confermare una tesi e confutare l'altra. Tuttavia, sul momento, soprattutto grazie al clamore generato dall'invenzione della pila che consente per la prima volta di accumulare grandi quantità di carica elettrica, prevalgono le ragioni addotte da Alessandro Volta. Non c'è partita: l'antagonista di Galvani è membro corrispondente dell'Accademia di Parigi, membro straniero della Royal Society di Londra ed è stato omaggiato con tanto di medaglia d'oro e pensione nientemeno che da Napoleone...

Ma come in una storia a lieto fine, il tempo dirà che... avevano ragione entrambi: le cellule animali possono infatti, come sosteneva Galvani, generare una loro corrente elettrica, in quanto possiedono una carica propria: funzionano perciò esattamente come delle microscopiche pile, analoghe a quelle inventate proprio da Volta!

SCIENTIFIC ENGLISH

CLIL

Electrical Energy

Potentials and Charged Conductors

The electric potential at all points on a charged conductor can be determined by combining two equations. From the first equation, we see that the work done on a charge by electric forces is related to the change in electrical potential energy of the charge by

$$W = -\Delta PE$$

From the second equation, we see that the change in electric potential energy between two points A and B is related to the potential difference between those points by

$$\Delta PE = q(V_B - V_A)$$

Combining these two equations, we find that

$$W = -q(V_B - V_A) \qquad [1]$$

Using this equation, we obtain the following general result: **No net work is required to move a charge between two points that are at the same electric potential.** In mathematical terms, this says that $W = 0$ whenever $V_B = V_A$.

When a conductor is in electrostatic equilibrium, a net charge placed on it resides entirely on its surface. Further, we showed that the electric field just outside the surface of a charged conductor in electrostatic equilibrium is perpendicular to the surface and that the field inside the conductor is zero. We now show that **all points on the surface of a charged conductor in electrostatic equilibrium are at the same potential.**

Consider a surface path connecting any points A and B on a charged conductor, as in Figure 1. The charges on the conductor are assumed to be in equilibrium with each other, so none are moving. In this case, the electric field $\vec{\mathbf{E}}$ is always perpendicular to the displacement along this path. This must be so, for otherwise the part of the electric field tangent to the surface would move the charges. Because $\vec{\mathbf{E}}$ is perpendicular to the path, no work is done by the electric field if a charge is moved between the given two points. From Equation 1 we see that if the work done is zero, the difference in electric potential, $V_B - V_A$, is also zero. It follows that **the electric potential is a constant everywhere on the surface of a charged conductor in equilibrium.** Further, because the electric field inside a conductor is zero, no work is required to move a charge between two points inside the conductor. Again, equation 1 shows that if the work done is zero, the difference in electric potential between any two points inside a conductor must also be zero. We conclude that the electric potential is constant everywhere inside a conductor.

Finally, because one of the points inside the conductor could be arbitrarily close to the surface of the conductor, we conclude that **the electric potential is constant everywhere inside a conductor and equal to that same value at the surface.** As a consequence, no work is required to move a charge from the interior of a charged conductor to its surface. (It's important to realize that the potential inside a conductor is not necessarily zero, even though the interior electric field is zero.)

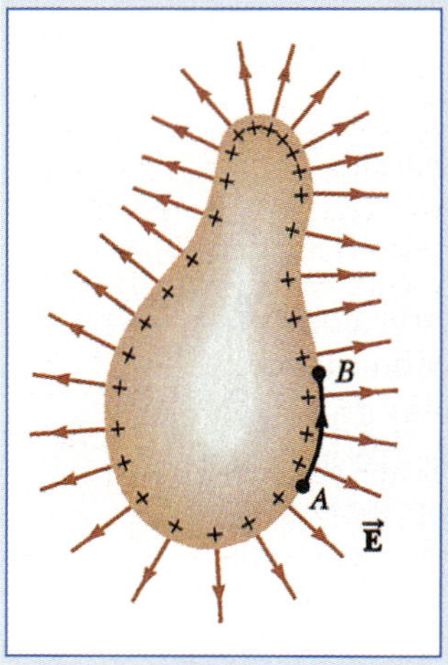

Figure 1
An arbitrarily shaped conductor with an excess positive charge. When the conductor is in electrostatic equilibrium, all of the charge resides at the surface, $\vec{\mathbf{E}} = 0$ inside the conductor, and the electric field just outside the conductor is perpendicular to the surface. The potential is constant inside the conductor and is equal to the potential at the surface.

The Electron Volt

An appropriately-sized unit of energy commonly used in atomic and nuclear physics is the electron volt (eV). For example, electrons in normal atoms typically have energies of tens of eV's, excited electrons in atoms emitting x-rays have energies of thousands of eV's, and high energy gamma rays (electromagnetic waves) emitted by the nucleus have energies of millions of eV's.

The electron volt is defined as the kinetic energy that an electron gains when accelerated through a potential difference of 1 V.

definition of the electron volt

Because 1 V = 1 J/C and because the magnitude of the charge of the electron is 1.60×10^{-19} C, we see that the electron volt is related to the joule by

$$1 \text{ eV} = 1.60 \times 10^{-19} \text{ C} \cdot \text{V} = 1.60 \times 10^{-19} \text{ J} \qquad [2]$$

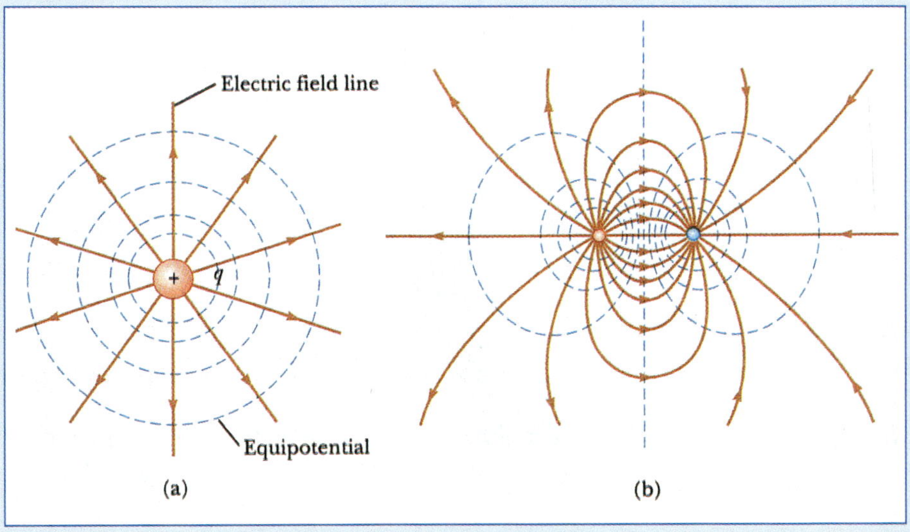

Figure 2
Equipotentials (dashed blue lines) and electric field lines (red lines) for (a) a positive point charge and (b) two point charges of equal magnitude and opposite sign. In all cases, the equipotentials are *perpendicular* to the electric field lines at every point.

Quick Quiz

An electron initially at rest accelerated through a potential difference of 1 V, gaining kinetic energy KE_e, while a proton, also initially at rest, accelerates through a potential difference of −1 V, gaining kinetic energy KE_p. Which of the following relationships holds? (a) $KE_e = KE_p$ (b) $KE_e < KE_p$ (c) $KE_e > KE_p$ (d) cannot be determined from the given information.

IN SINTESI

Conservatività del campo elettrostatico

- La **circuitazione** del campo elettrico $\vec{E}$ lungo la curva chiusa γ è definita come:

$$\Gamma_\gamma(\vec{E}) = \sum_{i=1}^{n} \vec{E}_i \cdot \Delta \vec{s}_i$$

- Poiché $\Gamma_\gamma(\vec{E}) = 0$, il lavoro per andare da un punto A a un punto B del campo è indipendente dal percorso scelto. In altre parole, il campo elettrostatico è **conservativo**.
- L'**energia potenziale elettrica** U di una carica elettrica q posta in un punto A a una distanza r da una sorgente Q è data da:

$$U = \frac{1}{4\pi\varepsilon_0} \frac{Q \cdot q}{r}$$

e rappresenta il lavoro che compirebbero le forze elettriche per portare la carica q da A all'infinito dove l'energia potenziale è convenzionalmente nulla.
- La **differenza di energia potenziale elettrica** tra due punti A e B corrisponde al lavoro compiuto dalle forze del campo elettrico per portare la carica q da A a B e si misura in joule (J).
- Il **potenziale** V in un punto A che dista r da una carica puntiforme Q corrisponde all'energia potenziale che possiede l'unità di carica che dall'infinito (dove il potenziale è nullo) viene portata in A e corrisponde a:

$$V = \frac{1}{4\pi\varepsilon_0} \frac{Q}{r}$$

- La **differenza di potenziale** elettrico ΔV (**d.d.p.** o **tensione**) tra due punti A e B è il rapporto tra il lavoro L_{AB} compiuto dalle forze del campo elettrico per portare una carica q da A a B e la carica stessa:

$$\Delta V = -\frac{L_{AB}}{q}$$

(Il segno negativo indica che il potenziale diminuisce secondo il verso del campo elettrico.)
L'unità di misura della differenza di tensione è il **volt** (**V**) tale che 1 V = 1 J/C.
L'**elettronvolt** (**eV**) è un'unità di misura dell'energia: 1 eV = $1{,}6 \cdot 10^{-19}$ J.
- Una **superficie equipotenziale** è una superficie sulla quale il potenziale elettrico resta costante. Il campo elettrico in ogni punto della superficie equipotenziale è, rispetto a essa, perpendicolare.

Condensatori

- La relazione che lega in un condensatore piano il modulo campo elettrico uniforme $\vec{E}$ presente fra le due armature, la distanza d tra di esse e la corrispondente d.d.p. ΔV è:

$$E = -\frac{\Delta V}{d}$$

L'unità di misura del campo elettrico, oltre a N/C, è anche V/m.
- Un **condensatore piano** è formato da due armature piane e parallele di uguale superficie S e poste a distanza d, tra le quali viene interposto un materiale isolante detto **dielettrico**, di costante dielettrica assoluta ε. Il condensatore è caratterizzato dalla **capacità**, definita come:

$$C = \frac{Q}{\Delta V} \quad \text{o anche} \quad C = \varepsilon \frac{S}{d}$$

L'unità di misura della capacità è il **farad** (**F**): 1 F = 1 C/V.
- L'**energia immagazzinata** in un condensatore è data da:

$$L = \frac{1}{2} C \cdot (\Delta V)^2$$

con C capacità del condensatore e ΔV differenza di potenziale presente tra le armature.
- Thomson misurò per primo il **rapporto e/m_e tra la carica dell'elettrone e la sua massa**: l'elettrone ha una massa 1836 volte minore rispetto a quella dello ione dell'idrogeno (protone). Millikan, invece, determinò il valore della carica elementare e dell'elettrone, che oggi è considerata di $1{,}6 \cdot 10^{-19}$ C.

STRUMENTI DI *CONSOLIDAMENTO* E *VERIFICA*

Completa le frasi

1 La circuitazione del campo ELETTRICO .... lungo una curva CHIUSA .... γ è definita come $\Gamma_\gamma(\vec{E}) =$ $\Sigma E_i \cdot \Delta s_i$ .... ed è conservativo ....

2 L'energia potenziale in un punto A è il .... che compirebbero .... per portare la carica q da A sino a .... Si misura in ....

3 La d.d.p. fra due punti A e B è il rapporto tra .... per portare una carica q da .... a .... e la carica stessa. L'unità di misura e il ....

4 Una superficie equipotenziale è una superficie in cui il .... elettrico rimane .... Il campo elettrico è sempre .... alle superfici equipotenziali.

5 Le superfici dei conduttori in equilibrio .... sono sempre ....

6 Date due superfici equipotenziali parallele, la relazione tra il campo elettrico $\vec{E}$ presente tra le superfici e la loro distanza Δs è data dalla formula .... ; dunque un'altra unità di misura del campo elettrico è ....

7 La capacità di un condensatore piano è data dal rapporto tra .... presente nelle .... e la .... ; in alternativa, la capacità è data da $C =$ .... dove S rappresenta .... , d rappresenta .... e ε si chiama .... e tiene conto del .... L'unità di misura della capacità è ....

8 L'energia immagazzinata nel condensatore è .... proporzionale alla capacità ed è in relazione di proporzionalità quadratica con ....

9 Thomson misurò il rapporto tra la .... e la sua .... , mentre Millikan dimostrò che il valore della .... è sempre multiplo di .... C, che è con buona approssimazione il valore della carica dell'elettrone.

Test a scelta multipla

1 Quale delle seguenti affermazioni non è deducibile da $\Gamma(\vec{E}) = 0$?

- **A** L'energia potenziale elettrica all'infinito è nulla
- **B** Il campo elettrostatico è conservativo
- **C** Il lavoro per andare da A a B in un campo di forze elettriche è lo stesso indipendentemente dal percorso scelto
- **D** Il lavoro compiuto dalle forze del campo elettrico lungo un percorso chiuso è nullo

2 Quale delle seguenti affermazioni sull'energia potenziale è esatta?

- **A** L'energia potenziale dipende comunque dalla posizione dell'agente che esplora il campo
- **B** L'unità di misura dell'energia potenziale varia al variare del tipo di campo elettrico
- **C** L'energia potenziale è sempre indipendente dall'agente esploratore
- **D** Gli agenti esploratori si muovono sotto l'azione delle forze di un campo andando sempre da punti di energia potenziale minore a punti di energia potenziale maggiore

3 La differenza di potenziale elettrico viene introdotta per:

- **A** caratterizzare il dislivello energetico fra due punti in modo indipendente dalla carica sorgente
- **B** caratterizzare il dislivello energetico fra due punti in modo indipendente dalla carica esploratrice
- **C** caratterizzare il dislivello energetico fra due punti qualsiasi del campo in modo indipendente dalla posizione occupata dagli stessi
- **D** individuare il lavoro costante necessario per portare una carica qualsiasi fra i due punti considerati

4 **La differenza di potenziale si misura in:**

A C/V

B J

C J/C

D F/m

5 **Ai vertici di un triangolo equilatero sono poste tre cariche elettriche puntiformi uguali. Il potenziale elettrico nel centro del triangolo è:**

A direttamente proporzionale al lato del triangolo

B direttamente proporzionale al prodotto delle cariche

C nullo

D uguale al triplo del potenziale generato nel centro del triangolo da ognuna delle tre cariche

6 **In un campo elettrico generato da una carica puntiforme *Q*, se la distanza raddoppia allora il potenziale elettrico:**

A resta costante

B triplica

C raddoppia

D si dimezza

7 **Due cariche uguali e di segno opposto sono poste ai vertici di un segmento. Il potenziale elettrico nel punto medio:**

A è nullo

B dipende dal valore delle cariche

C dipende dalla lunghezza del segmento

D è massimo

8 **Sia *S* una superficie equipotenziale di un campo elettrico qualsiasi. In un punto *P* di *S* il vettore campo elettrico:**

A è perpendicolare a *S*

B è tangente a *S*

C è nullo

D forma con la normale a *S* un angolo acuto

9 **Data una carica puntiforme *Q*, la superficie equipotenziale da essa generata a una certa distanza *r* è:**

A una sfera di centro la carica *Q* e raggio *r*

B un segmento di lunghezza *r*

C indeterminata

D un cerchio di centro la carica *Q* e raggio *r*

10 **La capacità di un condensatore è:**

A il rapporto tra forza elettrica e carica immagazzinata

B il rapporto tra carica immagazzinata e differenza di potenziale fra le armature

C il prodotto tra carica immagazzinata e lavoro necessario a spostare le cariche

D la quantità di carica totale immagazzinata

11 **La capacità si misura in:**

A farad

B coulomb

C joule

D volt

12 **In un condensatore piano la capacità è:**

A inversamente proporzionale alla sezione

B indipendente dal dielettrico interposto tra le armature

C uguale al prodotto tra la sezione delle armature e la loro distanza

D inversamente proporzionale alla distanza tra le armature

13 **Il campo elettrico tra le armature di un condensatore piano è uniforme in quanto:**

A tra tutti i punti vi è la stessa differenza di potenziale

B in tutti i punti il vettore campo elettrico ha stesso modulo, stessa direzione e stesso verso

C la carica sulle due armature è del medesimo segno

D la differenza di potenziale non dipende dalla distanza tra le due armature

14 **Tra le armature quadrate di un condensatore piano c'è il vuoto. Per triplicare la capacità del condensatore bisogna:**

A inserire un dielettrico tra le armature

B aumentare la distanza tra le armature

C aumentare il lato delle armature di un fattore pari a $\sqrt{3}$

D dimezzare la differenza di potenziale tra le armature

15 **La differenza di potenziale tra le armature di un condensatore avente la capacità di 3 mF è 120 V. Quanto vale la carica del condensatore?**

A 40 mC

B 360 000 mC

C 360 mC

D 36 mC

16 **Se quadruplica la superficie di un condensatore a facce piane parallele, allora la sua capacità:**

A quadruplica

B aumenta di un fattore $\sqrt{2}$

C si dimezza

D raddoppia

17 **Nel suo esperimento Millikan misurò per primo:**

- **A** la massa dell'elettrone
- **B** la carica dell'elettrone
- **C** la massa del protone
- **D** il rapporto tra carica elettrica e massa dell'elettrone

18 ***ENGLISH*** If the electric potential is constant throughout a region of space, what can you say about the electric field in that region?

- **A** The electric field is constant
- **B** The electric field is zero
- **C** We can say nothing
- **D** The electric field depends by the value of the electric potential

19 ***ENGLISH*** In what direction can you move relative to an electric field so that the electric potential does not change?

- **A** Move always perpendicular to the field
- **B** Move always parallel to the field
- **C** There isn't direction
- **D** Move such that the angle between the direction and the field is 30°

20 ***ENGLISH*** Two equal positive point charges $+Q$ are on the x axis. One is at $x = -a$ and the other is at $x = +a$. At the origin:

- **A** $E = 0$ and $V = 0$
- **B** $E = 0$ and $V = 2kQ/a$
- **C** $E = 2kQ/a$ and $V = 0$
- **D** $E = 2kQ/a^2$ and $V = 2kQ/a$

Esercizi

17.2 L'energia potenziale elettrica

Salvo diverse indicazioni, le cariche devono essere considerate puntiformi e poste nel vuoto.

1 Calcola l'energia potenziale di un sistema formato da due cariche $Q_1 = 3{,}2 \cdot 10^{-5}$ C e $Q_2 = 5{,}6 \cdot 10^{-6}$ C distanti 23 cm. **[7 J]**

2 Calcola l'energia potenziale di un sistema formato da due cariche $Q_1 = 3\mu C$ e $Q_2 = -4{,}5\mu C$ distanti 15 cm. **[–0,81 J]**

3 Calcola la distanza tra due cariche di intensità $Q_1 = 3 \cdot 10^{-6}$ C e $Q_2 = 6 \cdot 10^{-7}$ C, sapendo che il sistema ha un'energia potenziale pari a 2,3 J. **[$7 \cdot 10^{-3}$ m]**

4 Date due cariche $Q_1 = 4{,}6 \cdot 10^{-7}$ C e $Q_2 = 5{,}3 \cdot 10^{-6}$ C, calcola la loro distanza sapendo che il sistema ha un'energia potenziale pari a 7,5 J. **[2,9 mm]**

5 Sapendo che il lavoro per avvicinare due cariche, una doppia dell'altra, da una distanza infinita a una distanza di 45 cm è di –7,8 J, calcola l'intensità delle cariche. **[$1{,}4 \cdot 10^{-5}$ C; $2{,}8 \cdot 10^{-6}$ C]**

6 Date due cariche $Q_1 = 2 \cdot 10^{-7}$ C e $Q_2 = -9 \cdot 10^{-6}$ C, queste vengono avvicinate da una distanza infinita compiendo un lavoro di 5,7 J. Calcola la loro distanza. **[$2{,}8 \cdot 10^{-3}$ m]**

Esercizio svolto

7 Calcola l'energia potenziale del sistema di cariche in figura, sapendo che il triangolo è equilatero di lato 10 cm.

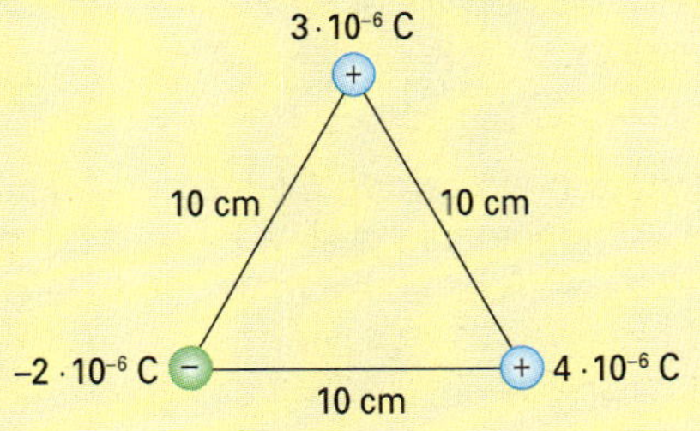

[$-18 \cdot 10^{-2}$ J]

Indicate le tre cariche con $q_1 = 3 \cdot 10^{-6}$ C, $q_2 = 4 \cdot 10^{-6}$ C e $q_3 = -2 \cdot 10^{-6}$ C, l'energia potenziale del sistema è data dalla somma di tre contributi:

$$U = U_{12} + U_{13} + U_{23}$$

Utilizzando la formula:

$$U = K_0 \frac{q_1 q_2}{r}$$

si ottiene:

$$U_{12} = K_0 \frac{q_1 q_2}{r} = 8{,}99 \cdot 10^9 \frac{\text{Nm}^2}{\text{C}^2} \frac{12 \cdot 10^{-12}\ \text{C}^2}{10^{-1}\ \text{m}} = 107{,}8 \cdot 10^{-2}\ \text{J}$$

$$U_{13} = K_0 \frac{q_1 q_3}{r} = 8{,}99 \cdot 10^9 \frac{\text{Nm}^2}{\text{C}^2} \frac{-6 \cdot 10^{-12}\ \text{C}^2}{10^{-1}\ \text{m}} = -53{,}9 \cdot 10^{-2}\ \text{J}$$

$$U_{23} = K_0 \frac{q_2 q_3}{r} = 8{,}99 \cdot 10^9 \frac{\text{Nm}^2}{\text{C}^2} \frac{-8 \cdot 10^{-12}\ \text{C}^2}{10^{-1}\ \text{m}} = -71{,}9 \cdot 10^{-2}\ \text{J}$$

Dunque $U = -18 \cdot 10^{-2}$ J.

8 Calcola l'energia potenziale del sistema di cariche in figura, sapendo che il lato del quadrato misura 15 cm.

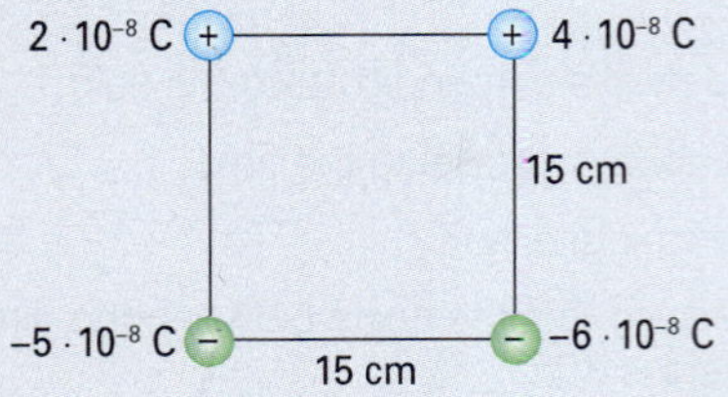

[$-1{,}1 \cdot 10^{-4}$ J]

17.3 La differenza di potenziale elettrico

Salvo diverse indicazioni, le cariche devono essere considerate puntiformi e poste nel vuoto.

9 Calcola la differenza di potenziale tra due punti A e B di un campo elettrico, sapendo che le forze di campo compiono un lavoro di 0,05 J per spostare una carica $q = 6{,}2 \cdot 10^{-5}$ C da B ad A. [806 V]

10 Sapendo che il lavoro per trasportare una carica $q = 1{,}8 \cdot 10^{-6}$ C da un punto A a un punto B di un campo elettrico è di $3 \cdot 10^{-3}$ J, calcola la differenza di potenziale tra i due punti. [$1{,}7 \cdot 10^{3}$ V]

11 Sapendo che il lavoro necessario per spostare in un campo elettrico una carica da un punto a un altro tra i quali c'è una differenza di potenziale di 50 V è di $5{,}4 \cdot 10^{-2}$ J, calcola il valore della carica. [$1{,}1 \cdot 10^{-3}$ C]

12 Per portare in un campo elettrico una carica q da un punto a un altro punto tra i quali vi è una d.d.p. di 520 V, le forze elettriche compiono un lavoro di 1,56 J. Determina la carica q. [$3 \cdot 10^{-3}$ C]

13 Il lavoro che le forze del campo elettrico svolgono per portare una carica q da A a B è di 0,382 J. Sapendo che tra i due punti vi è una differenza di potenziale di 410 V, calcola l'intensità della carica. [$9{,}32 \cdot 10^{-4}$ C]

14 Qual è il lavoro necessario per portare una carica puntiforme $q = 7{,}2 \cdot 10^{-9}$ C da un punto A a un punto B se tra questi vi è una differenza di potenziale di 2000 V? [$1{,}4 \cdot 10^{-5}$ J]

15 Calcola il lavoro necessario per spostare una carica da un punto A a un punto B, sapendo che tra questi vi è una differenza di potenziale di 234 V e che il valore della carica è di $4{,}6 \cdot 10^{-6}$ C. [$1{,}1 \cdot 10^{-3}$ J]

16 Tra A e B vi è una differenza di potenziale di 3 V, mentre tra C e D la differenza di potenziale è 6 V. Le forze del campo compiono un lavoro maggiore per spostare una carica di 0,2 C da A a B oppure da C a D? [da C a D]

17 Calcola il potenziale elettrico in un punto P distante 45 cm da una carica elettrica di $5 \cdot 10^{-6}$ C. [$1 \cdot 10^{5}$ V]

18 In un punto P dello spazio il potenziale elettrico è di 45 V. Calcola il valore della carica sorgente di tale potenziale, sapendo che la sua distanza dal punto è di 40 cm. [$2 \cdot 10^{-9}$ C]

19 Una carica di $2{,}6 \cdot 10^{-8}$ C genera un potenziale di 90 V in un punto dello spazio. Calcola la distanza del punto dalla carica. [2,6 m]

20 Una carica q genera a una distanza di 2,4 cm un potenziale di 120 V. Calcola il valore della carica. [$3{,}2 \cdot 10^{-10}$ C]

21 Quale lavoro devono compiere le forze del campo elettrico per portare un elettrone e da A a B, sapendo che fra quei due punti vi è una differenza di potenziale di 1050 V? [$1{,}68 \cdot 10^{-16}$ J]

22 Osserva la seguente figura.

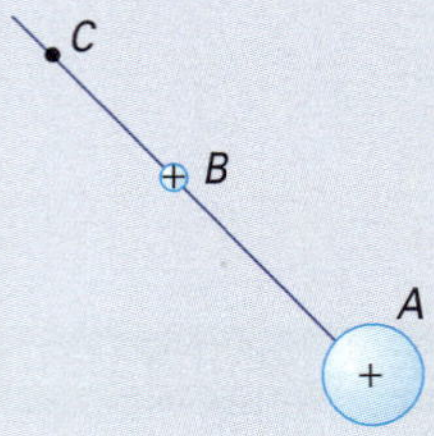

Tra i punti B e C vi è una differenza di potenziale di 2 V. Supponiamo di avere in B una carica positiva di 0,1 C.

a) La carica, sotto l'azione della forza elettrica del campo generato da A, si sposta verso A o verso C?

b) Qual è il lavoro che le forze del campo compiono durante questo spostamento?

c) Se la carica in B avesse un'intensità di 0,2 C, il lavoro rimarrebbe invariato? [*b*) 0,2 J]

23 Tra due punti A e B vi è una differenza di potenziale di 100 V. Completa la seguente tabella determinando, al variare della carica, il lavoro che le forze del campo compiono per portare una carica da A a B.

Q(C)	$1 \cdot 10^{-3}$	$2 \cdot 10^{-3}$	$3 \cdot 10^{-3}$	$4 \cdot 10^{-3}$
L(J)	...	...	...	...

24 Le forze elettriche compiono un lavoro di 0,02 J per portare una carica complessiva negativa fra due punti di un campo elettrico. Se la d.d.p. tra quei due punti è di $6{,}25 \cdot 10^{3}$ V, quanti elettroni concorrono a formare la carica in questione? [$2 \cdot 10^{13}$]

25 ***ENGLISH*** Points A, B, and C are at the corners of an equilateral triangle of side 3 m. Equal positive charges of 2 μC are at A and B. What is the potential at point C? [$12 \cdot 10^{3}$ V]

17.4 Superfici equipotenziali

26 Calcola l'intensità del campo elettrico tra due armature di un condensatore a facce piane parallele, sapendo che esse distano 12 cm e che la differenza di potenziale tra le armature è di $5 \cdot 10^{-5}$ V. [$-4 \cdot 10^{-4}$ N/C]

27 Il campo elettrico tra due armature di un condensatore a facce piane parallele è di $3 \cdot 10^{-5}$ N/C. Calcola la differenza di potenziale tra le armature, sapendo che esse distano 2 dm. [$6 \cdot 10^{-6}$ V]

28 Il campo elettrico tra due armature di un condensatore a facce piane parallele è di $2{,}3 \cdot 10^{-3}$ N/C. Calcola la distanza tra le armature, sapendo tra di esse vi è una differenza di potenziale di $1{,}4 \cdot 10^{-4}$ V. [$6{,}1 \cdot 10^{-2}$ m]

29 Calcola il raggio di una superficie equipotenziale del campo elettrico generato da una carica puntiforme di $7{,}8 \cdot 10^{-6}$ C, sapendo che in un punto di tale superficie il potenziale elettrico è di $9{,}6 \cdot 10^{3}$ V. [7,3 m]

17.5 I condensatori

Quando non è indicato il tipo di dielettrico tra le armature del condensatore, si intende che vi sia il vuoto.

30 Determina la differenza di potenziale presente tra le armature di un condensatore di capacità 2 pF, sapendo che su di esse si è accumulata una carica di $7{,}8 \cdot 10^{-8}$ C. [$3{,}9 \cdot 10^{4}$ V]

31 Sapendo che tra le armature di un condensatore vi è una differenza di potenziale di 200 V e che su di esse è distribuita una carica di $3{,}6 \cdot 10^{-7}$ C, calcola la capacità. [$1{,}8 \cdot 10^{-9}$ F]

32 Determina la capacità di un condensatore nel quale è distribuita una carica di intensità $2{,}6 \cdot 10^{-8}$ C e sapendo che tra le sue armature vi è una differenza di potenziale di 2000 V. [13 pF]

33 Tra le due armature di un condensatore piano la differenza di potenziale è di 50 V e la carica su una di esse è di $2 \cdot 10^{-6}$ C.

a) Qual è la carica che si trova sull'altra armatura?

b) Determina la capacità del condensatore.

[*a*) $2 \cdot 10^{-6}$ C; *b*) $4 \cdot 10^{-8}$ F]

34 Sapendo che una carica di $2{,}65 \cdot 10^{-8}$ C si è accumulata sulle armature di un condensatore di capacità $5{,}21 \cdot 10^{-11}$ F, calcola la differenza di potenziale. [$5{,}09 \cdot 10^{2}$ V]

35 Un condensatore ha una capacità di $6{,}9 \cdot 10^{-10}$ F. Qual è la carica accumulata, sapendo che tra le sue armature vi è una differenza di potenziale di 2400 V? [$1{,}7 \cdot 10^{-6}$ C]

36 La differenza di potenziale a cui è sottoposto un condensatore è di 350 V. Sapendo che la sua capacità è pari a $1{,}7 \cdot 10^{-12}$ F, determina la carica che si accumula sulle due armature. [$5{,}95 \cdot 10^{-10}$ C]

37 Un condensatore ha le armature quadrate di lato 5 cm e distanti 6 cm. Calcola la sua capacità. [$3{,}7 \cdot 10^{-1}$ pF]

38 Le armature di un condensatore piano sono rettangolari di base 4 cm e altezza 5 cm. Calcola la distanza tra le armature sapendo che la capacità del condensatore è 2 nF. [8,9 μm]

39 La capacità di un condensatore a facce piane e parallele, distanti 2,5 cm, è di 5 pF. Sapendo che le armature hanno una sezione circolare, trova il loro raggio. [6,7 cm]

40 La capacità di un condensatore a facce piane e parallele di sezione rettangolare, che distano fra loro 4,2 mm, è di $4 \cdot 10^{-11}$ F. Sapendo che l'altezza delle armature è 8,5 cm, determinane la larghezza. [22,3 cm]

41 Le armature di un condensatore a facce piane e parallele sono quadrate con lato di 7 cm. Calcola la capacità, sapendo che le due armature sono separate da un'intercapedine di acqua distillata con uno spessore di 8 mm. [$4{,}34 \cdot 10^{-10}$ F]

42 Un condensatore piano è composto da due armature piane di area pari a 2,5 cm^2 distanti 3,5 mm. Tra le due lastre è presente della gomma ($\varepsilon_r = 2{,}5$). Calcola la capacità del condensatore. [1,58 pF]

43 Un condensatore di capacità 1,3 pF è formato da due armature a facce piane e parallele quadrate di lato 5 mm, separate da un'intercapedine di vetro ($\varepsilon_r = 5$). Trova la distanza fra le armature. [0,85 mm]

44 Un condensatore di capacità $9{,}2 \cdot 10^{-10}$ F è formato da due armature a facce piane e parallele, di forma circolare con raggio r = 12 cm, separate da un'intercapedine di silicio. Determina a quale distanza sono poste le armature. [5,2 mm]

45 Sapendo che tra le armature quadrate di un condensatore, distanti 52 dm, vi è una differenza di potenziale di 65 V, calcola la carica accumulata su di esse, se il lato delle armature misura 23 cm. [$5{,}9 \cdot 10^{-12}$ C]

46 Sapendo che tra le armature piane e parallele di un condensatore, distanti 25 cm, vi è un campo elettrico di intensità $3{,}4 \cdot 10^{2}$ N/C, trova la d.d.p. [85 V]

47 Calcola il campo elettrico esistente nella zona compresa tra le armature piane e parallele di un condensatore, che distano l'una dall'altra 9 cm, sapendo che tra di esse vi è una d.d.p. di 360 V. [$4 \cdot 10^{3}$ N/C]

48 Un generatore collegato alle armature di un condensatore che distano 20 cm produce una d.d.p. di 440 V. Determina il campo elettrico esistente tra le due armature. [2200 N/C]

49 Se fra le due armature di un condensatore, che hanno una d.d.p. di 600 V, vi è un campo elettrico di intensità pari a $4{,}2 \cdot 10^3$ N/C, qual è la distanza fra le armature? **[14,3 cm]**

50 Calcola la distanza fra le armature piane e parallele di un condensatore, nel caso in cui tra di esse vi sia una d.d.p. di 5000 V e un campo elettrico di intensità pari a $7{,}5 \cdot 10^4$ N/C. **[6,7 cm]**

51 Calcola il lavoro compiuto per caricare le armature di un condensatore di capacità 560 μF, sapendo che tra le armature vi è una differenza di potenziale di 135 V. **[5,1 J]**

52 ***ENGLISH*** If a parallel-plate capacitor has a 0.15-mm separation, what must its area be for it to have a capacitance of 1 F? If the plates are square, what is the length of their sides? **[$1.7 \cdot 10^7$ m²; 4.1 km]**

53 ***ENGLISH*** A 3-μF capacitor is charged to 100 V. How much energy is stored in the capacitor? **[$1.5 \cdot 10^{-2}$ J]**

Problemi

1 Calcola il potenziale elettrico al centro del quadrato rappresentato in figura, sapendo che il suo lato misura 30 cm.

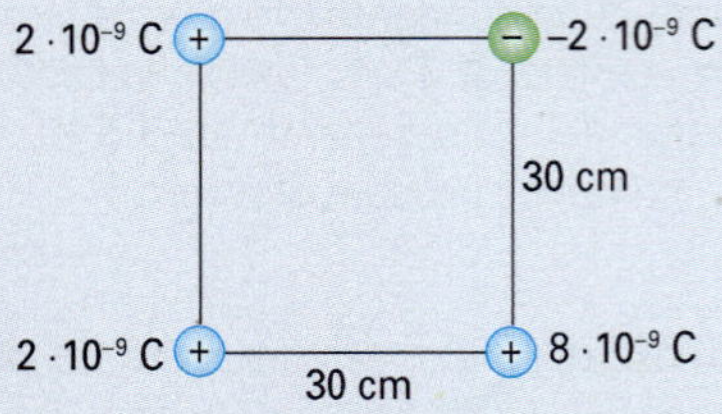

[$4{,}2 \cdot 10^2$ V]

2 Calcola in quale punto interno al segmento rappresentato in figura il potenziale è nullo, sapendo che il segmento è lungo 25 cm.

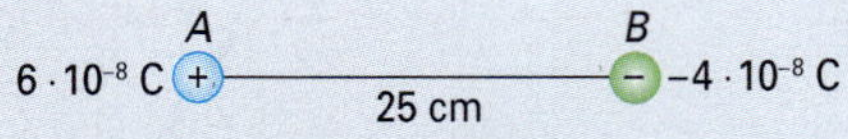

[15 cm da A]

3 Calcola se, e in quali posizioni, sulla retta *AB* congiungente due cariche puntiformi di valore $q_A = -7{,}0$ mC, $q_B = 5{,}0$ mC, distanti tra loro 20 cm, si annullano:

a) il campo elettrico;

b) il potenziale elettrico.

[*a*) 110 cm esternamente ad *AB*, oltre q_B; *b*) 50 cm esternamente ad *AB*, oltre q_B oppure internamente ad *AB*, a 8,3 cm da q_B]

4 Calcola l'energia potenziale complessiva di un sistema formato da tre cariche, disposte nei vertici di un triangolo rettangolo isoscele di ipotenusa 3,4 cm; nell'angolo retto la carica è di −4,0 mC, negli altri vertici di +3,0 mC.
Calcola il lavoro fatto dal campo elettrico quando una delle cariche positive si sposta, posizionandosi dalla parte opposta alla seconda carica positiva rispetto a quella negativa. **[$-6{,}6 \cdot 10^6$ J; $0{,}7 \cdot 10^6$ J]**

5 Una sferetta di 3,0 g, sulla quale è depositata una carica di 6,0 mC, è appesa a un filo di massa trascurabile, in una zona dello spazio sede di un campo elettrico con direzione orizzontale di intensità 0,8 V/m. Calcola l'angolo che il filo forma con la verticale e la tensione del filo.

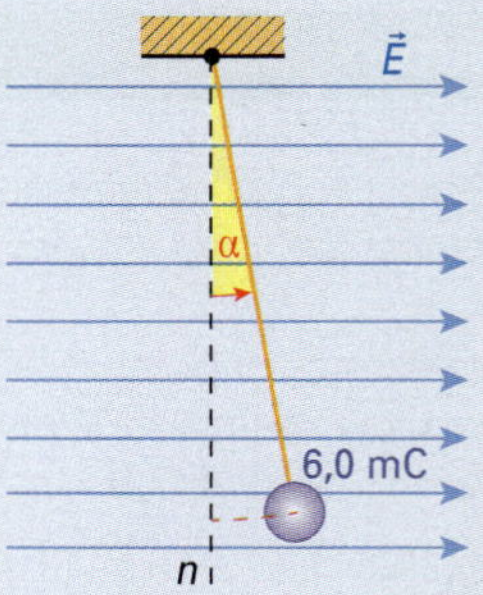

[9,3°, 0,030 N]

6 Su una sottile lastra rettangolare isolante, di dimensioni 80 cm × 50 cm, viene depositata una carica di 0,24 μC distribuita in modo omogeneo, in modo da generare un campo elettrico uniforme. Calcola:

a) la distanza tra le superfici equipotenziali tra le quali è presente una d.d.p. di 20 V;

b) la velocità che raggiungono gli elettroni accelerati da questa d.d.p., se hanno una velocità iniziale di $1{,}2 \cdot 10^6$ m/s.
Al termine di questo tratto, gli elettroni vengono frenati applicando una d.d.p. che fa diminuire la velocità a $2{,}0 \cdot 10^6$ m/s.

c) Calcola il valore di questa d.d.p.

[*a*) 0,59 mm; *b*) 2,9 10^6 m/s; *c*) 13 V]

7 Tra le armature di un condensatore piano vi è un campo elettrico di intensità $8{,}5 \cdot 10^5$ N/C. Sapendo che la carica accumulata sulle armature è pari a $5{,}8 \cdot 10^{-8}$ C e che esse distano 6,7 mm, calcola la capacità del condensatore. **[$1 \cdot 10^{-11}$ F]**

8 Le forze del campo elettrico uniforme presente tra le armature di un condensatore piano compiono un lavoro di $5 \cdot 10^{-4}$ J per portare una carica puntiforme di $1{,}25 \cdot 10^{-6}$ C da un'armatura all'altra. Sapendo che la capacità del condensatore è di $8 \cdot 10^{-9}$ F, calcola la carica che si è accumulata su ciascuna armatura. **[$3{,}2 \cdot 10^{-6}$ C]**

9 La distanza fra le armature di un condensatore piano è 12,5 mm. La capacità del condensatore è pari a $1,2 \cdot 10^{-7}$ F, mentre la carica accumulata è di $4,5 \cdot 10^{-5}$ C.
Calcola il modulo del campo elettrico uniforme presente fra le armature.
[$3 \cdot 10^4$ N/C]

10 La superficie delle armature di un condensatore piano vale $2,8 \cdot 10^{-2}$ m^2. Tra le due armature esiste una differenza di potenziale di 1,6 V, mentre la carica che si è accumulata su di esse ammonta a $6 \cdot 10^{-8}$ C.
Sapendo che il campo elettrico all'interno del condensatore è uniforme ed è di 4000 N/C, individua il valore della costante dielettrica relativa del mezzo interposto tra le armature.
[60,5]

11 Tra le armature di un condensatore piano di $5,8 \cdot 10^{-2}$ m^2 di superficie, vi è una differenza di potenziale di 110 V. Sapendo che sulle armature si accumula una carica di $4,84 \cdot 10^{-8}$ C e che nella zona di separazione è presente un campo elettrico uniforme pari a $1,57 \cdot 10^4$ N/C, trova la costante dielettrica relativa del materiale interposto.
[6,3]

12 Una carica puntiforme pari a $5 \cdot 10^{-12}$ C è posta nel punto centrale tra due armature piane parallele, senza mezzo dielettrico interposto, che distano tra loro 5,0 cm. Tra le armature vi è una differenza di potenziale di 10 V.
a) Trova il campo elettrico nel punto *A* in figura.
b) Esiste un punto nello spazio tra le armature nel quale il campo elettrico è nullo?

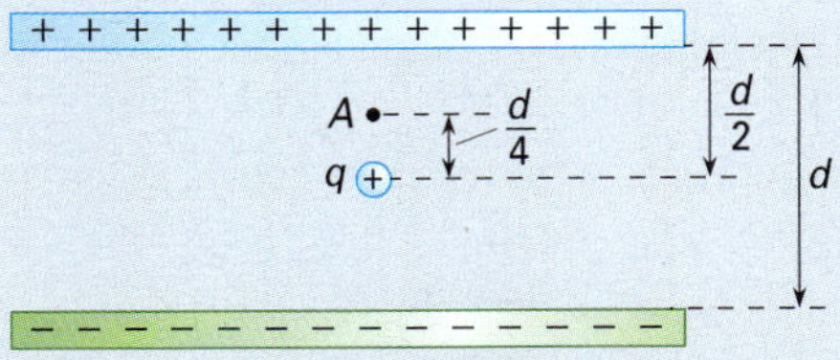

[*a*) 488 N/C; *b*) 1,5 cm...]

13 Una gocciolina d'olio ha una massa di $2,75 \cdot 10^{-13}$ kg e una carica elettrica di $1,8 \cdot 10^{-17}$ C. Determina la sua accelerazione nel caso in cui essa si trovi tra le armature di un condensatore piano distanti tra loro 5 cm e con una differenza di potenziale di 12 V.
[1,6 cm/s^2]

14 Una particella con carica 5 μC si muove all'interno di un campo elettrico da un punto *A* a un punto *B* e tra il quale c'è una differenza di potenziale di 3500 V. Sapendo che la massa della particella è di 5 g e che *AB* = 30 cm, calcola l'accelerazione della particella e il tempo impiegato a coprire tale distanza.
[11,7 m/s^2; 0,23 s]

15 Una sfera con carica $2,6 \cdot 10^{-7}$ C rimane in equilibrio elettrostatico tra due armature parallele di un condensatore carico distanti 15 dm. Sapendo che la differenza di potenziale tra le armature è di $3 \cdot 10^5$ V, calcola la massa della particella.
[5,3 g]

16 Due condensatori piani C_1 e C_2 sono stati collegati ciascuno per un certo tempo a un generatore da 12 V; il primo ha capacità di 8,0 nF, il secondo ha armature di dimensioni 40,0 cm e 30,0 cm, distanti tra loro 2,0 mm.
Tra le armature del primo c'è il vuoto, nel secondo un dielettrico.
Determina:
a) la costante dielettrica relativa del condensatore C_2, sapendo che ha una capacità doppia del primo;
b) la carica e l'energia accumulate dai due condensatori mentre sono collegati al generatore;
c) la massima carica accumulabile da C_2, prima che si abbia la rottura del dielettrico, supponendo che questi sopporti un valore massimo del campo di $4,0 \cdot 10^7$ V/m.
[*a*) 30; *b*) per C_1: 0,96 μC, 0,58 μJ; per C_2: 0,19 μC, 1,1 μJ; *c*) 1,3 mC]

17 Un elettrone viene lanciato attraverso le armature di un condensatore piano a facce parallele con velocità di $4,0 \cdot 10^4$ m/s, diretta lungo l'asse.

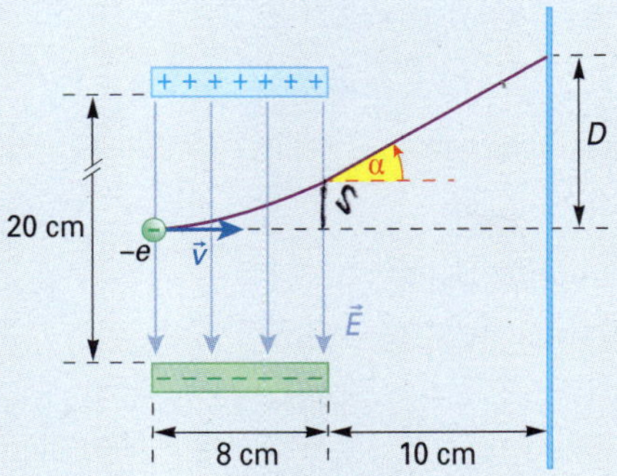

Le armature sono lunghe 8,0 cm e distano tra loro 20 cm; considerando che tra loro ci sia il vuoto e sia presente una d.d.p. di 50 mV, calcola l'angolo α formato dalla direzione in uscita rispetto all'asse e la deflessione *D* che ha subito l'elettrone quando urta uno schermo posto a 10 cm di distanza dal condensatore. Trascura gli effetti dovuti al campo gravitazionale.
[65°; 31 cm]

18 ***ENGLISH*** Two positive charges $+q$ are on the *y* axis at $y = +a$ and $y = -a$. Find the potential *V* for any point on the *x* axis.
$$\left[V(x) = K_0 \frac{2q}{\sqrt{a^2 + x^2}}\right]$$

19 ***ENGLISH*** Point charges q_1, q_2 and q_3 are at the corners of an equilateral triangle of side 2.5 m.
Find the electrostatic potential energy of this charge distribution if (*a*) $q_1 = q_2 = q_3 = 4.2$ μC, (*b*) $q_1 = q_2 = 4.2$ μC and $q_3 = -4.2$ μC, (*c*) $q_1 = q_2 = -4.2$ μC and $q_3 = +4.2$ μC.
[0.19 J; 0.0634 J; −0.0634 J]

TRAINING

1 In una regione dello spazio c'è un campo elettrico di intensità 6,0 kV/m, come indicato in figura.

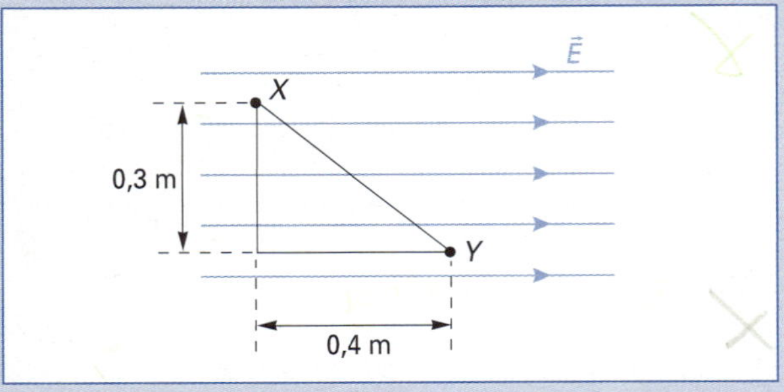

Qual è la differenza di potenziale elettrico tra i punti X e Y, ovvero $V_X - V_Y$?

- **A** −12,0 kV
- **B** 0
- **C** 1,8 kV
- **D** 2,4 kV
- **E** 3,0 kV

[Olimpiadi della fisica, Gara di primo livello, 2009]

2 Come unità di misura del potenziale elettrico possono essere utilizzate alternativamente tutte quelle elencate, salvo una che è *errata*. Quale?

- **A** volt
- **B** joule/coulomb
- **C** watt/ampere
- **D** newton/coulomb
- **E** (newton · metro)/coulomb

[Test di ammissione al Corso di laurea in Medicina e Chirurgia, 1999/2000]

3 La figura mostra un protone p posto nel punto A vicino a una sfera uniformemente carica con carica positiva.

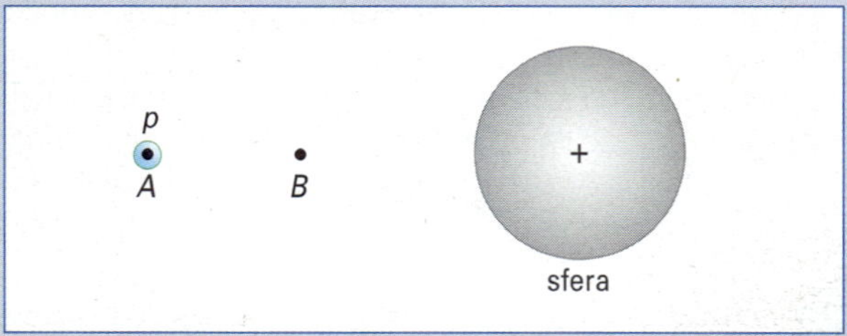

Se per spostare il protone dal punto A al punto B è necessario fare un lavoro di $6{,}4 \cdot 10^{-19}$ J, allora la differenza di potenziale tra A e B è:

- **A** $4 \cdot 10^{-19}$ V
- **B** $6{,}4 \cdot 10^{-19}$ V
- **C** 0,25 V
- **D** 4 V
- **E** 6,4 V

[Olimpiadi della fisica, Gara di primo livello, 2004]

4 Due cariche elettriche uguali e opposte si trovano a una distanza d.
Quanto vale il potenziale elettrico nel punto di mezzo tra le due cariche?

- **A** Il doppio del potenziale dovuto a ogni singola carica
- **B** Zero
- **C** Tende all'infinito
- **D** Non è definito
- **E** La metà del potenziale dovuto a ogni singola carica

[Test di ammissione al Corso di laurea in Medicina e Chirurgia, 2008/2009]

5 In un esperimento di Millikan della caduta di una goccia d'olio, la goccia ha una massa di $3{,}2 \cdot 10^{-14}$ kg e una carica elettrica di $-1{,}6 \cdot 10^{-18}$ C.
La goccia rimane in equilibrio quando la forza elettrica diretta verso l'alto agente su di essa eguaglia la forza gravitazionale.
Quanto vale l'intensità del campo elettrico quando la goccia d'olio rimane in equilibrio?

- **A** $2 \cdot 10^{-31}$ N/C
- **B** $2 \cdot 10^{-5}$ N/C
- **C** $2 \cdot 10^{5}$ N/C
- **D** $5 \cdot 10^{-5}$ N/C
- **E** $5 \cdot 10^{5}$ N/C

[Olimpiadi della fisica, Gara di primo livello, 2004]

6 Tre cariche positive di 1 nC ciascuna sono poste ai vertici di un triangolo equilatero di lato $a = 10$ cm.

a) Si trovi l'energia elettrostatica di questo sistema di cariche, vale a dire il lavoro che è stato necessario per realizzare questa configurazione.

b) Se una carica positiva $q_0 = 1$ nC viene posta al centro del triangolo, si trovi la forza risultante che viene esercitata su questa carica dalle altre tre cariche positive.

[Esame di fisica, Corso di laurea in Farmacia, Università, 2000/2001]

7 Si deve progettare un condensatore piano che sia capace di portare una carica di $72 \cdot 10^{-12}$ N/C quando viene applicata una differenza di potenziale di 12,0 V tra le sue armature.

a) Quanto vale la capacità di questo condensatore?

b) Se l'area delle armature è 100 cm^2, quanto deve valere la loro distanza reciproca?

[Esame di fisica, Corso di laurea in Farmacia, 2003/2004]

Correnti elettriche e magnetismo

UNITÀ 18

Leggi di Ohm

18.1 La corrente elettrica

Non è possibile osservare direttamente quello che accade dentro un filo elettrico. Possiamo solo vederne gli effetti finali: una lampadina che si accende, una radio che trasmette musica, una spiacevole *scossa*... se siamo stati imprudenti!
Ma che cosa succede se, in generale, agli estremi di un conduttore metallico creiamo un dislivello di natura elettrica, vale a dire una tensione?

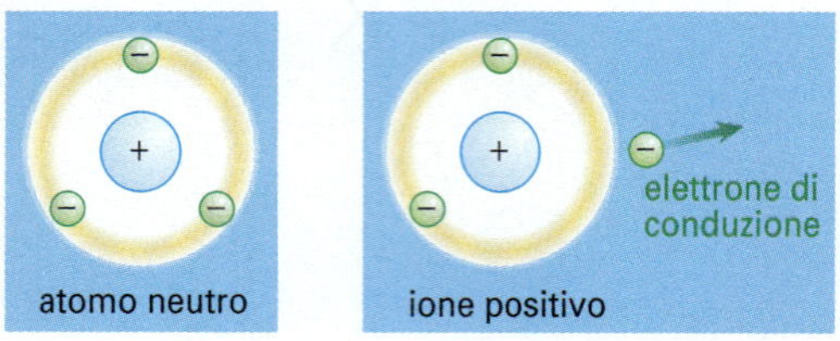

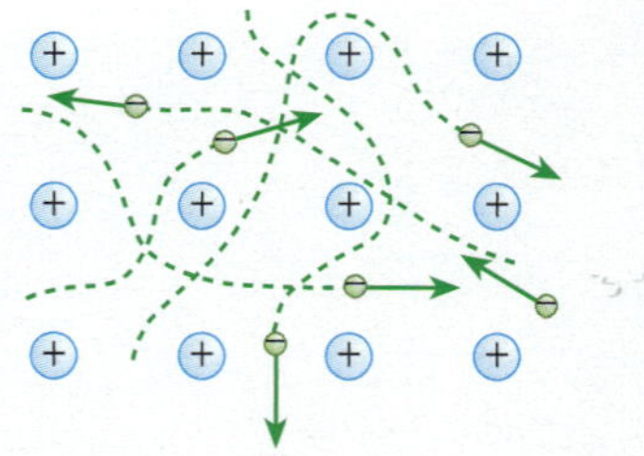

Gli atomi dei metalli sono caratterizzati dalla presenza di alcuni elettroni periferici, fino a un massimo di tre, legati debolmente al nucleo, per cui basta l'energia cinetica del moto di agitazione termica per allontanarli dall'atomo di appartenenza: sono gli **elettroni di conduzione**. Contemporaneamente, l'atomo che perde degli elettroni non è più neutro, ma presenta un eccesso di carica positiva: diventa uno **ione positivo**.

Possiamo considerare un metallo come costituito da un insieme di ioni positivi, fissi nelle rispettive posizioni del reticolo cristallino, fra cui si muovono gli elettroni di conduzione, che procedono in modo caotico zig-zagando in ogni direzione a causa degli urti continui.

Allora, quando agli estremi del conduttore si applica una differenza di potenziale, il campo elettrico che si forma esercita una forza sugli elettroni liberi, avendo questi una carica negativa.
Gli urti, e quindi le perdite di energia, continuano a esserci, ma nel complesso la presenza del campo elettrico li costringe a seguire una direzione privilegiata.
Se si riesce a mantenere nel tempo una certa tensione ai capi del conduttore, il moto degli elettroni prosegue nello stesso verso, determinando una **corrente elettrica**.

corrente elettrica

La **corrente elettrica** in un conduttore è un movimento ordinato di elettroni.

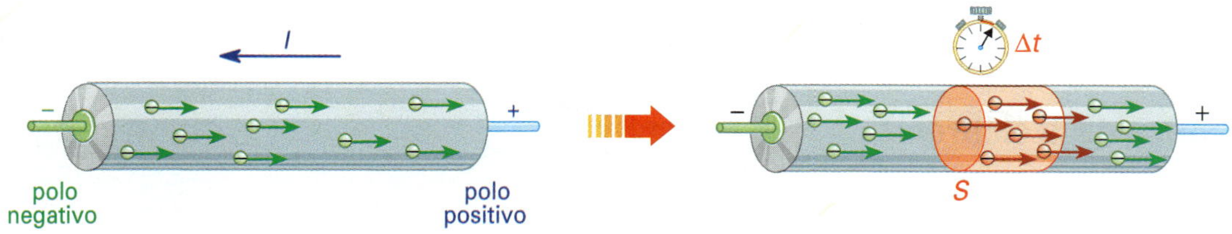

Il verso della corrente è convenzionalmente opposto a quello nel quale si spostano le cariche negative. Tale scelta ha motivazioni storiche, poiché le correnti elettriche erano conosciute molto prima che si scoprisse la struttura dell'atomo e, quindi, si capisse che erano gli elettroni (negativi) a muoversi effettivamente nei conduttori.

Per quantificare la corrente, immaginiamo di posizionarci in corrispondenza di una sezione del conduttore e di contare le cariche che passano in un determinato intervallo di tempo. In questo modo introduciamo una grandezza chiamata **intensità di corrente elettrica** che indichiamo con il simbolo I.

L'intensità di corrente elettrica I è il rapporto tra la carica Q che attraversa la sezione di un conduttore in un certo intervallo di tempo Δt e l'intervallo di tempo stesso:

ON LINE VIRTUAL LAB
Intensità di corrente elettrica

$$I = \frac{Q}{\Delta t}$$

intensità di corrente elettrica

Per quanto riguarda l'unità di misura:

$$I = \frac{Q}{\Delta t} \Rightarrow \frac{\text{carica (misurata in coulomb)}}{\text{intervallo di tempo (misurato in secondi)}} \Rightarrow \frac{\text{C}}{\text{s}}$$

Il nome di questa unità, **ampere** (simbolo **A**), è dedicato a un famoso fisico francese, André-Marie Ampère (1775-1836), che si occupò fra l'altro dell'interazione tra fili percorsi da corrente.

$$1\,\text{A} = 1\,\frac{\text{C}}{\text{s}}$$

In un conduttore si ha la corrente di 1 ampere se, attraverso una sua sezione qualunque, passa la carica di 1 coulomb in un intervallo di tempo pari a 1 secondo.

ampere

Noi abbiamo affrontato i fenomeni elettrici parlando prima della carica, che costituisce il concetto di base, e solo successivamente della corrente elettrica, in quanto quest'ultima non è altro che un fenomeno dovuto a cariche in movimento.
Tuttavia, nel SI è l'ampere (e non il coulomb) a essere considerata una grandezza fondamentale, grazie alla maggiore precisione e facilità di misurazione: sfruttando il magnetismo, è possibile darne una definizione indipendente dal coulomb.

Quando l'intensità e il verso della corrente si mantengono costanti nel tempo, si ha una **corrente continua**.

corrente continua

La corrente di deriva

ON LINE

FLASH

Qual è la forma degli elettroni?

Forse immaginiamo che tutte la particelle, compresi dunque gli elettroni, abbiano una forma sferica: una forma che la natura spesso predilige in quanto è la figura solida che, a parità di volume, ha la minore superficie esterna. Basti pensare alle comuni gocce d'acqua, che sono allungate solo a causa del compromesso con... la forza di gravità.

Tuttavia, conoscere esattamente la forma degli elettroni, le piccolissime particelle che determinano il flusso di corrente nei conduttori metallici, per gli scienziati è fondamentale. Che siano a forma di uovo oppure perfettamente sferici pare che possa confermare o mettere in crisi le più moderne teorie della **fisica quantistica**. Per questa ragione nel 2011 un gruppo di scienziati inglesi dell'Imperial College di Londra ha effettuato degli esperimenti per verificare il loro esatto aspetto, trovando che gli elettroni si discostano dalla perfetta sfericità di una quantità davvero piccola.

Il metodo, piuttosto complicato, utilizzato per ottenere un tale risultato è basato sul fatto che se l'elettrone presenta una forma allungata, allora anche la sua carica elettrica, a causa di tale deformazione, presenta una particolare proprietà (chiamata **momento di dipolo elettrico**) che può essere in qualche modo rilevata.

Un altro elemento molto importante legato a tale problema è addirittura l'annosa questione della quantità di materia e antimateria presente nell'Universo.

Infatti, una perfetta rotondità dell'elettrone farebbe presupporre una eguale distribuzione tra le due, mentre se la forma assomigliasse di più a quella di un uovo farebbe ipotizzare che non ci sia simmetria e che la materia effettivamente sia più abbondante dell'antimateria (costituita da antiparticelle, tra cui protoni con carica negativa, detti *antiprotoni*, ed elettroni con carica positiva, spesso chiamati *positroni*).

18.2 Il circuito elettrico

Cariche in movimento

Mentre in precedenza ci siamo occupati di cariche statiche, cioè ferme (e infatti abbiamo parlato di campi elettro*statici*) adesso abbiamo a che fare con cariche elettriche in movimento. È il caso di fare qualche considerazione.

Tra le caratteristiche peculiari di un campo elettrostatico abbiamo visto che esso è **conservativo** e la superficie dei conduttori è sempre una **superficie equipotenziale**.

Quando però le cariche si spostano a una certa velocità, le cose si complicano. Se per esempio immaginiamo delle cariche in movimento sulla superficie di un conduttore, questo implica che il campo elettrico non è più perpendicolare alla superficie (altrimenti non si sposterebbero); conseguentemente, la superficie non è equipotenziale e all'interno del conduttore stesso il campo elettrico non è più nullo.

Ma noi qui ci limiteremo ad analizzare i casi di corrente continua: tratteremo cioè soltanto situazioni di **funzionamento stazionario** dei circuiti elettrici.

Ne consegue che, se anche le caratteristiche del campo elettrico possono cambiare spazialmente andando da un punto a un altro, tuttavia non si modificano nel tempo.
Questo implica che, nonostante le cariche siano in moto, il campo risulta essere stazionario, mantenendosi di fatto conservativo (il lavoro compiuto dalle forze elettriche lungo un percorso chiuso è nullo) e, inoltre, continua a valere il teorema di Gauss (il flusso attraverso una superficie chiusa del vettore campo elettrico dipende solo dalla quantità di carica che si trova all'interno della superficie).
Sottolineiamo, ancora, che i conduttori presi in esame sono *filiformi*, cioè hanno una sezione circolare e la dimensione della lunghezza prevale sulle altre due dimensioni spaziali, perciò il moto delle cariche che ci interessa è quello complessivo secondo la lunghezza del filo elettrico. Infine, per quanto riguarda il moto delle cariche elettriche, si parla propriamente di **corrente di conduzione** quando il movimento delle cariche avviene all'interno di un conduttore, mentre ci si riferisce alla **corrente di convezione** se si ha uno spostamento di masse (ioni o elettroni) che trasportano la carica elettrica come avviene nei liquidi e nei gas.

I componenti del circuito

Per avere un passaggio continuo di corrente occorre garantire che agli estremi del conduttore sia presente un dislivello elettrico (cioè la tensione). Altrimenti, se viene a mancare la d.d.p., in brevissimo tempo la corrente va a zero a causa degli urti che gli elettroni hanno durante il moto.

ON LINE
VIRTUAL LAB
Analogia tra pompa e generatore

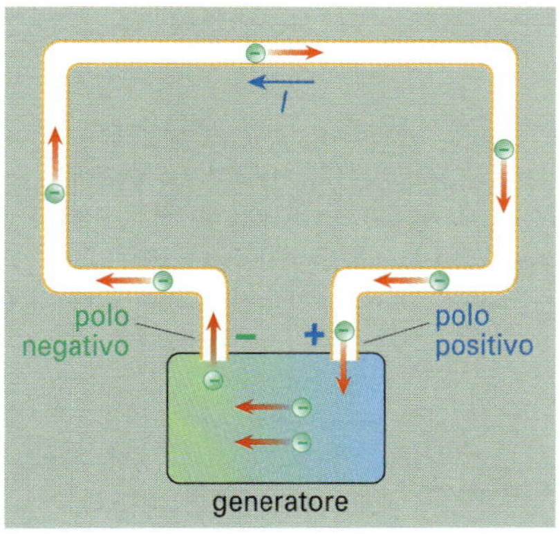

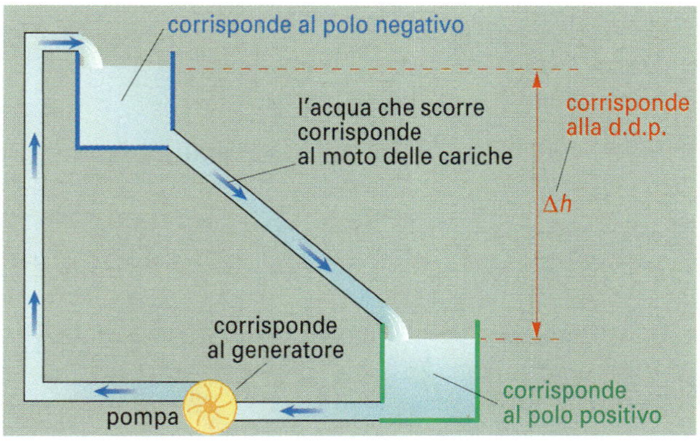

Nei circuiti elettrici si inserisce il **generatore di tensione**, che funziona come una sorta di *pompa di elettroni*. All'interno dei generatori più diffusi, che utilizzano energia chimica o magnetica, gli elettroni sono spinti costantemente ad accumularsi in una stessa zona, chiamata **polo negativo**, mentre in un'altra parte, detta **polo positivo**, si concentrano le cariche positive. Quando i due poli vengono collegati a un conduttore, gli elettroni iniziano a percorrerlo, muovendosi dal polo negativo verso quello positivo, mentre il verso convenzionale della corrente è quello opposto (freccia blu).

Per capire la funzione del generatore, possiamo ricorrere a un'analogia idraulica. Il movimento degli elettroni dal polo negativo a quello positivo del conduttore è paragonabile al movimento dell'acqua dal punto più alto a quello più basso della conduttura, mentre il generatore, forzando al suo interno gli elettroni a spostarsi dal polo positivo a quello negativo, svolge il ruolo della pompa, che sospinge l'acqua facendola salire dal livello più basso a quello più alto, in modo tale che possa continuare a scorrere.

Fra i vari tipi di generatori ricordiamo...

... le pile

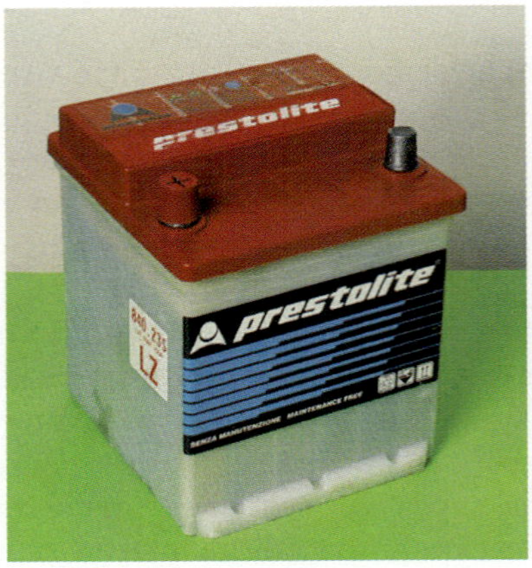

... gli accumulatori

... i generatori rotanti come la dinamo.

Ricorda!...

Il generatore di tensione ha lo scopo di mantenere ai capi di un conduttore o di un circuito una certa differenza di potenziale (o tensione), che è responsabile del passaggio della corrente elettrica.

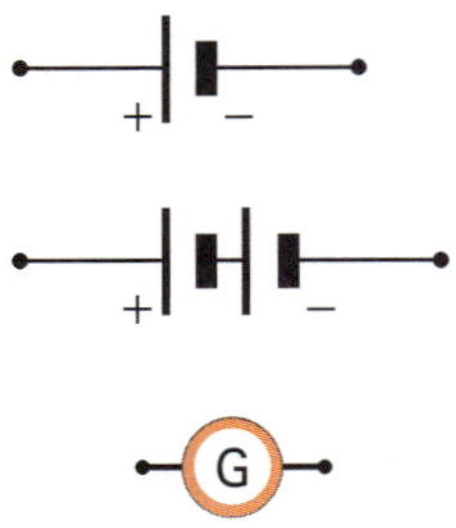

Simboli con i quali possono venire indicati i generatori negli schemi elettrici.

ON LINE
VIRTUAL LAB
I circuiti elettrici

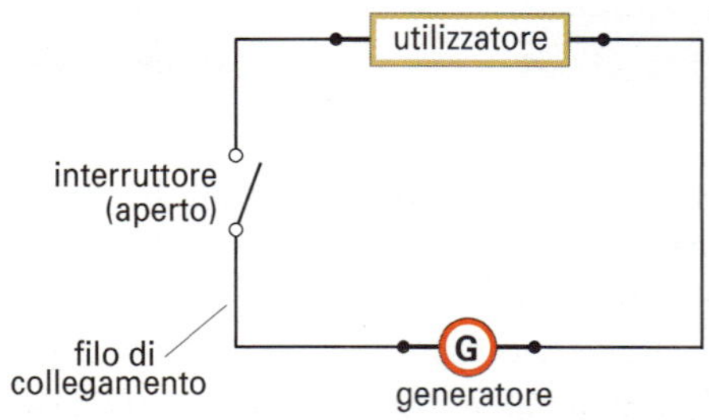

L'insieme degli elementi tramite il quale la corrente viene inviata a uno o più **utilizzatori** (lavatrici, trapani, radio, computer, lampadine, ...) è detto **circuito elettrico**. Esso viene rappresentato per mezzo di uno schema.
Il filo di collegamento (solitamente di rame) prende anche il nome di **cortocircuito**.
Quando non vi sono interruzioni il circuito è **chiuso** e circola la corrente; se si interrompe la continuità, per esempio per mezzo di un **interruttore**, il circuito è **aperto** e il flusso di corrente è nullo.

I componenti di un circuito elettrico possono essere disposti in vari modi:

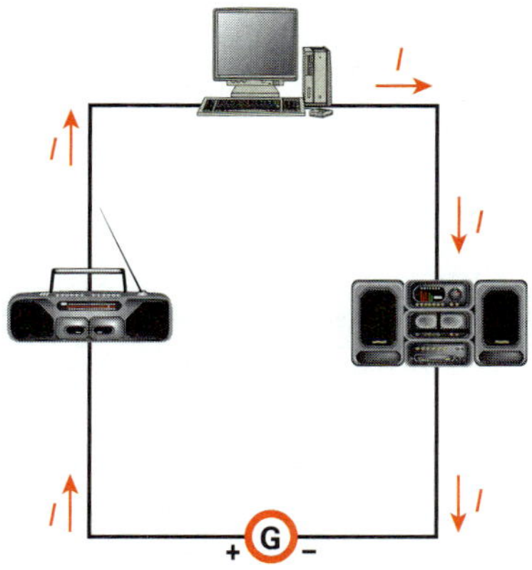

connessione **in serie**: stessa corrente *I*

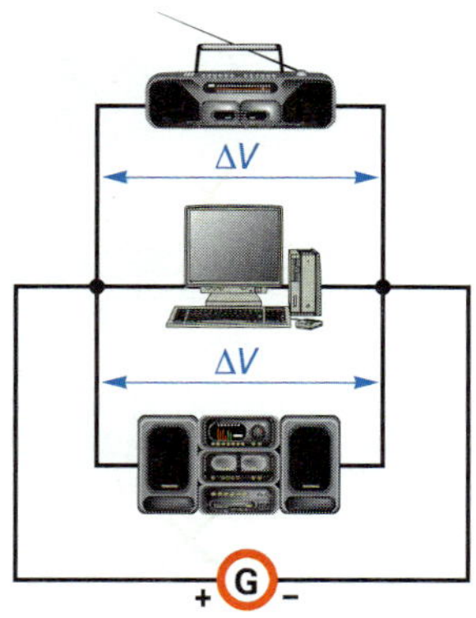

connessione **in parallelo**: stessa d.d.p.

- **connessione in serie**: i componenti sono disposti uno di seguito all'altro, in modo tale da essere attraversati dalla medesima corrente;
- **connessione in parallelo**: i componenti hanno gli estremi in comune, in modo tale da essere sottoposti alla stessa d.d.p.

amperometro

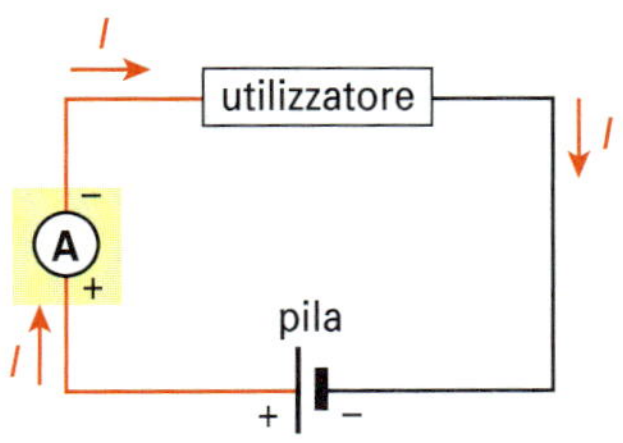

Se occorre misurare l'intensità della corrente in un circuito, vi si può inserire un apposito strumento detto **amperometro**, che deve essere sempre connesso *in serie* nel circuito in cui si vuole effettuare la misurazione.

voltmetro

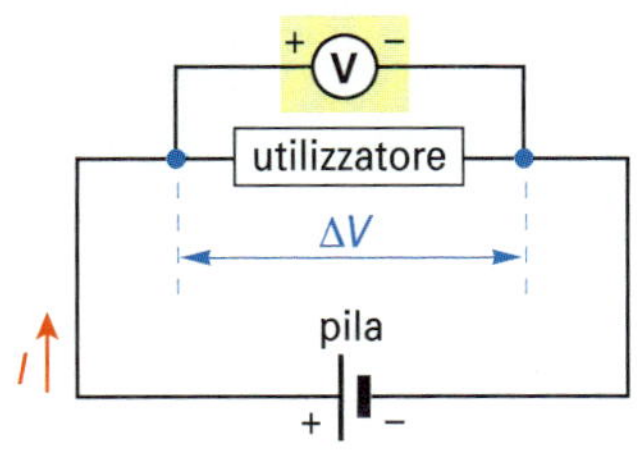

Se si desidera misurare la differenza di potenziale relativa a un tratto del circuito, si usa il **voltmetro**, che va connesso *in parallelo* rispetto al tratto interessato dalla misurazione.

18.3 La prima legge di Ohm

Che cosa accade se applichiamo tensioni di valore diverso allo stesso conduttore metallico? Si ha che aumentando la d.d.p., la corrente che circola aumenta a sua volta.

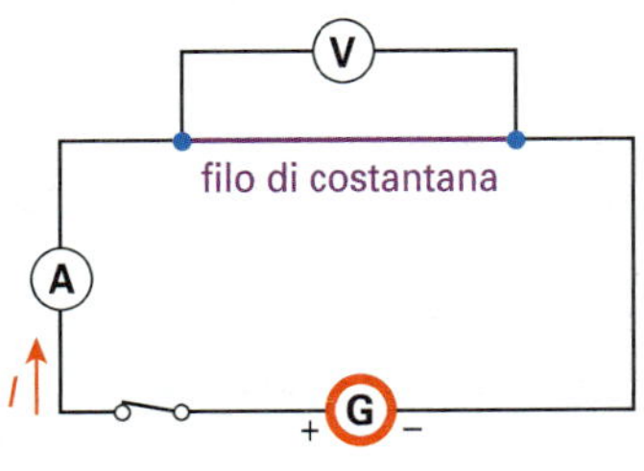

Costruiamo un semplice circuito elettrico, costituito da un filo metallico di *costantana* (lega di rame e nichel), fili di collegamento e un generatore. Inseriamo, quindi, un amperometro (disponendolo in serie) per misurare l'intensità di corrente che circola nel conduttore e un voltmetro (in parallelo) per rilevare la differenza di potenziale ai suoi capi. Modifichiamo, per mezzo del generatore, la tensione d'ingresso facendo attenzione che il filo non si riscaldi troppo. Leggiamo ogni volta i valori della d.d.p. ΔV e dell'intensità di corrente I e riportiamo i dati in un'opportuna tabella.

Tabella 1

Costantana		
ΔV (V)	I (A)	$\frac{\Delta V}{I}\left(\frac{V}{A}\right)$
0,30	0,015	20
0,60	0,030	20
0,90	0,045	20
...	...	...

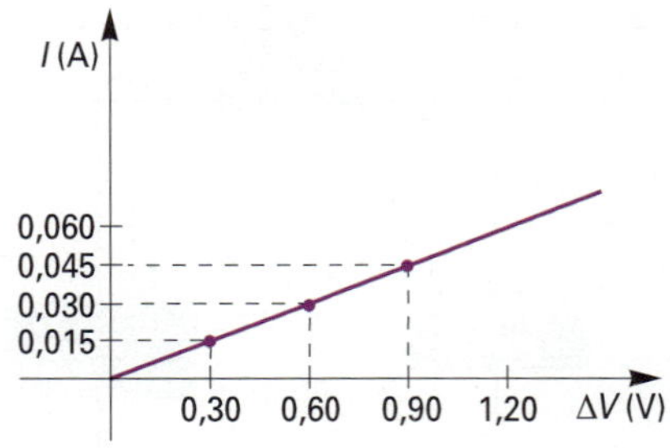

Come puoi vedere, ΔV è direttamente proporzionale a I; di conseguenza, il loro rapporto è costante (terza colonna della tabella 1): $\Delta V/I$ = costante. Riportando allora sull'asse x la differenza di potenziale e sull'asse y l'intensità di corrente, si ottiene una retta passante per l'origine.

Ricorda!...

La temperatura del conduttore è per ipotesi costante. (Vedremo più avanti in che modo essa influenzi il passaggio della corrente elettrica.)

Cerchiamo di capire in dettaglio il significato fisico della costante $\Delta V/I$. A tale scopo, consideriamo un filo metallico con la stessa lunghezza e la stessa sezione del precedente, ma fatto di un altro materiale (rame).

Tabella 2

Rame		
ΔV (V)	I (A)	$\frac{\Delta V}{I}\left(\frac{V}{A}\right)$
0,30	0,40	0,75
0,60	0,80	0,75
0,90	0,20	0,75
...	...	...

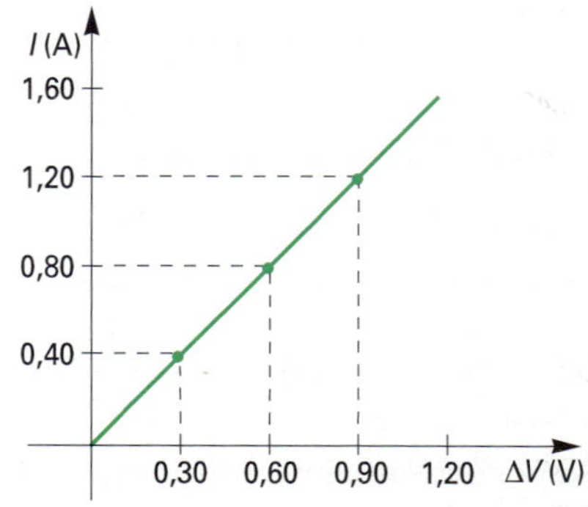

Ripetendo le misurazioni con una serie analoga di valori della differenza di potenziale, constatiamo che il rapporto $\Delta V/I$ è anche questa volta costante, ma il suo valore è diverso da prima.

Siamo indotti perciò a pensare che questa costante $\Delta V/I$ esprima una caratteristica propria del conduttore che ne influenza il comportamento elettrico. Dal confronto dei dati delle due tabelle, si deduce che passando dal primo al secondo caso il valore della costante diminuisce: ciò vuol dire che, a parità di differenza di potenziale, l'intensità di corrente che attraversa il filo di rame è maggiore rispetto a quella del filo di costantana.

In conclusione, $\Delta V/I$ riflette l'*opposizione* da parte del conduttore nei confronti del passaggio della corrente.

ON LINE
VIRTUAL LAB
Resistenza elettrica

Che cosa ostacola fisicamente lo spostamento degli elettroni?
Ciò che si oppone al movimento ordinato degli elettroni sono gli urti contro gli atomi del reticolo cristallino: quando, a causa della particolare struttura del conduttore, gli urti sono numerosi, allora la corrente fluisce con difficoltà. Per questo motivo la costante prende il nome di **resistenza elettrica** (***R***). Essa dà un'indicazione della misura con la quale un determinato conduttore si lascia attraversare dalla corrente elettrica.

La **resistenza elettrica** R è data dal rapporto tra la differenza di potenziale ΔV applicata agli estremi del conduttore e l'intensità della corrente I che vi circola:

$$R = \frac{\Delta V}{I}$$

resistenza

Per le sue unità di misura, possiamo scrivere:

$$R = \frac{\Delta V}{I} \Rightarrow \frac{\text{differenza di potenziale (misurata in volt)}}{\text{intensità di corrente (misurata in ampere)}} \Rightarrow \frac{\text{V}}{\text{A}}$$

Il rapporto V/A viene chiamato **ohm** (simbolo **Ω**, lettera greca «omega»), dal cognome del fisico tedesco, insegnante di ginnasio, Georg Simon Ohm (1787-1854).

$$1\,\Omega = 1\,\frac{\text{V}}{\text{A}}$$

Un conduttore ha una resistenza di 1 Ω quando, applicando ai suoi capi una differenza di potenziale di 1 V, viene percorso da una corrente di intensità pari a 1 A.

ohm

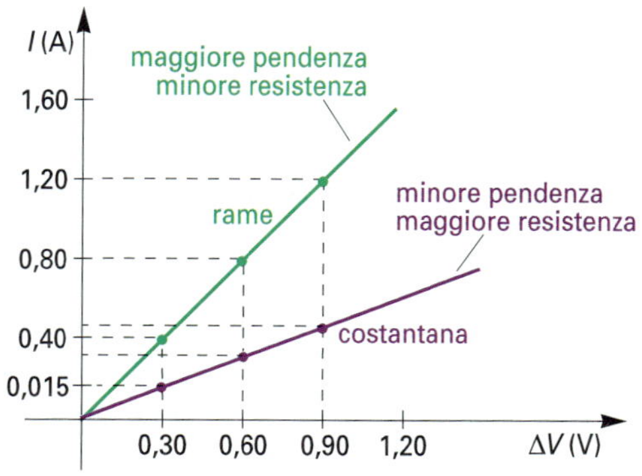

Se confrontiamo il grafico tensione-corrente della costantana con quello del rame, notiamo che la retta relativa al secondo metallo ha una pendenza maggiore rispetto a quella della lega: questo significa che il rame ha una minore resistenza.

Ricorda!...

In un grafico (ΔV, I) nel quale si rappresenta l'andamento dell'intensità di corrente elettrica in funzione della tensione applicata a un conduttore, ponendo ΔV sull'asse delle x e I sull'asse delle y, si ha che maggiore è la pendenza della retta, minore è la resistenza elettrica.

Se esistesse un conduttore perfetto, cioè senza resistenza, quale sarebbe la relativa rappresentazione grafica (ΔV, I)? Un conduttore perfetto dovrebbe avere $R = 0$. E dato che aumentando la pendenza diminuisce la resistenza, si avrebbe una retta parallela all'asse delle ordinate (cioè all'asse dell'intensità di corrente)...

Quanto abbiamo sin qui esposto in merito al comportamento di un conduttore sottoposto a differenza di potenziale, è sintetizzabile nella **prima legge di Ohm**.

In un conduttore l'intensità di corrente elettrica che lo attraversa è direttamente proporzionale alla differenza di potenziale presente ai suoi capi.
La costante di proporzionalità è data dalla resistenza del conduttore:

$$\Delta V = R \cdot I$$

prima legge di Ohm

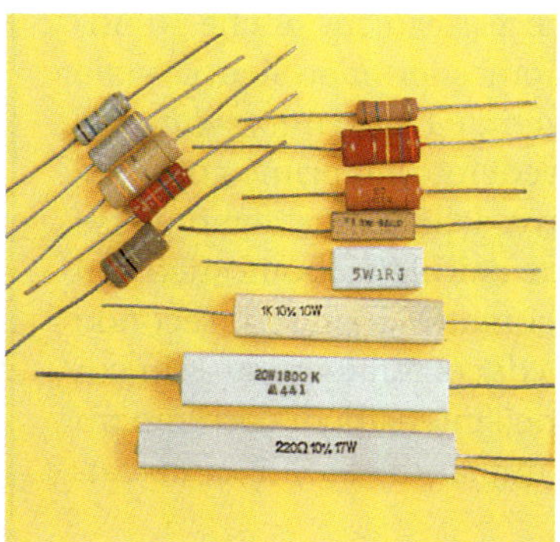

Il termine *resistenza* è riferito a qualunque utilizzatore che assorbe corrente elettrica. Spesso, per motivi di progettazione, nei circuiti vengono inseriti dei componenti che hanno un valore ben preciso di resistenza e che sono chiamati **resistori**.
Talvolta *resistenza* e *resistore*, riferiti al componente fisico, sono adoperati come sinonimi. Le resistenze possono essere di forme diverse. Negli schemi elettrici questo è il loro simbolo .

Conduttori ohmici e non ohmici

La legge di Ohm riguarda però soltanto alcuni materiali, come i conduttori metallici, i quali appunto presentano una relazione di diretta proporzionalità tra differenza di potenziale applicata e intensità di corrente elettrica che circola, qualora la temperatura venga mantenuta costante o non abbia variazioni troppo grandi. Si tratta in definitiva più di una proprietà della materia che di una vera e propria legge. Tuttavia, la relazione $\Delta V = R\,I$ ci permette di sapere come si comporterà quel dato metallo dal punto di vista elettrico.

conduttori ohmici

I materiali che seguono la prima legge di Ohm sono detti **conduttori ohmici** (o **lineari**).

Precisiamo che con la parola *conduttore* si intende qualunque sostanza in cui passa corrente elettrica una volta che applichiamo ai suoi estremi una tensione. Questo accade, oltre che con i metalli, anche con i non metalli come per esempio il carbone, il terreno umido, le soluzioni saline... Quando i campi elettrici in gioco sono piccoli, ubbidiscono alla legge di Ohm numerose sostanze, sia solide sia liquide, ma non la seguono già più per campi appena un po' più alti.
Esistono poi materiali che non ubbidiscono alla prima legge di Ohm e sono perciò detti **non ohmici** (o anche **non lineari**). Appartengono a questa categoria componenti elettronici quali i transistor (basati sui semiconduttori) e i gas. Per dare un'idea di quanto lo studio delle correnti elettriche nei materiali sia complesso aggiungiamo che in base alla meccanica quantistica non tutti gli elettroni disponibili in un solido sono portatori di corrente, poichè si deve tenere conto della loro «mobilità» che dipende, a sua volta, dalla struttura cristallina. Infine, anche negli isolanti si possono avere correnti di una certa entità, dovute però al moto degli ioni che possono saltare da una zona a un'altra non occupata.

FLASH

Effetti della corrente elettrica sul corpo umano

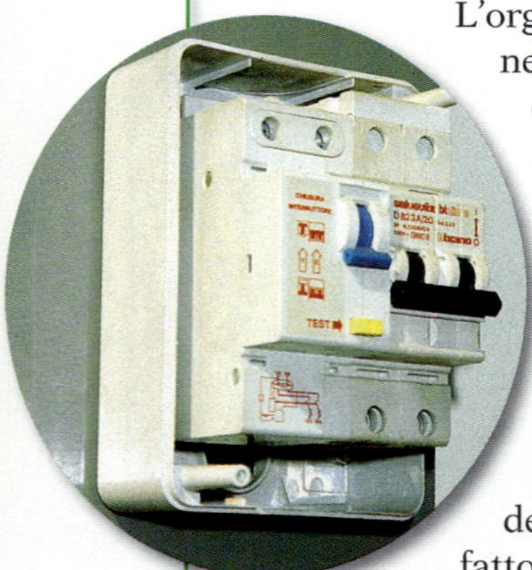

L'organismo umano è piuttosto vulnerabile se viene attraversato dalla corrente elettrica. Gli effetti possono andare da bruciature più o meno localizzate ad alterazioni nella composizione chimica dei liquidi delle cellule, per arrivare, nei casi più seri, a contrazioni muscolari che possono provocare l'arresto cardiaco o respiratorio. La gravità delle conseguenze dipende da vari fattori quali la resistenza elettrica offerta dal corpo, l'intensità della corrente, il tempo di durata del contatto.
La resistenza dell'organismo è piuttosto complessa da determinare, ma in generale va da valori massimi dell'ordine di $10^5 \div 10^6\ \Omega$, se la pelle è integra e asciutta, a valori minimi dell'ordine di $10^2\ \Omega$, se la pelle è bagnata. Questo aspetto è estremamente importante poiché, a parità di tensione alla quale il corpo viene incidentalmente sottoposto, l'intensità di corrente che lo attraversa può arrivare a valori insostenibili, nell'eventualità che in quel momento la sua resistenza sia particolarmente bassa. Per correnti di intensità maggiore di un decimo di ampere, l'uomo non riesce più a controllare i propri muscoli: il cuore può entrare in fibrillazione, cioè comincia a battere in modo irregolare fino a fermarsi, oppure si può avere il blocco della respirazione. Si capisce allora perché un'elementare norma di sicurezza consiglia di non entrare in contatto con apparecchi elettrici (il phon, la radio ecc.) quando siamo bagnati o non isolati. Nondimeno, è necessario che anche gli utilizzatori e gli impianti domestici siano sicuri. A tale scopo servono il *filo di terra* e l'*interruttore differenziale magneto-termico* (vedi foto). Il primo consente la dispersione verso terra della carica che dovesse accumularsi in una parte dell'elettrodomestico con cui possiamo venire a contatto, mentre il secondo interrompe il passaggio di corrente nel caso in cui si abbiano degli sbalzi dell'intensità di corrente tra l'ingresso e l'uscita dell'impianto causati da un cattivo funzionamento.

18.4 L'effetto Joule

Diversi elettrodomestici quali il tostapane o il ferro da stiro, una volta collegati alla presa della corrente, si riscaldano notevolmente. Come mai?

Vediamo in quale maniera si ottiene l'energia termica finale a partire da quella elettrica iniziale.

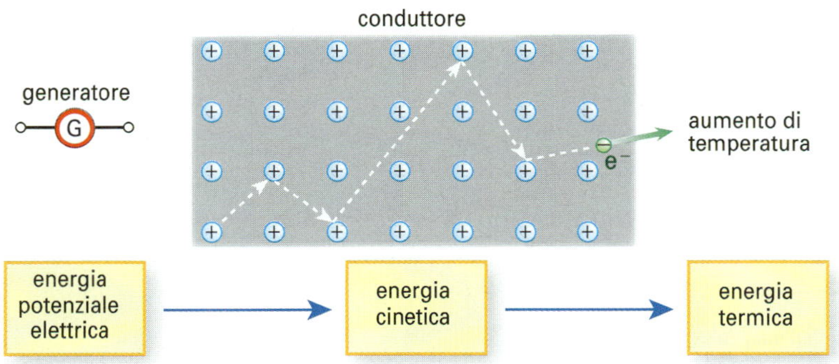

Nel generatore le cariche acquistano energia potenziale e nel conduttore collegato al generatore stesso gli elettroni, a causa delle forze del campo elettrico, si mettono in movimento, per cui la loro energia potenziale inizia a trasformarsi in energia cinetica. Tuttavia, gli elettroni non si spostano in uno spazio vuoto. Considerata la struttura del conduttore, dopo un percorso più o meno breve essi urtano contro gli ioni del reticolo cristallino, i quali accrescono così la loro energia di oscillazione a scapito di quella cinetica delle particelle cariche.
Dopodiché, gli elettroni, la cui velocità in seguito all'urto è diminuita, vengono nuovamente accelerati dalle forze del campo elettrico: il processo si ripete. Tali eventi, che a livello microscopico provocano un aumento dell'energia cinetica media di oscillazione degli ioni del reticolo, equivalgono a livello macroscopico a un innalzamento della temperatura del conduttore. Questo fenomeno viene definito **effetto Joule**.

L'**effetto Joule** è quel processo fisico nel quale l'energia elettrica si dissipa, al passaggio della corrente attraverso i conduttori, sotto forma di *calore*.

effetto Joule

Se non ci fosse l'effetto Joule, una volta *innescata*, la corrente elettrica all'interno del conduttore potrebbe essere mantenuta all'infinito, senza più la necessità di continuare a far funzionare il generatore... Purtroppo, non è così, tranne nel caso particolare dei superconduttori.
Cerchiamo adesso di quantificare le conseguenze dell'effetto Joule.

ON LINE
VIRTUAL LAB
La legge di Joule

La legge di Joule

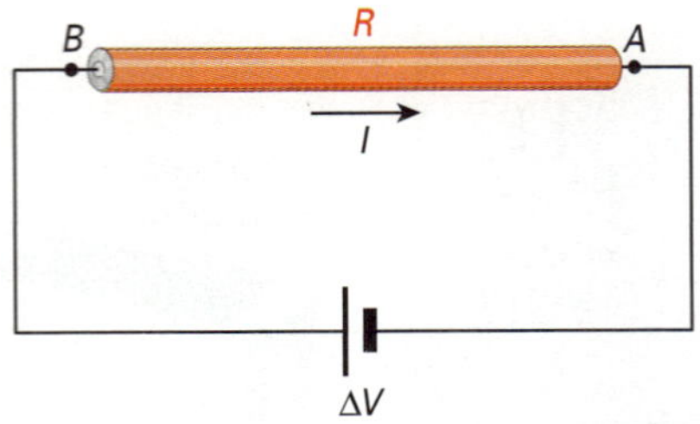

In un conduttore ohmico vale la prima legge di Ohm $\Delta V = R\,I$, quindi ai capi della resistenza R dobbiamo assicurare una differenza di potenziale costante ΔV al fine di far sì che nel resistore circoli una corrente di intensità costante I. Dato che per definizione ΔV è il lavoro fatto sull'unità di carica per portarla da un estremo all'altro del resistore (tra cui sussiste proprio quella d.d.p.), segue che il prodotto $R\,I$ è fondamentalmente il lavoro compiuto sull'unità di carica per spostarla dall'estremo A all'estremo B.

Perché deve essere compiuto tale lavoro? Per vincere quelle forze che si comportano analogamente alle forze d'attrito e che ostacolano il moto degli elettroni, avendo direzione opposta rispetto al verso della corrente.
Il lavoro complessivo allora sarà dato ovviamente dalla somma dei lavori compiuti sulle singole cariche. Quindi se Q è la carica totale si ha:

$$L_{AB} = \Delta V \cdot Q = R\,I \cdot Q$$

che è il lavoro totale L_{AB} compiuto per mantenere la carica Q in movimento da A a B.
A questo punto, se Δt è l'intervallo di tempo preso in considerazione, per trovare la potenza P che bisogna erogare affinché circoli la corrente di intensità I, basterà calcolare il rapporto $P = L_{AB}/\Delta t$.

$$P = \frac{L_{AB}}{\Delta t} = \frac{R \cdot I \cdot Q}{\Delta t}$$

ma $\dfrac{Q}{\Delta t} = I$, per cui:

$$P = R \cdot I \cdot I$$

e quindi:

$$P = R \cdot I^2$$

legge di Joule

La potenza che bisogna fornire a un circuito elettrico di resistenza R per fare circolare in esso una corrente elettrica di intensità costante I è data da:

$$P = R \cdot I^2$$

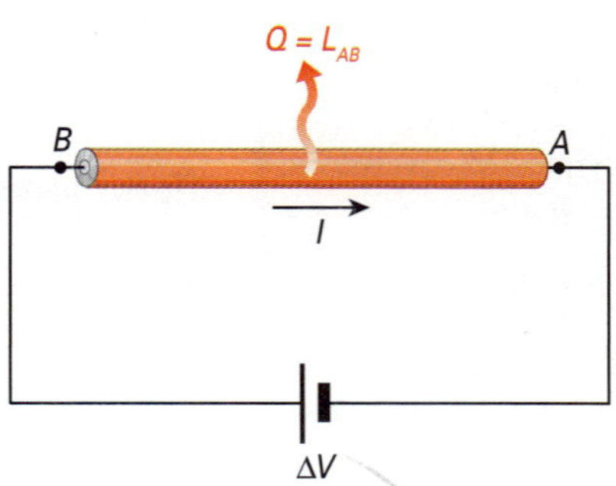

Siccome siamo in regime stazionario (applichiamo una tensione costante ΔV e circola una corrente costante I), dobbiamo chiederci in base al principio di conservazione dell'energia, che fine faccia tutta questa potenza erogata, vale a dire l'energia che forniamo nell'unità di tempo: come abbiamo già visto, questa energia viene trasformata in calore. Quindi, la quantità $P = R \cdot I^2$ rappresenta allo stesso tempo la quantità di potenza che viene *dissipata per effetto Joule*, cioè sotto forma di calore, da parte del circuito.

In base a quanto detto, risulta che la potenza dissipata per effetto Joule da una corrente elettrica che attraversa un conduttore è direttamente proporzionale:

- alla resistenza R del conduttore;
- al quadrato dell'intensità di corrente.

Sappiamo che l'unità di misura della potenza è il watt (W). Dato che la resistenza si misura in ohm (Ω) e l'intensità di corrente in ampere (A), dalla legge di Joule si ricava:

$$1\ \text{W} = 1\ \Omega \cdot 1\text{A}^2$$

ON LINE VIRTUAL LAB
Aumento della temperatura per effetto Joule

esempio

Utilizzando l'analisi dimensionale, verifica che $P = R \cdot I^2$ ha la stessa equazione dimensionale di $P = L/\Delta t$.

La potenza P ha dimensioni:

$$P = [\text{W}] = \frac{[\text{J}]}{[\text{s}]} = \frac{[\text{N m}]}{[\text{s}]} = \frac{[\text{kg m/s}^2][\text{m}]}{[\text{s}]} = [\text{L}]^2[\text{t}]^{-3}[\text{M}]$$

il prodotto $R \cdot I^2$:

$$R \cdot I^2 = [\Omega][\text{A}^2] = \left[\frac{\text{V}}{\text{A}}\right][\text{A}^2] = [\text{V}][\text{A}] = \left[\frac{\text{J}}{\text{Q}}\right]\left[\frac{\text{Q}}{\text{s}}\right] = \frac{[\text{J}]}{[\text{s}]}$$

ma [J]/[s] è proprio il watt [W]:

$$R \cdot I^2 = \frac{[\text{J}]}{[\text{s}]} = [\text{W}] = [\text{L}]^2[\text{t}]^{-3}[\text{M}]$$

Nel caso in cui di un circuito elettrico conosciamo sia la d.d.p. applicata ΔV sia l'intensità di corrente elettrica I, possiamo trovare direttamente la potenza P, infatti:

$$P = R \cdot I^2 = R \cdot I \cdot I = \Delta V \cdot I \quad \text{cioè} \quad P = \Delta V \cdot I$$

Infine, per trovare la potenza dissipata per effetto Joule ricorrendo alla d.d.p. ΔV e alla resistenza R:

$$\Delta V = R \cdot I \quad \Rightarrow \quad I = \frac{\Delta V}{R}$$

sostituendo:

$$P = \Delta V \cdot I = \Delta V \cdot \frac{\Delta V}{R} = \frac{(\Delta V)^2}{R}$$

perciò:

$$P = \frac{(\Delta V)^2}{R}$$

Il kilowattora

È un errore diffuso quello di pensare che il **kilowattora** (di cui sentiamo parlare a proposito delle bollette dell'energia elettrica) si riferisca alla potenza, trattandosi magari di un multiplo del watt.

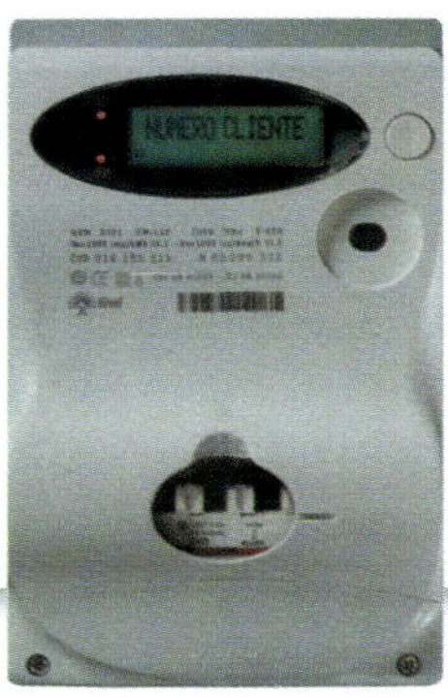

In realtà il **kilowattora** (**kWh**) è un'unità di misura dell'energia: è la quantità di energia assorbita quando si sviluppa la potenza di 1 kW (cioè 1000 W) per un intervallo di tempo di 1 h:

$$1\ \text{kWh} = 1\ \text{kW} \cdot 1\text{h} = 1000\ \text{W} \cdot 3600\ \text{s} = \\ = 3\,600\,000\ \text{W} \cdot \text{s} = 3{,}6 \cdot 10^6\ \text{W} \cdot \text{s} = 3{,}6 \cdot 10^6\ \text{J}$$

essendo 1 W · s = 1 J.

Il **kilowattora** è una particolare unità di misura utilizzata per l'energia.

kilowattora

$$1\ \text{kWh} = 3{,}6 \cdot 10^6\ \text{J}$$

Le bollette relative ai consumi di elettricità sono calcolate in base al costo del kilowattora: €/kWh.

esempio

A una lampadina con una resistenza di 484 Ω viene applicata una tensione di 220 V. Calcolare quanto costa tenerla accesa per 30 giorni 4 ore al giorno, nel caso in cui il prezzo C_u del kilowattora sia 0,14 €/kWh.

Avendo come dati ΔV ed R, possiamo calcolare direttamente la potenza P tramite la formula:

$$P = \frac{\Delta V^2}{R} = \frac{220^2}{484} = 100\ \text{W}$$

Per trovare l'energia E basta moltiplicare la potenza P per l'intervallo di tempo Δt:

$$E = P \cdot \Delta t = 100\ \text{W} \cdot (4 \cdot 30)\ \text{h} = 0{,}100\ \text{kW} \cdot 120\ \text{h} = 12\ \text{kWh}$$

Quindi la spesa S è:

$$S = E \cdot C_u = 12\ \text{kWh} \cdot 0{,}14\ \frac{€}{\text{kWh}} = 1{,}68\ €$$

Facciamo notare che 12 kWh equivalgono a $12 \cdot 3{,}6 \cdot 10^6 = 4{,}3 \cdot 10^7$ J.

18.5 La seconda legge di Ohm

Nella prima legge di Ohm ($\Delta V = R \cdot I$) la resistenza R rappresenta una proprietà intrinseca del conduttore, che riflette a livello macroscopico la sua predisposizione a lasciarsi attraversare dalla corrente elettrica oppure a ostacolarla in seguito agli urti degli elettroni contro gli ioni del reticolo cristallino. Quali sono i fattori che la influenzano?

Una prima ipotesi è che la lunghezza del conduttore possa incidere sulla resistenza.

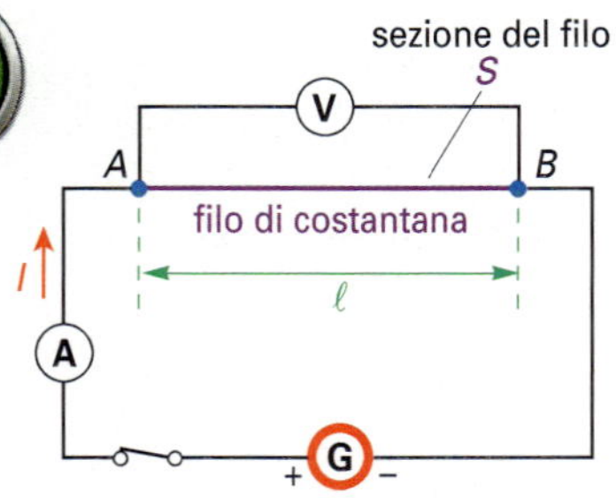

Per verificarlo effettuiamo una serie di misure variando la lunghezza l del filo di costantana e lasciando invariate la sezione S e la differenza di potenziale ΔV tra A e B. Ogni volta leggiamo sull'amperometro l'intensità di corrente I e calcoliamo con la prima legge di Ohm la resistenza R. I risultati sono riportati nella tabella.

Tabella 1

ℓ (m)	ΔV (V)	I (A)	R = ΔV/I (Ω)
0,200	0,25	0,98	0,26
0,400	0,25	0,48	0,52
0,600	0,25	0,32	0,78
0,800	0,25	0,24	1,04

Confrontando la prima e l'ultima colonna, è facile ricavare che fra la lunghezza e la resistenza vi è una proporzionalità diretta.

La prima grandezza raddoppia, triplica... e anche la seconda raddoppia, triplica...

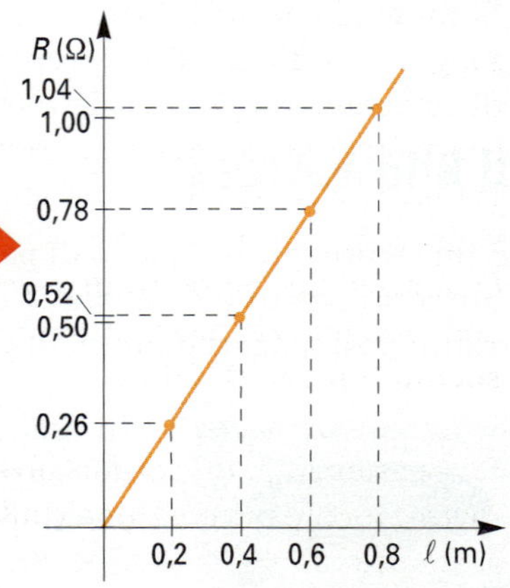

La rappresentazione grafica della relazione tra R ed l dà luogo a una retta passante per l'origine.

Quale può essere, a livello microscopico, la spiegazione di quanto osservato? Possiamo pensare che, aumentando la lunghezza del filo e quindi il percorso degli elettroni, cresca di conseguenza anche il numero degli urti: la resistenza è perciò maggiore.

Tabella 2

$S(\cdot 10^{-6}\ m^2)$	ΔV (V)	I (A)	$R = \Delta V/I (\Omega)$
0,096	0,80	0,16	5,00
0,192	0,80	0,32	2,50
0,384	0,80	0,64	1,25

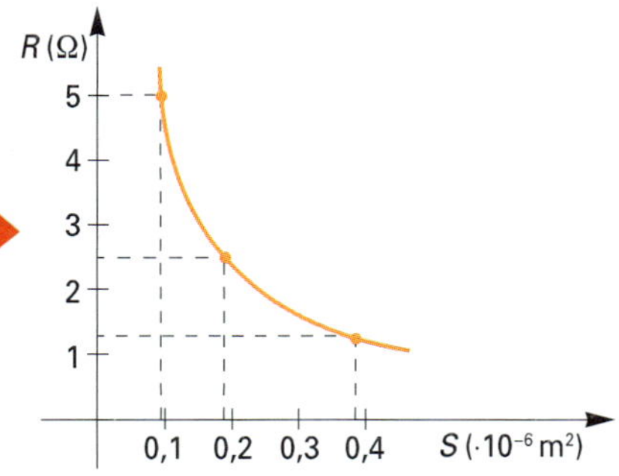

Un altro fattore che può influenzare la resistenza è la sezione S del conduttore. Consideriamo vari fili di costantana di uguale lunghezza l, che presentano sezioni diverse. Immaginiamo di applicare più volte agli estremi la stessa differenza di potenziale, ottenendo i risultati della tabella.
Osservando la prima e la quarta colonna si rileva che la sezione e la resistenza sono grandezze inversamente proporzionali. Vale a dire, se la prima raddoppia, triplica, ..., la seconda diventa la metà, 1/3...

Rappresentando graficamente la relazione tra la resistenza elettrica e la sezione del conduttore, otteniamo un ramo di iperbole: all'aumentare della sezione S la resistenza R diminuisce.

Ricorda!...

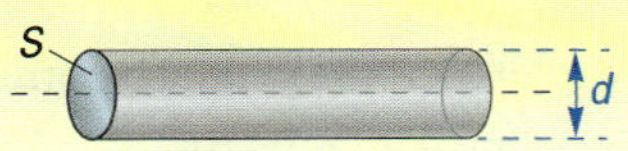

Con S si intende l'area della sezione trasversale del filo, che può essere calcolata con la formula:

$$S = \frac{\pi}{4} d^2$$

oppure $S = \pi r^2$, dove d ed r sono rispettivamente il diametro e il raggio della sezione.

Quale può essere la ragione di questo andamento dal punto di vista microscopico?
Si intuisce che all'aumentare della sezione, aumenta lo spazio utile per il passaggio degli elettroni attraverso il filo e, dunque, diventa più grande l'intensità di corrente. Ma per la prima legge di Ohm ciò vuol dire che la resistenza, essendo inversamente proporzionale all'intensità, diminuisce.
Infine, si vede sperimentalmente che i risultati cambiano a seconda del materiale usato.
Quanto abbiamo detto in merito all'andamento della resistenza in funzione della lunghezza, della sezione e del tipo di conduttore viene sintetizzato dalla **seconda legge di Ohm**.

Ricorda!...

La resistenza è:
- direttamente proporzionale alla lunghezza del filo;
- inversamente proporzionale alla sezione.

La resistenza di un conduttore è direttamente proporzionale alla lunghezza l, inversamente proporzionale alla sezione S e dipende dalle caratteristiche della sostanza:

$$R = \rho \cdot \frac{l}{S}$$

seconda legge di Ohm

La ρ (lettera greca «ro») è una costante e viene chiamata **resistività**. Il suo valore cambia appunto con il materiale.

Cerchiamo di capire il significato fisico di ρ. Dalla seconda legge di Ohm ricaviamo la resistività:

resistività

$$\rho = R\frac{S}{l}$$

Da qui si vede che quando S ed l hanno valore unitario (cioè $S = 1\ m^2$ e $l = 1$ m), allora numericamente ρ coincide con R. Questo vuol dire che quanto più la resistività ρ di un particolare materiale è elevata, tanto più è alta la resistenza R del resistore costruito con quel materiale.
Per individuare la sua unità di misura, possiamo scrivere:

$$\rho = R\cdot\frac{S}{l} \Rightarrow \text{resistenza (in ohm)}\cdot\frac{\text{sezione (in metri al quadrato)}}{\text{lunghezza (in metri)}}$$

$$\Rightarrow \frac{\Omega\cdot m^{\cancel{2}}}{\cancel{m}}$$

unità di misura di ρ

La resistività si misura in **Ω · m** («ohm per metro»).
Un conduttore ha una resistività pari a 1 Ω · m se, avendo una sezione di 1 m^2, la sua resistenza vale 1 Ω per ogni metro di lunghezza.

Nella tabella che segue riportiamo la resistività di alcuni metalli a 0 °C.

Ricorda!...

Il valore della resistività cambia al variare della sostanza, in quanto ogni sostanza, a seconda della struttura del proprio reticolo cristallino, si oppone di più o di meno al passaggio degli elettroni.

Tabella 3

Metallo	ρ (· 10^{-8} Ωm)	Metallo	ρ (· 10^{-8} Ωm)
alluminio	2,6	rame	1,6
argento	1,5	mercurio	94,0
costantana	45,0	oro	2,3
ferro	8,9	tungsteno	5,0

Dalla tabella si può capire il motivo per cui nei cavi elettrici viene usato comunemente il rame: ha bassa resistività e costi inferiori rispetto ad altri metalli. Talvolta, però, diventano importanti e determinanti altre caratteristiche. Per esempio, nelle linee elettriche ad alta tensione viene preferito l'alluminio per la sua leggerezza (il minore peso costituisce un vantaggio), mentre l'acciaio, nonostante abbia una resistività maggiore sia del rame sia dell'alluminio, è preferibile per le linee ferroviarie elettrificate in virtù della sua maggiore solidità meccanica.

esempio

Supponiamo di voler trovare la resistività di un filo di costantana lungo 0,20 m con diametro 0,70 mm che, sottoposto a una tensione di 0,25 V, viene attraversato da una corrente di intensità 0,98 A.

La formula che dà la resistività è:

$$\rho = R\cdot\frac{S}{l}$$

determiniamo la superficie S della sezione del filo:

$$S = \frac{\pi}{4}\cdot d^2 = \frac{\pi}{4}\cdot(0{,}70\cdot10^{-3})^2 = \frac{3{,}14159}{4}\cdot 0{,}49\cdot10^{-6} \cong 0{,}38\cdot10^{-6}\ m^2$$

inoltre, in base alla prima legge di Ohm abbiamo:

$$R = \frac{\Delta V}{I} = \frac{0{,}25}{0{,}98} \cong 0{,}26\ \Omega$$

sostituendo i valori trovati nell'espressione della ρ, otteniamo:

$$\rho = R\cdot\frac{S}{l} = 0{,}26\cdot\frac{0{,}38\cdot10^{-6}}{0{,}20} = 0{,}49\cdot10^{-6} = 49\cdot10^{-8}\ \Omega\,m$$

che è abbastanza vicino al dato riscontrabile nella tabella 3.

18.6 La relazione tra resistività e temperatura

Parlando della resistività, abbiamo rilevato che i valori di tale grandezza sono validi per una temperatura ben precisa, intendendo che se la temperatura si modifica, cambia anche la resistività. Per quale motivo?
In un conduttore all'aumentare della temperatura il moto di vibrazione degli atomi nelle loro posizioni reticolari diviene più frenetico. Ciò comporta, di conseguenza, un aumento degli urti degli elettroni e, quindi, una resistenza e una resistività più elevate.

In definitiva, a parità di lunghezza, sezione e materiale, al crescere della temperatura aumenta la resistività del conduttore.
La legge che tiene conto del variare della resistività in seguito al modificarsi della temperatura è la seguente:

$$\rho = \rho_0 \cdot (1 + \alpha \cdot \Delta t)$$

ρ è la resistività del conduttore alla temperatura generica t (in °C), ρ_0 è la resistività alla temperatura di riferimento $t_0 = 0$ °C, Δt è la variazione di temperatura rispetto al valore $t_0 = 0$ °C e α è un *coefficiente di temperatura* (misurato in °C^{-1}) dipendente dal tipo di sostanza.

relazione tra resistività e temperatura

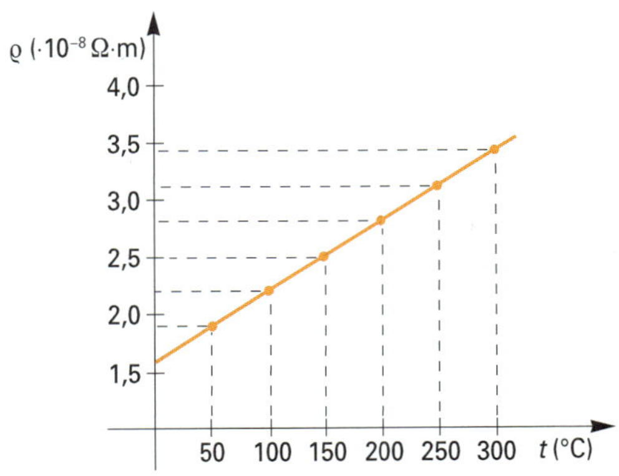

Tabella 4

Metallo	α(· 10^{-3} °C^{-1})
alluminio	3,9
argento	3,8
costantana	0,05
ferro	5,0
rame	3,9
mercurio	0,9
oro	3,4
tungsteno	4,5

Qui vediamo la resistività del rame in funzione della temperatura. Per un'ampia gamma di temperature che va da valori molto bassi sino a valori un po' inferiori a quello di fusione del metallo, la rappresentazione è una retta.
Dato che però la retta non passa per l'origine, al raddoppiare di t la ρ non raddoppia: non si può parlare di diretta proporzionalità fra ρ e t, bensì di **dipendenza lineare**.

Quanto più α è piccolo (vedi costantana), tanto meno la resistività cambia al variare della temperatura. Nel grafico resistività-temperatura questo si traduce in una minore inclinazione della retta. I semiconduttori, il carbone e le soluzioni elettrolitiche hanno un α negativo, in quanto la loro resistività diminuisce all'aumentare della temperatura.

Contrariamente a quanto accade tra ρ e t, è corretto invece affermare che la variazione di resistività $\Delta\rho$, cioè $\rho - \rho_0$, è direttamente proporzionale alla variazione di temperatura Δt.

Ricorda!...

La relazione tra resistività e temperatura è valida per variazioni di temperatura non troppo elevate (potendo così tra l'altro trascurare anche i cambiamenti della lunghezza e della sezione del conduttore). In particolare non vale per temperature prossime allo zero assoluto e alla temperatura di fusione della sostanza.

Infatti, dalla relazione $\rho = \rho_0 \cdot (1 + \alpha \cdot \Delta t)$ si trova, sviluppando il prodotto al secondo membro:

$$\rho = \rho_0 + \rho_0 \cdot \alpha \cdot \Delta t$$

portando poi ρ_0 al primo membro:

$$\rho - \rho_0 = \rho_0 \cdot \alpha \cdot \Delta t$$

ed essendo $\rho - \rho_0 = \Delta\rho$:

$$\Delta\rho = \rho_0 \cdot \alpha \cdot \Delta t$$

Da qui si vede che se Δt raddoppia, triplica ecc., la stessa cosa fa $\Delta\rho$.

Se nella relazione $\rho = \rho_0 (1 + \alpha \cdot \Delta t)$ sostituiamo ρ con $R \frac{S}{l}$ e ρ_0 con $R_0 \frac{S}{l}$ (essendo R_0 la resistenza alla temperatura $t_0 = 0$ °C), si ottiene:

$$R \frac{S}{l} = R_0 \frac{S}{l} (1 + \alpha \cdot \Delta t)$$

e semplificando:

resistenza e temperatura

$$R = R_0 (1 + \alpha \cdot \Delta t)$$

che può essere comoda per calcolare direttamente la resistenza R al variare della temperatura del conduttore.

ON LINE

Il significato fisico di α

I superconduttori

Nel 1911 il fisico olandese Heike Kamer Lingh Onnes (1853-1926) scoprì che in alcuni metalli (alluminio, titanio, mercurio, piombo...), quando la temperatura si avvicina allo zero assoluto, la resistività improvvisamente diventa nulla.

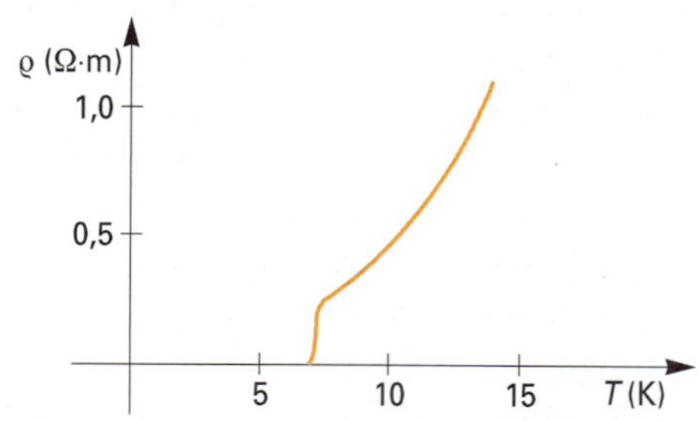

Nel grafico, riguardante il piombo, si osserva che per temperature inferiori a 7 K (che è la **temperatura critica** T_C), valore molto vicino allo zero assoluto (–273,15 °C), la resistività diventa nulla: la corrente elettrica non incontra più nessuna resistenza e, quindi, a differenza di ciò che accade a temperatura ambiente, la sua intensità rimane costante per tempi lunghissimi. In queste situazioni si parla di **superconduttività** (o *superconduzione*).

superconduttività

La **superconduttività** è un fenomeno per il quale, a temperature molto basse (dell'ordine di poche decine di kelvin, cioè molto al di sotto di 0 °C), un conduttore presenta resistività e resistenza elettrica nulle.

Le ricerche in tale campo mirano a ottenere materiali superconduttori a temperature sempre più elevate. Nel 1987 Bednorz e Müller sono stati insigniti del premio Nobel per aver individuato un nuovo composto che diventa superconduttore a 35 K.
Negli ultimi anni, utilizzando ossidi di ittrio, bario e rame, la temperatura critica è stata portata a 90 K (circa –180 °C), mentre al momento le temperature più alte per la superconduzione sono intorno a 135 K.

Nella foto un disco superconduttore *levita*, cioè galleggia, sul campo magnetico prodotto da un magnete permanente (Laboratorio di Superconduttività – Università di Genova).

FLASH

La superconduzione

La superconduzione è un fenomeno che viene in parte spiegato ipotizzando che gli elettroni, i quali essendo negativi normalmente si respingono, a bassissime temperature riescano a vincere la reciproca repulsione, dando origine alle cosiddette *coppie di Cooper* (dal cognome di Leon Cooper, fisico dell'Università dell'Illinois). Secondo questa interpretazione, nota come *teoria BCS*, i due elettroni della coppia possono essere paragonati a due persone che sono decise a rimanere vicine dandosi la mano in mezzo a una folla in movimento: in queste condizioni le persone che formano la folla tendono ad aggirare gli ostacoli e la coppia avanza relativamente indisturbata. Le possibili applicazioni della superconduzione appaiono molto interessanti, e non soltanto a livello di trasmissione e trasformazione dell'energia elettrica. Per esempio, in particolari condizioni un superconduttore sottoposto a un campo magnetico esterno lo respinge totalmente, con la conseguenza pratica di levitare letteralmente su di esso. In Giappone il fenomeno è già stato sfruttato per la costruzione di treni che, correndo su un binario d'aria con attrito ridotto quasi a zero, raggiungono velocità elevatissime. Tuttavia, la necessità di mantenere i materiali a temperature tanto basse da dover ricorrere all'elio liquido, laborioso e

quindi costoso da ottenere, costituisce un grave inconveniente dal punto di vista economico. Fino al 1986 esistevano solo i superconduttori a bassa temperatura, cioè a temperature inferiori a –245 °C, ma nel 1986 Bednorz e Müller dell'IBM Research Laboratory di Zurigo hanno individuato un materiale di tipo ceramico (ossido di lantanio, bario e rame) che diventa superconduttore a –238 °C, cioè a 35 K.
Grazie a tale scoperta la ricerca ha tratto un nuovo impulso e in poco tempo si sono raggiunte temperature critiche via via maggiori. Negli ultimissimi anni sono stati ottenuti fenomeni di superconduzione a –140 °C. Questa generazione di superconduttori è definita ad alta temperatura, in quanto presenta il vantaggio di avere temperature critiche superiori a –196 °C (77 K), temperatura di ebollizione dell'azoto liquido che, rispetto all'elio, richiede una tecnologia molto più semplice ed economica al fine di essere usato come refrigerante.

18.7 La corrente elettrica nei fluidi

La corrente elettrica nei liquidi

Le cariche elettriche possono spostarsi in modo ordinato, dando quindi luogo a delle correnti, anche nei fluidi, vale a dire nei liquidi e nei gas. Il passaggio della corrente elettrica nei fluidi avviene, tuttavia, secondo dei meccanismi più complessi di quelli che si hanno nei metalli.

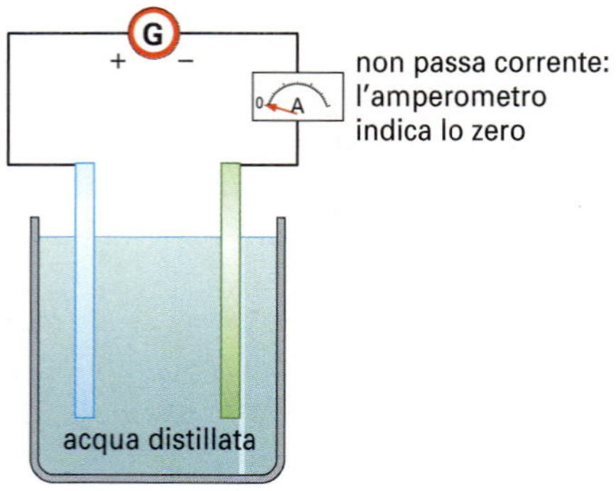

L'acqua distillata o una soluzione di acqua e zucchero non permettono il passaggio della corrente elettrica: sono isolanti.

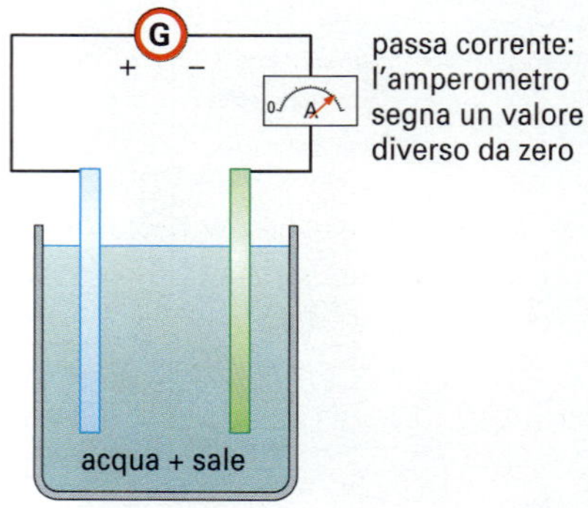

Se nell'acqua viene disciolto un sale (come il cloruro di sodio, cioè il normale sale da cucina) la soluzione, che viene definita **elettrolitica**, diventa conduttrice.

soluzioni elettrolitiche

Le soluzioni acquose di sali (cloruro di sodio), acidi (acido solforico) e basi (idrossido di sodio) si chiamano **soluzioni elettrolitiche** e conducono la corrente elettrica.

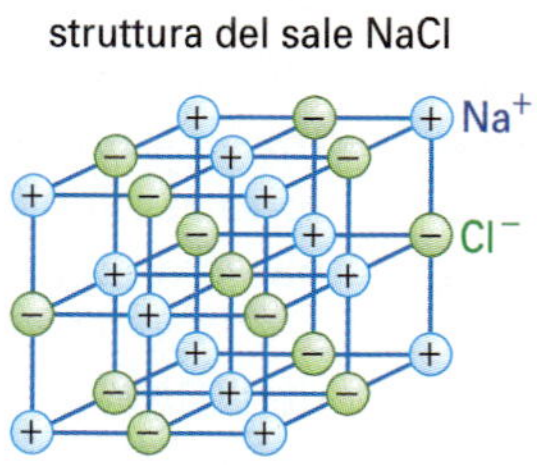

Il cloro e il sodio (gli elementi che formano la molecola del cloruro di sodio) sono caratterizzati da un legame particolare detto **ionico**. L'atomo del cloro tende a catturare un elettrone dal sodio, diventando perciò uno ione negativo (**Cl^-**), mentre il sodio, cedendo a sua volta un elettrone, si trasforma in uno ione positivo (**Na^+**). Il sale è dunque una struttura regolare frutto dell'attrazione, dovuta alle forze elettriche, fra gli ioni negativi e quelli positivi.

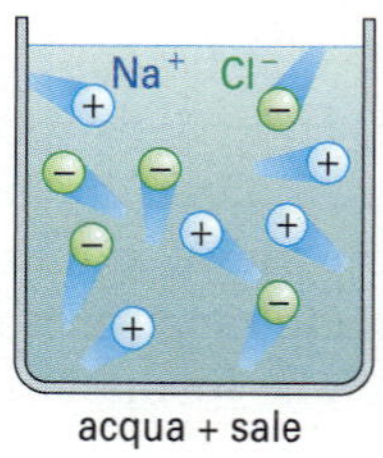

Quando mettiamo il cloruro di sodio nell'acqua avviene la **dissociazione elettrolitica**. Le molecole d'acqua riescono a disgregare la struttura regolare del sale, trasformandolo in un insieme di ioni negativi **Cl^-** e positivi **Na^+**. In questa fase il moto degli ioni è disordinato e quindi non si ha nessuna corrente elettrica.

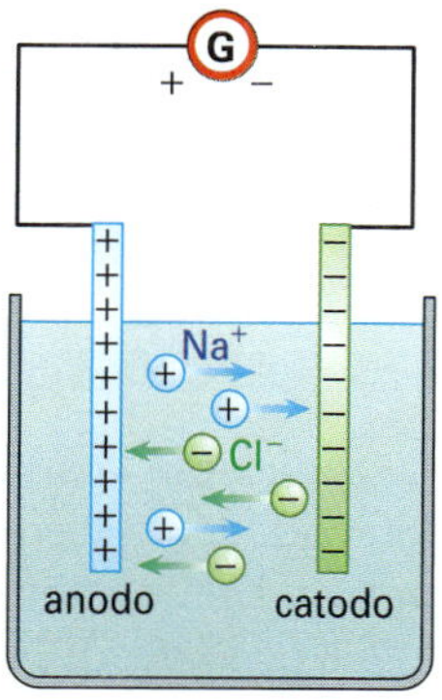

Se colleghiamo però gli elettrodi a un generatore di tensione, accade che gli ioni, sottoposti a una certa differenza di potenziale, migrano. In particolare, gli ioni negativi **Cl^-** si dirigono verso il polo positivo, chiamato **anodo**, mentre quelli positivi **Na^+** si spostano verso il polo negativo, chiamato **catodo**, per cui si ha una corrente elettrica di convezione.

Ricorda!...

La corrente elettrica in una soluzione elettrolitica è dovuta al movimento ordinato sia di ioni positivi sia di ioni negativi. Nei metalli, invece, la corrente era dovuta al moto delle cariche negative, cioè gli elettroni.

Sfruttando il passaggio della corrente, nella soluzione elettrolitica si verificano alcuni fenomeni che prendono il nome di **elettrolisi** e che possono produrre diversi effetti.

Vediamo un paio di semplici casi.

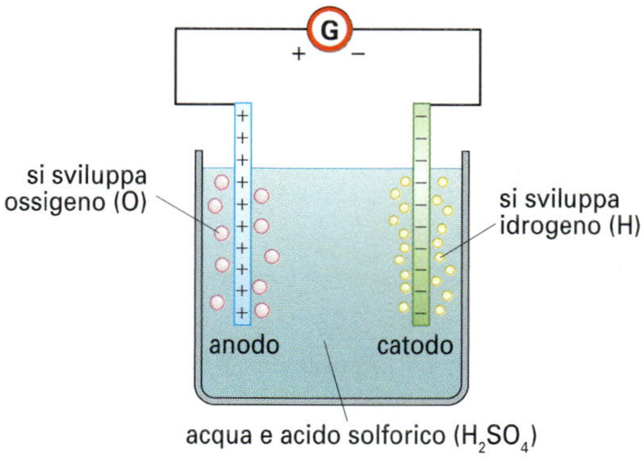

Elettrolisi dell'acqua: la corrente elettrica produce la separazione dell'acqua in idrogeno e ossigeno.

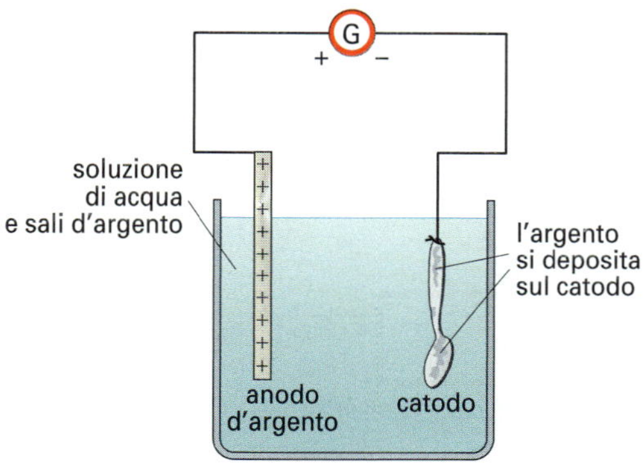

Applicazione dell'elettrolisi: la **galvanoplastica**. Con questo procedimento si riesce a ricoprire un oggetto con un'altra sostanza (per esempio, argento).

La corrente elettrica nei gas

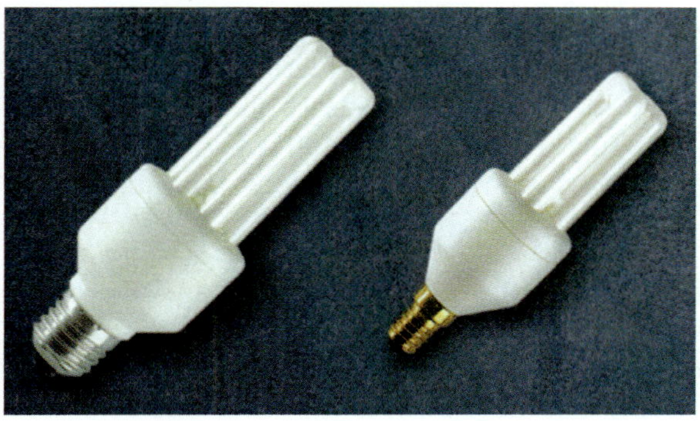

Un'applicazione molto diffusa della corrente elettrica nei gas si ha nelle lampade a fluorescenza, che consentono una buona qualità di illuminazione, unitamente a un basso consumo energetico.

Se un aeriforme è formato da atomi o molecole neutri, non conduce perché non vi sono portatori di carica.

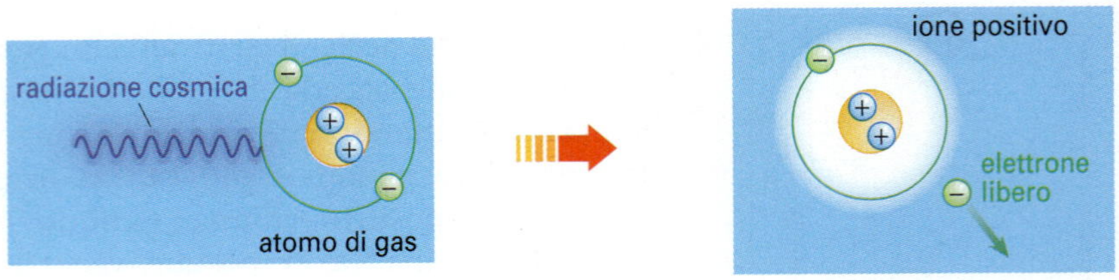

In natura esistono agenti ionizzanti come, per esempio, le radiazioni cosmiche che, quando colpiscono atomi o molecole neutri, forniscono ad alcuni elettroni l'energia sufficiente a staccarsi. Di conseguenza il gas si ionizza. L'energia necessaria per strappare un elettrone dall'atomo di neon ammonta a poco più di 20 eV.

Per ionizzare un gas può essere sufficiente accelerare tramite un campo elettrico gli elettroni liberi che si trovano normalmente in un gas inizialmente neutro. In un gas ionizzato vi saranno ioni positivi, elettroni liberi e anche ioni negativi ottenuti per cattura di elettroni da parte di atomi neutri. Conseguentemente, a causa della presenza di portatori di carica, il gas diventa conduttore.

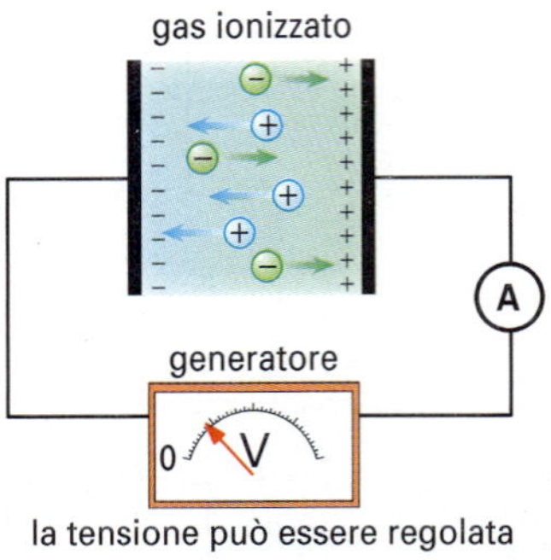

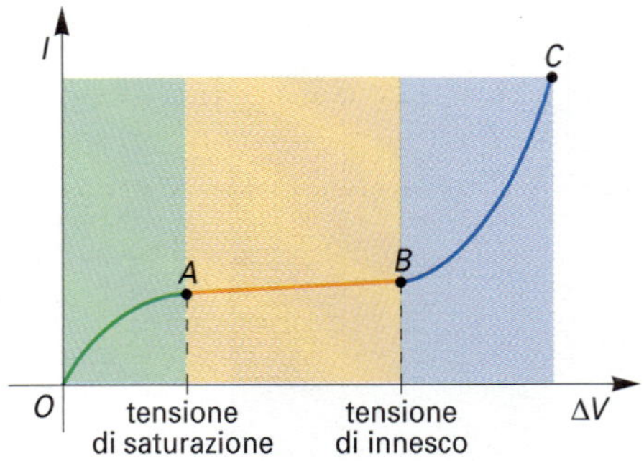

Per studiare la corrente in un gas ionizzato, supponiamo di applicare a un aeriforme a pressione atmosferica, posto tra le armature di un condensatore, una differenza di potenziale crescente e misuriamo man mano l'intensità della corrente.

Osservazione macroscopica	Interpretazione microscopica
Nella fase *OA*, in cui sono presenti bassi valori della differenza di potenziale, e fino a un valore noto come **tensione di saturazione**, il comportamento della corrente si avvicina a quello della prima legge di Ohm.	Nel tratto *OA* la corrente è dovuta al moto degli ioni positivi verso l'armatura negativa, degli ioni negativi e degli elettroni verso quella positiva.
Nella fase *AB* all'aumento della differenza di potenziale non corrisponde un aumento significativo dell'intensità della corrente, che rimane praticamente costante.	Quando si supera il valore della **tensione di saturazione**, la velocità degli ioni è tale che gli agenti ionizzanti non riescono più a produrre un numero sufficiente di nuovi ioni per rimpiazzare quelli che giungono sulle armature. Complessivamente l'intensità della corrente rimane costante perché gli ioni diminuiscono di numero, ma sono sempre più veloci.
Nella fase *BC*, che inizia a partire da un valore della d.d.p. chiamato **tensione di innesco**, si ha un rapido aumento della corrente e si manifestano fenomeni luminosi di colore bianco-azzuro. La tensione d'innesco dipende da alcuni fattori, fra cui la pressione del gas e la distanza tra gli elettrodi.	Quando la d.d.p. supera il valore della **tensione di innesco**, la velocità degli ioni raggiunge valori tali che, urtando una molecola neutra del gas, la ionizzano. Si avvia perciò un meccanismo di produzione degli ioni detto **effetto a valanga** e l'aumento di portatori di carica si riflette nell'aumento di intensità della corrente che prende il nome di **scarica a valanga**.

Quando la d.d.p. applicata al gas è superiore alla tensione di innesco, il passaggio della corrente produce degli effetti luminosi. Non si ha invece alcun effetto luminoso per valori della d.d.p. inferiori a essa.

Ricorda!...

La corrente elettrica in un gas a pressione atmosferica è dovuta al moto ordinato di ioni (positivi o negativi) ed elettroni.

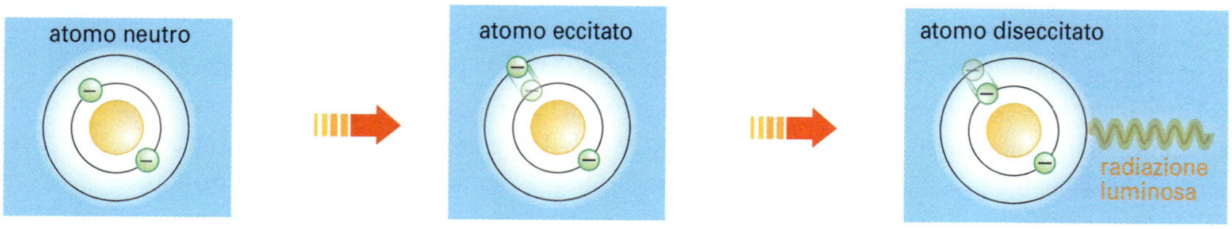

Durante l'effetto a valanga gli ioni, urtando contro le molecole dal gas, oltre a ionizzarle possono anche cedere loro energia.

A causa di questa energia, un atomo viene *eccitato* e un elettrone salta su un'orbita più esterna. In questa situazione l'atomo è instabile.

In un secondo momento, l'elettrone ritorna nell'orbita iniziale e l'atomo restituisce l'energia acquisita nell'urto sotto forma di energia luminosa. L'atomo si è *diseccitato* ed è di nuovo stabile.

Gli effetti della corrente elettrica nei gas cambiano al variare della loro pressione. Nel caso delle lampade a fluorescenza tale pressione deve essere almeno un centesimo di quella atmosferica.

FLASH

Tuoni... e fulmini

Un fenomeno luminoso spettacolare collegato a un particolare tipo di scarica elettrica in un aeriforme è quello che si verifica in occasione dei temporali: il **fulmine**. Tra la nube e la terra (o anche tra due nubi) si creano delle differenze di potenziale di alcune centinaia di migliaia di volt, che innescano un processo di produzione di ioni a valanga sufficiente a provocare una corrente di breve durata, ma molto intensa, che implica il noto effetto luminoso del **lampo**. Se la scarica avviene tra due nubi allora prende il nome di **saetta**.

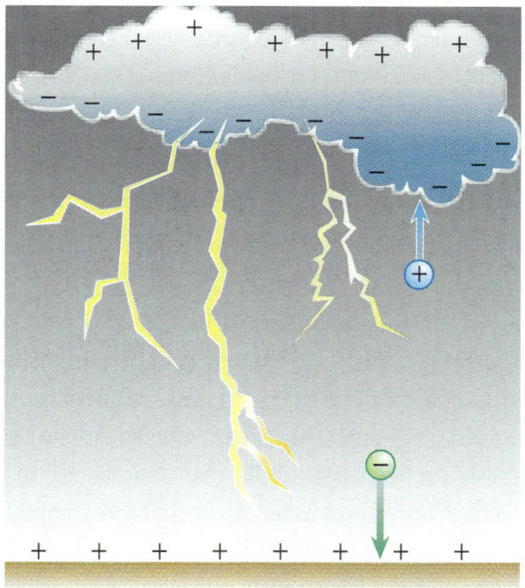

Durante il processo di scarica, che consiste in un flusso vorticoso di elettroni diretti verso il suolo e di ioni positivi verso la nube, la corrente ha un'intensità massima variabile fra 10 000 A e 200 000 A.

Il suono che sentiamo, noto come **tuono**, è la conseguenza della produzione di onde d'urto dovuta al rapido riscaldamento (fino a 15 000 °C) dell'atmosfera.

IDEE e PERSONAGGI

L'invenzione di... *inventare*: Thomas A. Edison

Il perfetto self made man

Probabilmente definire Thomas Alva Edison (1847-1931) un grande *scienziato* può fare storcere il naso a molti, perché in effetti, anche se le sue conoscenze scientifiche non erano di certo trascurabili, gli mancava una solida formazione teorica. Nonostante questo, Edison era sicuramente *geniale* dal punto di vista delle capacità inventive, oltre a essere un abilissimo uomo d'affari. Per tale motivo è un personaggio molto noto ancora oggi in particolare negli Stati Uniti, non solo per quello che ha realizzato come inventore, ma soprattutto perché ha coniugato competenze di tipo tecnico con uno spiccato senso commerciale, che non a caso gli consentirono di ottenere grandi successi economici. Se poi si considera che era di umili origini, si ha un quadro completo del perché sia visto come l'emblema del perfetto uomo che si è *fatto da sé*.

Le invenzioni

Non ci sono dubbi che l'invenzione per la quale Edison è universalmente conosciuto è la **lampadina**. Infatti, nella seconda metà dell'800, nonostante fossero già da varie decine d'anni in corso i tentativi per arrivare a una fonte di luce che sfruttasse l'elettricità e che fosse, soprattutto, duratura e a basso costo, fu lui che vinse la sfida. Con un bulbo nel quale veniva portato a incandescenza un filamento di carbonio, l'inventore statunitense nel 1882 riuscì a illuminare una zona della città di New York e a portare la luce anche nelle case, sostituendo le vecchie lampade a gas.
Tra le altre invenzioni possono essere ricordate il registratore elettrico di voto, il telegrafo quadruplex (che consentiva di inviare nello stesso cavo contemporaneamente due segnali in un senso e due nell'altro), il microfono a carbone, il fonografo (che gli diede la fama internazionale) per la riproduzione del suono... oltre alla scoperta dell'effetto termoionico. Se non si può dire che abbia inventato lui direttamente la cinepresa e il proiettore, di sicuro il suo contributo fu determinante per l'affermazione e la diffusione del cinema. Per capire, comunque, quanto fosse veramente vulcanica la sua mente, basta pensare che a suo nome furono registrati più di mille brevetti negli USA e nel resto del mondo! Com'è naturale, molte volte Edison mise semplicemente a punto idee di altri ricercatori e talvolta dovette affrontare numerose e infuocate battaglie legali.

Il primo laboratorio di ricerca

Nel 1876, dopo che già aveva accumulato una certa quantità di capitali, si trasferì in una città del New Jersey chiamata Menlo Park. Qui realizzò qualcosa che, più che essere una vera e propria invenzione, fu la realizzazione di un progetto: mise in piedi un laboratorio dove potersi applicare a tempo pieno agli interessi preferiti. Ma quello che così nacque fu il primo vero e proprio luogo dedicato espressamente alle *invenzioni* a livello industriale, con numerosi collaboratori che lavoravano sotto la sua guida in vari settori. Il modello si sarebbe poi diffuso in tutto il mondo: il *laboratorio di ricerca*.
Nell'ultima parte della vita si dedicò soprattutto agli aspetti commerciali delle sue numerose attività, tra cui va menzionata la fondazione della Edison Electric Light Company che diventerà in seguito la General Electric, ancora oggi un colosso dell'industria mondiale.

SCIENTIFIC ENGLISH

CLIL

Current and Resistance

Resistance and Ohm's Law

When a voltage (potential difference) ΔV is applied across the ends of a metallic conductor as in Figure 1, the current in the conductor is found to be proportional to the applied voltage; $I \propto \Delta V$. If the proportionality holds, we can write $\Delta V = IR$, where the proportionality constant R is called the *resistance* of the conductor. In fact, we define the **resistance** as the ratio of the voltage across the conductor to the current it carries:

$$R \equiv \frac{\Delta V}{I} \quad [1]$$

resistance

Resistance has SI units of volts per ampere, called **ohms** (Ω). If a potential difference of 1 V across a conductor produces a current of 1 A, the resistance of the conductor is 1 Ω. For example, if an electrical appliance connected to a 120-V source carries a current of 6 A, its resistance is 20 Ω.

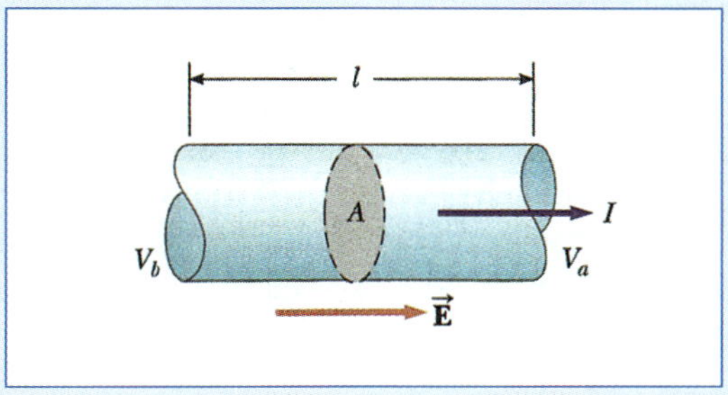

Figure 1
A uniform conductor of length l and cross-sectional area A. The current I in the conductor is proportional to the applied voltage $\Delta V = V_b - V_a$. The electric field $\vec{\mathbf{E}}$ set up in the conductor is also proportional to the current.

The concepts of electric current, voltage, and resistance can be compared with the flow of water in a river. As water flows downhill in a river of constant width and depth, the flow rate (water current) depends on the steepness of descent of the river and the effects of rocks, the riverbank, and other obstructions. The voltage difference is analogous to the steepness, and the resistance to the obstructions. Based on this analogy, it seems reasonable that increasing the voltage applied to a circuit should increase the current in the circuit, just as increasing the steepness of descent increases the water current. Also, increasing the obstructions in the river's path will reduce the water current, just as increasing the resistance in a circuit will lower the electric current. Resistance in a circuit arises due to collisions between the electrons carrying the current with fixed atoms inside the conductor. These collisions inhibit the

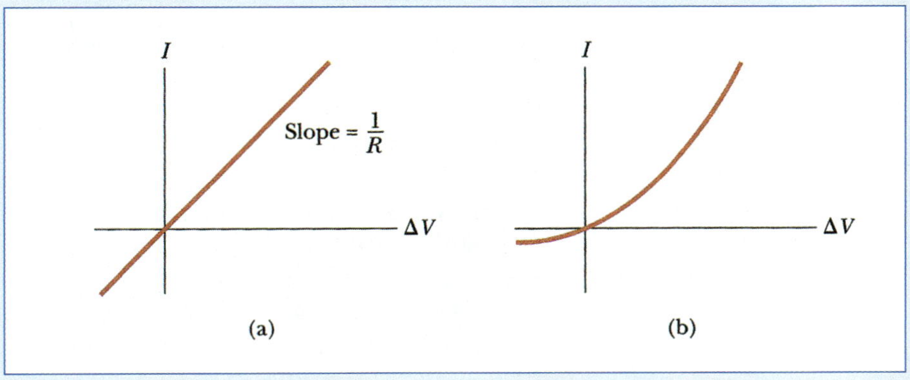

Figure 2
(a) The current-voltage curve for an ohmic material. The curve is linear, and the slope gives the resistance of the conductor. (b) A nonlinear current-voltage curve for a semiconducting diode. This device doesn't obey Ohm's law.

movement of charges in much the same way as would a force of friction. For many materials, including most metals, experiments show that **the resistance remains constant over a wide range of applied voltages or currents**. This statement is known as Ohm's law, after Georg Simon Ohm (1789-1854), who was the first to conduct a systematic study of electrical resistance.

Ohm's law is given by.

Ohm's law

$$\Delta V = IR \qquad [2]$$

where R is understood to be independent of ΔV, the potential drop across the resistor, and I, the current in the resistor. We will continue to use this traditional form of Ohm's law when discussing electrical circuits. A **resistor** is a conductor that provides a specified resistance in an electric circuit. The symbol for a resistor in circuit diagrams is a zigzag line: —WW—.

Checkpoint
What's the resistance of a device that carries a current of 5.0 A when connected to a 10.0 V source?

Ohm's law is an empirical relationship valid only for certain materials. Materials that obey Ohm's law, and hence have a constant resistance over a wide range of voltages, are said to be **ohmic**. Materials having resistance that changes with voltage or current are nonohmic. Ohmic materials have a linear current-voltage relationship over a large range of applied voltages (Fig. 2a). Nonohmic materials have a nonlinear current-voltage relationship (Fig. 2b). One common semi-conducting device that is nonohmic is the *diode*, a circuit element that acts like a one-way valve for current. Its resistance is small for currents in one direction (positive ΔV) and large for currents in the reverse direction (negative ΔV). Most modern electronic devices, such as transistors, have nonlinear current-voltage relationships; their operation depends on the particular ways in which they violate Ohm's law.

Quick Quiz

In Figure 2b, does the resistance of the diode (a) increase or (b) decrease as the positive voltage ΔV increases?

from Serway/Vuille, *Essentials of College Physics*, © 2007

IN SINTESI

Corrente elettrica

- La **corrente elettrica** consiste in un movimento ordinato di cariche elettriche lungo un conduttore. La sua intensità viene definita come rapporto tra la carica complessiva Q che attraversa una qualunque sezione del conduttore e l'intervallo di tempo Δt che impiega ad attraversarla:

$$I = \frac{Q}{\Delta t}$$

- La sua unità di misura è l'**ampere (A)** dato da 1 A = 1 C/s, per cui la corrente di 1 A equivale alla carica complessiva di 1 C che passa in 1 s.
  Quando l'intensità e il verso restano costanti, si parla di **corrente continua**.

- Per garantire il passaggio della corrente attraverso un conduttore, è necessario che ai suoi capi venga mantenuta una determinata tensione. Il dispositivo finalizzato a questo scopo si chiama **generatore di tensione**. Sono generatori per esempio le pile, le batterie, le dinamo...

- Un insieme di elementi (**utilizzatori**) collegati tramite un filo elettrico (con un **interruttore** per aprirlo e chiuderlo) e un generatore per alimentarlo è chiamato **circuito elettrico**. Per misurare corrente e tensione si usano come strumenti rispettivamente l'**amperometro** (connesso *in serie* con l'utilizzatore) e il **voltmetro** (connesso in *parallelo*).

Leggi di Ohm

- In un conduttore metallico (**conduttore ohmico**) il rapporto tra la differenza di potenziale ΔV applicata ai suoi capi e l'intensità di corrente elettrica I che la attraversa è costante, purché la temperatura non cambi o non abbia variazioni troppo elevate. Questa costante si chiama **resistenza** $\boldsymbol{R}$:

$$R = \frac{\Delta V}{I}$$

  L'unità di misura della resistenza elettrica è l'**ohm (Ω)**: 1 Ω = 1 V/A. Un conduttore in cui passa una corrente di 1 A con una tensione di 1 V ha una resistenza pari a 1 Ω.

- La **prima legge di Ohm**, che può essere espressa dalla formula $\Delta V = R\,I$, afferma che in un conduttore l'intensità di corrente e la differenza di potenziale sono tra loro direttamente proporzionali.

- La pendenza della retta in un grafico (ΔV, I) fornisce informazioni sulla resistenza del materiale conduttore. Disponendo la d.d.p. sull'asse x e l'intensità di corrente sull'asse y, a una pendenza della retta maggiore corrisponde una minore resistenza.

- L'**effetto Joule** è quel processo fisico in cui l'energia che viene fornita per mantenere una certa corrente elettrica in un conduttore viene dissipata sotto forma di calore.

- La **legge di Joule** è data da:

$$P = R \cdot I^2$$

  Da qui si deduce che la potenza P erogata al conduttore (o in generale al circuito) e che viene dispersa come calore è direttamente proporzionale sia alla resistenza R sia al quadrato dell'intensità di corrente I^2. Tale potenza si misura in **watt (W)**.

- Il **kilowattora (kWh)** è un'unità di misura dell'energia equivalente a:

$$1\ \text{kWh} = 3{,}6 \cdot 10^6\ \text{J}$$

- La **seconda legge di Ohm** afferma che la resistenza R di un conduttore è direttamente proporzionale alla lunghezza l del conduttore e inversamente proporzionale alla sua sezione S; inoltre, dipende dal tipo di materiale attraverso una grandezza chiamata **resistività ρ**).

La formula che esprime questa legge è:

$$R = \rho \frac{l}{S}$$

L'unità di misura della resistività è **Ω · m**.
Ogni sostanza è caratterizzata dalla propria resistività e, a parità di altre condizioni, all'aumentare di ρ aumenta R.

- La resistività ρ varia al variare della temperatura secondo la relazione:

$$\rho = \rho_0 (1 + \alpha \Delta t)$$

in cui ρ_0 è la resistività a 0 °C, Δt la variazione di temperatura (rispetto al valore iniziale 0 °C) e α è un **coefficiente di temperatura** che dipende dal tipo di sostanza.

- Normalmente per i *conduttori* α è positivo e ρ aumenta con il crescere della temperatura. Invece, nel caso dei *semiconduttori* α è negativo, per cui la resistività diminuisce con la temperatura. A temperature molto basse, decisamente al di sotto di 0 °C, nei cosiddetti **superconduttori**, ρ può diventare addirittura nulla: questo vuol dire che la corrente elettrica circola al suo interno senza che si manifesti alcuna resistenza.

Corrente nei fluidi

- Una soluzione acquosa che presenta sali, acidi o basi prende il nome di **soluzione elettrolitica** e può condurre la corrente elettrica, che in questo caso è dovuta al movimento di ioni sia positivi sia negativi (**corrente di convezione**).
- Il fenomeno dell'**elettrolisi** consente di separare gli elementi di un composto tramite il passaggio della corrente in un liquido. Una tecnica chiamata *galvanoplastica* viene utilizzata per fare depositare un sottile strato di metallo in un oggetto usato come elettrodo.
- Il **passaggio della corrente elettrica nei gas** è utilizzato per l'illuminazione tramite le lampade a fluorescenza. Per ionizzare gli atomi di neon è sufficiente una radiazione ionizzante di soli 20 eV.
- I portatori di carica in un gas ionizzato possono essere gli ioni positivi, gli elettroni e gli ioni negativi. Solo per bassi valori di tensione il gas segue la legge di Ohm (fino alla **tensione di saturazione**), ma al di sopra non è più un conduttore ohmico. Quando viene raggiunta la **tensione di innesco** il gas riesce a produrre fenomeni luminosi.

STRUMENTI DI CONSOLIDAMENTO E VERIFICA

Completa le frasi

1 La corrente elettrica è un moto .... di elettroni, con verso convenzionalmente .... a quello delle cariche negative. La corrente continua mantiene .... nel tempo la .... e il ....

2 L'unità di misura dell'.................... di corrente è l'ampere, definita come la quantità di .... che attraversa la .... del .... nell'.................... .

3 Un generatore di tensione utilizza .... per spostare le cariche elettriche negative verso il .... in cui ne sono già presenti altre operando in modo simile a una .... idraulica. Le cariche elettriche negative libere di muoversi percorrono il circuito in verso .... a quello convenzionale della ....

4 La resistenza elettrica è una grandezza fisica definita come il rapporto tra la .... applicata agli estremi del conduttore e .... A livello microscopico, la resistenza dipende dagli .... degli elettroni contro gli ioni del .... La resistenza si misura in ....

5 L'effetto Joule è quel processo fisico nel quale l'energia .... si dissipa sotto forma di .... al passaggio della .... attraverso i conduttori elettrici. La legge di Joule è data da $P =$ ....

6 La seconda legge di Ohm afferma che la resistenza di un conduttore è .... proporzionale alla lunghezza l del conduttore, ... proporzionale alla sezione S e inoltre dipende dalle .... del materiale del quale è composto il conduttore. Analiticamente si ha $R =$ .... Il coefficiente ρ è detto .... e la sua unità di misura nel SI è ....

7 Al crescere della temperatura, a parità di lunghezza, sezione e materiale, la resistività del conduttore .... Analiticamente si ha che $\rho =$ .... dove con ρ_0 si indica la .... del materiale alla temperatura di .... , Δt è la .... rispetto a 0 °C e α è un .... di temperatura che dipende dalla sostanza.

8 La superconduttività è un fenomeno fisico per il quale, a temperature molto .... cioè dell'ordine di poche decine di .... , un conduttore presenta resistività e resistenza elettrica .... Tale fenomeno fu evidenziato per la prima volta nel primi anni del .... secolo.

9 L'acqua distillata è un .... elettrico. Se nell'acqua distillata viene disciolto un sale (ad esempio .... di sodio), la soluzione, definita .... , diventa .... Nell'acqua, infatti, avviene il processo fisico chiamato .... e, collegando due elettrodi posti nell'acqua a un generatore di tensione, gli ioni negativi si dirigeranno verso l'elettrodo .... detto .... mentre gli ioni positivi si dirigeranno verso il ....

10 Se un aeriforme è formato da atomi o molecole neutri, non conduce corrente elettrica perché non vi sono .... liberi. L'aeriforme può diventare conduttore se in esso sono presenti .... liberi.

11 Applicando a un aeriforme a pressione atmosferica, posto tra le armature di un condensatore, una d.d.p. crescente e misurando l'intensità di corrente, per bassi valori di d.d.p., il comportamento della corrente si avvicina a quello della .... Ciò avviene fino a un valore noto come tensione di .... Superata tale tensione, l'intensità di corrente rimane .... finché la tensione applicata raggiunge la tensione di .... che porta a un rapido aumento della .... Tale fenomeno viene detto .... a valanga.

Test a scelta multipla

1 La corrente che attraversa un conduttore quando una carica di 0,9 C transita in una sezione di filo conduttore in un tempo di 1,5 minuti vale:

A 0,1 A

B 0,6 A

C $10 \cdot 10^{-6}$ A

D 10 mA

2 Un circuito è percorso da una corrente di 1,4 mA. Il numero di elettroni che lo attraversano in 30 s è:

A $2,6 \cdot 10^{15}$

B $2,6 \cdot 10^{16}$

C $26 \cdot 10^{16}$

D $26 \cdot 10^{19}$

3 Il tempo necessario perché una carica di $3,6 \cdot 10^{-6}$ C venga trasferita attraverso la sezione di un conduttore percorso da una corrente di 10 mA è:

A $3,6 \cdot 10^{-4}$ s

B $3,6 \cdot 10^{-1}$ s

C $3,6 \cdot 10^{-7}$ s

D $2,8 \cdot 10^{3}$ s

4 Quale delle seguenti affermazioni è errata?

A La corrente di conduzione si ha quando le cariche si muovono all'interno del conduttore

B Una corrente è stazionaria se non provoca spostamento di cariche elettriche

C La corrente di convezione si ha quando vi è uno spostamento di masse (ioni o elettroni) che trasportano la carica elettrica

D Nei metalli gli elettroni di conduzione urtano contro gli ioni del reticolo cristallino

5 Se tre utilizzatori sono collegati in serie e quello centrale si guasta:

A gli altri due non ricevono corrente

B solo uno degli altri due riceve corrente

C i rimanenti continuano a ricevere corrente

D gli altri due continueranno a ricevere carica elettrica, ma non corrente

6 Gli strumenti di misura amperometro e voltmetro vanno connessi:

A entrambi in serie

B il primo in serie e il secondo in parallelo

C il primo in parallelo e il secondo in serie

D entrambi in parallelo

7 Collegando un amperometro *in parallelo* a un utilizzatore:

A l'amperometro visualizza l'intensità di corrente che passa nell'utilizzatore

B una parte della corrente passa nell'amperometro e quindi l'utilizzatore può non funzionare correttamente

C nell'amperometro non fluisce corrente

D nell'utilizzatore scorre più corrente

8 Quale grafico rappresenta l'andamento della corrente in un circuito ohmico?

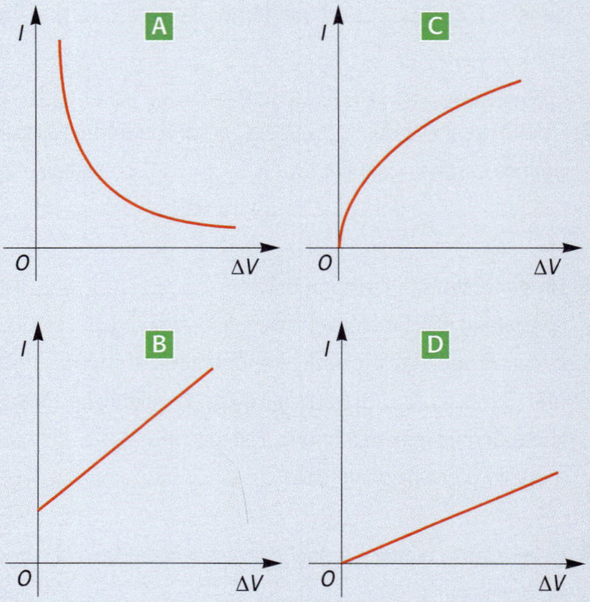

9 Il grafico riporta le curve caratteristiche corrispondenti a due valori diversi di resistenza, R_1 ed R_2, corrispondenti ai circuiti 1 e 2.

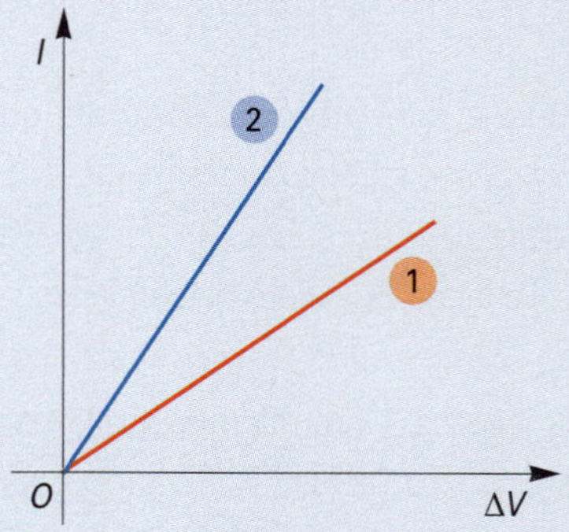

Si deduce che:

A a parità di tensione, è maggiore l'intensità di corrente nel circuito 1

B a parità di intensità di corrente, è maggiore la tensione nel circuito 2

C la resistenza R_1 è maggiore di R_2

D la resistenza R_1 è minore di R_2

10 La resistenza di un conduttore attraversato dalla corrente di 40 mA ai cui capi è misurata una tensione di 6,0 V vale:

- **A** 1,5 Ω
- **B** 6,7 Ω
- **C** 150 Ω
- **D** 670 Ω

11 Se a un resistore di 120 Ω viene applicata una differenza di potenziale di 15 V per 30 s, la carica che la attraversa vale:

- **A** 4,2 mC
- **B** 42 mC
- **C** 0,42 C
- **D** 3,8 C

12 La tensione agli estremi di un conduttore avente una resistenza pari a 0,5 **Ω** in cui fluiscono $3{,}1 \cdot 10^{18}$ elettroni in 24 s vale:

- **A** 0,2 mV
- **B** 0,5 mV
- **C** 1,0 mV
- **D** 10 mV

13 Quale grafico rappresenta l'andamento della potenza in un circuito ohmico?

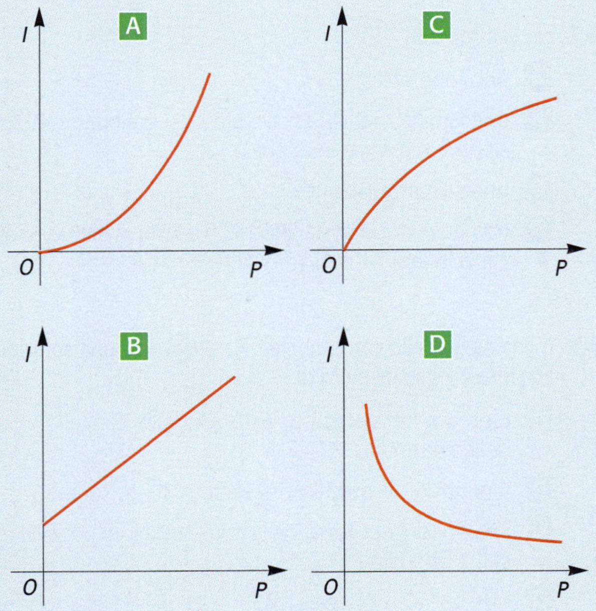

14 La potenza assorbita da un circuito in corrente continua che ha una resistenza di 80 Ω ed è attraversato da una corrente di 600 mA, vale:

- **A** 2,9 W
- **B** 4,8 W
- **C** 29 W
- **D** 48 W

15 Un circuito dissipa calore con una potenza di 4,8 W. La sua resistenza, sapendo che passano 9,0 C di carica in 30 s, vale:

- **A** 16 Ω
- **B** 53 Ω
- **C** 160 Ω
- **D** 530 Ω

16 Mantenendo costante la resistenza in un conduttore ohmico e raddoppiando la differenza di potenziale, la potenza dissipata rispetto a quella iniziale è:

- **A** la metà
- **B** uguale
- **C** il doppio
- **D** il quadruplo

17 Mantenendo costante la corrente che fluisce in un conduttore ohmico e dimezzando la resistenza, la potenza dissipata rispetto a quella iniziale è:

- **A** un quarto
- **B** la metà
- **C** uguale
- **D** il doppio

18 Due conduttori elettrici costituiti dello stesso materiale e della stessa lunghezza posti alla stessa temperatura hanno rispettivamente una sezione circolare di raggio *r* e 2*r*; possiamo dire che:

- **A** $R_1 = R_2$
- **B** $R_1 = 4R_2$
- **C** $R_1 = R_2/2$
- **D** $R_1 = R_2/4$

19 Due conduttori elettrici di materiali diversi della stessa sezione e lunghezza posti alla stessa temperatura hanno resistenza $R_1 = 2R_2$; possiamo dire che:

- **A** $\rho_1 = \rho_2$
- **B** $\rho_2 = 2\rho_1$
- **C** $\rho_2 = \rho_1/2$
- **D** $\rho_1 = 4\rho_2$

20 Se si raddoppia la sezione di un conduttore elettrico avvolgendolo su se stesso, affinché la resistenza elettrica non vari è necessario considerare una lunghezza del conduttore:

- **A** doppia
- **B** pari alla metà di quella iniziale
- **C** quadrupla
- **D** minore di quella iniziale

21 Sono dati due conduttori dello stesso materiale e alla stessa temperatura, con sezione circolare di raggio rispettivamente r_1 ed r_2. Se la lunghezza del primo l_1 è il doppio della lunghezza del secondo l_2, allora per ottenere la stessa resistenza elettrica si dovrà avere:

A $r_1 = 2r_2$
B $r_1 = \sqrt{2}r_2$
C $r_2 = 2r_1$
D $r_1 = r_2/\sqrt{2}$

22 Il valore della resistenza di un conduttore di rame con resistività a 20 °C di $1{,}7 \cdot 10^{-8}\ \Omega\,\text{m}$, diametro 3,0 mm e lunghezza 2,0 m, vale:

A $1{,}2 \cdot 10^{-3}\ \Omega$
B $2{,}4 \cdot 10^{-3}\ \Omega$
C $4{,}8 \cdot 10^{-3}\ \Omega$
D $9{,}6 \cdot 10^{-3}\ \Omega$

23 Se misuriamo una resistenza di $2{,}6 \cdot 10^{-4}\ \Omega$ per un filo lungo 20 cm e avente diametro 2,0 mm, la sua resistività vale:

A $0{,}31 \cdot 10^{-8}\ \Omega\,\text{m}$
B $0{,}41 \cdot 10^{-8}\ \Omega\,\text{m}$
C $0{,}52 \cdot 10^{-8}\ \Omega\,\text{m}$
D $0{,}78 \cdot 10^{-8}\ \Omega\,\text{m}$

24 Utilizzando come resistività del carbone il valore $3{,}0 \cdot 10^{-5}\ \Omega\,\text{m}$, la lunghezza di una sbarretta cilindrica di tale materiale avente diametro 1,0 cm, necessaria per ottenere una resistenza di $5{,}0 \cdot 10^{-2}\ \Omega$, è:

A 1,3 cm
B 13 cm
C 26 cm
D 1,3 m

25 Un filo di costantana, a cui è applicata una d.d.p. di 6,0 V, ha resistività di $4{,}9 \cdot 10^{-7}\ \Omega\,\text{m}$, diametro della sezione di 0,4 mm, ed è percorso da una corrente di 8,0 A. La lunghezza del filo risulta:

A 1,2 cm
B 1,9 cm
C 12 cm
D 19 cm

26 L'unità di misura del coefficiente α nella relazione che lega la resistività alla temperatura:

A ha come unità di misura °C
B non ha unità di misura
C ha come unità di misura $°\text{C}^{-1}$ oppure K^{-1}
D può avere come unità di misura solo $°\text{C}^{-1}$

27 La resistività e la temperatura di un conduttore elettrico sono:

A linearmente dipendenti
B direttamente proporzionali
C inversamente proporzionali
D indipendenti

28 Se la resistività a 0 °C di un conduttore elettrico è pari a $1{,}0 \cdot 10^{-7}\ \Omega\,\text{m}$ e il coefficiente α è pari a $3{,}5 \cdot 10^{-3}\ °\text{C}^{-1}$, la sua resistività a 100 °C è:

A $1{,}0 \cdot 10^{-7}\ \Omega\,\text{m}$
B $2{,}8 \cdot 10^{-8}\ \Omega\,\text{m}$
C $2{,}3 \cdot 10^{-8}\ \Omega\,\text{m}$
D $1{,}4 \cdot 10^{-7}\ \Omega\,\text{m}$

29 Un conduttore elettrico con α pari a $4{,}0 \cdot 10^{-3}\ °\text{C}^{-1}$ aumenta la sua temperatura da 200 K a 300 K. Il rapporto $\Delta\rho/\rho_0$ è pari a:

A −0,7
B 1,5
C 0,4
D 4

30 Un materiale diventa un superconduttore se la resistività:

A non dipende dalla temperatura
B aumenta all'aumentare della temperatura
C si annulla al di sopra della temperatura critica
D si annulla per temperature al di sotto della temperatura critica

31 È possibile rendere l'acqua distillata un conduttore elettrico?

A L'acqua distillata è già un ottimo conduttore elettrico
B Sì, sciogliendo un acido o una base
C No, l'acqua è sempre un isolante
D Sì, sciogliendo zucchero

32 Un elettrolita è:

A uno ione positivo
B una lamina metallica collegata a un generatore di tensione e immersa in acqua
C una sostanza isolante
D una qualunque sostanza che, disciolta in acqua, si dissocia in ioni

33 Il passaggio della corrente elettrica attraverso una soluzione acquosa è legato al moto di:

A elettroni nel verso opposto a quello convenzionale della corrente
B ioni positivi e negativi nel verso della corrente
C ioni positivi nel verso della corrente e ioni negativi nel verso opposto
D ioni positivi nel verso della corrente ed elettroni nel verso opposto

34 Una corrente elettrica in un gas:

A segue le leggi di Ohm
B è causata da ioni presenti nel gas
C avviene applicando piccole differenze di potenziale
D è direttamente proporzionale alla differenza di potenziale applicata

Esercizi

18.1 La corrente elettrica

1 Per ciascun grafico intensità-corrente mostrato in figura, indica qual è la carica totale che fluisce nella sezione del conduttore.

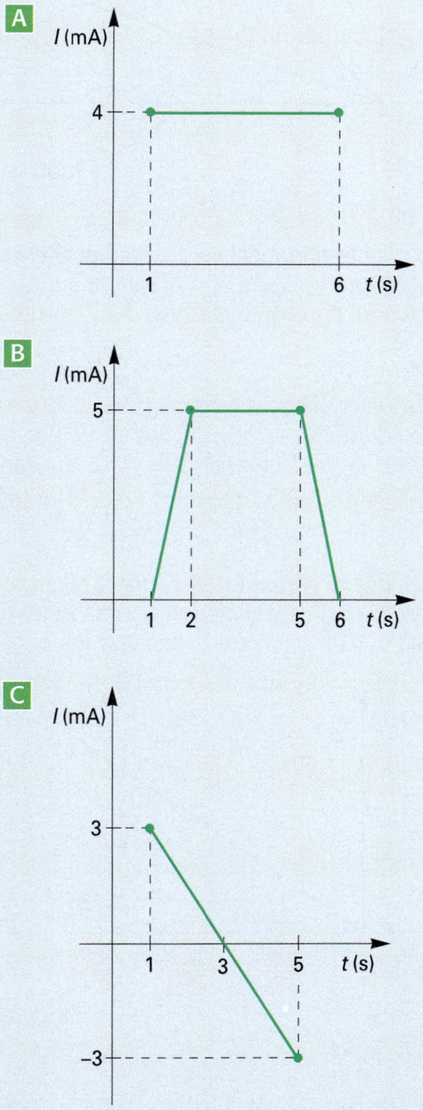

[*a*) 20 mC; *b*) 20 mC; *c*) 0 mC]

2 Calcola la corrente che attraversa un conduttore quando $1{,}5 \cdot 10^2$ C vengono trasferiti in 20 s. [7,5 A]

3 In un filo conduttore circola una corrente di 8,0 A per un tempo di 30 s. Calcola la carica e il numero di elettroni che attraversano la sezione del filo. [240 C; $1{,}5 \cdot 10^{21}$ elettroni]

4 In un conduttore vi è una corrente elettrica di intensità 1,68 A. Calcola l'intervallo di tempo nel quale passa una carica complessiva di 84 C. [50 s]

5 Il minimo valore della corrente continua che percepisce una persona è di circa 0,2 mA. Calcola quanto tempo impiega una carica di $6{,}2 \cdot 10^{-6}$ C ad attraversare il corpo umano in presenza di tale intensità. [0,031 s]

6 Quanto tempo impiega a passare una carica totale di 180,5 C attraverso la sezione di un conduttore nel quale circola una corrente elettrica costante di $19 \cdot 10^{-3}$ A? [2 h 38 min 20 s]

7 La sezione di un conduttore è attraversata in 1 secondo da una carica di $5 \cdot 10^{-3}$ C.

a) Determina l'intensità della corrente.

b) Quanti elettroni passano in un secondo attraverso una sezione del conduttore?

c) Se la corrente è continua, al trascorrere del tempo la carica che attraversa la sezione in 1 secondo è costante o varia?

d) In quanto tempo passa attraverso la sezione del conduttore una carica totale di 1,5 C?

[*a*) $5 \cdot 10^{-3}$ A; *b*) $3{,}125 \cdot 10^{16}$; *d*) 5 min]

8 ***ENGLISH*** A wire carries a current of 2 mA. Calculate the number of electrons that flow through the section of the wire in 2 ms. [$2.5 \cdot 10^{13}$ electrons]

9 ***ENGLISH*** A copper wire with a diameter of 20 mm carries a current of 10 A. Assuming $n = 8.5 \cdot 10^{28}$ electrons/m^3, calculate the drift velocity of the electrons. [2.3 μm/s]

10 ***ENGLISH*** In a fluorescent tube of diameter 1.0 cm, $1.0 \cdot 10^{18}$ electrons and $0.2 \cdot 10^{18}$ positive ions (with a charge of +e) flow through a cross-sectional area each second. What is the current in the tube? [0.19 A]

18.2 Il circuito elettrico

11 Osserva il seguente circuito.

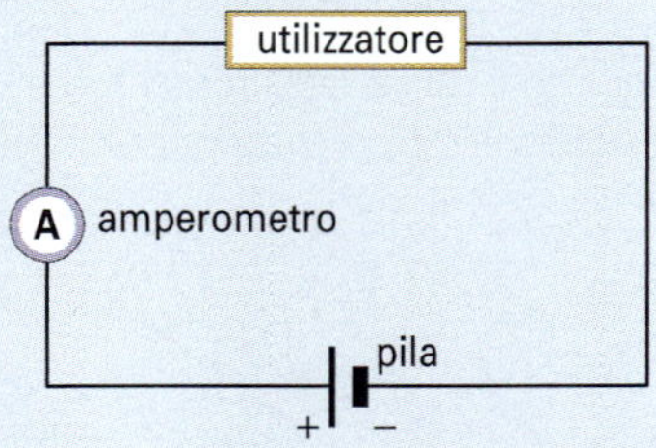

a) Qual è il verso convenzionale della corrente?

b) Come si muovono gli elettroni nel circuito?

c) Se l'amperometro segna 0,5 A, qual è l'intensità di corrente che attraversa l'utilizzatore?

d) Che cosa può essere l'utilizzatore?

12 Disegna un circuito in cui vi siano due utilizzatori *A* e *B*, un amperometro per misurare l'intensità di corrente che attraversa gli utilizzatori e un voltmetro che misuri la d.d.p. ai capi di *A*. Se l'utilizzatore *A* è attraversato da una corrente di 0,1 A, qual è la carica che lo attraversa in 10 secondi? [1 C]

18.3 La prima legge di Ohm

Esercizio svolto

13 Un filo conduttore rettilineo lungo 10 cm con una resistenza pari a 2,0 Ω viene attraversato da una corrente continua di intensità 0,8 A. Calcola l'intensità del campo elettrico al suo interno. [16 V/m]

Dalla prima legge di Ohm possiamo ricavare la differenza di potenziale ai capi del filo:

$$\Delta V = RI = 2{,}0\ \Omega \cdot 0{,}8\ \text{A} = 1{,}6\ \text{V}$$

Ricordando la relazione che lega il campo elettrico al potenziale:

$$E = -\frac{\Delta V}{\Delta s}$$

si ha che l'intensità del campo vale:

$$E = \frac{1{,}6\ \text{V}}{0{,}1\text{m}} = 16\ \frac{\text{V}}{\text{m}}$$

14 Sapendo che la resistenza di un conduttore vale 250 Ω, determina al variare dell'intensità di corrente *I* i corrispondenti valori della differenza di potenziale Δ*V* e rappresenta graficamente la relazione tra le due grandezze.

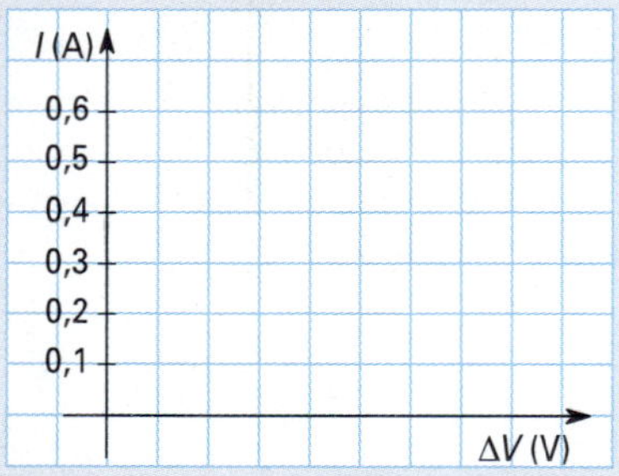

15 Calcola la resistenza che offre il filamento di una lampadina sottoposto a una differenza di potenziale di 2,7 V, in cui circola corrente di intensità 1,8 A. [1,5 Ω]

16 Ricava dal grafico il valore della resistenza e poi determina la differenza di potenziale in corrispondenza dei punti *A* e *B*.

[30 Ω; 15 V; 45 V]

17 Trova le resistenze dei due conduttori dei quali sono stati rappresentati nel grafico gli andamenti dell'intensità di corrente elettrica in funzione della d.d.p.

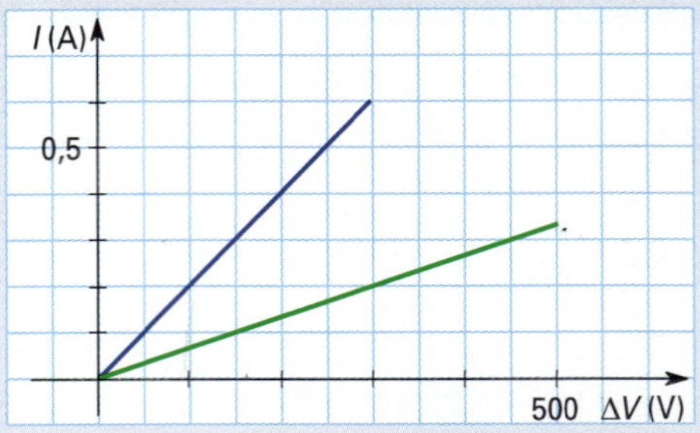

[500 Ω; 1 500 Ω]

18 Una corrente attraversa un conduttore che ha una resistenza di 400 Ω e presenta ai suoi capi una d.d.p. di 128 V. Calcola l'intensità di corrente elettrica. [0,32 A]

19 Calcola l'intensità della corrente che circola in un conduttore ohmico di resistenza 10 Ω sottoposto a una tensione di 120 V. Calcola inoltre l'intensità della corrente quando la tensione raddoppia. [12 A; 24 A]

20 In relazione al grafico (Δ*V*, *I*) riportato qui sotto, sapendo che la resistenza del conduttore vale 150 Ω, determina i valori dell'intensità di corrente in corrispondenza dei punti *A*, *B* e *C*.

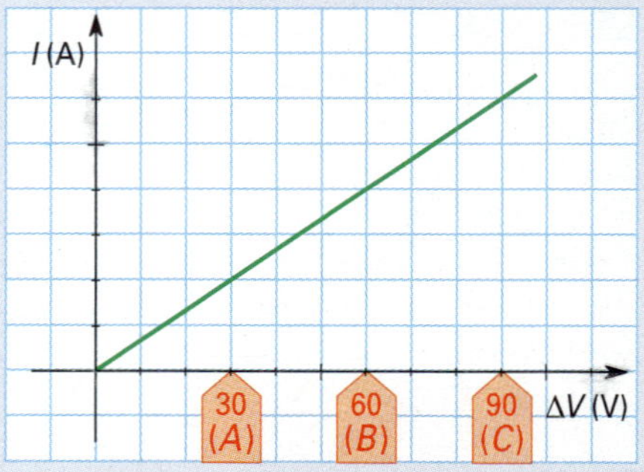

[0,2 A; 0,4 A; ...]

21 Calcola la differenza di potenziale ai capi di un conduttore ohmico di resistenza pari a $2 \cdot 10^3$ Ω se in esso circola una corrente di 20 mA. Calcola inoltre la differenza di potenziale se la corrente si riduce del 20% rispetto al suo valore iniziale. [40 V; 32 V]

22 Calcola la carica e il numero di elettroni che attraversano in 15 s un resistore del valore di 2,0 Ω ai capi del quale si misura una differenza di potenziale di 6,0 V. [0,2 C; $1{,}25 \cdot 10^{18}$ elettroni]

23 Un circuito elettrico al cui interno è presente una resistenza di 40 Ω è attraversato da una corrente tale per cui scorrono $30 \cdot 10^{20}$ elettroni in 5,0 minuti. Calcola la differenza di potenziale presente ai capi della resistenza. [64 V]

24 *ENGLISH* A 16-m-long wire of resistance 0.4 Ω carries a current of 2 A. What is the potential difference across the wire? What is the magnitude of the electric field in the wire? **[0.8 V; 0.05 V/m]**

25 *ENGLISH* A potential difference of 120 V produces a current of 200.0 mA in a certain resistor. What is the resistance of the resistor? What is the current when the potential difference is 25 V? **[600 Ω; 41.7 mA]**

26 *ENGLISH* A current of 200 mA flows through a 8 Ω resistor. What is the potential difference across the wire? What is the potential difference if the current doubles? **[1.6 V; 3.2 V]**

18.4 L'effetto Joule

27 Calcola la potenza che viene dissipata da un circuito con una resistenza di 120 Ω che viene attraversato da una corrente di 8,0 A. **[7,7 kW]**

28 Un conduttore avente una resistenza di 200 Ω è percorso da una corrente di 0,4 A.

a) Determina la potenza assorbita dal conduttore.

b) Se l'intensità della corrente raddoppia, come varia la potenza assorbita? **[32 W]**

29 Calcola l'intensità di corrente che fluisce in un circuito con una resistenza di $2 \cdot 10^3$ Ω se la potenza dissipata è pari a 1 kW. Calcola inoltre l'intensità di corrente se la potenza dissipata raddoppia. **[0,7 A; 1 A]**

30 Una piccola lampadina assorbe una potenza di 1,8 W. Considerato che la sua resistenza è 45 Ω, individua l'intensità della corrente elettrica dalla quale è attraversata. **[0,2 A]**

31 Quanto vale la resistenza di una stufa elettrica che dissipa una potenza di 1500 W e che viene attraversata da una corrente elettrica di intensità 6,5 A? **[35,5 Ω]**

32 Agli estremi di due conduttori *A* e *B* è applicata la stessa differenza di potenziale di 180 V, ma il primo è attraversato da una corrente di 0,6 A e il secondo da una corrente di intensità doppia.

a) Determina la resistenza dei due conduttori.

b) Quale dei due conduttori assorbe una potenza maggiore?

c) Determina la potenza assorbita da entrambi i conduttori. **[*a*) 300 Ω; 150 Ω; *c*) 108 W; 216 W]**

33 Un fusibile inserito nel circuito elettrico che tollera una corrente massima di 7,5 A si è "bruciato" per un sovraccarico. Calcola la resistenza del fusibile, sapendo che si è danneggiato quando è stata applicata una potenza di 180 W. **[3,2 Ω]**

34 Un resistore inserito in un circuito disperde calore con una potenza di 3,2 W mentre $9 \cdot 10^{20}$ elettroni ne attraversano la sezione ogni 50 s. Calcola la resistenza del dispositivo. **[0,38 Ω]**

35 Calcola il lavoro svolto da un caricabatterie che, fornendo una tensione di 19 V e una corrente di 800 mA, esegue la carica in 4,0 ore. Supponendo il costo di 1 kWh pari a 20 centesimi di euro, calcola il costo in euro di tale processo. **[$2{,}2 \cdot 10^5$ J; circa un centesimo di euro]**

36 Una lampadina, la cui resistenza vale 880 Ω, viene attraversata da una corrente elettrica di intensità 0,25 A. Calcola l'energia che consuma se rimane accesa per un'ora. **[198 kJ]**

37 Una stufetta elettrica è alimentata con una corrente di 8,0 A e una tensione di 220 V. Operando 5 ore al giorno, con un costo di 20 centesimi di euro per kilowattora, calcola la spesa mensile.

[53 euro]

38 Calcola il costo per ogni ora di funzionamento di una termocoperta che, alimentata da una tensione di 220 V, ha una resistenza di 30 Ω, ipotizzando un costo per kilowattora di 0,2 euro. **[0,32 euro]**

39 Calcola l'energia dissipata in 10 s da un resistore, avente una resistenza di 8,0 Ω, ai cui capi è applicata una d.d.p. costante di 24 V. **[720 J]**

40 Calcola l'energia dissipata da un riscaldatore elettrico che funziona con una corrente continua di 18 A, con una differenza di potenziale di 50 V per 30 minuti. **[$1{,}6 \cdot 10^6$ J]**

41 Una batteria fornisce 200 mA di corrente continua tramite una tensione di 1,2 V. Calcola il lavoro svolto dalla batteria in 1 minuto. **[14,4 J]**

Esercizio svolto

42 Una lampadina da 2,4 W è collegata in un circuito alimentato con due pile in serie, ognuna delle quali produce una d.d.p. di 1,5 V. Calcola la corrente che circola nel circuito e la resistenza della lampadina.

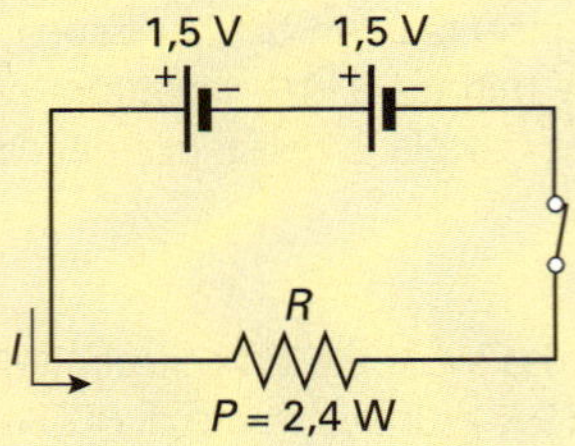

[0,8 A; 3,8 Ω]

La d.d.p. di due generatori collegati in serie è data dalla somma delle singole d.d.p.:

$$\Delta V = \Delta V_1 + \Delta V_2$$

Di conseguenza, il circuito è alimentando con una d.d.p. pari a:

$$\Delta V = 2 \cdot 1{,}5\ \text{V} = 3{,}0\ \text{V}$$

Ricaviamo l'intensità della corrente:

$$I = \frac{P}{\Delta V} = \frac{2{,}4\ \text{W}}{3{,}0\ \text{V}} = 0{,}8\ \text{A}$$

Dalla prima legge di Ohm ricaviamo la resistenza della lampadina:

$$R = \frac{\Delta V}{I} = \frac{3{,}0\ \text{V}}{0{,}8\ \text{A}} = 3{,}8\ \Omega$$

43 Una batteria è formata da un certo numero di generatori uguali da 6,0 V collegati in serie e alimenta un motorino elettrico in corrente continua che assorbe 120 W di potenza, con una corrente di 5,0 A. Calcola il numero di generatori da cui è formata la batteria. [4]

44 ***ENGLISH*** Calculate the power dissipated in a resistor connected across a constant potential difference of 220 V when its resistance is 15 Ω and 35 Ω.
[3.2 kW; 1.4 kW]

45 ***ENGLISH*** A 15 kΩ resistor is rated at 0.40 W. What maximum current can this resistor carry? What maximum voltage can be placed across this resistor?
[5.2 mA; 77.5 V]

46 ***ENGLISH*** A 2-kW heater operates at 220 V. What is its resistance? What current does it draw? What is the power dissipated in this resistor if it operates at 120 V?
[24 Ω; 9 A; 595 W]

47 ***ENGLISH*** A battery generates a potential difference of 24.0 V. How much work does it do in 10 s if it delivers a current of 2 A? [480 J]

48 ***ENGLISH*** A 12-V automobile battery delivers a total charge of 190 A·h. What is the total stored energy in the battery? How long could this battery provide 110 W to the headlights without recharging?
[2.3 kWh; approx 21 hours]

18.5 La seconda legge di Ohm

49 Calcola la resistenza di un filamento di tungsteno con resistività pari a $5{,}5 \cdot 10^{-8}\ \Omega\text{m}$, diametro 0,1 mm e lunghezza pari a 3,0 cm.
[0,21 Ω]

50 Il cavo elettrico di acciaio ($\rho = 1{,}8 \cdot 10^{-7}\ \Omega\text{m}$) che trasporta l'elettricità per un bus elettrico ha un diametro di 2,0 cm. Calcola la resistenza di un tratto di questo cavo di lunghezza pari a 100 m.

[$57 \cdot 10^{-3}\ \Omega$]

51 Determina la resistività del materiale di cui è composto un filo lungo 80 cm e di diametro 3,4 mm sapendo che, applicando una d.d.p. di 24 V, la corrente circolante ha intensità pari a 12 A.
[$23 \cdot 10^{-6}\ \Omega\text{m}$]

52 Calcola la resistività di un filo di lunghezza 50 cm e sezione pari a 2,4 mm^2, in cui, dopo aver applicato una d.d.p. di 6 V, passano $5{,}8 \cdot 10^{20}$ elettroni in 10 secondi.
[$3{,}1 \cdot 10^{-6}\ \Omega\text{m}$]

53 Calcola la lunghezza di un cavo di acciaio ($\rho = 1{,}8 \cdot 10^{-7}\ \Omega\text{m}$) che presenta una resistenza pari a 8 Ω sapendo che la sua sezione è di 2,5 mm^2.
[111,1 m]

54 Sapendo che un filo di tungsteno ($\rho = 5{,}0 \cdot 10^{-8}\ \Omega\text{m}$) di raggio 0,1 mm possiede una resistenza di 6 Ω, calcola la sua lunghezza.
[3,8 m]

55 Calcola il diametro di un cavo di acciaio ($\rho = 1{,}8 \cdot 10^{-7}\ \Omega\text{m}$) lungo 100 m, che presenta una resistenza di 8 Ω.
[1,7 mm]

56 Calcola la sezione di un conduttore di costantana ($\rho = 45 \cdot 10^{-8}\ \Omega\text{m}$) lungo 100 m, che presenta una resistenza di 4 Ω.
[11,3 mm^2]

57 Osserva il seguente grafico relativo a un filo lungo 5 m.

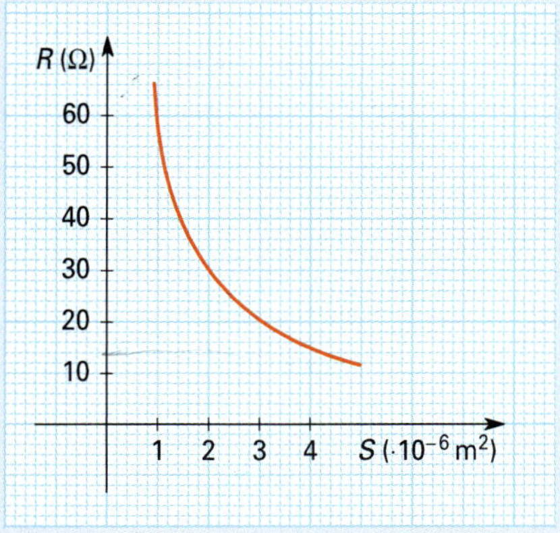

a) Utilizzando le informazioni ricavabili dal grafico completa la seguente tabella.

$S\ (\cdot 10^{-6}\ m^2)$	1	2	...	...
R (Ω)	...	...	20	15

b) Quale tipo di relazione intercorre fra sezione del conduttore e resistenza elettrica?

c) Con le informazioni in tuo possesso è possibile ricavare ρ? Se la risposta è affermativa, determinalo.

58 ***ENGLISH*** A 4.0 cm long block of carbon ($\rho = 3{,}5 \cdot 10^{-5}$ Ω m) has a square cross-sectional area with sides of 0.8 cm. A potential difference of 12.0 V is maintained across its length. What is the resistance of the block? What is the current in this resistor? **[21.8 mΩ; 548.6 A]**

59 ***ENGLISH*** How long is a copper wire ($\rho = 1{,}6 \cdot 10^{-8}$ Ω m) with a diameter of 2 cm if it has a resistance of 5 Ω? **[98.2 km]**

60 ***ENGLISH*** The current-carrying rail of a subway track is made of steel ($\rho = 1.8 \cdot 10^{-7}$ Ω m) and has a cross-sectional area of a 62 cm^2. What is the resistance of 20 km of this track? **[0.6 Ω]**

18.6 La relazione tra resistività e temperatura

61 Calcola il valore della resistenza di un filo di platino lungo 50 cm, di diametro 0,6 mm e che si trova a 28 °C, sapendo che la resistività a 0 °C è $1{,}0 \cdot 10^{-7}$ Ω m e il coefficiente α è pari a $3{,}5 \cdot 10^{-3}$ °C^{-1}. **[0,18 Ω]**

62 Un conduttore elettrico ($\alpha = 3{,}9 \cdot 10^{-3}$ °C^{-1}) ha resistenza elettrica a 0 °C pari a 100 Ω. Calcola la resistenza a 160 K. **[55,9 Ω]**

63 A quale temperatura (espressa in gradi Celsius) un conduttore di rame ($\alpha = 3{,}9 \cdot 10^{-3}$ °C^{-1}) raddoppia la resistività che ha a 0 °C? A quale temperatura la dimezza? **[256,4 °C; −128,2 °C]**

64 A quale temperatura (espressa in kelvin) un conduttore di ferro ($\alpha = 5{,}0 \cdot 10^{-3}$ °C^{-1}) raddoppia la resistività che ha a 0 °C? A quale temperatura la dimezza? **[473,2 K; 173,2 K]**

65 Un certo materiale alla temperatura di 0 °C ha una resistività di $5{,}0 \cdot 10^{-8}$ Ω m. Quando la temperatura sale a 125 °C la sua resistività diventa pari a $7{,}8 \cdot 10^{-8}$ Ω m. Calcola il coefficiente di temperatura. **[$4{,}5 \cdot 10^{-3}$ °C^{-1}]**

66 La resistività di una sostanza aumenta di $4{,}2 \cdot 10^{-8}$ Ω m al crescere della temperatura da 0 °C a 45 °C. Trova il coefficiente di temperatura della sostanza, sapendo che la resistività alla temperatura iniziale vale $94{,}0 \cdot 10^{-8}$ Ω m. **[$1{,}0 \cdot 10^{-3}$ °C^{-1}]**

67 Un conduttore a 0 °C ha una resistività di $8{,}9 \cdot 10^{-8}$ Ω m ed è caratterizzato da un coefficiente di temperatura di $6{,}6 \cdot 10^{-3}$ °C^{-1}. Se la sua resistività è diventata $13{,}6 \cdot 10^{-8}$ Ω m, qual è la temperatura finale? **[80 °C]**

68 Un metallo a 0 °C ha una resistività di $6{,}9 \cdot 10^{-8}$ Ω m, mentre il coefficiente di temperatura è pari a $6{,}5 \cdot 10^{-3}$ °C^{-1}. Trova la temperatura alla quale si trova tale conduttore, nel caso in cui la sua resistività sia divenuta $8{,}0 \cdot 10^{-8}$ Ω m. **[24,5 °C]**

69 Calcola la variazione d'intensità di corrente che attraversa un conduttore metallico ($\alpha = 3{,}8 \cdot 10^{-3}$ °C^{-1}) sottoposto alla tensione di 24 V, se la temperatura aumenta da 10 °C a 80 °C. Alla temperatura di 10 °C la resistenza elettrica è pari a 60 Ω. **[$\Delta I = -0{,}08$ A]**

70 ***ENGLISH*** A copper rod is 80 cm long and has a square cross-sectional area with sides of 2.0 mm. What is its resistance at 0 °C ($\rho_0 = 1.6 \cdot 10^{-8}$ Ω m, $\alpha = 3.9 \cdot 10^{-3}$ °C^{-1})? What is its resistance at 90 °C? **[3.2 mΩ; 4.3 mΩ]**

71 ***ENGLISH*** At what temperature (in °C) will the resistance of a copper wire be 20% greater than it is at 0 °C? ($\alpha = 3.9 \cdot 10^{-3}$ °C^{-1}) **[51,3 °C]**

72 ***ENGLISH*** The heating element of a toaster (with $\alpha = 1.0 \cdot 10^{-3}$ °C^{-1}) has a resistance of 120 Ω at 0 °C. In this element, at this temperature, the current is 1.8 A. When the heating element reaches its final temperature, the current is 1.4 A. What is the final temperature of the heating element? **[285 °C]**

Problemi

1 In un circuito alimentato da un generatore g_1 è inserito un dispositivo di illuminazione che varia nel tempo la potenza assorbita, in funzione delle lampade accese.
Se la resistenza diminuisce dal valore massimo iniziale a un valore minimo pari a un quarto di quella massima, la corrente diventa 10 A. Se invece si pone in serie a g_1 un secondo generatore del valore di 3,6 V, si ottiene una corrente di 3,25 A. Calcola la tensione di g_1 che alimenta il circuito e, relativamente a esso, i valori massimo e minimo della potenza.

Suggerimento Nel caso di generatori in serie la d.d.p. complessiva è data dalla somma delle singole d.d.p.: $\Delta V = \Delta V_1 + \Delta V_2$.

[12 V; 120 W; 20 W]

2 In un boiler elettrico vengono scaldati 50 litri di acqua in 60 minuti portandoli dalla temperatura iniziale di 20 °C alla temperatura di 60 °C. Se la tensione utilizzata è di 220 V e il costo per kilowattora è di 0,20 euro, calcola il valore della potenza del boiler e il costo in euro di tale processo di riscaldamento.

[2,3 kW; 0,47 euro]

3 Il filamento di una lampada a incandescenza viene attraversato da una carica di 10 C in un tempo di 30 s con un lavoro di 600 J. Calcola la corrente che attraversa la lampada, la differenza di potenziale applicata, la potenza assorbita e la resistenza del filamento. [0,33 A; 60 V; 20 W; 180 Ω]

4 Confronta la relazione tra resistività e temperatura con la legge della dilatazione cubica (dei solidi o dei liquidi), illustrando il tipo di relazione tra le variabili, il grafico corrispondente, il ruolo svolto dal coefficiente α...

5 Un conduttore metallico ha una sezione di 0,5 mm^2 e una lunghezza di 2,45 m. Nel caso in cui una sua sezione qualunque venga attraversata in un minuto e mezzo da una carica di 45 C, essendo la differenza di potenziale ai suoi capi di 1,10 V, calcola la resistività del conduttore. [$45 \cdot 10^{-8}\ \Omega \cdot m$]

6 Se un filo di tungsteno (resistività $5 \cdot 10^{-8}\ \Omega \cdot m$; coefficiente di temperatura $4{,}5 \cdot 10^{-3}$ °C^{-1}), lungo 20 cm e di sezione pari a $7{,}85 \cdot 10^{-9}$ m^2, ha una resistenza elettrica di 13 Ω, a quale temperatura si trova? [2050 °C]

7 Ai capi di un conduttore filiforme di rame lungo 5 m, che si trova alla temperatura di 45 °C, vi è una differenza di potenziale di 1,5 V, per la qual cosa circola una corrente elettrica di 2 A. Determina il suo diametro. [0,4 mm]

8 In un conduttore di lunghezza 2,60 m e diametro 0,15 mm, caratterizzato a 0 °C da una resistività di $8{,}9 \cdot 10^{-8}\ \Omega$m, con una differenza di potenziale di 24 V passa una corrente elettrica di intensità 1,22 A.
Sapendo che la temperatura del conduttore è di 100 °C, determina il suo coefficiente di temperatura. [$5{,}0 \cdot 10^{-3}$ °C^{-1}]

9 Una sonda termica sfrutta la resistenza di un filo di nichelcromo ($\alpha = 4{,}0 \cdot 10^{-3}$ °C^{-1}) tarato in modo tale da offrire una resistenza di 100 Ω a 0 °C. Calcola la temperatura dei gas di scarico di un automezzo se la resistenza misurata tramite la sonda inserita nello scarico è pari a 370 Ω. [680 °C]

10 Un bollitore elettrico contiene una resistenza da 500 Ω e funziona mediante una tensione di 220 V. Il bollitore contiene 1,5 litri di acqua che viene portata a ebollizione dalla temperatura iniziale di 24 °C. Successivamente, il 10% dell'acqua evapora. Calcola l'energia impiegata durante tutto il tempo di utilizzo e il tempo necessario per portare l'acqua ad ebollizione. (Utilizza per l'acqua: calore specifico 4186 J/kg K, calore latente di ebollizione 2272 kJ/kg)

[$8{,}2 \cdot 10^5$ J; 82 minuti]

11 Un sottile filo metallico a sezione quadrata di 1,0 mm di lato viene utilizzato per sbrinare un vetro di 2,0 mm di spessore che isola l'ambiente con l'esterno. Il coefficiente di conducibilità termica è pari a $\lambda = 0{,}8$ W/(m · K). Ogni tratto del filo che aderisce al vetro ha lunghezza di 80 cm, un coefficiente termico $\alpha = 4{,}2 \cdot 10^{-3}$ °C^{-1} e una resistività a 0 °C di $5{,}0 \cdot 10^{-8}\ \Omega$m. La temperatura interna dell'ambiente è di 28 °C, quella esterna di 4 °C. Calcola l'intensità di corrente che circola nel filo, per cui il calore prodotto è uguale a quello trasferito per conduzione attraverso il vetro.

Suggerimento Ricorda la legge della conduzione termica e considera come superficie attraverso la quale avviene la trasmissione di calore la porzione di filo di area 80 cm × 1,0 mm.

[13 A]

12 *ENGLISH* An electric heater has a nichrome heating element with a resistance of 20 Ω at 0 °C ($\alpha = 2{,}0 \cdot 10^{-4}$ °C^{-1}). When 220 V are applied, the electric current heats the wire up to 1200 °C. What is the initial current drawn by the heating element? What is the resistance and the operating power of the heating element at 1200 °C?
[11 A; 24.8 Ω; 1.9 kW]

13 ***ENGLISH*** Water cooling can prevent excessive heating of magnet coils in large laboratory electromagnets. One of these electromagnets draws 120 A when a voltage of 240 V is applied to the terminals of the coils. Water at an initial temperature of 10 °C circulates in the coils to cool them. How many liters per second must flow through the coils to keep their temperature below 60 °C?

Hint First calculate the power required by the electromagnet then calculate the mass of water in one second.

[0.14 l/s]

14 ***ENGLISH*** Suppose a certain copper wire ($\rho = 1.7 \cdot 10^{-8}$ Ωm) in a house is to carry a maximum current of 14 A and that the Joule heating of the wire should not exceed 1.35 W/m to avoid burning. What cross-sectional area must the copper wire have to be safe?

Hint Consider a wire length of 1 m so that the power is 1.35 W.

[2.5 mm^2]

TRAINING

1 Due fili di uguale lunghezza, uno di alluminio ($\rho_{Al} = 2{,}75 \cdot 10^{-8}$ Ωm) e l'altro di rame ($\rho_{Cu} = 1{,}69 \cdot 10^{-8}$ Ωm), hanno la stessa resistenza elettrica.
Qual è il rapporto dei loro raggi r_{Al}/r_{Cu}?

A 0,61
B 0,78
C 1,00
D 1,28
E 1,63

[*Olimpiadi della fisica, Gara di primo livello, 2008*]

2 Qui sotto sono indicate la lunghezza e l'area della sezione di cinque pezzi di filo di rame, tutti alla stessa temperatura. Quale filo ha la resistenza maggiore?

Filo	Lunghezza (m)	Area della sezione (m^2)
A	10	$1 \cdot 10^{-6}$
B	10	$2 \cdot 10^{-6}$
C	5	$1 \cdot 10^{-6}$
D	1	$2 \cdot 10^{-6}$
E	1	$1 \cdot 10^{-6}$

[*Olimpiadi della fisica, Gara di primo livello, 2006*]

3 In un circuito elettrico l'intensità di corrente misurata in un conduttore è (2,5 ± 0,05) mA. La resistenza del conduttore è 4,7 Ω ± 2%.
Se questi valori vengono usati per calcolare la potenza dissipata nel conduttore, il risultato del calcolo ha incertezza:

A 2%
B 4%
C 6%
D 8%
E 10%

[*Olimpiadi della fisica, Gara di primo livello, 2003*]

4 Per aumentare la luce emessa da una lampada da tavolo, un ragazzo sostituisce la lampadina da 60 W con una da 100 W. In confronto alla lampadina da 60 W, quella da 100 W ha:

A resistenza minore e conduce una corrente maggiore.
B resistenza minore e conduce una corrente minore.
C resistenza uguale e conduce una corrente maggiore.
D resistenza maggiore e conduce una corrente maggiore.
E resistenza maggiore e conduce una corrente minore.

[*Olimpiadi della fisica, Gara di primo livello, 2004*]

5 Quale delle seguenti affermazioni sulla *potenza* sono corrette?

1. watt è un'unità di misura della potenza

2. $\dfrac{\text{coulomb}}{\text{secondo}} \times \dfrac{\text{joule}}{\text{coulomb}}$ è un'unità di misura della potenza

3. $\dfrac{\text{coulomb}}{\text{secondo}} \times \dfrac{\text{coulomb}}{\text{secondo}} \times \dfrac{\text{volt}}{\text{ampere}}$ è un'unità di misura della potenza

A Solo la prima.
B Solo la seconda.
C Solo la terza.
D Solo la prima e la seconda.
E Tutte e tre.

[*Olimpiadi della fisica, Gara di primo livello, 1997*]

UNITÀ 19

Circuiti elettrici

19.1 Il generatore

Un circuito elettrico elementare è costituito da una successione di utilizzatori collegati in modo continuo e da un generatore che garantisce il passaggio della corrente. Approfondiamo il ruolo e le caratteristiche del generatore, facendo sempre riferimento a correnti elettriche in regime stazionario (per cui le grandezze in gioco non variano nel tempo).

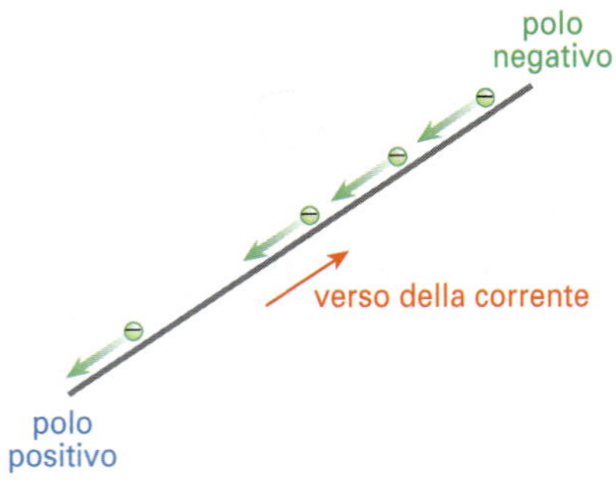

Se agli estremi di un conduttore metallico vi è una differenza di potenziale, sotto l'azione delle forze del campo elettrico gli elettroni si spostano dal polo negativo a quello positivo.

Tuttavia, se si toglie la tensione, dopo un certo periodo il dislivello iniziale si annulla e il movimento di elettroni cessa. Per mantenere la corrente occorre inserire nel circuito un generatore con la funzione di ripristinare continuamente il dislivello di natura elettrica.

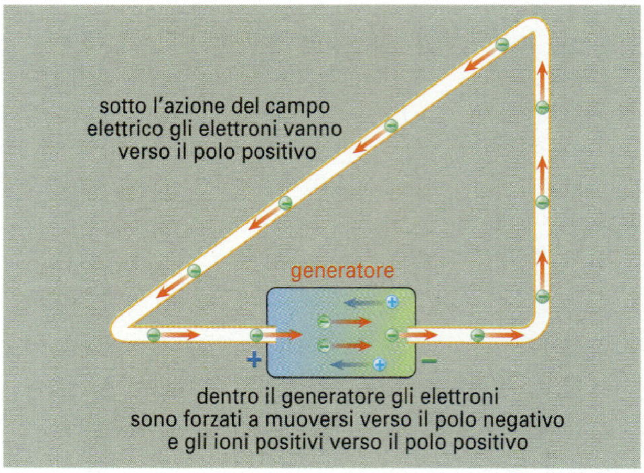

Mentre nel conduttore si spostano soltanto gli elettroni, all'interno del generatore la corrente elettrica è data dal moto ordinato delle cariche sia positive sia negative.

Per forzare una carica q ad andare verso il polo dello stesso segno, in contrasto con l'azione delle forze elettrostatiche che tendono a respingerla, occorre che il generatore compia un lavoro.

Questo lavoro L, ovviamente, dipende dal valore di q: si preferisce allora introdurre una grandezza, chiamata **forza elettromotrice (f.e.m.)**, che caratterizzi il generatore e sia indipendente dalla quantità di carica su cui agisce. La forza elettromotrice ci informa sul lavoro che viene compiuto in un generatore per trasferire l'unità di carica.

ON LINE
VIRTUAL LAB
Forza elettromotrice

La **forza elettromotrice** f.e.m. è data dal rapporto tra il lavoro necessario per portare una carica positiva dal polo negativo al polo positivo e la carica stessa:

$$\text{f.e.m.} = \frac{L}{q}$$

forza elettromotrice

Per individuare la sua unità di misura si procede come di consueto:

$$\text{f.e.m.} = \frac{L}{q} \Rightarrow \frac{\text{lavoro (misurato in joule)}}{\text{carica (misurata in coulomb)}} \Rightarrow \frac{\text{J}}{\text{C}}$$

È un'unità di misura che abbiamo già incontrato. Si tratta del **volt**, precedentemente introdotto per misurare la differenza di potenziale.

La forza elettromotrice si misura in **volt** (V).
Un generatore ha una forza elettromotrice di 1 volt quando compie il lavoro di 1 joule per portare una carica positiva di 1 coulomb dal polo negativo a quello positivo.

unità di misura della f.e.m.

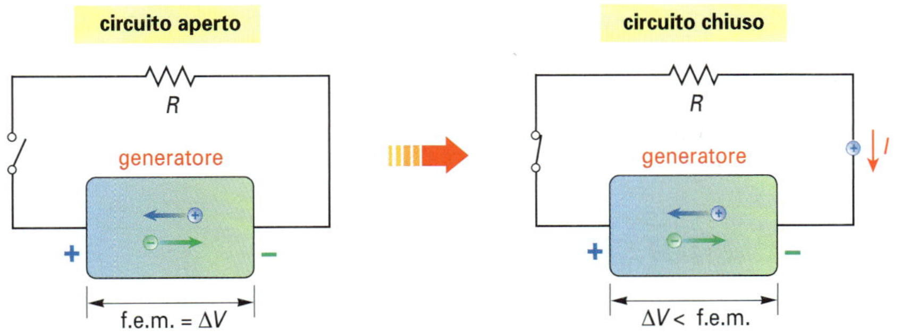

La forza elettromotrice di un generatore coincide con la d.d.p. tra i suoi morsetti a circuito aperto.

Quando il circuito viene chiuso, la corrente comincia a circolare sia nel circuito sia all'interno del generatore. Una parte del lavoro svolto dal generatore, cioè una parte della f.e.m., serve per far muovere le cariche al proprio interno. Di conseguenza, una volta chiuso il circuito rimane a disposizione, per consentire il movimento delle cariche elettriche all'esterno del generatore, una differenza di potenziale ΔV minore della forza elettromotrice *nominale* f.e.m.

La f.e.m. deve provvedere a compensare la resistenza che le cariche incontrano sia internamente al generatore sia esternamente nel circuito elettrico.

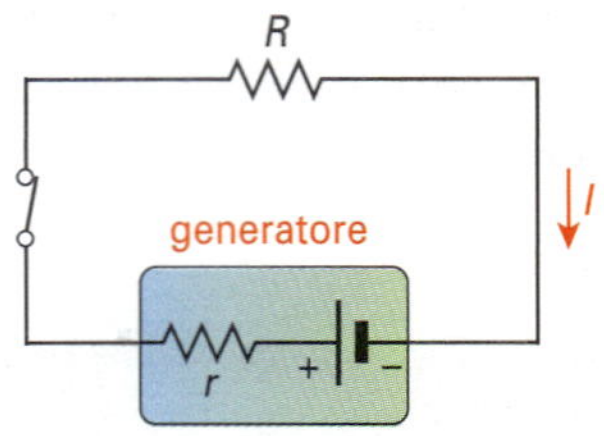

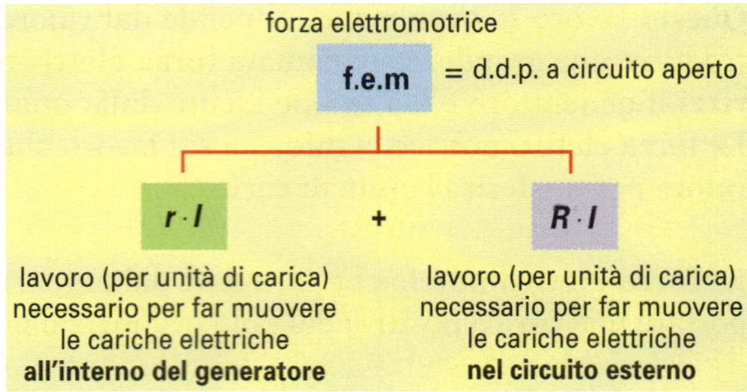

Se perciò indichiamo con r la resistenza interna del generatore, con R la resistenza del circuito esterno e con I l'intensità della corrente che circola, la f.e.m. deve compensare sia rI sia RI.

Ma per la prima legge di Ohm è $\Delta V = R \cdot I$, per cui la relazione tra la forza elettromotrice e la differenza di potenziale diventa:

f.e.m. e d.d.p.

$$\text{f.e.m.} = rI + \Delta V$$

In generale, il valore della resistenza interna r è molto più piccolo, talvolta trascurabile, rispetto a quello del circuito esterno R.

Ricorda!...

- La forza elettromotrice di un generatore si misura a **circuito aperto**, tramite un voltmetro applicato ai suoi morsetti, e rappresenta il dislivello energetico fra i poli per unità di carica.
- La d.d.p. si misura a **circuito chiuso** e rappresenta il dislivello energetico per unità di carica che provoca il moto degli elettroni nel circuito esterno.
- La forza elettromotrice (uguale alla d.d.p. a circuito aperto) di un generatore è maggiore della differenza di potenziale rilevata a circuito chiuso.

ON LINE VIRTUAL LAB
Resistenze in serie

19.2 Resistori in serie

VIDEO LAB

Continuando l'analisi degli elementi di un circuito elementare, concentriamo ora la nostra attenzione sui resistori e più in generale sugli *utilizzatori*, vale a dire su quei componenti che trasformano l'energia elettrica in altre forme d'energia a noi utili, quali...

l'energia luminosa,

l'energia termica,

l'energia cinetica.

Dato che i resistori presentano una resistenza che si oppone al passaggio di corrente, vengono per questo motivo indicati genericamente con il termine **resistenze**.
Per semplicità, nell'esaminare le varie possibilità di connessione, parleremo di due soli elementi che indicheremo con R_1 ed R_2, anche se poi generalizzeremo i risultati ottenuti a un numero maggiore di resistenze.

La prima modalità è il collegamento **in serie**.

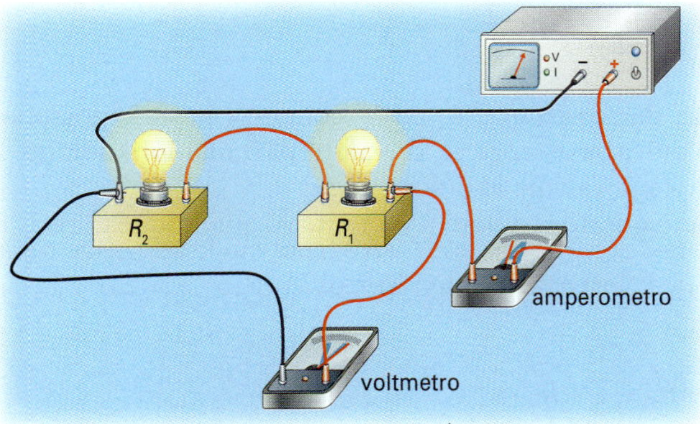

I resistori si dicono connessi **in serie** quando sono disposti in successione (l'uscita di uno corrisponde all'ingresso di quello seguente) e sono attraversati dalla stessa corrente.

resistori in serie

Cerchiamo di capire quali sono le conseguenze di questo tipo di situazione.

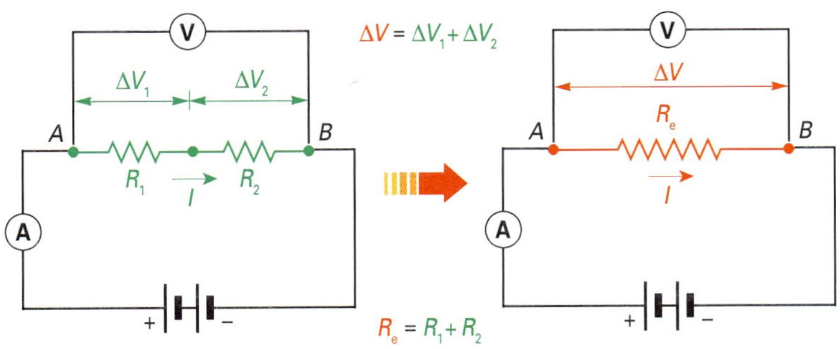

Si abbiano due resistenze R_1 ed R_2 disposte in serie e inserite tra due punti A e B di un circuito.

Vogliamo determinare le caratteristiche che deve avere un'unica resistenza (R_e), da inserire sempre fra A e B, in modo tale che questo circuito risulti *equivalente* al primo e cioè sia attraversato da una corrente di uguale intensità a parità di d.d.p.

In generale, la d.d.p. complessiva ΔV è data, per la proprietà di additività, dalla somma delle d.d.p. presenti ai capi di ciascuna delle resistenze:

$$\Delta V = \Delta V_1 + \Delta V_2$$

Se indichiamo con R_e la *resistenza equivalente*, per la prima legge di Ohm è $\Delta V = R \cdot I$ segue che:

$$R_e I = R_1 I + R_2 I$$

Ricorda!...

Nel caso si abbiano più lampadine collegate in serie, se una di esse si fulmina le altre si spengono tutte, in quanto quella che non funziona più blocca il passaggio della corrente elettrica nell'intero circuito.

Raccogliendo a fattor comune la I al secondo membro e dividendo quindi ambo i membri per I si ha:

$$\frac{R_e \not{I}}{\not{I}} = \frac{(R_1 + R_2)\not{I}}{\not{I}}$$

da cui:

$$R_e = R_1 + R_2$$

In conclusione, due resistenze R_1 ed R_2 connesse in serie possono essere sostituite da un'unica resistenza R_e di valore pari alla loro somma, ottenendo così un circuito equivalente al precedente.
Si può estendere questo risultato a un numero qualunque di resistenze.

resistenza equivalente (serie)

La resistenza equivalente R_e di n resistenze collegate in serie è uguale alla loro somma:

$$R_e = R_1 + R_2 + \ldots + R_n$$

19.3 Le leggi di Kirchhoff

Per affrontare lo studio dei circuiti elettrici è necessario soffermarsi sulle **leggi di Kirchhoff**: la legge dei nodi e la legge delle maglie.

La legge dei nodi (prima legge di Kirchhoff)

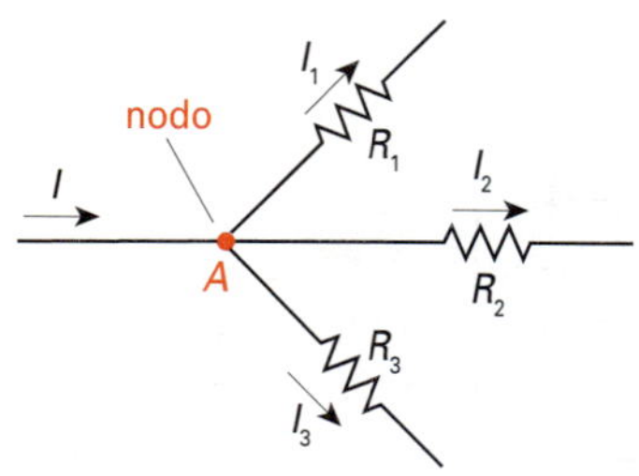

I punti in cui concorrono più rami del circuito si chiamano **nodi**.
In essi vale la **legge dei nodi**, dal carattere piuttosto intuitivo e legata direttamente al *principio di conservazione della carica*.

legge dei nodi

La somma delle correnti entranti in un nodo è uguale alla somma delle correnti uscenti dal nodo stesso.

La corrente elettrica, arrivando nel nodo A, si ripartisce fra le tre resistenze R_1, R_2 ed R_3. In base a questa legge abbiamo:

$$I = I_1 + I_2 + I_3$$

Più in generale:

$$\Sigma I_{\text{entranti}} = \Sigma I_{\text{uscenti}}$$

La legge delle maglie (seconda legge di Kirchhoff)

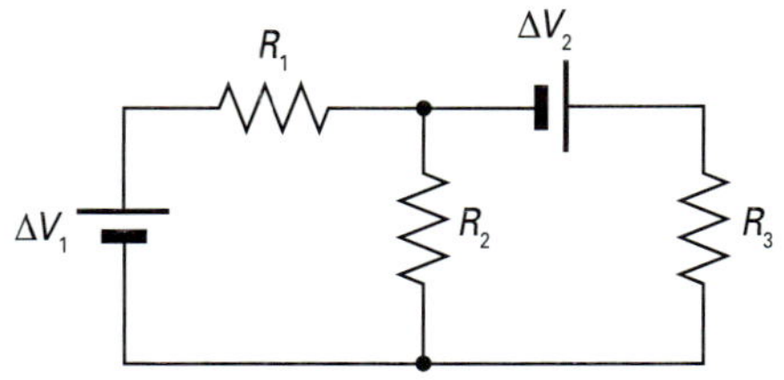

Dato un circuito elettrico qualunque, un percorso chiuso attraverso il quale partendo da un punto iniziale si ritorna allo stesso punto di partenza prende il nome di **maglia**.

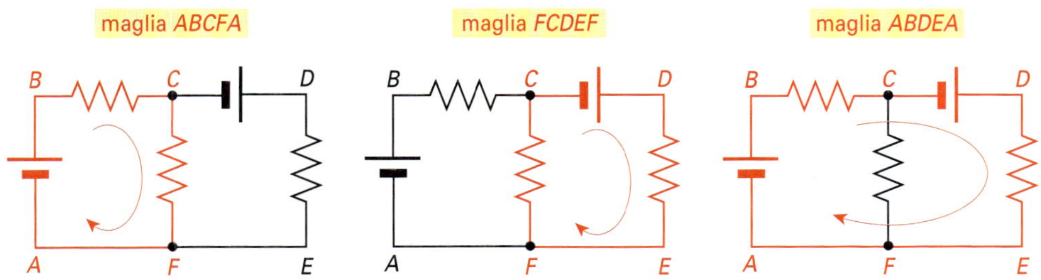

Questi sono esempi delle diverse maglie che possono essere individuate nel circuito che abbiamo preso in considerazione. Il punto da cui partire per il percorso chiuso, nei vari casi, può essere scelto a piacere. Facciamo notare che *A*, *F* ed *E* costituiscono in sostanza un unico nodo: infatti, i tratti di collegamento *A-F-E* hanno resistenza trascurabile e sono detti perciò **cortocircuiti**. In *A*, *F* ed *E* il potenziale elettrico è lo stesso.

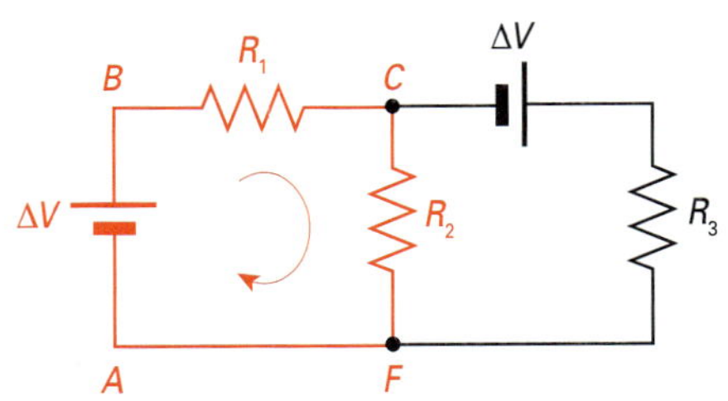

Partiamo per esempio dal punto *A* e percorriamo il circuito in senso orario (scelto arbitrariamente come quello ipotetico della corrente) per tornare dopo un percorso chiuso nuovamente in *A*. Quando attraversiamo il generatore dal polo negativo a quello positivo, si ha un incremento della f.e.m., mentre attraversando i resistori R_1 ed R_2 nello stesso verso della corrente si ha una **caduta di tensione** (cioè una diminuzione dell'energia a causa della resistenza incontrata). Nel complesso la somma delle variazioni del potenziale deve essere necessariamente zero, dato che la differenza di potenziale tra *A* e... *A* è nulla!

Questa è una conseguenza del fatto che vale il *principio di conservazione dell'energia meccanica*, per cui la circuitazione del campo elettrico lungo una linea chiusa è nulla:

$$\Gamma_\gamma(\vec{E}) = 0$$

Infatti, il campo è conservativo e il lavoro totale delle forze elettriche lungo un percorso chiuso è zero. Tutto ciò vale anche per le cariche elettriche in movimento perché ci troviamo comunque in condizioni di funzionamento stazionario.

Lungo una maglia qualunque di un circuito elettrico, la somma algebrica delle forze elettromotrici e delle differenze di potenziale (*cadute di tensione*) presenti in tale maglia è pari a zero:

$$\Sigma \text{f.e.m.} - \Sigma \Delta V = 0$$

legge delle maglie

Vediamo come si può fare uso di questa legge.

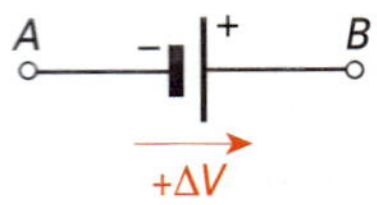

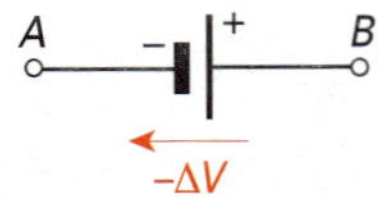

Stabiliamo **arbitrariamente** che la corrente ipotetica attraversi la batteria dal polo negativo a quello positivo. Non è detto che sia proprio così, ma la reale direzione verrà in ogni caso stabilita una volta risolto il circuito. Dato che il potenziale in B è maggiore di quello in A, scegliamo per la ΔV (trascurando la resistenza interna) il segno positivo. La pila starebbe dunque svolgendo il suo compito di fornire energia al circuito.

Nell'eventualità che, completati i calcoli, la corrente dovesse risultare negativa, ciò vorrebbe dire semplicemente che il verso reale è opposto a quello ipotizzato all'inizio. Non è una cosa insolita: significa che la pila si sta ricaricando (come succede alla batteria dell'automobile quando il motore è acceso).

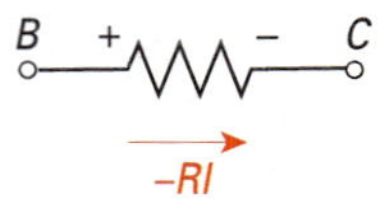

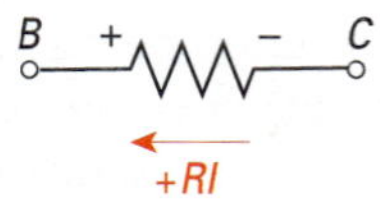

Analogamente nell'attraversamento di un resistore scegliamo un verso della corrente a piacere, indicando con il segno + l'ingresso e con il segno – l'uscita. Dato che in C il potenziale dovrebbe essere minore che in B (nel percorso lungo il resistore gli elettroni perdono inevitabilmente energia), per la caduta di tensione scegliamo il **segno negativo**.

Se una volta risolto il circuito elettrico si trova la corrente del resistore con segno negativo, ciò significa che tale corrente va in senso opposto rispetto al verso inizialmente ipotizzato.

esempio

Vediamo come si possono usare le due leggi di Kirchhoff per risolvere un circuito.

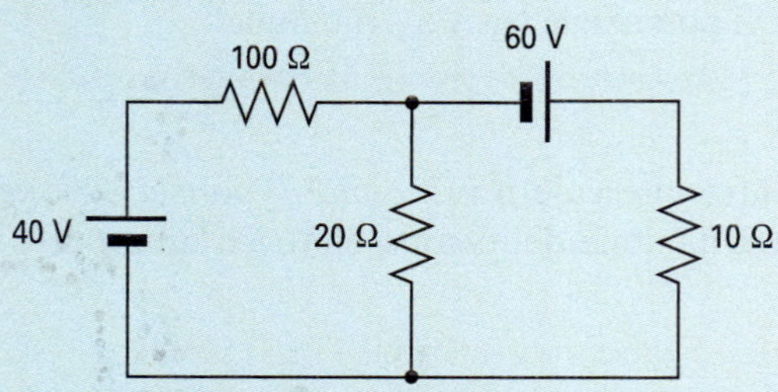

Il circuito è costituito da due pile (delle quali trascuriamo la resistenza interna) e tre resistori. Vogliamo trovare i valori di tutte le correnti elettriche e le tensioni ai capi dei singoli resistori.

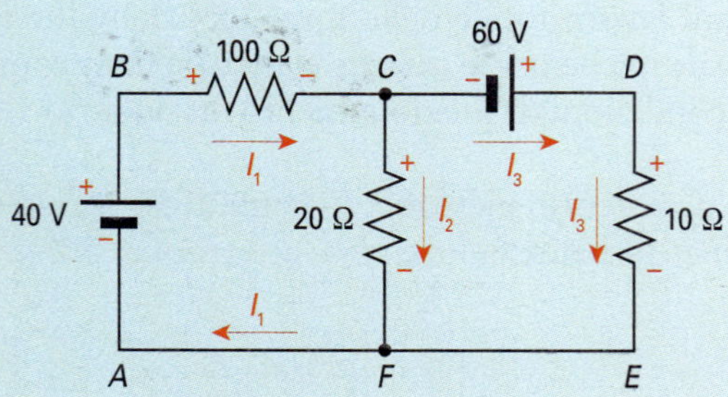

Come prima cosa scegliamo arbitrariamente i versi positivi delle correnti e, per comodità, inseriamo le lettere al fine di identificare più facilmente i nodi e le maglie.

Ricorda!...

È possibile che le intensità di corrente risultino avere un valore negativo: vuol dire soltanto che il verso è opposto rispetto a quello stabilito arbitrariamente.

Partiamo dal nodo C.

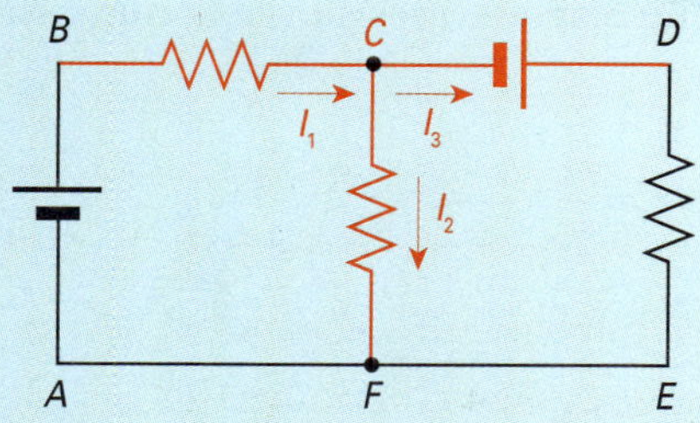

Qui possiamo scrivere:

$$I_1 = I_2 + I_3$$

dato che I_1 è entrante nel nodo, mentre I_2 e I_3 sono uscenti.

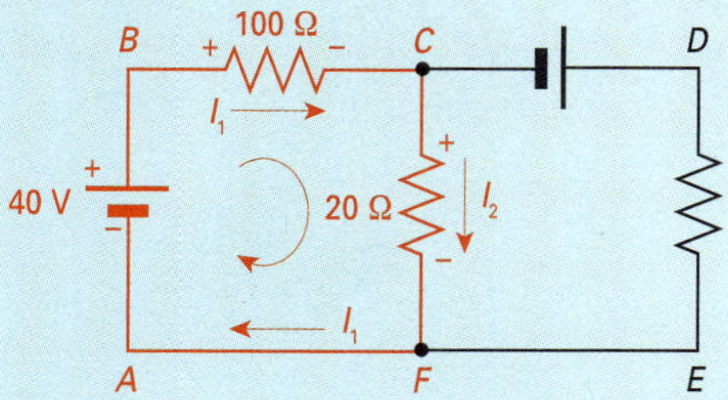

Consideriamo la maglia $ABCFA$ fra quelle possibili. Percorriamo la maglia in senso orario:

$$40\ \text{V} - 100\ I_1 - 20\ I_2 = 0$$

Restano due maglie: $FCDEF$ e $ABDEA$.

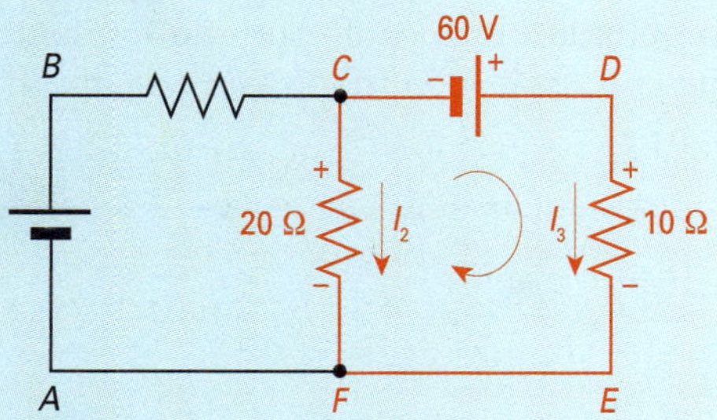

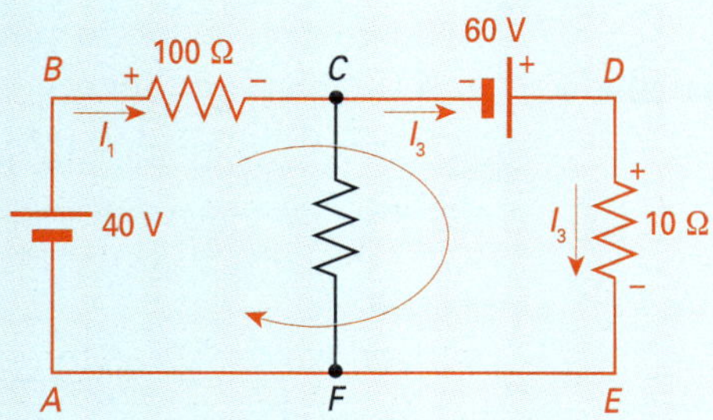

Applichiamo la legge delle maglie a $FCDEF$, sempre percorsa in senso orario:

$$60\ \text{V} - 10\ I_3 + 20\ I_2 = 0$$

Abbiamo così già tre equazioni nelle tre incognite I_1, I_2, I_3 e possiamo passare direttamente alla risoluzione, tralasciando l'ultima maglia $ABDEA$, la cui equazione non è linearmente indipendente, essendo una combinazione delle due precedenti, ed è quindi ininfluente.
Il sistema da risolvere è perciò:

$$\begin{cases} I_1 = I_2 + I_3 & \text{nodo } C \\ 40\ \text{V} - 100\ I_1 - 20\ I_2 = 0 & \text{maglia } ABCFA \\ 60\ \text{V} - 10\ I_3 + 20\ I_2 = 0 & \text{maglia } FCDEF \end{cases}$$

Risoluzione del circuito con le leggi di Kirchhoff

ON LINE

Svolgendo gli opportuni passaggi si trova:

$I_1 = 0{,}75$ A $\quad I_2 = \mathbf{-\,1{,}75}$ A $\quad I_3 = 2{,}50$ A

I risultati ci dicono che, mentre I_1 e I_3 vanno effettivamente nel verso indicato, la I_2 va in verso opposto, cioè da F verso C ed è entrante nel nodo C.
Inoltre, essendo appunto I_1 e I_3 positive, entrambe le pile alimentano il circuito (nessuna della due, cioè, viene ricaricata).

ON LINE
VIRTUAL LAB
Resistenze in parallelo

19.4 Resistori in parallelo

La seconda modalità con cui si possono disporre i resistori è la connessione **in parallelo**.

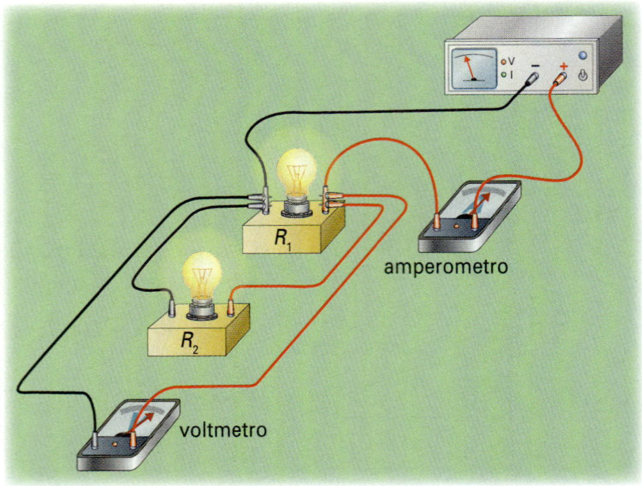

resistori in parallelo

I resistori si dicono **in parallelo** quando i loro capi sono mutuamente collegati (ingressi con ingressi e uscite con uscite), in modo tale che in tutti vi sia la stessa differenza di potenziale ΔV.

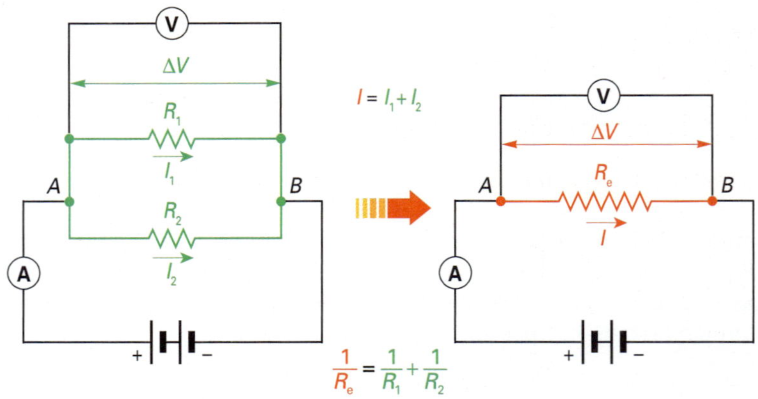

Cerchiamo di comprendere che cosa succede nel caso in cui le due resistenze R_1 ed R_2, inserite in un circuito tra i due punti A e B, siano in parallelo.

Ci proponiamo di determinare le caratteristiche che deve possedere un'unica resistenza R_e la quale, inserita tra i nodi A e B, dia luogo a un circuito equivalente al primo.

Per la legge dei nodi si ha:

$$I = I_1 + I_2$$

per cui:

$$\frac{\Delta V}{R_e} = \frac{\Delta V}{R_1} + \frac{\Delta V}{R_2}$$

La differenza di potenziale ΔV è, invece, la stessa in entrambe le resistenze. Di conseguenza, semplificando ΔV, si può trovare che:

$$\frac{1}{R_e} = \frac{1}{R_1} + \frac{1}{R_2}$$

Si deduce quindi che, in luogo delle due resistenze, se ne può mettere una soltanto, a parità di d.d.p. e intensità di corrente totale, tale che il suo inverso sia uguale alla somma degli inversi delle resistenze in parallelo.
Estendiamo il risultato appena ottenuto a un numero arbitrario di resistenze.

Ricorda!...

Quando le resistenze collegate in parallelo sono soltanto due, puoi utilizzare la formula diretta:

$$R_e = \frac{R_1 \cdot R_2}{R_1 + R_2}$$

Una resistenza equivalente R_e di n resistenze collegate in parallelo è tale che il suo reciproco è uguale alla somma dei reciproci delle singole resistenze:

$$\frac{1}{R_e} = \frac{1}{R_1} + \frac{1}{R_2} + ... + \frac{1}{R_n}$$

resistenza equivalente (parallelo)

FLASH

Elettrodomestici in parallelo

Se abbiamo un circuito in cui più lampadine sono collegate in parallelo, quando se ne fulmina una, le altre lampadine restano accese in quanto il circuito non risulta interrotto.
È per questo che in un appartamento gli utilizzatori sono tra loro in parallelo.
Il *salvavita*, vale a dire quel dispositivo che interrompe il passaggio della corrente in presenza di situazioni pericolose, va inserito invece in serie con gli altri elettrodomestici perché deve bloccare del tutto la corrente elettrica.

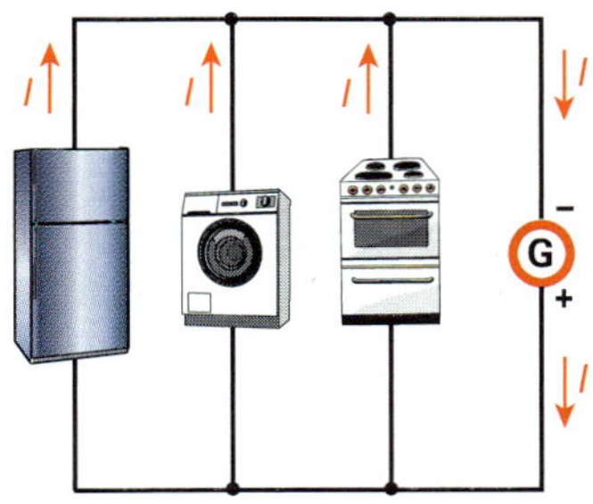

Distribuzione della corrente in un nodo

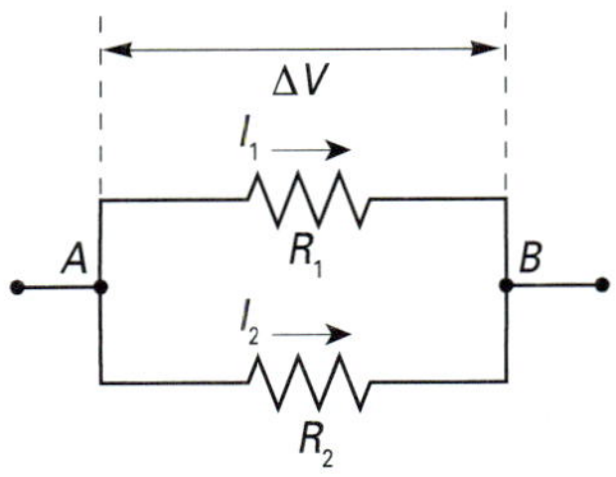

Analizziamo come si distribuisce la corrente quando giunge al nodo oltre il quale si sviluppa un parallelo. Dalla prima legge di Ohm, dato che ΔV è la d.d.p. tra A e B presente ai capi di entrambe le resistenze R_1 ed R_2, possiamo scrivere:

$$\Delta V = R_1 \cdot I_1 \quad \text{e} \quad \Delta V = R_2 \cdot I_2$$

per cui $R_1 \cdot I_1 = R_2 \cdot I_2$. Dividendo ambo i membri per $R_1 \cdot R_2$:

$$\frac{\cancel{R_1} \cdot I_1}{\cancel{R_1} \cdot R_2} = \frac{\cancel{R_2} \cdot I_2}{R_1 \cdot \cancel{R_2}}$$

semplificando e riscrivendo opportunamente la formula si ottiene:

$$\frac{I_1}{I_2} = \frac{R_2}{R_1}$$

Questa relazione ci fornisce un'informazione importante.

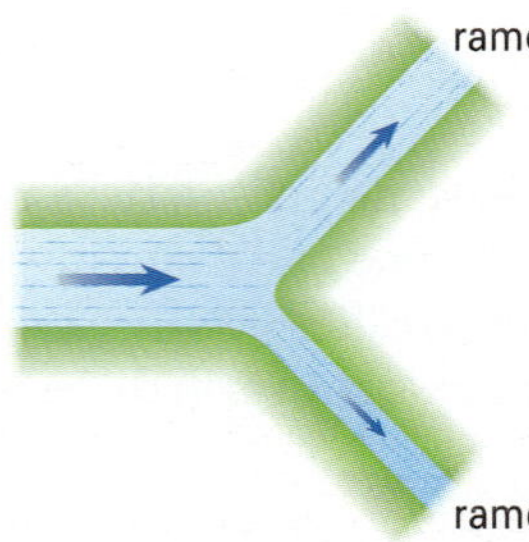

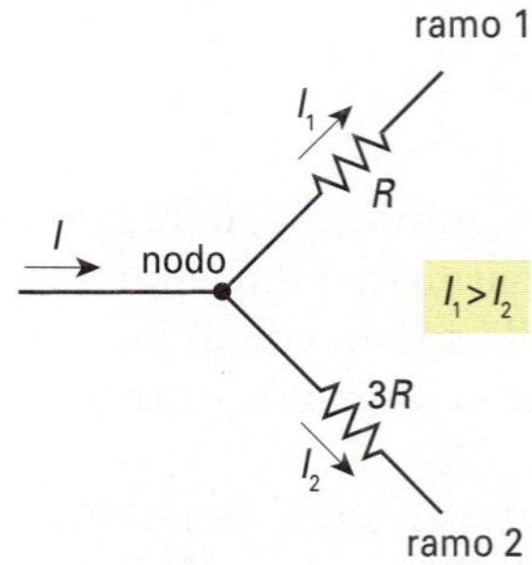

Pensa alla corrente di un fiume. Quando il letto si divide in due rami di diverse dimensioni, l'acqua affluisce in quantità maggiore in quello più ampio, perché può scorrere più facilmente.

Analogamente, la corrente elettrica al di là di un nodo è più intensa nel ramo in cui la resistenza è meno elevata (sempre a parità di tensione ai capi delle resistenze, come accade nel caso del parallelo).

Ricorda!...

In presenza di un nodo, la corrente totale si suddivide in parti inversamente proporzionali alle resistenze del parallelo.

FLASH

La lampada 3-way

La lampada 3-way è una comune lampada a filamento con la caratteristica di avere però, anziché uno, due filamenti connessi in parallelo. L'interruttore può consentire di chiudere il circuito su uno solo dei due resistori (filamenti) a scelta, oppure su entrambi che, come detto, sono tra loro in parallelo.
Ovviamente i due resistori hanno resistenze diverse, per cui assorbono a parità di tensione applicata, potenze differenti. Se per esempio i due filamenti sviluppano rispettivamente potenze di 40 W e 60 W, abbiamo la possibilità di scegliere di avere un'illuminazione con potenze crescenti di 40 W, 60 W e 100 W: le prime due con uno solo dei due filamenti, la terza con la connessione in parallelo. Infatti, a parità di tensione applicata, la potenza assorbita da un parallelo è data dalla somma delle singole potenze.

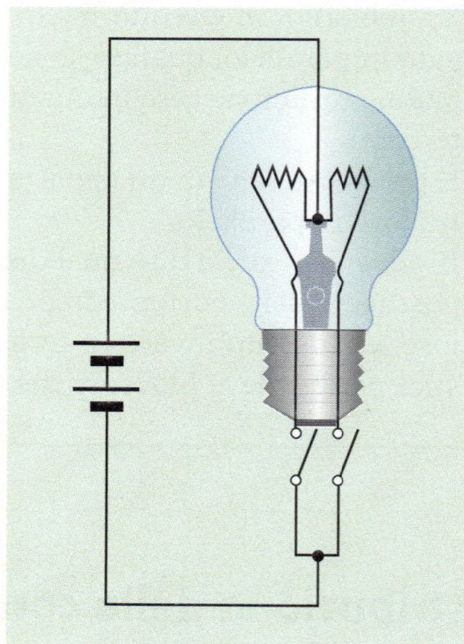

19.5 Circuiti elettrici elementari

Un **circuito elettrico elementare** è formato fondamentalmente dai seguenti componenti:

- l'**alimentazione**, che può essere costituita da una pila, una batteria (vale a dire un insieme di pile) o da un generatore;
- **resistori** e **utilizzatori** (questi ultimi comprendono per esempio televisori, condizionatori ecc.);
- **cavi** di collegamento i quali, a causa della resitenza molto piccola e trascurabile, sono chiamati **cortocircuiti**;
- l'**interruttore** necessario per chiudere e aprire il circuito;
- gli eventuali **strumenti** di misura, come l'**amperometro** e il **voltmetro**, nel caso si debbano rilevare l'intensità di corrente elettrica o la differenza di potenziale.

Approfondiamo le caratteristiche degli strumenti di misura relativi alle grandezze elettriche.

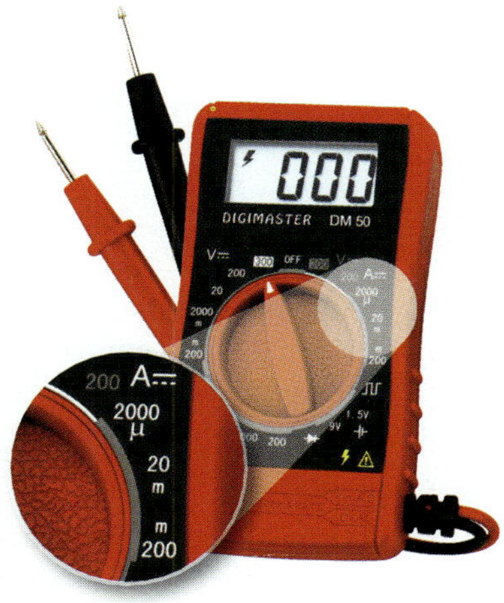

Per misurare l'intensità di corrente che passa attraverso un utilizzatore, occorre un apposito strumento detto **amperometro**.

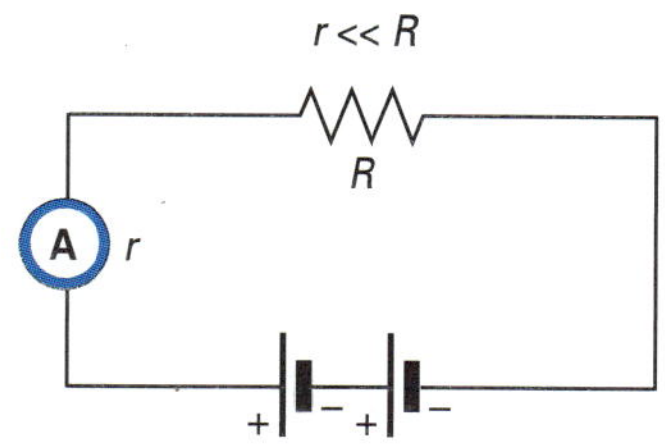

L'amperometro deve essere disposto in serie con il circuito, affinché venga attraversato dalla stessa corrente.
Per evitare che la sua presenza alteri le caratteristiche della corrente da misurare, occorre che la sua resistenza interna r sia molto più piccola della resistenza R del circuito.

L'**amperometro** è uno strumento che serve per misurare l'intensità di corrente e viene collegato in serie. È caratterizzato da una resistenza interna r molto minore della resistenza esterna R.

amperometro

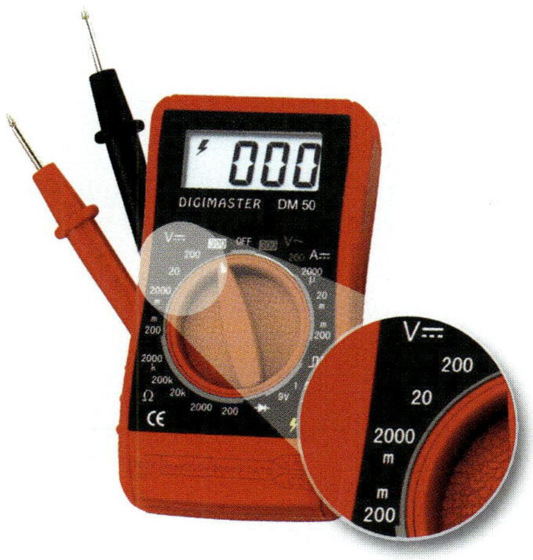

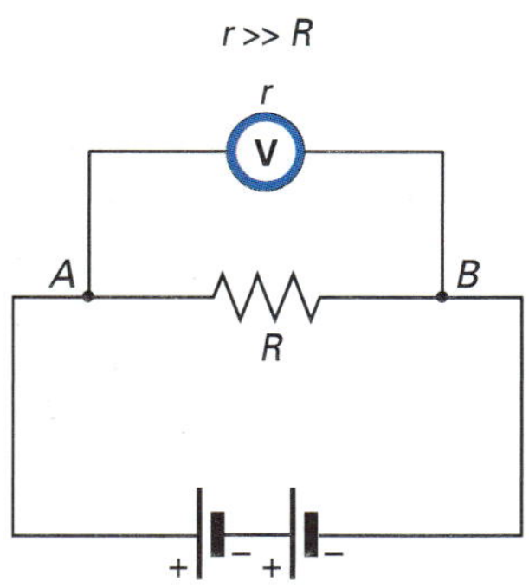

Per misurare la d.d.p. esistente tra i punti A e B appartenenti a un circuito elettrico, bisogna ricorrere a un **voltmetro** collegato in parallelo con l'insieme dei componenti compresi fra A e B.
Questa volta la resistenza interna r dello strumento deve essere molto maggiore della resistenza R esterna, affinché attraverso di esso passi una corrente molto minore di quella che circola in R e non venga perturbata la situazione normale, rilevando così la tensione effettiva.

Il **voltmetro** è uno strumento che serve per misurare la differenza di potenziale e viene collegato in parallelo. È caratterizzato da una resistenza interna r molto maggiore della resistenza esterna R.

voltmetro

esempio

Dato il circuito riportato sotto in figura e considerati i valori di resistenze e tensioni indicati, trascurando la resistenza interna del generatore, determiniamo:

a) la resistenza equivalente del circuito;
b) l'intensità di corrente totale;
c) la d.d.p. ai capi della resistenza R_2;
d) l'intensità di corrente che circola nella sola resistenza R_3.

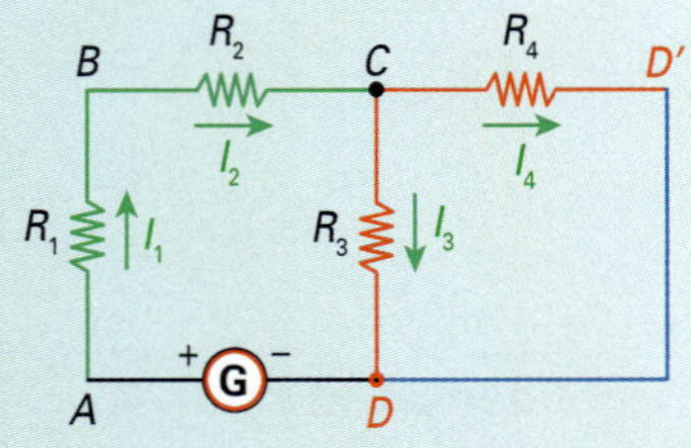

$R_1 = 10\ \Omega$
$R_2 = 18\ \Omega$
$R_3 = 30\ \Omega$
$R_4 = 20\ \Omega$
$\Delta V = 60\ \text{V}$

a) Le resistenze R_1 ed R_2 sono in serie perché sono collegate una di seguito all'altra e vi passa la stessa corrente. La resistenza equivalente $R_{1,2}$ è data da:

$$R_{1,2} = R_1 + R_2 = 10 + 18 = 28\ \Omega$$

Quindi, R_1 ed R_2 tra A e C possono essere sostituite dall'unica resistenza $R_{1,2}$ (figura a lato).
Le resistenze R_3 ed R_4 sono invece in parallelo, in quanto hanno in comune lo stesso nodo d'ingresso (C) e anche la stessa uscita (D coincide elettricamente con D', poiché questi punti sono collegati da un filo di resistenza pressoché nulla, cioè un cortocircuito), per cui ai loro capi vi è la stessa tensione. La resistenza equivalente $R_{3,4}$ è pertanto:

$$R_{3,4} = \frac{R_3 \cdot R_4}{R_3 + R_4} = \frac{30 \cdot 20}{30 + 20} = 12\ \Omega$$

R_3 ed R_4 tra C e D possono essere sostituite dall'unica resistenza $R_{3,4}$.

A questo punto siamo nella situazione illustrata nella figura che segue.

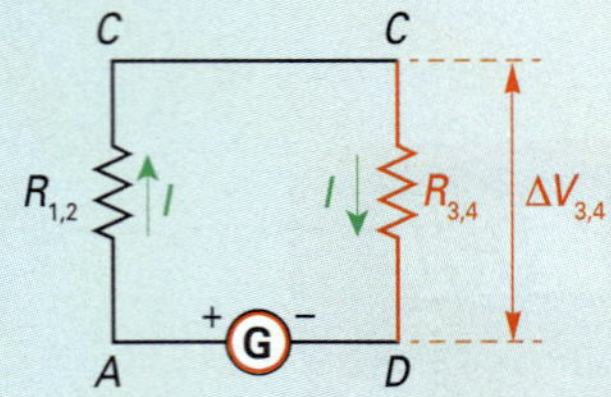

Ora le resistenze $R_{1,2}$ ed $R_{3,4}$ sono in serie (non guardare mai solo come sono disegnate, ma controlla sempre se sono caratterizzate eventualmente dalla stessa corrente o dalla stessa d.d.p.), perciò:

$$R_e = R_{1,2} + R_{3,4} = 28 + 12 = 40\ \Omega$$

b) Applicando la prima legge di Ohm all'intero circuito, trovi:

$$I = \frac{\Delta V}{R_e} = \frac{60}{40} = 1{,}5\ \text{A}$$

c) Osservando il circuito iniziale, puoi notare che la resistenza R_2 è attraversata proprio dalla corrente totale I, per cui puoi scrivere per quel tratto:

$$\Delta V_2 = R_2 \cdot I = 18 \cdot 1{,}5 = 27\ \text{V}$$

d) Facendo infine riferimento al circuito semplificato della figura qui sopra e ricordando che ai capi di R_3 e di R_4, vale a dire del parallelo $R_{3,4}$, vi è la stessa tensione, puoi calcolare:

$$\Delta V_3 \equiv \Delta V_{3,4} = R_{3,4} \cdot I = 12 \cdot 1{,}5 = 18\ \text{V}$$

e infine, applicando la prima legge di Ohm al ramo della R_3:

$$I_3 = \frac{\Delta V_3}{R_3} = \frac{18}{30} = 0{,}6\ \text{A}$$

Puoi completare l'analisi del circuito, determinando anche I_4 e verificando la validità della legge dei nodi in C.

FLASH

Le invenzioni dell'elettricità

Nel 1800 vissero numerosi scienziati che si occuparono della corrente elettrica, cercando di capirne l'origine e le modalità in cui si manifestava. Erano uomini che lavoravano nel mondo delle università e si occupavano di quella che oggi è chiamata **scienza pura**, cioè dello studio delle leggi che regolano i fenomeni naturali. In questo stesso periodo, però, emersero i primi esponenti della **scienza applicata**, che utilizzarono le conoscenze teoriche già esistenti allo scopo di ricavare da esse sia applicazioni pratiche sia cospicui guadagni. Fra questi ultimi, l'americano Samuel Finley Morse (1791-1872) nel 1844 sfruttò il fatto che l'elettricità si muove velocemente, per costruire il primo telegrafo basato su un codice di punti (segnale breve) e di linee (segnale lungo). Fu una rivoluzione! Per la prima volta nella storia dell'uomo le notizie cominciarono a viaggiare con grande rapidità. La strada così aperta diede impulso a ulteriori innovazioni: nel 1857 l'italiano Antonio Meucci inventò il telefono, nel 1896 un altro italiano, Guglielmo Marconi, realizzò la radio e nel 1926 lo scozzese John Logie Baird eseguì la prima trasmissione televisiva... Possiamo immaginare la nostra realtà quotidiana senza queste invenzioni?

19.6 Condensatori in serie e in parallelo

Anche i condensatori piani, elementi in grado di accumulare notevoli quantità di carica con una determinata differenza di potenziale, così come le resistenze possono essere collegati fra loro **in serie** o **in parallelo**.

Condensatori in serie

ON LINE
VIRTUAL LAB
Condensatori in serie

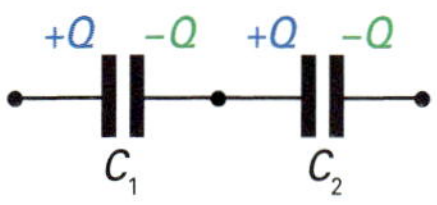

condensatori in serie

Con riferimento ai condensatori, si parla di collegamento **in serie** quando l'armatura con carica di un dato segno di un condensatore è collegata all'armatura con carica di segno opposto di quello successivo, per cui sono caratterizzati dallo stesso valore di carica Q sulle armature.

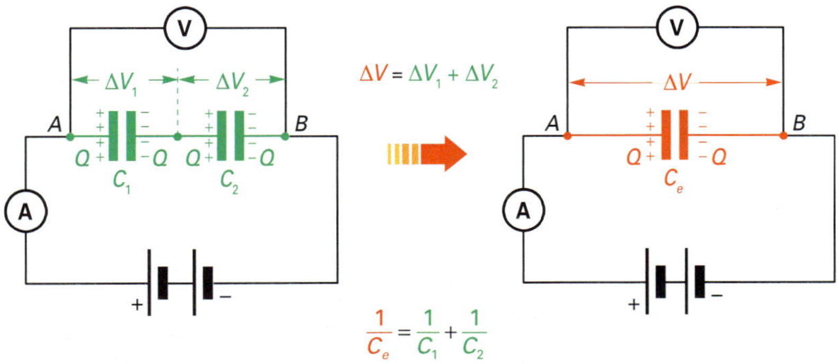

Procedendo analogamente a quanto già visto per le resistenze, poiché, come si vede dalla figura, si ha $\Delta V = \Delta V_1 + \Delta V_2 + ... + \Delta V_n$, è possibile dimostrare che:

capacità equivalente (serie)

La capacità equivalente C_e di n condensatori collegati in serie è tale che l'inverso di C_e è uguale alla somma degli inversi delle singole capacità:

$$\frac{1}{C_e} = \frac{1}{C_1} + \frac{1}{C_2} + ... + \frac{1}{C_n}$$

Infatti, la differenza di potenziale ΔV tra i nodi A e B è data dalla somma delle d.d.p. parziali ΔV_1 e ΔV_2 ai capi di ciascun condensatore:

$$\Delta V = \Delta V_1 + \Delta V_2$$

ma per la definizione di capacità:

$$C = \frac{Q}{\Delta V} \quad \Rightarrow \quad \Delta V = \frac{Q}{C}$$

che possiamo applicare sia ai singoli condensatori sia alla serie nel suo complesso, quindi:

$$\frac{Q}{C_e} = \frac{Q}{C_1} + \frac{Q}{C_2} = Q\left(\frac{1}{C_1} + \frac{1}{C_2}\right)$$

e infine, semplificando:

$$\frac{1}{C_e} = \frac{1}{C_1} + \frac{1}{C_2}$$

Condensatori in parallelo

ON LINE
VIRTUAL LAB
Condensatori in parallelo

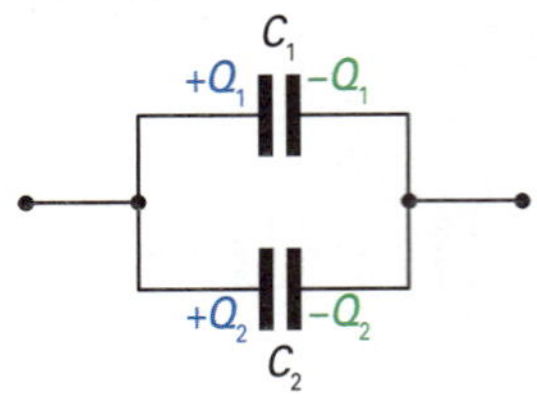

condensatori in parallelo

Tra i condensatori si ha una connessione **in parallelo** quando l'armatura con carica positiva di uno è collegata all'armatura con carica positiva dell'altro, così come sono collegate fra loro le armature con carica negativa. Di conseguenza ai loro capi vi è la stessa differenza di potenziale ΔV.

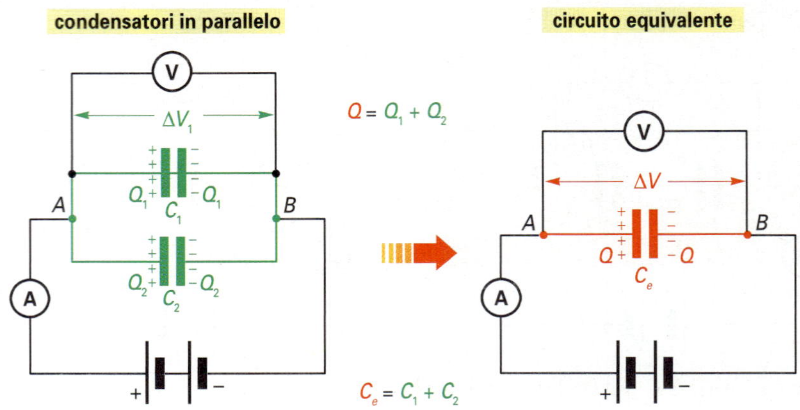

Tenendo presente che la quantità di carica complessiva Q si suddivide tra le armature dei condensatori in parallelo secondo quantità Q_1, Q_2, ..., Q_n, dipendenti dalle rispettive capacità in modo tale però che $Q = Q_1 + Q_2 + ... + Q_n$, si può verificare quanto segue:

capacità equivalente (parallelo)

La capacità equivalente C_e di n condensatori connessi in parallelo è uguale alla somma delle singole capacità:

$$C_e = C_1 + C_2 + ... + C_n$$

Adesso, essendo i condensatori in parallelo, ai loro capi c'è la stessa d.d.p. ΔV, mentre è la carica totale Q a essere data dalla somma delle singole cariche Q_1 e Q_2 accumulate sulle armature di ciascuno di essi:

$$Q = Q_1 + Q_2$$

ma sempre per definizione di capacità:

$$C = \frac{Q}{\Delta V} \quad \Rightarrow \quad Q = C \cdot \Delta V$$

perciò:

$$C_e \cdot \Delta V = C_1 \cdot \Delta V + C_2 \cdot \Delta V = (C_1 + C_2)\,\Delta V$$

da cui si ricava:

$$C_e = C_1 + C_2$$

Sintetizziamo in una tabella le grandezze equivalenti per i vari tipi di connessione, limitandoci al caso di due soli elementi.

Tabella 1

Componenti \ Collegamento	Serie	Parallelo
resistenze	$R_e = R_1 + R_2$	$\frac{1}{R_e} = \frac{1}{R_1} + \frac{1}{R_2}$
condensatori	$\frac{1}{C_e} = \frac{1}{C_1} + \frac{1}{C_2}$	$C_e = C_1 + C_2$

Ricorda!...

Non è detto che i componenti (resistori, condensatori ecc.) di un circuito elettrico debbano essere *necessariamente* in serie o in parallelo: può anche darsi che non si verifichi nessuna delle due situazioni!

19.7 Carica e scarica dei condensatori: circuiti *RC*

Un circuito *RC* è un circuito molto semplice costituito, oltre che dall'alimentatore (generatore, batteria ecc.), dall'eventuale interruttore e dall'utilizzatore (per esempio, una luce lampeggiante), da un resistore con resistenza *R* e un condensatore con capacità *C*. Analizziamo il suo funzionamento e quali possono essere le applicazioni utili.

La carica del condensatore

ON LINE VIRTUAL LAB
Carica di un condensatore

Vediamo in quale maniera avviene la carica del condensatore.

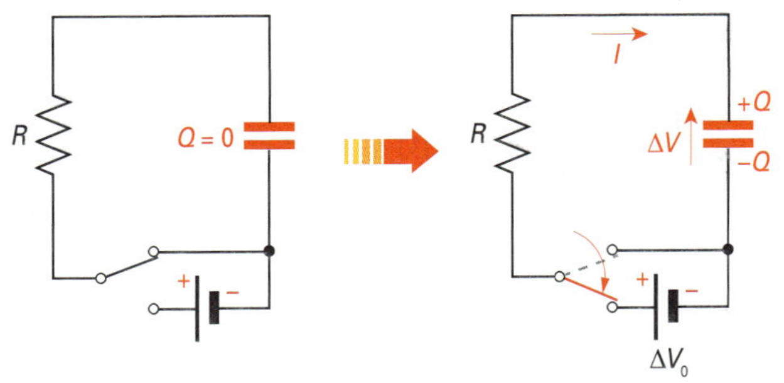

Il condensatore è totalmente scarico. Quando viene chiuso il circuito, inizia a circolare la corrente elettrica a causa della tensione esistente tra i poli della batteria e le armature del condensatore. Su queste ultime cominciano ad accumularsi delle cariche: positive sull'armatura dalla parte del morsetto positivo della pila, negative sull'altra.

A un certo punto, quando le cariche elettriche nel condensatore sono in numero sufficiente, il potenziale delle sue armature annulla quello dei poli della pila e la corrente man mano va a zero: il condensatore è carico.

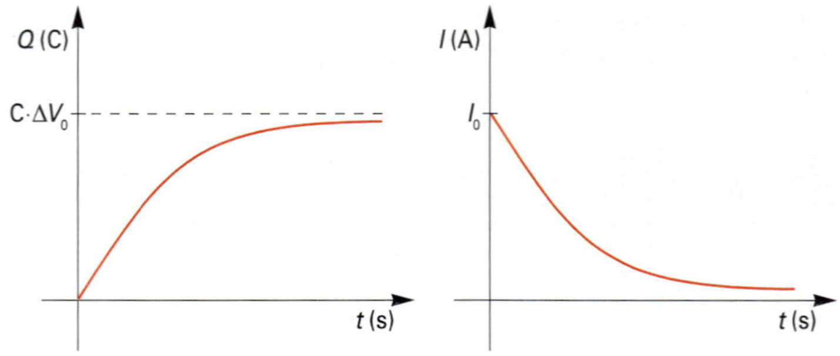

Mentre la carica del condensatore tende al suo valore massimo ($Q_0 = C \cdot \Delta V_0$), l'intensità della corrente elettrica scende a zero.

La legge con cui la carica elettrica aumenta è la seguente:

legge di carica del condensatore

$$Q(t) = Q_0 \left(1 - e^{-\frac{t}{RC}}\right)$$

in cui Q_0 è la carica massima (che dipende dalla capacità del condensatore, dato che $Q_0 = C \cdot \Delta V_0$), R è la resistenza del circuito e t è l'intervallo di tempo misurato a partire da $t_0 = 0$.

Con tale legge è possibile conoscere in qualunque istante t il valore della carica Q. La quantità «e» è il numero di Nepero, cioè il risultato del limite notevole:

$$e = \lim_{x \to \infty} \left(1 + \frac{1}{x}\right)^x$$

Si tratta di un numero irrazionale le cui prime cifre sono 2,71828...

Il prodotto tra la resistenza R e la capacità C è detto **costante di tempo** del circuito e viene indicato con la lettera greca τ (tau):

costante di tempo

$$\tau = RC$$

Infatti si può verificare che dimensionalmente il prodotto RC è proprio un tempo:

- resistenza: $R = [\Omega] = \frac{[V]}{[I]} = \frac{[V]}{[C][s]} = \frac{[V][s]}{[C]}$
- capacità: $C = [F] = \frac{[C]}{[V]}$
- prodotto RC: $RC = \frac{[V][s]}{[C]} \frac{[C]}{[V]} = [s] = [t]$

Quando $t = \tau$ si ha, essendo $\frac{t}{\tau} = 1$:

$$Q(t) = Q_0\,(1 - e^{-1}) = Q_0\left(1 - \frac{1}{e}\right) = Q_0\left(1 - \frac{1}{2{,}71828}\right) = Q_0\,(1 - 0{,}368) = 0{,}632 \cdot Q_0$$

La costante di tempo τ corrisponde quindi all'intervallo di tempo al termine del quale la carica raggiunge il 63,2% di quella massima finale.
Nel caso in cui $t = 5\,\tau$, si ha:

$$Q = Q_0(1 - e^{-5}) = 0{,}993 \cdot Q_0$$

cioè la carica elettrica ha *praticamente* raggiunto il valore massimo. Per quanto riguarda l'intensità di corrente elettrica I, che al caricarsi del condensatore dal valore massimo $I_0 = \frac{\Delta V_0}{R}$ (con ΔV_0 d.d.p. della batteria) va a zero, la sua equazione in funzione del tempo è:

$$I(t) = I_0\, e^{-\frac{t}{RC}}$$

Vediamo il valore di I per alcuni casi particolari:

- $t = 0$ $\quad I = I_0\, e^0 \quad I = I_0$ (valore massimo)
- $t = \tau$ $\quad I = I_0\, e^{-1} \quad I = 0{,}368\, I_0$
- $t = 5\,\tau$ $\quad I = I_0\, e^{-5} \quad I = 0{,}00674\, I_0 \approx 0$

Leggi di carica del condensatore per $Q(t)$ e $I(t)$

ON LINE

La scarica del condensatore

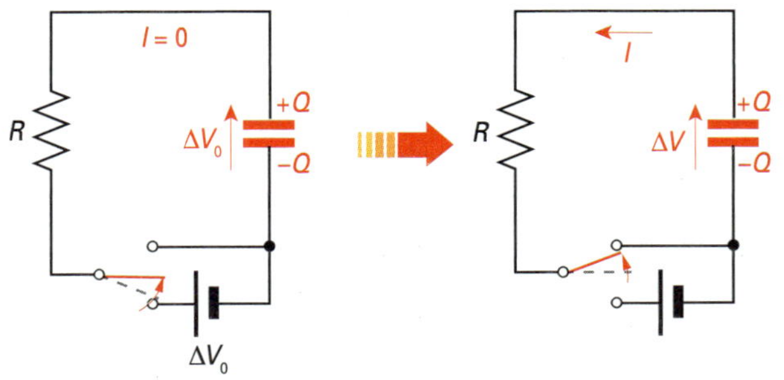

Una volta che il condensatore è carico (per la qual cosa nel circuito non circola più corrente), bypassando la pila tramite l'interruttore, la tensione ΔV presente inizialmente tra le armature fa sì che le cariche elettriche comincino a defluire.

Le cariche elettriche si mettono in movimento e passa corrente per un intervallo di tempo più o meno lungo: sia $Q(t)$ sia $I(t)$ da un valore massimo scendono a zero. Le rispettive equazioni sono ora:

ON LINE
VIRTUAL LAB
Scarica di un condensatore

- per la carica elettrica $\quad Q(t) = Q_0\, e^{-\frac{t}{RC}}$
- per l'intensità di corrente $\quad I(t) = -\, I_0\, e^{-\frac{t}{RC}}$

Il segno negativo di $I(t)$ sta a significare che la corrente circola in senso inverso rispetto a quello che si ha nel processo di carica.

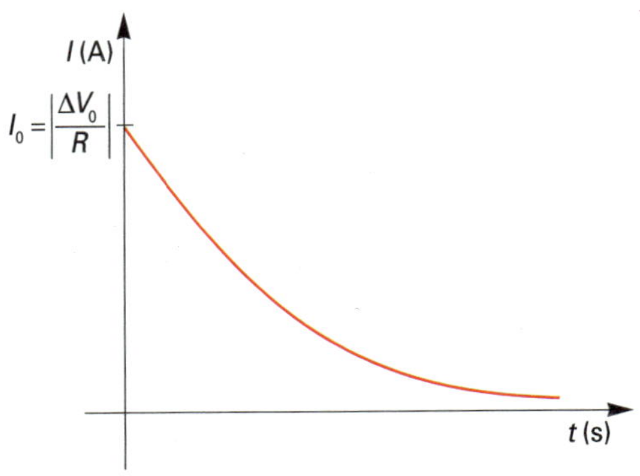

A partire dall'istante iniziale $t_0 = 0$ in cui viene chiuso il circuito (senza pila) la corrente *torna indietro* e, in un intervallo di tempo pari a 5 τ, passa dal valore assoluto $I_0 = \left|\frac{\Delta V_0}{R}\right|$ a circa zero.

Alcune delle applicazioni dei circuiti RC nella pratica quotidiana sono il flash della macchina fotografica, il pacemaker per la regolazione del battito cardiaco, i tergicristalli o le frecce direzionali delle automobili, le luci lampeggianti di segnalazione lungo le strade.
In tutti i casi la temporizzazione è dettata dalla costante di tempo τ del particolare circuito RC utilizzato per la realizzazione del dispositivo.

Leggi di scarica del condensatore per $Q(t)$ e $I(t)$

ON LINE

IDEE e PERSONAGGI

Un uomo particolare: André-Marie Ampère

Lo scienziato distratto

Probabilmente ci sono motivi di rivalsa da parte delle persone per così dire *normali*. O probabilmente ci può essere un fondo di verità nel fatto che curare intensamente interessi molto particolari e specifici (magari anche occuparsi con passione di fumetti o di cinema), possa portare le persone a essere alquanto svagate rispetto alla vita di tutti i giorni. Di certo uno stereotipo molto diffuso è la classica figura dello *scienziato distratto* che, talvolta, assume le vesti dello *scienziato pazzo*. Benché sia cattiva abitudine la facile generalizzazione, bisogna dire che per quanto ne sappiamo sulla sua vita, Ampère contribuisce in modo significativo a... consolidare questo luogo comune. Aneddoti vari riportati dal fisico italiano Emilio Segré nella sua opera sui personaggi della fisica, vedono lo scienziato francese passarsi sul viso uno straccio sporco di gesso usato normalmente per pulire la lavagna o, peggio ancora, dimenticare un invito a pranzo da parte di Napoleone!

La storia che tutto travolge

La realtà è ben diversa, al di là della circostanza che simili episodi siano realmente accaduti o meno. Ampère (1775-1836), infatti, dovette scontare a caro prezzo da una parte le sue modeste origini, dall'altra le umane *sorti* dell'esistenza e, dall'altra ancora, considerati i tempi... le peripezie della storia. Per esempio, per restare su queste ultime, quando lui aveva diciotto anni suo padre venne condannato alla pena capitale negli anni della Rivoluzione francese e ghigliottinato nel 1793, perché rivestiva un ruolo pubblico quale giudice di pace sotto il regno di Luigi XVI. L'episodio fu devastante per il futuro scienziato che impiegò circa un anno prima di riprendersi e tornare serenamente ai suoi molteplici interessi. Ma le conseguenze psicologiche di tale traumatico evento lo seguirono per tutto il resto della vita, rendendolo soggetto a violente crisi nervose.
A questo si deve aggiungere che anche la vita privata gli riservò vari dispiaceri. Da bambino, oltre a essere molto miope e poco perspicace nelle relazioni sociali, subì un incidente al braccio che lo lasciò con una menomazione parziale. Quindi, nel 1803 la moglie, di cui era profondamente innamorato e da cui aveva avuto un figlio, morì improvvisamente, causandogli un altro crollo emotivo. Tre anni dopo si risposò, ma il nuovo matrimonio si rivelò un totale fallimento con strascichi che durarono negli anni, anche perché Ampère, non essendo ricco, doveva letteralmente procurarsi di che vivere...

La rivalsa

Per fortuna, nel campo dello studio e delle scoperte scientifiche le cose andarono molto meglio. In giovane età, pur non frequentando scuole regolari, imparò in poco tempo il latino per potersi poi cimentare nella lettura di impegnative opere di matematica (Bernoulli ed Eulero). Successivamente si occupò di botanica e, dopo una serie di incarichi di basso profilo considerata la sua genialità, nel 1808 divenne ispettore delle università di Francia, attività che gli diede il necessario sostentamento, anche se non era particolarmente portato per un simile lavoro. Quindi, i suoi studi si orientarono in un primo tempo verso la chimica, che lo portò a collaborare con Gay-Lussac e, finalmente, verso l'elettromagnetismo. Nel frattempo non mancò di coltivare altri interessi compresa la filosofia!
Tra i suoi numerosi contributi alla scienza si possono segnalare rapidamente la scoperta che gli alogeni sono dei veri e propri elementi chimici, gli esperimenti di conferma della legge sui gas nota come legge di Avogadro (che aveva trovato indipendentemente da quest'ultimo), l'analisi e l'approfondimento dei più importanti fenomeni elettrici e magnetici: a partire dall'esperimento di Oersted pervenne alla formulazione di numerose leggi a cui diede un rigoroso impianto matematico, fondamentale per gli scienziati che sarebbero venuti dopo. A lui è dedicata l'unità di misura dell'intensità di corrente elettrica del Sistema Internazionale.

SCIENTIFIC ENGLISH

CLIL

Direct-Current Circuits

Sources of emf

A current is maintained in a closed circuit by a source of emf.[1] Among such sources are any devices (for example, batteries and generators) that increase the potential energy of the circulating charges. A source of emf can be thought of as a "charge pump" that forces electrons to move in a direction opposite the electrostatic field inside the source. The emf $\mathcal{E}$ of a source is the work done per unit charge; hence the SI unit of emf is the volt.

Consider the circuit in Figure 1a consisting of a battery connected to a resistor. We assume that the connecting wires have no resistance. If we neglect the internal resistance of the battery, the potential drop across the battery (the terminal voltage) equals the emf of the battery. Because a real battery always has some internal resistance r, however, the terminal voltage is not equal to the emf. The circuit of Figure 1a can be described schematically by the diagram in Figure 1b. The battery, represented by the dashed rectangle, consists of a source of emf $\mathcal{E}$ in series with an internal resistance r. Now imagine a positive charge moving through the battery from a to b in the figure. As the charge passes from the negative to the positive terminal of the battery, the potential of the charge increases by $\mathcal{E}$. As the charge moves through the resistance r, however, its potential decreases by the amount Ir, where I is the current in the circuit. The terminal voltage of the battery, $\Delta V = V_b - V_a$, is therefore given by

$$\Delta V = \mathcal{E} - Ir \qquad [1]$$

From this expression, we see that **$\mathcal{E}$ is equal to the terminal voltage when the current is zero**, called the **open-circuit voltage**. By inspecting Figure 1b, we find that the terminal voltage ΔV must also equal the potential difference across the external resistance R, often called the **load resistance**; that is, $\Delta V = IR$. Combining this relationship with Equation 1, we arrive at

$$\mathcal{E} = IR + Ir \qquad [2]$$

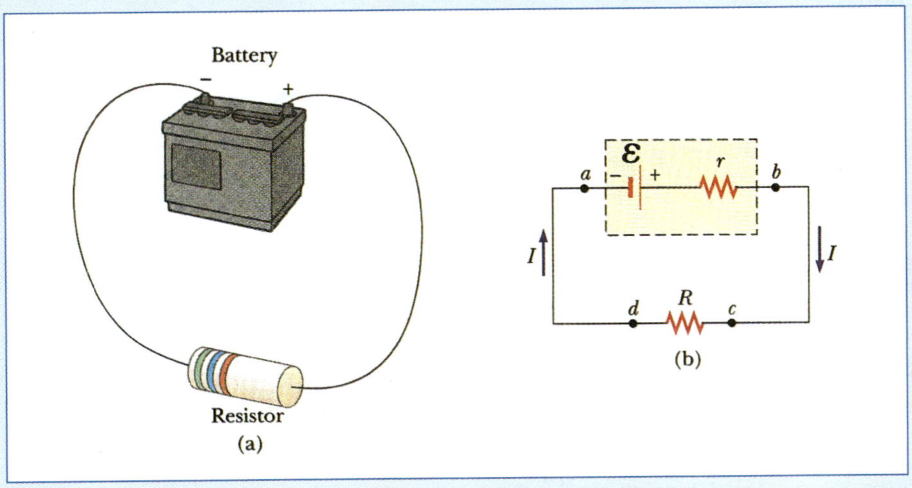

Figure 1
(a) A circuit consisting of a resistor connected to the terminals of a battery.
(b) A circuit diagram of a source of emf $\mathcal{E}$ having internal resistance r connected to an external resistor R.

[1] The term was originally an abbreviation for *electromotive force*, but emf is not really a force, so the long form is discouraged.

Solving for the current gives

$$I = \frac{\mathcal{E}}{R + r}$$

TIP What's Constant in a Battery?
Equation 2 shows that the current in a circuit depends on the resistance of the battery, so a battery can't be considered a source of constant current. Even the terminal voltage of a battery given by Equation 1 can't be considered constant, because the internal resistance can change (due to warming, for example, during the operation of the battery). A battery is, however, a source of constant emf.

The preceding equation shows that the current in this simple circuit depends on both the resistance external to the battery and the internal resistance of the battery. If R is much greater than r, we can neglect r in our analysis (an option we usually select).
If we multiply Equation 2 by the current I, we get

$$I\mathcal{E} = I^2R + I^2r$$

This equation tells us that the total power output $I\mathcal{E}$ of the source of emf is converted at the rate I^2R at which energy is delivered to the load resistance, *plus* the rate I^2r at which energy is delivered to the internal resistance. Again, if $r << R$, most of the power delivered by the battery is transferred to the load resistance.

Resistors in Series

When two or more resistors are connected end to end as in Figure 2, they are said to be in *series*. The resistors could be simple devices, such as lightbulbs or heating elements. When two resistors R_1 and R_2 are connected to a battery as in Figure 2, **the current is the same in the two resistors, because any charge that flows through R_1 must also flow through R_2**. This is analogous to water flowing through a pipe with two constrictions, corresponding to R_1 and R_2. Whatever volume of water flows in one end in a given time interval must exit the opposite end.

Because the potential difference between a and b in Figure 2b equals IR_1 and the potential difference between b and c equals IR_2, the potential difference between a and c is

$$\Delta V = IR_1 + IR_2 = I(R_1 + R_2)$$

Regardless of how many resistors we have in series, the sum of the potential differences across the resistors is equal to the total potential difference across the combination. As we will show later, this is a consequence of the conservation of energy.

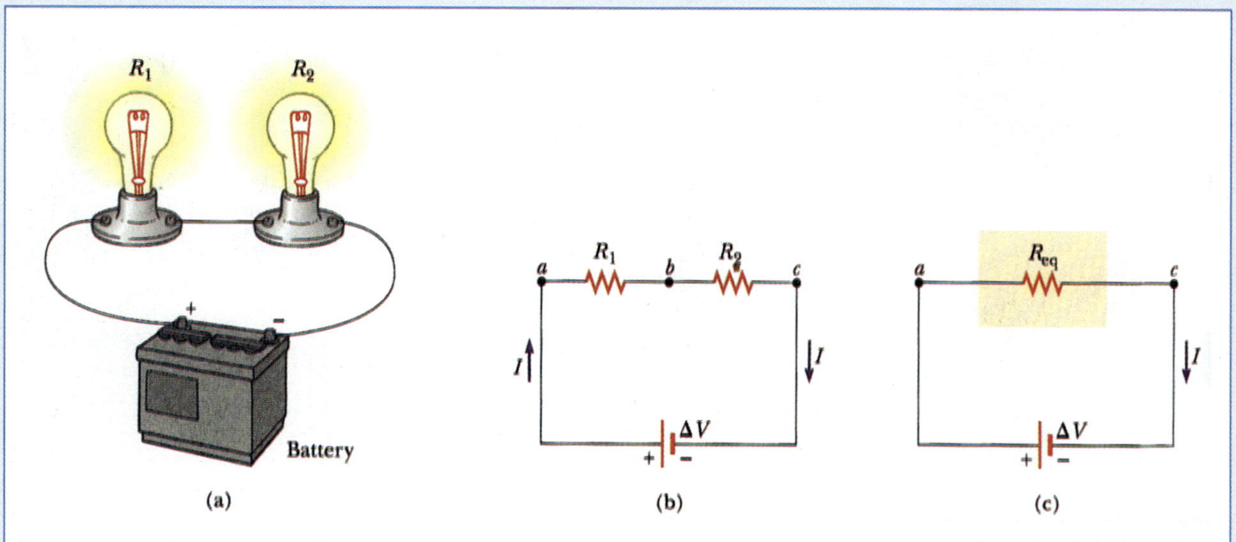

Figure 2
A series connection of two resistors, R_1 and R_2. The currents in the resistors are the same, and the equivalent resistance of the combination is given by $R_{eq} = R_1 + R_2$.

Figure 2c shows an equivalent resistor R_{eq} that can replace the two resistors of the original circuit. The equivalent resistor has the same effect on the circuit because it results in the same current in the circuit as the two resistors. Applying Ohm's law to this equivalent resistor, we have

$$\Delta V = IR_{\text{eq}}$$

Checkpoint
Find the equivalent resistance of a 2 Ω resistor and a 3 Ω resistor in series.

Equating the preceding two expressions, we have

$$IR_{\text{eq}} = I(R_1 + R_2)$$

or

$$R_{\text{eq}} = R_1 + R_2 \text{ (series combination)} \quad [3]$$

An extension of the preceding analysis shows that the equivalent resistance of three or more resistors connected in series is

$$R_{\text{eq}} = R_1 + R_2 + R_3 + \dots \quad [4]$$

Therefore, **the equivalent resistance of a series combination of resistors is the algebraic sum of the individual resistances and is always greater than any individual resistance.**

Note that if the filament of one lightbulb in Figure 2 were to fail, the circuit would no longer be complete (an open-circuit condition would exist) and the second bulb would also go out.

Quick Quiz 1

When a piece of wire is used to connect points b and c in Figure 2b, the brightness of bulb R_1 (a) increases, (b) decreases but remains lit, (c) stays the same, (d) goes out. The brightness of bulb R_2 (a) increases, (b) decreases but remains lit, (c) stays the same, (d) goes out. (Assume connecting wires have no resistance.)

Quick Quiz 2

In Figure 3a the current is measured with the ammeter at the right side of the circuit. When the switch is opened as in Figure 3b, the reading on the ammeter (a) increases (b) decreases (c) doesn't change.

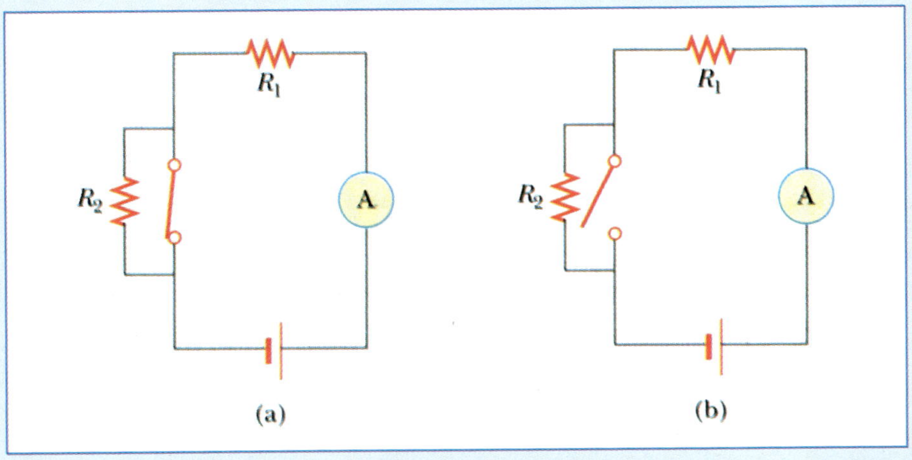

Figure 3 (Quick Quiz 2).

IN SINTESI

Generatore

- Il **generatore** costringe al suo interno gli elettroni ad andare verso il polo negativo e le cariche positive ad accumularsi nel polo positivo, in modo tale da mantenere inalterata la tensione necessaria per far passare la corrente elettrica nel circuito.
- La **forza elettromotrice (f.e.m.)** è il rapporto tra il lavoro L, necessario per portare una carica positiva q dal polo negativo a quello positivo, e la carica stessa:

$$\text{f.e.m.} = \frac{L}{q}$$

L'unità di misura della f.e.m. è, come per la differenza di potenziale, il volt (V).

- Tra la f.e.m. e la d.d.p. ΔV a circuito chiuso vale la seguente relazione:

$$\text{f.e.m.} = r\,I + \Delta V$$

dove r è la resistenza interna del generatore.

Circuiti elettrici

- I **resistori** sono connessi **in serie** quando l'uscita dell'uno coincide con l'ingresso del successivo e dal nodo non si dipartono altri rami del circuito. Di conseguenza, la corrente che attraversa i resistori in serie è la stessa e la **resistenza equivalente** R_e è data dalla somma delle singole resistenze:

$$R_e = R_1 + R_2 + R_3 + \ldots$$

- Le **leggi di Kirchhoff**:
  - la **legge dei nodi (prima legge di Kirchhoff)** afferma che, per la conservazione della carica elettrica, la somma delle correnti entranti in un nodo è uguale alla somma delle correnti uscenti dal nodo stesso:

$$\Sigma I_{\text{entranti}} = \Sigma I_{\text{uscenti}}$$

  - la **legge delle maglie (seconda legge di Kirchhoff)** afferma che, come conseguenza della conservazione dell'energia, lungo una maglia qualunque di un circuito elettrico la somma algebrica fra le forze elettromotrici e le differenze di potenziale (*cadute di tensione*) è complessivamente pari a zero:

$$\Sigma\,\text{f.e.m.} - \Sigma \Delta V = 0$$

- I **resistori** sono connessi **in parallelo** quando ai loro capi vi è la stessa differenza di potenziale, per il fatto che i loro ingressi sono in comune così come lo sono le rispettive uscite. In tal caso il reciproco della **resistenza equivalente** è dato da:

$$\frac{1}{R_e} = \frac{1}{R_1} + \frac{1}{R_2} + \frac{1}{R_3} \ldots$$

Se in un nodo la corrente elettrica si suddivide tra due rami disposti in parallelo, il rapporto fra le resistenze e le rispettive intensità di corrente è:

$$\frac{I_1}{I_2} = \frac{R_2}{R_1}$$

- Un **circuito elettrico elementare** è costituito da: 1) alimentazione (pila, batteria, generatore); 2) utilizzatori (resistori); 3) fili di collegamento (cortocircuiti); 4) interruttori; 5) eventuali strumenti di misurazione (amperometro, voltmetro...).
- L'**amperometro**, che serve per misurare l'intensità di corrente elettrica che attraversa il circuito, deve essere connesso in serie con l'utilizzatore e deve avere una resistenza interna trascurabile. Il **voltmetro**, invece, deve essere connesso in parallelo con il resistore di cui si vuole rilevare la d.d.p. e deve avere una resistenza interna molto elevata.

- I **condensatori** sono connessi **in serie** quando l'armatura con carica positiva del primo condensatore è collegata all'armatura con carica negativa del condensatore successivo, per cui hanno la stessa carica elettrica accumulata. La **capacità equivalente** si trova in base alla seguente relazione:

$$\frac{1}{C_e}=\frac{1}{C_1}+\frac{1}{C_2}+\frac{1}{C_3}...$$

- I **condensatori** sono connessi **in parallelo** quando l'armatura con carica positiva di un condensatore è collegata all'armatura con carica positiva degli altri condensatori (e così per le armature caricate negativamente) per cui hanno la stessa tensione. La **capacità equivalente** è ottenuta sommando le singole capacità dei condensatori:

$$C_e = C_1 + C_2 + C_3 + ...$$

Carica e scarica del condensatore

- Quando un **condensatore** inizialmente scarico viene **caricato**, la sua carica Q tende nel tempo t a un massimo Q_0 dato da $Q_0 = C \cdot \Delta V_0$ secondo la legge:

$$Q(t) = Q_0\left(1 - e^{-\frac{t}{RC}}\right)$$

$Q(t)$ dipende dalla capacità C del condensatore, dalla tensione applicata ΔV_0 e dalla resistenza R del resistore in serie con il condensatore.
Il prodotto tra la resistenza R e la capacità C è detto **costante di tempo** del circuito ed è $\tau = R\,C$.
L'intensità di corrente elettrica in funzione del tempo è invece data da:

$$I = I_0\, e^{-\frac{t}{RC}}$$

essendo $I_0 = \Delta V_0/R$ la massima intensità di corrente iniziale.

- Per quanto riguarda la **scarica del condensatore**, che da una certa carica iniziale passa a zero, le equazioni, con analogo significato dei simboli, sono:

– per la carica elettrica $Q(t) = Q_0\, e^{-\frac{t}{RC}}$

– per l'intensità di corrente $I(t) = -\,I_0\, e^{-\frac{t}{RC}}$

STRUMENTI DI CONSOLIDAMENTO E VERIFICA

Completa le frasi

1 La forza elettromotrice di un generatore elettrico è definita come il rapporto tra il .... necessario per portare una carica .... dal polo .... al polo .... del generatore e la carica stessa e si misura in ....

2 La forza elettromotrice di un generatore coincide con la .... tra i suoi morsetti a circuito .... ed è maggiore della d.d.p. rilevata a circuito .... La relazione tra f.e.m. e d.d.p. rilevata a circuito chiuso è data dalla relazione f.e.m. = ... dove r rappresenta la .... del generatore.

3 Due o più resistori si dicono connessi in serie quando sono attraversati dalla .... La resistenza equivalente di resistenze collegate in serie è uguale alla loro ....

4 La legge dei nodi afferma che la .... delle .... entranti in un .... di un circuito elettrico è .... alla somma delle .... dal nodo stesso ed esprime la conservazione della ....

5 La legge delle maglie afferma che, lungo una maglia qualunque di un circuito elettrico, la .... delle forze .... e delle .... presenti in tale maglia è pari a .... ed esprime la conservazione della ....

6 Due o più resistori si dicono connessi in parallelo quando ai loro .... vi è la stessa .... La resistenza equivalente di resistenze collegate in parallelo è tale che il suo .... è uguale alla .... delle singole resistenze.

7 Voltmetro e amperometro sono rispettivamente strumenti di misura della .... e della .... Il primo viene posto in .... al circuito da misurare ed è caratterizzato da una .... resistenza interna. Il secondo viene posto in .... e ha una .... resistenza interna.

8 Due o più condensatori sono collegati in serie quando l'.................... con carica di un dato segno di un condensatore è collegata all'armatura con carica di .... di quello successivo. I condensatori in serie sono caratterizzati dallo stesso valore di .... sulle armature. La capacità equivalente di condensatori collegati in serie è tale che l'.................... della capacità equivalente è uguale alla .... delle singole capacità.

9 Due o più condensatori sono collegati in parallelo quando l'armatura con carica positiva di uno è collegata all'armatura con carica .... dell'altro. Ai loro capi vi è la stessa .... In questo caso, la capacità equivalente è data dalla .... delle singole capacità.

10 Nella carica di un condensatore in un circuito RC, prima della chiusura del circuito , la corrente circolante è .... Successivamente, mentre la carica sulle armature raggiunge il suo valore .... , la corrente tende ad .... Si chiama costante di tempo il .... tra il valore della resistenza inserita nel circuito e quello della .... La sua unità di misura nel SI è il ....

Test a scelta multipla

1 Un generatore è in grado di trasferire al suo interno una carica di 15 C in 20 s impiegando una potenza di 2,7 W. La forza elettromotrice è pari a:

- A 20 V
- B 2,0 V
- C 36 V
- D 3,6 V

2 La resistenza interna di un generatore con una f.e.m. di 18 V, inserito in un circuito con un resistore di 9,0 Ω, in cui la corrente ha intensità pari a 1,9 A, vale:

- A 0,35 Ω
- B 0,47 Ω
- C 2,1 Ω
- D 4,2 Ω

3 Una batteria dissipa una potenza di 1,4 W quando è inserita in un circuito con un resistore del valore di 2,2 Ω nel quale la corrente circolante è pari a 1,5 A. La sua f.e.m. vale:

- A 4,2 V
- B 8,4 V
- C 12,0 V
- D 24 V

4 La f.e.m. di un generatore elettrico è pari a 12 V mentre la d.d.p. misurata a circuito chiuso è pari a 11,8 V. Se la corrente nel circuito è pari a 200 mA, la resistenza interna del generatore è pari a:

- A 1 Ω
- B 2 Ω
- C 100 Ω
- D 20 Ω

5 Un generatore con f.e.m. pari a 12 V e resistenza interna pari a 0,3 Ω alimenta un circuito con resistenza pari a 4 Ω. L'intensità di corrente nel circuito vale:

- A 4 A
- B 3 A
- C 1,7 A
- D 2,8 A

6 Se la resistenza interna di un generatore ha valore pari a quello della resistenza del circuito al quale è collegato:

- A l'intensità di corrente è circa il doppio di quella che si avrebbe se la resistenza interna fosse nulla
- B la f.e.m. coincide con la d.d.p. a circuito chiuso
- C l'intensità di corrente è la metà di quella che si avrebbe se la resistenza interna fosse nulla
- D la d.d.p. a circuito chiuso è doppia rispetto alla f.e.m.

7 La f.e.m. di un generatore con resistenza interna trascurabile che alimenta un circuito con due resistori in serie di 3,2 Ω e 8,8 Ω in cui viene dissipata una potenza di 2,8 W è:

- A 1,2 V
- B 2,4 V
- C 5,8 V
- D 9,6 V

8 In un circuito alimentato da un generatore con f.e.m. pari a 12 V e resistenza interna trascurabile sono inserite tre resistenze in serie, ognuna di valore doppio della precedente. Il valore della seconda resistenza, affinché la corrente circolante abbia intensità 6,0 A, deve essere:

- A 0,28 Ω
- B 0,57 Ω
- C 0,84 Ω
- D 1,1 Ω

9 Le cadute di tensione ai capi di ciascuna delle due resistenze del valore di 1,5 Ω e 3,0 Ω inserite in serie a una f.e.m. di 9,0 V valgono rispettivamente:

- A 1,5 V; 3,0 V
- B 2,0 V; 4,0 V
- C 3,0 V; 6,0 V
- D 6,0 V; 3,0 V

10 Un generatore da 12 V con resistenza interna trascurabile fornisce una corrente di 200 mA a tre resistenze identiche poste in serie. Il valore di ciascuna resistenza è pari a:

- A 20 mΩ
- B 60 mΩ
- C 60 Ω
- D 20 Ω

11 Due resistenze sono collegate in serie e la resistenza *A* ha valore doppio rispetto alla resistenza *B*. Se la corrente che attraversa il resistore *A* è pari a *I*, la corrente che attraversa la resistenza *B* è:

- A $I/4$
- B $I/2$
- C I
- D $2I$

12 Applicando le leggi di Kirchhoff possiamo affermare che:

- A il verso orario o antiorario scelto per percorrere le maglie deve essere lo stesso della corrente
- B se il valore trovato per la corrente è negativo, c'è stato un errore
- C sia il verso della corrente sia il verso con cui si percorrono le maglie sono arbitrari
- D bisogna percorrere le maglie in senso orario

13 Applicando le leggi di Kirchhoff, quando in un circuito si attraversa una resistenza:

- A il potenziale aumenta nella direzione della corrente
- B il potenziale decresce nella direzione della corrente
- C un valore negativo di corrente indica che c'è un errore nello svolgimento
- D il potenziale resta costante

14 La legge dei nodi di Kirchhoff afferma che:

- A la resistenza di un conduttore dipende dalla sua temperatura
- B l'intensità di corrente che attraversa un circuito è direttamente proporzionale alla differenza di potenziale applicata
- C la somma algebrica delle correnti entranti in un nodo è pari a zero
- D la somma algebrica delle correnti entranti in un nodo è sempre positiva

15 Ai capi di più conduttori collegati in parallelo è presente la stessa:

- A resistività
- B resistenza elettrica
- C intensità di corrente
- D differenza di potenziale

16 Mettendo in parallelo due resistenze di valore una il doppio dell'altra si ottiene una resistenza equivalente di:

- A $2R$
- B $\frac{2R}{3}$
- C $4R$
- D $\frac{3R}{2}$

17 Due resistenze R_1 ed R_2 (con $R_1 > R_2$) sono poste in parallelo. La resistenza equivalente:

- A è maggiore di R_1
- B è minore di R_2
- C può assumere qualunque valore minore di R_1
- D è maggiore rispetto a quando R_1 ed R_2 sono disposte in serie

18 Quando due resistenze identiche sono poste in serie ai capi di una batteria, la potenza impiegata è pari a 20 W. Se le resistenze vengono collegate in parallelo alla stessa batteria, la potenza disponibile è:

- A 40 W
- B 80 W
- C 100 W
- D 120 W

19 Due resistenze sono collegate in parallelo e la resistenza *A* ha valore doppio della resistenza *B*. Se nella resistenza *A* fluisce la corrente *I*, la corrente in *B* ha valore:

- A I
- B $2I$
- C $I/2$
- D $I/4$

20 La resistenza equivalente a tre resistenze di valore 2,0 Ω, 3,0 Ω e 5,0 Ω inserite in parallelo in un circuito, vale:

- A 3,3 Ω
- B 1,03 Ω
- C 0,97 Ω
- D 10,0 Ω

21 Se il generatore in figura ha una resistenza trascurabile, la resistenza interna del voltmetro vale:

- A 0,5 Ω
- B 2,0 Ω
- C 5,0 Ω
- D 50 Ω

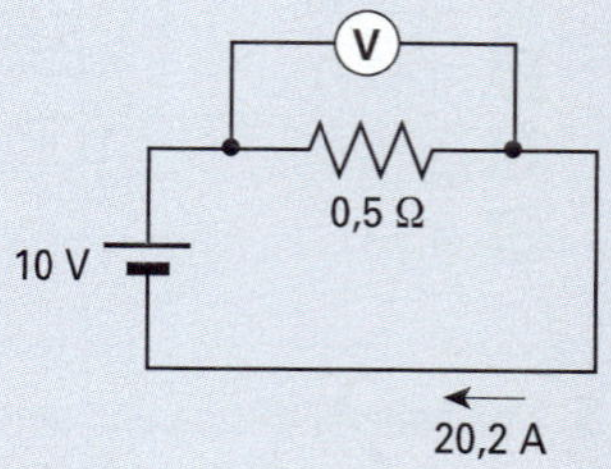

22 Nel circuito in figura l'amperometro misura una corrente di 99,6 mA.
Poiché la f.e.m. è di 8,00 V con una resistenza interna del generatore pari a 0,20 Ω, la resistenza interna dell'amperometro vale:

- A 0,01 Ω
- B 0,12 Ω
- C 1,21 Ω
- D 12,1 Ω

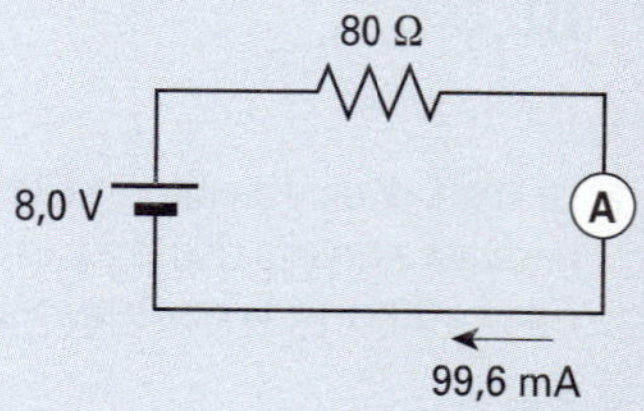

23 Due condensatori di capacità *C* e 2*C* sono disposti in serie ai capi di una batteria e quindi:

- A il condensatore con capacità 2*C* immagazzina una carica doppia rispetto all'altro
- B la differenza di potenziale ai capi di ciascun condensatore è la stessa
- C il condensatore con capacità *C* immagazzina una carica doppia rispetto all'altro
- D i condensatori immagazzinano la stessa quantità di carica

24 Tre condensatori identici sono collegati in modo tale che la loro capacità equivalente sia massima. Di conseguenza sono posti:

- A in serie
- B in parallelo
- C due in serie e il terzo in parallelo con i primi due
- D né in serie né in parallelo

25 La capacità equivalente di un sistema di tre condensatori disposti in serie di capacità 4,0 μF, 6,0 μF e 8,0 μF vale:

A 1,8 μF
B 8,0 μF
C 6,0 μF
D 18 μF

26 La capacità equivalente di un sistema di quattro condensatori in parallelo di capacità 1,0 mF, 3,0 mF, 5,0 mF e 7,0 mF vale:

A 1,0 mF
B 7,0 mF
C 16 mF
D 0,6 mF

27 Due condensatori di capacità C e $C/2$ sono collegati in serie. Quanto vale la capacità equivalente?

A C
B $\frac{3C}{2}$
C $\frac{C}{2}$
D $\frac{C}{3}$

28 Si considerino due condensatori di capacità C_1 e C_2 (con $C_2 > C_1$) posti in parallelo. Che cosa si può affermare sulla capacità equivalente?

A È sicuramente minore di C_1
B È sicuramente maggiore di C_2
C È sicuramente compresa tra C_1 e C_2
D È sempre la differenza tra C_1 e C_2

29 Tre condensatori di capacità C_1, C_2 e C_3 sono collegati nel seguente modo: C_3 in serie con C_1 e C_2, collegati a loro volta in parallelo. La capacità equivalente del sistema è:

A $C_1 + C_2 + C_3$
B $\frac{C_1 C_2 C_3}{C_1 + C_2 + C_3}$
C $\frac{(C_1 + C_2) \cdot C_3}{C_1 + C_2 + C_3}$
D $\frac{C_1 + C_2}{(C_1 + C_2) C_3}$

30 All'aumentare del valore della costante di tempo nel processo di carica di un condensatore:

A la corrente tende a zero più rapidamente
B la corrente tende a zero più lentamente
C il tempo di carica non varia
D l'intensità di corrente raggiunge valori massimi I_0 sempre meno elevati

31 Per diminuire il valore della costante di tempo nel processo di scarica di un condensatore è possibile:

A diminuire R tenendo costante C
B aumentare R tenendo costante C
C aumentare C tenendo costante R
D utilizzare un generatore con f.e.m. maggiore

32 Durante il processo di carica di un condensatore in un circuito RC, mentre la carica si accumula sul condensatore si ha che:

A la corrente nel circuito aumenta
B la differenza di potenziale ai capi della resistenza aumenta
C la corrente nel circuito rimane costante
D la differenza di potenziale ai capi della resistenza diminuisce

33 La costante di tempo in un circuito contenente una resistenza di 12 Ω e un condensatore di 50 mF vale:

A 0,24 s
B 0,6 s
C 4,2 s^{-1}
D 0,12 s

34 In un circuito RC con una costante di tempo di 10^{-2} s la resistenza vale 4,0 Ω.
La capacità del condensatore è quindi:

A 400 mF
B 2,5 F
C 2,5 mF
D 2,5 μF

35 Nell'istante in cui viene disinserito il generatore da un circuito RC carico, la carica sulle armature ha il suo valore massimo e la corrente si azzera immediatamente.
Le due precedenti affermazioni sono rispettivamente:

A falsa, falsa
B falsa, vera
C vera, falsa
D vera, vera

36 In un circuito RC alimentato con f.e.m. da 12 V in cui la resistenza è 20 Ω e il condensatore ha capacità di 30 mF, il generatore viene disattivato tramite un interruttore. Trascorsi 0,4 secondi la corrente circolante ha intensità pari a:

A −0,31 A
B −0,60 A
C −0,54 A
D 0,31 A

Esercizi

19.1 Il generatore

1 Calcola la resistenza interna di un generatore da 12 V che alimenta un circuito in cui, con un resistore di 3,5 Ω, si misura una corrente di 3,0 A. **[0,5 Ω]**

2 Una batteria da 20 V è inserita in un circuito con un resistore di 24 Ω e permette il passaggio di una corrente di 800 mA. Calcola il valore della resistenza interna del generatore. **[1 Ω]**

3 La reazione chimica all'interno di un generatore trasporta al polo negativo una carica pari a 10^{22} elettroni in un certo intervallo di tempo, compiendo un lavoro pari a 38,4 kJ. Calcola la forza elettromotrice. **[24 V]**

Esercizio svolto

4 Calcola la potenza dissipata per effetto Joule da una batteria da 12 V che, inserita in un circuito con un resistore di 1,4 Ω, permette il passaggio di una corrente pari a 8,0 A. **[6,4 W]**

Per calcolare la potenza dissipata dobbiamo calcolare il valore della resistenza interna del generatore.
Dalla relazione:

$$\text{f.e.m.} = rI + \Delta V = (r + R)I$$

ricaviamo:

$$r = \frac{\text{f.e.m.}}{I} - R = \frac{12\ \text{V}}{8{,}0\ \text{A}} - 1{,}4\ \Omega = 0{,}1\ \Omega$$

La potenza dissipata è:

$$P = RI^2 = 0{,}1\ \Omega \cdot (8{,}0\ \text{A})^2 = 6{,}4\ \text{W}$$

5 Calcola la potenza dissipata per effetto Joule da una batteria da 20 V che, inserita in un circuito con un resistore di 2,0 Ω, permette il passaggio di una corrente pari a 9,0 A. **[18 W]**

6 Quando un generatore da 3,6 V alimenta una lampadina da 3,0 W si misura una corrente di 1,3 A. Calcola la resistenza interna del generatore. **[1,0 Ω]**

7 ***ENGLISH*** A battery has an e.m.f. of 24.0 V. How much work does it do in 15 s if it delivers a current of 300 mA? **[108 J]**

8 ***ENGLISH*** A battery with 20-V e.m.f. has a voltage of 19.5 V when it delivers a current of 2 A. What is its internal resistance? **[0.25 Ω]**

9 ***ENGLISH*** A battery with an emf of 12 V and an internal resistance of 0.4 Ω is connected to a variable resistance *R*. Calculate the current and the power delivered by the battery when *R* is (*a*) 0, (*b*) 8 Ω, (*c*) 200 Ω and (*d*) infinite. **[*a*) 30 A; 0 W; *b*) 1.4 A; 16.3 W; *c*) 59.9 mA; 717 mW; *d*) 0 A; 0 W]**

19.2 Resistori in serie

10 Quante resistenze da 7,5 Ω bisogna porre in serie affinché la corrente circolante in un circuito elettrico alimentato da un generatore con f.e.m. pari a 12 V e resistenza interna trascurabile sia al massimo 200 mA? **[8]**

11 Qual è il numero massimo di resistenze da 20 Ω che si possono collegare in serie affinché la corrente circolante in un circuito elettrico alimentato da un generatore con f.e.m. pari a 48 V e resistenza interna trascurabile sia almeno 400 mA? **[6]**

12 Calcola il valore della resistenza che, inserita in serie con una di valore 10 Ω, in un circuito alimentato da una f.e.m. di 20 V e resistenza interna trascurabile, determina un assorbimento da parte del circuito di 15 W di potenza. **[17 Ω]**

13 Calcola quanta energia viene dissipata in 30 minuti da una batteria di 4,8 V, con resistenza interna di 0,4 Ω, che alimenta un telecomando la cui la resistenza è di 8,0 Ω. **[4,9 kJ]**

14 Una batteria da 9,0 V alimenta una serie di 5 lampadine, ciascuna con una resistenza di 1,2 Ω. Calcola l'energia dissipata in 10 minuti di funzionamento. **[8,1 kJ]**

15 Calcola la f.e.m. e la corrente in un circuito in cui sono presenti due resistenze in serie di valore 6,0 Ω e 9,0 Ω in cui l'energia dissipata in 10 s di funzionamento vale 50 J. **[8,7 V; 0,58 A]**

16 Due resistenze, di cui una ha valore 2,0 Ω, sono collegate in serie in un circuito alimentato da una f.e.m. di 12 V, e la corrente che circola ha intensità pari a 2,0 A. Calcola la caduta di potenziale ai capi di ciascuna resistenza. **[4 V; 8 V]**

17 ***ENGLISH*** Two resistors of 6 Ω and 18 Ω are connected in series across a potential difference of 12 V. Calculate: *a*) the voltage drop on each resistor; *b*) the current through each resistor; *c*) the power dissipated in each resistor. **[*a*) 3 V; 9 V; *b*) 0.5 A; 0.5 A; *c*) 1.5 W; 4.5 W]**

18 ***ENGLISH*** Calculate the energy dissipated in 5 minutes by a 12-V battery which feeds three 20-Ω resistors connected in series. **[720 J]**

19 ***ENGLISH*** How many 8-Ω resistors should be connected in series across a potential difference of 120 V to have a current of at least 800 mA? **[no more than 18]**

19.3 Leggi di Kirchhoff

20 Due resistenze di 5,0 Ω e 8,0 Ω sono collegate a due generatori, il primo dei quali produce una f.e.m. di 10 V. Sapendo che la corrente circolante ha intensità 2,0 A calcola, usando le leggi di Kirchhoff, il valore della seconda f.e.m.

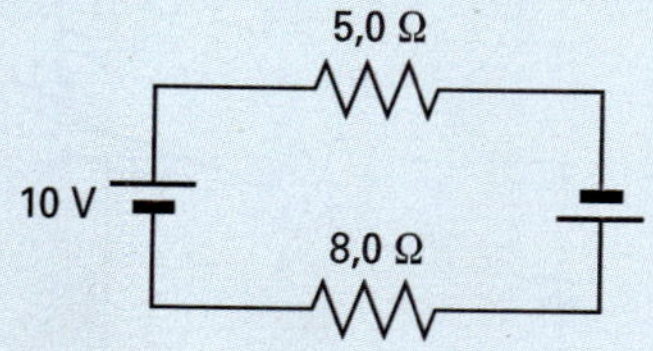

[16 V]

21 Nel circuito rappresentato in figura calcola, usando le leggi di Kirchhoff, le correnti nelle singole maglie e la differenza di potenziale tra i nodi *A* e *B*.

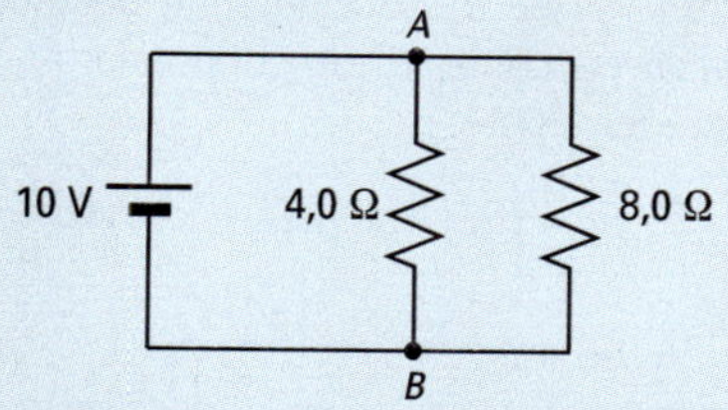

[3,75 A; 2,50 A; 1,25 A; 10 V]

22 Risolvi il circuito in figura ricavando l'intensità delle correnti nelle maglie e la potenza assorbita dalle due resistenze.

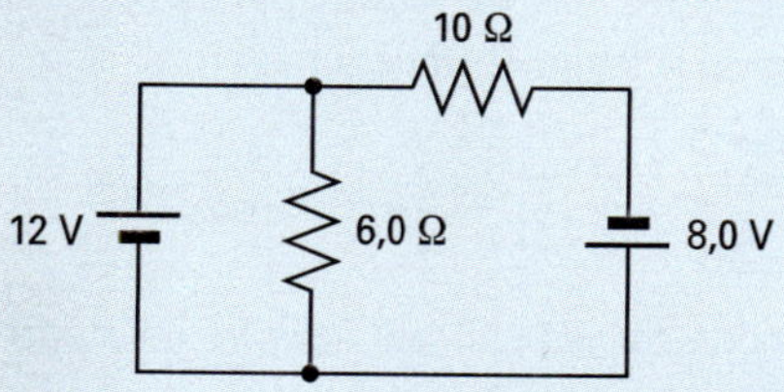

[4,0 A; 2,0 A; 2,0 A; 24 W; 40 W]

23 Risolvi il circuito in figura, determinando le intensità di corrente nei tratti *FB*, *BA* e *CD* e il loro verso nelle maglie *ABCD* e *ABFE*.

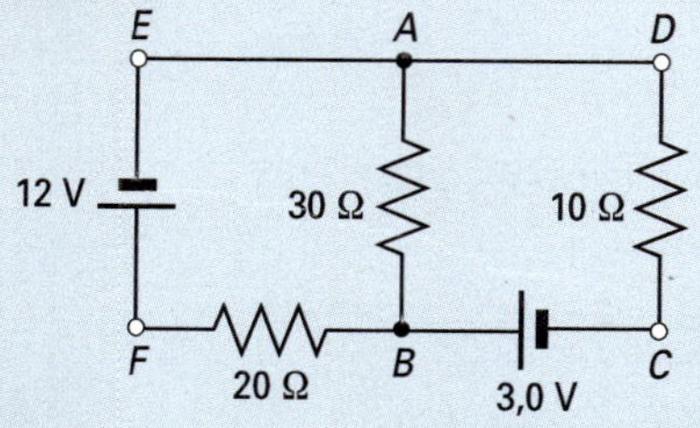

[355 mA; 164 mA; 191 mA; antiorario in entrambe le maglie]

24 Risolvi il circuito in figura, determinando le intensità di corrente nei tratti *FB*, *BA* e *DC* e il loro verso nelle maglie *ABCD* e *ABFE*.

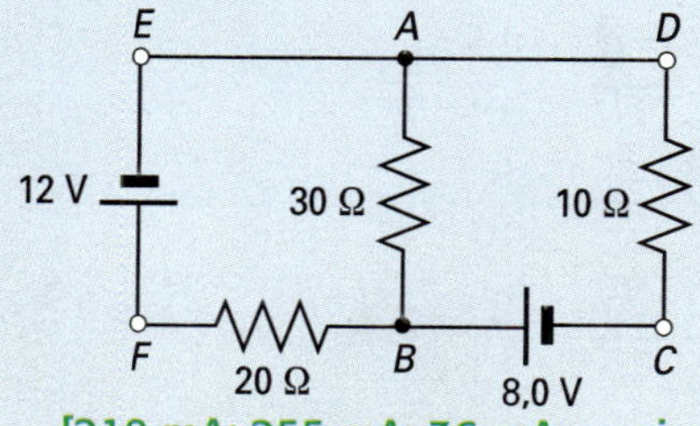

[218 mA; 255 mA; 36 mA; orario, antiorario]

25 Risolvi il circuito in figura, determinando le intensità di corrente nei tratti *AB*, *BF* e *BC* e il loro verso nelle maglie *ABCD* e *ABFE*.

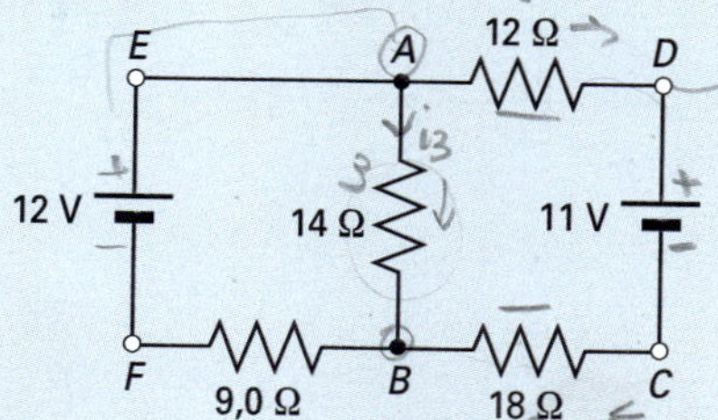

[562 mA; 458 mA; 104 mA; orario in *ABFE*; antiorario in *ABCD*]

26 Risolvi il circuito in figura, determinando le intensità di corrente nei tratti *AB*, *BF* e *CB* e il loro verso nelle maglie *ABCD* e *ABFE*.

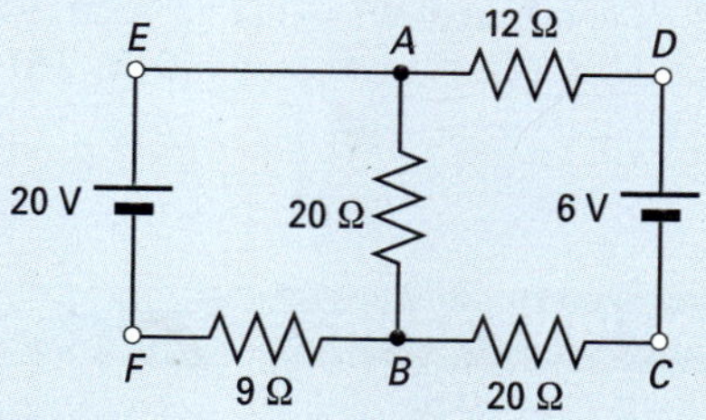

[626 mA; 830 mA; 204 mA; orario in entrambe]

27 Calcola l'intensità delle correnti attraverso R_1 ed R_5 e la tensione su R_4 sapendo che ogni resistenza ha valore pari a 100 Ω.

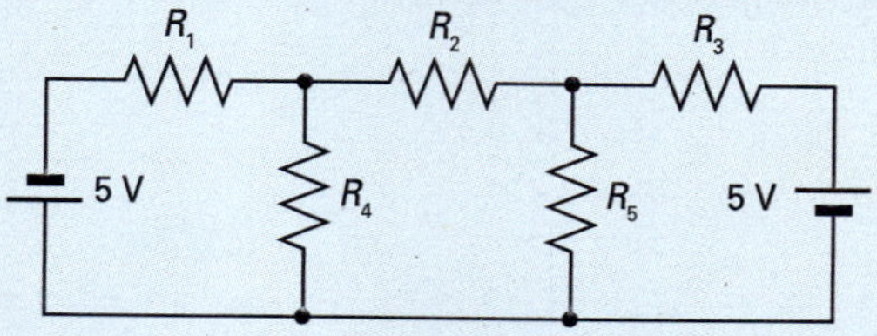

[37,5 mA; 12,5 mA; 1,3 V]

28 Calcola il valore di V_x affinché attraverso R_1 circoli una corrente di 716 mA sapendo che $R_1 = R_2 = 8$ Ω ed $R_3 = R_4 = 20$ Ω.

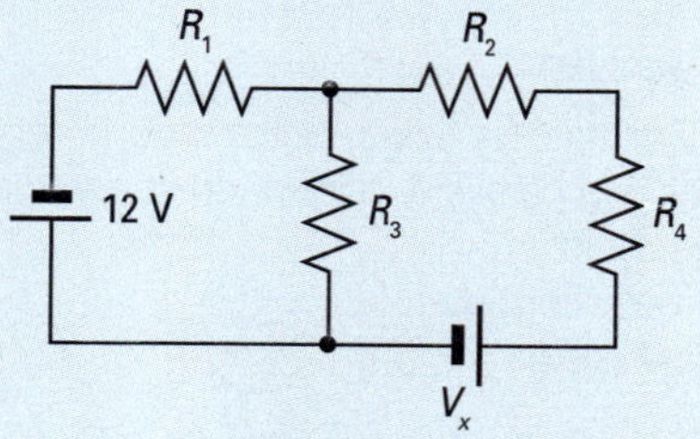

[5 V]

29 ***ENGLISH*** In the circuit shown in figure (with $R = 20$ Ω for each resistor), the batteries have negligible internal resistance. Find the current in each resistor.

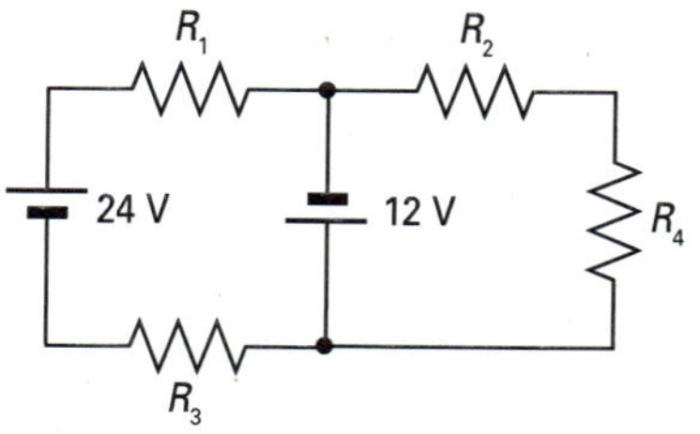

[$I_1 = 900$ mA; $I_2 = 300$ mA; $I_3 = 900$ mA; $I_4 = 300$ mA]

30 ***ENGLISH*** In the circuit in figure (with $R = 8\ \Omega$ for each resistor), find the power dissipated by R_2 and R_3.

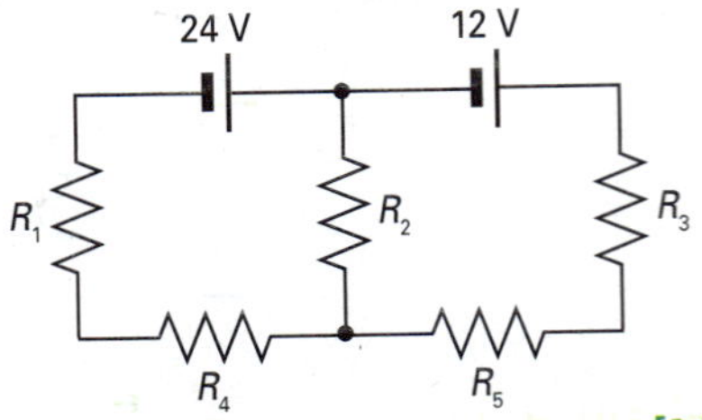

[1 W; 7 W]

31 ***ENGLISH*** Replace each generator in the figure of the previous exercise with a 5-V battery and find the power dissipated by R_2 and R_3 (with $R = 8\ \Omega$ for each resistor).
[0 W; 781 mW]

19.4 Resistori in parallelo

32 Calcola la resistenza equivalente fra i punti *A* e *B* nel circuito in figura.

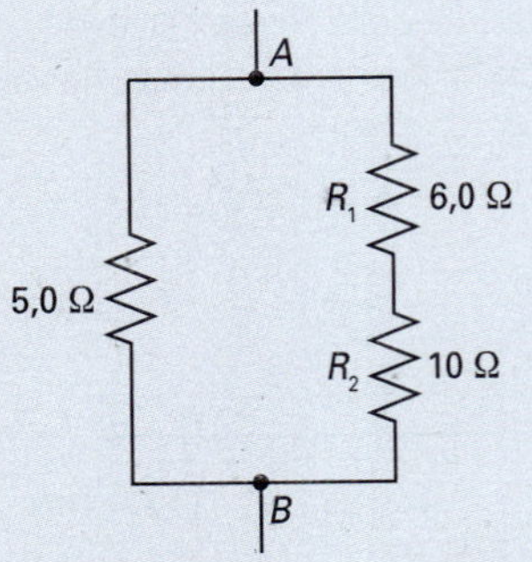

[3,8 Ω]

Esercizio svolto

33 Risolvi il circuito in figura, utilizzando le leggi delle resistenze in serie e in parallelo, calcolando in ognuna delle tre resistenze in parallelo:
a) l'intensità della corrente;
b) la potenza dissipata.

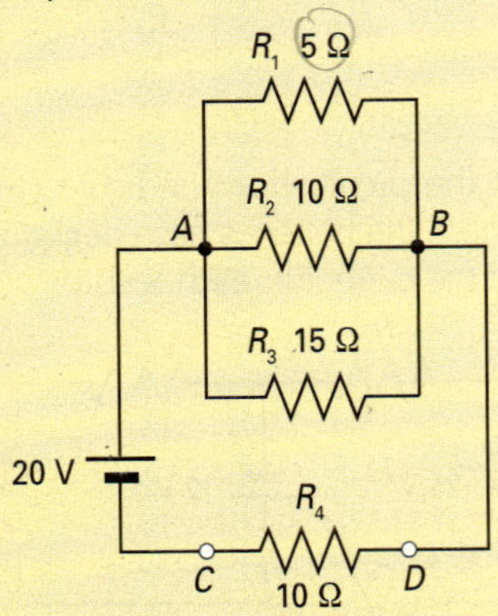

[*a*) 860 mA; 430 mA; 287 mA; *b*) 3,70 W; 1,85 W; 1,23 W]

a) Le resistenze R_1, R_2, R_3 sono in parallelo perché sono caratterizzate dalla stessa d.d.p.:

$$\frac{1}{R_{1,2,3}} = \frac{1}{R_1} + \frac{1}{R_2} + \frac{1}{R_3} = \frac{1}{5} + \frac{1}{10} + \frac{1}{15} = 0{,}37\ \Omega^{-1}$$

da cui $R_{1,2,3} = 2{,}7\ \Omega$.

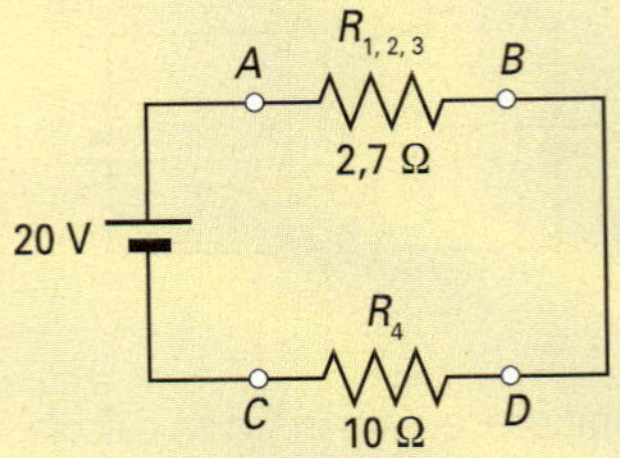

Le resistenze $R_{1,2,3}$ ed R_4 sono in serie perché sono attraversate dalla stessa corrente, per cui possiamo determinare la resistenza equivalente:

$$R_e = R_{1,2,3} + R_4 = (2{,}7 + 10)\ \Omega = 12{,}7\ \Omega$$

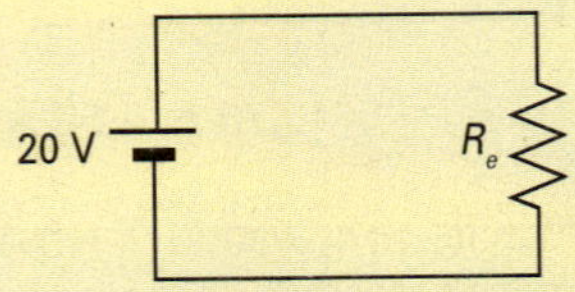

Applicando la legge di Ohm si ha:

$$I = \frac{\Delta V}{R_e} = \frac{20\ \text{V}}{12{,}7\ \Omega} = 1{,}57\ \text{A}$$

La tensione comune ai capi delle tre resistenze in parallelo è:

$$\Delta V_{1,2,3} = \text{f.e.m.} - R_4 \cdot I = 20\ \text{V} - 10\ \Omega \cdot 1{,}57\ \text{A} = 4{,}3\ \text{V}$$

Per determinare l'intensità della corrente in R_1 si ha:

$$I_1 = \frac{\Delta V_{1,2,3}}{R_1} = \frac{4{,}3\ \text{V}}{5{,}0\ \Omega} = 860\ \text{mA}$$

Analogamente per R_2 ed R_3 si ha:

$$I_2 = \frac{\Delta V_{1,2,3}}{R_2} = \frac{4{,}3\ \text{V}}{10\ \Omega} = 430\ \text{mA}$$

$$I_3 = \frac{\Delta V_{1,2,3}}{R_3} = \frac{4{,}3\ \text{V}}{15\ \Omega} = 287\ \text{mA}$$

b) Per calcolare la potenza si considera $P = \frac{(\Delta V)^2}{R}$ e applicandola nelle tre resistenze si ha:

$$P_1 = \frac{(\Delta V)^2}{R_1} = \frac{18{,}5}{5{,}0}\ \text{W} = 3{,}70\ \text{W}$$

$$P_2 = \frac{(\Delta V)^2}{R_2} = \frac{18{,}5}{10}\ \text{W} = 1{,}85\ \text{W}$$

$$P_3 = \frac{(\Delta V)^2}{R_3} = \frac{18{,}5}{15}\ \text{W} = 1{,}23\ \text{W}$$

34 Risolvi il circuito in figura, utilizzando le leggi delle resistenze in serie e in parallelo, calcolando:
a) le intensità delle correnti presenti nei rami;
b) le tensioni ai capi delle resistenze;
c) le potenze assorbite da ciascuna di esse.

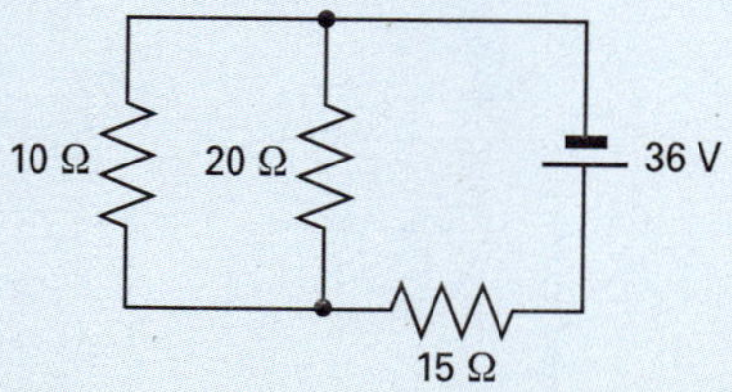

[*a*) 1,66 A; 1,11 A; 550 mA; *b*) 24,9 V; 11,1 V; 11,1 V; *c*) 12,3 W; 41,4 W; 6,1 W]

35 Calcola il numero di resistenze tutte uguali a 50 Ω che, collegate in parallelo tra loro, producono una resistenza equivalente di 2,0 Ω. **[25]**

36 Risolvi il circuito in figura, utilizzando le leggi delle resistenze in serie e in parallelo, calcolando le correnti nei rami e la potenza dissipata dalle resistenze.

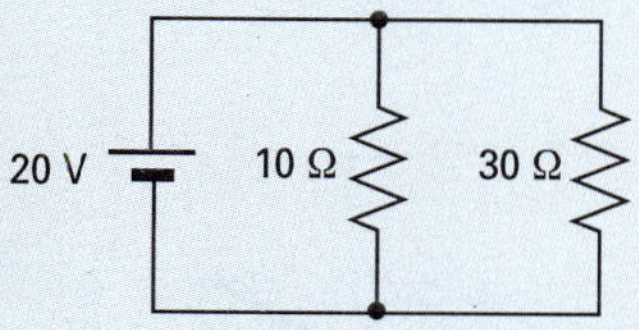

[2,67 A; 2,0 A; 667 mA; 40 W; 13,3 W]

37 Risolvi il circuito in figura, utilizzando le leggi delle resistenze in serie e in parallelo, calcolando le correnti nei rami e la d.d.p. ai capi delle resistenze.

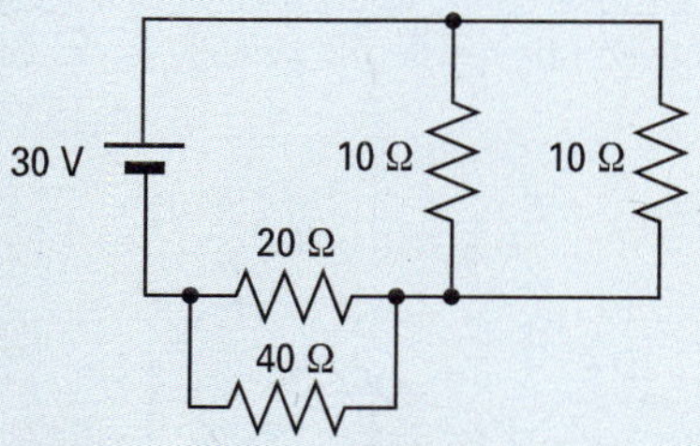

[1,64 A; 1,09 A; 545 mA; 818 mA; 818 mA; 23,8 W; 11,9 W; 6,7 W; 6,7 W]

38 ***ENGLISH*** Find the equivalent resistance between points *a* and *b* in Figure. Each resistor has a resistance equal to 100 Ω.

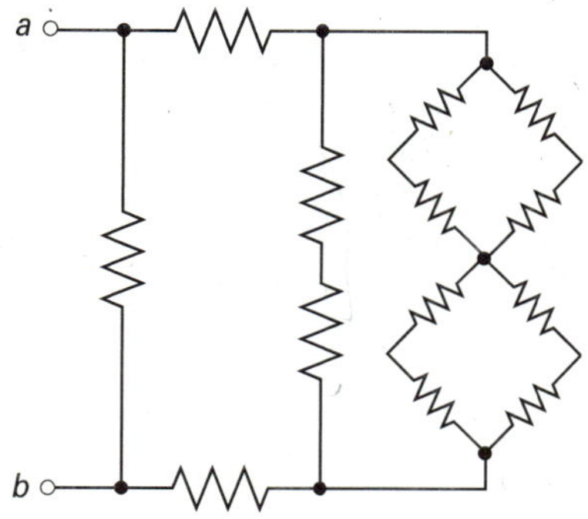

[75 Ω]

39 ***ENGLISH*** How many 8-Ω resistors should be connected in parallel to obtain an equivalent resistance of no less than 2 Ω? What happens to the equivalent resistance if you connect more?

[no more than 4; R_{eq} decreases]

19.5 Circuiti elettrici elementari

40 Il circuito in figura è alimentato da una f.e.m. di 20 V con resistenza interna di 0,3 Ω e contiene una coppia di resistori in parallelo di valore 30 Ω ciascuno. Calcola la resistenza interna dell'amperometro sapendo che viene misurata una corrente di 1,3 A.

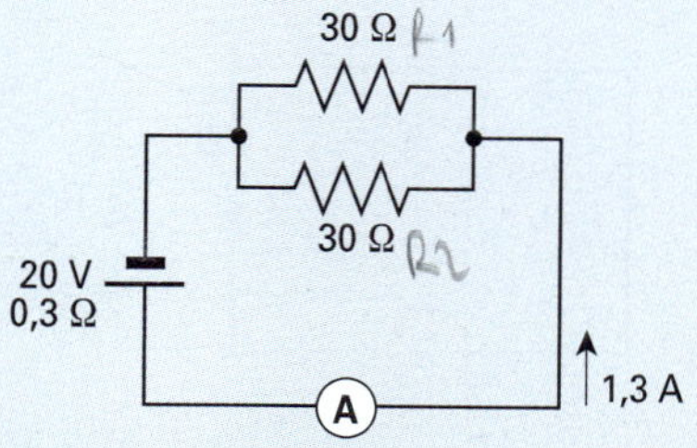

[0,08 Ω]

41 Calcola la variazione di intensità nella corrente quando viene inserito nel circuito il voltmetro avente resistenza interna di 1000 Ω al fine di misurare la tensione ai capi della coppia di resistenze.

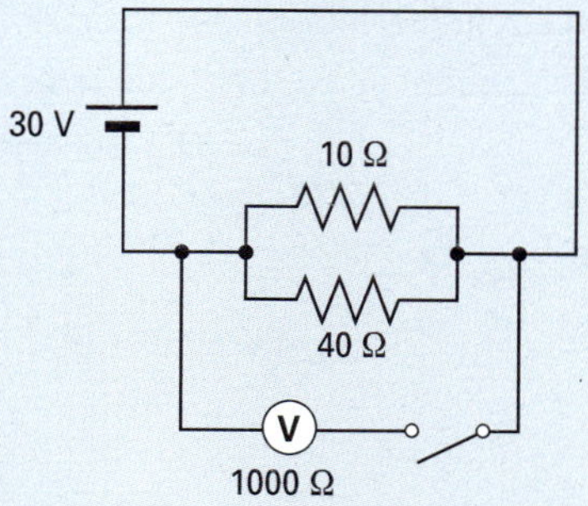

[0,03 A]

42 Calcola la resistenza equivalente del circuito in figura e le correnti in ogni ramo.

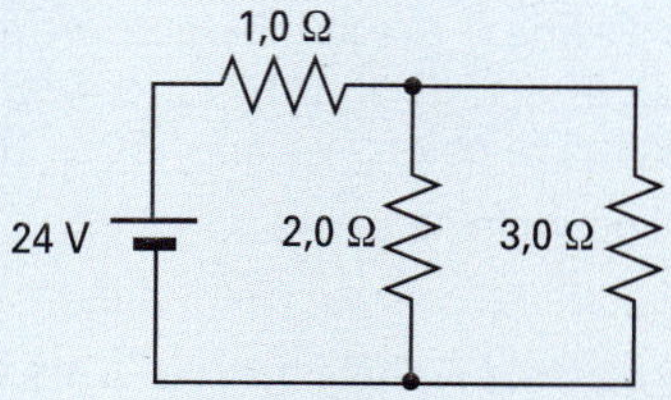

[2,2 Ω; 11 A; 6,6 A; 4,4 A]

43 Un circuito 1 è costituito da una pila di 60 V e due resistori, aventi resistenza $R_1 = 20\ \Omega$ ed $R_2 = 30\ \Omega$, disposti in serie. Un circuito 2 è formato da una pila con la medesima tensione di 60 V e da due resistori, con le stesse resistenze R_1 ed R_2, collegati però in parallelo.
a) Disegna i due circuiti.
b) Quale dei due circuiti ha la resistenza equivalente maggiore?

c) In quale dei due circuiti circola la maggiore intensità di corrente elettrica?

d) Quale intensità di corrente si ha in entrambi i circuiti sia nella resistenza R_1 sia nella R_2?

e) Che cosa succede nei due casi se la resistenza R_1 si danneggia, per cui attraverso di essa non passa più corrente?

f) Quanto vale la potenza dissipata nei due circuiti?

g) Come motivi il risultato ottenuto nel punto precedente?

[*c*) 1,2 A, 5 A; *d*) 1,2 A, 3 A... *f*) 72 W, 300 W]

44 In relazione al circuito rappresentato in figura, i valori noti sono i seguenti: $R_1 = 50\ \Omega$, $R_2 = 20\ \Omega$, $R_3 = 30\ \Omega$ e $\Delta V = 310$ V. Determina:

a) la resistenza equivalente del circuito;

b) l'intensità di corrente che percorre il circuito;

c) l'intensità delle correnti I_2 e I_3 nei due rami in parallelo.

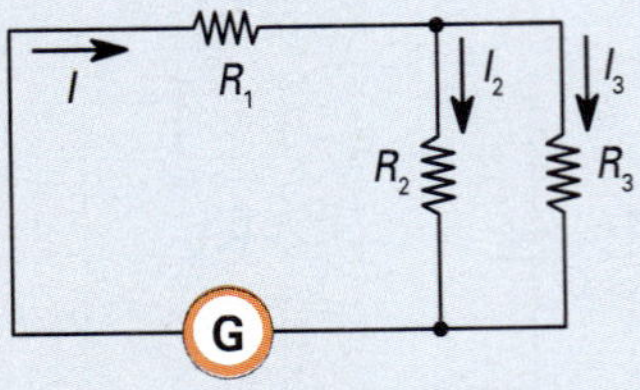

[*a*) 62 Ω; *b*) 5 A; *c*) 3 A, 2 A]

45 I valori delle resistenze relative al circuito riportato nella figura sono: $R_1 = 250\ \Omega$, $R_2 = 200\ \Omega$, $R_3 = 150\ \Omega$ ed $R_4 = 450\ \Omega$. Sapendo che la d.d.p. è di 260 V, calcola:

a) la resistenza equivalente;

b) l'intensità della corrente che percorre il circuito;

c) l'intensità delle correnti I_2 e $I_{3,4}$ nei due rami del parallelo.

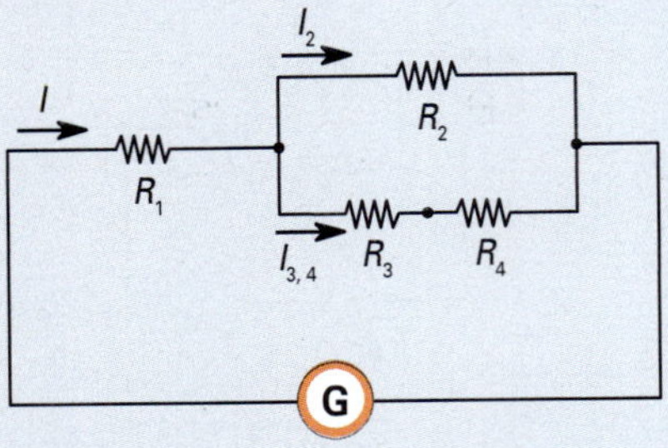

[*a*) 400 Ω; *b*) 0,65 A; *c*) 0,49 A, 0,16 A]

46 Prendi in esame il circuito illustrato nella figura. I dati sono: $R_1 = 20\ \Omega$, $R_2 = 15\ \Omega$, $R_3 = 10\ \Omega$, $R_4 = 30\ \Omega$, $R_5 = 25\ \Omega$, mentre la differenza di potenziale vale 150 V. Trova:

a) la resistenza equivalente;

b) l'intensità di corrente che percorre il circuito;

c) l'intensità di corrente I_3 che attraversa la resistenza R_3;

d) la differenza di potenziale ai capi della R_5.

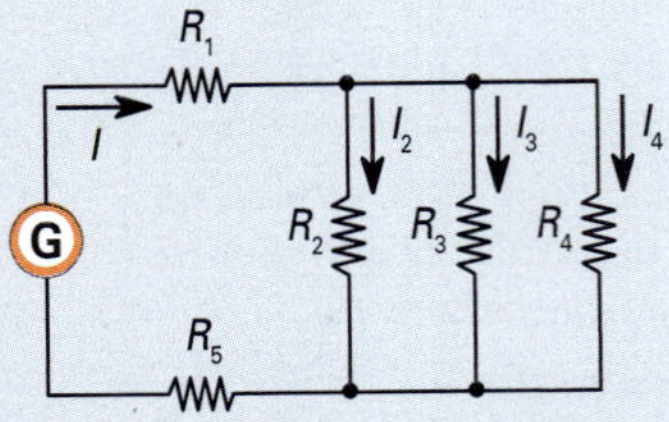

[*a*) 50 Ω; *b*) 3 A; *c*) 1,5 A; *d*) 75 V]

47 Date le seguenti resistenze, collegale in serie tra loro (utilizzando una matita, come indicato nel disegno) e completa il circuito. Quindi, calcola la potenza dissipata complessivamente e da ciascuna resistenza, nel caso in cui la tensione messa a disposizione dal generatore valga 120 V.

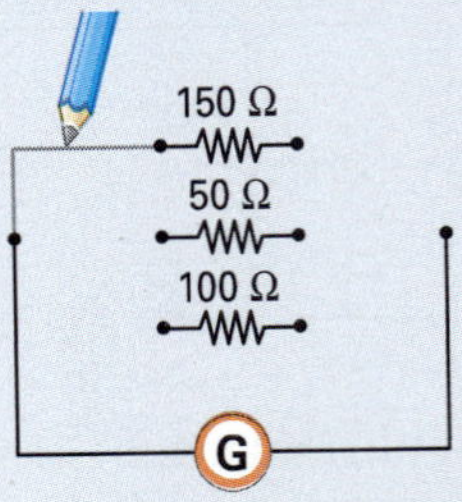

[48 W; 24 W; 8 W; 16 W]

48 Dato il circuito in figura, sapendo che $R_1 = 20\ \Omega$, $R_2 = 5\ \Omega$, $R_3 = 6\ \Omega$ ed $R_4 = 10\ \Omega$, determina la potenza dissipata complessivamente per effetto Joule nell'eventualità che l'intensità di corrente totale valga 2 A.

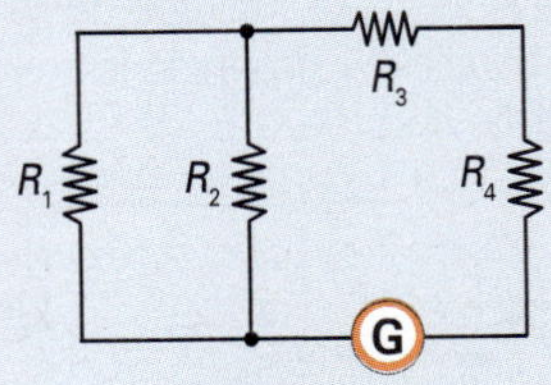

[80 W]

49 Con riferimento al circuito elettrico dell'esercizio precedente, individua la potenza dissipata per effetto Joule in ciascuna resistenza del circuito. **[3,2 W, 12,8 W, 24 W, 40 W]**

Esercizio svolto

50 Calcola il valore di una resistenza incognita R usando un ponte di Wheatstone con resistenze note $R_1 = 15\ \Omega$, $R_2 = 40\ \Omega$, e avendo utilizzato una resistenza variabile R_v del valore di 30 Ω.

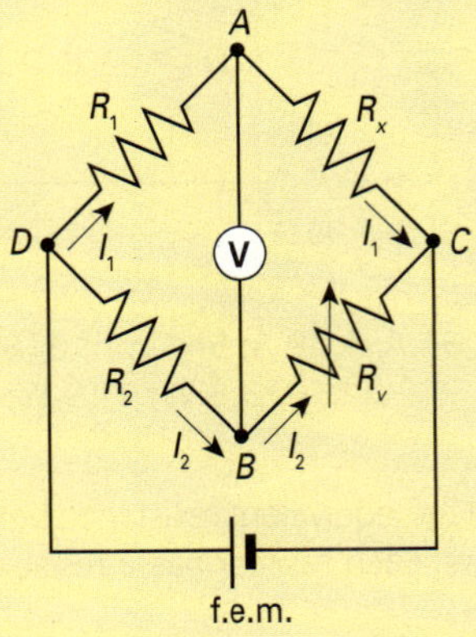

[11 Ω]

Il ponte di Wheatstone è un circuito che viene utilizzato per misurare una resistenza incognita. Nella figura, R_1, R_2 sono resistenze note di valore arbitrario, R_V è la resistenza variabile ed R_x è la resistenza da misurare. Al centro della rete viene inserito un voltmetro e si regola la resistenza variabile R_v fino ad annullare la d.d.p. tra i nodi *A* e *B*. In questo caso, la legge di Ohm applicata ai quattro lati del quadrilatero *ADBC*, essendo $V_A = V_B$, è data da:

$$R_1 I_1 = R_2 I_2 \quad \text{ed} \quad R_x I_1 = R_v I_2$$

Semplificando le correnti nelle equazioni, si ottiene la relazione fra le resistenze:

$$R_x = \frac{R_V \cdot R_1}{R_2} \qquad R_x = \frac{R_v \cdot I_2}{I_1} = \frac{R_v \cdot R_1 \cancel{I_1}}{\cancel{I_1} \cdot R_2} = \frac{30\ \Omega \cdot 15\ \Omega}{40\ \Omega} = 11\ \Omega$$

51 Calcola il valore della resistenza incognita in un ponte di Wheatstone, analogo a quello rappresentato nella figura dell'esercizio precedente svolto, in cui le resistenze note valgono $R_1 = 50\ \Omega$ ed $R_2 = 80\ \Omega$, sapendo che il ponte si equilibra con una resistenza di $150\ \Omega$.

[94 Ω]

52 Calcola il valore della corrente che circola nella resistenza incognita in un ponte di Wheatstone analogo a quello rappresentato nella figura, sapendo che le resistenze note hanno valore $R_1 = 90\ \Omega$ ed $R_2 = 120\ \Omega$ e si raggiunge equilibrio quando la resistenza variabile ha valore $100\ \Omega$. Il generatore fornisce una d.d.p. pari a 12 V.

[72,7 mA]

53 ***ENGLISH*** Calculate the value of the current that flows in the adjustable resistance in a Wheatstone bridge if the known resistances have value $R_1 = 40\ \Omega$ and $R_2 = 80\ \Omega$ and, when the bridge is balanced, the adjustable resistor has a value of $100\ \Omega$. Consider an emf of 5 V with negligible internal resistance.

[27.8 mA]

54 ***ENGLISH*** In the figure, each resistor has a resistance of $10\ \Omega$. Calculate the current variation in R when a voltmeter with an internal resistance of $1\ k\Omega$ is inserted across R.

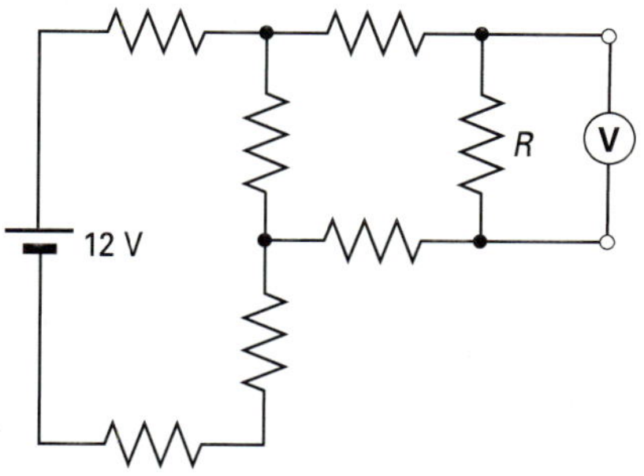

[–0.58 mA]

19.6 Condensatori in serie e in parallelo

55 Osserva il seguente circuito.

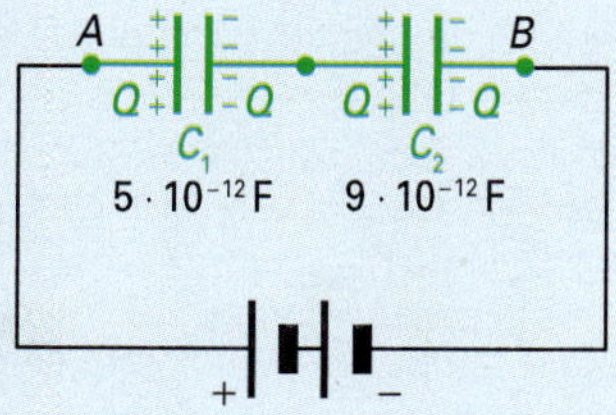

a) I condensatori sono collegati in serie o in parallelo?

b) Aggiungi tra il generatore e il nodo *A* un amperometro collegato in serie.

c) Inserisci un voltmetro che rilevi la d.d.p. tra *A* e *B*.

d) Qual è la capacità equivalente dei due condensatori?

e) La d.d.p. agli estremi dei due condensatori è la stessa o è diversa?

f) La carica che si accumula su ogni condensatore è la stessa o è diversa?

g) Sapendo che la d.d.p. agli estremi del generatore è 24 V, calcola la carica che si accumula su C_1.

h) Determina la d.d.p. agli estremi di C_1.

Suggerimento *g*) $C_e = Q/\Delta V$ quindi prima calcoli la carica totale Q, poi dato che su ciascuna armatura... puoi dire che...; *h*) basta applicare la relazione $C_1 = Q/\Delta V_1$...

[*d*) $3{,}2 \cdot 10^{-12}$ F; *g*) $77 \cdot 10^{-12}$ C; *h*) 15,4 V]

56 Osserva il seguente circuito.

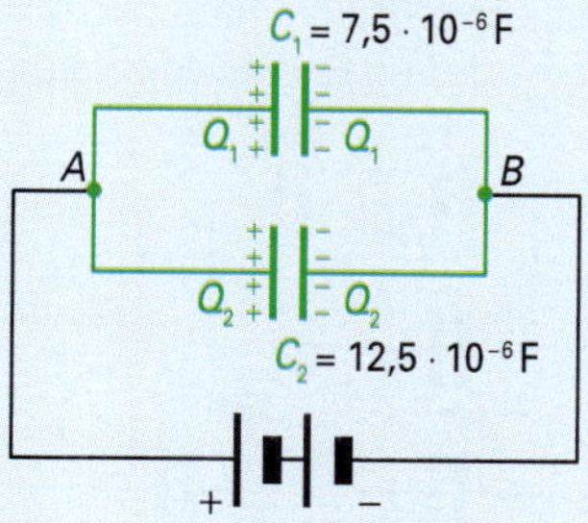

a) I condensatori sono collegati in serie o in parallelo?

b) Aggiungi tra il generatore e il nodo *A* un amperometro collegato in serie.

c) Inserisci un voltmetro che rilevi la differenza di potenziale tra *A* e *B*.

d) Calcola la capacità equivalente.

e) Se il voltmetro segna 30 V, qual è la differenza di potenziale agli estremi di ciascuno dei due condensatori?

f) La carica che si accumula su ciascuna armatura è la stessa o è diversa?

g) Determina la carica sulle armature di C_1.

[*d*) $20 \cdot 10^{-6}$ F; *e*) 30 V; *g*) $2{,}25 \cdot 10^{-4}$ C]

57 Disegna un circuito in cui vi siano tre condensatori C_1, C_2 e C_3, di capacità rispettivamente $3{,}2 \cdot 10^{-12}$ F, $1{,}9 \cdot 10^{-12}$ F e $5{,}1 \cdot 10^{-12}$ F, collegati in parallelo a un generatore. Vicino al generatore inserisci un amperometro e poi disegna un voltmetro in parallelo con i tre condensatori.

a) Calcola la capacità equivalente.

b) Se il voltmetro segna 18 V, qual è la differenza di potenziale agli estremi di ciascuno dei tre condensatori?

c) La carica che si accumula su ciascuna armatura è la stessa o è diversa?

d) Determina la carica sulle armature dei tre condensatori.

[*a*) $10{,}2 \cdot 10^{-12}$ F; *d*) $5{,}76 \cdot 10^{-11}$ C, $3{,}42 \cdot 10^{-11}$ C, $9{,}18 \cdot 10^{-11}$ C]

58 Calcola la capacità equivalente di tre condensatori di capacità 6,0 mF, 10 mF e 12 mF collegati in parallelo tra loro, posti in serie con un ulteriore condensatore di capacità 20 mF.

[12 mF]

59 Calcola la capacità equivalente del sistema di condensatori rappresentato in figura.

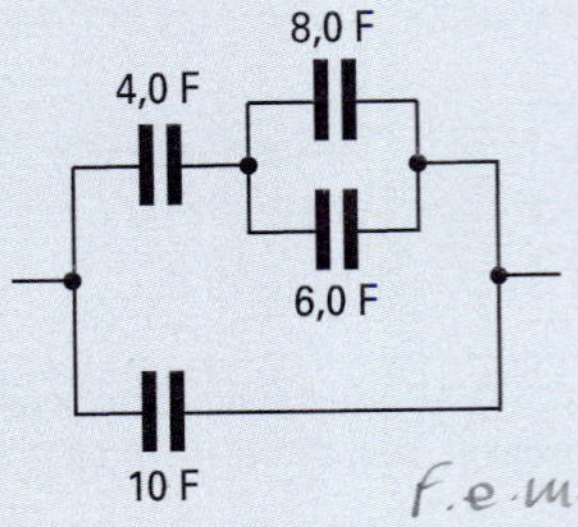

[13 F]

60 Due condensatori da 15 mF e 30 mF sono collegati in serie a una f.e.m. di 15 V. Calcola la capacità equivalente del sistema, la carica che si deposita sulle armature e la loro differenza di potenziale. [10 mF; 0,15 C; 10 V, 5,0 V]

61 In figura, ogni condensatore ha capacità nota *C*. Calcola la capacità equivalente della rete di condensatori tra *a* e *b*.

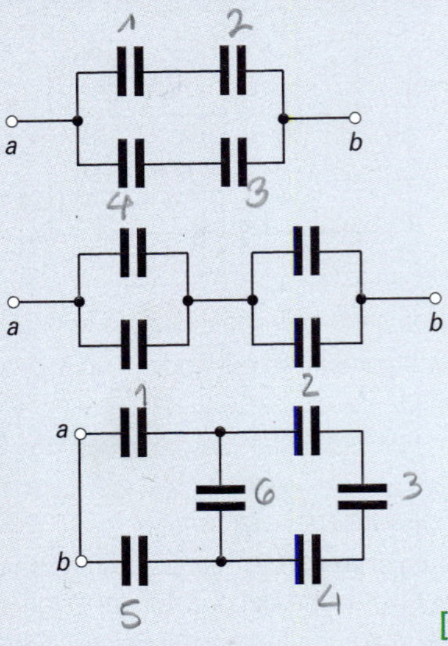

[C; C; 4C/11]

62 Due condensatori da 24 μF e 30 μF sono collegati tra loro in parallelo e poi in serie ad una f.e.m. di 6 V. Calcola la capacità equivalente del sistema, la carica che si deposita sulle armature e la loro differenza di potenziale.
[54 μF; 144 μC, 180 μC; 6,0 V]

63 ***ENGLISH*** How many 2.0-μF capacitors connected in parallel would it take to store a total charge of 12 mC with a potential difference of 12 V across each capacitor? What would be the potential difference across the combination?
[500; 12 V]

64 ***ENGLISH*** A 2.0-μF capacitor and a 3.0-μF capacitor are connected in series, and the combination is connected in parallel with a 4.0-μF capacitor. What is the equivalent capacitance of this combination? [5.2 μF]

65 ***ENGLISH*** A 15.0-μF capacitor is connected in series with a 18.0-μF capacitor across a 12.0-V battery. Find the charge on each capacitor and the potential difference across each capacitor. [98.4 μC; 6.6 V; 5.4 V]

19.7 Carica e scarica dei condensatori

66 Calcola la capacità del condensatore inserito in un circuito *RC* avente una resistenza di 20 Ω e costante di tempo 0,8 s.
[40 mF]

Esercizio svolto

67 Un circuito con resistenza di 15 Ω viene alimentato per un certo tempo con una f.e.m. pari a 3,0 V fino a raggiungere la carica massima nel condensatore da 1,2 mF inserito. Calcola la corrente circolante e la carica ancora presente sulle armature durante la scarica, dopo che è trascorso dall'inizio di questa fase un intervallo di tempo pari a 4 volte la costante di tempo.
[–3,7 mA; 66 μC]

Indicando con:

$$I_0 = \frac{\text{f.e.m.}}{R} = \frac{3{,}0\ \text{V}}{15\ \Omega} = 0{,}2\ \text{A}$$

il valore massimo della corrente, l'intensità di corrente all'istante $t = 4\tau$ sarà:

$$I(t) = -I_0\, e^{-\frac{t}{RC}} = -I_0\, e^{-\frac{t}{\tau}} = -0{,}2 \cdot e^{-4}\ \text{A} = -3{,}7\ \text{mA}$$

Il valore della carica accumulata nella fase di carica è:

$$Q_0 = C\Delta V = 1{,}2\ \text{mF} \cdot 3{,}0\ \text{V} = 3{,}6\ \text{mC}$$

e quindi la carica ancora depositata all'istante richiesto è:

$$Q(t) = Q_0\, e^{-\frac{t}{\tau}} = 3{,}6 \cdot 10^{-3}\ e^{-4}\ \text{C} = 66\ \mu\text{C}$$

68 Un circuito *RC* è composto da una resistenza di 250 Ω, un condensatore di 0,5 F ed è alimentato da un generatore di 20 V con il quale il condensatore viene caricato completamente. Successivamente viene disattivata la f.e.m. e viene chiuso il circuito *RC*. Calcola la corrente circolante e la carica sulle armature dopo un tempo pari al doppio della costante di tempo. [–11 mA; 1,35 C]

69 Calcola dopo quanto tempo dal disinserimento del generatore, la carica del condensatore di capacità 4,0 mF inserito in un circuito *RC* in cui la resistenza è di 50 Ω, raggiunge 1/10 del suo valore iniziale. [0,46 s]

70 Determina la capacità del condensatore usato in un flash elettronico alimentato da una tensione di 6,0 V in cui è inserita una resistenza da 10 Ω per ottenere in un tempo di 5,0 s l'80% della massima carica. Calcola la corrente che circola in tale istante. [0,31 F; 0,12 A]

71 Un segnalatore lampeggiante emette il segnale luminoso ogni 2,0 s che corrisponde al tempo di ricarica del condensatore incluso nel circuito. Durante il funzionamento, la tensione del condensatore passa da un valore minimo di 4,0 V al massimo, che supponiamo corrispondere alla f.e.m. del circuito, di 16 V. Sapendo che nel circuito *RC* viene utilizzata una resistenza di 15 Ω, calcola la capacità che deve avere il condensatore utilizzato.
[0,46 F]

72 ***ENGLISH*** A 3-μF capacitor is charged to 120 V and is then connected across a 800-Ω resistor. (*a*) What is the initial charge on the capacitor? (*b*) What is the initial current just after the capacitor is connected to the resistor? (*c*) What is the time constant of this circuit? (*d*) How much charge is on the capacitor after 4 ms?

[*a*) 360 μC; *b*) 0.15 A; *c*) 2.40 ms; *d*) 292 μC]

73 ***ENGLISH*** A 25-μF capacitor is given a charge Q. After 2 s, its charge is Q/2. What is the effective resistance across the capacitor?

[115 kΩ]

74 ***ENGLISH*** A 4-μF capacitor, initially uncharged, is connected in series with a 40-kΩ resistor and a 12.0-V battery of negligible internal resistance. (*a*) What is the charge on the capacitor after a very long time? (*b*) How long does it take the capacitor to reach 90% of its final charge?

[*a*) 48 μC; *b*) 368.4 ms]

Problemi

1 Esaminando il circuito riprodotto di seguito, completa la tabella a esso associata, in cui lo stato *OFF* degli interruttori vuol dire «aperto» e quello *ON* «chiuso».

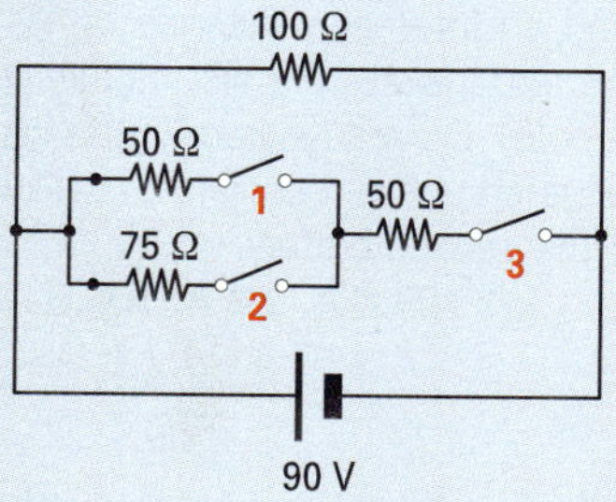

Interruttore 1	OFF	OFF	ON	ON	ON
Interruttore 2	OFF	ON	OFF	ON	OFF
Interruttore 3	OFF	ON	ON	OFF	ON
Intensità di corrente *I* (A)					

[0,90 A; 1,62 A; 1,8 A...]

2 Nel circuito rappresentato in figura i resistori R_1 ed R_2 possono assorbire una potenza massima di 0,20 W, mentre R_3 ed R_4 di 0,10 W. Calcola il valore massimo della f.e.m. che alimenta il circuito in modo tale da non danneggiare i componenti.

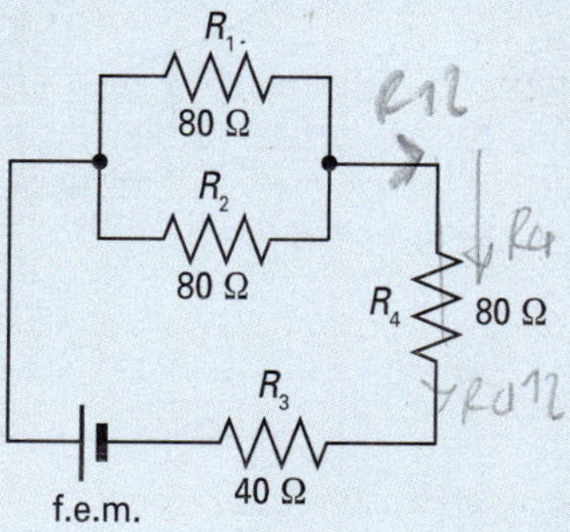

[5,7 V]

3 Un circuito contiene un resistore e un generatore di f.e.m. da 36 V collegati in serie tra loro. Quando il circuito viene chiuso, la potenza fornita al circuito è di 30 W e si misura una differenza di potenziale di 28 V ai capi della resistenza. Calcola la resistenza interna del generatore.

[7,4 Ω]

4 Considera il circuito riprodotto in figura. Le capacità dei condensatori sono: $C_1 = 4 \cdot 10^{-6}$ F, $C_2 = 6 \cdot 10^{-6}$ F e $C_3 = 2 \cdot 10^{-6}$ F. Ai morsetti della batteria vi è una d.d.p. pari a 200 V. Calcola:

a) la capacità equivalente del circuito;

b) la carica che si accumula in ogni condensatore;

c) la d.d.p. ai capi dei condensatori 1 e 2.

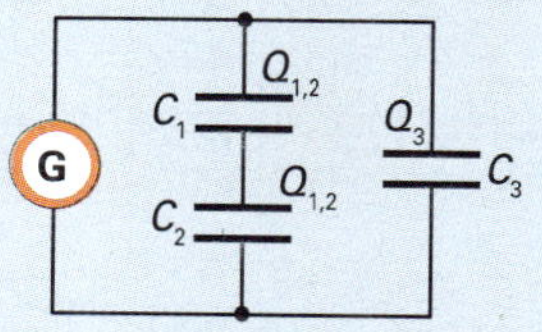

[*a*) $4{,}4 \cdot 10^{-6}$ F; *b*) $4{,}8 \cdot 10^{-4}$ C; $4{,}0 \cdot 10^{-4}$ C; *c*) 120 V, 80 V]

5 In un circuito *RC* sono collegati in serie una resistenza da 80 Ω, un condensatore da 500 mF e un generatore da 3,0 V. Calcola la carica che si deposita sulle armature del condensatore, la corrente e la tensione ai capi del resistore dopo 2,0 s dalla chiusura del circuito.

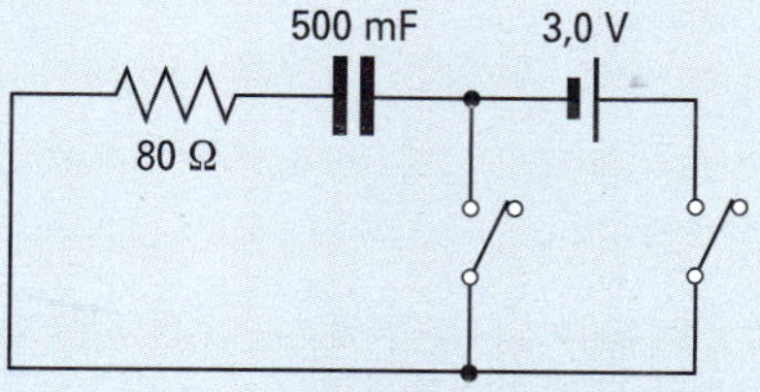

[73 mC; 36 mA; 2,9 V]

6 Il condensatore di un defibrillatore che ha una capacità di 50 mF viene caricato fino ad accumulare un'energia di 400 J. Calcola il valore della resistenza da utilizzare nel circuito *RC* di scarica per avere un tempo di applicazione di 5,0 ms e il valore massimo della corrente in questa fase.

[100 Ω; 4,0 A]

7 In un circuito *RC* due resistenze di 10 Ω e 40 Ω sono in serie con un condensatore di 200 mF e un generatore da 60 V. Calcola quanto tempo dopo la chiusura del circuito la corrente scende al valore di 1,1 A.

[870 ms]

8 Calcola la tensione ai capi di ogni resistore del circuito mostrato in figura e la potenza dissipata da ciascuno di essi.

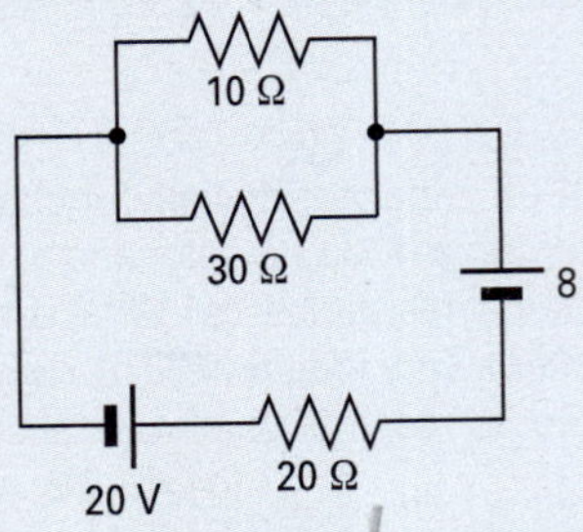

[7,6 V; 5,8 W; 7,6 V; 1,9 W; 20 V; 21 W]

9 Risolvi il circuito calcolando le intensità delle correnti nei rami, utilizzando sia il calcolo delle resistenze in serie e in parallelo, sia le leggi di Kirchhoff.

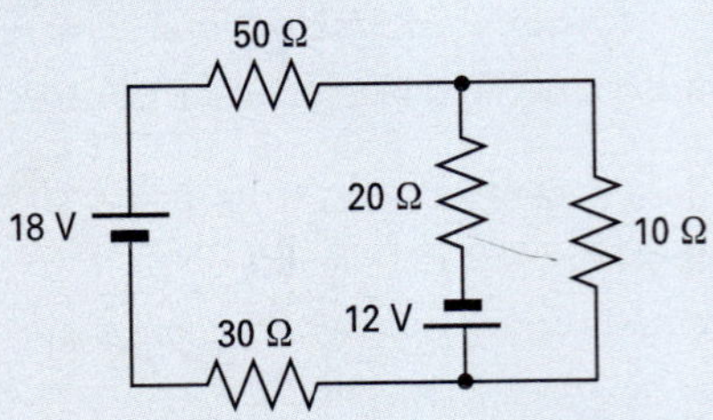

[485 mA; 255 mA; 230 mA]

10 Nel circuito rappresentato in figura ogni resistenza ha valore 10 Ω. Calcola la corrente e la potenza disponibile sul ramo *ab*.

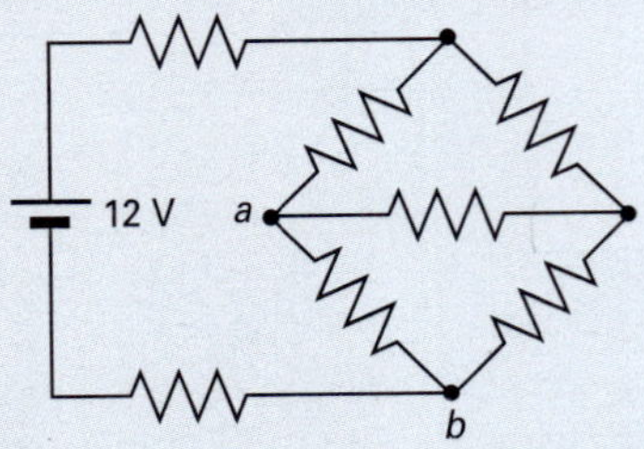

[200 mA; 400 mW]

11 ***ENGLISH*** Find the equivalent resistance between points *a* and *b* and *a* and *c* in Figure. Each resistor has a resistance equal to 100 Ω.

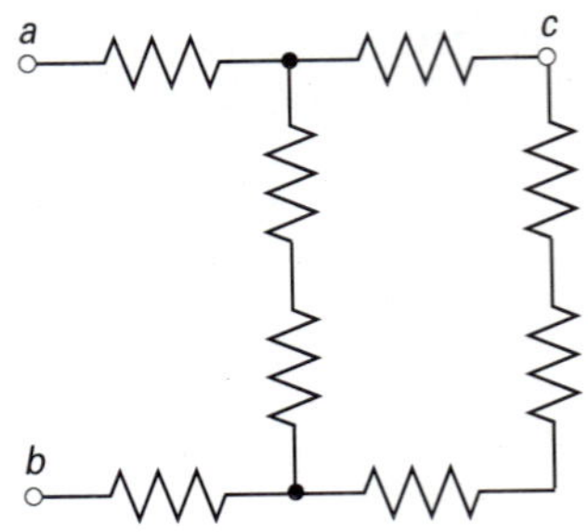

[333.3 Ω; 173.3 Ω]

12 ***ENGLISH*** A sick car battery with an emf of 10 V and an internal resistance of 10 mΩ is connected to a load of 4.0 Ω. To help this battery, a second battery with an emf of 12.3 V and an internal resistance of 12 mΩ is connected to the terminals of the first battery (positive pole with positive pole). Draw a diagram of this circuit. (*a*) Find the current in each part of the circuit. (*b*) Find the power delivered by the second battery.

[*a*) 103.0 A; 2.8 A; 105.8 A; *b*) 1.3 kW]

13 ***ENGLISH*** A parallel combination of an 6-Ω resistor and an unknown resistor *R* is connected in series with a 12-Ω resistor and a battery. This circuit is then disassembled and the three resistors are then connected in series with each other and the same battery. In both arrangements, the current through the 6-Ω resistor is the same. What is the value of *R*?

[8.5 Ω]

TRAINING

1 Un condensatore di capacità $C = 1\,\mu F$ sulle cui armature è inizialmente presente una carica $Q = 10^{-5}$ C viene collegato a una resistenza di $R = 10\ \Omega$ per mezzo di un interruttore. Quanto vale l'intensità della corrente che fluisce nel circuito nell'istante in cui si è appena chiuso l'interruttore?

- **A** 0
- **B** 10^{-5} A
- **C** 10^{-1} A
- **D** 1 A
- **E** 10 A

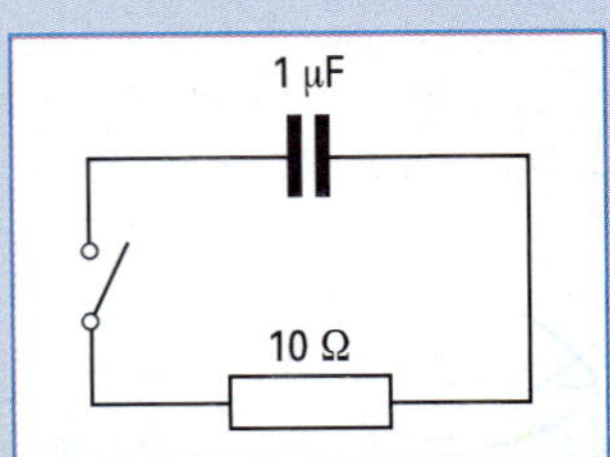

[*Olimpiadi della fisica, Gara di primo livello, 2009*]

2 Due condensatori, inizialmente scarichi, vengono connessi in serie a una batteria di pile, come raffigurato in figura. I condensatori si caricano e, alla fine, la carica sull'armatura di C_2 raffigurata più in alto è:

- **A** −81 μC
- **B** −18 μC
- **C** 0 μC
- **D** +18 μC
- **E** +81 μC

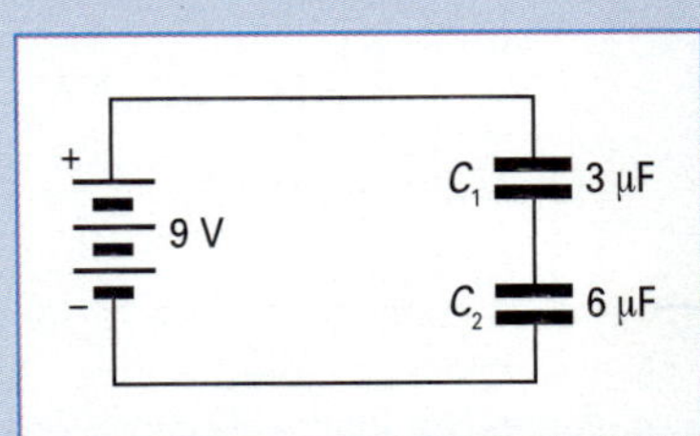

[*Olimpiadi della fisica, Gara di primo livello, 2007*]

3 Uno studente esegue un esperimento di carica di un condensatore, collegandolo a un generatore di tensione costante V attraverso una resistenza R; traccia poi i tre grafici mostrati in figura dimenticando di indicare sugli assi le grandezze cui si riferiscono.

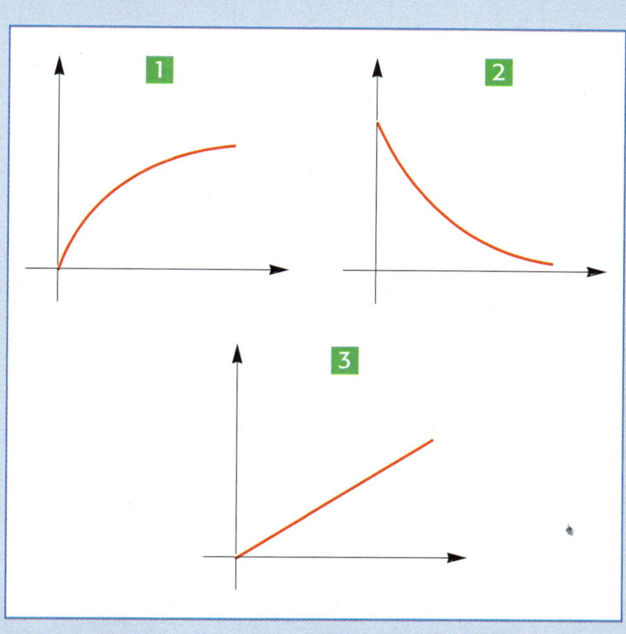

Quale riga della seguente tabella riporta le indicazioni corrette, rispettivamente per le ordinate e le ascisse?

	Grafico 1	Grafico 2	Grafico 3
A	carica e tensione	corrente e tempo	tensione e tempo
B	corrente e tempo	tensione e tempo	carica e tensione
C	corrente e tempo	carica e tensione	tensione e tempo
D	tensione e tempo	corrente e tempo	carica e tensione
E	tensione e tempo	carica e tensione	corrente e tempo

[*Olimpiadi della fisica, Gara di primo livello, 2008*]

4 Una pila da 4,5 V è collegata a quattro resistori che formano il semplice circuito indicato nella seguente figura.

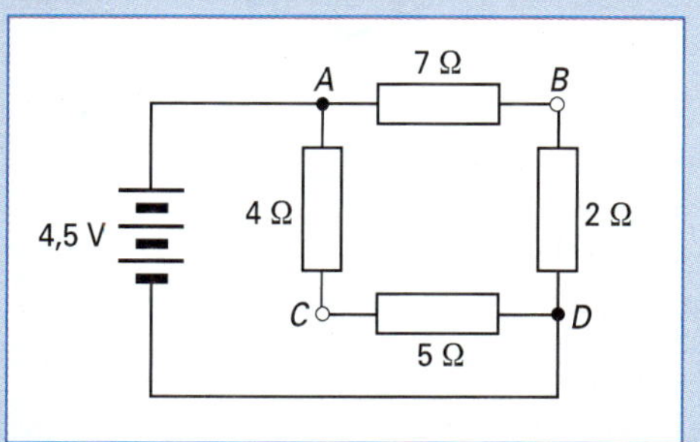

Quant'è la differenza di potenziale fra il punto B e il punto D?

A +1 V

B +2 V

C +2,5 V

D +3,5 V

E +4,5 V

[*Olimpiadi della fisica, Gara di primo livello, 2006*]

5 Si consideri un semplice circuito costituito da una batteria e tre lampadine. La lampadina 1 è collegata in parallelo con la 2; questo parallelo è posto in serie alla lampadina 3.
Che cosa accade alla luminosità delle altre due lampadine se la 1 si brucia?

A Entrambe diventano più luminose.

B La lampadina 2 diventa più luminosa mentre la 3 non cambia luminosità.

C La lampadina 2 diventa più luminosa mentre la 3 si indebolisce.

D La lampadina 2 si indebolisce mentre la 3 diventa più luminosa.

E Le due lampadine non cambiano luminosità.

[*Olimpiadi della fisica, Gara di primo livello, 2005*]

6 Una batteria, un amperometro, tre resistori e un interruttore sono collegati per formare il circuito mostrato in figura.

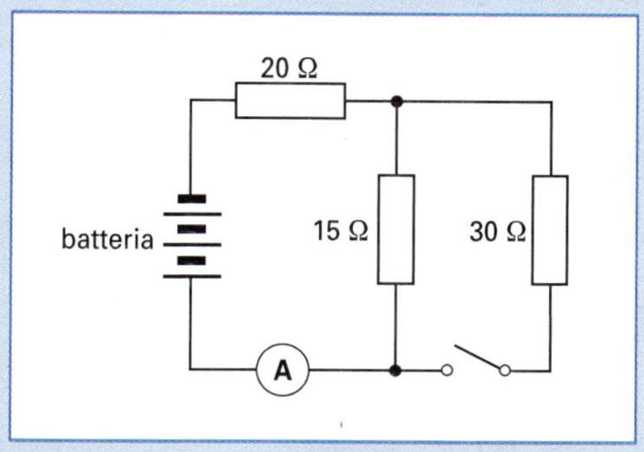

Quando l'interruttore viene chiuso che cosa succede alla differenza di potenziale ai capi del resistore da 15 Ω?

A È uguale alla d.d.p. ai capi del resistore da 20 Ω.

B È il doppio della d.d.p. ai capi del resistore da 30 Ω.

C È uguale alla d.d.p. ai capi del resistore da 30 Ω.

D È la metà della d.d.p. ai capi del resistore da 30 Ω.

E Nessuna delle precedenti.

[*Olimpiadi della fisica, Gara di primo livello, 2005*]

7 Per aumentare la luce emessa da una lampada da tavolo, un ragazzo sostituisce la lampadina da 60 W con una da 100 W.
In confronto alla lampadina da 60 W, quella da 100 W ha:

A resistenza minore e conduce una corrente maggiore.

B resistenza minore e conduce una corrente minore.

C resistenza uguale e conduce una corrente maggiore.

D resistenza maggiore e conduce una corrente maggiore.

E resistenza maggiore e conduce una corrente minore.

[*Olimpiadi della fisica, Gara di primo livello, 2004*]

8

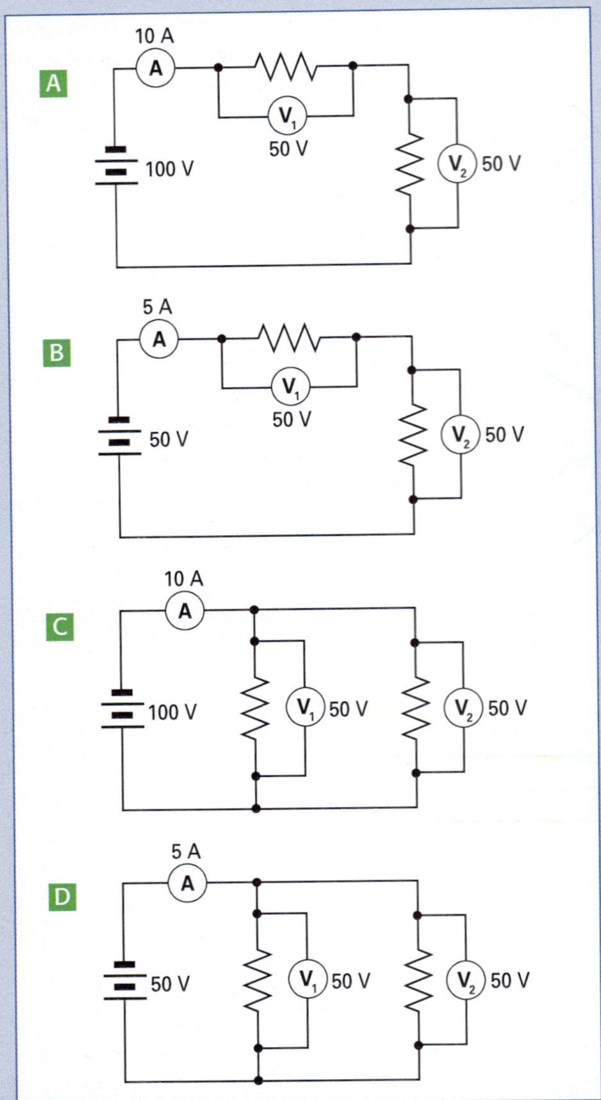

In quale coppia dei circuiti mostrati in figura le letture dei due voltmetri V_1 e V_2 e dell'amperometro A possono essere corrette?

- **A** A e B
- **B** B e C
- **C** C e D
- **D** A e D
- **E** B e D

[*Olimpiadi della fisica, Gara di primo livello, 2004*]

9 La figura mostra un circuito con due resistori connessi in parallelo a una batteria ideale da 12 V.
La potenza totale sviluppata dal circuito è:

- **A** 12 W
- **B** 24 W
- **C** 48 W
- **D** 300 W
- **E** 1200 W

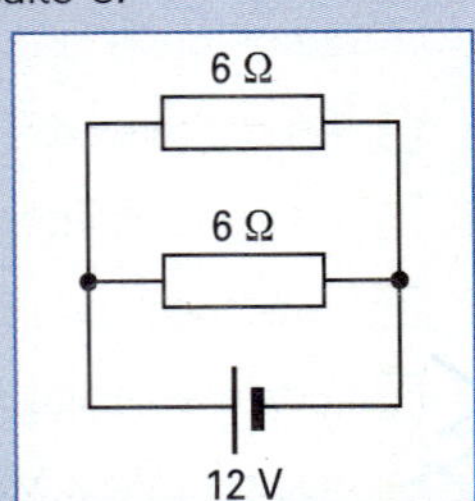

[*Olimpiadi della fisica, Gara di primo livello, 2001*]

10 Quattro resistori sono connessi come in figura.

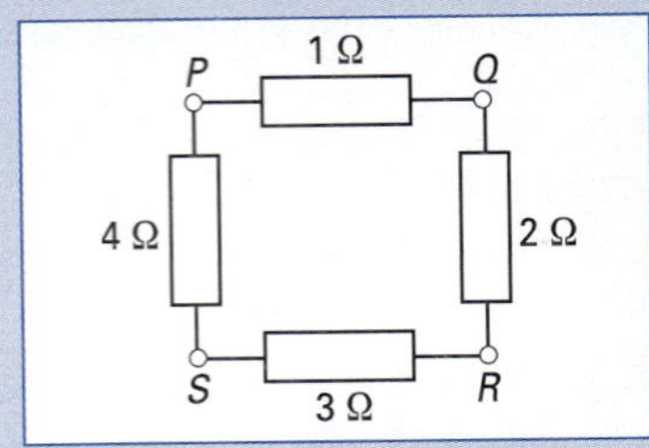

Fra quale coppia di punti la resistenza è massima?

- **A** *P* e *Q*
- **B** *Q* ed *S*
- **C** *R* ed *S*
- **D** *S* e *P*
- **E** *P* ed *R*

[*Olimpiadi della fisica, Gara di primo livello, 2002*]

11 Nel circuito mostrato, un condensatore di capacità 3 μF è caricato da una batteria di f.e.m. pari a 6 V quando il commutatore è collegato al punto *A*. Il commutatore viene ora collegato al punto *B*. Questa azione fa sì che il condensatore da 3 μF carichi quello da 6 μF.
Qual è la nuova differenza di potenziale tra le armature dei condensatori?

- **A** 1 V
- **B** 2 V
- **C** 3 V
- **D** 4 V
- **E** 6 V

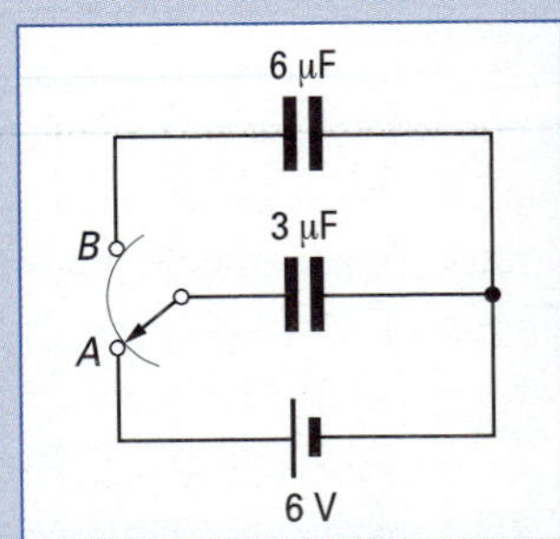

[*Olimpiadi della fisica, Gara di primo livello, 2001*]

12 Nel circuito mostrato in figura i condensatori sono scarichi. Dopo che è stato chiuso l'interruttore *T* si raggiunge una condizione stazionaria.

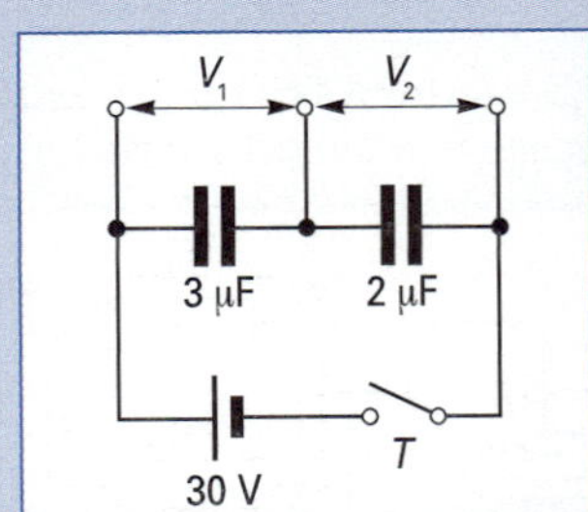

Quanto valgono a questo punto le differenze di potenziale V_1 e V_2?

- **A** 12 V, 18 V
- **B** 18 V, 12 V
- **C** 15 V, 15 V
- **D** 30 V, 30 V
- **E** Dipende dalla resistenza complessiva del circuito.

[*Olimpiadi della fisica, Gara di primo livello, 2000*]

13 Nel circuito mostrato in figura, la corrente erogata dalla batteria vale:

A 1 A

B 2 A

C 4 A

D 4,5 A

E 10 A

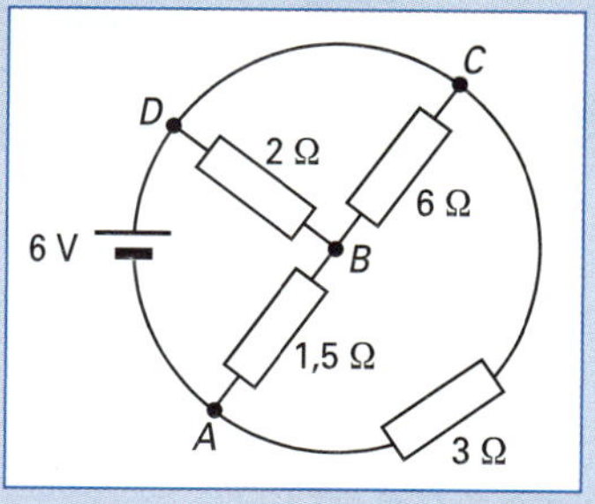

[*Olimpiadi della fisica, Gara di primo livello, 2000*]

14 Quattro lampadine identiche *P*, *Q*, *R*, *S* sono inserite nel circuito mostrato in figura e sono tutte accese.

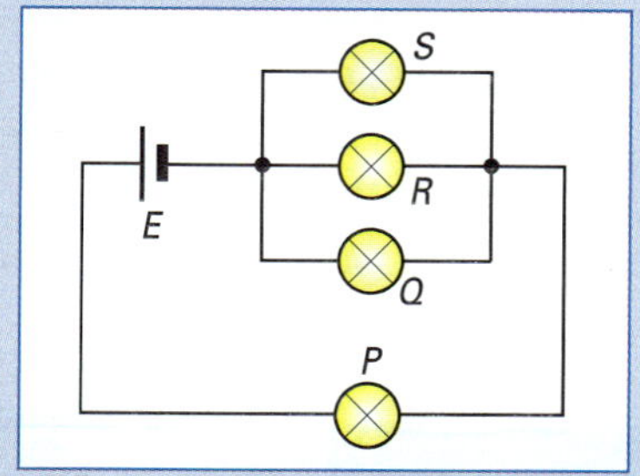

Se la lampadina *Q* viene svitata, quale delle seguenti affermazioni è vera?

A Le lampadine *P*, *R* ed *S* restano ugualmente luminose.

B La lampadina *P* è più luminosa di prima, ma non quanto sono ora *R* ed *S*.

C La lampadina *P* è meno luminosa di prima, ma non quanto sono ora *R* ed *S*.

D La lampadina *P* è più luminosa di prima ed è anche più luminosa di quanto sono ora *R* ed *S*.

E La lampadina *P* è meno luminosa di prima, ma più luminosa di quanto sono ora *R* ed *S*.

[*Olimpiadi della fisica, Gara di primo livello, 2000*]

15 La batteria che alimenta il circuito in figura eroga una corrente di 3 A.

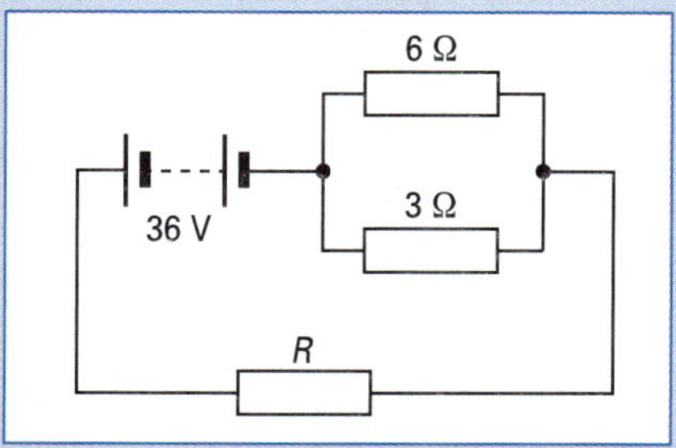

Assumendo che la batteria abbia una resistenza intera trascurabile, la resistenza *R* è di:

A 3 Ω

B 4 Ω

C 10 Ω

D 12 Ω

E 18 Ω

[*Olimpiadi della fisica, Gara di primo livello, 1999*]

16 Uno studente ha bisogno di una resistenza da inserire in un circuito elettronico e il suo valore deve cadere nell'intervallo (15 ± 4) Ω. Per questo scopo egli ha a disposizione unicamente delle resistenze il cui valore, misurato con altissima precisione, è di 10 Ω.

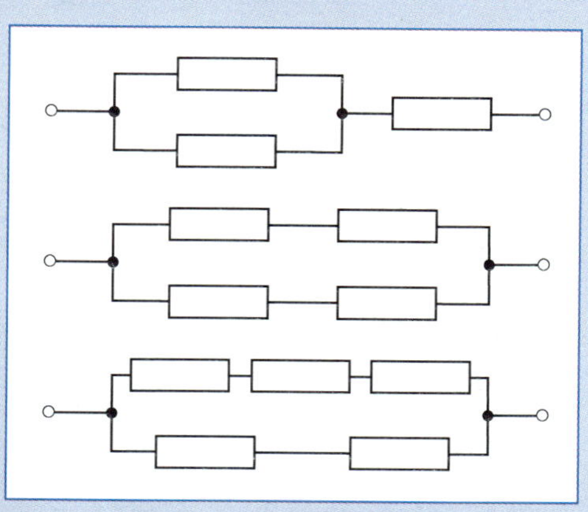

Quali delle combinazioni di resistenze da 10 Ω mostrate in figura può essere usata?

A Soltanto la 1.

B Sia la 1 sia la 2.

C Sia la 1 sia la 3.

D Sia la 2 sia la 3.

E Tutte e tre.

[*Olimpiadi della fisica, Gara di primo livello, 1999*]

17 Nel circuito mostrato in figura $R_1 = R_2 = 1 M\Omega$ e $C_1 = C_2 = 1 \mu F$. L'interruttore *S* è inizialmente aperto e il condensatore C_2 è scarico. Quando *S* viene chiuso:

1. la corrente attraverso R_2 assume inizialmente il valore 0,1 mA e diminuisce gradualmente fino a zero;
2. la carica su C_1 diminuisce inizialmente, ma poi ritorna al suo valore originario;
3. la carica finale su C_2 sarà la metà di quella su C_1.

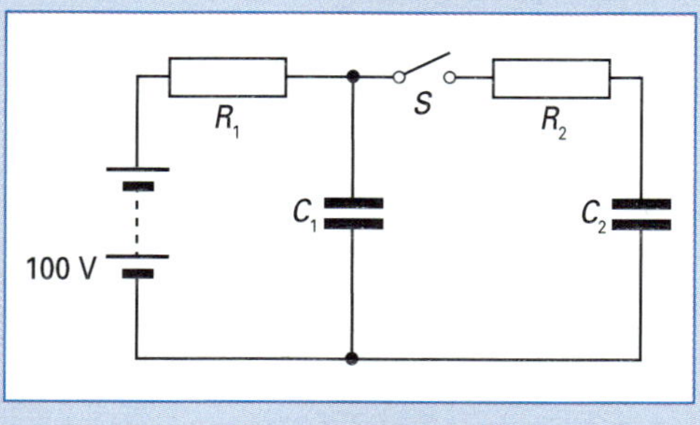

Quale delle precedenti affermazioni è corretta?

A Sono tutte corrette.

B Solamente la 1 e la 2 sono corrette.

C Solamente la 2 e la 3 sono corrette.

D Solamente la 1 è corretta.

E Solamente la 3 è corretta.

[*Olimpiadi della fisica, Gara di primo livello, 1998*]

UNITÀ 20

Campi magnetici

20.1 Il campo magnetico

La proprietà, nota già nell'antichità sia ai Greci sia ai Cinesi, per la quale un minerale a base di ossido di ferro, detto anche magnetite, può attirare dei piccoli pezzi metallici – ma non tutti i metalli – prende il nome di **magnetismo**.

magnetismo

Il **magnetismo** è un fenomeno presentato da certi corpi, detti **magneti** (o comunemente *calamita*), grazie al quale essi esercitano una forza a distanza su sostanze come il ferro, attirandole.

Vediamo di capire qualcosa di più sulle caratteristiche del magnetismo.

Se si prende un magnete a forma di ago e lo si sospende su una punta in modo tale che possa ruotare liberamente con un attrito minimo, si nota che dopo un certo tempo l'ago si ferma e con una delle due estremità indica il polo Nord geografico, mentre con l'altra indica ovviamente il polo Sud. La parte dell'ago magnetico rivolta a Nord viene chiamata **polo nord**, quella opposta **polo sud**.

Si tratta del principio che viene sfruttato per la costruzione delle bussole, un tempo molto importanti per la navigazione.

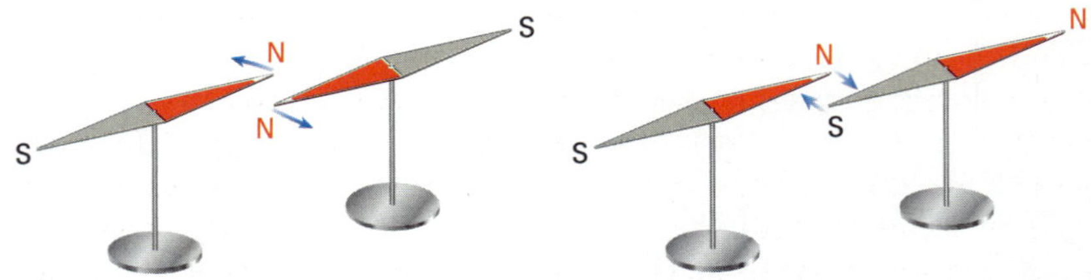

Se si avvicinano fra loro due aghi dalla parte della polarità nord, tra di essi si ha una forza repulsiva. Lo stesso accade se vengono avvicinati entrambi dalla parte della polarità sud. Invece, se le polarità sono opposte, una nord e l'altra sud, la forza tra gli aghi magnetici è attrattiva.

Poli uguali, cioè nord con nord e sud con sud, si respingono, mentre poli diversi, cioè nord con sud e viceversa, si attraggono.

polo nord e polo sud

ON LINE
VIRTUAL LAB
Campo e ago magnetico

Grazie a queste osservazioni possiamo individuare la disposizione delle due polarità in qualunque magnete.

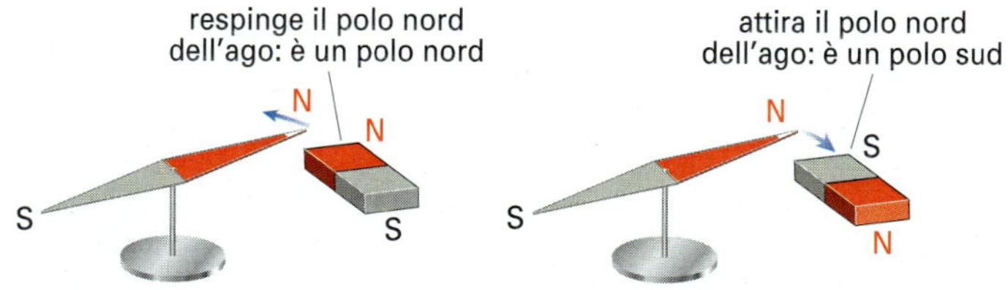

Se avviciniamo per esempio una calamita a forma di sbarra al polo nord di un ago magnetico, se lo respinge vuol dire che da quella parte della calamita vi è una polarità (nord) dello stesso tipo, se al contrario lo attrae, allora si tratta di una polarità opposta (sud).

Possiamo dunque notare che ci sono delle analogie con i fenomeni elettrici; infatti così come si parla di carica elettrica positiva e negativa, allo stesso modo nel magnetismo si distinguono le due condizioni magnetiche chiamate polo nord e polo sud.

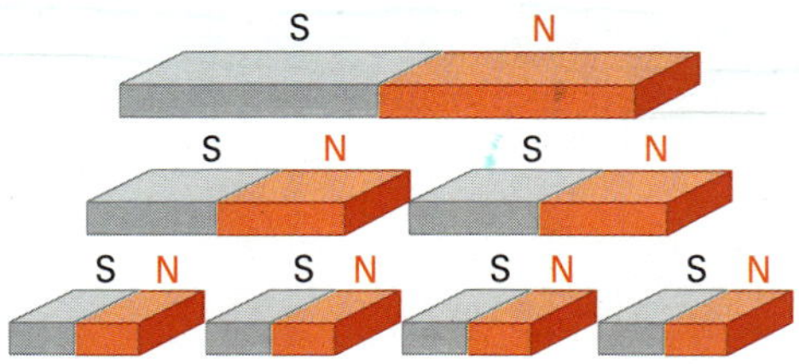

Dato che in natura le cariche positive e quelle negative esistono separatamente, possiamo provare a isolare un polo nord da un polo sud. Se però dividiamo la calamita in due parti, ci accorgiamo che le due nuove calamite presentano entrambe ai loro estremi sia il polo nord sia il polo sud. Continuando con la suddivisione, il risultato si ripete. Ne dobbiamo concludere che, non essendo possibile creare un polo nord separato dal polo sud, il magnetismo su questo aspetto differisce profondamente dall'elettricità.

FLASH

Giocando a... monopòlo

Già Pierre Curie (1859-1906), avanzò nel 1894 l'ipotesi dell'esistenza dei **monopòli magnetici**, vale a dire le polarità magnetiche separate tra loro. Più tardi, Paul A.M. Dirac (1902-1984) sostenne che i monopòli avrebbero potuto giustificare la *quantizzazione* delle cariche elettriche.
Ma qual è la situazione oggi? Le attuali teorie della fisica delle particelle prevedono la possibiltà che i monopòli esistano, ma non si è ancora avuta una definitiva conferma sperimentale.
Negli anni scorsi due gruppi di ricercatori europei hanno compiuto esperimenti con composti particolari, chiamati **spin ices** a causa di un certo parallelismo con le molecole del ghiaccio di acqua. A temperature molto basse queste sostanze si presenterebbero come una catena chiusa su se stessa di piccolissimi magneti. Innalzando un po' la temperatura tale catena si spezzerebbe liberando alle sue estremità le opposte polarità nord e sud in grado in pratica di muoversi indipendentemente l'una dall'altra: ecco il monopòlo! Tuttavia, altri ricercatori statunitensi sostengono che non si tratta di veri e propri monopòli perché questi dovrebbero presentarsi realmente separati, esistenti effettivamente come particelle singole...

Sappiamo che una carica elettrica (sorgente) modifica le caratteristiche dello spazio circostante e che questa *influenza*, denotata per mezzo del concetto di **campo**, può essere evidenziata tramite un'altra carica elettrica, detta esploratrice. Avviene lo stesso attorno ai magneti?

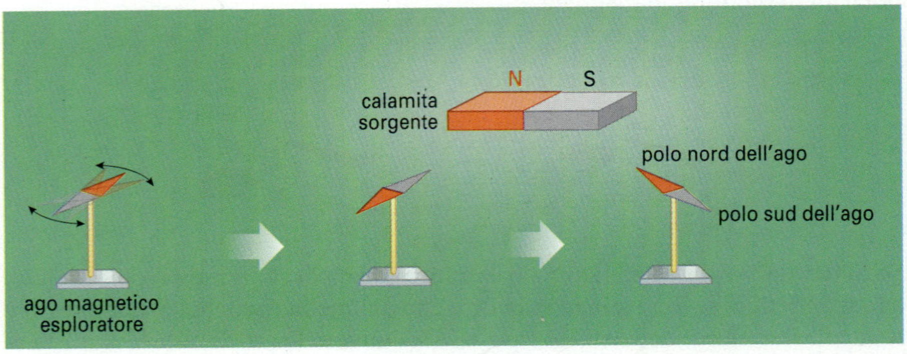

Prendendo come agente esploratore un ago magnetico e avvicinandolo a una calamita, osserviamo che l'ago, dopo alcune oscillazioni, raggiunge una posizione di equilibrio; se poi lo spostiamo, si dispone con un orientamento diverso dal precedente, evidenziando così gli effetti della presenza della calamita.

campo magnetico

Il **campo magnetico** è l'insieme dei vettori che servono per descrivere l'influenza che una calamita (**sorgente**) esercita nella zona a essa circostante su un qualsiasi ago magnetico (**esploratore**).

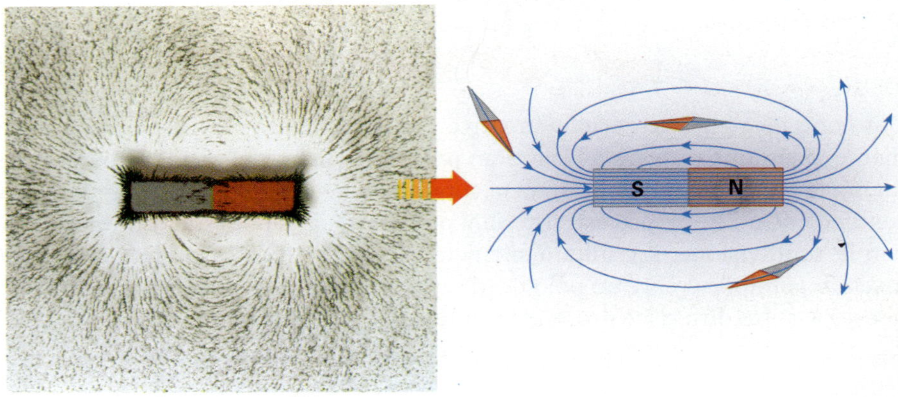

Per visualizzare le linee di forza del campo generato da una calamita, si può appoggiare su un cartoncino bianco la barretta e poi spargere su di esso della limatura di ferro. Le singole particelle di ferro si magnetizzano e si comportano come piccoli aghi magnetici, orientandosi nel campo magnetico nel quale si trovano. L'effetto finale è schematizzato nella figura accanto.

Confrontando le linee di forza così ottenute con quelle in prossimità di una carica elettrica, constatiamo che quelle del campo magnetico sono chiuse, contrariamente a quelle del campo elettrico, che dalla carica sorgente partono radialmente e vanno all'infinito e sono aperte. Per convenzione, il verso delle linee di forza del campo magnetico è quello che va dal polo nord dell'ago.

ESTERNO → nord - sud
INTERNO → sud - nord

Ricorda!...

All'esterno di una calamita le linee di forza del campo magnetico vanno dal polo nord al polo sud, mentre al suo interno vanno dal polo sud al polo nord.

FLASH

Dalla limatura di ferro al concetto di campo

Il concetto di azione a distanza non è mai piaciuto ai fisici (già a partire da Newton) in quanto l'idea che un corpo possa esercitare una forza su un altro corpo istantaneamente e a qualunque distanza, procura seri problemi: 1) quale mezzo c'è tra i corpi per trasmettere tanto rapidamente una forza? 2) oppure esiste in alternativa qualcosa che si muove a una velocità superiore a quella della luce? In tutta risposta, dapprima si evitò giustamente di costruire delle ipotesi *ad hoc* (anche se poi ci si affidò al modello matematico senza porsi ulteriori domande sulle sue conseguenze fisiche), dopodiché si andò alla disperata ricerca di un fantomatico mezzo chiamato *etere* per stabilire alla fine che... proprio non c'è!

Nel 1873, tuttavia, uno scienziato scozzese, James Clerk Maxwell (1831-1879), scrisse nella prefazione del suo lavoro *A Treatise On Electricity And Magnetism*: «Mentre procedevo nello studio di Faraday, mi accorsi che il suo metodo di concepire i fenomeni era anche matematico, sebbene non mostrato nella forma convenzionale di simboli matematici. (...) Faraday, con l'occhio della mente, vedeva le linee di forza attraversare tutto lo spazio laddove i matematici vedevano centri di forza che si attiravano a distanza: Faraday vedeva un mezzo laddove essi vedevano solamente una distanza».

Dunque fu Michael Faraday (1791-1867) il primo a intuire la "fisicità" delle linee di forza con cui viene rappresentata la situazione attorno a un magnete. In altre parole, quelle linee che tanto bene si possono osservare in prossimità di una calamita, non sono delle semplici linee virtuali che servono unicamente per dare la direzione in cui agiscono le forze presenti, ma costituiscono qualcosa di ben più concreto: il campo, per l'appunto! Nello spazio che circonda un magnete (o, con altre caratteristiche, un corpo carico o dotato di massa) *succede* qualcosa, lo spazio non è più quello che si ha quando il magnete non c'è e lo spazio è per così dire "vuoto". In questo modo non c'è più bisogno di parlare di azione a distanza o di propagazione di una perturbazione a velocità infinità, perché quando l'oggetto esploratore entra nel campo in questione, banalmente reagisce alla situazione nella quale viene a trovarsi.

Il concetto di campo trovò il pieno successo nell'ambito della Relatività generale di Albert Einstein, osteggiato da pochi scienziati tra cui un'altra figura geniale, quel Nikola Tesla che fino alla fine sostenne la tesi dell'etere che però la moderna fisica quantistica sta facendo tornare di "moda"...

20.2 Il campo magnetico terrestre

VIDEO LAB

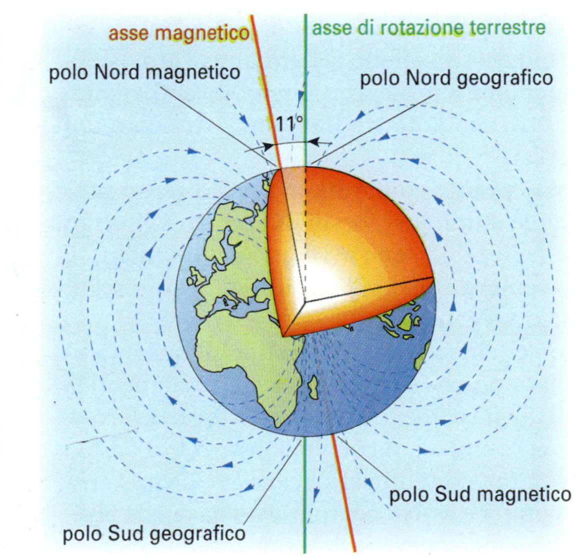

Se proviamo, in assenza di magneti, a lasciare un ago magnetico libero di ruotare, modificandone più volte la posizione iniziale, vediamo che alla fine si orienta sempre secondo una particolare direzione. Dato che per ipotesi nelle vicinanze non ci sono calamite, il movimento dell'ago testimonia l'esistenza di un campo magnetico: si tratta di quello generato dalla Terra. D'altra parte sappiamo che l'estremità di un ago magnetico, detta polo nord, è attratta dal polo sud di una calamita vicina e viceversa.

Ricorda!...

Il nome di *poli* deriva proprio dal fatto che un magnete sottile e allungato, sospeso per esempio con un filo, si dispone in modo tale da indicare con una delle due estremità il polo Nord terrestre e con l'altra, di conseguenza, il polo Sud del nostro pianeta.

Ma allora come mai il polo nord dell'ago magnetico indica il Nord della Terra, visto che esso non può essere attratto che da un polo sud? Sembra esserci qualcosa di poco chiaro in questo discorso...
Il fatto è che il polo nord dell'ago è attratto sempre dal polo sud di altre calamite, per cui il punto cardinale terrestre verso il quale esso si dispone (chiamato comunemente polo Nord magnetico poiché vicino al polo Nord geografico), *magneticamente parlando* è, al contrario, un polo sud! E il discorso esattamente speculare vale per il polo Sud terrestre che, attraendo il polo sud dell'ago, in termini magnetici costituisce in realtà una polarità nord.

Sul fenomeno del magnetismo naturale del nostro pianeta si basa una delle invenzioni più antiche, la **bussola**, che per millenni ha permesso agli esploratori, in particolare ai marinai, di individuare il Nord e quindi di orientarsi in qualunque condizione climatica, anche senza l'aiuto del cielo stellato.

ON LINE

Le aurore polari

FLASH

L'inversione del campo magnetico terrestre

Le lave vulcaniche contengono materiali ferromagnetici che, durante la solidificazione, si orientano come minuscole calamite in direzione del polo Nord. Gli studiosi del fenomeno (detto *Paleomagnetismo*) hanno constatato che, a seconda dell'epoca di solidificazione, vi sono rocce magnetizzate preferenzialmente in un certo verso e altre rocce magnetizzate invece in quello opposto. L'unica spiegazione plausibile di questo fatto è che il campo magnetico terrestre sia soggetto a inversioni periodiche: negli ultimi 4,5 milioni di anni se ne sarebbero verificate dodici, l'ultima delle quali risalirebbe a 250 000 anni fa... soltanto. Durante la fase di inversione, il campo diminuisce in modo regolare sino a diventare nullo, per poi ricominciare ad aumentare nel verso opposto. Attualmente non è possibile prevedere quando il fenomeno si ripeterà, né in quanto tempo avverrà, poiché non è stata ancora trovata una spiegazione teorica soddisfacente. Alcuni indizi fanno sospettare che sia già iniziato un nuovo processo di ribaltamento del campo magnetico, come il fatto che il polo Nord magnetico si stia avvicinando al polo Nord geografico, da cui dista 1600 km, alla velocità di 20 km all'anno e che, contemporaneamente, il valore della sua intensità sia diminuito negli ultimi dieci anni dell'uno per cento.
Per fortuna, le conseguenze di un ulteriore indebolimento del campo magnetico della Terra o persino di una scomparsa temporanea non sarebbero gravi per la vita, in quanto, nonostante il venire meno del suo effetto schermante, l'atmosfera continuerebbe a proteggerci in modo sufficientemente efficace dalla radiazione cosmica e dal vento solare.
Una rassicurante conferma in questo senso proviene dallo studio dei fossili di animali vissuti in epoche nelle quali sono avvenute le inversioni, in quanto sembra che non presentino i temuti segni di mutazioni genetiche.
Più problematico appare il destino di quegli animali migratori che sfruttano per gli spostamenti la loro sensibilità al magnetismo terrestre; o delle memorie dei computer, il cui funzionamento è basato sugli elettroni presenti nel silicio e la cui carica negativa potrebbe essere neutralizzata da quelle positive provenienti dallo spazio extraterrestre.

20.3 L'esperienza di Oersted: interazione magnete-corrente elettrica

Sino agli inizi del XIX secolo l'elettricità e il magnetismo, anche per il fatto che i poli non erano separabili come invece poteva avvenire con le cariche, erano considerati due tipi di fenomeni del tutto distinti l'uno dall'altro e senza alcunché in comune fra loro.
Nel 1820 il professore danese Hans Christian Oersted (1777-1851) annunciò una scoperta inaspettata, frutto di una semplice esperienza facilmente riproducibile.

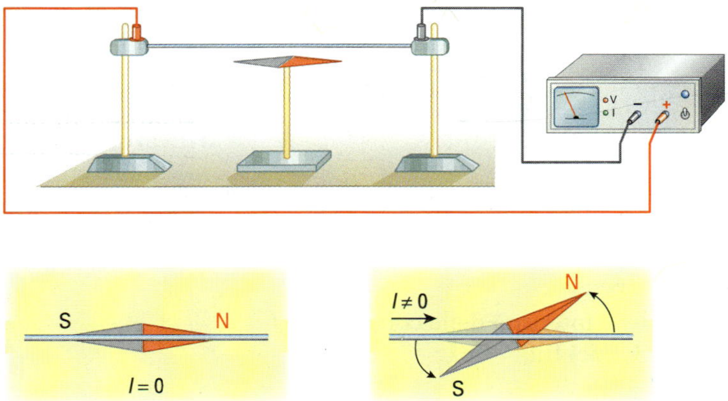

Ponendo un filo percorso da corrente parallelamente al di sopra di un ago magnetico, inizialmente sottoposto al solo campo magnetico terrestre, l'ago ruota di un certo angolo. Quando, poi, la circolazione di corrente nel filo cessa, l'ago torna alla posizione di equilibrio iniziale, indicando il Nord. Dunque, se ne conclude che la corrente elettrica in qualche modo *agisce* sull'ago magnetico e deve avere in qualche modo a che fare con il magnetismo stesso. In definitiva si è scoperto che la corrente che circola in un filo genera un campo magnetico.

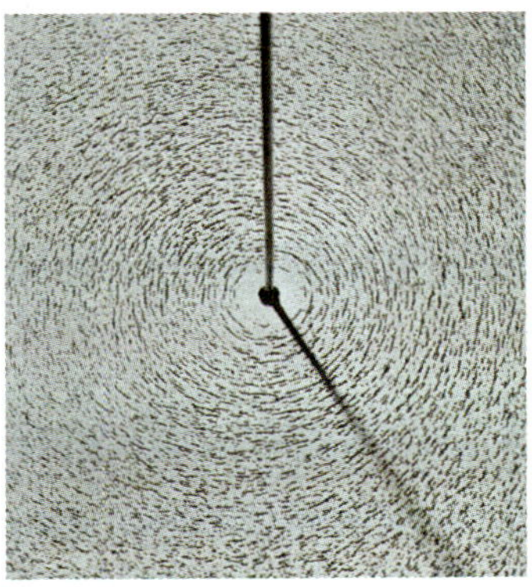

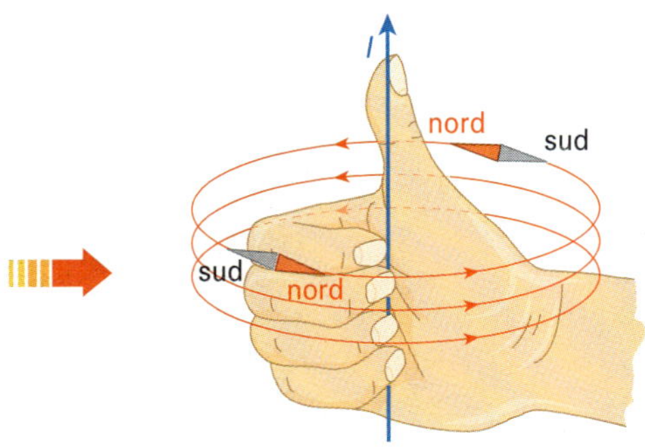

Per valutare le caratteristiche del campo magnetico prodotto da un filo percorso da corrente, si può ricorrere nuovamente all'uso della limatura di ferro, al fine di evidenziarne le linee di forza, che in questo caso sono delle circonferenze concentriche con l'asse del filo e giacenti su piani a esso perpendicolari.

Il verso del campo magnetico attorno al filo può essere individuato disponendo il pollice della mano destra parallelamente al filo nel senso della corrente elettrica e richiudendo le altre dita contro il palmo: il verso delle dita coincide con quello del campo magnetico.

regola della mano destra

20.4 L'esperienza di Ampère: interazione corrente-corrente

La scoperta di Oersted ebbe una grande risonanza nel mondo scientifico dell'epoca e già nel settembre dello stesso anno il fisico francese André-Marie Ampère (1775-1836), partendo dal presupposto che le correnti si comportassero come i magneti, annunciava una nuova scoperta.

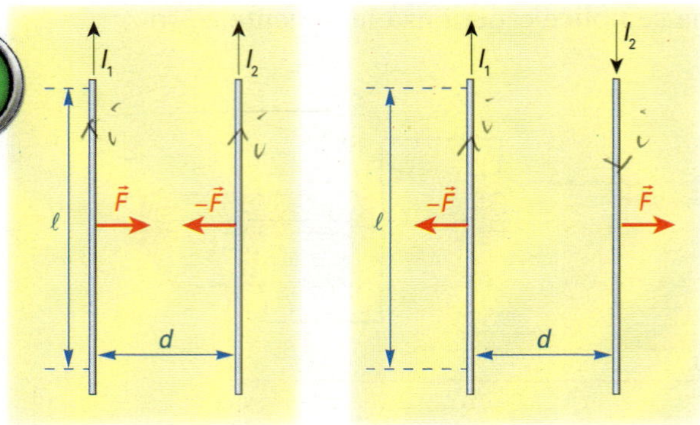

Se lungo due fili rettilinei e paralleli circola corrente, fra di essi si manifesta una forza.
Per capire da quali elementi dipende l'interazione tra i due fili, il fisico francese eseguì una serie di prove che gli permisero di verificare che la forza è attrattiva, se la corrente nei due fili ha lo stesso verso, o repulsiva, se il verso è opposto.

Inoltre, la forza dipende:
- dal prodotto delle intensità delle correnti $I_1 \cdot I_2$;
- dalla lunghezza l dei fili;
- dalla distanza d tra di essi.

Queste osservazioni possono essere sintetizzate nella relazione:

forza tra fili paralleli

$$F = K \cdot \frac{I_1 \cdot I_2 \cdot l}{d}$$

dove K è una costante che assume nel vuoto il valore $2 \cdot 10^{-7}$ N/A^2.
Da tale relazione emerge che la forza...

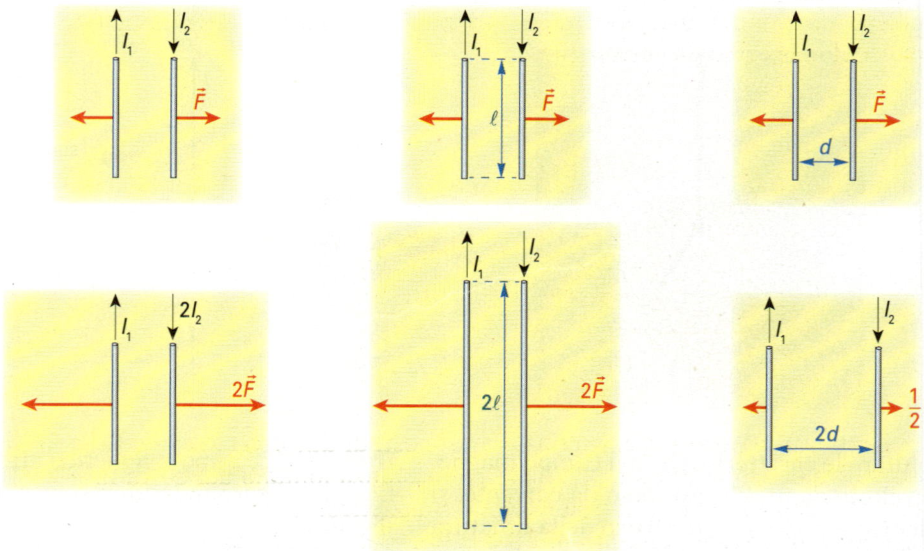

... è direttamente proporzionale al prodotto tra le intensità delle correnti $I_1 \cdot I_2$;

... è direttamente proporzionale alla lunghezza l dei fili;

... è inversamente proporzionale alla distanza d tra i fili.

Quando abbiamo parlato della corrente elettrica, abbiamo introdotto come unità di misura l'ampere, segnalando la provvisorietà della definizione fornita in quel punto. In effetti, nel SI l'ampere è stabilito secondo la seguente modalità.

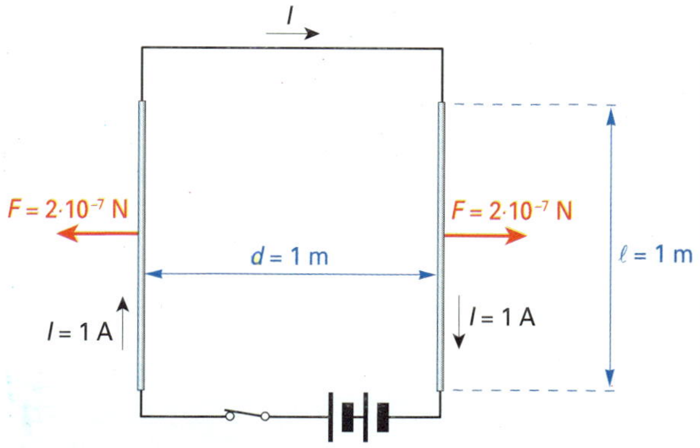

Una corrente elettrica ha intensità pari a 1 ampere quando, circolando con uguale intensità in due fili rettilinei e paralleli, di lunghezza indefinita distanti 1 m l'uno dall'altro, determina fra di essi per ogni metro di lunghezza una forza di $2 \cdot 10^{-7}$ N.

ampere

∀ metro di ℓ → F = 2·10⁻⁷ N

Ora, la corrente elettrica è in effetti una grandezza derivata, essendo un movimento di cariche nel tempo. Il motivo per cui l'XI Conferenza dei Pesi e delle Misure ha tuttavia raccomandato l'uso dell'ampere nel SI è dovuto al fatto che è possibile preparare con maggiore precisione il campione standard della corrente piuttosto che quello della carica. In altre parole, è quest'ultima che deve essere pensata come il prodotto tra la corrente elettrica e l'intervallo di tempo.

20.5 Il vettore campo magnetico

Sviluppando il concetto di campo elettrico, abbiamo definito il relativo vettore campo elettrico $\vec{E}$. In modo analogo procediamo adesso, introducendo un vettore rappresentativo del campo magnetico, $\vec{B}$, chiamato **intensità di campo magnetico** o semplicemente **campo magnetico**. Per definirlo ci basiamo sui risultati ottenuti nel 1821 da Michael Faraday (1791-1867) che in un famoso esperimento aveva verificato che un campo magnetico esercita una forza su un filo percorso da corrente.

COSA SUCCEDE QUANDO UNA CORRENTE ELETTRICA SCORRE IN UN FILO POSTO ALL'INTERNO DI UN CAMPO MAGNETICO?
SU DI ESSO AGISCE UNA
F = i · l · B

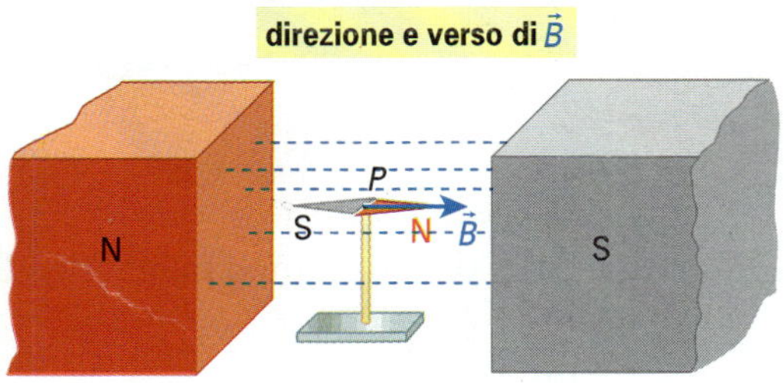

Consideriamo la zona compresa fra due poli opposti di due diverse calamite (o di una stessa calamita piegata ad anello), abbastanza lontano dai bordi in modo da poter considerare uniforme il campo magnetico.
Come agente esploratore poniamo in un punto P del campo magnetico un ago, assumendo che la direzione del campo sia individuata dall'asse dell'ago e il verso dal polo nord di quest'ultimo, per cui le linee di forza vanno dal polo nord al polo sud della calamita.
Rimane il problema di definire quantitativamente il modulo di $\vec{B}$.

ON LINE
VIRTUAL LAB
Interazione corrente-magnete
$F = B \cdot I \cdot l$

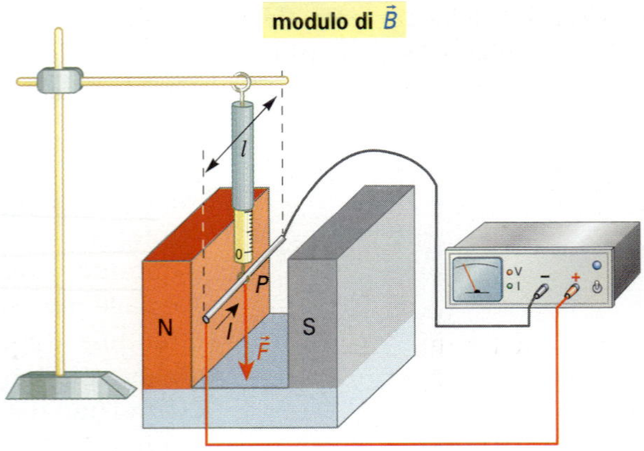

Consideriamo come agente esploratore un filo di lunghezza l, perpendicolare in P alla direzione del campo magnetico e percorso da una corrente di intensità I. Osservando che sul filo si manifesta una forza $\vec{F}$ diretta verso il basso, con modulo direttamente proporzionale all'intensità di corrente I e alla lunghezza del filo l, possiamo scrivere:

$$F \propto I \cdot l$$

La costante di proporzionalità che dobbiamo introdurre per esprimere F dipende a questo punto solo dalla sorgente del campo magnetico. Assumiamo allora tale costante come il modulo B del vettore campo magnetico:

forza su filo rettilineo perpendicolare

$$F = IlB$$

Quindi, il modulo B del vettore campo magnetico è dato da:

intensità di campo magnetico

$$B = \frac{F}{I \cdot l}$$

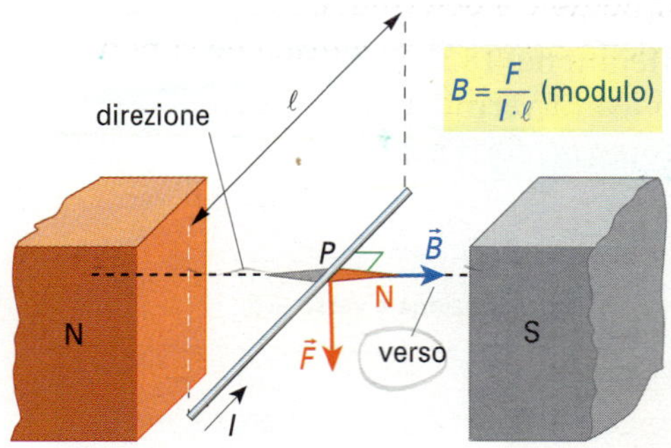

Riassumendo, le caratteristiche del vettore campo magnetico $\vec{B}$ in un punto P sono:

- *modulo*: $B = \frac{F}{I \cdot l}$ (quando il filo è perpendicolare in P alle linee di forza);
- *direzione*: l'asse dell'ago magnetico esploratore congiungente i suoi due poli;
- *verso*: quello individuato dal polo nord dell'ago.

In base alla definizione, possiamo ricavare l'unità di misura di B:

$$B = \frac{F}{I \cdot l} \Rightarrow \frac{F \text{ (misurata in newton)}}{I \text{ (misurata in ampere)} \cdot l \text{ (misurata in metri)}} \Rightarrow \frac{\text{N}}{\text{A} \cdot \text{m}}$$

L'unità di misura dell'intensità di campo magnetico si chiama **tesla** (simbolo **T**) dal nome del fisico croato Nikola Tesla (1857-1953):

$$1\,\mathrm{T} = 1\,\frac{\mathrm{N}}{\mathrm{A}\cdot\mathrm{m}}$$

Un campo magnetico ha un'intensità di 1 tesla quando esso esercita, su un tratto di filo di lunghezza 1 metro attraversato da una corrente di 1 ampere, una forza (perpendicolare sia al vettore $\vec{B}$ sia al filo) pari a 1 newton.

tesla

Per quanto riguarda l'analisi dimensionale del modulo del campo magnetico, abbiamo:

$$B = [\mathrm{T}] = \frac{[\mathrm{N}]}{[\mathrm{A}\cdot\mathrm{m}]}$$

Sappiamo già che [m] = [L] ed [N] = [L] $[\mathrm{t}]^{-2}$ [M]; inoltre, se indichiamo la dimensione corrispondente all'intensità di corrente elettrica con [I], per cui [A] = [I], possiamo scrivere:

$$B = \frac{[\mathrm{N}]}{[\mathrm{A}]\cdot[\mathrm{m}]} = \frac{[\mathrm{L}]\,[\mathrm{t}]^{-2}\,[\mathrm{M}]}{[\mathrm{I}]\,[\mathrm{L}]}$$

e, semplificando:

$$B = [\mathrm{t}]^{-2}\,[\mathrm{M}]\,[\mathrm{I}]^{-1}$$

Un tesla è una quantità molto grande, per cui spesso per misurare il modulo di $\vec{B}$ si adopera il **gauss** (**G**), che è un suo sottomultiplo:

$$1\ \text{gauss} = 10^{-4}\ \text{tesla}$$

Ricorda!...

Il campo magnetico terrestre ha un'intensità che, andando dall'equatore ai poli, varia da $0{,}3\cdot10^{-4}$ T a $0{,}7\cdot10^{-4}$ T, vale a dire da 0,3 G a 0,7 G.

Rimane da analizzare che cosa succede se posizioniamo il filo percorso da corrente in modo che non sia più perpendicolare al campo magnetico, bensì obliquo.
Ricorrendo a opportune verifiche sperimentali si constata che in questo caso non tutto il vettore $\vec{B}$ contribuisce a determinare la forza che agisce sul filo, ma soltanto una sua parte detta *componente attiva*, che si può ottenere graficamente.

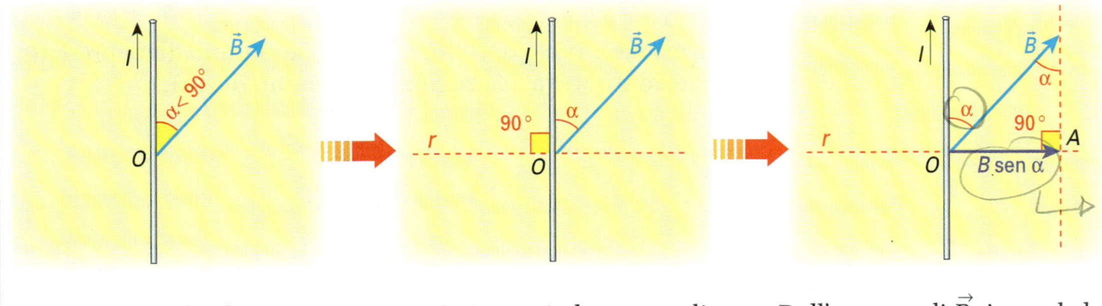

L'angolo tra la direzione della corrente elettrica e il campo magnetico è minore di 90°.

In O si traccia la perpendicolare r alla direzione della corrente I.

Dall'estremo di $\vec{B}$ si manda la perpendicolare alla retta r, ottenendo $OA = B\,\mathrm{sen}\,\alpha$, che è la componente attiva cercata.

$\vec{B}_x$: componente attiva, poiché l'altra si annulla con la $\vec{F}$ del filo.

Sostituendo a B la sua componente attiva nella formula della forza si avrà:

$$F = I\,l\,B\,\mathrm{sen}\,\alpha$$

forza su filo rettilineo obliquo

dove α rappresenta l'angolo tra la direzione della corrente I e quella del campo magnetico $\vec{B}$.

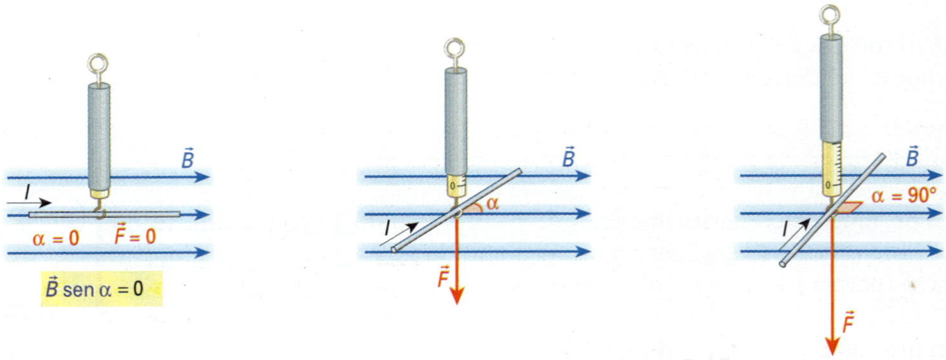

Quando il filo risulta parallelo al vettore $\vec{B}$, la componente $B \operatorname{sen}\alpha$ è nulla e, quindi, anche la forza agente sul filo è nulla.

Man mano che il filo ruota, spostandosi dalla posizione di parallelismo, la componente $B \operatorname{sen}\alpha$ cresce e quindi aumenta la forza.

Il modulo della forza aumenta ancora: alla massima inclinazione (90°) corrisponde la massima forza.

Quanto abbiamo visto può essere sintetizzato facendo ricorso al prodotto vettoriale.

forza di un campo magnetico su un filo rettilineo

$$\vec{F} = I\,\vec{l} \times \vec{B}$$

- I è l'intensità di corrente elettrica;
- $\vec{l}$ è un vettore di modulo uguale alla lunghezza del filo, direzione coincidente con il filo stesso e verso coincidente con il senso di percorrenza della corrente elettrica;
- $\vec{B}$ è il vettore campo magnetico;
- $\vec{F}$ è la forza che il campo magnetico esercita sul filo.

Il modulo di $\vec{F}$ è per definizione di prodotto vettoriale:

$$F = I\,l\,B \operatorname{sen}\alpha$$

essendo α l'angolo fra $\vec{l}$ e $\vec{B}$.
Per determinare direzione e verso della forza, dato che si tratta di un prodotto vettoriale, si può ricorrere ancora alla **regola della mano destra**.

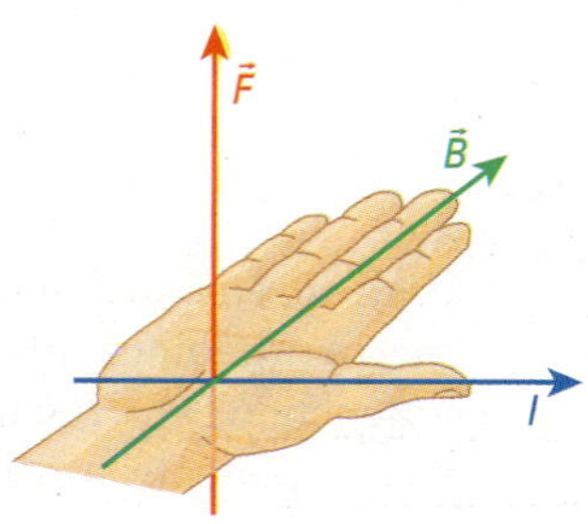

- Corrente elettrica I: entra nel pollice dalla sua base;
- campo magnetico $\vec{B}$: entra dal polso ed esce dalle dita;
- forza $\vec{F}$: perpendicolare al palmo.

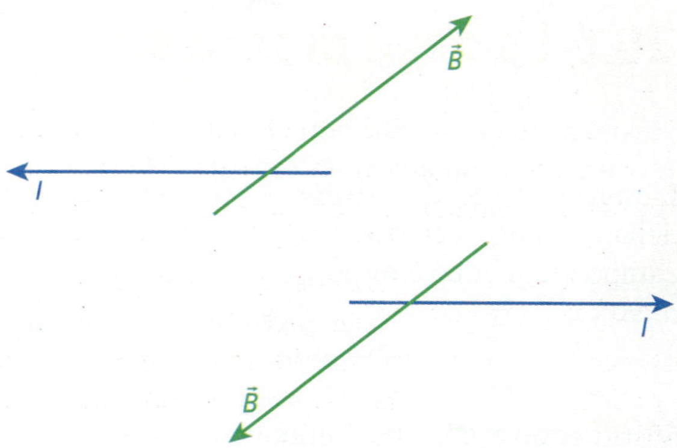

Prova ora a determinare il verso della forza in questi due casi usando la regola della mano destra...

esempio

Vogliamo calcolare l'intensità di campo magnetico, sapendo che un filo lungo 50 cm nel quale passa una corrente di intensità pari a 0,85 A, disposto perpendicolarmente al campo stesso, viene sottoposto a una forza di $2{,}0 \cdot 10^{-2}$ N. Quanto vale il campo magnetico a parità di forza se l'angolo tra $\vec{B}$ e il filo è di 45°?

Utilizzando la relazione $B = \dfrac{F}{I \cdot l}$ troviamo subito, previa trasformazione della lunghezza in metri ($l = 0{,}50$ m):

$$B = \frac{F}{I \cdot l} = \frac{2{,}0 \cdot 10^{-2}}{0{,}85 \cdot 0{,}50} \cong 4{,}7 \cdot 10^{-2}\, T$$

Per quel che riguarda la seconda domanda, se la forza e la corrente sono le stesse di prima, ci dobbiamo aspettare che il campo sia maggiore.
Infatti:

$$F = I\, l\, B \text{ sen } \alpha$$

cioè:

$$B = \frac{F}{I\, l \text{ sen}\alpha} = \frac{2{,}0 \cdot 10^{-2}}{0{,}85 \cdot 0{,}50 \text{ sen} 45°} \cong 6{,}6 \cdot 10^{-2} \text{ T}$$

FLASH

Un magnete da... 2 milioni di €

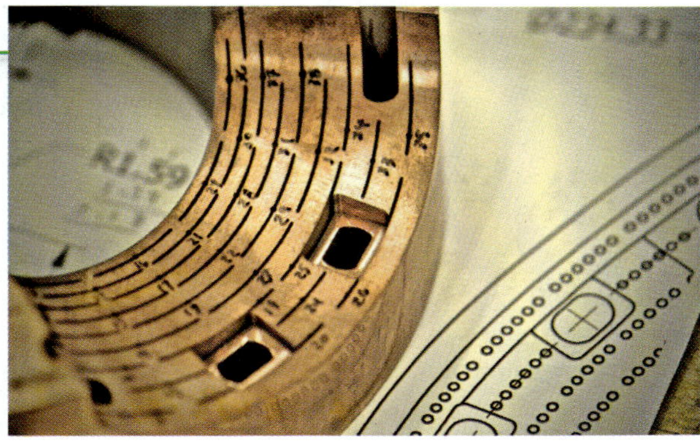

© Florida State University

La "calamita" con polarità separate più potente esistente al mondo è al momento un magnete da 25 tesla costruito presso la State University in Florida (nella foto particolare della parte interna dell'avvolgimento del magnete), superando un analogo dispositivo francese da 17,5 tesla. Tra le altre sue caratteristiche tecniche vi è la prerogativa di avere al suo interno uno spazio considerevole per poter eseguire esperimenti di varia natura riguardanti la fisica, la chimica, la scienza dei materiali, le nanotecnologie... Per il raffreddamento durante il funzionamento richiede più di 10 000 litri di acqua al minuto!
La difficoltà maggiore nella costruzione di un tale magnete consiste nel fatto di dover ovviamente impedire che le polarità opposte, con un campo magnetico tanto intenso, si uniscano tra di loro a causa dell'enorme forza attrattiva. Tuttavia, l'importanza di mantenere le due parti separate riguarda la possibilità di avere a disposizione uno spazio maggiore (sono presenti quattro fori da 90 cm²) per introdurre il materiale necessario e anche far passare all'occorrenza un fascio laser. Un team della stessa Florida State University ha già sfruttato la *supercalamita* per ricerche sulla rifrazione della luce da parte di molecole lunghe di cristalli liquidi. Ma le potenzialità enormi di questo dispositivo, secondo i loro costruttori, consentiranno nuove scoperte scientifiche.
Sono aperte le... prenotazioni!

20.6 La forza di Lorentz

Finora abbiamo analizzato ciò che succede quando una corrente elettrica, cioè il movimento ordinato di un insieme di cariche, scorre in un filo posto all'interno di un campo magnetico e abbiamo visto che su di esso agisce una forza $\vec{F} = I\, \vec{l} \times \vec{B}$.

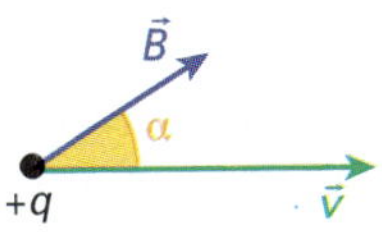

Che cosa accade se, invece, viene sottoposta all'azione del campo magnetico $\vec{B}$ una sola carica elettrica q che si muove con velocità $\vec{v}$? Anche su q si manifesta una forza, chiamata **forza di Lorentz**, che possiamo scrivere in termini di prodotto vettoriale:

$$\vec{F} = q\, \vec{v} \times \vec{B}$$

forza di Lorentz

OPERA SU UNA SINGOLA CARICA, NON SU UN INSIEME!

= FORZA CHE AGISCE SU UNA CARICA, ALL'INTERNO DI B, DOTATA DI VELOCITÀ.

Il modulo della forza è: $F = q\, v\, B$ sen α dove α rappresenta l'angolo tra la velocità $\vec{v}$ della carica q e il campo magnetico $\vec{B}$.

Vediamo come si passa dalla forza che agisce su un filo percorso da corrente ($\vec{F} = I\,\vec{l} \times \vec{B}$) alla forza di Lorentz, che opera su una singola carica elettrica ($\vec{F} = q\,\vec{v} \times \vec{B}$).
Per semplicità consideriamo un angolo $\alpha = 90°$. In questo caso si ha:

$$F = I\,l\,B \text{ sen } \alpha$$

ma sen 90° = 1, per cui:

$$F = I\,l\,B$$

per definizione di corrente elettrica $I = q/t$:

$$F = \frac{q}{t}\,l\,B \;\Rightarrow\; F = q\,\frac{l}{t}\,B$$

e intendendo q come un'unica carica che percorre a velocità v il filo di lunghezza l, vale $v = l/t$:

$$F = q\,v\,B$$

ON LINE
VIRTUAL LAB
Forza di Lorentz: moto circolare uniforme

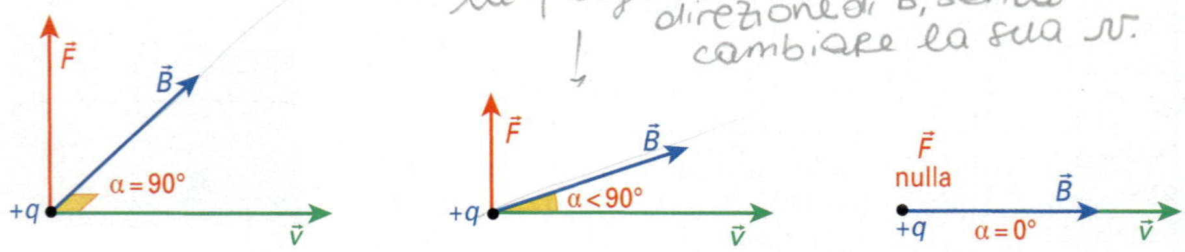

Essendo $\vec{F} = q\,\vec{v} \times \vec{B}$ si ha che la forza $\vec{F}$ è sempre perpendicolare alla velocità $\vec{v}$, per cui non possiede mai una componente lungo tale direzione. Ne segue che la forza di Lorentz può causare un cambiamento della direzione della velocità, ma non del modulo che resta invariato.
Dunque, l'energia cinetica della carica non varia: questo implica che le forze del campo magnetico non compiono mai lavoro sulla carica elettrica, ma semplicemente ne provocano una deviazione quando l'angolo fra $\vec{v}$ e $\vec{B}$ è diverso da 0° e da 180°.

Ricorda!...

La forza di Lorentz può causare modifiche nella direzione del vettore velocità, ma non nel modulo.

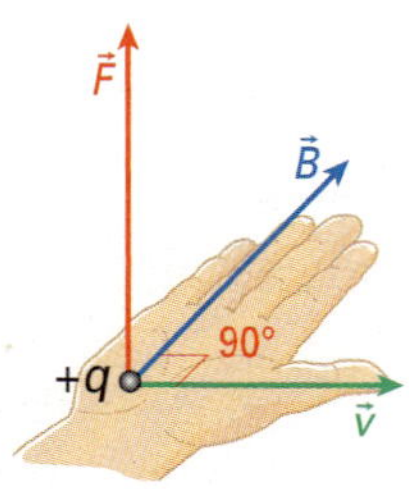

Per determinare direzione e verso della forza di Lorentz, dato che si tratta di un prodotto vettoriale, basta applicare la regola della mano destra. Se $\alpha = 90°$ e quindi $\vec{B}$ e $\vec{v}$ sono disposti come nella figura in alto (in cui v ha sostituito I) e se la carica q è positiva, essa viene deviata verso l'alto in base alla regola della mano destra. La forza di Lorentz, essendo perpendicolare alla velocità, agisce in questo caso come forza centripeta, per cui la traiettoria della carica risulta circolare.

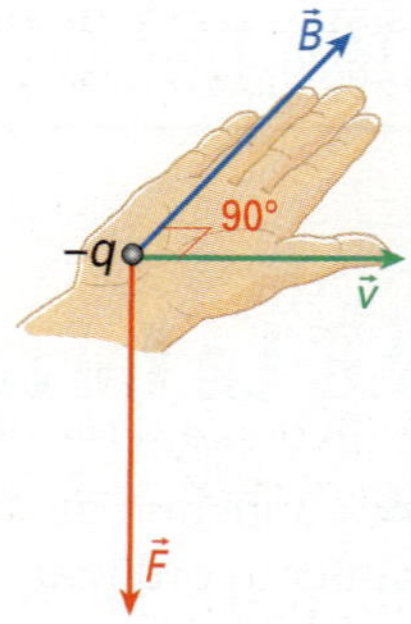

Se α è ancora 90° ma la carica q è negativa, il verso della forza è opposto a quello che si ottiene con la regola della mano destra e la carica viene deviata verso il basso.

20.7 Il filo rettilineo

ON LINE VIRTUAL LAB
Filo rettilineo, spira e solenoide

Sappiamo che la corrente elettrica genera un campo magnetico, che indichiamo con il vettore $\vec{B}$. Ora studieremo come cambia $\vec{B}$ al variare delle caratteristiche geometriche del conduttore, esaminando il *filo rettilineo*, la *spira* e il *solenoide*.

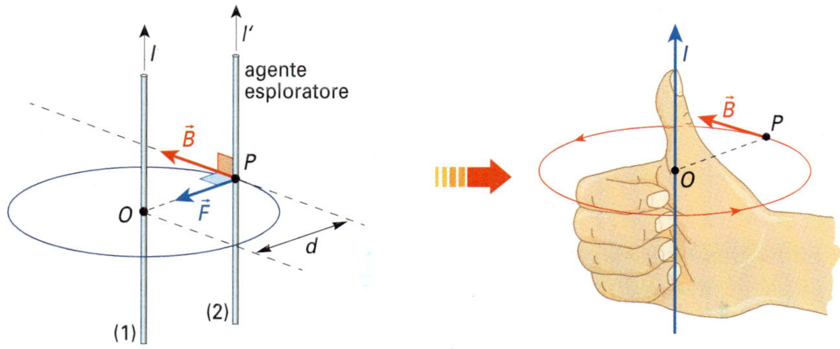

La corrente I che percorre il filo rettilineo (1) genera un campo magnetico, di cui esploriamo gli effetti utilizzando il filo (2). Per individuare la direzione del vettore campo magnetico $\vec{B}$, si deve tracciare la tangente nel punto P alla circonferenza di raggio d che ha il centro nel filo (1).

Per trovare il verso di $\vec{B}$ basta disporre il pollice della mano destra in modo concorde con la corrente e richiudere a pugno le altre dita: il senso di queste ultime dà il verso del campo.

Per quanto riguarda il modulo del vettore $\vec{B}$ si può dimostrare che risulta direttamente proporzionale all'intensità di corrente I che attraversa il filo e inversamente proporzionale alla distanza d da esso, per cui si può scrivere:

$$B = K \cdot \frac{I}{d}$$

Solitamente K, che è una costante, viene posta uguale a $\frac{\mu_0}{2\pi}$ dove μ_0 è una nuova costante detta **permeabilità magnetica del vuoto** che vale $4\pi \cdot 10^{-7}$ T· m/A. Possiamo allora modificare l'espressione di prima, che prende il nome di **legge di Biot-Savart**, come segue:

Ricorda!...
La costante K ha un valore che conosciamo già:
$$K = \frac{\mu_0}{2\pi} = 2 \cdot 10^{-7}\ \text{N/A}^2$$

$$B = \frac{\mu_0}{2\pi} \cdot \frac{I}{d}$$

legge di Biot-Savart

Alla distanza d da un filo rettilineo percorso dalla corrente I, il vettore campo magnetico $\vec{B}$ ha le seguenti caratteristiche:

- il *modulo* è $B = \frac{\mu_0}{2\pi} \cdot \frac{I}{d}$;
- la *direzione* è tangente alla circonferenza di raggio d con centro nel filo;
- il *verso* è quello delle dita della mano destra chiuse sul palmo, quando il pollice è disposto concordemente con il verso della corrente.

Queste affermazioni trovano conferma nel modo con cui si dispongono la limatura di ferro o l'ago magnetico nella zona attorno al filo, attraversato dalla corrente elettrica.

Dimostrazione della legge di Biot-Savart

ON LINE

20.8 La spira circolare

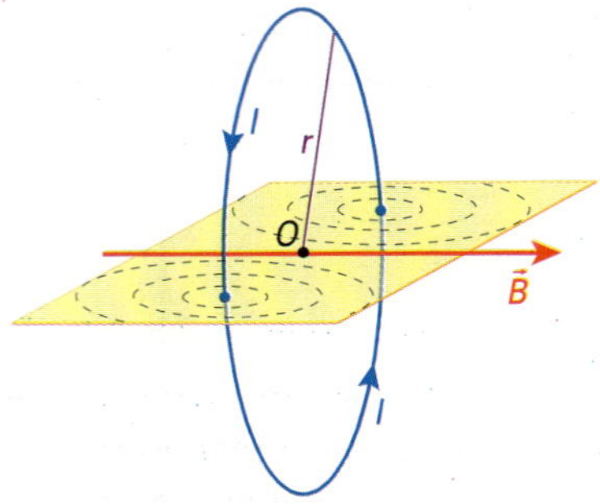

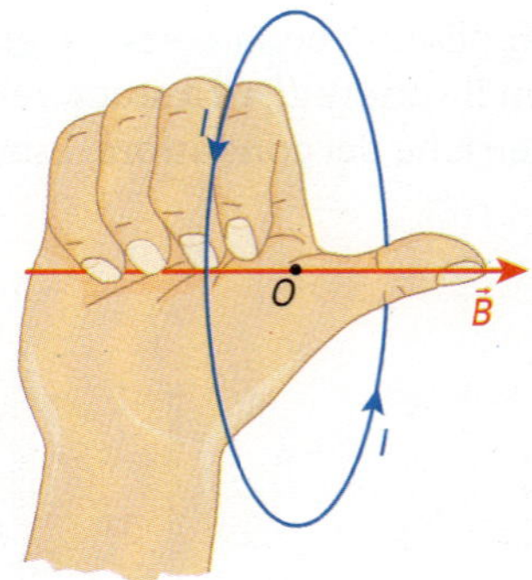

Se facciamo passare la corrente di intensità I in un conduttore a forma di **spira circolare**, con l'aiuto della limatura di ferro possiamo evidenziare le linee di forza del campo magnetico.
In coincidenza dell'asse della spira la linea di forza è rettilinea e perpendicolare al piano della spira.

La direzione di $\vec{B}$ al centro della spira è perpendicolare al piano nel quale essa giace, mentre il verso è individuato dal pollice della mano destra, una volta che le altre dita vengono fatte richiudere sul palmo, concordemente al senso di rotazione della corrente nella spira.

Sperimentalmente si trova che in O il modulo dell'intensità di campo magnetico è direttamente proporzionale all'intensità della corrente I e inversamente proporzionale al raggio r della spira.
Possiamo riassumere quanto detto nella legge:

campo magnetico al centro della spira

$$B = \frac{\mu_0}{2} \cdot \frac{I}{r}$$

Al centro (e, ribadiamo, soltanto al centro, cioè in O) di una spira percorsa da corrente, il vettore intensità di campo magnetico $\vec{B}$ ha le seguenti caratteristiche:

- il *modulo* è $B = \frac{\mu_0}{2} \cdot \frac{I}{r}$;
- la *direzione* è perpendicolare al piano della spira;
- il *verso* è quello individuato dal pollice della mano destra, quando le dita del palmo si richiudono secondo il senso di percorrenza della corrente elettrica che attraversa la spira.

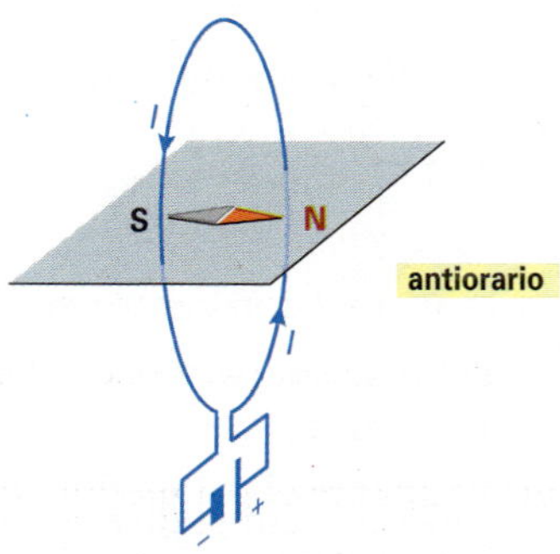

Se la corrente circola in senso antiorario, le linee del campo magnetico vanno verso destra. In pratica, paragonando la spira a un magnete, a sinistra vi è il suo polo sud e a destra il suo polo nord.

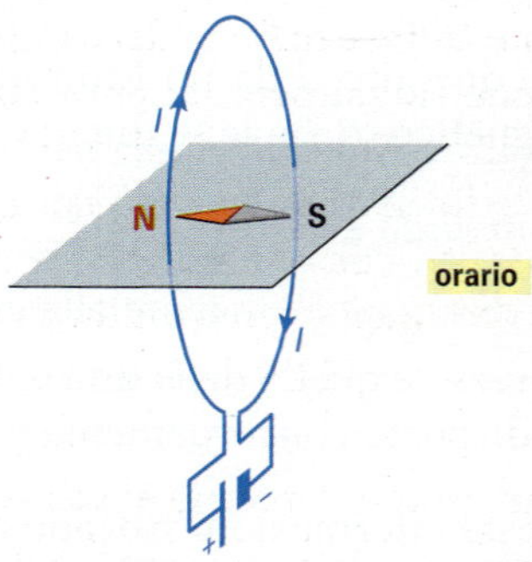

Se la corrente circola in senso orario, a destra vi è il polo sud della spira.

Ricorda!...

Ponendoti di fronte a una spira, se la corrente elettrica circola dal tuo punto di vista in senso antiorario, allora ti trovi dalla parte del polo nord; se circola in senso orario, allora sei dalla parte del polo sud.

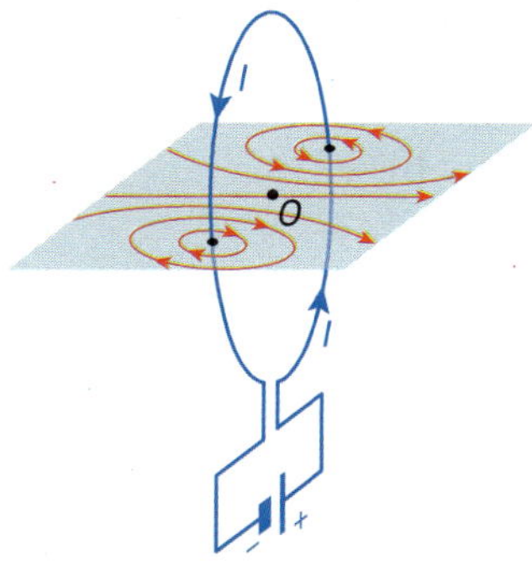

Se vogliamo costruire le linee di forza in altri punti nelle immediate vicinanze della spira, possiamo immaginare di suddividerle in tanti piccoli tratti quasi rettilinei e, quindi, applicare localmente le conoscenze sul campo magnetico attorno ai fili rettilinei.

20.9 Il solenoide

Se consideriamo un filo conduttore avvolto a elica, abbiamo ciò che si chiama **bobina** o **solenoide**.

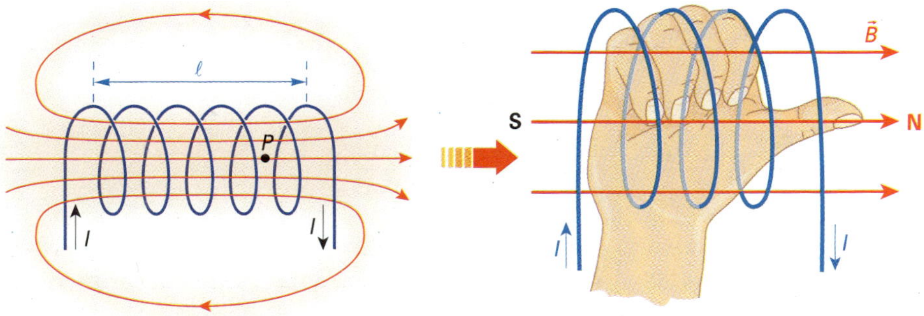

Il solenoide è pensabile come un insieme di spire uguali, allineate secondo i loro assi, molto vicine l'una all'altra e disposte su piani paralleli. Nel caso in cui la lunghezza complessiva sia molto maggiore del diametro, quando si fa passare la corrente le linee di forza del campo magnetico hanno l'andamento rappresentato nella figura. Come si vede, all'interno della bobina le linee di forza sono parallele ed equidistanti, cosa che equivale a dire che il campo magnetico è uniforme.

Per determinare il verso del vettore $\vec{B}$ in un punto qualsiasi nella zona dentro il solenoide, basta applicare la regola della mano destra analogamente a quanto visto per una singola spira.

In un punto P interno al solenoide è possibile verificare che il modulo di $\vec{B}$ è:

- direttamente proporzionale all'intensità della corrente I che circola nelle spire;
- direttamente proporzionale al numero N di spire che caratterizzano il solenoide;
- inversamente proporzionale alla lunghezza l del solenoide (intesa come distanza tra la prima e l'ultima spira).

Possiamo perciò scrivere:

campo magnetico del solenoide

$$B = \mu_0 \cdot \frac{N \cdot I}{l}$$

Il vettore campo magnetico $\vec{B}$ in un punto P interno al solenoide è dunque così definito:

- il *modulo* è $B = \mu_0 \cdot \frac{N \cdot I}{l}$;
- la *direzione* è parallela all'asse del solenoide;
- il *verso* è indicato dal pollice della mano destra quando le altre dita si richiudono nel senso della corrente.

Filo → $B = \frac{I \cdot \mu_0}{2\pi \cdot d}$

Spira → $B = \frac{I \cdot \mu_0}{2r}$

Solenoide → $B = \frac{I \cdot N \cdot \mu_0}{\ell}$

Ripensando a quanto detto sulla spira, se paragoniamo la bobina a un magnete a forma di sbarra, dove vanno collocati il polo nord e il polo sud?
Poiché la corrente nel caso da noi considerato (vedi figura del solenoide) circola in senso antiorario, il nord del magnete-bobina si trova a destra, il sud a sinistra.

esempio

Un solenoide lungo 45 cm è costituito da 1500 spire.

a) Vogliamo determinare l'intensità di campo magnetico al suo interno, quando la corrente elettrica che circola vale 1,2 A.

b) Quale dovrebbe essere il numero di spire se volessimo avere lo stesso campo magnetico con una corrente di 1,5 A?

a) Prima di procedere nei calcoli, ti ricordiamo che l va espressa in metri (cioè $l = 0{,}45$ m).
Sostituendo i valori nella formula:

$$B = \mu_0 \cdot \frac{N \cdot I}{l} \quad \Rightarrow \quad B = 4\pi \cdot 10^{-7} \cdot \frac{1500 \cdot 1{,}2}{0{,}45}$$

da cui:

$$B = 4 \cdot 3{,}14159 \cdot \frac{1500 \cdot 1{,}2}{0{,}45} \cdot 10^{-7} =$$

$$= 50\,265{,}44 \cdot 10^{-7} \cong 50 \cdot 10^{-4}\ \text{T} = 50\ \text{G}$$

b) Scriviamo la formula inversa per N:

$$N = \frac{B \cdot l}{\mu_0 \cdot I}$$

e quindi:

$$N = \frac{50 \cdot 10^{-4} \cdot 0{,}45}{4\pi \cdot 10^{-7} \cdot 1{,}5} = 1194 \cong 1200 \text{ spire}$$

Oppure, riconoscendo l'inversa proporzionalità tra I ed N:

$$N_2 = \frac{I_1}{I_2} \cdot N_1$$

e nuovamente:

$$N_2 = \frac{1{,}2}{1{,}5} \cdot 1500 = 1200 \text{ spire}$$

Ricorda!...

La relazione dell'intensità di campo magnetico relativa a un solenoide è tanto più corretta quanto più la sua lunghezza ℓ è grande rispetto al raggio delle spire che lo costituiscono.

20.10 L'origine del magnetismo e la materia

Le esperienze di Oersted, di Ampère e di Faraday sollevarono numerosi dubbi.

- Come mai la corrente elettrica produce degli effetti magnetici?
- Perché due fili percorsi da corrente interagiscono fra loro?
- Perché un campo magnetico agisce su un filo percorso da corrente?
- Qual è la relazione tra fenomeni apparentemente così diversi come il magnetismo e l'elettricità?

Ampère, a partire dall'esperienza di Oersted per la quale cariche elettriche in movimento generano campi magnetici, ipotizzò che all'interno dei materiali magnetici esistessero delle correnti elettriche microscopiche che, a livello macroscopico, dessero luogo agli effetti noti.

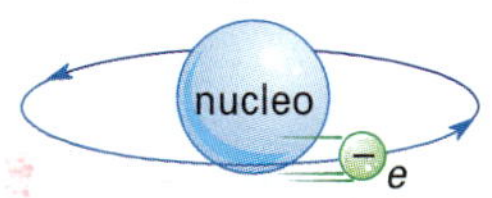

Ampère riuscì a precorrere i tempi e a intuire nelle linee fondamentali la spiegazione dei complessi fenomeni di interazione fra l'elettricità e il magnetismo, che prenderanno il nome di *elettromagnetismo*.
Le scoperte successive sulla natura dell'atomo confermarono la sua intuizione. Infatti, un elettrone che si muove attorno al nucleo, essendo una carica in movimento, è assimilabile a una piccolissima corrente elettrica che percorre un filo circolare (spira).

Ricorda!...

- I fenomeni magnetici sono riconducibili sempre a cariche elettriche in movimento.
- Le cariche elettriche in movimento generano campi magnetici ed esercitano una forza su altre cariche elettriche in movimento (come si verifica con le correnti).

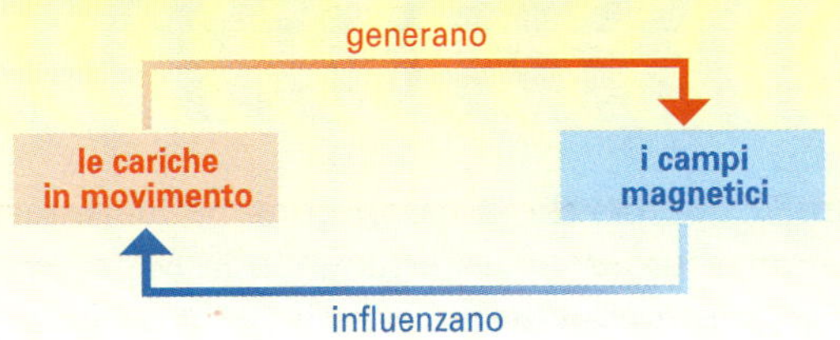

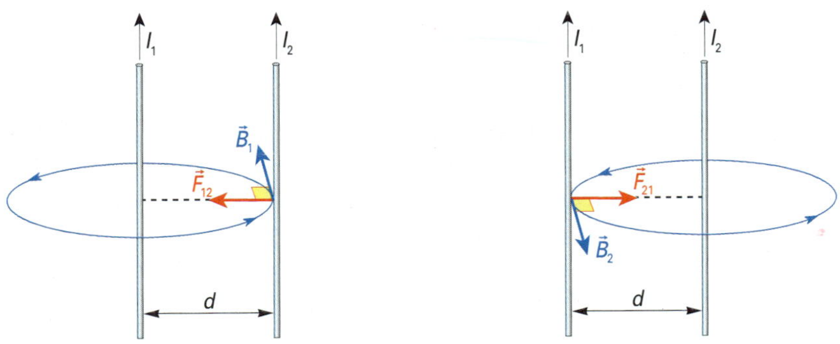

L'interazione tra i fili percorsi da corrente viene giustificata, alla luce di quanto visto, con il fatto che la corrente I_1, non essendo altro che un moto di cariche, genera tutt'intorno un campo magnetico $\vec{B}_1$ il quale, a sua volta, esercita un'azione $\vec{F}_{12}$ sulla corrente I_2.

Contemporaneamente il campo magnetico $\vec{B}_2$ generato da I_2 esercita su I_1 una forza $\vec{F}_{21}$, che ha la stessa direzione e verso opposto rispetto a $\vec{F}_{12}$. I moduli, in base all'esperienza di Ampère sono uguali:

$$F_{12} = F_{21} = K \frac{I_1 I_2 l}{d}$$

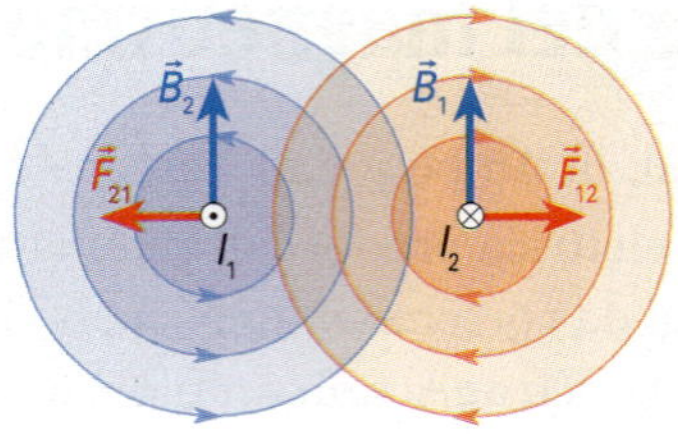

Nel disegno è rappresentato il caso delle correnti di verso discorde. I fili rettilinei paralleli sono visti dall'alto e sezionati secondo un piano perpendicolare al loro asse. La corrente di I_1 è uscente dal piano della pagina (⊙), mentre I_2 è entrante (⊗). Anche adesso le forze $\vec{F}_{12}$ ed $\vec{F}_{21}$ sono opposte, ma esercitano un'azione repulsiva sui fili.

Cerchiamo ora di capire quali sono le ragioni della manifestazione nella materia dei fenomeni magnetici con l'ausilio del modello atomico, cioè osservando le cose dal punto di vista microscopico.
Abbiamo detto varie volte che gli atomi sono formati da elettroni in movimento; dunque, possiamo assimilare questo moto di cariche elettriche a una corrente che circola in una spira e che, come sappiamo, produce degli effetti magnetici. Dato che tutta la materia, costituita da atomi, può essere pensata come un insieme di numerosissime e microscopiche correnti elettriche, ne consegue che qualsiasi sostanza dovrebbe evidenziare proprietà di tipo magnetico.

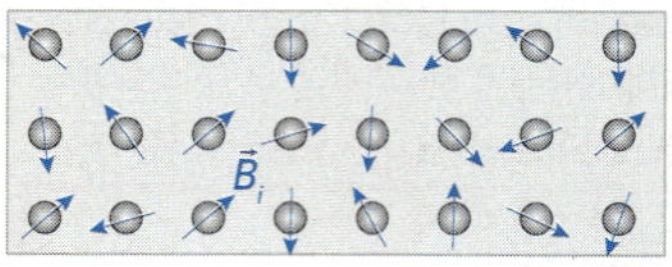

In realtà, ciò non accade perché il campo magnetico interno totale $\vec{B}_{interno}$ è determinato dal contributo dei campi magnetici $\vec{B}_i$ generati da ogni piccola corrente interna del mezzo materiale, i quali però, a causa della disposizione spaziale degli atomi, hanno direzioni e versi casuali che oltretutto cambiano continuamente a causa dei moti di agitazione termica. Il risultato complessivo è che il campo magnetico interno totale, dato dalla somma di tutti i $\vec{B}_i$, risulta praticamente nullo: $\vec{B}_{interno} = 0$.

Tuttavia, quando una qualunque sostanza viene immersa in un campo magnetico esterno $\vec{B}_{esterno}$, le microscopiche correnti elettriche interne interagiscono con esso, producendo effetti che cambiano a seconda del tipo di materiale. Su questa base, si ha una suddivisione in tre gruppi.

- **Sostanze ferromagnetiche** (ferro e leghe a base di ferro, nichel, cobalto)

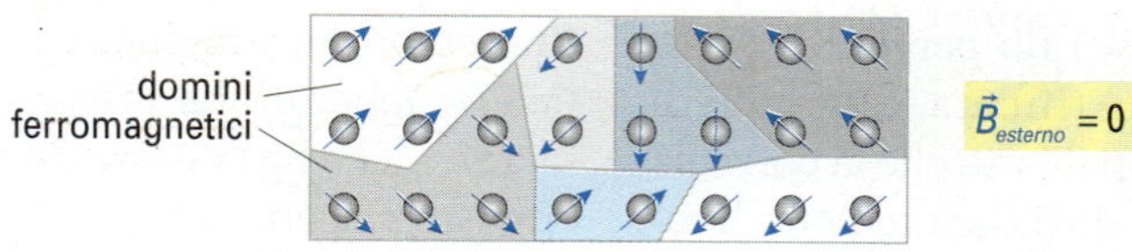

Il loro campo magnetico interno è normalmente nullo, ma possiedono delle zone chiamate *domini ferromagnetici*, con un proprio campo magnetico locale.

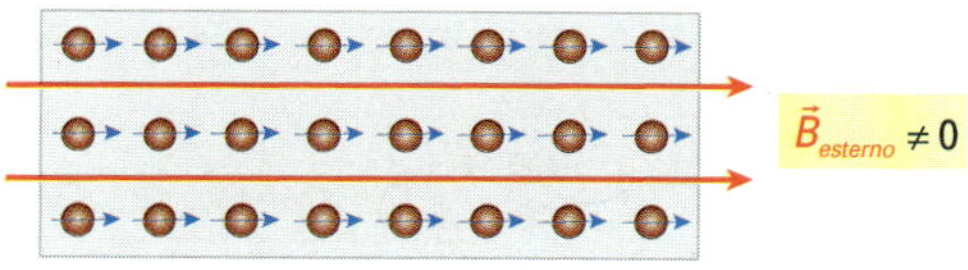

[Binterno + Besterno]

Tali domini, quando vengono sottoposti a un campo magnetico esterno, si dispongono in modo tale da *allineare* tutti i vettori $\vec{B}_i$ nella sua stessa direzione e nello stesso verso di $\vec{B}_{esterno}$. Il risultato è un'intensa magnetizzazione dovuta al fatto che $\vec{B}_{esterno}$ e $\vec{B}_{interno}$ si sommano.

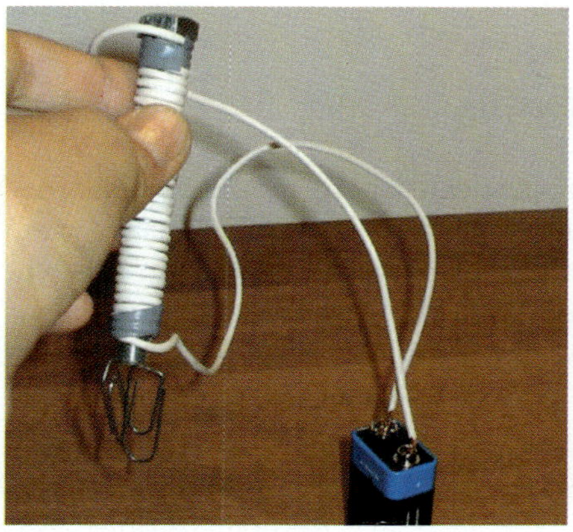

Se dentro una bobina si inserisce un nucleo cilindrico di materiale ferromagnetico come il *ferro dolce* (lega di ferro a bassissimo contenuto di carbonio), si ottiene un'**elettrocalamita**. Quando nell'avvolgimento passa corrente, il nucleo si magnetizza fortemente sotto l'azione del campo magnetico della bobina e diventa, perciò, una calamita. Però, quando il passaggio di corrente viene interrotto, il nucleo si smagnetizza completamente e non funge più da calamita.

Le elettrocalamite trovano impiego, tra l'altro, negli altoparlanti, nelle porte di sicurezza antincendio, nei dispositivi per muovere la testina dell'hard disk.

Esistono dei materiali, come l'acciaio e il cobalto, che una volta magnetizzati non tornano più allo stato iniziale anche se si toglie la corrente, cioè si annulla il campo magnetico esterno; si tratta di **magneti permanenti**.

- **Sostanze paramagnetiche** (alluminio, aria, ossigeno, platino)

I campi magnetici $\vec{B}_i$ dei singoli domini tendono ad allinearsi con $\vec{B}_{esterno}$, ma tale allineamento è ostacolato dai moti di agitazione termica degli atomi. Ne deriva una modesta magnetizzazione, che comunque rinforza, sia pure debolmente, il campo magnetico esterno.

- **Sostanze diamagnetiche** (acqua, argento, mercurio, rame, vetro)

I vettori $\vec{B}_i$ interni si orientano in verso opposto rispetto a quello di $\vec{B}_{esterno}$, perciò a livello macroscopico si ha un indebolimento complessivo del campo magnetico totale.

Permeabilità magnetica relativa

La permeabilità magnetica del vuoto è μ_0 (che vale $4\pi \cdot 10^{-7}$ T · m/A). Per denotare il comportamento dal punto di vista magnetico dei vari materiali, viene stabilita per ognuno di essi la corrispondente **permeabilità magnetica μ**. Tuttavia, analogamente alla costante dielettrica ε, si preferisce fare riferimento a μ_0 e definire così una grandezza chiamata **permeabilità magnetica relativa** (**μ_r**).

permeabilità magnetica relativa

La **permeabilità magnetica relativa μ_r** è una grandezza che ci dà informazioni su come reagisce una determinata sostanza alla presenza di un campo magnetico esterno:

$$\mu_r = \frac{\mu}{\mu_0}$$

Poiché la μ ha la stessa unità di misura di μ_0 (cioè T · m/A), ne segue che μ_r è adimensionale.

Per quanto fin qui detto, possiamo riassumere così la classificazione magnetica dei materiali:

- sostanze ferromagnetiche $\mu >> \mu_0 \Rightarrow \mu_r >> 1$
- sostanze paramagnetiche $\mu > \mu_0 \Rightarrow \mu_r > 1$
- sostanze diamagnetiche $\mu < \mu_0 \Rightarrow \mu_r < 1$

Facciamo notare che per le sostanze ferromagnetiche μ_r, oltre a essere appunto molto maggiore di 1, non è costante ma dipende dall'intensità del campo magnetico esterno e dalla storia del materiale stesso (se cioè ha già subito o no processi di magnetizzazione e/o smagnetizzazione).

La μ_r delle altre sostanze, invece, è pressoché costante; appena maggiore di 1 per quelle paramagnetiche, leggermente al di sotto dell'1 per le diamagnetiche. Ne riportiamo in tabella alcuni valori.

Ricorda!...

Per calcolare il campo magnetico $\vec{B}$ dentro un materiale che ha permeabilità magnetica μ_r si può scrivere:

$$\vec{B} = \mu_r \cdot \vec{B}_0$$

essendo $\vec{B}_0$ il campo magnetico nel vuoto.

	Sostanze	μ_r
Paramagnetiche	ossigeno (1 atm)	1,0000021
	magnesio	1,000012
	alluminio	1,000023
	tungsteno	1,000068
	titanio	1,000071
	platino	1,000290

	Sostanze	μ_r
Diamagnetiche	idrogeno (1 atm)	0,999999998
	azoto (1 atm)	0,999999995
	sodio	0,9999976
	rame	0,999990
	mercurio	0,999968
	acqua	0,999910

20.11 Il motore elettrico

ON LINE
VIRTUAL LAB
Motore elettrico in corrente continua

Un'interessante applicazione dell'interazione tra corrente e campo magnetico è il **motore elettrico**.

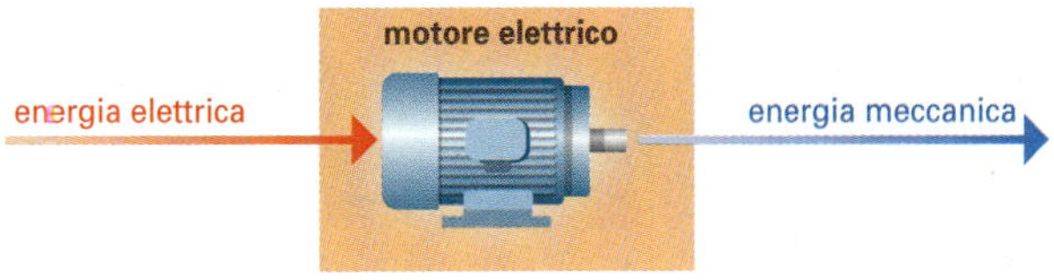

Il **motore elettrico** è un dispositivo in grado di trasformare l'energia elettrica in energia meccanica (di solito cinetica), sfruttando l'interazione tra campi magnetici e correnti elettriche.

motore elettrico

In definitiva, l'energia che entra in questa macchina, vale a dire l'energia della quale in qualche modo disponiamo, è quella elettrica; mentre l'energia che esce, cioè quella forma energetica che vogliamo ottenere, è invece energia meccanica di movimento.

Il principio sul quale si basa il funzionamento del motore elettrico è il seguente.

POSIZIONE 1: piano della spira parallelo al campo magnetico

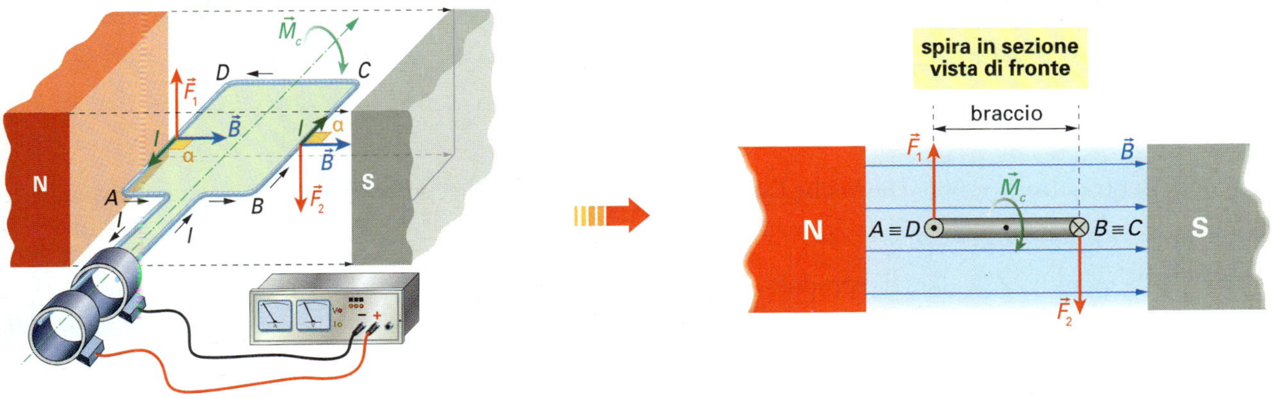

Immaginiamo di avere un'unica spira di forma rettangolare anziché circolare con $AB = a$ e $BC = c$, percorsa da corrente e immersa in un campo magnetico uniforme in modo che il piano in cui essa si trova sia parallelo al campo $\vec{B}$. Abbiamo praticamente due coppie di fili paralleli percorsi da corrente e posti in un campo magnetico uniforme. In tutti i lati agisce quindi una forza $\vec{F} = I\vec{l} \times \vec{B}$. Sui lati ***AB*** e ***DC*** non agisce istantaneamente nessuna forza. Infatti il modulo della forza agente nel nostro caso risulta $F = IaB$ sen α dove α rappresenta l'angolo tra la direzione della corrente e il campo $\vec{B}$. Essendo $\alpha = 0°$ ne segue sen $\alpha = 0$ e quindi $F = 0$.

Consideriamo ora i lati ***AD*** e ***BC***. In entrambi agisce $\vec{F} = I\vec{l} \times \vec{B}$. Tramite la regola della mano destra possiamo determinare le forze $\vec{F}_1$ ed $\vec{F}_2$, le quali formano una coppia, cioè due forze parallele con stesso modulo F e verso opposto, caratterizzata da un momento $\vec{M}_C$ di modulo $M_C = F \cdot b$, con b uguale alla distanza tra le rette d'azione delle forze; tale distanza nella situazione attuale coincide con $AB = a$. Il momento, che è all'origine del movimento di rotazione della spira, è diretto lungo l'asse della spira nel senso della freccia. In definitiva, la spira ruota in senso orario.

POSIZIONE 2: piano della spira obliquo rispetto al campo magnetico

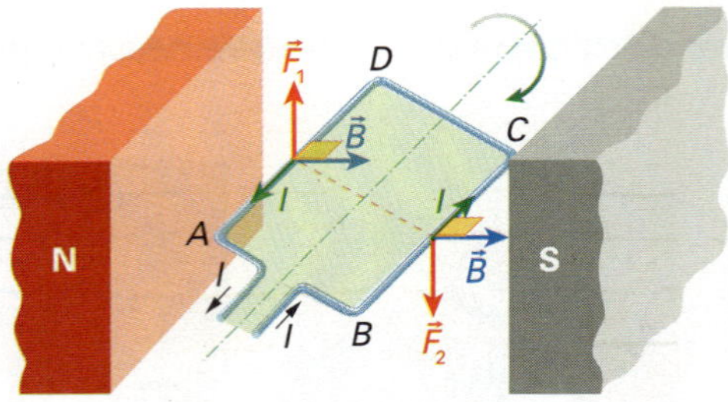

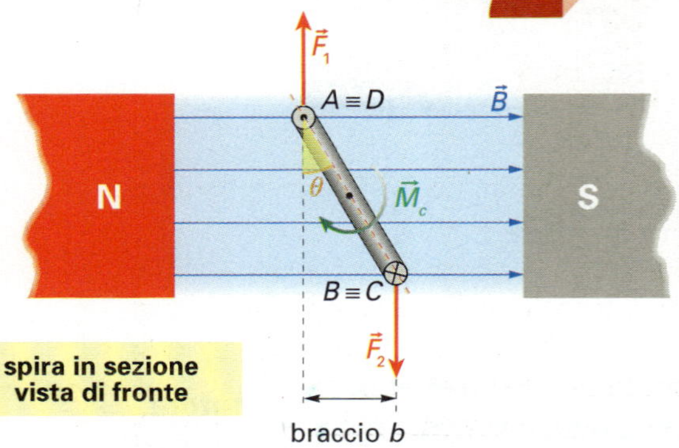

spira in sezione vista di fronte

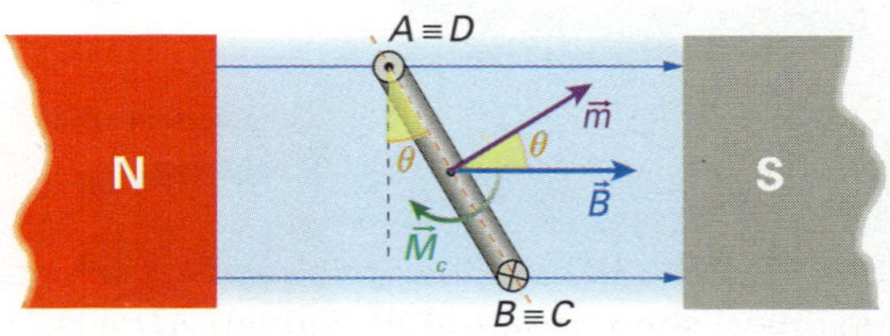

spira in sezione vista di fronte

Ora il piano della spira è obliquo rispetto a $\vec{B}$. Sui lati ***AB*** e ***DC***, dato che $\vec{B}$ non è più parallelo alla direzione della corrente elettrica, agiscono due forze complanari con il piano della spira, uguali in modulo e opposte in verso. Essendo la spira rigida, cioè non deformabile, le forze non provocano nessun effetto.
Sui lati ***AD*** e ***BC*** agiscono rispettivamente $\vec{F}_1$ ed $\vec{F}_2$ che formano una coppia di forze di ugual modulo *F*. Cerchiamo di quantificare l'azione che esercitano sulla spira. Il modulo del momento $\vec{M}_C$ della coppia di forze è dato per definizione da:

$$M_C = F \times b = F \cdot AB \text{ sen } \theta = F \cdot a \text{ sen } \theta$$

dove a sen θ è la distanza b (braccio) tra le rette d'azione delle forze della coppia.
Ma il modulo F delle forze è dato da $\vec{F} = I\,\vec{l} \times \vec{B}$. Nel nostro caso abbiamo $l = AD = BC = c$ e l'angolo α tra la direzione di $\vec{B}$ e la corrente che percorre il filo è retto, per cui sen α = sen 90° = 1. Segue che:

$$F = I\,c\,B$$

Sostituendo nella formula del momento, si ha:

$$M_C = I\,c\,B \cdot a \text{ sen } \theta$$

Il prodotto $c \cdot a$ non è altro che l'area S della superficie della spira attraversata dal campo magnetico:

$$M_C = B\,I\,S \text{ sen } \theta$$

La quantità $I\,S$, data dal prodotto dell'intensità di corrente elettrica I che circola nella spira per la superficie S di quest'ultima, è il modulo di una grandezza vettoriale chiamata **momento magnetico** $\vec{m}$ della spira che è definita nel seguente modo:

$$\vec{m} = I\,S\,\vec{u}$$ **momento magnetico della spira**

dove $\vec{u}$ è un vettore unitario (versore) perpendicolare alla spira con verso stabilito secondo la regola della mano destra quando la corrente segue l'andamento delle dita che si chiudono sul palmo.
Il vettore $\vec{m}$ permette di quantificare come la spira reagisce a un campo magnetico esterno (e tale reazione dipende appunto sia da I sia da S).
Ecco che allora il **momento della coppia** di forze (detto talvolta anche **momento torcente**) diventa:

$$\vec{M}_C = \vec{m} \times \vec{B}$$ **momento della coppia**

Si vede, dunque, che il modulo di $\vec{M}_C$ aumenta all'aumentare del modulo m del momento magnetico della spira e dell'intensità B del campo magnetico esterno.

POSIZIONE 3: piano della spira perpendicolare al campo magnetico

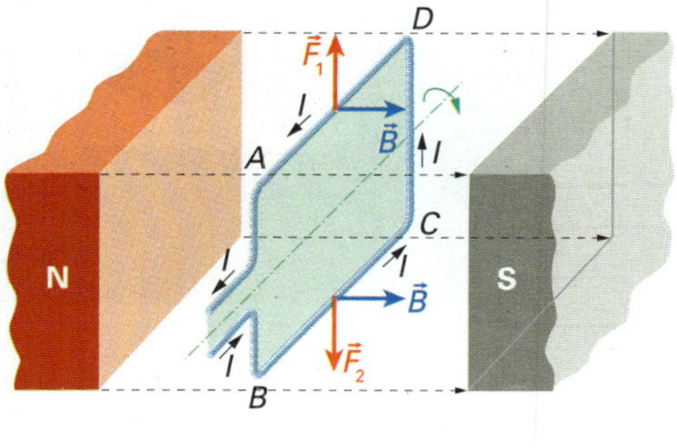

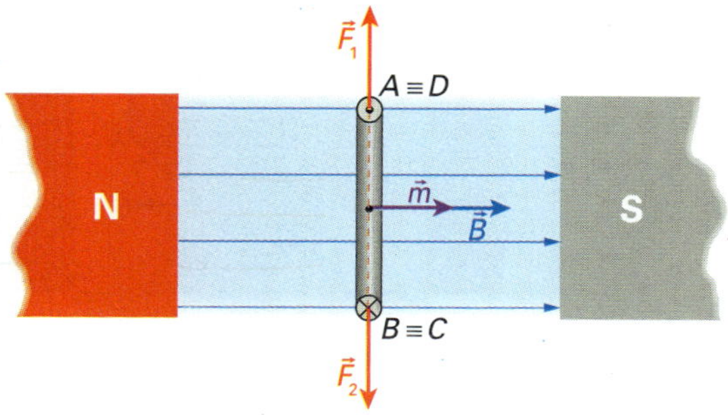

Continuando la rotazione si ha che l'angolo formato dai due vettori $\vec{m}$ e $\vec{B}$ diminuisce e, in particolare, quando $\theta = 0° \Rightarrow$ sen $\theta = 0 \Rightarrow M_C = 0$, cioè la coppia è nulla e la rotazione tende ad arrestarsi.
Sui lati ***AB*** e ***DC*** la situazione risulta analoga a quella del caso precedente (posizione 2) e gli effetti sono trascurabili. Sui lati ***AD*** e ***BC*** agiscono adesso due forze complanari con il piano della spira, uguali in modulo e opposte in verso. Anche in questo caso, essendo la spira rigida (cioè non deformabile), le forze non provocano nessun effetto.
Tuttavia nel ruotare, per inerzia, la spira non si ferma istantaneamente nella posizione di equilibrio, ma la oltrepassa. A quel punto si forma una coppia di forze di verso opposto a quello precedente che tende a riportarla nella posizione di equilibrio, facendola ruotare questa volta in senso antiorario.
Il fenomeno si ripete varie volte fino a quando, dopo alcune oscillazioni attorno alla posizione di equilibrio, a causa dell'attrito, la spira si ferma.
Per far sì che la rotazione prosegua nel senso iniziale, occorre invertire istantaneamente il senso della corrente non appena la spira supera la posizione perpendicolare al campo magnetico. In questo modo la coppia di forze mantiene costante il suo verso, permettendo che la rotazione continui nel medesimo senso.

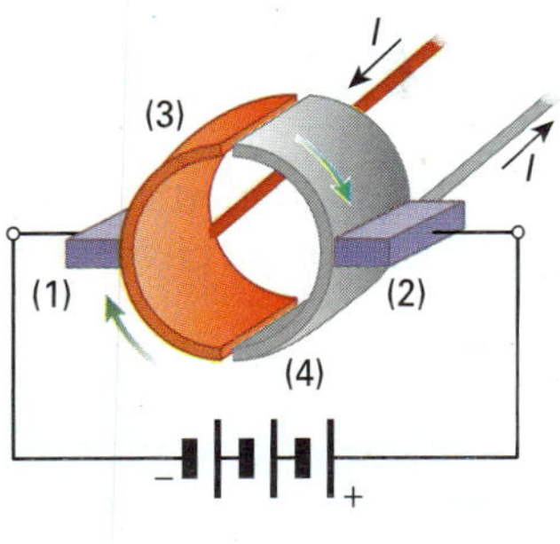

L'inversione della polarità nel circuito che alimenta la spira può essere realizzata, per esempio, con un **commutatore** il quale opera in modo che i contatti con il generatore si invertano ogni mezzo giro.
Si vede qui sopra come gli estremi della spira siano costituiti da due semianelli cilindrici che, ruotando solidalmente con la spira (al momento in posizione orizzontale), vengono a contatto alternativamente con il polo positivo e con quello negativo del generatore. Infatti, se il semianello (3) tocca la spazzola (1) negativa, e il semianello (4) la spazzola (2) positiva, quando la spira supera la posizione verticale, il semianello (4) va a contatto con la spazzola (1) negativa, mentre il (3) tocca la spazzola (2) positiva: la polarità si inverte, la corrente circola nella spira in senso opposto al precedente, per cui la rotazione di quest'ultima prosegue in senso orario.

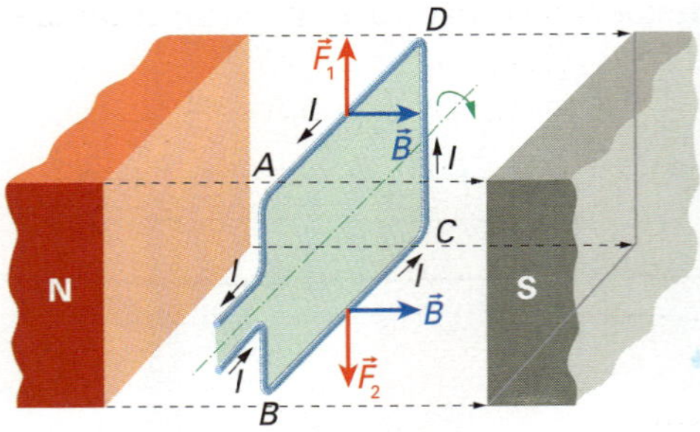

I veri motori elettrici non sono costituiti da una sola spira, bensì da diverse bobine, ciascuna delle quali è montata su un nucleo di ferro mobile (*rotore*) che serve a rendere più efficace l'azione del campo magnetico esterno sui fili percorsi da corrente.

Nell'immagine si possono distinguere chiaramente la bobina dell'elettrocalamita sulla sinistra e quella del rotore nel cuore del motore elettrico.

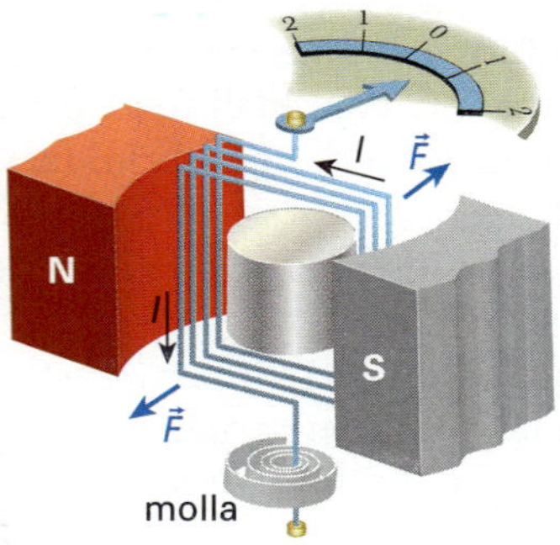

Anche gli strumenti di misura sfruttano questo tipo di interazione corrente elettrica-campo magnetico, come il **galvanometro**. La forza elastica della molla, a seconda del valore della sua costante elastica, a un certo punto equilibra il momento della coppia e l'indice si ferma.

20.12 Il flusso del campo magnetico

Così come abbiamo fatto per il campo elettrico, studiamo le caratteristiche del campo magnetico tramite il flusso e la circuitazione.

ON LINE
VIRTUAL LAB
Flusso del campo magnetico

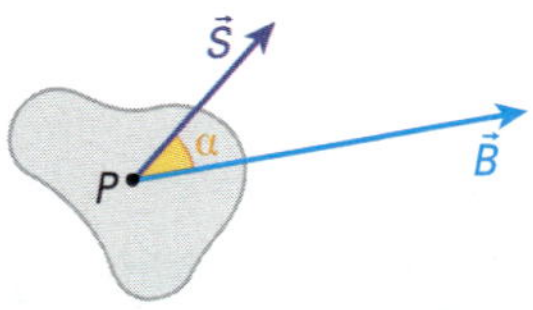

Data una superficie S, indichiamo con $\vec{S}$ un vettore applicato nel punto P, perpendicolare alla superficie stessa e con modulo pari alla sua area. Se $\vec{B}$ è il campo magnetico che attraversa S, allora il flusso del campo magnetico attraverso la superficie è definito dal prodotto scalare:

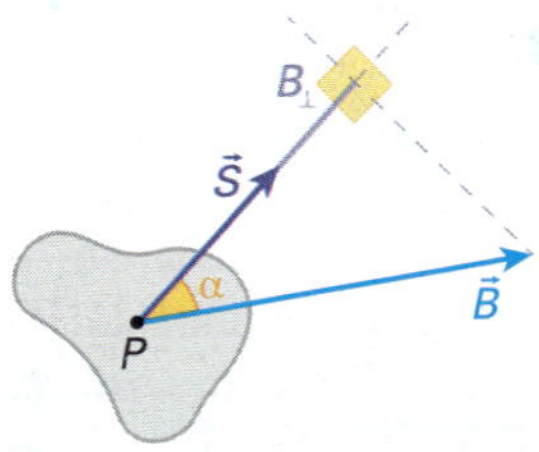

$$\Phi_B = \vec{B} \cdot \vec{S}$$

$$\Downarrow$$

$$\Phi_B = B\, S\, \cos\alpha$$

$$\Downarrow$$

$$\Phi_B = B_\perp \cdot S$$

$B_\perp$ è la componente di $\vec{B}$ secondo la perpendicolare a S nel punto P: $B_\perp = B \cos\alpha$.

Φ_B è una grandezza scalare. La sua unità di misura è il $T \cdot m^2$, che è chiamato **weber (Wb)**, dal nome del fisico tedesco Wilhelm Eduard Weber (1804-1891) che si occupò tra l'altro dello studio del campo magnetico terrestre:

$$1\ Wb = 1\ T \cdot m^2$$

Si ha un flusso di 1 Wb quando una superficie di 1 m^2 è attraversata perpendicolarmente da un campo magnetico di 1 T.

weber

Il flusso del campo magnetico è massimo quando $\alpha = 0°$ (essendo, $\cos 0° = 1$) e nullo, invece, quando $\alpha = 90°$ (dato che $\cos 90° = 0$).

$$\Phi_B = \vec{B} \cdot \vec{S} = B \cdot S \cos 0° = B \cdot S$$
$$\Downarrow$$
$$1$$

$$\Phi_E = \vec{B} \cdot \vec{S} = B \cdot S \cos 90° = 0$$
$$\Downarrow$$
$$0$$

Prendiamo ora in esame una superficie chiusa (gaussiana) immersa in un campo magnetico.

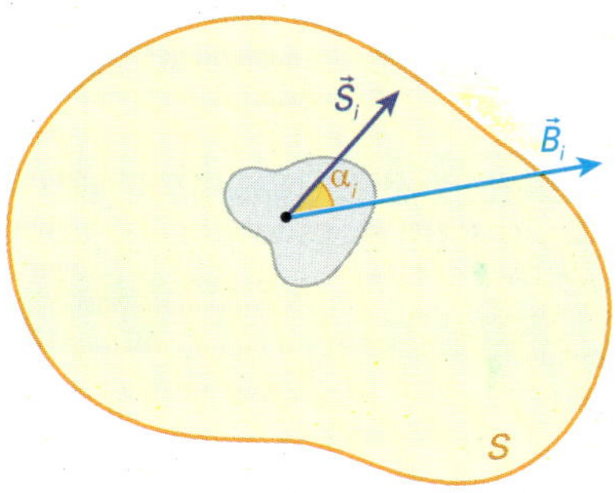

Il flusso del campo magnetico sarà dato dalla somma di tutti i flussi Φ_{Bi} relativi alle n superfici S_i, nelle quali pensiamo suddivisa la superficie chiusa S:

$$\Phi_B = \sum_{i=1}^{n} \Phi_{Bi} = \sum_{i=1}^{n} \vec{B}_i \cdot \vec{S}_i$$

Φ_B ha una caratteristica ben precisa che viene espressa dal *teorema di Gauss*.

$$\Phi_B = 0$$

Il flusso del campo magnetico attraverso una superficie chiusa qualunque S (chiamata superficie gaussiana) è nullo.

teorema di Gauss per il campo magnetico

Dimostriamo la validità di questo teorema in un caso particolare, rimarcando però che può essere generalizzato per qualunque superficie gaussiana.

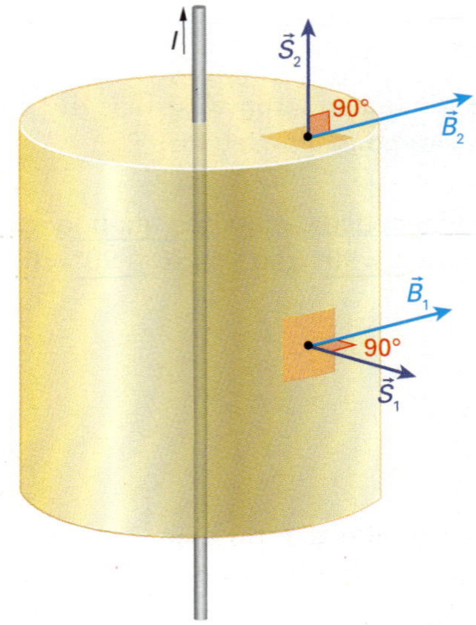

La superficie gaussiana è un cilindro con l'asse coincidente con un filo rettilineo di lunghezza infinita, attraversato da una corrente di intensità I. Comunque si scelga una superficie sul cilindro, il prodotto scalare $\vec{B}_i \cdot \vec{S}_i$ è sempre uguale a zero, in quanto il campo magnetico $\vec{B}_i$ e il vettore $\vec{S}_i$ perpendicolare alla superficie sono in tutti i casi perpendicolari, per cui è nullo anche il flusso totale: $\Phi_B = 0$.

Il fatto che il flusso del campo magnetico attraverso una superficie gaussiana sia nullo è collegato ad alcune particolarità che differenziano il campo magnetico da quello elettrico.

- I poli nord e sud non sono separabili (non esistono i *monopòli*), mentre le cariche elettriche positive e negative possono essere presenti separatamente.
- Le linee di forza del campo magnetico sono sempre linee chiuse (in quanto vanno dal nord al sud, presenti contemporaneamente), mentre quelle del campo elettrico sono aperte. Di conseguenza, le linee che entrano in una superficie chiusa sono tante quante quelle che ne escono, perciò il flusso è necessariamente nullo: $\Phi_B = 0$.

20.13 La circuitazione del campo magnetico

Come sappiamo, il campo gravitazionale e il campo elettrico sono **conservativi**. In questi due campi, dunque:

- la **circuitazione** lungo una linea chiusa è nulla;
- il **lavoro** delle forze del campo per andare da un punto A a un punto B non dipende dal percorso scelto;
- può essere definita una funzione **energia potenziale** che dipende esclusivamente dalla posizione all'interno del campo.

Che cosa possiamo dire da questo punto di vista del campo magnetico? È anch'esso conservativo?

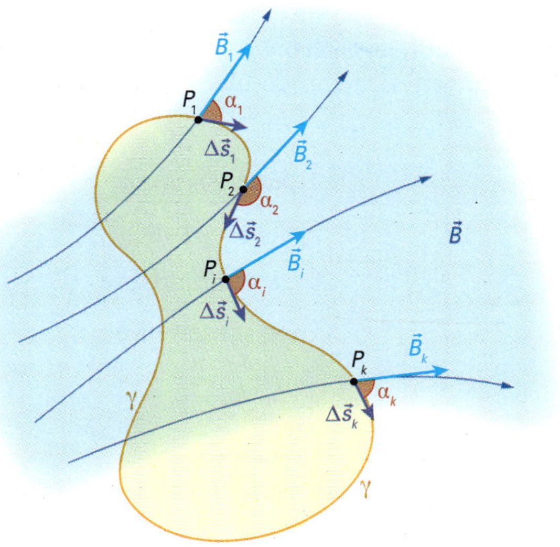

Prendiamo un percorso chiuso γ entro un campo magnetico e lo suddividiamo in n tratti $\Delta\vec{s}_i$. La circuitazione $\Gamma_\gamma(\vec{B})$ del campo magnetico $\vec{B}$ lungo la curva chiusa orientata γ, secondo un verso di percorrenza scelto arbitrariamente, è data dalla somma dei prodotti scalari tra il campo magnetico $\vec{B}_i$ presente nel punto P_i e lo spostamento molto piccolo $\Delta\vec{s}_i$ preso sulla curva.

$$\Gamma_\gamma(\vec{B}) = \sum_{i=1}^{n} \vec{B}_i \cdot \Delta\vec{s}_i$$

circuitazione del campo magnetico

Come sappiamo, $\vec{B}_i \cdot \Delta\vec{s}_i = B_i \cdot \Delta s_i \cos\alpha$. Se la curva γ delimita una superficie che viene attraversata da un certo numero di correnti elettriche I_i, che vengono perciò dette **concatenate** alla curva, allora si può dimostrare che vale il **teorema di Ampère**.

La circuitazione $\Gamma_\gamma(\vec{B})$ di un campo magnetico $\vec{B}$ secondo una curva chiusa orientata γ è uguale alla somma delle correnti elettriche concatenate con γ, moltiplicata per la permeabilità magnetica nel vuoto μ_0:

$$\Gamma_\gamma(\vec{B}) = \mu_0 \cdot \sum_{i=1}^{n} I_i$$

teorema di Ampère

Ricorda!...

Una corrente si dice concatenata a una curva γ se attraversa la superficie che tale curva delimita.

Anche in questo caso verifichiamo la validità del teorema di Ampère in una situazione particolare (campo magnetico di un filo rettilineo infinito attraversato da una corrente elettrica), sapendo però che ha validità generale.

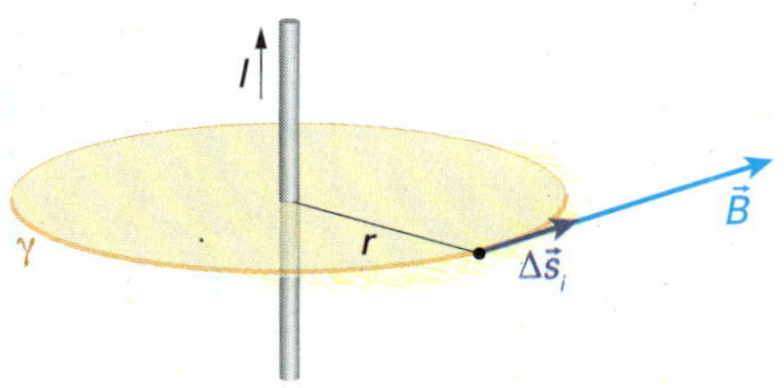

La curva γ per determinare la circuitazione è una circonferenza di raggio r con centro nel filo e giacente su un piano a esso perpendicolare.

Abbiamo:

$$\Gamma_\gamma(\vec{B}) = \sum_{i=1}^{n} \vec{B}_i \cdot \Delta\vec{s}_i = \sum_{i=1}^{n} B_i \cdot \Delta s_i \cos\alpha_i = B \cdot \sum_{i=1}^{n} \Delta s_i$$

in quanto $\alpha_i = 0° \Rightarrow \cos 0° = 1$ e $B_i = B =$ costante. E poiché $\sum_{i=1}^{n} \Delta s_i = 2\pi r$ altro non è che la circonferenza, abbiamo: $\Gamma_\gamma(\vec{B}) = B \cdot 2\pi r$.
Ma il campo magnetico di un filo rettilineo di lunghezza infinita in un punto a distanza r è $B = \frac{\mu_0}{2\pi}\frac{I}{r}$ (legge di Biot-Savart), per cui possiamo scrivere:

$$\Gamma_\gamma(\vec{B}) = \frac{\mu_0}{2\pi}\frac{I}{r} \cdot 2\pi r = \mu_0 I$$

dove I è la corrente concatenata con γ, in quanto attraversa la superficie delimitata da γ.

Dato che la circuitazione di $\vec{B}$ lungo una linea chiusa non è nulla, se ne conclude che **il campo magnetico non è conservativo**.
Riassumiamo in uno schema il confronto fra campo elettrico e campo magnetico.

Campo elettrico	Campo magnetico
cariche separabili	poli non separabili
linee di forza aperte	linee di forza chiuse
conservativo	**non** conservativo
$\Phi_E = \frac{Q}{\varepsilon_0}$	$\Phi_B = 0$
$\Gamma_\gamma(\vec{E}) = 0$	$\Gamma_\gamma(\vec{B}) = \mu_0 I$

20.14 Il moto delle cariche elettriche in un campo magnetico

Vediamo in che modo si muove una carica elettrica che entra in un campo magnetico con velocità perpendicolare alle linee di forza del campo.

ON LINE VIRTUAL LAB
Moto delle cariche elettriche in un campo magnetico

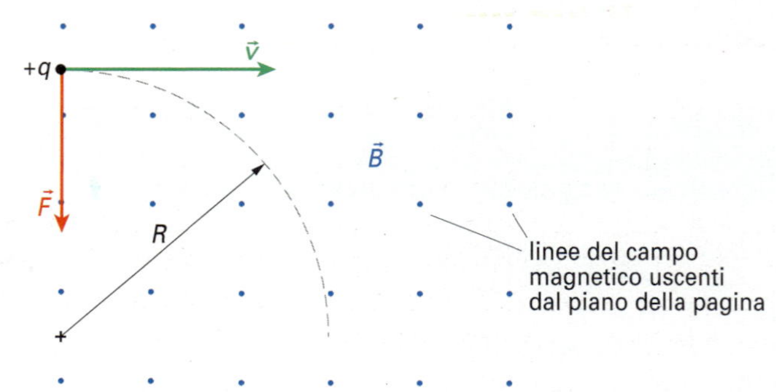

Il campo magnetico $\vec{B}$ è perpendicolare al piano della pagina e le linee di forza sono uscenti (indicate dai puntini). La carica $+q$ entra con velocità $\vec{v}$ la cui retta d'azione forma un angolo di 90° con le linee di forza. La forza di Lorentz $\vec{F}$ che il campo magnetico esercita sulla carica agisce perpendicolarmente a $\vec{v}$ modificandone solo la direzione e non il modulo. Si tratta di una forza *centripeta* per cui la carica compie una traiettoria circolare con raggio R.

Calcoliamo il raggio R della traiettoria della carica. Dall'espressione della forza di Lorentz ricaviamo:

$$\vec{F} = q\,\vec{v} \times \vec{B} \quad \Rightarrow \quad F = q\,v\,B \text{ sen } \alpha$$

ma $\alpha = 90°$ per cui sen $\alpha = 1$:

$$F = q\,v\,B$$

la forza centripeta è $F_c = m\dfrac{v^2}{R}$ e uguagliando le due forze:

$$q\,v\,B = m\frac{v^2}{R}$$

semplificando v e ricavando R:

$$R = \frac{m\,v}{q\,B}$$

Dal moto circolare uniforme, sappiamo che la velocità angolare è $\omega = \frac{v}{R}$. In questo caso diventa:

$$\omega = \frac{q}{m}B$$

e prende il nome di **pulsazione ciclotronica**.
Se ricordiamo il periodo T, cioè l'intervallo di tempo necessario affinché la carica compia un'orbita circolare completa, in funzione della velocità angolare ($T = 2\pi/\omega$) e sostituiamo l'espressione appena trovata per la pulsazione ciclotronica, abbiamo:

$$T = \frac{2\pi m}{q\,B}$$

Si può osservare che T non dipende dal valore della velocità di ingresso v della particella: una volta fissati la particella (quindi q ed m) e il campo magnetico $\vec{B}$, qualunque sia la velocità $\vec{v}$ (da cui dipende comunque il raggio), il tempo di un'orbita completa è sempre lo stesso.
Questa particolarità viene utilizzata appunto nei ciclotroni, che sono degli acceleratori di particelle (tra cui anche ioni pesanti) di forma circolare con campo magnetico costante.

← IMPORTANTE: nel campo magnetico, la velocità di una carica proveniente dall'esterno non influisce su nulla

La focalizzazione magnetica

ON LINE

esempio

Calcoliamo il raggio di curvatura di un protone (carica positiva pari a $1{,}6 \cdot 10^{-19}$ C e massa di $1{,}67 \cdot 10^{-27}$ kg) che entra perpendicolarmente alle linee di forze nel campo magnetico terrestre, che vale $1{,}3 \cdot 10^{-7}$ T, con una velocità di $9{,}5 \cdot 10^{6}\ \frac{\text{m}}{\text{s}}$.
Utilizziamo la formula di R trovata prima:

$$R = \frac{m\,v}{q\,B}$$

Sostituiamo i valori:

$$R = \frac{1{,}67 \cdot 10^{-27}\,(\text{kg}) \cdot 9{,}5 \cdot 10^{6}\,(\text{m/s})}{1{,}6 \cdot 10^{-19}\,(\text{C}) \cdot 1{,}3 \cdot 10^{-7}\,(\text{T})} = 7{,}6 \cdot 10^{5}\ \text{m}$$

Può essere interessante effettuare l'analisi dimensionale per verificare che si tratta effettivamente dell'unità di misura di una lunghezza:

$$m = [\text{M}]$$
$$v = [\text{L}][\text{t}]^{-1}$$
$$q = I \cdot \Delta t = [\text{t}][\text{I}]$$
$$B = [\text{t}]^{-2}[\text{M}][\text{I}]^{-1}$$

e quindi:

$$R = \frac{[\text{M}] \cdot [\text{L}][\text{t}]^{-1}}{[\text{t}][\text{I}] \cdot [\text{t}]^{-2}[\text{M}][\text{I}]^{-1}} = [\text{L}]$$

che è proprio una lunghezza.

Lo spettrometro di massa

Un'applicazione legata all'interazione tra la carica elettrica in movimento e il campo magnetico è lo **spettrometro di massa**, che serve a separare tra loro particelle con carica elettrica.

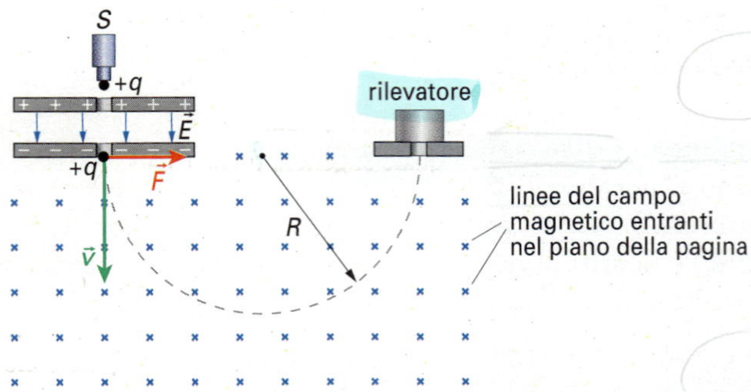

Il campo elettrico $\vec{E}$ accelera le cariche q prodotte dalla sorgente S. Il campo magnetico $\vec{B}$ è perpendicolare al piano della pagina e le linee di forza sono entranti (indicate dalle x). Disponendo il rilevatore (un bersaglio fluorescente o una lastra fotografica) alla distanza voluta, le particelle possono essere selezionate proprio in base al rapporto tra la loro carica q e la loro massa m. La distanza rispetto al punto di uscita delle cariche sarà esattamente il doppio ($2R$) del raggio della circonferenza della traiettoria compiuta.
In questo modo si possono, per esempio, isolare gli isotopi di una determinata sostanza e valutare la loro abbondanza isotopica.

Vediamo quali sono i calcoli necessari per trovare q/m. L'energia cinetica delle particelle è pari all'energia fornita dal campo elettrico caratterizzato da una differenza di potenziale ΔV:

$$\frac{1}{2} m v^2 = q \,\Delta V$$

ricavando v:

$$v^2 = \frac{2 q \,\Delta V}{m}$$

ma dalla formula di $R = \dfrac{mv}{qB}$ si ricava:

$$v = \frac{R q B}{m}$$

di conseguenza:

$$\left(\frac{R q B}{m}\right)^2 = \frac{2 q \,\Delta V}{m}$$

e semplificando:

$$\frac{q}{m} = \frac{2 \,\Delta V}{R^2 B^2}$$

È stata questa fondamentalmente la modalità con cui Thomson arrivò a determinare il rapporto q/m per l'elettrone a partire dal quale Millikan trovò poi, con buona approssimazione, il valore della carica dell'elettrone.

20.15 Applicazioni: risonanza magnetica e archeologia

ON LINE

IDEE e PERSONAGGI

L'esperimento di Oersted e il clima culturale

L'idea di scienza

Spesso, a causa dell'immagine che viene data della Scienza, siamo indotti a pensare che questa disciplina sia immune dall'influenza del contesto culturale nel quale si genera o che essa stessa tende a condizionare, dove per *contesto* si intende tanto la società in senso ampio quanto la ristretta cerchia degli scienziati. In definitiva, non pochi credono che la scienza sia fondamentalmente autoreferenziale e che si sviluppi e progredisca quasi automaticamente a causa delle metodologie del tutto oggettive che la regolano.

Un esempio significativo di quanto ciò sia errato è mostrato proprio dalla scoperta della natura elettromagnetica del magnetismo fatta da Hans Christian Oersted, danese, nato a Rudkjobing nel 1777 e morto a Copenhagen nel 1851. Da una parte, l'esperimento da lui compiuto, per quanto apparentemente banale e non di difficile esecuzione sperimentale, non trovava conforto nelle idee che in ambito scientifico si erano consolidate circa la natura dell'elettricità e del magnetismo; inoltre, le motivazioni che lo indussero a effettuare l'esperimento erano di natura più filosofica che scientifica: tanto l'ostacolo quanto la spinta non avevano niente a che fare con la scienza!

L'ostacolo

Sebbene tra l'elettricità e il magnetismo ci fossero delle affinità (la presenza di forze attrattive e repulsive dipendenti dalla distanza tra i corpi, l'osservazione che forti scariche elettriche influenzino gli aghi magnetici), furono le differenze a prevalere e a far ritenere in maniera generalizzata tra gli uomini di scienza nella seconda metà del '700 che i fenomeni elettrici e quelli magnetici non avessero assolutamente nulla in comune gli uni con gli altri. In particolare, la grossa differenza consisteva nella circostanza che, mentre era possibile separare le cariche positive da quelle negative, non era invece possibile avere magneti con la sola polarità nord o la sola polarità sud. In effetti, si era notato che quando una calamita viene divisa in due parti, non si separano i poli, ma si ottengono due calamite dotate ciascuna di entrambe le polarità – e questo qualunque fosse il numero delle suddivisioni effettuate. L'idea venne espressa con decisione da Benjamin Franklin, il quale sostenne che le due "potenze", come le chiamava, non erano in rapporto tra loro e che la produzione di magnetismo da parte dell'elettricità notata in alcuni casi fosse solo apparente e accidentale. In questo clima – anche se può sembrare incredibile – nessuno pensò di fare un esperimento per verificare o rigettare definitivamente l'ipotesi, come sarebbe stato più consono alla comune prassi del *metodo scientifico*.

Un'idea romantica

Oersted era molto interessato, non soltanto alla fisica, ma anche al mondo del pensiero. All'età di ventiquattro anni ebbe modo di fare un viaggio di alcuni anni in Europa e in Germania incontrò filosofi importanti come Schelling e Fichte. Le sue idee vennero così influenzate dalla cosiddetta *Naturphilosopie* secondo la quale la natura aveva un'essenza unitaria e tutte le forze dovevano in qualche modo avere un'origine comune e, dunque, dovevano essere collegate tra loro. Si tratta di un'ipotesi che, si badi bene, non aveva al tempo nulla di scientifico: era puramente metafisica e, si può dire, costituiva un vero e proprio "pregiudizio".

Eppure, fu in virtù di tale convinzione che Oersted venne indotto a fare ciò che nessun altro aveva mai osato fare prima. Dovendo preparare delle lezioni piuttosto impegnative e dettagliate per un uditorio di esperti del campo scientifico, ripensando alle modificazioni che durante i temporali a causa dei fulmini subivano gli aghi delle bussole, pensò di fare un esperimento che consisteva nell'avvicinare un ago magnetico a un filo di platino molto sottile reso incandescente dal passaggio della corrente. In realtà la deviazione dell'ago non fu particolarmente evidente e non suscitò nessuna reazione. Tuttavia, vari mesi dopo Oersted ripeté l'esperimento che confermò il fatto che la corrente elettrica che attraversa un conduttore provoca nello spazio circostante un campo magnetico evidenziato dalla deviazione dell'ago della bussola posto nei pressi del conduttore stesso. I risultati furono pubblicati in un libretto scritto in latino intitolato *Experimenta circa effectum conflictus electrici in acum magneticum* che fu rapidamente tradotto in altre lingue: Ampère lo lesse e in breve espresse una teoria che sarebbe poi stata la base di quella importantissima parte della fisica chiamata appunto *elettromagnetismo*.

SCIENTIFIC ENGLISH

CLIL

Magnetism

Magnetic Fields

Experiments show that a stationary charged particle doesn't interact with a static magnetic field. **When a charged particle is *moving* through a magnetic field, however, a magnetic force acts on it**. This force has its maximum value when the charge moves in a direction perpendicular to the magnetic field lines, decreases in value at other angles, and becomes zero when the particle moves along the field lines. This is quite different from the electric force, which exerts a force on a charged particle whether it's moving or at rest. Further, the electric force is directed parallel to the electric field while the magnetic force on a moving charge is directed perpendicular to the magnetic field.

In our discussion of electricity, the electric field at some point in space was defined as the electric force per unit charge acting on some test charge placed at that point. In a similar way, we can describe the properties of the magnetic field $\vec{\mathbf{B}}$ at some point in terms of the magnetic force exerted on a test charge at that point. Our test object is a charge q moving with velocity $\vec{\mathbf{v}}$. It is found experimentally that the strength of the magnetic force on the particle is proportional to the magnitude of the charge q, the magnitude of the velocity $\vec{\mathbf{v}}$, the strength of the external magnetic field $\vec{\mathbf{B}}$, and the sine of the angle θ between the direction of $\vec{\mathbf{v}}$ and the direction of $\vec{\mathbf{B}}$. These observations can be summarized by writing the magnitude of the magnetic force as

$$F = qvB \sin\theta \quad [1]$$

This expression is used to define the magnitude of the magnetic field as

$$B \equiv \frac{F}{qv \sin\theta} \quad [2]$$

Checkpoint
True or False: A magnetic force is exerted on a charged particle moving opposite the direction of the magnetic field at that location.

If F is in newtons, q in coulombs, and v in meters per second, then the SI unit of magnetic field is the **tesla** (T), also called the **weber** (Wb) **per square meter** (1 T = 1 Wb/m^2). If a 1-C charge moves in a direction perpendicular to a magnetic field of magnitude 1 T with a speed of 1 m/s, the magnetic force exerted on the charge is 1 N. We can express the units of $\vec{\mathbf{B}}$ as

$$[\mathrm{B}] = \mathrm{T} = \frac{\mathrm{Wb}}{\mathrm{m}^2} = \frac{\mathrm{N}}{\mathrm{C \cdot m/s}} = \frac{\mathrm{N}}{\mathrm{A \cdot m}} \quad [3]$$

In practice, the cgs unit for magnetic field, the **gauss** (G), is often used. The gauss is related to the tesla through the conversion:

$$1\ \mathrm{T} = 10^4\ \mathrm{G}$$

Conventional laboratory magnets can produce magnetic fields as large as about 25 000 G, or 2.5 T. Superconducting magnets that can generate magnetic fields as great as 3×10^5 G, or 30 T, have been constructed. These values can be compared with the value of Earth's magnetic field near its surface, which is about 0.5 G, or 0.5×10^{-4} T.
From Equation 1 we see that the force on a charged particle moving in a magnetic field has its maximum value when the particle's motion is *perpendicular*

to the magnetic field, corresponding to $\theta = 90°$, so that $\sin\theta = 1$. The magnitude of this maximum force has the value

$$F_{max} = qvB \qquad [4]$$

Also from Equation 1, F is zero when $\vec{v}$ is parallel to $\vec{B}$ (corresponding to $\theta = 0°$ or $180°$), so no magnetic force is exerted on a charged particle when it moves in the direction of the magnetic field or opposite the field.
Experiments show that the direction of the magnetic force is always perpendicular to both $\vec{v}$ and $\vec{B}$, as shown in Figure 1 for a positively charged particle. To determine the direction of the force, we employ **right-hand rule number 1**:

1. **Point the fingers of your right hand in the direction of the velocity $\vec{v}$.**
2. **Curl the fingers in the direction of the magnetic field $\vec{B}$, moving through the smallest angle (as in Fig. 2).**
3. **Your thumb is now pointing in the direction of the magnetic force $\vec{F}$ exerted on a positive charge.**

If the charge is negative rather than positive, the force $\vec{F}$ is directed *opposite* that shown in Figures 1 and 2. So if q is negative, simply use the right-hand rule to find the direction for positive q, and then reverse that direction for the negative charge.

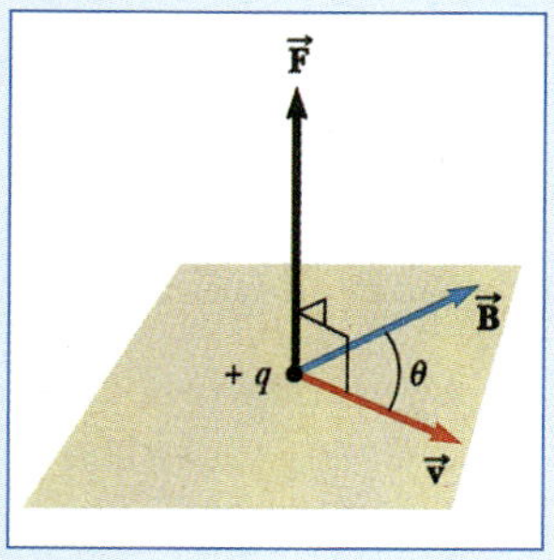

Figure 1 The direction of the magnetic force on a positively charged particle moving with a velocity $\vec{v}$ in the presence of a magnetic field. When $\vec{v}$ is at an angle θ with respect to $\vec{B}$, the magnetic force is perpendicular to both $\vec{v}$ and $\vec{B}$.

Quick Quiz 1

A charged particle moves in a straight line through a region of space. Which of the following answers *must* be true? (Assume any other fields are negligible.) The magnetic field (a) has a magnitude of zero, (b) has a zero component perpendicular to the particle's velocity, (c) has a zero component parallel to the particle's velocity in that region.

Quick Quiz 2

The north-pole end of a bar magnet is held near a stationary positively charged piece of plastic. Is the plastic (a) attracted, (b) repelled, or (c) unaffected by the magnet?

from Serway/Vuille, *Essentials of College Physics*, © 2007

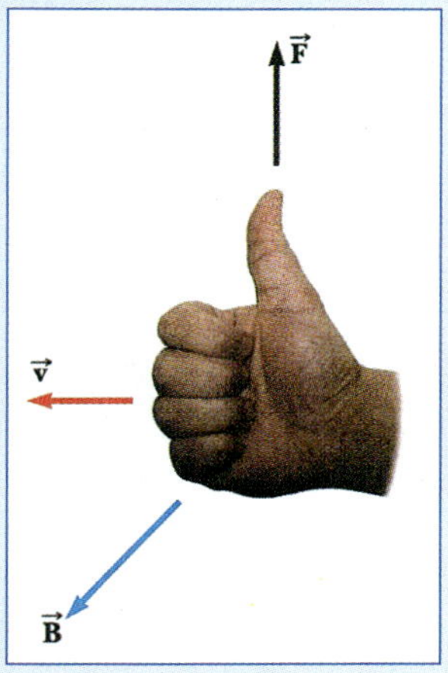

Figure 2 Right-hand rule number 1 for determining the direction of the magnetic force on a positive charge moving with a velocity $\vec{v}$ in a magnetic field $\vec{B}$. Point the fingers of your right hand in the direction of $\vec{v}$, and then curl them in the direction of $\vec{B}$. The magnetic force $\vec{F}$ points in the direction of your right thumb.

IN SINTESI

Campo magnetico

- Il **magnetismo** è una proprietà particolare di alcuni materiali (detti **magneti** o **calamite**) che hanno la possibilità di attirare piccoli pezzi di ferro.
- Esistono due possibilità di magnetizzazione che prendono il nome di **polo nord** e **polo sud**: polarità uguali (nord-nord e sud-sud) si respingono, mentre polarità opposte si attraggono (nord-sud).
- A differenza delle cariche elettriche, che possono esistere separatamente (cariche positive e negative), i poli magnetici invece non possono essere separati: ogni calamita presenta sempre contemporaneamente sia il polo nord sia quello sud.
- Il campo magnetico può venire visualizzato tramite la limatura di ferro, che mette in evidenza le **linee di forza**, che sono linee chiuse.
- La Terra si comporta al pari di un enorme magnete, come testimonia l'ago magnetico di una bussola che si orienta verso il polo Nord geografico. Dal punto di vista puramente magnetico, il polo Nord geografico è in realtà un polo sud (infatti attira il polo nord dell'ago).

Esperienze di Oersted, Ampère e Faraday

- L'**esperienza di Oersted** relativa all'**interazione tra una corrente elettrica e un campo magnetico** esterno evidenzia che i due fenomeni sono tra loro intimamente connessi. Oersted verificò che facendo passare la corrente elettrica in un filo conduttore posto nei pressi di un ago magnetico, quest'ultimo si sposta dalla posizione di equilibrio: la corrente elettrica genera sempre un campo magnetico.
- L'**esperienza di Ampère** ha messo in evidenza e quantificato l'**interazione tra due fili conduttori attraversati da corrente**: i fili si attirano o si respingono a causa dell'interazione con i reciproci campi magnetici.
  La forza tra due fili paralleli attraversati da corrente elettrica ha modulo F dato da:
  $$F = K\frac{I_1 I_2 l}{d}$$
  I_1 e I_2 sono le due intensità di corrente, l è la lunghezza dei fili e d la distanza tra loro.
  È in base a questo fenomeno che è stata stabilita l'unità di misura fondamentale del SI, l'**ampere**, come quella intensità di corrente che, transitando in entrambi i fili, lunghi 1 m e distanti 1 m, provoca tra di essi una forza attrattiva o repulsiva di $2 \cdot 10^{-7}$ N.
- Faraday verificò che **su un filo percorso da corrente e immerso in un campo magnetico agisce una forza**. Ponendo un filo rettilineo di lunghezza l attraversato da una corrente elettrica I perpendicolarmente a un campo magnetico $\vec{B}$, si nota sul filo una forza $\vec{F}$ (perpendicolare sia al filo sia alle linee di forza del campo magnetico) tale che $F \propto I\,l$, per cui si può definire il modulo B come segue:
  $$B = \frac{F}{I\,l}$$
  In termini vettoriali, qualunque sia la direzione tra filo e campo magnetico, si può scrivere:
  $$\vec{F} = I\,\vec{l} \times \vec{B}$$
  La direzione della forza $\vec{F}$ viene stabilita in base alla **regola della mano destra**.
- L'unità di misura del campo magnetico è il **tesla (T)**. Un sottomultiplo molto usato del tesla è il **gauss (G)**:
  $$1\ \text{G} = 10^{-4}\ \text{T}$$

Forza di Lorentz

- La forza $\vec{F}$ che può manifestarsi su una singola carica elettrica che si muove in un campo magnetico $\vec{B}$ viene chiamata **forza di Lorentz**. La sua espressione è:

$$\vec{F} = q\,\vec{v} \times \vec{B}$$

dove q è la carica elettrica e $\vec{v}$ la sua velocità.

Campo magnetico nel caso del filo rettilineo, della spira e del solenoide

- La corrente di intensità I che percorre un **filo rettilineo** genera, a una distanza d dal suo asse, un campo magnetico il cui modulo è dato dalla **legge di Biot-Savart**:

$$B = \frac{\mu_0}{2\pi}\frac{I}{d}$$

μ_0 è la **permeabilità magnetica** del vuoto che vale $\mu_0 = 4\pi \cdot 10^{-7}$ T m/A.
Le linee di forza sono circonferenze concentriche con centro nel filo e disposte su un piano perpendicolare all'asse del filo stesso. Il verso del campo magnetico $\vec{B}$ è definito grazie alla regola della mano destra.

- Il modulo dell'intensità del campo magnetico al centro della **spira di raggio *r*** percorsa dalla corrente I è:

$$B = \frac{\mu_0}{2}\frac{I}{r}$$

$\vec{B}$ è perpendicolare al piano della spira nel suo centro e il verso viene stabilito dal pollice secondo la regola della mano destra, quando le altre dita della mano seguono il senso della corrente.

- Il **solenoide** è un avvolgimento costituito da una successione di spire. Il campo magnetico all'interno del solenoide è uniforme, cioè è costante e uguale in tutti i punti. Il modulo di $\vec{B}$ è direttamente proporzionale all'intensità di corrente I e al numero N di spire, mentre è inversamente proporzionale alla lunghezza l della spira:

$$B = \mu_0 \frac{N\,I}{l}$$

La direzione e il verso di $\vec{B}$ entro il solenoide vengono stabiliti analogamente alla singola spira, ricorrendo alla regola della mano destra.

Magnetismo nella materia

- Il magnetismo non è altro che un fenomeno provocato dal movimento delle cariche elettriche: i magneti hanno al loro interno delle regioni in cui si formano delle correnti che all'esterno danno luogo a manifestazioni di tipo magnetico.
  In base alle caratteristiche magnetiche la materia può essere suddivisa in tre categorie:
  - sostanze **ferromagnetiche**, che aumentano notevolmente il campo magnetico esterno a cui sono sottoposte;
  - sostanze **paramagnetiche**, che incrementano il campo solo debolmente;
  - sostanze **diamagnetiche**, che si oppongono al campo magnetico e lo indeboliscono.

Motore elettrico

- Il **motore elettrico** è una macchina che trasforma l'energia elettrica (in ingresso) in energia meccanica (in uscita). Le spire del motore sono attraversate dalla corrente elettrica I e, a causa del campo magnetico $\vec{B}$ in cui si trovano immerse, si mettono in rotazione.

Il **momento della coppia $\vec{M}_C$** che provoca la rotazione è:

$$\vec{M}_C = \vec{m} \times \vec{B}$$

dove **$\vec{m}$** è il **momento magnetico** della spira dato da:

$$\vec{m} = I\, S\, \vec{u}$$

($\vec{u}$ è il versore perpendicolare alla superficie S della spira).
Per avere una rotazione continua sempre nello stesso senso, il motore elettrico necessita di un **commutatore**.

Teorema di Gauss

- Il **flusso del campo magnetico Φ_B** è definito dal prodotto scalare:

  $$\Phi_B = \vec{B} \cdot \vec{S}$$

  in cui $\vec{S}$ è un vettore perpendicolare alla superficie S attraversata da $\vec{B}$.
  Si può anche scrivere:

  $$\Phi_B = B_\perp \cdot S$$

  con $B_\perp$ componente di $\vec{B}$ secondo la perpendicolare a S: $B_\perp = B \cos \alpha$. L'unità di misura dei Φ_B è il **weber (Wb)**: $1\ \text{Wb} = 1\ \text{T} \cdot \text{m}^2$.
- Per il **teorema di Gauss** il flusso del campo magnetico attraverso una superficie chiusa qualunque S (chiamata **superficie gaussiana**) è nullo:

  $$\Phi_B = 0$$

  Questo si verifica in quanto le polarità nord e sud non sono separabili e le linee di forza sono linee chiuse.

Teorema di Ampère

- La **circuitazione $\Gamma_\gamma(\vec{B})$** del campo magnetico $\vec{B}$ lungo una curva chiusa γ, indicando con $\Delta\vec{s}_i$ uno spostamento molto piccolo preso sulla curva, è data da:

  $$\Gamma_\gamma(\vec{B}) = \sum_{i=1}^{n} \vec{B}_i \cdot \Delta\vec{s}_i$$

- Il **teorema di Ampère** afferma che la circuitazione $\Gamma_\gamma(\vec{B})$ è uguale alla somma delle correnti elettriche $\sum_{i=1}^{n} I_i$ concatenate con γ, moltiplicata per la permeabilità magnetica nel vuoto μ_0:

  $$\Gamma_\gamma(\vec{B}) = \mu_0 \cdot \sum_{i=1}^{n} I_i$$

  Dato che $\Gamma_\gamma(\vec{B}) \neq 0$ ne consegue che **il campo magnetico non è conservativo**.

Moto di una carica elettrica in un campo magnetico

- Una carica elettrica q di massa m che entra in un campo magnetico $\vec{B}$ perpendicolarmente a esso con velocità $\vec{v}$, compie una traiettoria circolare di raggio:

  $$R = \frac{m\, v}{q\, B}$$

  Il periodo di tale moto è indipendente dalla velocità di ingresso:

  $$T = \frac{2\pi m}{q\, B}$$

- Lo **spettrometro di massa** viene utilizzato per individuare gli isotopi e la loro abbondanza isotopica relativamente a una determinata sostanza oppure per determinare il rapporto q/m (Thomson).

STRUMENTI DI CONSOLIDAMENTO E VERIFICA

Completa le frasi

1 Il magnetismo è una particolare proprietà di alcuni materiali che .... piccoli pezzi di .... Poli magnetici uguali si .... , mentre poli diversi si .... Il magnetismo presenta analogie e differenze con i fenomeni elettrici. Infatti è possibile individuare .... nord e sud come è possibile individuare cariche elettriche .... e .... ma non è possibile .... i poli di un magnete.

2 Il campo magnetico è l'insieme dei .... che servono per descrivere l'.................... che un magnete esercita nella zona a esso .... Il campo magnetico può essere rilevato mediante un .... e si descrive con linee di .... chiuse che per convenzione escono dal polo .... ed entrano nel polo .... del magnete. Per convenzione, il polo Nord geografico è indicato dal polo .... dell'ago rivelatore e quindi esso è in realtà un polo ....

3 L'esperienza di Oersted è relativa all'interazione tra una .... e un campo .... , mentre quella di Ampère evidenzia l'interazione tra due .... attraversati da .... In particolare una corrente elettrica ha intensità pari a 1 ampere quando, circolando con .... intensità in due fili rettilinei e paralleli, di lunghezza .... distanti .... m l'uno dall'altro, determina fra di essi, per ogni metro di lunghezza, una forza pari a .... N.

4 Un campo magnetico ha intensità pari a 1 tesla quando esso esercita, su un tratto di .... di lunghezza .... attraversato da una corrente di .... , una forza pari a .... Tale forza è .... sia al vettore campo magnetico sia al .... Un gauss equivale a .... tesla.

5 Una carica elettrica in movimento in un campo magnetico risente della forza di .... che è .... al piano individuato dalle direzioni della .... e del .... La sua espressione analitica è $\vec{F} =$ ....
Le forze del campo magnetico non compiono .... su una carica elettrica perché risultano sempre perpendicolari alla .... della particella. Ne provocano invece una sua .... se l'angolo tra la .... e il campo .... è diverso da ....° e da ....°.

6 Data una corrente di intensità I che percorre un filo rettilineo, il campo magnetico da essa generato a una distanza d dal filo ha modulo $B =$ .... direzione .... alla circonferenza con centro nel filo e raggio .... , verso quello delle dita della mano destra chiuse sul palmo con il pollice disposto nello stesso verso della ....

7 Il campo magnetico al centro di una spira circolare percorsa da corrente elettrica ha la direzione dell'.................... della spira. Il .... è quello del pollice della mano destra, in cui le dita sono chiuse e la corrente .... dalla loro punta. L'intensità del campo magnetico è .... proporzionale all'intensità di corrente e inversamente proporzionale al .... della spira.

8 Il campo magnetico all'interno di un solenoide percorso da corrente elettrica è .... mentre all'esterno è pressoché .... L'intensità del campo magnetico all'interno del solenoide ha valore pari a .... dove con N si indica il .... , con I la .... che attraversa il solenoide e con ℓ la sua ....

9 Un materiale .... presenta un campo magnetico proprio che rinforza solo debolmente il campo magnetico .... La permeabilità magnetica di tali materiali è .... di 1. La permeabilità magnetica relativa è definita dall'espressione analitica $\mu_r =$ .... ed è minore di 1 solo per i materiali .... , mentre per quelli .... non è costante.

10 Il motore elettrico è un dispositivo in grado di trasformare l'energia .... in energia .... sfruttando l'interazione tra campi .... e .... Per comprendere il funzionamento occorre introdurre il momento .... della spira la cui espressione analitica è $\vec{m}$ = ... dove I rappresenta la .... che circola nella spira, S rappresenta la .... della .... e $\vec{u}$ rappresenta il .... perpendicolare alla .... Il momento della coppia di forze che provoca la .... della spira è dato invece dall'espressione $\vec{M}_C$ = ...

11 Il flusso del campo magnetico è una grandezza .... definita come Φ_B = ... La sua unità di misura nel SI è il .... Il teorema di Gauss afferma che il .... del campo magnetico attraverso una superficie .... è ....

12 La circuitazione del campo magnetico è una grandezza .... e viene calcolata lungo una linea .... e .... Il teorema di .... afferma che $\Gamma_\gamma(\vec{B})$ = ... dove I_i indica la i-esima .... alla linea chiusa e μ_0 rappresenta la .... magnetica nel .... L'unità di misura della circuitazione nel SI è ....

13 Il campo elettrostatico è un campo .... mentre quello magnetico .... Le sorgenti del campo elettrostatico sono cariche elettriche positive e .... mentre i poli magnetici .... separabili. Le linee di forza del campo elettrico sono .... mentre quelle del campo magnetico sono ....

14 Se una carica elettrica entra all'interno di una regione sede di un campo magnetico in modo che il suo vettore velocità sia perpendicolare al .... , allora essa si muoverà di moto .... il cui raggio è r = ... e il periodo e T = ...

Test a scelta multipla

1 **Tagliando una sbarretta magnetica orientata S-N in due parti, si ottengono:**

- **A** un polo S e un polo N
- **B** un polo N e un polo S
- **C** due magneti N-S
- **D** due magneti S-N

2 **Le linee di forza del campo magnetico generato da una barretta magnetica:**

- **A** sono chiuse e non la attraversano
- **B** orientano una carica elettrica lungo la loro direzione
- **C** si sviluppano su un piano e non nello spazio
- **D** sono chiuse e continuano all'interno

3 **Le linee di forza del campo magnetico vanno:**

- **A** dal polo sud al polo nord all'esterno della calamita e dal polo sud al polo nord al suo interno
- **B** dal polo nord al polo sud all'esterno e all'interno della calamita
- **C** dal polo nord al polo sud all'esterno della calamita e dal polo sud al polo nord al suo interno
- **D** dal polo nord verso l'infinito all'esterno della calamita e dal polo sud al polo nord al suo interno

4 **In quali casi è possibile ottenere un polo magnetico isolato?**

- **A** Sempre
- **B** Mai
- **C** Suddividendo in due un magnete
- **D** Solo se il magnete è sottile

5 **A proposito del campo magnetico terrestre si può affermare che:**

- **A** il Nord geografico corrisponde al nord magnetico
- **B** il Nord geografico corrisponde al sud magnetico
- **C** il polo nord di un ago magnetico indica il polo Sud della Terra
- **D** il polo sud di un ago magnetico indica il polo Nord della Terra

6 **Quando un ago magnetico, libero di ruotare, viene posto nelle vicinanze di un filo rettilineo percorso da corrente:**

- **A** si orienta secondo l'asse del filo
- **B** si orienta tangenzialmente alla circonferenza centrata nell'asse del filo
- **C** si orienta parallelamente all'asse del filo con lo stesso verso della corrente
- **D** si orienta parallelamente all'asse del filo con verso opposto a quello della corrente

7 **Il verso delle linee di un campo magnetico generato da un filo percorso da corrente è dato dal verso:**

- **A** di chiusura delle dita della mano destra, ponendo il pollice nel verso opposto alla corrente
- **B** della corrente
- **C** opposto alla corrente
- **D** di chiusura delle dita della mano destra, ponendo il pollice nel verso della corrente

8 **Due fili rettilinei e paralleli lunghi 80 cm e distanti 2,0 cm sono percorsi da correnti di 2,0 A e 6,0 A, aventi lo stesso verso. La forza che agisce tra essi è di:**

- **A** $0{,}96 \cdot 10^{-4}$ N, attrattiva
- **B** $0{,}96 \cdot 10^{-4}$ N, repulsiva
- **C** 0,96 N, attrattiva
- **D** 0,96 N, repulsiva

9 **La forza per unità di lunghezza che agisce tra due fili rettilinei e paralleli, distanti 3,0 cm, percorsi da correnti di 0,12 A e 0,40 A, con verso opposto, vale:**

- **A** $3{,}2 \cdot 10^{-1}$ N/m, attrattiva
- **B** $3{,}2 \cdot 10^{-3}$ N/m, repulsiva
- **C** $3{,}2 \cdot 10^{-5}$ N/m, attrattiva
- **D** $3{,}2 \cdot 10^{-7}$ N/m, repulsiva

10 **Un filo è disposto perpendicolarmente alle linee di campo magnetico. A parità di campo magnetico applicato, all'aumentare della corrente che fluisce nel circuito:**

- **A** la forza applicata al filo aumenta
- **B** la forza applicata al filo rimane costante
- **C** il filo ruota più velocemente
- **D** la forza applicata al filo diminuisce

11 **Dall'esperimento di Faraday si deduce che la forza esercitata su un filo percorso da corrente I e immerso in un campo magnetico $\vec{B}$ è:**

- **A** parallela a $\vec{B}$
- **B** parallela a I
- **C** perpendicolare sia a $\vec{B}$ sia a I
- **D** perpendicolare a I e parallela a $\vec{B}$

12 **L'analisi dimensionale del campo magnetico fornisce:**

- **A** $\dfrac{[M]\,[L]\,[t]^{-2}}{[I]}$
- **B** $[M]\,[t]^{-2}\,[I]^{-1}$
- **C** $[M]\,[t]^{-1}\,[Q]$
- **D** $[M]\,[t]^{-1}\,[I]$

13 **Se l'intensità di corrente che attraversa un filo è parallela al campo magnetico in cui il filo è immerso, allora la forza magnetica agente sul filo:**

- **A** è nulla
- **B** è massima
- **C** dipende dal valore del campo e dell'intensità di corrente
- **D** dipende solo dal campo magnetico

14 **Se un filo percorso da corrente è perpendicolare al campo magnetico in cui il filo è immerso, allora la forza magnetica agente sul filo:**

- **A** è nulla
- **B** è massima
- **C** dipende dal valore del campo e dell'intensità di corrente
- **D** dipende solo dal campo magnetico

15 **Un filo rettilineo è percorso da una corrente di 16 A ed è inclinato di 45° rispetto a un campo magnetico esterno di 10^{-2} T. La forza per unità di lunghezza che agisce su di esso ha valore pari a:**

- **A** 0,22 N/m
- **B** 0,08 N/m
- **C** 0,16 N/m
- **D** 0,11 N/m

16 **L'angolo compreso tra la direzione del campo magnetico e quella di un filo attraversato da una corrente di 20 A, immerso in un campo magnetico di intensità 0,50 T, su cui agisce una forza di 5,0 N per metro di lunghezza, è:**

- **A** 30°
- **B** 45°
- **C** 60°
- **D** 90°

17 **Un conduttore lungo 5,0 cm in cui circola corrente è immerso in un campo magnetico $\vec{B}$ di intensità 2,0 T perpendicolare al piano contenente il circuito e ha una massa di $3{,}0 \cdot 10^{-2}$ kg.**

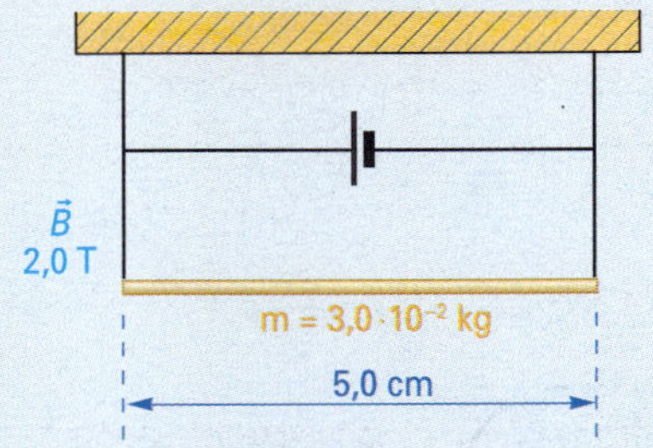

Il verso di $\vec{B}$ (entrante/uscente dal foglio) e l'intensità della corrente perché il conduttore rimanga sospeso senza tensione nei fili di sostegno sono:

- **A** uscente da foglio, 0,29 A
- **B** entrante nel foglio, 0,29 A
- **C** uscente dal foglio, 2,9 A
- **D** entrante nel foglio, 2,9 A

18 La forza che agisce su una carica di 4,0 mC ferma in un campo magnetico di intensità 12 T ha intensità:

A 48 N
B 0 N
C 4,8 N
D $48 \cdot 10^{-3}$ N

19 Una carica di 8,0 mC si muove con velocità di 10^2 m/s in un campo magnetico di intensità 2,0 mT con una direzione di 30° rispetto a quella del campo magnetico stesso. La forza di deflessione ha intensità pari a:

A 8,0 N
B 0,8 N
C $8{,}0 \cdot 10^{-2}$ N
D $0{,}8 \cdot 10^{-3}$ N

20 Una carica positiva di valore 4,0 μC, muovendosi parallelamente all'asse *x* in un sistema di riferimento *xyz*, entra in un campo magnetico che ha direzione parallela all'asse *z*, verso il semiasse negativo *z*. La forza che agisce sulla carica è:

A diretta parallelamente all'asse *z*, con verso negativo
B diretta parallelamente all'asse *x*, con verso positivo
C diretta parallelamente all'asse *y*, con verso negativo
D diretta parallelamente all'asse *y*, con verso positivo

21 Una carica di –3,0 μC viene lanciata con velocità di 60 m/s con direzione uguale a quella del semiasse positivo dell'asse *x*, in cui è presente un campo magnetico parallelo alla bisettrice del piano *zy*, come rappresentato in figura.

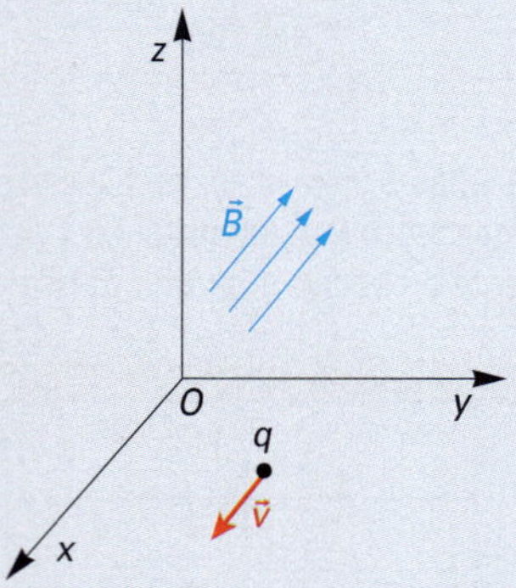

La forza che agisce sulla carica è:

A parallela al piano *xy*
B parallela al piano *zy*
C parallela al piano *xz*
D perpendicolare al piano *zy*

22 La legge di Biot-Savart afferma che il modulo del campo magnetico è:

A inversamente proporzionale all'intensità di corrente che scorre nel filo
B direttamente proporzionale alla distanza dal filo e all'intensità di corrente
C direttamente proporzionale alla distanza dal filo
D inversamente proporzionale alla distanza dal filo

23 Quale fra le seguenti rappresentazioni grafiche del campo magnetico del filo rettilineo è corretta?

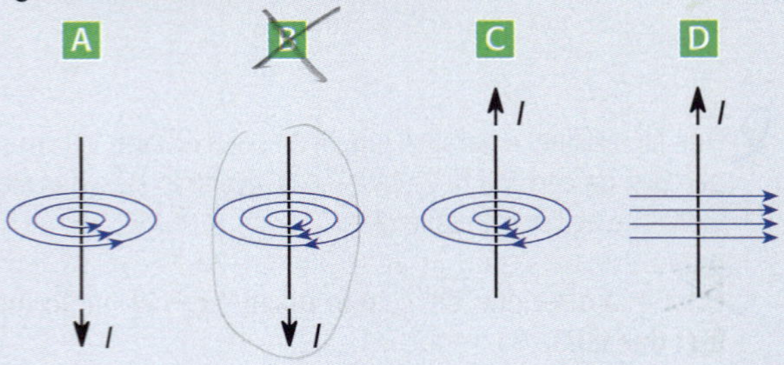

24 Se raddoppia la distanza da un filo percorso da corrente allora il campo magnetico generato:

A raddoppia
B si dimezza
C dipende solo dall'intensità di corrente
D rimane invariato

25 Se si dimezza l'intensità di corrente che attraversa un filo elettrico, allora il campo magnetico generato:

A raddoppia
B si dimezza
C dipende solo dalla distanza
D rimane invariato

26 L'equazione dimensionale della costante di permeabilità magnetica del vuoto è:

A $[M]\,[L]\,[t]^{-1}\,[I]^{-2}$
B $[M]\,[L]\,[t]^{-2}\,[I]^{-2}$
C $[M]\,[L]\,[t]^{-2}\,[I]^{-1}$
D $[M]\,[L]\,[t]^{-1}\,[I]^{-1}$

27 L'intensità del campo magnetico a una distanza di 5,0 cm da un filo rettilineo attraversato da una corrente di 40 A, vale:

A 0,8 gauss
B 2,0 gauss
C 1,6 gauss
D 20 gauss

28 La corrente che circola in un filo rettilineo, a una distanza di 0,50 cm dal quale il campo magnetico vale 1,2 mT, ha intensità:

A 0,6 A
C 6,0 A
B 3,0 A
D 30 A

29 **Quali delle affermazioni relative al modulo del campo magnetico in un punto P che dista d da un filo rettilineo percorso da corrente sono corrette?**
1) Il campo magnetico in P è inversamente proporzionale a d
2) Il campo magnetico in P è proporzionale alla corrente
3) Il campo magnetico in P è parallelo al filo

A Solo la 1
B Tutte e tre
C Solo la 1 e la 2
D Solo la 2 e la 3

30 **Due fili che giacciono sul piano contenente la pagina sono percorsi da correnti di uguale intensità ma versi opposti. Qual è la direzione del campo magnetico nel punto medio tra i due fili?**

A Verso l'interno della pagina
B Verso l'esterno della pagina
C Verso l'alto o il basso
D Verso uno dei due fili

31 **Il modulo del campo magnetico al centro di una spira percorsa da corrente è dato dall'espressione:**

A $\frac{\mu_0}{2}\frac{I}{r}$
B $\frac{\mu_0}{2}\frac{I}{r^2}$
C $\frac{\mu_0}{2}\frac{I^2}{r}$
D $\mu_0\frac{I}{r}$

32 **Al centro di una spira percorsa da corrente il modulo del campo magnetico è:**

A inversamente proporzionale all'intensità di corrente che circola nella spira
B direttamente proporzionale all'intensità di corrente che circola nella spira e al suo raggio
C direttamente proporzionale all'intensità di corrente che circola nella spira e inversamente proporzionale al suo diametro
D direttamente proporzionale all'intensità di corrente che circola nella spira e al suo raggio

33 **Se si dimezza il diametro di una spira percorsa da corrente, allora il campo magnetico al centro della spira:**

A raddoppia
B si dimezza
C dipende solo dall'intensità di corrente
D rimane invariato

34 **Se si raddoppia l'intensità di corrente in una spira, allora il campo magnetico al centro della spira:**

A raddoppia
B si dimezza
C dipende solo dalla distanza
D rimane invariato

35 **Il campo magnetico al centro di una spira circolare di diametro 1,2 cm, percorsa da una corrente di 20 A, vale:**

A 2,1 T
B $2{,}4 \cdot 10^{-2}$ T
C 2,1 mT
D $2{,}4 \cdot 10^{-1}$ T

36 **Al centro di una spira circolare di diametro 2,0 cm percorsa da corrente si misura un campo magnetico pari a 23 μT. L'intensità della corrente che circola nella spira è:**

A 46 mA
B 3,6 A
C 4,6 A
D 0,37 A

37 **Il raggio di una spira circolare percorsa da una corrente di 100 A, al cui centro si misura un campo magnetico di 1,8 mT, è pari a:**

A 1,8 cm
B 2,2 cm
C 3,5 cm
D 4,2 cm

38 **Il campo magnetico di un solenoide è:**

A nullo all'interno del solenoide e perpendicolare all'asse del solenoide
B parallelo alla corrente che attraversa il solenoide
C perpendicolare alla corrente che attraversa il solenoide
D nullo all'esterno del solenoide e parallelo all'asse del solenoide

39 **Quale fra le seguenti rappresentazioni grafiche del campo magnetico di un solenoide è corretta?**

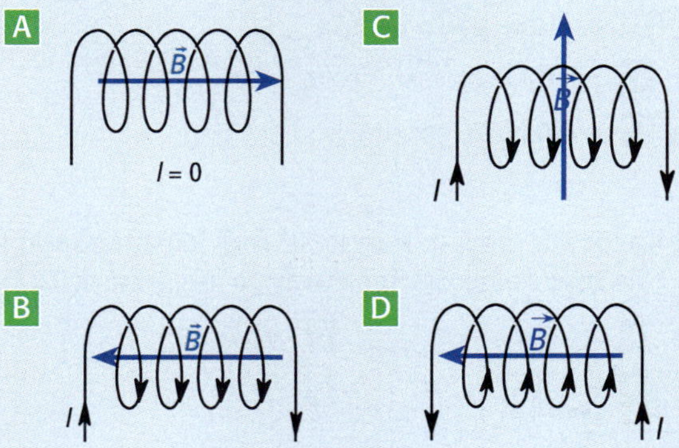

40 **Se si dimezza il numero di spire di un solenoide percorso da corrente, allora il campo magnetico al suo interno:**

A raddoppia
B dipende solo dall'intensità di corrente
C rimane invariato
D si dimezza

41 Un solenoide lungo 10 cm è formato da 300 spire, ciascuna con diametro di 4,0 cm ed è percorso da una corrente di 5,0 A. Il campo magnetico a una distanza di 1,0 cm dal bordo, rispettivamente all'interno e all'esterno del solenoide, vale circa:

- **A** 19 mT, 19 mT
- **B** 19 T, 0 T
- **C** 200 mT, 19 mT
- **D** 19 mT, 0 T

42 La densità lineare di spire di un solenoide al cui interno si misura un campo magnetico di 0,2 T quando circola una corrente di 25 A vale:

- **A** 5,0 spire/cm
- **B** 64 spire/m
- **C** 64 spire/cm
- **D** 50 spire/cm

43 All'interno di un solenoide lungo 20 cm composto da 200 spire il campo magnetico ha intensità pari a $4 \cdot 1,0^{-3}$. T. La corrente che attraversa il solenoide ha quindi intensità pari a:

- **A** 2,0 A
- **B** 3,2 A
- **C** 5,8 A
- **D** 6,4 A

44 La direzione e il verso del campo magnetico prodotto all'interno del solenoide rappresentato in figura sono:

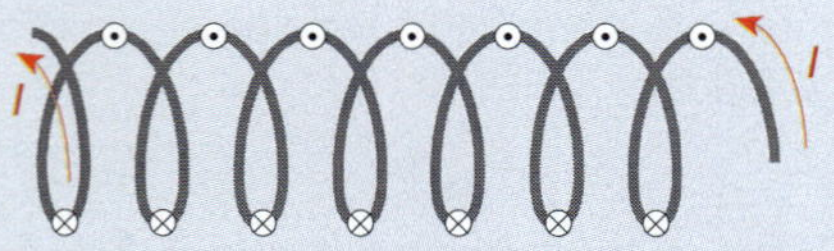

- **A** verticale, verso l'alto
- **B** verticale, verso il basso
- **C** orizzontale, verso destra
- **D** orizzontale, verso sinistra

45 La corrente circolante in un solenoide di 500 spire e lungo 4,0 cm che genera al suo interno un campo magnetico di 0,8 T, vale:

- **A** 4,0 A
- **B** 5,1 A
- **C** 40 A
- **D** 51 A

46 Sapendo che il cilindro di un materiale sottoposto a un campo magnetico esterno lo incrementa debolmente, possiamo dedurre che si tratta di una sostanza:

- **A** ferromagnetica
- **B** non magnetizzabile
- **C** paramagnetica
- **D** diamagnetica

47 L'acqua è una sostanza:

- **A** ferromagnetica
- **B** diamagnetica
- **C** paramagnetica
- **D** ferromagnetica o diamagnetica in base alla temperatura alla quale si trova

48 Il fenomeno del diamagnetismo:

- **A** si manifesta con una magnetizzazione avente stessa direzione e verso opposto rispetto al campo magnetico esterno alla sostanza
- **B** è tipico dei magneti
- **C** è una caratteristica del ferro a temperatura ambiente
- **D** si manifesta con una magnetizzazione avente stessa direzione e verso del campo magnetico esterno alla sostanza

49 L'unità di misura della permeabilità magnetica μ può essere scritta come:

- **A** $\dfrac{kg \cdot m}{C}$
- **B** $\dfrac{kg \cdot m}{C^2}$
- **C** $\dfrac{kg \cdot m^2}{C^2}$
- **D** $\dfrac{kg \cdot m}{A^2}$

50 Un motore elettrico trasforma energia:

- **A** elettrica in energia meccanica
- **B** meccanica in energia elettrica
- **C** elettrica in energia termica
- **D** termica in energia elettrica

51 Data una spira percorsa da una corrente immersa in un campo magnetico, all'aumentare dell'angolo θ tra il campo magnetico esterno e la normale alla superficie della spira da 0° a 90°, il momento $\vec{M}_c$ della coppia di forze:

- **A** dipende solo dal valore del campo magnetico esterno
- **B** diminuisce
- **C** rimane costante
- **D** aumenta

52 Il momento $\vec{M}_c$ della coppia di forze che agisce su una spira percorsa da corrente immersa in un campo magnetico è:

- **A** sempre diverso da zero
- **B** non nullo se l'angolo tra la perpendicolare alla superficie e il campo magnetico è 0°
- **C** nullo se l'angolo tra la perpendicolare alla superficie e il campo magnetico è 90°
- **D** nullo se il campo magnetico esterno è nullo

53 **Affinché il momento $\vec{M}_c$ della coppia di forze che agisce su una spira percorsa da corrente immersa in un campo magnetico sia massimo:**

A il campo magnetico e il vettore perpendicolare alla superficie della spira devono essere paralleli

B il piano della spira deve essere parallelo al campo magnetico

C la corrente nella spira deve avere lo stesso verso del campo magnetico

D il piano della spira deve essere perpendicolare al campo magnetico

54 **Il momento magnetico di una spira quadrata di 2,0 cm di lato percorsa da una corrente di 12 A è:**

A $2{,}4 \cdot 10^{-4}$ A m^2

B $40 \cdot 10^{-4}$ A m^2

C $48 \cdot 10^{-4}$ A m^2

D $96 \cdot 10^{-4}$ A m^2

55 **Il momento della coppia di forze che agisce su una spira rettangolare di lati 4,0 cm e 3,0 cm, percorsa da una corrente di 4,5 A quando il campo magnetico esterno di 12 mT forma un angolo di 30° con la perpendicolare al piano della spira, è:**

A $0{,}16 \cdot 10^{-3}$ N m

B $0{,}32 \cdot 10^{-4}$ N m

C $0{,}32 \cdot 10^{-5}$ N m

D $0{,}48 \cdot 10^{-4}$ N m

56 **Calcola la superficie di una spira, su cui agisce un momento della coppia di $1{,}5 \cdot 10^{-2}$ Nm, quando al suo interno circola una corrente di 14 A ed è immersa in un campo magnetico di 0,8 T che forma un angolo di 60° con la normale al piano della spira.**

A 0,3 cm^2

B 0,5 cm^2

C 10 cm^2

D 15 cm^2

57 **Una spira di superficie *S* è posta all'interno di un campo magnetico di modulo *B*. Quale delle seguenti affermazioni relative al flusso del campo magnetico è errata?**

A È direttamente proporzionale alla superficie *S*

B È direttamente proporzionale al modulo del campo magnetico *B*

C È nullo se la superficie è perpendicolare alle linee di forza del campo magnetico

D È sempre nullo se la superficie si muove all'interno del campo magnetico, intersecandone le linee di forza.

58 **Il flusso del campo magnetico è definito come:**

A $\Phi_B = \vec{B} \times \vec{S}$

B $\Phi_B = B \cdot S \cdot \text{sen}\alpha$

C $\Phi_B = I \cdot \ell \cdot B$

D $\Phi_B = B_\perp \cdot S$

59 **L'equazione dimensionale del flusso del campo magnetico è:**

A $[M]\,[L]\,[T]^{-2}\,[I]^{-1}$

B $[M]\,[L]^2\,[T]^{-1}\,[I]^{-1}$

C $[M]\,[L]^2\,[T]^{-2}\,[I]^{-1}$

D $[M]\,[L]^2\,[T]^{-2}\,[I]^{-2}$

60 **Due sfere concentriche, rispettivamente di raggio *R* e 2*R*, contengono nel loro centro comune un piccolo magnete. Il flusso del campo magnetico attraverso le loro superfici è:**

A uguale a zero

B uguale, ma diverso da zero

C doppio per la superficie di raggio minore

D doppio, per la superficie di raggio maggiore

61 **Il flusso di un campo magnetico di intensità 0,15 T attraverso una superficie piana di 4,0 cm^2, la cui normale forma un angolo di 30° con la direzione del campo, vale:**

A $0{,}26 \cdot 10^{-4}$ Wb

B $0{,}52 \cdot 10^{-4}$ Wb

C $0{,}64 \cdot 10^{-4}$ Wb

D $0{,}82 \cdot 10^{-4}$ Wb

62 **L'angolo tra la direzione della normale alla superficie di una spira circolare di 2,2 cm di raggio, rispetto al campo magnetico di intensità 1,2 mT in cui è immersa, che determina un flusso di $12 \cdot 10^{-7}$ Wb, vale:**

A 18°

B 26°

C 49°

D 52°

63 **Una bobina composta da 50 spire è posta tra i poli di un magnete in modo tale che la normale alla sua superficie formi un angolo di 45° con il campo magnetico. Le spire sono rettangolari e i lati misurano 2,6 cm e 3,2 cm. Se il flusso del campo magnetico attraverso la bobina vale $5{,}9 \cdot 10^{-4}$ Wb quando la normale è inclinata di 45° rispetto al campo esterno, il campo magnetico vale:**

A 2,0 mT

B 10 mT

C 15 mT

D 20 mT

64 **Un campo magnetico costante:**

A è conservativo

B non è conservativo

C può essere conservativo

D non è caratterizzabile mediante il concetto di circuitazione

65 Nel caso di un filo rettilineo percorso dalla corrente *I*, la circuitazione attraverso una linea chiusa che comprende al suo interno il filo vale:

A I

B $2\,\mu_0 I$

C $\mu_0 I$

D 0

66 La circuitazione del campo magnetico attraverso una linea chiusa che comprende al suo interno alcuni conduttori elettrici percorsi da corrente:

A è sicuramente non nulla

B è sicuramente nulla

C può essere nulla se la somma algebrica delle correnti è nulla

D è sicuramente nulla solo se i conduttori si trovano nel vuoto

67 La circuitazione del campo magnetico può avere come unità di misura:

A $N/A\,m^2$

B T

C N/A^2

D N/A

68 La circuitazione di un campo magnetico:

A è nulla

B dipende dal verso e dall'intensità delle correnti concatenate

C dipende solo dall'intensità delle correnti concatenate

D è sempre diversa da zero

69 È possibile definire un'energia potenziale per il campo magnetico?

A Sì, sempre

B No, mai

C Solo per campi magnetici costanti

D Solo per campi magnetici generati da fili rettilinei

70 La circuitazione del campo magnetico lungo la linea *L* rappresentata in figura vale:

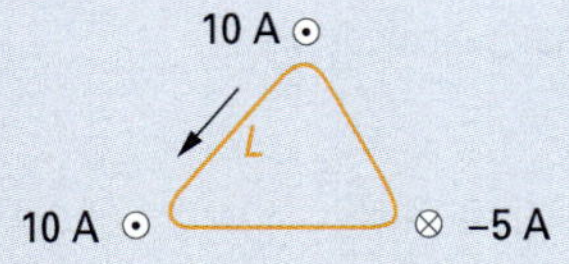

A 0 T m

B 15 T m

C $1{,}9 \cdot 10^{-5}$ T m

D $-1{,}9 \cdot 10^{-5}$ T m

71 La circuitazione del campo magnetico lungo la linea rappresentata in figura vale:

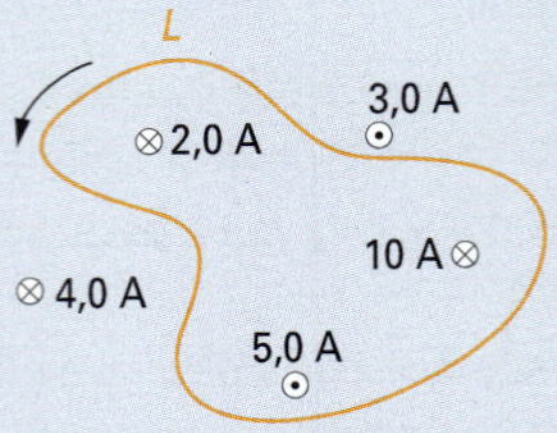

A 0 T m

B –8,8 T m

C 8,8 m T m

D $-8{,}8\ \mu$ T m

72 Se raddoppia la massa di una carica in moto in un campo magnetico perpendicolare alla sua velocità, allora il raggio della sua traiettoria:

A si dimezza

B raddoppia

C rimane invariato

D dipende solo dal campo magnetico

73 Se raddoppia l'intensità di una carica in moto in un campo magnetico perpendicolare alla sua velocità, allora il raggio della sua traiettoria:

A si dimezza

B raddoppia

C rimane invariato

D dipende solo dal campo magnetico

74 In uno spettrometro di massa, il raggio di curvatura di una particella è:

A inversamente proporzionale all'intensità del campo magnetico applicato

B inversamente proporzionale alla velocità della particella

C direttamente proporzionale alla carica elettrica della particella

D inversamente proporzionale alla massa della particella

75 Un elettrone viene immesso in un campo magnetico di intensità pari a 0,20 mT con velocità di $3{,}0 \cdot 10^5$ m/s e direzione perpendicolare a quella del campo. Il raggio di curvatura vale:

A 6,0 mm

B 7,2 mm

C 8,5 mm

D 9,0 mm

76 Una particella con carica doppia di quella dell'elettrone entra in un campo magnetico di intensità pari a 10^{-1} T e si pone su un'orbita circolare di raggio 6,6 cm. La quantità di moto della particella è:

A $2{,}1 \cdot 10^{-23}$ kg m/s

B $1{,}8 \cdot 10^{-22}$ kg m/s

C $2{,}2 \cdot 10^{-21}$ kg m/s

D $2{,}5 \cdot 10^{-20}$ kg m/s

Esercizi

20.4 L'esperienza di Ampère: interazione corrente-corrente

1 Calcola intensità e verso della forza che agisce su due fili paralleli lunghi 50 cm, distanti 4,0 cm e percorsi entrambi da una corrente di 0,60 A avente lo stesso verso. **[$9{,}0 \cdot 10^{-7}$ N]**

2 Calcola il verso e l'intensità della corrente che attraversa un filo parallelo a un secondo filo in cui circola una corrente di 1,5 A e distante dal primo 0,5 cm, sapendo che sono lunghi 1,0 m e fra di essi viene misurata una forza repulsiva di $2{,}4 \cdot 10^{-4}$ N. **[4,0 A]**

3 Due fili rettilinei e paralleli lunghi 1,2 m si attraggono con una forza di $0{,}12 \cdot 10^{-3}$ N. La corrente che attraversa entrambi è di 10 A. Calcola il verso della corrente e la distanza a cui si trovano i due fili. **[20 cm]**

Esercizio svolto

4 Tre fili rettilinei lunghi 40 cm e tra loro paralleli sono percorsi da correnti di intensità $I_1 = 15$ A, $I_2 = 10$ A, $I_3 = 20$ A e disposti come in figura. Calcola l'intensità della forza risultante agente sul primo filo.

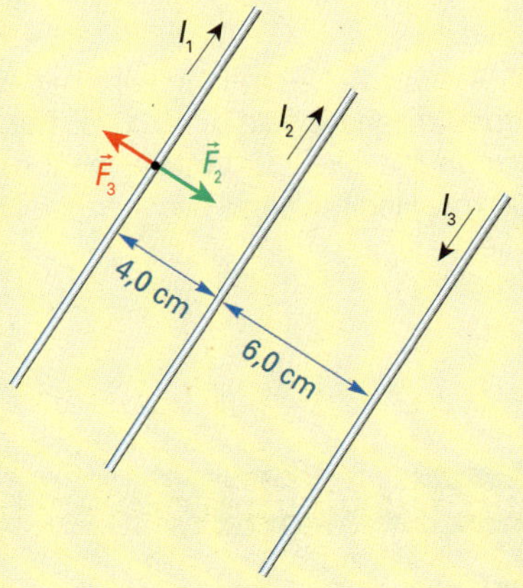

[$6{,}0 \cdot 10^{-5}$ N]

Indichiamo con $\vec{F}_2$ ed $\vec{F}_3$ le forze agenti sul primo filo, esercitate rispettivamente dal secondo e dal terzo filo, che hanno stessa direzione ma verso opposto, essendo $\vec{F}_2$ attrattiva ed $\vec{F}_3$ repulsiva. Si ha:

$$F_2 = K\frac{I_1 I_2 \ell}{d} = 2 \cdot 10^{-7}\,\frac{\text{N}}{\text{A}^2} \cdot \frac{15\,\text{A} \cdot 10\,\text{A} \cdot 0{,}4\,\text{m}}{0{,}04\,\text{m}} = 3{,}0 \cdot 10^{-4}\,\text{N}$$

e analogamente:

$$F_3 = K\frac{I_1 I_3 \ell}{d} = 2 \cdot 10^{-7}\,\frac{\text{N}}{\text{A}^2} \cdot \frac{15\,\text{A} \cdot 20\,\text{A} \cdot 0{,}4\,\text{m}}{0{,}1\,\text{m}} = 2{,}4 \cdot 10^{-4}\,\text{N}$$

La forza risultante $\vec{F}$ sul primo filo è data dalla loro somma, per cui avrà intensità:

$$F = F_2 - F_3 = 6{,}0 \cdot 10^{-5}\,\text{N}$$

5 Tre fili rettilinei lunghi 50 cm e tra loro paralleli sono percorsi da correnti di intensità $I_1 = 15$ mA, $I_2 = 20$ mA, $I_3 = 30$ mA e disposti come nella figura del precedente esercizio svolto. Calcola l'intensità della forza risultante agente sul filo centrale e il suo verso. **[$1{,}8 \cdot 10^{-9}$ N, verso il primo filo]**

6 Tre fili rettilinei lunghi 1,0 m, percorsi da correnti $I_1 = 9$ A, $I_2 = 10$ A, $I_3 = 20$ A sono disposti come in figura, perpendicolari al piano del triangolo rettangolo isoscele e passanti per i suoi vertici. Le correnti entranti nel piano della figura sono rappresentate con ⊗, quelle uscenti con (•). Calcola intensità e direzione della forza risultante sul filo nel punto A.

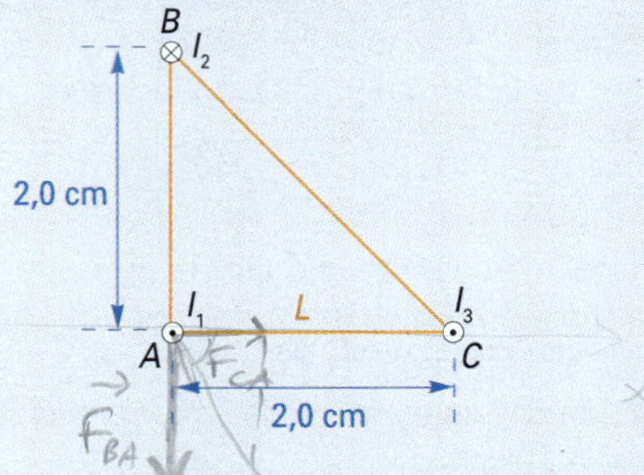

[$2{,}0 \cdot 10^{-3}$ N; 26,6° rispetto alla linea AC]

7 Tre fili rettilinei lunghi 2,0 m e paralleli tra loro sono disposti ai vertici di un triangolo rettangolo isoscele con il cateto di lunghezza pari a 3 cm. Tutte le correnti fluiscono nello stesso verso e hanno intensità pari a 8 mA. Determina l'intensità e il verso della forza risultante sul filo posto nell'angolo retto del triangolo. **[$1{,}2 \cdot 10^{-9}$ N; 45° rispetto al cateto]**

8 Un tratto di filo rettilineo AB lungo 40 cm è posto a un'altezza di 0,8 cm sopra un secondo filo, in cui passa una corrente I_2 di 30 A. Se questo filo ha una massa di 2,0 g, calcola direzione e verso della corrente I_1 lungo AB che permette di equilibrare il peso del tratto di filo in basso.

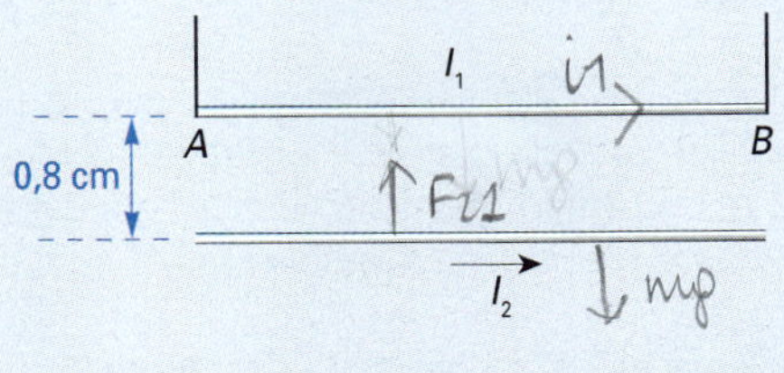

[65 A, verso destra]

9 ***ENGLISH*** Two long, straight, parallel wires 12.5 cm apart carry currents of equal magnitude I. They repel each other with a force per unit length of 7.6 nN/m. Are the currents parallel or antiparallel? Find I. **[antiparallel; 68.9 mA]**

10 ***ENGLISH*** A wire of length 22 cm floats 1.5 mm above a long, straight wire. The same current flows in both wires. If the mass of the 22-cm wire is 8 g, what is the current? **[51.7 A]**

11 ***ENGLISH*** Three long, parallel, straight wires pass through the corners of an equilateral triangle of sides 10 cm. All the currents are in the same direction and each current is 15.0 A. Find the force per unit length on the upper wire. **[$7.8 \cdot 10^{-4}$ N/m]**

20.5 Il vettore campo magnetico

12 Calcola la forza che agisce su un filo rettilineo lungo 90 cm percorso da una corrente di 25 A e inclinato di 40° rispetto a un campo magnetico esterno di 2,0 gauss. **[$2{,}9 \cdot 10^{-3}$ N]**

13 Un filo rettilineo è attraversato da una corrente di 7,9 A ed è immerso in un campo magnetico esterno di intensità 1,6 mT. Calcola l'angolo tra le direzioni del filo e del campo magnetico, sapendo che la forza per unità di lunghezza che agisce sul filo è $11 \cdot 10^{-3}$ N/m. **[60°]**

14 Calcola la corrente che circola in un filo rettilineo lungo 30 cm, sapendo che su di esso agisce una forza di $36 \cdot 10^{-3}$ N quando è all'interno di un campo magnetico di intensità 4,0 mT, rispetto alla direzione del quale è inclinato di 30°. **[60 A]**

15 Un filo lungo 50,0 cm è immerso in un campo magnetico uniforme come rappresentato in figura.
Calcola l'intensità del campo magnetico, la direzione e il verso della forza che agisce sul filo, sapendo che in presenza di una corrente circolante di 6,20 A, questa ha un'intensità di $4{,}38 \cdot 10^{-2}$ N.

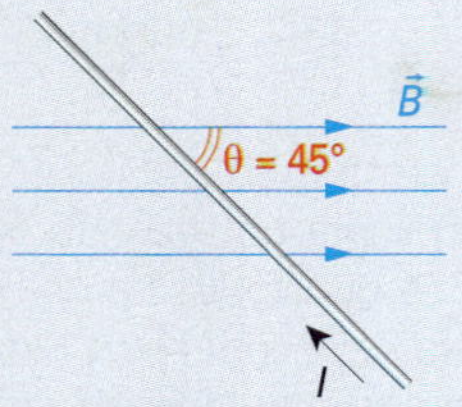

[20 mT; perpendicolare al piano; entrante nel foglio]

16 Nel riferimento rappresentato nella figura è posto un lungo filo rettilineo, parallelo all'asse *x*, attraversato da una corrente di 12 A. Un campo magnetico uniforme è diretto parallelamente all'asse *y*, verso il semiasse negativo, e ha un valore di 0,4 T.
Calcola il valore della forza per unità di lunghezza che agisce sul filo, la sua direzione e il suo verso.

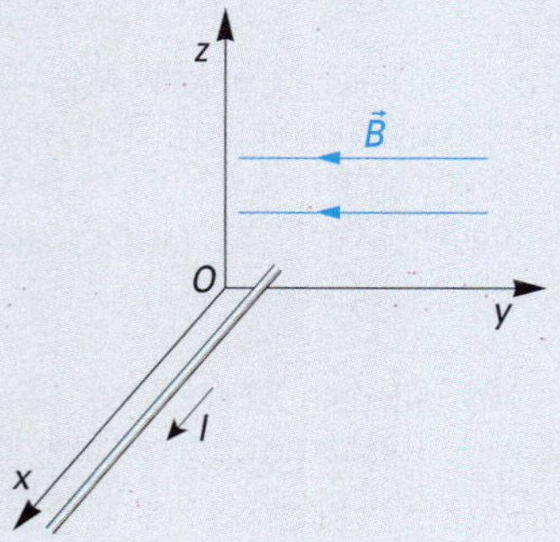

[4,8 N/m; direzione dell'asse *z*; verso il semiasse negativo]

17 In un campo magnetico di intensità 3,60 T è inserito un conduttore sospeso come rappresentato in figura, avente massa per unità di lunghezza di $4{,}00 \cdot 10^{-2}$ kg/m, che chiude un circuito in cui circola corrente. Calcola verso e intensità della corrente perché il filo rimanga sospeso senza tensione nei fili di sostegno.

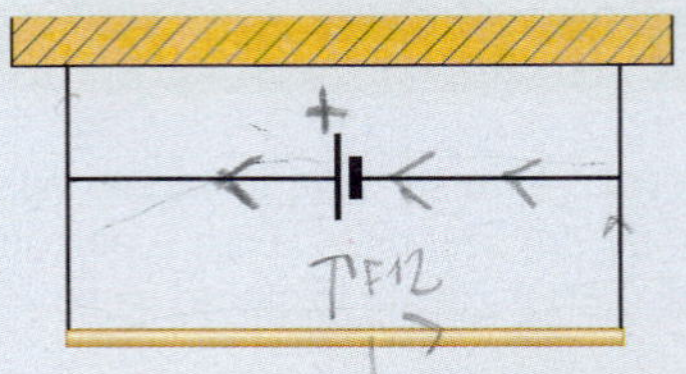

[uscente dal foglio; 0,11°]

18 ***ENGLISH*** A straight 3-m long wire makes an angle of 60° with a uniform magnetic field of 0.54 T. Find the magnitude of the force on the wire when it carries a current of 3.7 A and 1.3 A. **[5.2 N; 1.8 N]**

19 ***ENGLISH*** A 32-cm straight, horizontal wire of mass 80-g is connected to a source of emf by flexible leads. A magnetic field of 2 T is perpendicular to the wire. Find the current necessary to let the wire float (that is, the current such that the magnetic force balances the weight of the wire). **[1.2 A]**

20 ***ENGLISH*** A straight 12-cm long wire makes an angle with a uniform magnetic field of 4000 G. The magnitude of the force on the wire is 20 mN when it carries a current of 500 mA. Find the angle between the wire and the magnetic field. **[56.4°]**

20.6 La forza di Lorentz

21 Calcola l'intensità della forza che agisce su una carica elettrica del valore di 16 mC quando si muove con una velocità di 80 m/s perpendicolarmente a un campo magnetico di intensità pari a 0,8 T. **[1,0 N]**

22 Una carica del valore di $2 \cdot 10^{-6}$ C si muove parallelamente a un campo magnetico di intensità 0,10 T con velocità di 30 m/s. Quanto vale l'intensità della forza che agisce sulla carica? **[0 N]**

23 Una carica di 8,5 μC viene immessa in un campo magnetico uniforme di 1,2 mT con velocità pari a 150 m/s avente una direzione di 50° rispetto al campo. Calcola intensità, direzione e verso della forza.

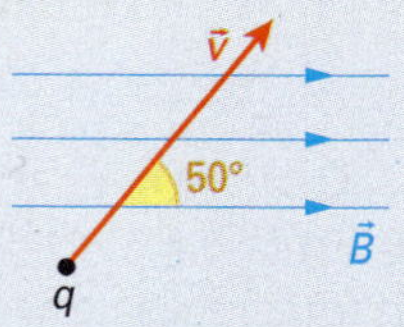

[$1{,}2 \cdot 10^{-6}$ N; perpendicolare al piano del foglio; entrante]

24 Una particella carica di 5,0 mC entra a 10^4 m/s in una zona in cui è presente un campo magnetico di intensità 3,4 T. Sapendo che la forza cui è soggetta la carica è di 85 N, determina l'angolo tra $\vec{v}$ e $\vec{B}$. **[30°]**

Esercizio svolto

25 Una carica elettrica che si muove con velocità $v = 100$ m/s formando con un campo magnetico di intensità $3{,}5 \cdot 10^{-4}$ T un angolo di 45°, è soggetta a una forza di $2{,}5 \cdot 10^{-6}$ N. Quanto vale la carica? **[$1 \cdot 10^{-4}$ C]**

Utilizzando l'espressione:

$$F = qvB\,\mathrm{sen}\alpha$$

si ottiene:

$$q = \frac{F}{vB\,\mathrm{sen}\alpha}$$

e dunque:

$$q = \frac{2 \cdot 2{,}5 \cdot 10^{-6}\ \mathrm{N}}{\frac{100\ \mathrm{m}}{\mathrm{s}}\, 3{,}5 \cdot 10^{-4}\ \mathrm{T}\sqrt{2}} = 1 \cdot 10^{-4}\ \mathrm{C}$$

26 Una carica di 6,0 mC entra in un un campo magnetico con velocità di 500 m/s e direzione di 60° rispetto a quella del campo, e viene deviata con una forza di 0,21 N. Calcola l'intensità del campo magnetico. **[$81 \cdot 10^{-3}$ T]**

27 Calcola il modulo dell'accelerazione che viene impressa a una particella di massa di $2{,}8 \cdot 10^{-4}$ kg e carica 8,7 μC quando viene lanciata con una velocità di $5{,}0 \cdot 10^4$ m/s in un campo magnetico di intensità pari a 1,3 T con direzione di 30° rispetto al campo stesso. **[$1{,}0 \cdot 10^3$ m/s²]**

28 Calcola lo spazio percorso in 15 s da una particella di carica $5{,}4 \cdot 10^{-8}$ C e massa $5 \cdot 10^{-6}$ kg che entra in un campo magnetico di intensità 8 T con velocità di 70 m/s e direzione di 30° rispetto al campo.

Suggerimento **Il moto della particella è la sovrapposizione di un moto rettilineo uniforme nella direzione del campo magnetico e un moto circolare uniforme perpendicolare al campo.**

[1,0 km]

29 ***ENGLISH*** An electron moving with velocity v to the right enters a region of uniform magnetic field that points out of the paper. After the electron enters this region, will it be deflected upward or downward? **[upward]**

30 ***ENGLISH*** A positively charged particle is moving southward in a magnetic field. The magnetic force on the particle is toward the southeast. What is the direction of the magnetic field? **[This situation is impossible]**

31 ***ENGLISH*** A proton is moving with a speed v at 60° to the direction of a magnetic field B. Compute the component of the resulting force on the proton in the direction of B. **[0 N]**

20.7 Il filo rettilineo

32 Calcola l'intensità del campo magnetico a una distanza di 0,35 cm da un filo rettilineo attraversato da una corrente di 14 A. **[8,0 gauss]**

33 A una distanza di 0,4 cm da un filo rettilineo percorso da corrente si misura un campo magnetico di 16 gauss. Calcola l'intensità della corrente che circola nel filo. **[32 A]**

Esercizio svolto

34 Due fili paralleli che distano tra loro 2,4 cm sono percorsi da correnti di intensità 15 A e 6,0 A aventi lo stesso verso. Calcola il campo magnetico nelle posizioni appartenenti al piano che li contiene:
a) in un punto equidistante dai due fili;
b) a una distanza di 1,6 cm a destra del primo filo.

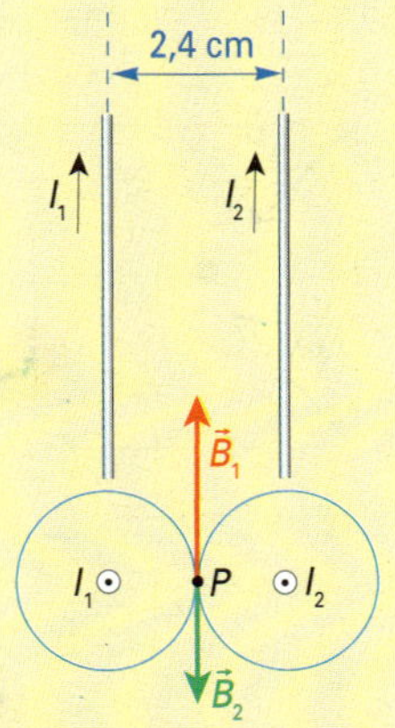

[*a*) 1,5 gauss; *b*) 0,38 gauss]

a) I campi magnetici generati dai fili sono tangenti alle circonferenze aventi per assi i fili stessi e di conseguenza avranno la stessa direzione e, per la regola della mano destra, verso opposto.
In un punto P equidistante dai due fili le intensità dei campi magnetici generati, per la legge di Biot-Savart, saranno:

$$B_1 = \frac{\mu_0 I_1}{2\pi d} = 2{,}0 \cdot 10^{-7}\ \frac{\mathrm{N}}{\mathrm{A}^2}\ \frac{15\ \mathrm{A}}{1{,}2 \cdot 10^{-2}\ \mathrm{m}} = 25 \cdot 10^{-5}\ \mathrm{T}$$

$$B_2 = \frac{\mu_0 I_2}{2\pi d} = 2{,}0 \cdot 10^{-7}\ \frac{\mathrm{N}}{\mathrm{A}^2}\ \frac{6{,}0\ \mathrm{A}}{1{,}2 \cdot 10^{-2}\ \mathrm{m}} = 10 \cdot 10^{-5}\ \mathrm{T}$$

Il campo risultante ha intensità:

$$B = B_2 - B_1 = 15 \cdot 10^{-5}\ \mathrm{T} = 1{,}5\ \mathrm{gauss}$$

b) Per la seconda posizione richiesta si procede in modo analogo, modificando le distanze nell'espressione di Biot-Savart e ottenendo $B = 0{,}38$ gauss.

35 Due fili paralleli distano tra loro 5,0 cm e sono percorsi da correnti di intensità 8,0 A e 6,0 A, aventi verso opposto. Calcola il campo magnetico in un punto tra i due fili posto a una distanza di 2,0 cm dal primo. **[1,2 gauss]**

36 Calcola direzione, verso e intensità del campo magnetico al centro del triangolo equilatero di lato 3,0 cm mostrato in figura, dai cui vertici passano tre fili rettilinei e paralleli, perpendicolari al piano della figura, in cui ogni intensità di corrente è pari a 10 A.

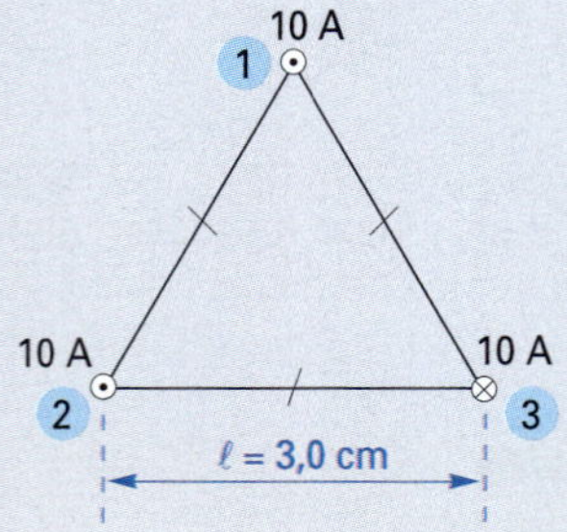

[230 μT; 60° rispetto alla base]

37 Calcola direzione, verso e intensità del campo magnetico al centro del quadrato di lato 2,0 cm in figura, nei cui vertici sono posti 4 fili rettilinei e paralleli, perpendicolari al piano del quadrato, ciascuno attraversato da una corrente di 5,0 A.

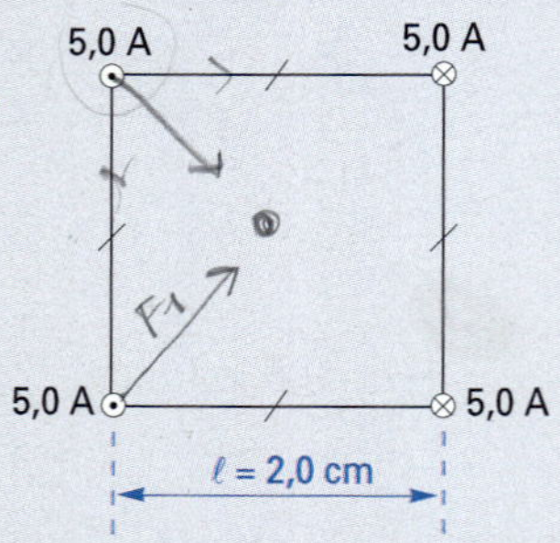

[200 μT; verso l'alto]

38 Un filo percorso da corrente giace sull'asse delle ascisse di un piano cartesiano ed è percorso da una corrente diretta lungo la direzione positiva dell'asse. Un secondo filo giace sull'asse delle ordinate ed è percorso da una corrente diretta lungo la direzione positiva dell'asse. Dove la risultante del campo magnetico è nulla?

[lungo le bisettrici dei quadranti]

39 Un filo è percorso da una corrente di intensità 20 A e a 10 cm da esso è posto un secondo filo. Calcola l'intensità di corrente che percorre il secondo filo se il campo magnetico è nullo a 2 cm dal primo. Quanto vale il campo magnetico risultante nel punto medio?

[80 A; 0,24 mT]

40 ***ENGLISH*** A long, straight wire carries a current of 15 A. Find the magnitude of B at (*a*) 10 cm, (*b*) 40 cm, (*c*) 3 m from the center of the wire.

[(*a*) $3.0 \cdot 10^{-5}$ T; (*b*) $7{,}5 \cdot 10^{-6}$ T; (*c*) $1.0 \cdot 10^{-6}$ T]

41 ***ENGLISH*** A wire carries an unknown electrical current and a magnetic field of 0.01 T is measured at a distance of 2 μm. Find the value of the current in the wire.

[0.1 A]

20.8 La spira circolare

42 Calcola intensità, direzione e verso del campo magnetico al centro di una spira circolare di 3,0 cm di diametro percorsa da una corrente di 18 A in senso orario quando la si osserva dall'alto.

[754 μT; direzione dell'asse della spira; verso il basso]

43 Al centro di una spira circolare percorsa da una corrente di 83 A si misura un campo magnetico pari a 0,40 mT. Calcola il raggio della spira.

[13 cm]

44 Una spira circolare percorsa da corrente di intensità 9 A genera nel suo centro un campo magnetico di intensità pari a $5{,}3 \cdot 10^{-5}$ T. Calcola: *a*) il raggio della spira; *b*) il raggio della spira nell'ipotesi che l'intensità di corrente triplichi; *c*) il raggio della spira nell'ipotesi che il campo abbia intensità dimezzata rispetto a quella iniziale.

[*a*) 11 cm; *b*) 33 cm; *c*) 22 cm]

45 Una spira circolare di raggio 30 cm percorsa da corrente genera un campo magnetico nel suo centro di intensità $5 \cdot 10^{-6}$ T. Calcola: *a*) l'intensità di corrente; *b*) l'intensità di corrente nell'ipotesi che il raggio triplichi; *c*) l'intensità di corrente nell'ipotesi che il campo abbia intensità dimezzata rispetto a quella iniziale.

[*a*) 2,4 A; *b*) 7,2 A; *c*) 1,2 A]

46 Una spira di raggio 15 cm è percorsa da una corrente di 0,3 A.

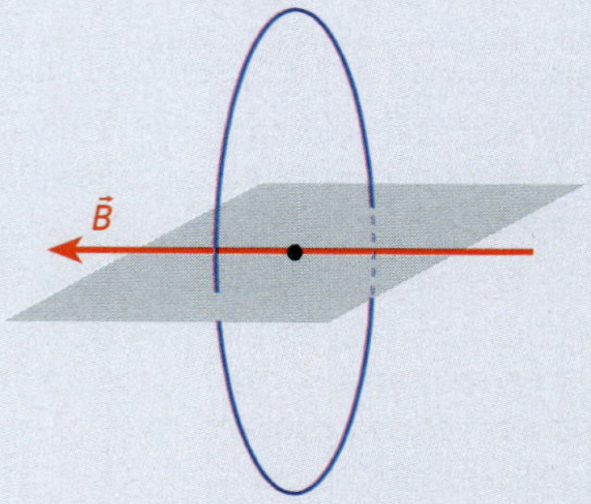

a) Utilizzando il vettore campo magnetico rappresentato nella figura, individua il verso della corrente che percorre la spira.
b) Calcola l'intensità del campo magnetico al centro della spira.
c) Se il raggio della spira fosse il doppio, come dovrebbe modificarsi l'intensità della corrente affinché il campo magnetico al centro della spira rimanga invariato?

[*b*) $1{,}26 \cdot 10^{-6}$ T]

47 Calcola intensità, direzione e verso della corrente che circola nella spira circolare di raggio 2,8 mm, al centro della quale si misura un campo magnetico di 8,4 mT disposto come in figura.

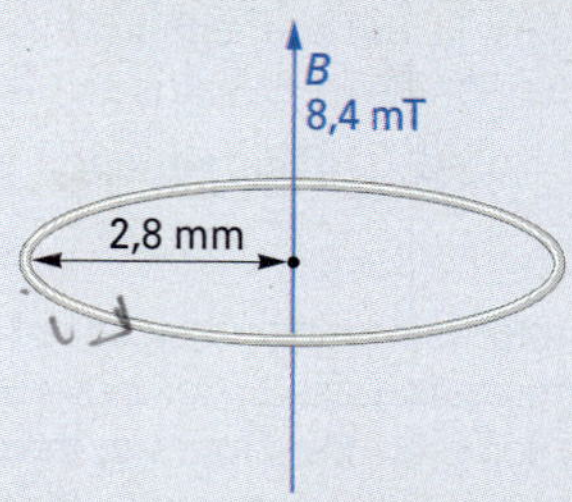

[37 A; lungo l'asse; verso antiorario osservata dall'alto]

48 **ENGLISH** A loop of radius 20 cm carries a current of 100 A. Find the value of B. [314.2 μT]

49 **ENGLISH** Two concentric shells of radius 20 cm and 30 cm lie in two normal planes. The smaller shell carries a current of 2 A and the bigger one carries a current of 4 A. Find the net magnetic field in the common center. [10.5 μT]

20.9 Il solenoide

50 Calcola il campo magnetico all'interno e all'esterno di un solenoide di 2000 spire, lungo 8,0 cm, in cui circola una corrente di 20 A. [0,63 T]

51 In un solenoide al cui interno si misura un campo magnetico di 42 mT circola una corrente di 5,8 A. Determina il rapporto N/ℓ. [58 spire/cm]

52 Calcola il numero di spire che formano un solenoide lungo 12 cm se, quando circola una corrente di 22 A, si misura al suo interno un campo magnetico pari a 1,5 T. [6500]

53 Calcola la corrente che percorre le 300 spire di un solenoide lungo 6,0 cm che genera al suo interno un campo magnetico di intensità pari a 80 mT. [13 A]

54 Un solenoide è composto da un numero di spire per unità di lunghezza pari a 150 m^{-1}. Se il campo magnetico al suo interno ha modulo pari a $3 \cdot 10^{-5}$ T, calcola la corrente che percorre il solenoide. [$1,6 \cdot 10^{-1}$ A]

Esercizio svolto

55 Due solenoidi coassiali sono posti l'uno all'interno dell'altro. Quello più esterno è formato da 30 spire, quello più interno da 50 spire. Entrambi sono lunghi 40 cm e sono percorsi da corrente di intensità 4,5 A, ma di verso opposto. *a*) Calcola il campo magnetico dentro il solenoide interno. *b*) Determina il campo magnetico nello spazio tra i due solenoidi. [*a*) $2,9 \cdot 10^{-4}$ T; *b*) $4,2 \cdot 10^{-4}$ T]

a) Per il calcolo del campo magnetico nel solenoide interno si può calcolare la differenza tra i due campi magnetici, in quanto questi hanno versi opposti.
Il campo magnetico del solenoide esterno è dato da:

$$B_1 = \mu_0 \frac{Ni}{\ell} = 4\pi \cdot 10^{-7} \frac{\text{Tm}}{\text{A}} \frac{30 \cdot 4,5 \text{ A}}{0,4} = 4,2 \cdot 10^{-4} \text{ T}$$

mentre il campo magnetico del solenoide interno è dato da:

$$B_2 = \mu_0 \frac{Ni}{\ell} = 4\pi \cdot 10^{-7} \frac{\text{Tm}}{\text{A}} \frac{50 \cdot 4,5 \text{ A}}{0,4} = 7,1 \cdot 10^{-4} \text{ T}$$

Pertanto il campo magnetico nel solenoide interno sarà dato da $7,1 \cdot 10^{-4}$ T $- 4,2 \cdot 10^{-4}$ T $= 2,9 \cdot 10^{-4}$ T.

b) Per il calcolo del campo magnetico nello spazio tra i due solenoidi basta osservare che il contributo del solenoide interno è nullo e quindi il campo nello spazio interposto tra i due solenoidi coincide con quello determinato dal solenoide esterno.

56 Due solenoidi coassiali sono posti l'uno all'interno dell'altro. Quello esterno è formato da 20 spire, quello interno da 60 spire. Entrambi sono lunghi 35 cm e sono percorsi da corrente di uguale intensità e verso. Sapendo che il campo magnetico dentro il solenoide interno ha modulo $8 \cdot 10^{-4}$ T, calcola l'intensità di corrente che attraversa i solenoidi. [2,8 A]

57 **ENGLISH** A solenoid 20 cm long has 400 turns and carries a current of 4 A. Find the value of B at the center. [10^{-2} T]

58 **ENGLISH** A long solenoid carrying a current of 10 A has 50 turns/cm. What is the magnetic field in the interior of the solenoid? [$6.3 \cdot 10^{-2}$ T]

20.10 L'origine del magnetismo e la materia

Esercizio svolto

59 Determina il modulo del campo magnetico al centro di una spira posta all'interno di un materiale con permeabilità magnetica pari a 1,3, sapendo che il raggio della spira è di 15 cm ed è attraversata da una corrente di intensità 10 A. [$5,5 \cdot 10^{-5}$ T]

Per calcolare il campo magnetico B in un materiale di permeabilità magnetica μ_r occorre applicare la formula:

$$\vec{B} = \mu_r \vec{B}_0$$

dove $\vec{B}_0$ è il campo magnetico nel vuoto.
Dato che:

$$B_0 = \frac{\mu_0}{2} \frac{I}{r} = 2\pi \cdot 10^{-7} \frac{\text{Tm}}{\text{A}} \frac{10 \text{ A}}{0,15 \text{ m}} = 4,2 \cdot 10^{-5} \text{ T}$$

si ricava:

$$B = \mu_r B_0 = 1,3 \cdot 4,2 \cdot 10^{-5} \text{ T} = 5,5 \cdot 10^{-5} \text{ T}$$

60 In una regione di spazio vuoto è presente un campo magnetico di modulo pari a $5,4 \cdot 10^{-8}$ T. Quanto varrebbe il modulo del campo magnetico se all'interno della regione ci fosse un materiale con permeabilità magnetica relativa pari a 1,8? [$9,7 \cdot 10^{-8}$ T]

61 In una regione di spazio è presente un campo magnetico di modulo pari a $9,6 \cdot 10^{-6}$ T. Sapendo che è occupata da un materiale di permeabilità magnetica relativa $\mu_r = 1,27$, calcola il valore del campo magnetico se nella stessa regione ci fosse il vuoto. [$7,6 \cdot 10^{-6}$ T]

62 Un filo attraversato da una corrente di intensità 18 A è posto all'interno di un materiale ferromagnetico e genera, a una distanza di 25 cm, un campo magnetico di intensità $2,16 \cdot 10^{-2}$ T. Calcola la permeabilità magnetica relativa. [1500]

63 **ENGLISH** A long solenoid with 45 turns/cm carries a current of 6 A. The solenoid is filled with iron, and B is measured to be 4.25 T. What is the value of B_0? What is the relative permeability? [$3.4 \cdot 10^{-2}$ T; 125]

20.11 Il motore elettrico

64 Calcola il momento magnetico di una spira circolare di raggio 2,5 cm percorsa da una corrente di 15 A, in senso antiorario, determinandone anche direzione e verso.
[$2{,}9 \cdot 10^{-2}$ A m^2; direzione dell'asse della spira e verso l'alto]

65 Calcola il momento magnetico di una spira quadrata di lato 8,5 cm percorsa da una corrente di 2 A, in senso orario, determinandone anche direzione e verso.
[$1{,}4 \cdot 10^{-2}$ A m^2; direzione dell'asse della spira e verso il basso]

66 Una spira rettangolare di lati 5,0 cm e 6,0 cm in cui circola una corrente di 8,0 A è immersa in un campo magnetico di 46 mT avente direzione che forma un angolo di 50° con il piano della spira. Calcola il momento della coppia di forze che agisce sulla spira. **[$0{,}71 \cdot 10^{-3}$ Nm]**

67 Una corrente di 6,0 A attraversa una spira quadrata di lato 12 cm posta in un campo magnetico di intensità pari a 300 mT. Calcola l'angolo tra il campo magnetico e la normale alla superficie della spira quando la coppia di forze che agisce su di essa vale $13 \cdot 10^{-3}$ N m. **[30°]**

68 Una corrente di 800 mA attraversa una spira quadrata di lato 52 cm posta in un campo magnetico di intensità pari a 8000 G. Calcola l'angolo tra il campo magnetico e il piano della spira quando la coppia di forze che agisce su di essa vale $28 \cdot 10^{-3}$ N m. **[80,7°]**

Esercizio svolto

69 Una spira rettangolare libera di ruotare attorno a un asse verticale, che ha lati di 4,0 cm e 6,0 cm e viene percorsa da una corrente di 2,8 A, è immersa in un campo magnetico di direzione orizzontale pari a 0,2 T.
Nell'ipotesi che la normale al piano formi un angolo θ di 60° con il campo magnetico esterno, calcola: *a*) la forza che agisce su ogni lato della spira; *b*) il momento magnetico della spira; *c*) il momento magnetico della coppia.

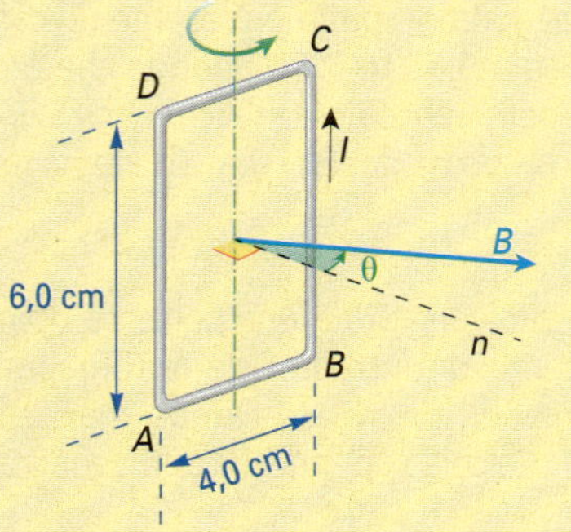

[*a*) $1{,}1 \cdot 10^{-2}$ N; $-3{,}4 \cdot 10^{-2}$ N; $-1{,}1 \cdot 10^{-2}$ N; $3{,}4 \cdot 10^{-2}$ N; *b*) $67 \cdot 10^{-4}$ A m^2; *c*) $12 \cdot 10^{-4}$ N m]

a) Indicando con $\vec{F}_1$ ed $\vec{F}_2$ le forze agenti sui lati superiore *DC* e inferiore *AB* della spira, considerati come tratti di filo rettilinei immersi in un campo magnetico, si ha $\vec{F}_2 = -\vec{F}_1$ in accordo con la regola della mano destra. L'angolo tra il filo e il campo magnetico è $\alpha = 90° - \theta = 30°$.
L'intensità della forza agente sul lato *DC* della spira è:

$$F_1 = I\ell B \operatorname{sen}\alpha = 2{,}8\ \text{A} \cdot 4{,}0 \cdot 10^{-2}\ \text{m} \cdot 0{,}2\ \text{T} \cdot 0{,}5 = 1{,}1 \cdot 10^{-2}\ \text{N}$$

Indicando con $\vec{F}_2$ ed $\vec{F}_4$ le forze agenti sui tratti di filo *DA* e *CB*, perpendicolari al campo magnetico, si ha $\vec{F}_2 = -\vec{F}_4$.
Pertanto:

$$F_2 = I\ell B \operatorname{sen} 90° = 2{,}8\ \text{A} \cdot 6{,}0 \cdot 10^{-2}\ \text{m} \cdot 0{,}2\ \text{T} \cdot 1 = 3{,}4 \cdot 10^{-2}\ \text{N}$$

b) Il momento magnetico della spira è orientato come la normale al piano della spira, il verso è dato dalla regola della mano destra e l'intensità è pari a:

$$m = IS = 2{,}8\ \text{A} \cdot 6{,}0\ \text{cm} \cdot 4{,}0\ \text{cm} = 67 \cdot 10^{-4}\ \text{A m}^2$$

c) Il momento magnetico della coppia ha intensità:

$$M_c = mB \operatorname{sen}\theta = ISB \operatorname{sen}\theta = 67 \cdot 10^{-4}\ \text{A m}^2 \cdot 0{,}2\ \text{T} \cdot \frac{\sqrt{3}}{2} = 12 \cdot 10^{-4}\ \text{N m}$$

70 Una bobina composta da 120 spire, ciascuna di base 8,0 cm e altezza 12,0 cm è attraversata da una corrente di 15 A quando l'asse della bobina forma, con la direzione del campo magnetico del valore di 0,3 T in cui è immersa, un angolo di 70°.
Determina l'intensità della forza agente sui lati della bobina rettangolare, il momento magnetico e il momento della coppia.
[15 N; 65 N; 14 A m^2; 3,9 N m]

71 ***ENGLISH*** A circular coil of 45 turns of wire lies in a uniform magnetic field of 1.3 T. The normal to the plane of the coil makes an angle of 75° with the direction of the magnetic field. The radius of the coil is 6.2 cm and it carries a current of 1.2 A. (*a*) What is the magnitude of the magnetic moment of the coil? (*b*) What is the magnitude of the torque exerted on the coil?
[*a*) 0.65 A m^2; *b*) 0.75 N m]

72 ***ENGLISH*** What is the maximum torque on a 300-turn circular coil of radius 2.0 cm that carries a current of 800 mA and resides in a uniform magnetic field of 0.18 T?
[$5.4 \cdot 10^{-2}$ N m]

73 ***ENGLISH*** A wire loop is placed at an angle of 45° to the direction of a uniform magnetic field of magnitude 0.32 T. The observed torque has a magnitude of 0.74 Nm. Find the magnetic moment of the magnet. **[3.27 A m^2]**

20.12 Il flusso del campo magnetico

74 Una spira rettangolare di superficie 2,8 cm^2 è posta fra i poli di un magnete in cui il campo ha intensità pari a 0,08 T in modo che il piano della spira formi un angolo di 60° con la direzione del campo. Determina il flusso del campo magnetico attraverso la superficie della spira. **[$0{,}19 \cdot 10^{-4}$ Wb]**

Esercizio svolto

75 Una spira quadrata è attraversata da un flusso del campo magnetico di $2{,}8 \cdot 10^{-5}$ Wb.
Calcola il lato della spira nell'eventualità che le linee di forza del campo magnetico, il cui modulo vale $7 \cdot 10^{-2}$ T, siano perpendicolari alla sua superficie. [2 cm]

Poiché il flusso è dato dall'espressione:

$$\Phi_B = BS\cos\alpha$$

esplicitando S si ottiene:

$$S = \frac{\Phi_B}{B\cos\alpha} = \frac{2{,}8 \cdot 10^{-5}\ \text{Wb}}{7 \cdot 10^{-2}\ \text{N/C}} = 4 \cdot 10^{-4}\ \text{m}^2$$

e quindi si ha $l = 2$ cm.

76 Un campo magnetico uniforme di intensità 0,2 T è parallelo alle facce anteriore e posteriore di una superficie cubica di spigolo 5,0 cm, mentre forma un angolo di 30° rispetto alla base. Calcola il flusso di $\vec{B}$: *a*) attraverso ciascuna delle sei facce del cubo; *b*) attraverso la superficie chiusa.
[*a*) $\Phi_1 = \Phi_2 = 0$; $\Phi_3 = 4{,}3 \cdot 10^{-4}$ Wb, $\Phi_4 = -\Phi_3$; $\Phi_5 = 2{,}5 \cdot 10^{-4}$ Wb, $= -\Phi_5$; *b*) $\Phi_{tot} = 0$]

77 Una corona circolare di raggio esterno 25 cm e raggio interno 15 cm è attraversata da un campo magnetico uniforme perpendicolare alla superficie e di intensità $4{,}5 \cdot 10^{-2}$ T. Calcola il flusso del campo magnetico. [$5{,}4 \cdot 10^{-3}$ Wb]

78 Una spira circolare di diametro 4 cm si trova all'interno di una bobina lunga 12 cm, formata da 250 spire e attraversata da una corrente elettrica continua di intensità 1,50 A. Ipotizzando che la spira sia coassiale con la bobina, per cui la sua superficie è perpendicolare all'asse della bobina, calcola il flusso del campo magnetico attraverso la spira.

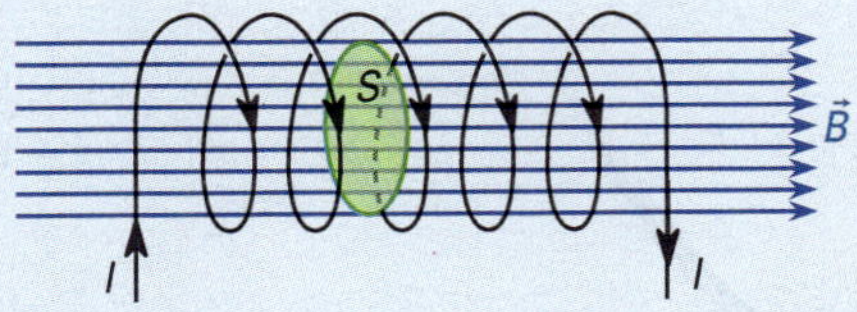

[$4{,}9 \cdot 10^{-6}$ Wb]

79 ***ENGLISH*** A uniform magnetic field of magnitude 2 T is parallel to the x axis. A square coil of side 4 cm has a single turn and makes an angle α with the z axis. Find the magnetic flux through the coil when: (*a*) $\alpha = 0°$; (*b*) $\alpha = 30°$; (*c*) $\alpha = 60°$; (*d*) $\alpha = 90°$.
[*a*) $3.2 \cdot 10^{-3}$ Wb; *b*) $2.8 \cdot 10^{-3}$ Wb; *c*) $1.6 \cdot 10^{-3}$ Wb; *d*) 0 Wb]

80 ***ENGLISH*** A magnetic field of 1.5 T is perpendicular to a square coil of 10 turns. The length of each side of the coil is 20 cm. (*a*) Find the magnetic flux through the coil. (*b*) Find the magnetic flux through the coil if the magnetic field makes an angle of 60° with the normal to the plane of the coil. [*a*) 0.6 Wb; *b*) 0.3 Wb]

81 ***ENGLISH*** A circular coil of radius 6 cm has its plane perpendicular to a magnetic field of 10 mT. (*a*) What is the magnetic flux through the coil if the coil has 25 turns? (*b*) How many turns must the coil have for the flux to be 0.015 Wb? [*a*) $2.8 \cdot 10^{-3}$ Wb; *b*) 134]

20.13 La circuitazione del campo magnetico

82 Calcola la circuitazione del campo magnetico lungo la linea rappresentata in figura e attraversata dalle tre correnti di intensità 2,0 A, 3,0 A, 5,0 A, delle quali due sono uscenti dal piano del foglio e una entrante.

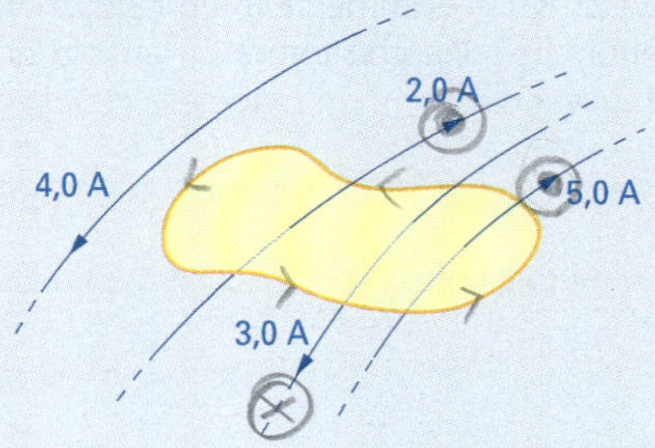

[$-5{,}0$ μT m]

Esercizio svolto

83 Il solenoide rappresentato in figura ha una densità di 40 spire per cm ed è percorso da una corrente di 1,5 A. I tratti *AB* e *CD* sono lunghi rispettivamente 5 cm. Calcola la circuitazione del campo magnetico lungo la linea che attraversa il solenoide:
a) in base alla definizione;
b) utilizzando il teorema di Ampère.
[$38 \cdot 10^{-5}$ T m]

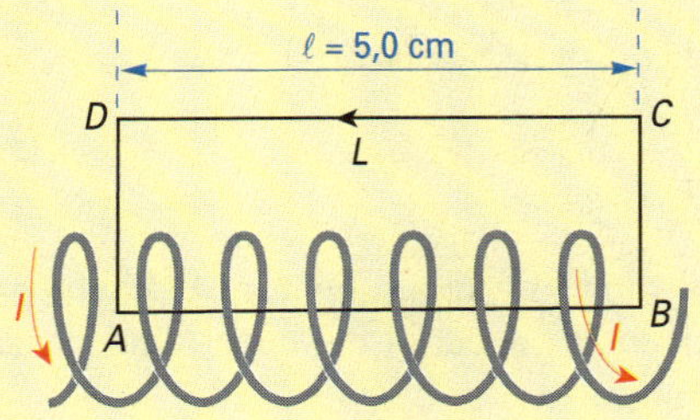

a) All'interno del solenoide il campo si può considerare pressoché uniforme, con intensità pari a $B = \mu_0 \frac{N}{\ell} I$ e direzione lungo il suo asse. Sostituendo i dati forniti si ottiene:

$$B = 4\pi \cdot 10^{-7} \frac{\text{N}}{\text{A}^2} \frac{40}{1 \cdot 10^{-2}\ \text{m}} 1{,}5\ \text{A} = 7{,}5 \cdot 10^{-3}\ \text{T}$$

All'esterno del solenoide il campo magnetico risulta invece nullo. Calcoliamo la circuitazione in base alla definizione:

$$\Gamma_\gamma(\vec{B}) = \sum_{i=1}^{n} \vec{B}_i \cdot \Delta\vec{s}_i$$

suddividendo il percorso chiuso nei tratti *AB*, *BC*, *CD* e *DA* lungo i quali il campo magnetico vale rispettivamente B_1, B_2, B_3, B_4.

Nel tratto AB il campo magnetico ha intensità:

$$B_1 = B = 7{,}5 \cdot 10^{-3}\ \text{T}$$

Lungo i tratti BC e AD, parzialmente interni al solenoide, i campi magnetici (B_2 e B_4) risultano perpendicolari alla linea considerata e quindi il contributo alla circuitazione è nullo. È nullo anche il contributo lungo CD, essendo nullo il campo magnetico B_3 esterno al solenoide.
Quindi si ottiene:

$$\Gamma_\gamma(\vec{B}) = \sum_{i=1}^{n} \vec{B}_i \cdot \Delta\vec{s}_i = B_1 \cdot \overline{AB} \cdot \cos 0° + B_2 \cdot \overline{BC} \cdot \cos 90° + B_3 \cdot \overline{CD} \cdot \cos 180° + B_4 \cdot \overline{DA} \cdot \cos 270°$$

$$\Gamma_\gamma(\vec{B}) = B \cdot \overline{AB} = 7{,}5 \cdot 10^{-3}\ \text{T} \cdot 5 \cdot 10^{-2}\ \text{m} = 38 \cdot 10^{-5}\ \text{Tm}$$

b) Calcoliamo ora la circuitazione utilizzando il teorema di Ampère. La linea chiusa è attraversata da 200 spire (cioè 40 spire/cm · 5 cm) per ognuna delle quali consideriamo un contributo $\mu_0 I$ alla circuitazione.
Pertanto si avrà:

$$\Gamma_\gamma(\vec{B}) = \mu_0 \sum_{i=1}^{n} I_i = 4\pi \cdot 10^{-7}\ \frac{\text{N}}{\text{A}^2} \cdot 200 \cdot 1{,}5\ \text{A} = 38 \cdot 10^{-5}\ \text{Tm}$$

Entrambi i metodi portano quindi coerentemente allo stesso risultato.

84 Un solenoide è formato da 2000 spire, ha una lunghezza di 15 cm ed è percorso da una corrente di intensità pari a 0,8 A. Calcola la circuitazione del campo magnetico lungo la linea orientata indicata in figura:
a) in base alla definizione;
b) utilizzando il teorema di Ampère.

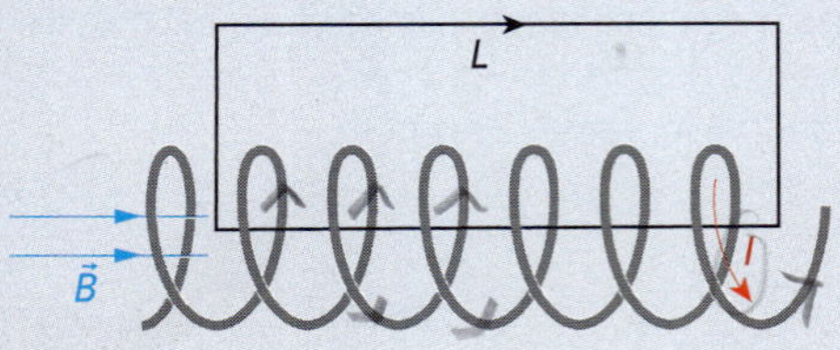

[–2,0 mT m]

85 ENGLISH In figure, one current is i A into the paper, the other current is i A out of the paper. Find circulation for paths C_1, C_2, C_3.

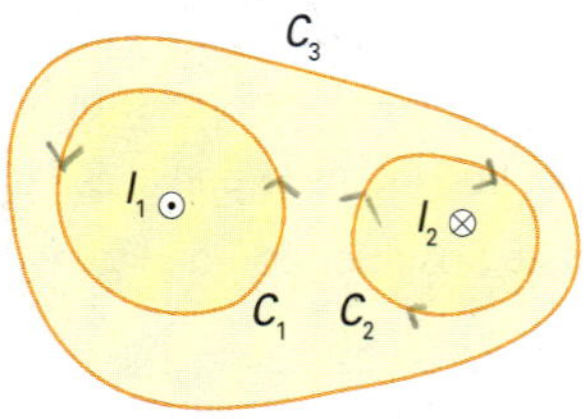

[$\mu_0 i$; $-\mu_0 i$; 0 T m]

86 ENGLISH Consider the figure in exercise 85. Find circulation for path C_1, C_2, C_3 if I_1 = 200 mA (into the paper) and I_2 = 300 mA (out of the paper).
[$2.5 \cdot 10^{-7}$ Tm; $-3.8 \cdot 10^{-7}$ Tm; $-1.3 \cdot 10^{-7}$ Tm]

87 ENGLISH Consider a solenoid carrying a current I with n turns per unit length as shown in figure. Apply Ampère's law to the rectangular curve to derive an expression for B assuming that it is uniform inside the solenoid and zero outside it.

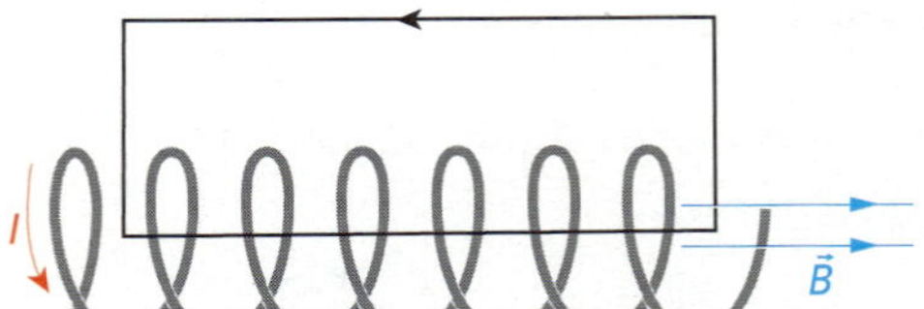

[write Ampère's law and the definition of circuitation]

20.14 Il moto di cariche elettriche in un campo magnetico

88 Calcola la massa di una particella, avente la carica del protone, che entra in un campo magnetico di intensità pari a 0,3 T con una velocità di $2{,}00 \cdot 10^4$ m/s e si muove su una traiettoria circolare di 20 cm di diametro. **[$2{,}4 \cdot 10^{-25}$ kg]**

89 Una particella elettricamente carica attraversa una zona in cui sono presenti un campo elettrico di intensità pari a $2 \cdot 10^4$ V/m e un campo magnetico di intensità pari a 10^{-2} T, perpendicolari tra loro, senza subire alcuna variazione. Calcola la velocità della particella. **[$2{,}0 \cdot 10^6$ m/s]**

90 Un nucleo di elio ($m = 6{,}6 \cdot 10^{-27}$ kg, $q = 3{,}2 \cdot 10^{-19}$ C) che ha energia cinetica pari a $7{,}0 \cdot 10^{-16}$ J entra con direzione perpendicolare in una zona sede di un campo magnetico di intensità 6,8 mT. Calcola il raggio dell'orbita che percorre e il periodo di rotazione. **[1,4 m; 19 μs]**

91 Una particella entra in una zona sede di un campo magnetico di intensità pari a 0,8 T con una velocità di $7{,}2 \cdot 10^4$ m/s, perpendicolare a quella del campo, e descrive un'orbita circolare di raggio 5,8 cm. Calcola il rapporto fra carica e massa della particella. **[$1{,}6 \cdot 10^6$ C/kg]**

92 Calcola la massa di una particella avente la carica dell'elettrone che, dopo aver attraversato un selettore di velocità da cui esce con una velocità di $4 \cdot 10^6$ m/s, entra in un campo magnetico di intensità pari a 0,2 T ed esegue una traiettoria semicircolare di 40 cm di diametro. **[$1{,}6 \cdot 10^{-27}$ kg]**

93 ENGLISH A proton ($m = 1{,}67 \cdot 10^{-27}$ kg) moves in a circular orbit of radius 65 cm perpendicular to a uniform magnetic field of magnitude 0.75 T. What is the period for this motion? Find the speed of the proton.
[$87.4 \cdot 10^{-9}$ s; $4.67 \cdot 10^7$ m/s]

Problemi

1 Tre lunghi fili paralleli passano per i vertici di un triangolo equilatero di lato 12 cm appartenente a un piano a loro perpendicolare. Due di essi sono percorsi da una corrente di 16 A, con uguale verso, il terzo da una corrente di 12 A, con verso opposto. Calcola la forza per unità di lunghezza agente su un quarto filo, passante per il centro del triangolo, parallelo ed equiverso ai primi due, in cui circola una corrente di 5,0 A.
[$4{,}1 \cdot 10^{-4}$ N/m]

2 Due fili rettilinei percorsi entrambi da una corrente *I* di 12 A si incrociano, senza toccarsi, vicino al punto *V* formando un angolo retto.
Sulla bisettrice dell'angolo da essi formato, a una distanza da *V* di 4,0 mm, passa un terzo filo perpendicolare al piano individuato dai primi due, percorso da una corrente *I′* di 5,0 A.
Calcola intensità, direzione e verso del campo magnetico generato, a una distanza di 8,0 mm dal punto *V* lungo la bisettrice.

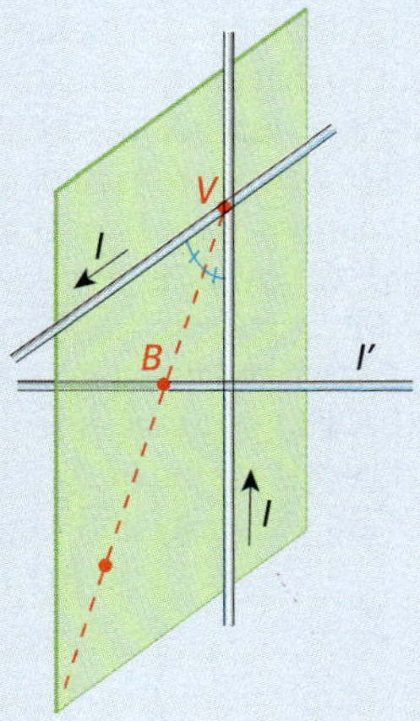

[6,5 gauss]

3 Una particella di massa $3{,}8 \cdot 10^{-15}$ kg e carica $5{,}7 \cdot 10^{-8}$ C entra in un campo magnetico uniforme di 2,3 gauss con una velocità di $2{,}0 \cdot 10^{2}$ m/s e direzione di 30° rispetto a quella del campo magnetico.
Calcola il tempo necessario a percorrere 10 cm nella direzione del campo, il raggio dell'orbita circolare che si ottiene come proiezione del moto sul piano perpendicolare al campo magnetico e il passo nel moto elicoidale che ne risulta.
[0,58 ms; 2,9 cm; 32 cm]

4 Una carica elettrica di valore pari a $4{,}8 \cdot 10^{-6}$ C ruota su un'orbita circolare di raggio 0,20 cm con una frequenza di 105 Hz. Calcola l'intensità del campo magnetico generato nel centro dell'orbita.
[0,16 μT]

5 Una spira rettangolare *ABCD* (vedi figura in alto a destra) i cui lati misurano *AB* = *CD* = 80 cm e *BC* = *DA* = 6,0 cm è posta nelle vicinanze di un filo rettilineo verticale e parallelo al lato *AB* e a una distanza di 3,0 cm. La spira è percorsa da una corrente di 10 A, circolante in verso orario, e ha una massa di 4,0 g. Calcola l'intensità di corrente e il verso in modo che il peso della spira possa essere equilibrato dalla forza attrattiva.

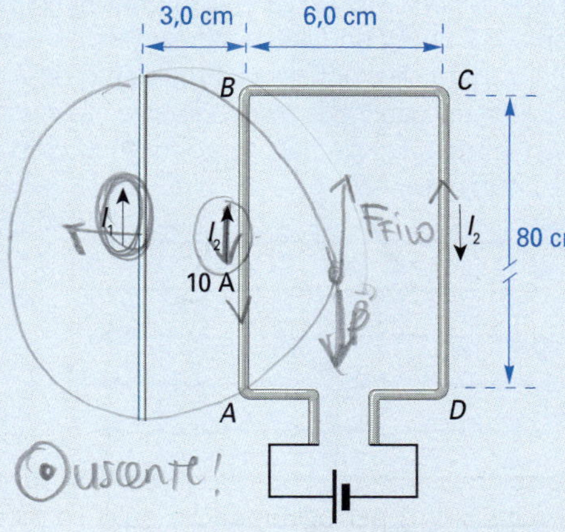

[110 A]

6 Un filo rettilineo di lunghezza 12 cm viene posto all'interno di un solenoide lungo 54 cm, percorso da una corrente di intensità 2,40 A e costituito da 500 spire (vedi figura sotto). Il filo, a sua volta attraversato da una corrente di intensità 0,60 A, è perpendicolare all'asse del solenoide. Determina la forza che il campo magnetico generato dal solenoide esercita sul filo stesso. La forza è entrante o uscente rispetto al piano della pagina?

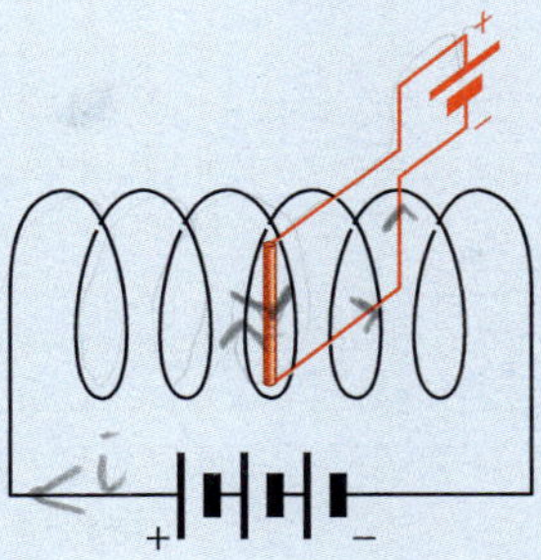

[$2{,}0 \cdot 10^{-4}$ N; ...]

7 Due spire circolari con raggio rispettivamente di 11,25 cm e 40 cm sono disposte perpendicolarmente l'una rispetto all'altra, in modo tale che i loro centri coincidano (vedi figura). La spira più piccola è attraversata da una corrente di 0,45 A, quella più grande da una corrente di 0,80 A. Trova il valore del campo magnetico totale nel centro comune.

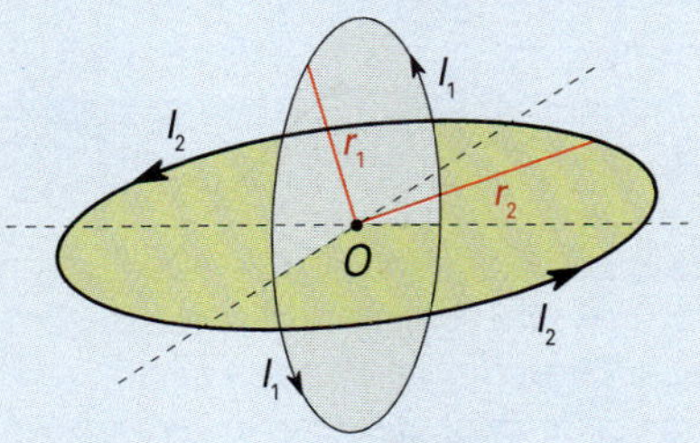

[$9 \cdot \pi \cdot 10^{-7}$ T]

8 Una bobina è formata da 200 spire rettangolari i cui lati misurano 8,0 cm e 12 cm, in cui passa una corrente di 15 A. Calcola il momento della coppia che agisce sulla spira quando il piano cui appartiene forma un angolo di 30° con la direzione del campo, il cui flusso per unità di superficie vale $1{,}7 \cdot 10^{-2}$ Wb/m².
[0,42 N m]

9 È data una spira rettangolare in cui passa una corrente di 1,25 A. I lati verticali sono lunghi 50 cm e distano fra loro 40 cm. La spira viene posizionata in un campo magnetico uniforme di intensità pari a 2 T, in modo tale che i tratti verticali siano perpendicolari al campo stesso. Calcola il momento della coppia che agisce sulla spira, quando la perpendicolare alla sua superficie forma con le linee di forza del campo magnetico un angolo di: *a*) 90°; *b*) 45°; *c*) 0°.

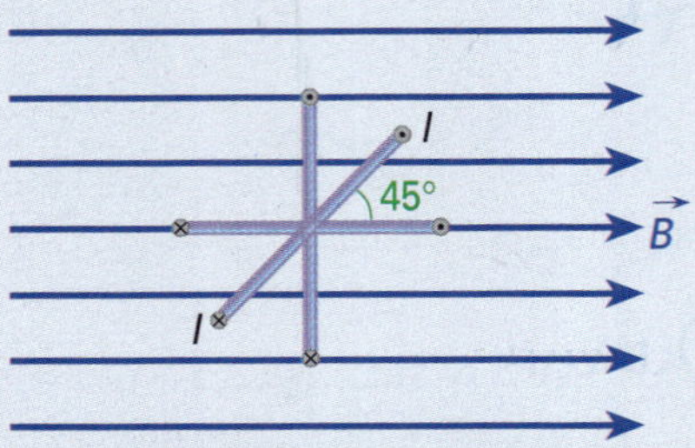

[*a*) 0,500 N · m; *b*) 0,354 N · m; *c*) 0 N · m]

10 Su una spira quadrata di lato 20 cm agisce una coppia con momento pari a $1,4 \cdot 10^{-3}$ N m, nell'istante preciso in cui due lati della spira sono perpendicolari alle linee di forza del campo magnetico esterno e gli altri due invece paralleli. Sapendo che la spira è attraversata da una corrente elettrica di intensità uguale a 2,5 A, determina il valore del campo magnetico.

[140 G]

11 Un solenoide con 500 spire e 50 cm di lunghezza è percorso da una corrente di 4 A. Le spire hanno forma quadrata e il loro lato è 4 cm. All'interno del solenoide vengono posizionate due spire circolari di diametro 4 cm, perpendicolari all'asse del solenoide e con il centro sull'asse stesso. Calcola: *a*) il flusso del campo magnetico attraverso una delle due spire quadrate; *b*) il flusso del campo magnetico attraverso il cilindro delimitato dalle due spire circolari. [*a*) $6,3 \cdot 10^{-6}$ Wb; *b*) 0]

12 Uno ione, di massa $2,5 \cdot 10^{-25}$ kg e carica pari al doppio di quella dell'elettrone, è accelerato in un ciclotrone di raggio 80 cm. Calcola il campo magnetico necessario per far raggiungere alla particella una frequenza di rotazione di $8,0 \cdot 10^{5}$ Hz e il valore dell'energia acquisita. [3,9 T; $2,0 \cdot 10^{-12}$ J]

13 In uno spettrometro di massa vengono immessi ioni negativi di carica pari a 5 volte quella dell'elettrone, attraverso un tratto rettilineo nel quale la velocità v viene selezionata da un campo elettrico E' di intensità pari a $4,2 \cdot 10^{6}$ V/m e un campo magnetico B' di 1,2 T tra loro ortogonali.
Dimostra che la velocità del fascio di ioni è data dalla relazione $v = E'/B'$. Calcola la massa degli ioni e la loro energia cinetica se urtano lo schermo compiendo una traiettoria di raggio 1,2 mm in presenza di un campo magnetico B nello spettrometro di intensità pari a 1,2 T. Individua il verso corretto di E', B', B nel disegno.

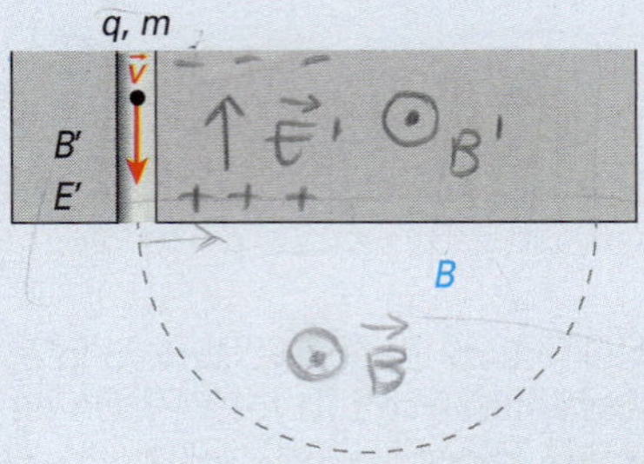

[$3,3 \cdot 10^{-28}$ kg; $2,0 \cdot 10^{-15}$ J]

14 ***ENGLISH*** A simple gaussmeter for measuring horizontal magnetic fields consists of a 70-cm wire that hangs from a conducting pivot so that its free end makes contact with a pool of mercury in a dish below. The mercury provides an electrical contact without constraining the movement of the wire. The wire has a mass of 8 g and conducts a current downward. (*a*) What is the equilibrium angular displacement of the wire from vertical if the horizontal magnetic field is 0.08 T and the current is 450 mA? (*b*) If the current is 10 A and a displacement from vertical of 0.3 mm can be detected for the free end, what is the horizontal magnetic field sensitivity of this gaussmeter?

[*a*) 17.8°; *b*) 4.8 μT]

15 ***ENGLISH*** An electron from the Sun with a speed of $1 \cdot 10^{7}$ m/s enters the Earth's magnetic field high above the equator where the magnetic field is $4 \cdot 10^{-7}$ T. The electron moves nearly in a circle except for a small drift along the direction of the earth's magnetic field that will take it toward the north pole. What is the radius of the circular motion? What is the radius of the circular motion near the North pole where the magnetic field is $2 \cdot 10^{-5}$ T?

[142 m; 2.85 m]

TRAINING

1 In figura è schematizzata una particella con carica $+Q$ e massa m che procede con velocità costante $\vec{v}$, e quindi in linea retta. La particella penetra in un campo magnetico uniforme di induzione $\vec{B}$ diretto in verso uscente dal foglio e quindi comincia a percorrere una traiettoria circolare con raggio R. Si ripete l'esperimento dopo aver aumentato l'intensità del campo magnetico.
Quali delle seguenti affermazioni sul raggio R sono vere?

1. Se la stessa particella avesse la stessa velocità iniziale allora il raggio R sarebbe maggiore.
2. Perché il raggio R resti uguale bisogna che la velocità iniziale della stessa particella sia maggiore.
3. Se la stessa particella avesse una carica maggiore, il raggio R potrebbe rimanere uguale anche con la stessa velocità iniziale.

A Solamente la 1.
B Solamente la 2.
C Solamente la 3.
D Solamente la 1 e la 2.
E Solamente la 1 e la 3.

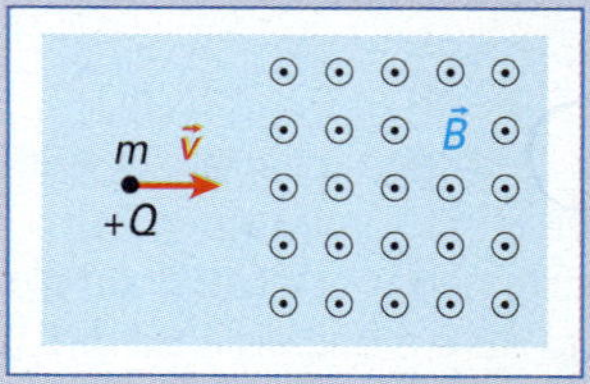

[*Olimpiadi della fisica, Gara di primo livello, 2007*]

2 Una particella alfa, la cui velocità iniziale è trascurabile, viene accelerata fino alla velocità v da una differenza di potenziale di 1200 V.
Che differenza di potenziale ci vorrebbe per accelerare la stessa particella a una velocità doppia?

A 7200 V
B 4800 V
C 4100 V
D 2400 V
E 1700 V

[Olimpiadi della fisica, Gara di primo livello, 2006]

3 Un protone si muove lungo la direzione z in verso positivo dopo essere stato accelerato, a partire dalla quiete, attraverso una differenza di potenziale V. Successivamente il protone passa attraverso una regione con un campo elettrico uniforme $\vec{E}$ rivolto lungo l'asse x in verso positivo, e un campo magnetico uniforme $\vec{B}$ rivolto lungo l'asse y in verso positivo. In questa regione il protone continua a viaggiare in moto rettilineo.
Se l'esperimento fosse ripetuto usando una differenza di potenziale $2V$ per accelerare il protone, questo sarebbe inizialmente:

A deviato nel senso del verso positivo dell'asse x.
B deviato nel senso del verso negativo dell'asse x.
C deviato nel senso del verso positivo dell'asse y.
D deviato nel senso del verso negativo dell'asse y.
E non deviato.

[Olimpiadi della fisica, Gara di primo livello, 2006]

4 Il disegno mostra un lungo filo rettilineo percorso da una corrente elettrica stazionaria.

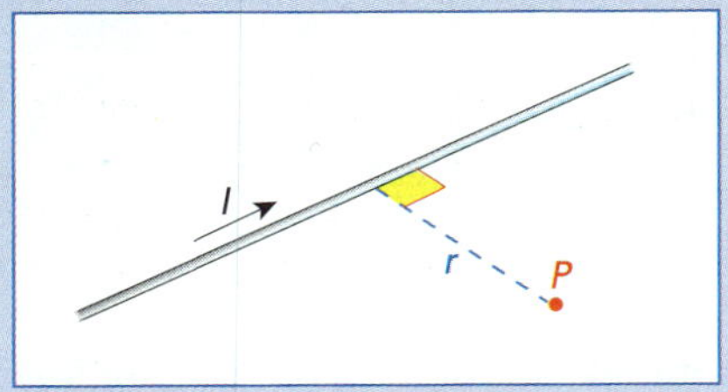

Il punto P è posto alla distanza r dal filo.
Quale o quali delle seguenti affermazioni sono corrette?

1. Il campo magnetico in P è inversamente proporzionale a r.
2. Il campo magnetico in P è proporzionale alla corrente elettrica.
3. Il campo magnetico in P è parallelo al filo.

A Tutte e tre.
B Solo la 1 e la 2.
C Solo la 2 e la 3.
D Solo la 1.
E Solo la 3.

[Olimpiadi della fisica, Gara di primo livello, 2002]

5 Due lunghi fili paralleli A e B conducono una corrente elettrica I, come mostrato in figura.

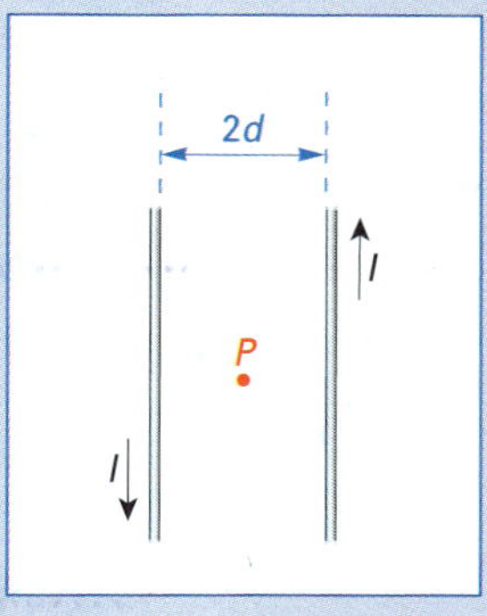

Il campo magnetico in un punto P posto nel mezzo tra A e B vale:

A zero
B $\frac{\mu_0 I}{2\pi d}$ perpendicolare al piano della figura, in verso uscente.
C $\frac{\mu_0 I}{\pi d}$ perpendicolare al piano della figura, in verso entrante.
D $\frac{\mu_0 I}{2\pi d}$ nel piano della figura diretto da A a B.
E $\frac{\mu_0 I}{\pi d}$ perpendicolare al piano della figura, in verso uscente.

[Olimpiadi della fisica, Gara di primo livello, 2000]

6 Una carica elettrica positiva, ferma tra i poli di un magnete:

A è attratta dal polo sud del magnete
B è attratta dal polo nord del magnete
C subisce una forza perpendicolare al campo magnetico
D subisce una forza parallela al campo magnetico
E non subisce alcuna forza da parte del magnete

[Prova di ammissione al Corso di Laurea in Medicina e Chirurgia, 2000/2001]

7 Una particella elettricamente carica che si muove di velocità costante attraversa una zona in cui è presente un campo magnetico. Che cosa possiamo dire della velocità della particella?

A Subisce variazioni in modulo e direzione
B Può subire variazioni in direzione, ma non in modulo se velocità e campo magnetico sono perpendicolari
C Subisce variazione in modulo, ma non in direzione
D Non subisce variazioni di sorta
E Viene bruscamente annullata

[Prova di ammissione al Corso di Laurea in Odontoiatria e Protesi Dentaria, 2008/2009]

Tabelle

Tabella 1. Sistema Internazionale delle unità di misura. Unità di base o fondamentali

Grandezza	Unità di misura	Simbolo	Definizione
lunghezza	metro	**m**	attualmente è la **distanza percorsa nel vuoto dalla luce in un tempo pari a 1/299792458 di secondo** (in precedenza, era la quaranta-milionesima parte del meridiano terrestre o la distanza fra due incisioni su un campione costituito da una sbarra di platino-iridio)
tempo	secondo	**s**	**intervallo di tempo nel quale si hanno 9192631770 oscillazioni di una particolare radiazione emessa dal cesio-133** (dapprima era una delle 86 400 parti in cui veniva suddiviso il giorno solare medio)
massa	kilogrammo	**kg**	**massa di un campione cilindrico di platino-iridio** conservato nell'Ufficio Internazionale dei Pesi e delle Misure di Sèvres, vicino a Parigi (una volta era invece la massa di 1 dm^3 di acqua distillata alla temperatura di 4 °C)
temperatura	kelvin	**K**	**frazione di 1/273,16 della temperatura termodinamica dell'acqua al suo punto triplo,** nel quale si trovano in equilibrio le fasi solida, liquida e gassosa
intensità di corrente elettrica	ampere	**A**	**intensità di corrente elettrica che, circolando in due fili paralleli conduttori di lunghezza infinita posti alla distanza di un metro l'uno dall'altro, fa sì che tra di essi si abbia una forza di $2 \cdot 10^{-7}$ newton per ogni metro di lunghezza**
quantità di sostanza	mole	**mol**	**quantità di sostanza di un sistema che contiene tante entità elementari quanti sono gli atomi in 0,012 kg di carbonio 12; le entità elementari devono essere specificate e possono essere atomi, molecole, ioni, elettroni ecc. ovvero gruppi specificati di tali particelle**
intensità luminosa	candela	**cd**	**intensità luminosa emessa da una sorgente monocromatica con frequenza di $5{,}40 \cdot 10^{14}$ hertz e intensità energetica nella direzione della radiazione di $1{,}46 \cdot 10^{-3}$ watt/steradiante**

Tabella 2. Unità di grandezze derivate del Sistema Internazionale

Grandezza	Unità di misura	Simbolo	Definizione
angolo piano	radiante	**rad**	**angolo compreso tra due raggi che intercettano sulla circonferenza un arco di lunghezza uguale a quella dei raggi**
angolo solido	steradiante	**sr**	**angolo solido con vertice al centro della sfera che individua sulla sua superficie un'area uguale a quella di un quadrato di lato pari al raggio della sfera stessa**

Grandezza	Unità di misura	Simbolo	Definizione
forza	newton	**N**	1 N = 1 kg · m/s^2
costante elastica	newton su metro	**N/m**	
momento di una forza	newton per metro	**N · m**	
densità	kilogrammo su metro cubo	**kg/m^3**	
pressione	pascal	**Pa**	1 Pa = 1 N/m^2
velocità	metro *al* secondo	**m/s**	
accelerazione	metro *al* secondo quadrato	**m/s^2**	
frequenza	hertz	**Hz**	1 Hz = 1/s
lavoro, energia	joule	**J**	1 J = 1 N · m
potenza	watt	**W**	1 W = 1 J/s
quantità di moto	kilogrammo per metro *al* secondo	**kg · m/s**	
coefficiente di dilatazione termica (lineare e cubica)	kelvin alla meno uno	**K^{-1}**	
calore	joule	**J**	1 J = 1 N · m
calore specifico	joule su (kilogrammo per kelvin)	**J/(kg · K)**	
capacità termica	joule su kelvin	**J/K**	
coefficiente di conducibilità termica	watt su (metro per kelvin)	**W/(m · K)**	
calore latente	joule su kilogrammo	**J/kg**	
carica elettrica	coulomb	**C**	1 C = 1 A · s
densità superficiale di carica	coulomb su metro quadrato	**C/m^2**	
campo elettrico	newton su coulomb	**N/C**	
tensione (o d.d.p.), f.e.m.	volt	**V**	1 V = 1 J/C
capacità	farad	**F**	1 F = 1 C/V
resistenza	ohm	**Ω**	1 Ω = 1 V/A
resistività	ohm per metro	**Ω · m**	
campo magnetico	tesla	**T**	1 T = 1 N/(A · m)
flusso del campo magnetico	weber	**Wb**	1 Wb = 1 T · m^2

Tabella 3. Principali costanti fisiche

Denominazione	Simbolo	Valore
velocità della luce (speed of light in vacuum)	c	$3 \cdot 10^8$ m/s
costante di gravitazione universale (gravitational constant)	G	$6{,}67 \cdot 10^{-11}$ N m²/kg²
costante di Planck (Planck's constant)	h	$6{,}63 \cdot 10^{-34}$ J s
carica dell'elettrone (elementary charge)	e	$1{,}6 \cdot 10^{-19}$ C
massa dell'elettrone (electron mass)	m_e	$9{,}11 \cdot 10^{-31}$ kg
massa del protone (proton mass)	m_p	$1{,}67 \cdot 10^{-27}$ kg
costante dei gas perfetti (universal gas constant)	R	8,31 J/(mol · K)
numero di Avogadro (Avogadro's number)	N_0	$6{,}02 \cdot 10^{23}$ mol^{-1}
costante di Boltzmann (Boltzmann's constant)	k_B	$1{,}38 \cdot 10^{-23}$
costante dielettrica del vuoto (permittivity of free space)	ε_0	$8{,}85 \cdot 10^{-12}$ F/m
costante di Coulomb (Coulomb constant)	k_e	$8{,}99 \cdot 10^9$
permeabilità magnetica del vuoto (permeability of free space)	μ_0	$4\pi \cdot 10^{-7}$ T · m/A

Indice analitico